作者像

潘家铮全集
丙申三月八日
義林題

国家出版基金项目
NATIONAL PUBLICATION FOUNDATION

潘家铮全集

潘家铮全集

义林题

第六卷

水工结构分析文集

中国电力出版社
CHINA ELECTRIC POWER PRESS

内 容 提 要

《潘家铮全集》是我国著名水工结构和水电建设专家、两院院士潘家铮先生的作品总集，包括科技著作、科技论文、科幻小说、科普文章、散文、讲话、诗歌、书信等各类作品，共计18卷，约1200万字，是潘家铮先生一生的智慧结晶。他的科技著作和科技论文，科学严谨、求实创新、充满智慧，反映了我国水利水电行业不断进步的科技水平，具有重要的科学价值；他的文学著作，感情丰沛、语言生动、风趣幽默。他的科幻故事，构思巧妙、想象奇特、启人遐思；他的杂文和散文，思辨清晰、立意深邃、切中要害，具有重要的思想价值。这些作品对研究我国水利水电行业技术进步历程，弘扬尊重科学、锐意创新、实事求是、勇于担责的精神，都具有十分重要的意义。《潘家铮全集》是国家"十二五"重点图书出版项目，国家出版基金资助项目。

本书是《潘家铮全集　第六卷　水工结构分析文集》，主要选编了潘家铮院士撰写的14篇水工结构分析方面的技术论文和资料。其中有关混凝土坝设计的有3篇，土石坝和固结计算的有3篇，地基及岩石试验的有3篇，闸门和钢管等金属结构的有2篇，其他结构的有3篇。在这些论文和资料中，有的讨论了一些比较复杂的问题，提出了解决的原则或方法；有的推导、整理并提供了实用的公式、资料和函数，或对设计理论及方法作了回顾和评述。其中多数资料曾在有关的设计部门交流和应用过，对水工结构的设计工作有一定参考意义。本书可供从事水利水电工程设计或科研工作的同志应用，也可供大专院校有关专业师生参考。

图书在版编目（CIP）数据

潘家铮全集. 第6卷，水工结构分析文集 / 潘家铮著. —北京：中国电力出版社，2016.5
ISBN 978-7-5123-8458-3

Ⅰ. ①潘…　Ⅱ. ①潘…　Ⅲ. ①潘家铮（1927～2012）－文集②水工结构－结构分析－文集　Ⅳ. ①TV-53

中国版本图书馆CIP数据核字（2015）第247211号

出版发行：中国电力出版社（北京市东城区北京站西街19号　100005）
网　　址：http://www.cepp.sgcc.com.cn
经　　售：各地新华书店

印　　刷：北京盛通印刷股份有限公司
规　　格：787毫米×1092毫米　16开本　27印张　593千字　1插页
版　　次：2016年5月第一版　　2016年5月北京第一次印刷
印　　数：0001—1500册
定　　价：116.00元

《潘家铮全集》编辑委员会

主　任　刘振亚

副主任　陈　飞　张　野　刘　宁　李静海　徐德龙　刘　琦

王　敏　樊启祥　李菊根

委　员（以姓氏笔画为序）

王　辉　王聪生　石小强　史立山　冯树荣　冯峻林

匡尚富　吕庭彦　朱跃龙　刘学海　孙志禹　杨　旭

李志谦　李树雷　吴义航　余建国　宋永华　张建云

张春生　武春生　郑声安　赵　焱　郝荣国　钮新强

施一公　贾金生　高中琪　黄　河　章建跃　廖元庆

潘继录

《潘家铮全集》分卷主编

全集主编：陈厚群

序号	分　卷　名	分卷主编
1	第一卷　重力坝的弹性理论计算	王仁坤
2	第二卷　重力坝的设计和计算	王仁坤
3	第三卷　重力坝设计	周建平　杜效鹄
4	第四卷　水工结构计算	张楚汉
5	第五卷　水工结构应力分析	汪易森
6	第六卷　水工结构分析文集	沈凤生
7	第七卷　水工建筑物设计	邹丽春
8	第八卷　工程数学计算	张楚汉
9	第九卷　建筑物的抗滑稳定和滑坡分析	曹征齐
10	第十卷　科技论文集	王光纶
11	第十一卷　工程技术决策与实践	钱钢粮　杜效鹄
12	第十二卷　科普作品集	邴凤山
13	第十三卷　科幻作品集	星　河
14	第十四卷　春梦秋云录	李永立
15	第十五卷　老生常谈集	李永立
16	第十六卷　思考·感想·杂谈	鲁顺民　王振海
17	第十七卷　序跋·书信	李永立　潘　敏
18	第十八卷　积木山房丛稿	鲁顺民　李永立　潘　敏

《潘家铮全集》编辑出版人员

编 辑 组

杨伟国　雷定演　安小丹　孙建英　畅　舒　姜　萍

韩世韬　宋红梅　刘汝青　乐　苑　娄雪芳　郑艳蓉

张　洁　赵鸣志　孙　芳　徐　超

审 查 组

张运东　杨元峰　姜丽敏　华　峰　何　郁　胡顺增

刁晶华　李慧芳　丰兴庆　曹　荣　梁　卉　施月华

校 对 组

黄　蓓　陈丽梅　李　楠　常燕昆　王开云　闫秀英

太兴华　郝军燕　马　宁　朱丽芳　王小鹏　安同贺

李　娟　马素芳　郑书娟

装 帧 组

王建华　李东梅　邹树群　蔺义舟　王英磊　赵姗姗

左　铭　张　娟

总序言

潘家铮先生是中国科学院院士、中国工程院院士，我国著名的水工结构和水电建设专家、科普及科幻作家，浙江大学杰出校友，是我敬重的学长。他离开我们已经三年多了。如今，由国家电网公司组织、中国电力出版社编辑的18卷本《潘家铮全集》即将出版。这部1200万字的巨著，凝结了潘先生一生探索实践的智慧和心血，为我们继承和发展他所钟爱的水利水电建设、科学普及等事业提供了十分重要的资料，也为广大读者认识和学习这位“工程巨匠”“设计大师”提供了非常难得的机会。

潘家铮先生是浙江绍兴人，1950年8月从浙江大学土木工程专业毕业后，在钱塘江水力发电勘测处参加工作，从此献身祖国的水利水电事业，直到自己生命的终点。在长达60多年的职业生涯里，他勤于学习、善于实践、勇于创新，逐步承担起水电设计、建设、科研和管理工作，在每个领域都呕心沥血、成就卓著。他从200千瓦小水电站的设计施工做起，主持和参与了一系列水利水电建设工程，解决了一个又一个技术难题，创造了一个又一个历史纪录，特别是在举世瞩目的长江三峡工程、南水北调工程中发挥了重要作用，为中国水电工程技术赶超世界先进水平、促进我国能源和电力事业进步、保障国家经济社会可持续发展做出了突出贡献，被誉为新中国水电工程技术的开拓者、创新者和引领者，赢得了党和人民的高度评价。他的光辉业绩，已经载入中国水利水电发展史册。他给我们留下了极其丰富而珍贵的精神财富，值得我们永远缅怀和学习。

我们缅怀潘家铮先生奋斗的一生，就是要学习他求是创新的精神。求是创新，是潘先生母校浙江大学的校训，也是他一生秉持的科学精神和务实作风的最好概括。中国历史上的水利工程，从来就是关系江山社稷的民心工程。水利水电工程的成败安危，取决于工程决策、设计、施工和管理的各个环节。

潘家铮先生从生产一线干起，刻苦钻研专业知识，始终坚持理论联系实际，坚守科学严谨、精益求精的工作作风。他敢于向困难挑战，善于创新创造，在确保工程质量安全的同时，不断深化对水利水电工程所蕴含经济效益、社会效益、生态效益和文化效益等综合效益的认识，逐步形成了自己的工程设计思想，丰富和提高了我国水利水电工程建设的理论水平和实践能力。作为三峡工程技术方面的负责人，他尊重科学、敢于担当，既是三峡工程的守护者，又能客观看待各方面的意见。在三峡工程成功实现蓄水和发电之际，他坦诚地说："对三峡工程贡献最大的人是那些反对者。正是他们的追问、疑问甚至是质问，逼着你把每个问题都弄得更清楚，方案做得更理想、更完整，质量一期比一期好。"

我们缅怀潘家铮先生多彩的一生，就是要学习他海纳江河的胸怀。大不自多，海纳江河。潘家铮先生一生"读万卷书，行万里路"，以宽广的视野和博大的胸怀做事做人，在科技、教育、科普和文学创作等诸多领域都卓有建树。他重视发挥科技战略咨询的重要作用，为国家能源开发、水资源利用、南水北调、西电东送等重大工程建设献计献策，促进了决策的科学化、民主化。他关心工程科技人才的教育和培养，积极为年轻人才脱颖而出创造机会和条件。以其名字命名的"潘家铮水电科技基金"，为激励水电水利领域的人才成长发挥了积极作用。他热心科学传播和科学普及事业，一生潜心撰写了100多万字的科普、科幻作品，成为名副其实的科普作家、科幻大师，深受广大青少年喜爱。用他的话说，"应试教育已经把孩子们的想象力扼杀得太多了。这些作品可以普及科学知识，激发孩子们的想象力。"他还通过诗词歌赋等形式，记录自己的奋斗历程，总结自己的心得体会，抒发自己的壮志豪情，展现了崇高的精神境界。

我们缅怀潘家铮先生奉献的一生，就是要学习他矢志报国的信念。潘家铮先生作为新中国成立之后的第一代水电工程师，他心系祖国和人民，殚精竭虑，无私奉献，始终把自己的学习实践、事业追求与国家的需要紧密结合起来，在水利水电建设战线大显身手，也见证了新中国水利水电事业发展壮大的历程。经过几十年的快速发展，我国水力发电的规模从小到大，从弱到强，已迈入世界前列。中国水利水电建设的辉煌成就和宝贵经验，在国际上的影响是深远的。以潘家铮先生为代表的中国科学家、工程师和建设者的辛勤付出，也为探索人类与大自然和谐发展道路做出了积极贡献。在中国这块大地上，不仅可以建设伟大的水利水电工程，也完全能够攀登世界科技的高峰。潘家铮先生曾说过："吃螃蟹也得有人先吃，什么事为什么非得外国先做，然后我们再做？"我们就是要树立雄心壮志，既虚心学习、博采众长，又敢于创新创造、实现跨越发展。潘家铮先生晚年担任国家电网公司的高级顾问，他在病房里感人的一番话，坦露了自己的心声，更是激励着我们为加快建设创新型国家、实现中华民族伟大复兴的中国梦而加倍努力——“我已年逾耄耋，病废住院，唯一挂心的就是国家富强、民族振兴。我衷心期望，也坚决相信，在党的领导和国家支持下，我国电力工业将在特高压输电、智能电网、可再生能源利用等领域取得全面突破，在国际电力舞台上处处有‘中国创造’‘中国引领’。”

最后，我衷心祝贺《潘家铮全集》问世，也衷心感谢所有关心和支持《潘家铮全集》编辑出版工作的同志！

是为序。

2016 年清明节于北京

总前言

一

潘家铮（1927 年 11 月 ~ 2012 年 7 月），水工结构和水电建设专家，设计大师，科普及科幻作家，水利电力部、电力工业部、能源部总工程师，国家电力公司顾问、国家电网公司高级顾问，三峡工程论证领导小组副组长及技术总负责人，国务院三峡工程质量检查专家组组长，国务院南水北调办公室专家委员会主任，河海大学、清华大学双聘教授，博士生导师。中国科学院、中国工程院两院资深院士，中国工程院副院长，第九届光华工程科技奖“成就奖”获得者。

1927 年 11 月，他出生于浙江绍兴一个诗礼传家的平民人家，青少年时期受过良好的传统文化熏陶。他的求学之路十分坎坷，饱经战火纷扰，在颠沛流离中艰难求学。1946 年，他考入浙江大学。1950 年大学毕业，随即分配到当时的燃料工业部钱塘江水力发电勘测处。

从此之后，他与中国水利水电事业结下不解之缘，一生从事水电工程设计、建设、科研和管理工作，历时六十余载。“文化大革命”中，他成为“只专不红”的典型代表，虽饱受折磨和屈辱，但仍然坚持水工技术研究和成果推广。他把毕生的智慧和精力都贡献给了中国水利水电建设事业，他见证了新中国水电发展历程的起起伏伏和所取得的举世瞩目的伟大成就，他本人也是新中国水电工程技术的开拓者、创新者和引领者，他为中国水电工程技术赶超世界先进水平做出了杰出的贡献，在水利水电工程界德高望重。2012 年 7 月，他虽然不幸离开我们，然而他的一生给我们留下了极其丰富和宝贵的精神财富，让我们永远深切地怀念他。

潘家铮同志是新中国成立之后中国自己培养的第一代水电工程师。60 多年来，中国的水力发电事业从无到有，从小到大，从弱到强，随着以二滩、龙滩、小湾和三峡工程为标志的一批特大型水电站的建成，中国当之无愧地成为世界水电第一大国。这一举世瞩目的成就，凝结着几代水电工程师和建设者的智慧和心血，也是中国工程师和建设者的百年梦想。这个百年梦想的实现，潘家铮和以潘家铮为代表的一批科学家、工程师居功至伟。

潘家铮一生参与设计、论证、审定、决策的大中型水电站数不胜数。在具体的工程实践中，他善于把理论知识运用到实际中去，也善于总结实际工作中的经验，找出存在的问题，反馈回理论分析中去，进而提出新的理论方法，形成了他自己独特的辩证思维方式和工程设计思想，为新中国坝工科学技术发展和工程应用研究做了奠基性和开创性工作。他以扎实的理论功底，钻研和解决了大量具体技术难题，留下的技术创新案例不胜枚举。

1956年，他负责广东流溪河水电站的水工设计，积极主张采用双曲溢流拱坝新结构，他带领设计组的工程技术人员开展拱坝应力分析和水工模型试验，提出了一系列技术研究成果，组织开展了我国最早的拱坝震动实验和抗震设计工作，顺利完成设计任务。流溪河水电站78米高双曲拱坝成为国内第一座双曲拱坝。

潘家铮先后担任新安江水电站设计副总工程师、设计代表组组长。这是新中国成立之初，我国第一座自己设计、自制设备并自行施工的大型水电站，工程规模和技术难度都远远超过当时中国已建和在建的水电工程。新安江水电站的设计和施工过程中诞生了许多突破性的技术成果。潘家铮创造性地将原设计的实体重力坝改为大宽缝重力坝，采用抽排措施降低坝基扬压力，大大减少了坝体混凝土工程量。新安江工程还首次采用坝内底孔导流、钢筋混凝土封堵闸门、装配式开关站构架、拉板式大流量溢流厂房等先进技术。新安江水电站的建成，大大缩短了中国与国外水电技术的差距。

流溪河水电站双曲拱坝和新安江水电站重力坝的工程设计无疑具有开创性和里程碑意义，对中国以后的拱坝和重力坝的设计与建设产生了重要和深远的影响。

改革开放之后，潘家铮恢复工作，先后担任水电部水利水电规划设计总院副总工程师、总工程师，1985年起担任水利电力部总工程师、电力工业部总工程师，成为水电系统最高技术负责人，他参与规划、论证、设计，以及主持研究、审查和决策的大中型水电工程更不胜枚举。他踏遍祖国的大江大河，几乎每一座大型水电站坝址都留下了他的足迹和传奇。他以精湛的技术、丰富的经验、过人的胆识，解决过无数工程技术难题，做出过许多关键性的技术决策。他的创新精神在水电工程界有口皆碑。

20世纪80年代初的东江水电站，他力主推荐薄拱坝方案，而不主张重力坝方案；龙羊峡工程已经被国外专家判了“死刑”，认为在一堆烂石堆上不可能修建高坝大库，他经过反复认真研究，确认在合适的坝基处理情况下龙羊峡坝址是成立的；他倾力支持葛洲坝大江泄洪闸底板及护坦采取抽排减压措施降低扬压力；在岩滩工程讨论会上，他鼓励设计和施工者大胆采用碾压混凝土技术修筑大坝；福建水口电站工期拖延，他顶住外国专家的强烈反对，决策采用全断面碾压混凝土和氧化镁混凝土技术，抢回了被延误的工期；他热情支持小浪底工程泄洪洞采用多级孔板消能技术，盛赞其为一个“巧妙”的设计；他支持和决策在雅砻江下游峡谷修建 240 米高的二滩双曲拱坝和大型地下厂房，并为小湾工程 295 米高拱坝奔走疾呼。

1986 年，潘家铮被任命为三峡工程论证领导小组副组长兼技术总负责人。在 400 余名专家的集中证论过程中，他尊重客观、尊重科学、尊重专家论证结果，做出了有说服力的论证结论。1991 年，全国人民代表大会审议通过了建设三峡工程的议案，1994 年三峡工程开工建设。三峡工程建设过程中，他担任长江三峡工程开发总公司技术委员会主任，全面主持三峡工程技术设计的审查工作。之后，又担任三峡工程建设委员会质量检查专家组副组长、组长，一直到去世。他主持决策了三峡工程中诸多重大的技术问题，解决了许许多多技术难题，当三峡工程出现公众关注的问题，受到质疑、批评、责难时，潘家铮一次次挺身而出，为三峡工程辩护，为公众答疑解惑，他是三峡工程的守护者，被誉为“三峡之子”。

晚年，潘家铮出任国务院南水北调办公室专家委员会主任，他对这项关乎国计民生的大型水利工程倾注了大量心血，直到去世前两年，他还频繁奔走在工程工地上，大到参与工程若干重大技术的研究和决策，小到解决工程细部构造设计和施工措施，所有这些无不体现着潘家铮作为科学家的严谨态度与作为工程师的技术功底。南水北调中线、东线工程得以顺利建成，潘家铮的作用与贡献有目共睹。

作为两院院士、中国工程院副院长，潘家铮主持、参与过许多重大咨询课题工作，为国家能源开发、水资源利用、南水北调、西电东送、特高压输电等重大战略决策提供科学依据。

潘家铮长期担任水电部、电力部、能源部总工程师，以及国家电网公司高级顾问，他一生的“工作关系”都没有离开过电力系统，是大家尊敬和崇拜的老领导和老专家；担任中国工程院副院长达八年时间，他平易近人，善于总结和吸收其他学科的科学营养，与广大院士学者结下了深厚的友谊。无论是在业内还是在工程院，大家都亲切地称他为“潘总”。这个跟随他半个世纪的称呼，是大家对潘家铮这位优秀科学家和工程师的崇敬，更是对他科学胸怀和人格修养的尊重与肯定。

潘家铮是从具体工程实践中锻炼成长起来的一代水电巨匠，他专长结构力学理论，特别在水工结构分析上造诣很深。他致力于运用力学新理论新方法解决实际问题，力图沟通理论科学与工程设计两个领域。他对许多复杂建筑物结构，诸如地下建筑物、地基梁、框架、土石坝、拱坝、重力坝、调压井、压力钢管以及水工建筑物地基与边坡稳定、滑动涌浪、水轮机的小波稳定、水锤分析等课题，都曾创造性地应用弹性力学、结构力学、板壳力学和流体力学理论及特殊函数提出一系列合理和新颖的解法，得到水电行业的广泛应用。他是水电坝工科学技术理论的奠基者之一。

同时，他还十分注重科学普及工作，亲自动笔为普通读者和青少年撰写科普著作、科幻小说，给读者留下近百万字的作品。

他在17岁外出独自谋生起，就以诗人自期，怀揣文学梦想，有着深厚的文学功底，创作有大量的诗歌、散文作品。晚年，还有大量的政论、随笔性文章见诸报端。

正如刘宁先生所言：潘家铮院士是无愧于这个时代的大师、大家，他一生都在自然与社会的结合处工作，在想象与现实的叠拓中奋斗。他倚重自然，更看重社会；他仰望星空，更脚踏实地。他用自己的思辨、文字和方法努力沟通、系紧人与水、心与物，推动人与自然、人与社会、人与自身的和谐相处。

二

2012年7月13日，大星陨落，江河入海。潘家铮的离世是中国工程界的巨大损失，也是中国电力行业的巨大损失。潘家铮离开我们三年多的时间里，中国科学界、工程界、水利水电行业一直以各种形式怀念着他。

2013年6月，国家电网公司、中国水力发电工程学会等组织了“学习和弘扬潘家铮院士科技创新座谈会”。来自水利部、国务院南水北调办公室、中国工程院、国家电网公司等单位的100多位专家和院士出席座谈会。多位专家在会上发言回顾了与潘家铮为我国水利电力事业共同奋斗的岁月，感怀潘家铮坚持科学、求是创新的精神。

在潘家铮的故乡浙江绍兴，有民间人士专门辟设了“潘家铮纪念馆”。

早在2008年，由中国水力发电工程学会发起，在浙江大学设立了“潘家铮水电科技基金”。该基金的宗旨就是大力弘扬潘家铮先生求是创新的科学精神、忠诚敬业的工作态度、坚韧不拔的顽强毅力、甘为人梯的育人品格、至诚至真的水电情怀、享誉中外的卓著成就，引导和激励广大科技工作者，沿着老一辈的光辉足迹，不断攀登水电科技进步的新高峰，促进我国水利水电事业健康可持续发展。基金设“水力发电科学技术奖”（奖励科技项目）、“潘家铮奖”（奖励科技工作者）和“潘家铮水电奖学金”（奖励在校大学生）等奖项，广泛鼓励了水利水电创新中成绩突出的单位和个人。潘家铮去世后，这项工作每年有序进行，人们以这种方式表达着对潘家铮的崇敬和纪念。

多年以来，在众多报纸杂志上发表的纪念和回忆潘家铮的文章，更加不胜枚举。

以上种种，都是人们发自内心深处对潘家铮的真情怀念。

2012年6月13日，时任国务委员的刘延东在给躺在病榻上的潘家铮颁发光华工程科技奖成就奖时，称赞潘家铮院士“在弘扬科学精神、倡导优良学风、捍卫科学尊严、发挥院士群体在科学界的表率作用上起到了重要作用”。并特意嘱托其身边的工作人员，要对潘总的科技成果做认真的总结。

为了深切缅怀潘家铮院士对我国能源和电力事业做出的巨大贡献，传承潘家铮院士留下的科学技术和文化的宝贵遗产，国家电网公司决定组织编辑出版《潘家铮全集》，由中国电力出版社承担具体工作。

《潘家铮全集》是潘家铮院士一生的科技和文学作品的总结和集成。《全集》的出版也是潘家铮院士本人的遗愿。他生前接受采访时曾经说过："谁也违反不了自然规律……你知道河流在入海的时候，一定会有许多泥沙沉积下来，因为流速慢下来了……我希望把过去的经验教训总结成文字，沉淀的泥沙可以采掘出来，开成良田美地，供后人利用。"所以，《全集》也是潘家铮院士留给世人的无尽宝藏。

潘家铮一生勤奋，笔耕不辍，涉猎极广，在每个领域都堪称大家，留下了超过千万字的各类作品。仅从作品的角度看，潘家铮院士就具有四个身份：科学家、科普作家、科幻小说作家、文学家。

潘家铮院士的科技著作和科技论文具有重要的科学价值，而其科幻、科普和诗歌作品具有重要的文学艺术价值，他的杂文和散文具有重要的思想价值，这些作品对弘扬我国优秀的民族文化都具有十分重大的意义。

《潘家铮全集》的出版，虽然是一种纪念，但意义远不止于此。从更深层次考虑，透过《潘家铮全集》，我们还可以去了解和研究中国水利水电的发展历程，研究中国科学家的成长历程。

三

《潘家铮全集》共 18 卷，包括科技著作、科技论文、科幻小说、科普文章、散文、讲话、诗歌、书信等各类作品，约 1200 万字，是潘家铮先生一生的智慧结晶和作品总集。其中，第一至九卷是科技专著，分别是《重力坝的弹性理论计算》《重力坝的设计和计算》《重力坝设计》《水工结构计算》《水工结构应力分析》《水工结构分析文集》《水工建筑物设计》《工程数学计算》《建筑物的抗滑稳定和滑坡分析》。第十卷为科技论文集。第十二卷为科普作品集。第十三卷为科幻作品集。第十四、十五、十六卷为散文集。第十七卷为序跋和书信总集。第十八卷为文言作品和诗歌总集。在大纲审定会上，专家们特别提出增加了第十一卷《工程技术决策与实践》。潘家铮的科技著作都写作于 20 世纪 90 年代之前，这些著作充分阐述了水利水电科技的新发展，提出创新的理论和计算方法，并广泛应用于工程设计之中。而 90 年代以后，我国水电装机容量从 3000 万千瓦发展到 3 亿千瓦的波澜壮阔的发展过程中，潘家铮的贡献同样巨大，他的思想和贡献主要体现在各类审查意见、技术总结、工程处理意见、讲话和报告之中，第十一卷主要收录了这一时期潘家铮参与咨询和决策的重大工程的审查意见、技术总结等内容。

《全集》的编辑以"求全""存真"为基本要求，如实展现潘家铮从一个技术员成长为科学家的道路和我国水利水电科技不断发展的历史进程，为后世提供具有独特价值的珍贵史料和研究材料。

《全集》所收文献纵亘 1950～2012 年，计 62 年，历经新中国发展的各个重要阶段，不仅所记述的科技发展过程弥足珍贵，其文章的写作样式、编辑出版规范、科技名词术语的变化、译名的演变等等，都反映了不同时代的科技文化的样态和趋势，具有特殊史料价值。为此，我们如实地保持了文稿的原貌，未完全按照现有的出版编辑规范做过多加工处理。尤其是潘家铮早期的科技专著中，大量采用了工程制计量单位。在坝工计算中，工程制单位有其方便之处，所以对某些计算仍沿用过去的算式，而将最后的结果化为法定单位。另外，大量的复杂的公式、公式推导过程，以及表格图线等，都无法改动也不宜改动。因此，在此次编辑全集的时候都保留了原有的计算单位。在相关专著的文末，我们特别列出了书中单位和法定计量单位的对照表以及换算关系，以方便读者研究和使用。对于特殊的地方进行了标注处理。而对于散文集，编者的主要工作是广泛收集遗存文稿，考订其发表的时间和背景，编入合适的卷集，辨读文稿内容，酌情予以必要的点校、考证和注释。

四

《潘家铮全集》编纂工作启动之初，当务之急是搜集潘家铮的遗存著述，途径有四：一是以《中国大坝技术发展水平与工程实例》后附“潘家铮院士著述存目”所列篇目为基础，按图索骥；二是对国家图书馆、国家电网公司档案馆等馆藏资料进行系统查阅和检索，收集已经出版的各种著述；三是通过潘家铮的秘书、家属对其收藏书籍进行整理收集；四是与中国水力发电工程学会联合发函，向潘家铮生前工作过或者有各种联系的单位和个人征集。

最终收集到的各种专著版本数十种，各种文章上千篇。经过登记、剔除、查重、标记、遴选和分卷，形成18卷初稿。为了更加全面、系统、客观、准确地做好此项工作，中国电力出版社在中国水力发电工程学会的支持下，组织召开了《潘家铮全集》大纲审定会、数次规模不等的审稿会和终审会。《全集》出版工作得到了我国水利水电专业领域单位的热烈响应，来自中国工程院、水利部、国务院南水北调办公室、国家电网公司、中国长江三峡集团公司、中国水力发电工程学会、中国水利水电科学研究院、小浪底枢纽管理局、中国水电顾问集团等单位的数十位领导、专家参与了这项工作，他们是《全集》顺利出版的强大保障。

国家电网公司档案馆为我们检索和提供了全部的有关潘家铮的稿件。

中国水力发电工程学会曾经两次专门发函帮助《全集》征集稿件，第十一卷中的大量稿件都是通过征集而获得的。学会常务副理事长李菊根，为了《全集》的出版工作倾其所能、竭尽全力，他的热心支持和真情襄助贯穿了我们工作的全过程。

潘家铮的女儿潘敏女士和秘书李永立先生，为《全集》提供了大量珍贵的资料。

全国人大常委会原副委员长、中国科学院原院长路甬祥欣然为《全集》作序。

著名艺术家韩美林先生为《全集》题写了书名。

国家新闻出版广电总局将《全集》的出版纳入“十二五”国家重点图书出版规划。

国家出版基金管理委员会将《全集》列为资助项目。

《全集》的各个分卷的主编，以及出版社参与编辑出版各环节的全体工作人员为保证《全集》的进度和质量做出了重要的贡献。

上述的种种支持，保证了《全集》得以顺利出版，在此一并表示衷心的感谢。

因为时间跨度大，涉及领域多，在文稿收集方面难免会有遗漏。编辑出版者水平有限，虽然已经尽力而为，但在文稿的甄别整理、辨读点校、考订注释、排版校对环节上，也有一定的讹误和疏漏。盼广大读者给予批评和指正。

《潘家铮全集》编辑委员会

2016年5月7日

本卷前言

本卷内容来自潘家铮院士所著《水工结构分析文集》一书，该书于1981年由电力工业出版社出版，选编了潘家铮院士撰写的14篇水工结构分析方面的技术论文和资料。这14篇文章论述了潘家铮院士对重力坝、土石坝、拱坝、水电站厂房、水工金属结构等工程设计中遇到的一些重要的、复杂的14项关键技术难题进行全面和深入探讨后所取得的研究成果。在这14篇文章中，潘家铮院士从最基本的技术原理和最简单的力学概念出发，用普通但极具逻辑的语言，用易懂又专业的表达方式，深入浅出地给出了问题提出的缘由、问题解答的过程和问题解决的结论。有的文章提出了解决问题的原则或方法，便于读者明晰解决问题的基本手法；有的文章采用了解析方法推导、整理并提供了实用的公式、资料、表格和函数，便于读者解决具体问题时应用；有的文章给出了解析解和有限元解的界限，并进行了有限元计算公式推导，便于读者对无法采用解析解解决的问题利用电子计算机编程进行计算分析；有的文章对设计理论、试验研究及计算方法作了回顾和评述，便于读者了解相关领域技术发展的来由、发展过程和发展方向。

本卷收录的14篇文章中，有关混凝土坝设计的有3篇，土石坝和固结计算的有3篇，地基及岩石试验的有3篇，闸门和钢管等金属结构的有2篇，其他结构的有3篇。本卷研究成果内容有的已经编入了规程规范，有的编入了设计手册，有的编入了教科书，已经被水利水电水工结构领域广泛应用和认同，集突破性、创新性、实用性、启发性和资料性于一体。在计算机普及的现代，对从事水利水电工程设计或科研工作的同志仍然具有很高的使用和参考价值。

第1篇“重力坝抗滑稳定的合理分析”，重点针对重力坝坝基破坏面上物理力学性能很不均匀，无法用传统整体极限平衡分析求得正确抗滑稳定安全系数的问题，提出了相对合理的解析解法。该解法可作为逐渐向考虑破坏面上每一点处的应力、变形以及屈服条件，研究其逐步破坏的机理，最终确定其安全程度的有限元分析方法过渡。

第 2 篇“重力坝岸坡坝段的稳定分析”，重点针对重力坝岸坡坝段在较为陡峻岸坡上容许设置平台（或利用较低坝段的混凝土面为平台）的情况，证明只要平台尺寸选取得当，坝段的安全系数并不会比水平地基情况降低太多。由于设置平台的岸坡坝段的稳定性计算无简单公式可借鉴，本篇文章专门推导了一种新的分析方法。

第 3 篇“论试载法”，重点对试载法进行了概括性的评述，并提出只要在基本方程体系中根据拱坝几何形状和坝壳厚度把握好可以近似简化的程度，试载法可适用于任何拱坝计算分析；就提高习用的径向、切向、水平扭转三向调整中的计算精度，提出了需考虑常忽略的一些次要变位、合理处置有关边界条件等要求。

第 4 篇“黏土层的固结计算”，基于太沙基固结理论，对饱和土体情况一维固结计算问题、轴对称固结计算问题进行解析推导，提出了计算公式和相应表格；对于相对复杂的问题以及二维、三维问题，指出需要采用有限元解法来解决，并对平面问题、三角形单元、固定时段内变量均匀变化的情况进行了有限元公式推导。

第 5 篇“土石坝应力分析和变形分析的发展”，重点阐述了砂砾料和黏土料的力学特性，给出了相应非线性和弹塑性有限元计算分析公式，推导了考虑固结及徐变情况的计算公式，并对当时大量土石坝工程有关有限元分析成果实例进行了深入分析和探讨。本篇文章是代表当时土石坝分析研究水平的回顾和研究成果。

第 6 篇“黏土心墙沉陷斜率的控制”，主要针对当时土石坝黏土心墙在填筑或运行过程中产生的沉陷及沉陷斜率的计算和控制尚无成熟和合理的规定，缺乏实际原型观测统计资料的情况，提出更为合理地判别黏土心墙是否会产生横向裂缝的指标是沉陷曲率，并在独立分条沉陷计算的基础上，提出了可考虑分层填筑和徐变影响的沉陷曲线校正计算原理、计算方法，推导了基本微分方程，给出了具体计算实例。

第 7 篇“夹层地基的分析”，针对天然地基中存在软弱薄夹层的情况，按照理想的横观各向同性体假设，推导了两种弹性矩阵计算公式。提出采用有限单元法计算夹层地基上建筑物（包括地基本身）的应力和变形时，除采用修正的弹性矩阵来代替均匀材料的弹性矩阵以外，还必须判别夹层地基的屈服与破坏，并给出了夹层地基应力转移相应的计算原理和有限元表达式。

第 8 篇“有限单元法分析中的岩基问题”，从最简单的均质线弹性体开始，逐步讨论了各向异性性质、构造带问题、基岩的拉裂和剪切破坏、塑性变形及徐变性能等有限单元法分析中的岩基问题，并给出了具体计算的原理、计算方法、计算公式和迭代计算流程。由于计算的复杂性，提出了对于具体工程问题需要选定主要影响因素，有针对性地选择相应的计算方法来解决。

第 9 篇"弹性理论在岩基试验中的应用"，在进一步丰富经典弹性理论解答的基础上，将岩体视为半空间各向同性弹性体，采用刚性板或柔性板作为岩基试验的承压板（块），并忽略一些次要影响，以此整理分析岩基试验成果。对计算公式进行了归一化处理，对试验中次生应力、试块刚度、试验场几何边界条件、基岩的各向异性等问题对试验成果的影响进行了逐一分析和研究，并就隧洞变形试验中如何取得正确试验成果进行了讨论。

第 10 篇"水电站厂房圈梁—立柱式机墩结构设计"，针对近似假定圈梁和立柱为独立结构的简化计算不能满足设计精度要求的问题，提出了考虑圈梁和立柱相互约束作用的整体分析法能符合实际情况，适当选择圈梁、立柱尺寸，常可满足静力及动力要求。另外，还提供了利用傅里叶级数计算圈梁的方法，以及利用形变常数和连续条件分析整体结构作用的步骤。

第 11 篇"承受集中荷载的边墙分析"，对无限长边墙承受集中力或集中力矩作用效应进行了分析，推导了相应的计算公式，并对边墙等效宽度进行了研究，其结论可灵活应用在水工结构中常遇到的在一片墙上设置若干根柱子的情况。

第 12 篇"定轮闸门的轨道应力计算和设计"，根据《水利水电工程钢闸门设计规范》（SDJ 13—1978）中指出的"当轮压较大时应对滚轮、轨道的材料及其硬度和制造工艺进行专门研究"的有关要求，阐述了滚轮及轨道的各种形式、材料的强度理论和设计要求；根据弹性力学公式，整理和推导了平面问题及空间接触问题的一系列实用的计算公式，并详细讨论了有关材料性能和设计选择要求。

第 13 篇"关于压力钢管的岔管计算"，针对在岔管应力试验和研究中发现实测应力与计算应力相差较大的实际情况，提出了一种精度较好的岔管应力分析解法。该解法先求固定状态应力，即当岔管加固梁不能变形时，管壳在内水压力及其他边界力作用下产生的应力；再求变位校正应力，即将加固梁放松，计算加固梁所产生的变位和应力。根据固定状态应力和变位校正应力来计算岔管管壳和加固梁中的应力。

第 14 篇"文克尔地基梁的计算资料"，针对初参数法计算地基梁内力变形时存在计算公式繁复，仅适用于短梁，并可能导致计算结果误差较大或计算错误的问题，推荐了一套易记的符号规定；推导、整理和补充了适用于一般文克尔地基梁的内力变形计算的有关公式表和函数表，给出了一系列实例以利于使用参考。

借此次编辑出版《潘家铮全集》之机，本人仔细阅读了本卷14篇文章，再次深深体会到了潘家铮院士所具有的敏锐的问题意识、钻研技术的客观态度和解决实际问题的能力。本卷中的每一篇文章都是针对实际工作中发现问题后通过付诸大量的论证研究工作才写成的，都是当时水利水电工程界技术争议的焦点或需要解决的尖端技术问题。这些文章既解决了当时的生产之急，又解决了技术规范性问题和技术前瞻性的问题，有很强的时代感和技术引领作用。因此，本卷不仅是潘家铮院士发表的一些重要的技术文章，更是解决实际水利水电工程问题的答案所在，是专业发展的方向所在。通读这些文章，在学习技术要领的同时，可以阅读到潘家铮院士发现问题、解决难题的务实、求精、严谨、科学的工作作风，可以阅读到潘家铮院士把自己置身于经济社会发展的现实中去、投身于水利水电工程生产一线的奉献精神，可以阅读到潘家铮院士乐于解疑释惑、成就于工程实践过程的辉煌历程。

在本卷的编辑过程中，根据"存真"的原则，对原著的整体内容基本未做改动，重点对发现的原著中的公式和数据错误及不妥之处进行了修正，并对14篇文章的体例格式进行了统一。至于本卷中有关物理量表达、计量单位等都尽量保持了原貌，未完全按照现有的出版编辑规范进行修改，如文章中有的物理量表达采用了物理量前加上、下标的标注方式，也有的采用了以文字为下标的标注方式；本卷中诸如力、重量，载荷、应力，弹性模量、抗拉强度，弯矩、扭矩等物理量的计量单位，均采用质量单位表示力的单位，由于文章中较多篇幅涉及复杂的公式、公式推导过程，以及表格图线等，都无法改动也不宜改动，因此均未做修改。

限于时间和本人水平，本卷仍会存在疏漏与不妥之处，敬请批评指正。

沈凤生

2016年1月12日

编辑说明

一、基本原则

《潘家铮全集》（以下称《全集》）的编辑工作以“求全”“存真”为基本要求。“求全”即尽全力将潘家铮创作的各类作品收集齐全，如实地展现潘家铮从一个技术人员成长为一个科学家的道路中，留下的各类弥足珍贵的文稿、文献。“存真”即尽量保留文稿、文献的原貌，《全集》所收文献纵亘1950～2012年，计62年，历经新中国发展的各个重要阶段，不仅所记述的科技发展过程弥足珍贵，其文章的写作样式、编辑出版规范、科技名词术语的变化、译名的演变等都反映了不同时代的科技文化的样态和趋势，具有特殊史料价值。为此，我们尽可能如实地保持了文稿的原貌，未完全按照现有的出版编辑规范做加工处理，而是进行了标注或以列出对照表的形式进行了必要的处理。出于同样的原因，作者文章中表述的学术观点和论据，囿于当时的历史条件和环境，可能有些已经过时，有些难免观点有争议，我们同样予以保留。

二、科技专著

1. 按照“存真”原则，作者生前正式出版过的专著独立成册。保留原著的体系结构，保留原著的体例，《全集》体例各卷统一，而不要求《全集》一致。

2. 科技名词术语，保留原来的样貌，未予更改。

3. 物理量的名称和符号，大部分与现行的标准是一致的，所以只对个别与现行标准不一致的进行了修改。例如：“速度（V）”改为了“速度（v）”。

4. 早期作品中，物理量量纲未按现在规范使用英文符号，一般按照规范改为使用英文符号。

5. 20世纪80年代以前，我国未采用国际单位制，在工程上质量单位和力的单位未区分，《全集》早期作品中，大量使用千克（kg）、吨（t）等表示力的单位，本次编辑中出于“存真”的考虑，统一不做修改。

6. 早期的科技专著中，大量采用了工程制计量单位。在坝工计算中，工程制单位有其方便之处，另外，因为书中存在大量的复杂的公式、公式推导过程，以及表格图线等，都无法改动也不宜改动。因此，在此次编辑全集的时候都保留了原有的计算单位，物理量的量纲原则上维持原状，不再按现行的国家标准进行换算。在相关专著的文末，我们特别列出了书中单位和法定计量单位的对照表以及换算关系，以方便读者研究和使用。对于特殊的地方进行了标注处理。

三、文集

1. 篇名：一般采用原标题。原文无标题或从报道中摘录成篇的，由编者另拟标题，并加编者注。信函篇名一律用“致×××——为×××事”，由编者统一提出要点并修改。

2. 发表时间：①已刊文章，一般取正式刊载时间；②如为发言、讲话或会议报告者，取实际讲话时间，并在编者注中说明后来刊载或出版时间；③对未发表稿件，取写作时间；④对同一篇稿件多个版本者，取作者认定修改的最晚版本，并注明。

3. 文稿排序：首先按照分类分部分，各部分文稿按照发表时间先后排序。发表时间一般详至月份，有的详尽到日。月份不详者，置于年末；有年月而日子不详者，置于月末。

4. 作者原注：保留作者原注。

5. 编者注：①篇名题注，说明文稿出处、署名方式、合作者、参校本和发表时间考证等，置于篇名页下；②对原文图、表的注释性文字，置于页下；③对原文有疑义之处做的考证性说明，对原文的注释，一般加随文注置于括号中。

四、其他说明

1. 语言风格：保留作者的语言风格不变。作者早期作品中有很多半文半白的文字表达，例如：“吾人已知”“水流迅急者”“以敷实用之需”“×××氏”等。本着“存真”和尊重作者的原则，未予改动。

2. 繁体字：一律改用简体字。

3. 古体字和异体字：改用相应的通行规范用字，但有特殊含义者，则用原字。

4. 标点符号：原文有标点而不够规范的，改用规范用法。原文无标点的，编者加了标点。

5. 数字：按照现行规范用法修改。

6. 外文和译文：原著外文的拼写体例不尽一致，编者未予统一。对外文拼写印刷错误的，直接改正。凡是直接用外文，或者中译名附有外文的，一般不再加注今译名。

7. 错字：①对有充分根据认定的错字，径改不注；②认定原文语意不清，但无法确定应该如何修改的，必要时后注（原文如此）或（？）。

8. 参考文献：不同历史时期参考文献引用规范不同，一般保留原貌，编者仅对参考文献的编列格式按现行标准进行了统一。

目录

重力坝抗滑稳定的合理分析

1 传统的计算方法

坝体抗滑稳定计算是重力坝设计中的一个主要问题。这是个较老的、表面上看来很简单的问题，但其实目前距这个问题的合理解决还有很大距离。由于具体情况的不同，该问题还可以分为几种类型。例如，失稳时的破坏面是平面还是折面，作用在坝基上的外力是常量还是存在着内力重分布情况，问题是平面性质还是空间性质，等等。不同类型的问题，其稳定分析的性质也不同，因此不能指望用同一简化方法和安全系数去解决所有问题。

分析坝体抗滑安全度的方法，大体上讲可分为两类。第一类方法是考虑整个建筑物沿破坏面的极限平衡条件，此时需计入作用在破坏面上的合力和破坏面上的综合抗剪指标。根据这些要求作一宏观的、概括性的估计。第二类方法，则考虑破坏面上每一点处的应力、变形以及屈服条件，研究其逐步破坏的机理，最终确定其安全程度。目前，我们都采用上述第一类方法。它的优点是简单方便，但只能给出一个粗糙的估计。今后，将逐步向第二类方法过渡。

关于抗滑稳定安全系数 K 的定义，也有不同的规定。目前习用的办法是计算作用在破坏面上的实际总剪力 Q，以及该破坏面上所能提供的极限抗剪力 R，而取

$$K=\frac{R}{Q}$$

对于比较复杂的问题，有时需用其他的方式来定义安全系数，例如将作用在坝上的荷载逐渐按比例增大（或将破坏面上的抗剪强度按比例降低）直至发生破坏，取此时荷载增大的比值（或强度缩减的比值）为安全系数。这样，安全系数将以超载系数，或强度储备系数或两者的综合方式出现，比较合理。

总之，传统的设计方法是考虑破坏面上的整体极限平衡条件，而且取 $K=R/Q$。显然，这个方法只适用于最简单的情况，即破坏面是一个明确的平面，问题属于平面类型，而且作用在破坏面上的荷载是一个静定量。此时，安全系数可写为

$$K=\frac{f(N-U)+cA}{Q} \tag{1}$$

式（1）是众所熟知的。简言之，N、Q 各为作用在破坏面上的法向和切向合力，U 为其上的孔隙压力合力，f、c、A 分别为其上的摩擦系数、黏结力强度和破坏面面积。

即使在这样一个简单的情况中，我们也可以提出许多疑问：

（1）式（1）中的 c、f 值，应该通过什么试验来确定，应该采用试验曲线上哪一点的值？

（2）如果破坏面的物理力学性质很不均匀，例如有一小块面积为胶结良好的岩脉，其 c、f 值很高，而极大部分为夹泥层，其 c、f 值很小，则应如何求其综合的 c、f 值？

（3）式（1）中的分子代表破坏面上的极限抗剪力 $R=f(N-U)+cA$，但 N 和 U 值又为正常情况下的法向力和孔隙压力，在逻辑上是矛盾的。

（4）式（1）只核算抗滑稳定条件，未考虑达到这个极限状态时的变形或应力条件。如果此时应力或变位已超出容许范围，则求得的极限抗滑稳定安全系数就不能代表真实的安全系数。

进一步说，如果破坏面不是一个平面，而是一个折面，那么即使像式（1）那样的估算公式也还没有建立起来。因此，不得不作出许多假定来进行分析，其可信程度就更差了。

上述情况足以说明目前的分析方法有待改进。较为合理的途径，应该是逐渐增加坝体所受荷载（或降低材料强度），研究破坏面上各点应力及变形的发展情况，考虑其逐渐屈服、破坏的过程，直到完全失稳（或建筑物不能正常工作）时为止，由此确定相应的安全系数。由于作用在坝体上的主要荷载比较明确，且也不可能有大幅度的增长，而破坏面上的物理力学特性则很难精确查清，所以安全系数似以用“强度储备系数”的形式表示更为适宜。这时，K 的物理意义为：当破坏面上的抗剪强度除以 K 时，坝体即将沿此面失稳滑动。但采用这个定义，计算甚为冗繁。

抗滑稳定计算是个重要问题，由于问题的复杂性和过去受到计算手段的限制，要实行本质上的改进是困难的。近年来随着我国电子计算机的广泛应用和有限单元法的迅速发展，改进坝体抗滑稳定设计方法的课题已经提到议事日程上了。下文拟对最简单的情况（即破坏面为一个平面，内力为静定值，问题为平面性质）作一讨论。如果在这个方面能有所改进，就可逐渐推广到更复杂的问题上去。

2 破坏面上的应力—变位特性

为了对坝体抗滑稳定问题进行合理分析，首先必须查明破坏面上的应力—变位特性。例如，下面都假设破坏沿某一软弱夹层发生，我们可进行如下试验：在软弱夹层上先施加一定的法向压力，其强度为 σ，然后逐渐施加与层面剪切方向平行的力，达到剪切破坏时，其强度（按底层剪切面平均计值）为 τ。不难推知，破坏面上平均法向压应力在数值上等于 σ，平均剪应力（亦即抗剪或抗剪断强度）在数值上等于 τ。为叙述简便起见，下文简称为破坏面上法向压力（或应力）σ 及剪应力 τ。剪切破坏时夹层上下两面即将产生相对剪切变位 u。τ 与 u 之间呈某种曲线关系。不同的软弱面，τ—u 的曲线各不相同，但以下几类是最常见的和重要的类型。

（1）双曲线型。

在一定的法向压力 σ 下，u 随着 τ 的增加而增加，但呈曲线关系，最后 τ 趋近于一极限 τ_e（u 趋于极大），曲线上并无明显的屈服点、峰值、脆性破坏和强度骤降等情况。因此，曲线接近于一双曲线，其主要特性可以用两个参数 τ_e 及 G_0 来表示，G_0 是初始斜率（见图 1）。如果曲线完全符合双曲线规律，则在任一点处的斜率为

$$G = G_0 \Big/ \left(1 + G_0 \frac{u}{\tau_e}\right)^2 = G_0 \left(1 - \frac{\tau}{\tau_e}\right)^2 \tag{2}$$

容易理解，本文中的 G 值相当于夹层材料的剪切模量除以夹层厚度。下文为简单起见，就直接把 G 称为剪切模量。

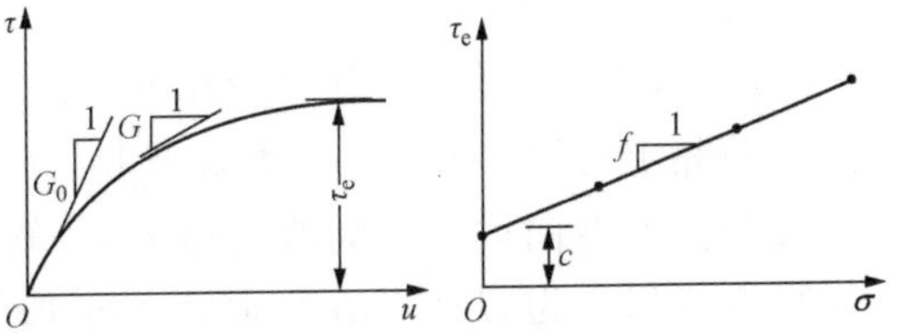

图 1

改变法向压力 σ，可以得到一组曲线，并可分析极限强度 τ_e 与 σ 之间的关系，如果近似于线性关系，则可写为

$$\tau_e = c + f\sigma \tag{3}$$

至于 G_0 与 σ 之间的关系，现在还缺少足够的资料，以下暂假定对某一软弱夹层 G_0 为常数或为 σ 的幂函数。

当夹层中充填有较厚夹泥，且未经超压固结的，其 τ—u 关系可能为上述式（2）形式。

（2）弹塑性型。

在一定的法向压力 σ 的作用下，随着 τ 的增加，u 也持续增长，大致呈弹性性质，但到某一极限值 τ_e 后，出现屈服现象，即 τ 维持不变时，u 可以极大地增长（$G \to 0$），或 τ 稍有增长时，u 有很大增长（G 为一小值）。这一类型的特征，除以 τ_e 表示其屈服强度外，主要看达到屈服时的变位 u_e 值，以及“弹性段”和“屈服段”的曲线形状（即图 2 中 Oa 段及 ab 段）。一般 Oa 段接近于直线，或为一条稍有曲率的曲线（此时，在 Oa 段仍有少量塑性变形），ab 段为稍向上凸的曲线。在理想情况下，如 Oa 近似为一斜直线，ab 段为一水平线，就属于理想弹塑性体，可以用初始模量 G_0 及极限强度 τ_e 两值来表示。如果夹层很薄，胶结良好，Oa 段可能很陡。有时 Oa 段也可能为两段折线，或在 a 点附近出现小的峰值然后下降为 τ_e，只要大体上可以分为“弹性”“屈服”两段，就都可归入这一类型。

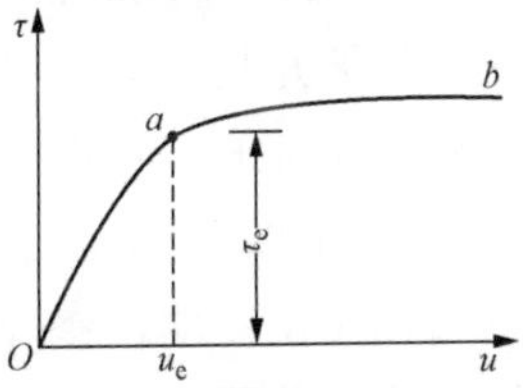

图 2

改变 σ，同样可得到一组曲线，并可找出 σ 与 τ_e 或 G_0 的关系。如果软弱面是一种闭合的裂隙，其 τ—u 关系可能呈此类型。

（3）残余强度型。

在一定的 σ 作用下，随着 τ 的增长，u 也随之沿某一曲线增长，直至达到某个峰值 τ_p 止（相应变位为 u_p）。超过峰值后，u 再增长，τ 反而下降（应变软化），直至达到另一个稳定值 τ_r 为止。τ_r 称为残余强度，τ_p 称为峰值强度（见图 3）。

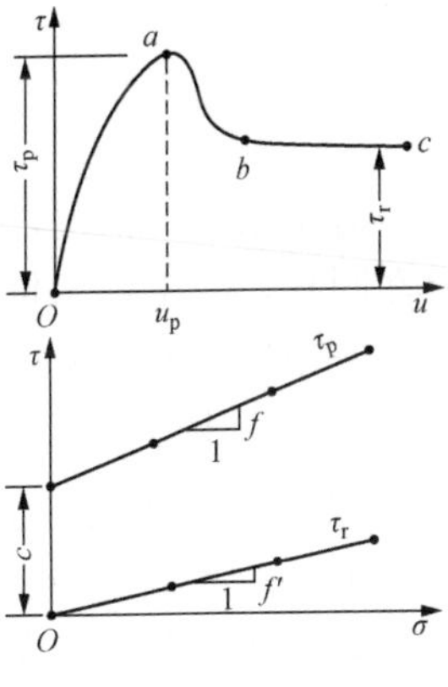

图 3

改变 σ，进行试验，可以得到一组曲线，并可分析 σ 与 τ_p 及 τ_r 的关系，即

$$\left.\begin{aligned}\tau_p &= c + f\sigma \\ \tau_r &= c' + f'\sigma\end{aligned}\right\} \tag{4}$$

一般 $c' \approx 0$，$f' < f$。

当破坏面为混凝土—基岩胶结面，或为岩脉充填并胶结良好的裂隙面，或为经过超固结的黏土夹层，其 τ—u 关系可能呈此类型。

残余强度型曲线可分为峰前段 Oa、软化段 ab 及残余段 bc 三段。有时，Oa 段接近为直线（斜率为 G_0），ab 段很陡，bc 段接近水平，我们就可将此曲线简化为折线。即在峰前段，τ—u 呈线性变化，模量为 G_0，其上限为 $\tau_p = c + f\sigma$，相应的 $u_p = \tau_p / G_0$。到达 τ_p 后，强度突然下降为 $f'\sigma$，因此在这一点处有一个突变，表示破坏面上由于断裂而使其抗剪强度发生质变，在此以后，τ—u 曲线呈水平状，$G=0$，这种情况接近于脆性破坏。

当然，实际上破坏面情况是千变万化的，可能还有其他重要类型存在，需要进一步试验、研究、总结。但是，我们总可以把破坏面上的 τ—u 特性归纳简化为若干种主要类型，以利于分析研究。

2.1 剪力卸荷情况

上面所述都是指剪应力 τ 持续增长的情况。如果在试验过程中，τ 有所减低，或减低后再增长（下称剪力卸荷或剪力卸荷再增荷），则由于变形 u 中含有塑性变形成分，一般不是沿原曲线退回，而产生了永久变形。我们仍在 τ—u 图上研究其关系，并将试件在某一时段实际承受的 τ 和实际发生的 u 作为 τ—u 平面上的一点绘在图上，称为“工作点”。对于第一类情况，若 τ 持续增长，则工作点将沿 Oa 移动，参见图 4，如果工作点在 b 处时进行剪力卸荷，并再增荷，则工作点将沿虚线所示路径移动，可见存在着一个小的滞回环，而且剪切变位 u 中有很大一部分是不能回复的。因滞回环不宽，我们取其中线为卸荷—增荷线，并取一平均模量 G_{ur}，此值可称为剪力卸荷—增荷模量。一般在不同点上卸荷时，G_{ur} 值相等或相近，并且远大于卸荷点处的正常（增荷）模量 G。

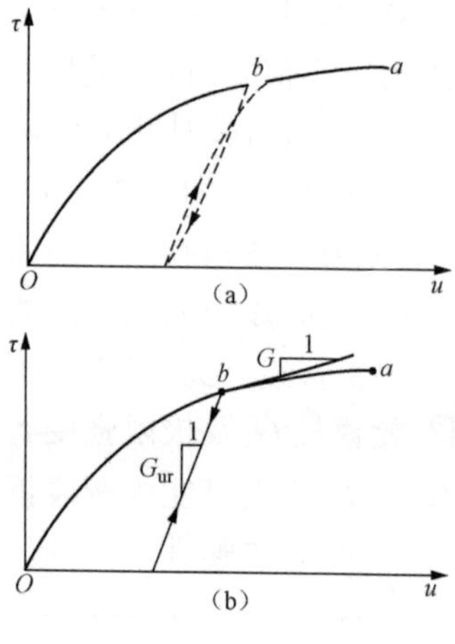

图 4

对于第二类情况，如工作点位于弹性段 Oa 上卸荷（见图 2），可假定它沿 Oa 线弹性回复，若工作点位于塑性段 ab 上卸荷时，则沿某一斜率为 G_{ur} 的线回复。

对于第三类情况，如工作点位于峰前段 Oa 上卸荷（见图 3），可假定它沿 Oa 线回复（或有一些塑性变形），若工作点位在残余段上卸荷，它将沿某一斜率为 G_{ur} 的线移动。

2.2 法向压力变化的影响

上面所述又是指法向压力 σ 不变的情况，如果剪应力 τ 不变，而 σ 有所增减，则其影响可参考图 5。设原来的法向压力为 σ_1，剪应力为 τ_1，相应变位为 u_1，工作点在曲线①的 a 点处。现设法向压力减低为 σ_2，相应的 τ—u 曲线如图 5 中之曲线②，上述工作点位置已在本曲线（即②曲线）以上，这是不可能的，故工作点必须移到曲线②上的 a' 点处。反之，如法向压力增长为 σ_3，相应的 $\tau—u$ 曲线如图 5 中的曲线③，则上述工作点位置在曲线③之下，这是可能的，故工作点不动（即仍维持剪应力为 τ_1、变位为 u_1 不变），换言之，此时工作点好像是从曲线③上卸荷下来一样，对于这种情况，可称为工作点“脱线”。在此之后，如果剪应力再次增大，工作点会从 a 沿某一斜线（斜率为 G'）上升到 a''，然后再沿曲线③移动。

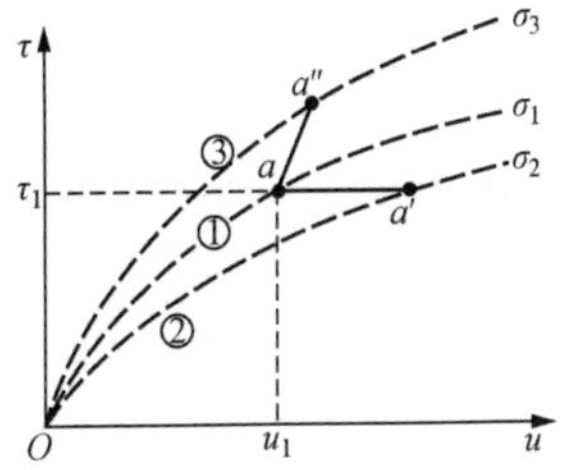

图 5

综上所述，如果我们通过详尽的试验分析，已得到破坏面上各部位在各种不同法向压力及剪应力下的 $\tau—u$ 关系曲线，那么从原则上讲，在已知剪切变位 u、法向压力 σ 以及应力变化的历史后，总可以求出相应的剪应力 τ，或相应的剪切模量 G。换言之，在知道前一时段的 σ、τ、u 后，便可确定工作点的位置和相应的 G，以供计算下一时段的 σ、τ、u 之用。

2.3 σ 与 v 的关系

以上叙述了 $\tau—u$ 的关系，下面再简述一下法向压力 σ 与夹层的法向压缩量 v 之间的关系。它们较为简单，对于微小的 v 值，σ 与 v 总是成线性比例，即

$$\sigma = Cv$$

$$C \approx \frac{E}{h}$$

式中：E 为夹层的压缩模量；h 为夹层厚度。

但当 v 逐渐增大时，C 往往随之加大。例如设软弱夹层是一条厚度为 h 的黏泥，则夹层的压缩量不可能超过 h，因此 C 将随 v 的增加而增大，到 $v \approx h$ 时，C 趋于无穷。

3 有限单元法

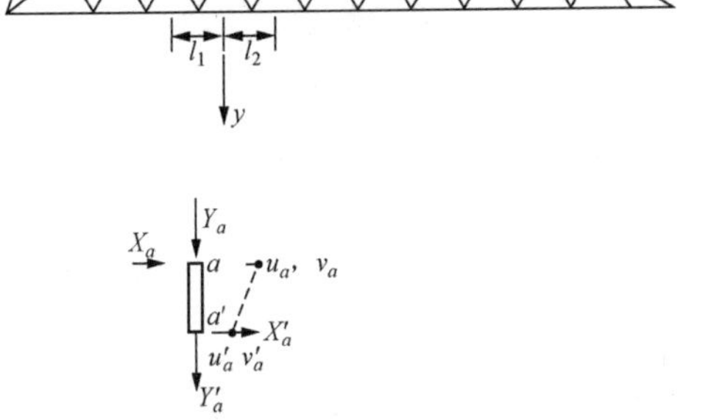

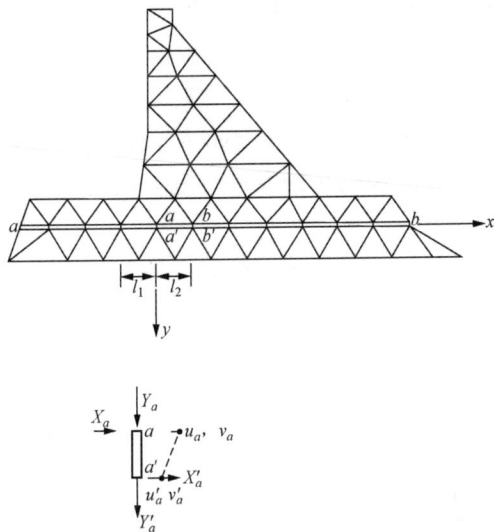

图 6

现在回到重力坝抗滑稳定计算问题上。如图 6 所示，ab 为软弱面。假定我们已查清软弱面的组成和特性，那么从理论上讲，总可以通过有限单元法分析来解决抗滑稳定问题。但由于问题的非线性，这种分析只能采用增量法逐步计算和采用迭代法反复试解来完成。

为此，我们按照一般的做法，将该软弱面上下的坝体及基岩都划成有限单元（图 6 中所示为最简单的三角形单元），与通常的有限单元计算并无区别。但位于软弱夹层两侧的对应点，要编不同的结点号（作为两个结点），并在它们之间编为一种

特殊的单元来反映软弱面的特性，暂称为夹层单元。夹层单元可以采用一维的“杆件”型单元，也可采用二维的矩形单元，在本质上是一样的（有些情况下可采用狭长的三角形单元）。本文为简单计，均采用一维单元来说明，如单元 aa'、bb' 等，每一根单元代表左右相邻三角形单元宽度一半范围内的夹层 $\left(l=\frac{1}{2}l_1+\frac{1}{2}l_2\right)$。它两端结点力为 X_a、Y_a、X'_a、Y'_a，平衡条件 $X_a+X'_a=0$、$Y_a+Y'_a=0$，而且

$$X_a=\tau\cdot l$$

$$Y_a=\sigma\cdot l$$

上述 τ 及 σ 为夹层中所受的剪应力及法向应力。令 u、v 表示结点沿 x、y 轴的变位，则当结点力有增量 ΔX、ΔY 时，相应位移增量将为 Δu、Δv，两者之间一定存在某种关系，可表示为

$$\begin{bmatrix}\Delta X_a\\ \Delta Y_a\\ \Delta X_{a'}\\ \Delta Y_{a'}\end{bmatrix}=\begin{bmatrix}G & 0 & -G & 0\\ 0 & C & 0 & -C\\ -G & 0 & G & 0\\ 0 & -C & 0 & C\end{bmatrix}\begin{bmatrix}\Delta u_a\\ \Delta v_a\\ \Delta u_b\\ \Delta v_b\end{bmatrix} \tag{5}$$

或

$$[\Delta F]=[K][\Delta\delta] \tag{6}$$

但这里刚度矩阵中的元素 C 和 G 不是常量，而要根据每个单元的工作状态和历史过程，不断发生变化，甚至有突变。具体变动情况和取值，要按上节中所述条件选用。

上面已提到，由于问题的非线性，我们不能指望一步解决，而需采取增量法和迭代法来逐步求解。现在具体分析“增量”和“迭代”的步骤。所谓增量法，就是把整个荷载过程划分为若干级“增量”，逐步施加，分级计算。将从上一级荷载增量所求得的各项成果，作为计算下一级增量影响的起始数据。由于每级荷载增量较小，在它的作用过程中，材料的特征、应力和应变的数值均不会发生大的变动，将有利于我们的处理（如果增量数值取得充分小，则对每一级增量即可按普通弹性体处理，不必迭代，仅在进行下级增量计算时，才根据上一增量的计算成果进行某些数据或条件的调整）。对于像重力坝这样的水利工程，采用增量法尤为合适。因为这时建筑物所受荷载（如自重、水压力等）确实是逐步作用上去的，采用增量法，不仅简化计算，符合实际情况，而且可以了解建筑物的应力、变位、屈服和破坏的发展过程，这是具有重要意义的。

增量法和迭代法在工程设计应用中十分灵活有效，但要精确解算坝体的抗滑稳定问题，即使是最简单的沿平面夹层的破坏问题，仍然有一定困难。这里除了各种夹层的物性曲线尚未完全掌握外，即使以已介绍过的夹层特性而言，也存在以下三种情况，使精确解算复杂化：

（1）应力—应变的变化过程线，不仅取决于当时的应力状态，而且还取决于全部应力历史过程，特别是取决于卸荷或增荷状态。

（2）剪应力—应变的变化过程，还取决于正应力状态。当正应力和剪应力同时变

化时，如何定义卸荷与增荷，材料物性曲线如何变化，这些问题均未搞清。

（3）多数夹层，当剪应变达到一定程度后，要发生应变软化，或脆性破坏进入残余段，使我们不能用增量法分析。

由于以上原因，到目前为止，我们还没有一种非常精确而又方便的模型可以妥善地解决抗滑稳定问题。一般情况下，我们还要对夹层的特性再作简化才能有效处理。例如，对于前述的三种情况，我们可以作如下的近似假定。

（1）双曲线型材料。

假定夹层的剪切模量 G 为 τ 及 σ 的确定函数，即

$$G=G_0\left(1-\frac{\tau}{\tau_e}\right)^2=K(\sigma_P-\sigma)^n\left(1-\frac{\tau}{c-f\sigma}\right)^2 \tag{7}$$

与此相应的有

$$\tau=\frac{u}{\dfrac{1}{K(\sigma_P-\sigma)^n}+\dfrac{u}{c-f\sigma}} \tag{8}$$

式中：K、c、f、σ_P、n 均为材料常数（σ_P 亦即材料的抗拉强度，其值一般甚微）。

所以，知道 τ 和 σ 后即可求出 G，或者知道 u 和 σ 后即可求出 τ。注意在有限单元分析中 σ 以拉应力为正，故式（8）中的抗剪强度写成 $c-f\sigma$。

要考虑增荷和卸荷影响，可作如下规定：凡是 u 或 τ 增长的就作为增荷情况，用式（7）和式（8）计算 G 或 τ；凡是 u 或 τ 减低的，或减低后再增长而未达到历史水平的就作卸荷—再增荷状态，此时应另用一个剪切模量 G_{ur} 计算。

（2）弹塑性型材料。

假定这种材料为理想弹塑性型，其特性曲线如图 7（a）所示。在不同的 σ 下，它们的弹性段重合，即 G_0 不受 σ 的影响。不同的 σ 仅影响屈服强度 $\tau_e=c-f\sigma$。材料在屈服前，剪切模量均用 G_0，达屈服后 G 变为 0，但在卸荷—再增荷状态下则用 $G_{ur}(\approx G_0)$。

（3）残余强度型材料。

假定这种材料为脆断性，在达峰值前为弹性，剪切模量 G_0 不受 σ 的影响。到峰值后强度有一突然降落，以后为水平线，G 取为 0，但在退荷—再增荷状态下则用 $G_{ur}\approx G_0$［见图 7（b）］。

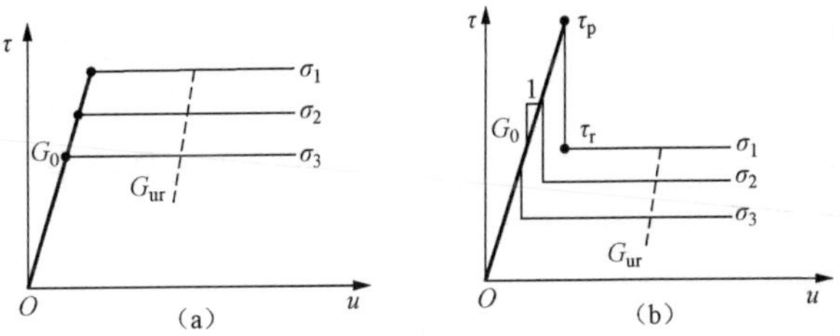

图 7

由上可知，材料处于增荷或卸荷状态，对常数的选择有很大的影响，并增加了计算中的周折。当核算重力坝沿平面夹层滑动失稳问题时，荷载及向下游的变位都稳定增加直到失稳。因此我们可以认为所有夹层单元都处于增荷状态，这样可以简化分析工作。

采用上述简化处理后，就可以用增量法或增量迭代法解算。先考虑增量法的应用，将建筑物所承受的总荷载分为若干级“增量”Δq，循序计算每一级增量 Δq 所产生的

应力及变位的增量。在求出每一级荷载增量所产生的应力、变位增值后，与原有值累计，得到总应力和总变形，并以此确定下一级增量分析时应该采用的各单元的模量，然后进行下一级分析，直到最后一级为止。形象地说，增量法就是用一组短的折线来逼近曲线。

具体到前述三种材料来说，对于双曲线型，可根据上级增量末的τ和σ值，用式（7）计算 G（压缩刚度 c 则取决于σ或压缩量，当σ为拉应力或压缩量为负值时取 c 为 0，下同）。对于理想弹塑性型夹层，在τ或u值未达屈服限时，剪切模量取为G_0；达到屈服限后，剪切模量取为 0（或任意小值）。对于脆性断裂型，在τ或u值未达屈服限时，剪切模量取为G_0；达到屈服限后要将单元中的应力降为残余强度，并将剪切模量降为 0，所超过的那部分应力要进行重分配，释放出来，改由其他单元承担，即所谓超余应力转移。

采用上述最原始的增量法分析，原理是简明的，但在实施时存在几个问题。第一，除非我们将增量取得很小，否则不够精确，误差会累积起来；第二，每经一次分析，原刚度矩阵中某些元素都要变动，必须重新求逆或重解方程组。所以计算工作量将是巨大的，成果也不满意。为了改进这些情况，我们可采用其他的处理方式，例如用“增量—迭代法”。这就是将荷载分为较大的若干级，对每一级荷载则采用等刚度的迭代计算来求得解答，现稍加解释如下。

对于任何一级荷载，在第一次迭代计算时，仍根据上一级荷载的分析成果确定本次分析时的初始刚度。施加本级荷载，求出所产生的应力与变形，并与上级成果累加得到第一近似值。由于实际上单元的模量在受荷过程中是不断变化的，而我们均以初始模量代表，且荷载增量又取得较大，所以第一近似值显然不是真解，反映在所求出的应力τ、σ和变位u、v并不符合物性曲线（见图 8）。例如，我们按求出的第一近似值σ_1和u_1，从物性曲线上确定相应的剪应力，将得到τ_1'，并不等于τ_1（有时甚至$\tau_1 > c-f\sigma$）。其差$\tau_1-\tau_1'$可称为超余应力。对于正应力也同样可求出超余值$\sigma_1-\sigma_1'$。为了使这种不相容的情况成为可能，设想在夹层单元两端结点上各施加虚拟的结点力来平衡这些超余应力（在我们设想的情况下，虚拟结点力的值显然就是超余应力与杆件面积的乘积），但实际上并不存在这种结点力。于是第二步松弛这些结点力，将它们当作外荷载，再计算所产生的应力和变位，作为校正值，与第一近似值累加后得到第二近似值σ_2、τ_2、u_2、v_2。这一步骤称为超余应力转移，其含义是把某些单元所不能承受的那部分应力转移到其他单元上去。在进行这步工作时，单元刚度均不变，当求出第二近似解后仍会有不相容情况存在，但一般来讲比上次情况有所改善。继续计算各单元的超余应力，再行转移，直至收敛为止。最后得到的成果对于任一单元来讲，应力和变位将符合物性曲线，也不会出现不容许的应力状态（如σ为拉应力或$|\tau| > c-f\sigma$等），这就是本级荷载下的最终解答。可见在每级荷载分析中，刚度矩阵是不变的。

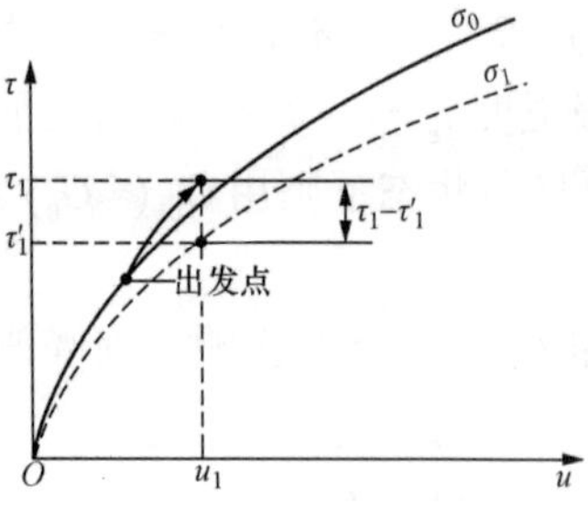

图 8

重力坝承受的荷载主要为自重及水压力。自重使夹层上产生的应力主要为压应力σ，所产生的剪应力较小，一般不会达到破坏状态。所以自重可以一次施加，作为第一级荷载，然后再施加水压力。后者则分为若干级，以代表库水位的增长，直到设计最高水位止。对于每一级荷载增量都进行上述分析，求出在本级荷载下最终的应力和变位，同时也可知道有多少个夹层单元已经进入屈服阶段或已越过了峰值进入残余强度阶段，或者已被拉裂。在将水位逐步抬高的过程中，这些已屈服或被破坏了的单元数将逐渐增加。如果到了某一水位，夹层面上所有单元都已进入屈服或破坏阶段，总的抗剪潜力已挖尽，若再增加荷载时，将无法再得出可以维持平衡的解答，变位 u 将无限制增大，坝体即告失稳。反之，如水位升到最高值后，夹层面上仍未全部破坏，变位和应力值均在容许范围之内，那么即使有部分地区已经达到屈服，也可认为坝体在最高水位下是稳定的，并求得相应的应力、变位和各部位工作状态的解答。如果要研究坝体的抗滑潜力，可以将水位再次抬高或将水的容重人为地增大，求出坝体失稳时的临界总推力，由此确定“超载潜力”；也可将各单元的材料强度参数（c、f、 f'等）逐级降低，直到失稳，求出“强度储备系数”。很显然，超载系数和强度储备系数不会是同一个值，甚至可以有较大的区别，它们是从不同的角度来反映坝的抗滑安全性的。另外可以看出，计算强度储备系数的工作量更大一些，因为每将强度降低一次就要做一个完整的分析，并且需用试算法求出临界的状态。

4 简化情况

按照上述原理进行抗滑计算，一般工作量巨大，必须采用有限单元法和电子计算机，但在某种最简化的情况下，也可以手算。这就是当软弱面是一个连续的平面，夹层材料的变形模量远小于混凝土或基岩，这样，位于破坏面以上的坝体或基岩可以当作一个刚体看待。这个刚体相对于软弱面的底盘的变位可以只用一个值 u 来表示。我们就可根据软弱面的特征，算出破坏面上总抗力 R 与位移 u 之间的关系，由此来判断稳定条件和安全系数。

为便于说明，下面举一些简单例子。

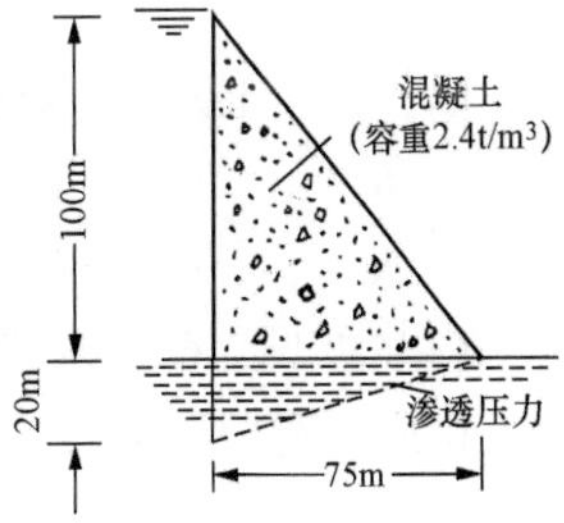

图 9

【例 1】 图 9 中示一三角形断面重力坝，基本数据均示于图内。基岩中成层连续的软弱夹层广泛分布，不便彻底清除，必须按照修建在软弱面上的坝来设计。又设已查明软弱面上的 $\tau—u$ 关系接近于双曲线型。

$$\tau=\frac{G_0 u}{1+G_0 u/\tau_e} \qquad \frac{\partial\tau}{\partial u}=G=G_0\left(1-\frac{\tau}{\tau_e}\right)^2 \tag{9}$$

其中 $G_0=100\mathrm{t/(m^2 \cdot mm)}$，又 $c=20\mathrm{t/m^2}$，$f=0.75$，试核算其稳定性。

先按习用方法核算：$W=\frac{1}{2}\times100\times75\times2.4=9000(\mathrm{t/m})$

$$U=\frac{1}{2}\times20\times75=750(\mathrm{t/m}) \qquad l=75\mathrm{m}$$

$$cl = 20 \times 75 = 1500 \text{（t/m）}$$

$$P = \frac{1}{2} \times 100 \times 100 = 5000 \text{（t/m）}$$

故

$$K_c = \frac{cl + f(W-U)}{P} = \frac{1500 + 0.75 \times 8250}{5000} = \frac{7688}{5000} = 1.537$$

然后按本文所述概念进行分析。先推导破坏面上总抗力 R 与 u 的关系式，即

$$\tau = \frac{G_0 u}{1 + G_0 u / \tau_e} = \frac{G_0 u}{1 + G_0 u / (c + f\sigma)} = \frac{G_0 uc + G_0 uf\sigma}{G_0 u + c + f\sigma}$$

假定破坏面上正应力呈线性分布，原点取在坝基中点，即 $\sigma = p + mx$ 代入上式

$$\tau = \frac{G_0 uc + G_0 uf(p + mx)}{G_0 u + c + f(p + mx)} = \frac{G_0 uc + G_0 uf p + G_0 uf mx}{G_0 u + c + fp + fmx} \qquad (10)$$

于是

$$R = \int_{-t}^{t} \tau \, dx = 2G_0 ut - \frac{G_0^2 u^2}{fm} \ln \frac{G_0 u + c + fp + fmt}{G_0 u + c + fp - fmt} \qquad (11)$$

式中：$t = l/2$，当已知 u、p、m 后，从式（11）即可求出 R。

如果我们仍然采用安全系数 $K = R/P$ 的概念，则可令 p 及 m 为常数，而改变 u 值，计算相应的 R 值。显然，$u = 0$ 时，$R = 0$，而 $u \to \infty$ 时，取极限得 $R = 2ct + 2fpt = cl + fpl = cl + f(W-U)$，与习用公式相符。在上述具体例子中，容易求得 $t = 37.5\text{m}$，$p = 110\text{t/m}^2$，$m = 1.8074\text{t/m}^3$，代入式（11）中得

$$R = 200 \times 37.5u - \frac{10000u^2}{0.75 \times 1.8074} \ln \frac{100u + 20 + 82.5 + 50.833}{100u + 20 + 82.5 - 50.833}$$

$$= 7500u - 7377u^2 \ln \frac{100u + 153.33}{100u + 51.66}$$

取不同 u 值，可求得相应 R 值如下：

u	0	0.1	1	2	3	4	…	10	…	∞
R	0	678.1	3715	4987	5639	6036	…	6922.4	…	7688

由此可见，在实际推力 5000t 作用下，坝体相对位移是 2mm。至于达到 $K_c = 1.537$ 时，相应位移（理论上）已为无穷大。如果软弱夹层的容许最大相对位移为 $u = 4\text{mm}$，则实际安全系数 $K_c = \frac{6036}{5000} = 1.21$。可见，这样计算不仅可求出最终的安全系数 $K_c = 1.537$（和传统方法一致），而且可以得到有实际意义的 $K_c = 1.21$ 以及实际的夹层变位值 2mm。

【例 2】 其他数据同［例 1］，只是软弱面上的抗剪指标 $c = 10\text{t/m}^2$，$f = 0.553$。

按传统方法计算

$$K_c = \frac{cl + f(W-U)}{P} = \frac{10 \times 75 + 0.553 \times 8250}{5000}$$

$$= \frac{5312}{5000} = 1.062$$

用式（11）计算得

$$R=7500u-\frac{10000u^2}{0.553\times1.8074}\ln\frac{100u+10+60.83+37.5}{100u+10+60.83-37.5}$$
$$=7500u-10000u^2\ln\frac{100u+108.33}{100u+33.33}$$

取不同的 u 值，计算可得：

u	0	0.1	1	2	3	4	5	6	10	50	…	∞
R	0	649	3003	3851	4235	4459	4606	4709	4932	5231	…	5312

由此可见，在实际水推力 5000t 作用下，夹层相对位移已达 10mm，如果容许相对位移为 4mm，则 $R=4460$，相应 $K_c=0.89$。换言之，本情况下坝体不能满足稳定要求，虽然最终的 K_c 值还稍大于 1。

【例 3】 所有数据同［例 2］，只是软弱面 $\tau—u$ 曲线的 $G_0=100\text{t}/(\text{m}^2\bullet\text{mm})$。

本例与［例 2］相比，软弱面上的指标 c、f 值相同，从而按传统方法求得的 K_c 值也一致（$K_c=1.062$），但本例中软弱面上抗剪强度发展的“速率”比上例要“快”10 倍，代入式（11）计算得

$$R=75000u-1000000u^2\ln\frac{1000u+108.33}{1000u+33.33}$$

计算成果如下：

u	0	0.1	0.2	0.3	0.4	0.5	1	5	…	∞
R	0	3037	3850	4235	4459	4606	4932	5230	…	5315

因此，在实际水压力 5000t 作用下，u 仅约为 1mm，是［例 2］的 1/10，在容许范围内，虽然其抗滑安全性远不能满足设计规范要求，但至少在实际水压力作用下尚能稳定，也不产生过大变位。比较［例 2］和［例 3］，可以看出 G_0 值的影响。

【例 4】 某坝的断面与荷载同［例 1］，在坝基下有一软弱面，面上的剪切特性为残余强度型，如图 10 中虚线所示，为简化计，用实线代之。具体指标是：$c=20\text{t/m}^2$，$f=0.75$，$f'=0.6$，$u_P=0.5\text{mm}$，试分析其安全度。

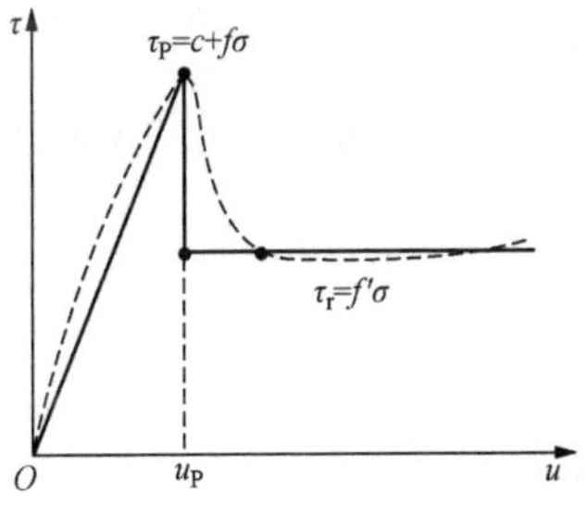

图 10

按传统方法计算

$$K_c=\frac{cl+f(W-U)}{P}=\frac{20\times75+0.75\times8250}{5000}=1.537$$

按本文方法，先推算破坏面上抗力 R 与 u 的关系。

（1）当 $u<u_P$ 时

$$\tau=\frac{\tau_P}{u_P}\times u=\frac{c+f\sigma}{u_P}\times u=(c+f\sigma)\frac{u}{u_P}$$

$$R=\int_{-t}^{t}\tau\text{d}x=\int_{-t}^{t}(c+fp+fmx)\frac{u}{u_P}\text{d}x=[cl+f(W-U)]\frac{u}{u_P}$$

（2）当 $u\geqslant u_P$ 时

$$R=f'(W-U)$$

用具体数据代入

当 $u < u_P$ 时 $$R_P = 7688\frac{u}{u_P}$$

当 $u \geqslant u_P$ 时 $$R = 4950$$

可见，当 $u \to u_P$ 时，R 达最高值 R_P，相应的 $K_c = 1.537$，但一旦越过 u_P，R 即下降为 4950，K_c 将小于 1。另外，在实际推力 5000t 作用下，$u = \frac{5000}{7500}u_P = 0.333\text{mm}$。

对于这类问题，即当 u 超过 u_P 后 R 值会显著降低的情况，值得我们特别重视，尤其是当减低后的 R 值将不能满足稳定要求时，更需谨慎。一般来讲，这种情况应力求避免，至少应要求 R_P 远大于实际推力 P 以及 u_P 远大于实际变位 u。

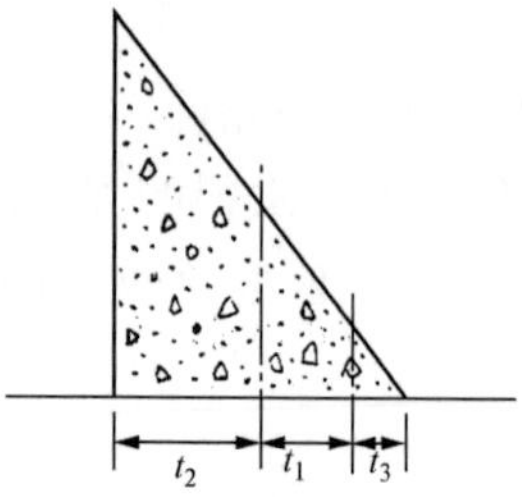

图 11

【例 5】 设某坝断面和荷载同以上各例。其坝基下之软弱面由两部分组成，靠上游部位 60m，其 τ—u 关系为双曲线型，且 $G = 1000\text{t}/(\text{m}^2\cdot\text{mm})$，$c = 10\text{t/m}^2$，$f = 0.5$；靠下游 15m 其 τ—u 关系呈残余强度型，且 $\bar{c} = 100\text{t/m}^2$，$\bar{f} = 0.75$，$\bar{f}' = 0.5$，$u_P = 1\text{mm}$。参见图 11，$t_1 = 22.5\text{m}$，$t_2 = 37.5\text{m}$，$t_3 = 15\text{m}$。

按传统算法，可以先推算整个破坏面上的加权抗剪指标。例如，按面积加权，得

$$c = \frac{10\times 60 + 100\times 15}{75} = 28$$

$$f = \frac{0.5\times 60 + 0.75\times 15}{75} = 0.55$$

于是 $$K_c = \frac{cl + f(W-U)}{P} = \frac{28\times 75 + 0.55\times 8250}{5000} = \frac{6637}{5000} = 1.327$$

如果考虑最后 15m 已降为残余强度，则

$$c = \frac{10\times 60}{75} = 8$$

$$f = \frac{0.5\times 60 + 0.5\times 15}{75} = 0.5$$

$$K_c = \frac{8\times 75 + 0.5\times 8250}{5000} = \frac{4725}{5000} = 0.945$$

按照建议方法，先计算 R 与 u 之间的关系，R 可分为两部分，一部分 R_1 由前 60m 接触面提供，另一部分 R_2 由所余 15m 接触面提供。

R_1 仍可用式（11）计算，唯积分区间应改为从 $-t_2$ 到 t_1，即

$$R_1 = G_0 u(t_1 + t_2) - \frac{G_0^2 u^2}{fm}\ln\frac{G_0 u + c + fp + fmt_1}{G_0 u + c + fp - fmt_2} \tag{12}$$

R_2 的公式可推得为

$$R_2=(\bar{c}+\bar{f}p)t_3\frac{u}{u_P}+\bar{f}m\left[\frac{(t_1+t_3)^2}{2}-\frac{t_1^2}{2}\right]\frac{u}{u_P}\quad（当 u<u_P）\tag{13}$$

$$R_2=\bar{f}'pt_3+\bar{f}'m\left[\frac{(t_1+t_3)^2}{2}-\frac{t_1^2}{2}\right]\quad（当 u\geqslant u_P）\tag{14}$$

将具体数据 $G_0=1000\text{t}/（\text{m}^2\cdot\text{mm}）$，$t_1=22.5\text{m}$，$t_2=37.5\text{m}$，$f=0.5$，$p=110\text{t/m}$，$m=1.8074\text{t/m}^3$，$\bar{c}=100\text{t/m}^2$，$\bar{f}=0.75$，$t_3=15\text{m}$，$u_P=1\text{mm}$ 等代入，可得

$$R=60000u-1106562u^2\ln\frac{1000u+85.33}{1000u+31.11}+3347.5\frac{u}{u_P}\quad（当 u<u_P）$$

$$R=60000u-1106562u^2\ln\frac{1000u+85.33}{1000u+31.11}+1232\quad（当 u\geqslant u_P）$$

置 u 以不同值，得 R 如下：

u	0	0.1	0.5	1^-	1^+	2	5	10	…
R	0	2505	4782	6639	4524	4624	4693	4725	…

可见，当 $n\to 1\text{mm}$ 时，R 达最大值 $R_P=6639$，相应 $K=1.328$，在超过 1mm 后，R 突降为 4524，以后缓慢上升，但 K 始终小于 1。如果将 $R—u$ 曲线绘出，可知在实际水推力 5000t 作用下，$u=0.56\text{mm}$，离开 u_P 值的裕度是 0.44mm。

【例 6】 条件与［例 5］相同，仅在 60m 段上的参数 $G_0=100\text{t}/(\text{m}^2\cdot\text{mm})$，在 15m 段上的 $u_P=0.1\text{mm}$。

在这些数据下，R 的公式为

$$R=6000u-11065.6u^2\ln\frac{100u+85.33}{100u+31.11}+3347.5\frac{u}{u_P}\quad（当 u<u_P）$$

$$R=6000u-11065.6u^2\ln\frac{100u+85.33}{100u+31.11}+1232\quad（当 u\geqslant u_P）$$

置 u 以不同值，得 R 如下：

u	0	0.1^-	0.1^+	1	2	3	5	10
R	0	3857	1740	3402	3904	4130	4341	4522

从本例结果可以看出极重要的一点，即本例破坏面上的抗剪指标（c、f、$\bar{c}$、$\bar{f}$、$\bar{f}'$ 等）虽与上例完全一样，但却完全不能维持稳定，其原因显然是 G_0 和 u_P 均为上例的 1/10。G_0 小，意味着双曲线型的强度随变形的发展甚为缓慢；u_P 小，则意味着残余强度型的峰值很快来到，两者凑在一起，便造成“个别击破、累积破坏”的后果，即在水推力作用下，先将 15m 段的黏结力破坏，摩擦系数降低，然后再破坏 60m 段。所以，当破坏面上有几种类型组成，其中夹有残余强度型的类型，且其残余强度远低于峰值强度者，核算抗滑稳定时务宜慎重，必须仔细研究各分段 $\tau—u$ 关系曲线的特征和参数，判断是否可利用峰值强度作为稳定因素。

【例 7】 各种条件均和［例 5］一致，仅破坏面两段的位置互换，即抗力呈双曲线型的 60m 段位于下游，抗力呈残余强度型的 15m 段位于上游。

破坏面两部位互换，对总抗力是有影响的，因为抗力与正应力及抗剪指标都有关

系。在本例中，抗力计算公式与［例 5］相近，只需将积分区间作相应修改，即

$$R'=G_0u(t_1+t_2)-\frac{G_0^2u^2}{fm}\left(\ln\frac{G_0u+c+fp+fmt_2}{G_0u+c+fp-fmt_1}\right)+$$

$$(\bar{c}+\bar{f}p)t_3\frac{u}{u_P}+\bar{f}m\left(\frac{t_1^2}{2}-\frac{\overline{t_1+t_3}^2}{2}\right)\frac{u}{u_P}\quad(当u<u_P)$$

$$R'=G_0u(t_1+t_2)-\frac{G_0^2u^2}{fm}\left(\ln\frac{G_0u+c+fp+fmt_2}{G_0u+c+fp-fmt_1}\right)+$$

$$\bar{f}'pt_3-\bar{f}'m\left(\frac{\overline{t_1+t_3}^2}{2}-\frac{t_1^2}{2}\right)\quad(当u\geqslant u_P)$$

将有关数据 $G_0=1000\text{t/(m}^2\cdot\text{mm)}$，$u_P=1\text{mm}$，$t_2=37.5\text{m}$，$t_1=22.5\text{m}$，$t_3=15\text{m}$，$c=10\text{t/m}^2$，$f=0.5$，$p=110\text{t/m}$，$m=1.8074\text{t/m}^3$，$\bar{c}=100\text{t/m}^2$，$\bar{f}=0.75$，$\bar{f}'=0.5$ 等代入，可得

$$R'=60000u-1106562u^2\ln\frac{1000u+108.889}{1000u+54.667}+1927.5\frac{u}{u_P}\quad(当\ u<u_P\ )$$

$$R'=60000u-1106562u^2\ln\frac{1000u+108.889}{1000u+54.667}+418.3\quad(当\ u\geqslant u_P\ )$$

当 $u=1.0^-\text{mm}$ 时，R' 达最大值 6451.6，而当 $u=1.0^+\text{mm}$ 时，R' 值下降为 4942.4。与［例 5］中相应值 6639 及 4524 相比，可见安全系数稍有不同

$$K_1=\frac{6451.6}{5000}=1.29$$

$$K_1'=\frac{4942.4}{5000}=0.988$$

【例 8】 条件与［例 5］相同，仅分布在破坏面上的正应力并不呈线性分布，而假定和两分段上的抗压模量成正比，而 15m 段上的模量比 60m 段的高 10 倍。

对于本问题应先进行一次静力分析，求出作用在两分段上的正应力 σ 的分布式，忽略详细过程，其最终成果为

$-37.5<x<22.5$：$\sigma=62.016-1.1786x$，即 $p=62.016$，$m=-1.1786$

$22.5<x<37.5$：$\sigma=620.16-11.786x$，即 $p=620.16$，$m=-11.786$

代入抗力公式中

$$R_1=G_0u(t_1+t_2)-\frac{G_0^2u^2}{fm}\ln\frac{G_0u+c+fp+fmt_1}{G_0u+c+fp-fmt_2}$$

$$=60000u+1700680u^2\ln\frac{1000u+27.74425}{1000u+63.11425}$$

$$R_2=4499.8\frac{u}{u_P}\quad(当\ u<u_P\ )$$

$$R_2=1999.4\quad(当\ u\geqslant u_P\ )$$

取不同 u 值，得 R 如下：

u	0	0.1	0.5	1^-	1^+
R	0	2293	4669	6955	4455

这样，在实际推力 5000t 作用下，u 约为 0.57mm，当 u 达 1mm 时，R 达 $R_P=6955$，K 达 1.391，u 超过 1mm 后，K 将骤降到 0.891。

在叙述了以上几个例子后，可以研究一个普遍性情况。图 12（a）中所示一坝体断面及坝基上的破坏面 ab，设 ab 由五种不同类型的接触面组成，每段上的 τ—u 特性曲线都示于图 12（c）中，其中 l_2、l_5 两段为残余强度型，又设每段上的正应力 σ 也均已求出，各为 p_1+m_1x，p_2+m_2x，…

坝体在实际水推力 P 的作用下，沿破坏面将产生位移 u，为便于设想，我们假定在坝基高程处作用一个虚拟水平力 P'，其值与 P 抵消，坝体暂时不受推力，那么 $u=0$，软弱面上的总抗力 R 也等于 0，相当于图 12（d）中的 O 点。然后将虚拟力 P' 逐渐减少，使水压力逐渐作用在坝上，u 就逐渐增加。针对每一个 u 值，总可以根据图 12（c）中的 τ—u 曲线和（b）中的 σ 曲线，用公式法或数值法算出每一分段上的抗力，并叠加后求出破坏面上的总抗力 $R=\sum\int\tau\,\mathrm{d}x$。显然，$R$ 随着 u 的增大而增大，如图 12（d）中的 OB 段。当 u 达到某一值 u_0 时，$R=P$，表示全部水压力都作用在坝上（虚拟力 $P'=0$），即图 12（d）中的 A 点，这代表坝体的实际工作状态。

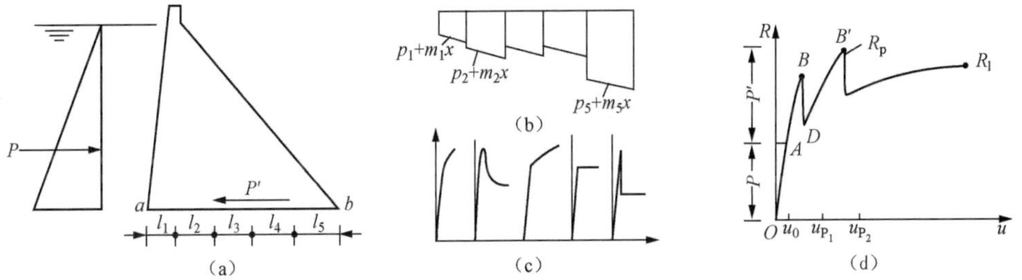

图 12

现在设想，在坝基断面处作用一个与水压力 P 同方向的虚拟力 P'，且逐渐加大，使坝体承受越来越大的总推力 $R=(P+P')$，那么 u 值也将继续增长，如图 12（d）中的 $ABDB'$ 曲线。其中，当 u 值增加到 u_{P_1} 及 u_{P_2} 时，R 值均有一突降，分别表示 l_2 段及 l_5 段强度已超过峰值，跌落为残余值。除此以外，R 均随 u 的增长而增长。其中最大的值 R_P 与实际水推力 P 之比，即安全系数 $K=R_P/P$，其意义是坝体除承受水压力 P 外，还可以再承受一个作用于坝基高程处的推力 $P'=R_P-P=(K-1)P$。其次，当 u 趋于无穷时，R 有一极限 R_1（R_1 不一定大于 R_P），相应的安全系数为 $K'=R_1/P$。

如果我们能作出这样一条曲线，就可以一目了然地看出：①在实际水推力 P 作用下，沿破坏面的位移量 u_0 为多少，相应的工作点 A 位在 R—u 曲线上什么位置；②破坏面上所能提供的绝对最大抗力 R_P 为多少（在实际正应力 σ 下），相应的绝对最大安全系数 K 是多少；③每当一段破坏面上的剪力超过其峰值而裂开后，抗力 R 将下降多少，它们的位置和实际工作点 A 的关系怎样；④当 u 趋近于无限时，破坏面上的最终

抗力 R_1 为多少，相应最终安全系数 K' 为多少，是否大于1？得到这些资料后，对坝体沿该破坏面上的抗滑稳定性情况，就可以得到更明确的概念。但要进行这样的计算，仅知道破坏面上的最终强度显然不够，还必须通过勘测试验，确定破坏面上的 τ—u 特性曲线才可。

重力坝岸坡坝段的稳定分析

重力坝岸坡坝段的建基面是一个斜面或折面，这种坝段在外力作用下的稳定条件与河床坝段（其建基面基本上为一水平面）有很大差别。在某些条件下，前者的稳定性很差，必须采取有效的工程措施，以提高它的稳定性。在个别工程中，岸坡坝段的稳定性显著低于河床坝段，成为整个坝体的薄弱环节。国外也有岸坡坝段在施工过程中变形失稳的报道，但如果处理得当，岸坡坝段的稳定性是完全可以保证的。所以，这是坝工设计中的一个重要课题。然而由于问题的复杂性，致使迄今无合理和统一的计算方法。本文拟对这个问题稍加探讨，以供参考。

在岸坡上修建重力坝时，为了保持坝体在施工和运行期中的稳定性，我们可视情况采取不同的措施。

一种情况是岸坡较为平缓。这时岸坡坝段的稳定条件一般不会太差，经过核算可能不必采取专门措施，或只需采取些简单的措施，即可满足设计要求[见图 1(a)]。

另一种情况是岸坡陡峻，地质条件良好。我们可结合施工需要将岸坡挖成阶梯式的平台，使坝体建在带平台的地基上。据研究，平台宽最好不小于底宽的 1/3，而且应该筑在坝基较低的一侧［见图 1（b)]。

对于陡峻的岸坡，还有一种处理方法，就是先将旁侧较低的坝段浇筑到一定高程，与岸坡结合。然后在与其相接的斜坡面上浇筑另一坝段［见图 1（c)]。采用本法时，坝段间的伸缩缝并不直通坝基，所以应适当控制温度和收缩应力并需采取其他措施以防止伸缩缝继续向下发展而形成漏水通道。

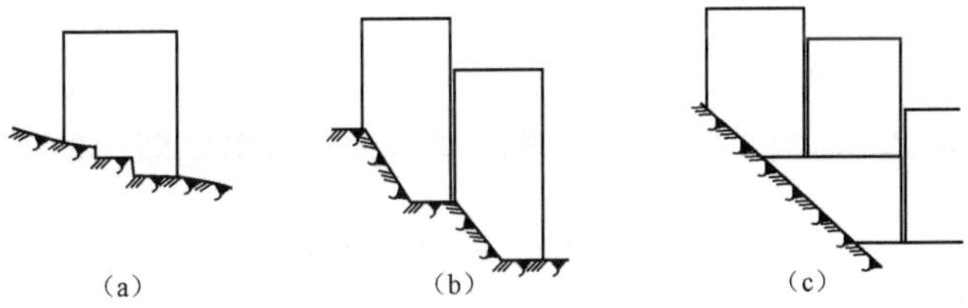

图 1

不论采用哪种措施，陡坡上的坝段都可视为建在折线形基面上的独立块体。下面将论述其分析法。建议的分析法计算工作量较大，作者并不推荐普遍采用，主要想通过实例分析研究“平台”的作用，以供设计参考。当然，若重力坝最后筑成整体式时，便只需核算岸坡坝段在施工期的稳定性。

现在分情况依次讨论如下。

1　情况 1　倾斜基岩面，侧向位移无约束

图 2 中示一岸坡坝段，建基面倾角为 δ，坝块总重为 W，建基面上总的渗透压力

为 U，水推力为 Q，建基面的抗剪指标为 f 及 c，断面积为 A。如果有其他荷载，亦可同样计入，并无困难。将 W 分解为法向分力 $N=W\cos\delta$ 和切向分力 $T=W\sin\delta$，其中切向分力 T 再和水推力 Q 合成为 $S=\sqrt{T^2+Q^2}=\sqrt{W^2\sin^2\delta+Q^2}$，该力和 y 轴的交角（在建基面上）ε 容易求得，为

$$\tan\varepsilon=\frac{W\sin\delta}{Q} \tag{1}$$

本情况下的抗滑安全系数显然为

$$K=\frac{f(W\cos\delta-U)}{\sqrt{W^2\sin^2\delta+Q^2}} \tag{2}$$

计及黏结力后的安全系数为

$$K_c=\frac{f(W\cos\delta-U)+cA}{\sqrt{W^2\sin^2\delta+Q^2}} \tag{3}$$

失稳时，坝块沿 S 力的方向滑动，即滑向与 y 轴成 ε 角。

置 $\delta=0$，得建基面为水平时的 K 和 K_c 值，即

$$K=\frac{f(W-U)}{Q} \tag{2'}$$

$$K_c=\frac{f(W-U)+c\overline{A}}{Q} \tag{3'}$$

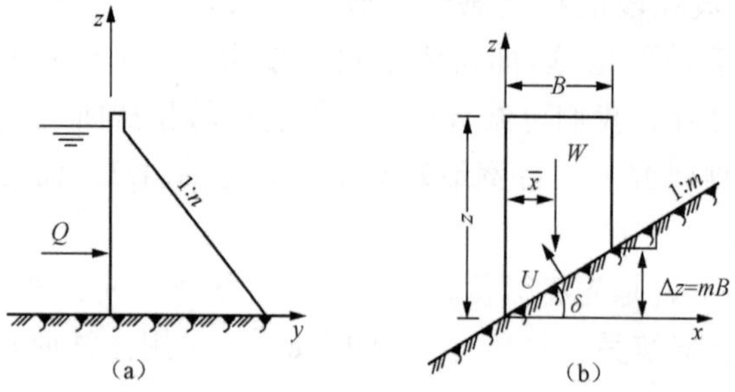

图 2

式（3′）中的 $\overline{A}$ 等于式（3）中的 A 乘以 $\cos\delta$。显然，当建基面有倾角 δ 时，K 及 K_c 值将低于基坑为水平面的情况。特别是 K 值，即使 δ 角不大，也下降很多。为了说明这点，以图 2（a）中的三角形断面为例，设大坝高为 Z，则当基坑为水平时，很容易求得单宽断面的 W、Q、U 值，即

$$\left.\begin{aligned} W&=\frac{1}{2}\gamma_{\mathrm{b}}nZ^2=1.2nZ^2 \quad (以\gamma_{\mathrm{b}}=2.4\mathrm{t/m^3}代入)\\ Q&=\frac{1}{2}\gamma_{\mathrm{w}}Z^2=0.5Z^2 \qquad (以\gamma_{\mathrm{w}}=1.0\mathrm{t/m^3}代入)\\ U&=\xi Z^2 \end{aligned}\right\} \tag{4}$$

式中：ξ 为系数，视扬压力分布图形而定。

因此

$$\left.\begin{aligned} K&=\frac{f(1.2n-\xi)Z^2}{0.5Z^2}=2f(1.2n-\xi)\\ K_c&=\frac{f(1.2n-\xi)Z^2+cnZ}{0.5Z^2}=2f(1.2n-\xi)+\frac{2cn}{Z} \end{aligned}\right\} \tag{5}$$

而对于岸坡上的坝体，如图 2（b）所示，不难求得

$$\left.\begin{aligned}
W &= 1.2nZ^2\lambda B \\
Q &= 0.5Z^2\lambda B \\
U &= \xi Z^2\lambda B/\cos\delta \\
\bar{x} &= B\frac{\lambda'}{\lambda} \\
\lambda &= 1-\overline{\Delta Z}+\frac{\overline{\Delta Z}^2}{3} \\
\lambda' &= 0.5-\frac{2}{3}\overline{\Delta Z}+\frac{1}{4}\overline{\Delta Z}^2 \\
\overline{\Delta Z} &= \frac{\Delta Z}{Z} \\
\Delta Z &= mB = B\tan\delta
\end{aligned}\right\} \tag{6}$$

另外，接触面面积 A 为

$$A=\frac{BnZ}{\cos\delta}\left(1-\frac{\overline{\Delta Z}}{2}\right) \tag{7}$$

所以，在倾斜的建基面情况，安全系数为

$$\left.\begin{aligned}
K &= \frac{f(1.2nZ^2\lambda B\cos\delta-\xi Z^2\lambda B/\cos\delta)}{\sqrt{(0.5Z^2\lambda B)^2+(1.2nZ^2\lambda B\sin\delta)^2}} \\
&= \frac{f(1.2n\cos\delta-\xi/\cos\delta)}{\sqrt{0.5^2+(1.2n\sin\delta)^2}} \\
K_c &= \frac{f(1.2nZ^2\lambda B\cos\delta-\xi Z^2\lambda B/\cos\delta)+\dfrac{cBnZ}{\cos\delta}\left(1-\dfrac{\overline{\Delta Z}}{2}\right)}{\sqrt{(0.5Z^2\lambda B)^2+(1.2nZ^2\lambda B\sin\delta)^2}} \\
&= \frac{f(1.2n\cos\delta-\xi/\cos\delta)+\dfrac{cn}{Z\lambda\cos\delta}\left(1-\dfrac{\overline{\Delta Z}}{2}\right)}{\sqrt{0.5^2+(1.2n\sin\delta)^2}}
\end{aligned}\right\} \tag{8}$$

【例 1】 为了说明岸坡倾角 δ 对安全系数的影响，我们举一算例。

令

$$Z=100\text{m}$$

$$n=0.75$$

$$\xi=0.075$$

$$f=0.7$$

$$c=200\text{t/m}^2$$

则在水平的建基面上，由式（5）计算得

$$K=\frac{0.7\times(0.9-0.075)}{0.5}=1.155$$

$$K_c=\frac{0.7\times(0.9-0.075)+\dfrac{200\times0.75}{100}}{0.5}=4.155$$

无论 K 还是 K_c 值都能满足重力坝设计规范要求。

现在令 $\delta=10°$、$30°$、$45°$、$60°$，$B=10\text{m}$，计算各有关值如表 1 所示。

表 1

δ	$\sin\delta$	$\cos\delta$	$\tan\delta$	ΔZ	$\overline{\Delta Z}$	λ	$1-\dfrac{\overline{\Delta Z}}{2}$	$\sin^2\delta$	K	K_c
0°	0	1	0	0	0	1	1	0	1.155	4.155
10°	0.174	0.985	0.176	1.76	0.0176	0.9825	0.9912	0.0302	1.083	4.016
30°	0.500	0.866	0.577	5.77	0.0577	0.9434	0.9711	0.2500	0.720	3.37
45°	0.707	0.707	1.000	10.00	0.1000	0.9033	0.9500	0.5000	0.4587	3.21
60°	0.866	0.500	1.732	17.32	0.1732	0.8368	0.9133	0.7500	0.227	3.76

于是由式（8），在倾斜面上的安全系数为

$$K=\frac{0.7\times(0.9\cos\delta-0.075/\cos\delta)}{\sqrt{0.25+0.81\sin^2\delta}}$$

$$K_c=\frac{0.7\times(0.9\cos\delta-0.075/\cos\delta)+\dfrac{1.5}{\cos\delta}\dfrac{1-\overline{\Delta Z}/2}{\lambda}}{\sqrt{0.25+0.81\sin^2\delta}}$$

将相应数值代入后，求得的 K 及 K_c 值如表 1 末两行所示。由表 1 所列数值，可以得出以下重要结论：

（1）建基面倾斜后，不论 K 还是 K_c 值均比水平的建基面情况有所降低。

（2）当黏结力 $c=0$，或不计 c 值时，安全系数 K 的降低十分显著，而且随着 δ 的增加而加速下降。故一般来讲，当 δ 角稍大时，岸坡坝段要借摩擦力维持稳定，并达到通常要求的标准是不现实的。

（3）当 c 值较大时，K_c 值的降低不如 K 值的降低显著，而且当 δ 角超过一定值后，K_c 值又复回升（因接触面积增大）。所以，利用 c 值来满足岸坡坝段稳定要求是有可能的。但这首先要求在倾斜的接触面上确能保证产生所假定的 c 值，一般岸坡较陡时，c 值的保证性是较差的。

2　情况 2　倾斜基岩面，侧向位移受约束

为了改善岸坡坝段的稳定条件，我们常常将相邻坝块的横缝封闭，从而限制坝块的侧向位移，使它只能沿着顺河流方向（沿 y 轴）滑动。作用在滑移面上的剪力方向应该与最后滑移方向平行（且相反）。可见，为了限制坝块不发生侧向位移，在侧边上一定有一个力 R 作用，以抵消 W 的切向分力 $W\sin\delta$。这个力 R 就是相邻坝块对本坝块的反力，R 的方向无法精确确定。如果令它和建基面成一夹角 θ［参见图 3（a)］，则

$$
\left.\begin{aligned}
K&=\frac{f(W\cos\delta-U+W\tan\theta\sin\delta)}{Q}\\
K_c&=\frac{f(W\cos\delta-U+W\tan\theta\sin\delta)+cA}{Q}
\end{aligned}\right\}\qquad(9)
$$

可见，θ越小，K及K_c值也越小，为安全计，可令R方向与建基面平行，即取$\theta=0$，则

$$
\left.\begin{aligned}
K&=\frac{f(W\cos\delta-U)}{Q}\\
K_c&=\frac{f(W\cos\delta-U)+cA}{Q}
\end{aligned}\right\}\qquad(10)
$$

如果能够证实 R 的作用方向不会这样陡时，也可以取另外的合理的θ值，而用式（9）计算。

一般重力坝在两岸各有若干个岸坡坝段，例如图 3（b）中的坝段①至④，所以应将横缝封闭到河床坝段，而且应注意，各横缝上的反力R将累积传递下来，所以图3（b）中的河床坝段⑤应按承受累积的侧向压力设计，使它在本身负担的水压力及这个侧压力作用下的安全系数也满足要求。如果坝段⑤的安全系数达不到要求，应该把⑥号块也连上去。反之，如果岸坡坝段的安全系数［按式（10）计算］有富余时，可以降低R的值（容许岸坡坝段稍有侧向位移），使其K值下降为

$$
K=\frac{f(W\cos\delta-U)+cA}{\sqrt{(W\sin\delta-R)^2+Q^2}}\qquad(11)
$$

而令其与河床坝段的 K 相等，得出一个平衡的设计，如果这样得出的K值已达到设计要求，便认为整个建筑物都是安全的。

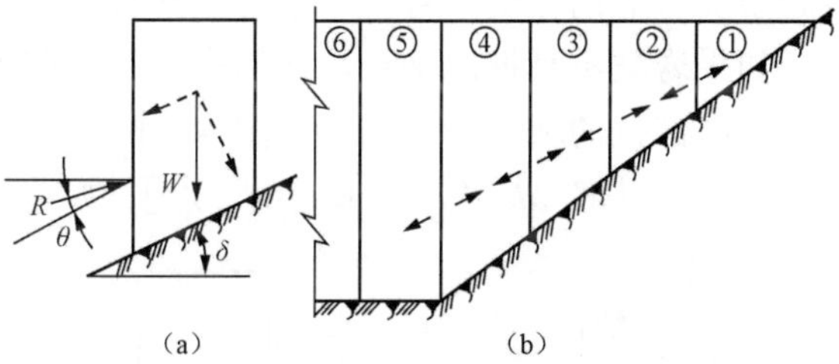

图 3

为了在相邻坝段中传递反力R，应在坝体温度稳定后将横缝灌浆封闭，只需封闭底部一定高度就可以了。如果我们将各坝段的顶部也刚性连接起来，对岸坡坝段的稳定固然有利，但对河床坝段则不利。这样做时往往要将足够多的河床坝段也连成一起，有可能变为整体式重力坝。

【例 2】 我们仍取上节中的例题来说明，当该坝段受相邻坝段约束，不能侧向移动时，则安全系数为

$$
\left.\begin{aligned}
K&=\frac{0.7\times(0.9\cos\delta-0.075/\cos\delta)}{0.5}\\
K_c&=\frac{0.7\times(0.9\cos\delta-0.075/\cos\delta)+\dfrac{1.5}{\cos\delta}\dfrac{1-\dfrac{\Delta\bar{Z}}{2}}{\lambda}}{0.5}
\end{aligned}\right\}\qquad(12)
$$

计算结果如表 2 所示。

表 2

δ	无侧向约束		侧向受约束	
	K	K_c	K	K_c
0°	1.155	4.155	1.155	4.155
10°	1.083	4.016	1.134	4.207
30°	0.720	3.37	0.970	4.534
45°	0.458	3.21	0.742	5.20
60°	0.227	3.76	0.420	6.96

可见，当侧向受约束时，仅靠摩擦系数，坝块稳定仍难达到原设计标准，但若计入 c 值，而且 c 值较大时，则 δ 角越大，K_c 值反而增大。由此可见，封闭横缝，限制岸坡坝段的侧向滑移，并尽量提高和利用 c 值，是保证岸坡坝段稳定的有效措施。

3　情况 3　有平台的岸坡坝段，承受自重

有时，接触面上 c 值很小，或不可靠，为了提高岸坡坝段的稳定性，我们常将岸坡挖成几级平台。为了保证坝块在浇筑过程中的稳定，平台也是不可少的。容易想象，设置平台后，稳定条件将大为改善。但是，首先必须肯定平台本身的可靠性。例如，若岸坡存在着发育的顺坡节理组，切割平台［如图 4（a）所示］，这就很难考虑平台能起多少有益的作用，甚至不宜挖置平台。

如果岩坡不易挖成平台，我们也可将下部坝块的混凝土面浇平，而将它作为相邻的、较高部位的坝块的基础，见图 4（b）。这时，各坝段间的横缝并不通到基岩［例如图 4（b）中的 ab 缝，并未通到 c 点］。如前所述，此时应做好温控工作，使坝块在降温收缩过程中横缝不致裂穿底部混凝土通到基岩，以保证起到平台的作用。

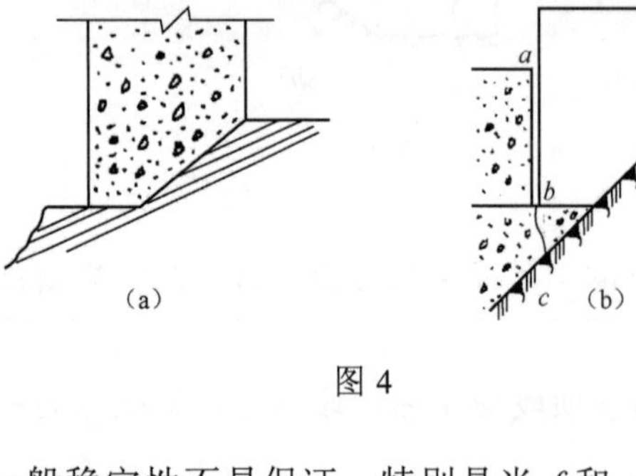

图 4

假定平台作用可靠，那么应该如何分析其上坝段的稳定性呢？如果岸坡很平缓，开挖后形成高差不大的分级平台，则其上的坝块可如同水平基坑面上的坝体一样分析；如果岸坡陡峻，就不能这样处理，对于陡边坡、小平台的情况，一般稳定性不易保证，特别是当 f 和 c 值又很小时，坝块甚至在其自重作用下也会达不到稳定要求。

在平台—斜坡上的坝块，其稳定分析和上两节中所述情况有本质上的区别，因为现在有两个破裂面，为了循序探索这个问题，我们先考虑它在 xz 平面内的侧向稳定问题（即只有自重作用或位在 xz 平面内的其他外力作用）。

考虑图 5 中的坝块，承受自重作用，在接触面 ab、bc 上，将产生反力 N_1、T_1、N_2 和

T_2，仅由平衡条件，无法确定这四个值，除非我们假定坝体和基岩都是弹性体，两者牢固结合，才可采用有限单元法求出 ab、bc 面上的应力分布，从而求出 N_1、N_2、T_1、T_2 四个值。但是，即使已求出了这四个值，也仍然不能解答稳定问题，当然我们可以形式地写出

$$K=\frac{f_1(N_1-U_1)+c_1A_1+f_2(N_2-U_2)+c_2A_2}{T_1+T_2}$$

但是，N_1、N_2、T_1、T_2 都是各有方向的矢量，上述叠加计算，不仅没有物理意义，而且和坝块的极限平衡状态毫无关系，这样求出的 K 值完全不能代表坝块的真正抗滑安全系数，何况 N_1、N_2、T_1、T_2 这四个值还没有简单方法可以计算。

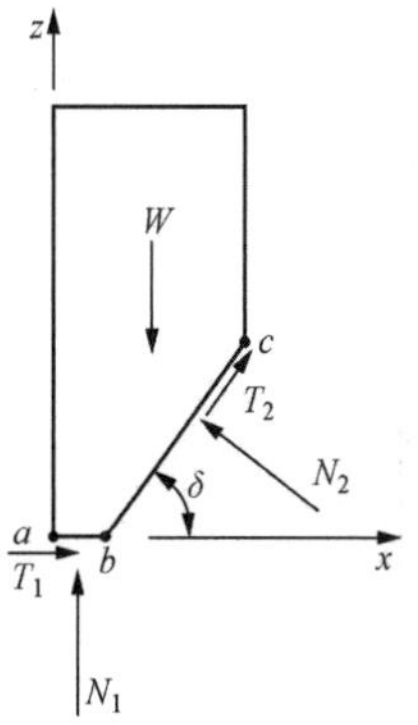

图 5

因此，我们不采取这种方法，而按以下思路来解算。假想将 ab、bc 面上的抗剪指标除以 K 作为计算值，记为 $f_K=\dfrac{f}{K}$，$c_K=\dfrac{c}{K}$ 等。如将 K 值逐渐加大，即设想破坏面上的 f、c 值逐步按比例减小时，则当 K 达某一值后，我们将无法再求出一组反力值能同时满足整体平衡条件和破坏面上的约束条件。这一个临界的 K 值就是所求的安全系数。所谓破坏面上的约束条件，就是指该面上的剪应力不超过其抗剪强度，即

$$T\leqslant cA+f(N-U)$$

而且正应力不超过基岩或混凝土的容许承压值，也不能产生拉应力。为简单计，我们先假定破坏面上的 c 值为 0。图 6 中示有一平台的岸坡坝段，承受自重 W 作用，设在建基面上的反力各为 N_1、T_1、N_2、T_2，而且作用点 b' 及 c' 距 W 作用线的平距各为 d_1 及 d_2。从平衡条件，可写下

$$\left.\begin{aligned}T_1+T_2\cos\delta&=N_2\sin\delta\\N_1+T_2\sin\delta+N_2\cos\delta&=W\end{aligned}\right\}\qquad(13)$$

另由极限平衡条件

$$\left.\begin{aligned}T_1&=f_{1K}N_1\\T_2&=f_{2K}N_2\end{aligned}\right\}\qquad(14)$$

由此可求出四个反力，其中

$$\left.\begin{aligned}N_1&=\frac{\sin\delta-f_{2K}\cos\delta}{(f_{1K}f_{2K}+1)\sin\delta+(f_{1K}-f_{2K})\cos\delta}W\\N_2&=\frac{f_{1K}}{(f_{1K}f_{2K}+1)\sin\delta+(f_{1K}-f_{2K})\cos\delta}W\end{aligned}\right\}\qquad(15)$$

总之，当选定一个安全系数值 K 后，即可确定相应的 N_1、N_2、T_1 和 T_2。

关于决定反力作用线位置的 d_1 及 d_2，只要确定其中的一个，另一个也随之而定，如图 6 所示，反力（N_1-T_1）的合力作用线，与垂直线的交角为 ϕ_{1K}，这里

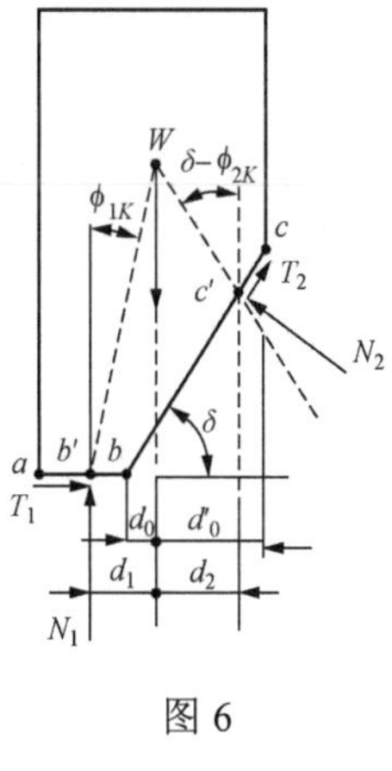

图 6

$$\tan\phi_{1K} = f_{1K} = \frac{f_1}{K} \tag{16}$$

同样，反力（$N_2 - T_2$）的合力作用线，与垂直线的交角为 $\delta - \phi_{2K}$，ϕ_{2K} 为该合力作用线与 bc 面法线的交角。由于这两个反力相交点必落在 W 的作用线上，我们有条件

$$\frac{d_1}{\tan\phi_{1K}} = \frac{d_2}{\tan(\delta - \phi_{2K})} + (d_0 + d_2)\tan\delta$$

或

$$d_1 = \tan\phi_{1K}\left[\frac{1}{\tan(\delta - \phi_{2K})} + \tan\delta\right]d_2 + \tan\delta\tan\phi_{1K}d_0 \tag{17}$$

关于 d_1 和 d_2 间的关系式，亦可在（$N_2 - T_2$）的作用点 c' 处取力矩平衡条件得到

$$Wd_2 + T_1(d_0 + d_2)\tan\delta = N_1(d_1 + d_2)$$

或

$$\frac{W}{N_1}d_2 + f_{1K}(d_0 + d_2)\tan\delta = d_1 + d_2 \tag{17'}$$

若将式（15）中 N_1 的计算式代入式（17′）就可得到式（17）。

在法向力 N_1、N_2 作用下，将产生相应的压应力。在失稳时，N_1 和 N_2 作用点常常已很接近边界，压应力高度集中，基岩面受压区已进入塑性状态，如图 7 所示。令 p_1、p_2 为 N_1 及 N_2 合力作用点位置，则可写出

$$\left.\begin{aligned}\sigma_1 &= \frac{N_1}{4x_1e_1} = \frac{N_1}{4(d_1 - d_0)e_1}\\ \sigma_2 &= \frac{N_2}{4x_2e_2} = \frac{N_2}{4\dfrac{d_0' - d_2}{\cos\delta}e_2}\end{aligned}\right\} \tag{18}$$

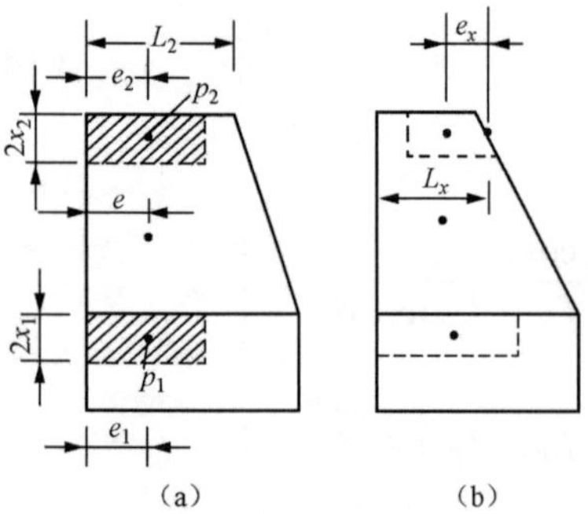

图 7

关于 e_1 值，可假定它等于合力 W 作用线距上游面之距 e，关于 e_2 值，如果 $L_2 > 2e$，则令 e_2 也等于 e，否则，取 $e_2 = e_x$ ［见图 7（b）］。此时，压力作用区偏于下游，由图 7（b）可知

$$e_x = L_x - e \tag{19}$$

式中：L_x 为相应于 p_2 点处的坝基宽。

对于典型直角三角形断面，有

$$\begin{aligned}L_x &= nZ - n\tan\delta d_0 - n\tan\delta d_2\\ &= (L - n\tan\delta d_0) - n\tan\delta d_2\end{aligned} \tag{20}$$

在其他情况中，L_x 也总可写为 d_2 的线性函数。

怎样利用以上公式确定安全系数呢？我们可选定一组安全系数，从大至小依次试算，通过试算求出其临界值。具体步骤如下：

（1）对于某一 K 值可用式（15）求 N_1 及 N_2，如果 N_2 成为负值（拉力），则此 K 值下不能稳定，即可试算较低的 K 值（对于有平台且只承受自重的坝体，不论 K 取何值，都不会出现这一情况，此外，N_1 一般也不会成为负值）；

（2）如 N_1 及 N_2 均为正值，则选取一系列 d_2 值（d_2 应小于 d_0'，参见图 6），用式（17）求出对应的 d_1；

（3）将每组对应的 d_1、d_2 值，代入式（18）中，求出 σ_1 及 σ_2，其中有一对 d_1、d_2 值能使 $\sigma_1=\sigma_2$ 者，即为我们所求对象，记下这一组 d_1、d_2 和 σ 值；

（4）如果这样求出的 σ 已超过基岩或混凝土的承压极限，则该 K 值仍嫌过高，应再降低计算。

总之，对于每一 K 值，我们可以求得在失稳情况下的压应力 σ 值，并可连成曲线，最后从容许承压极限来确定 K 值。如果平台上的承压强度与斜面上不同，各为 R_1 及 R_2，则在第（3）步中，应选择一组 d_1、d_2 值，使 $\dfrac{\sigma_1}{\sigma_2}=\dfrac{R_1}{R_2}$。

上述计算，虽然有些烦琐（要多次计算），但并无困难，有经验的人只需通过少量试算，即可找出所需成果。

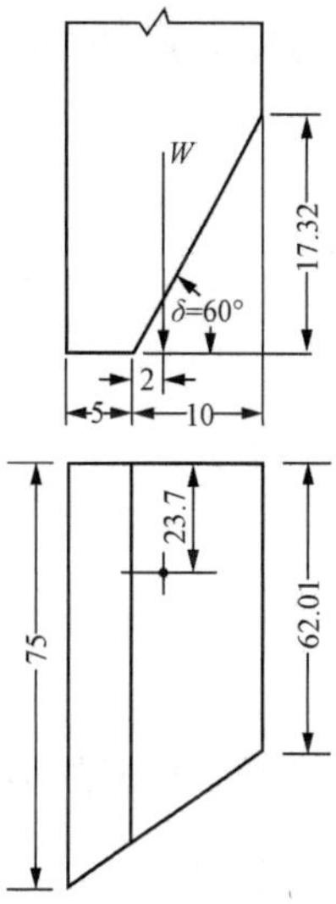

图 8

【例 3】 图 8 中示一岸坡坝段，宽 15m，其中 5m 为平台，斜坡倾角 $\delta=60°$。断面形状如图 2（a）所示，坝坡系数 $n=0.75$，平台部位坝高 $Z=100$m，核算其在自重下的稳定条件，设 $c=0$，$f=\tan\phi=0.577$。

首先计算坝块自重，在平台部分，有

$$W_1=1.2\times5\times nZ^2=6.0nZ^2$$

在斜坡部分，有

$$W_2=1.2\times10\times nZ^2\left(1-\overline{\Delta Z}+\frac{\overline{\Delta Z}^2}{3}\right)$$
$$=12nZ^2\left(1-0.1732+\frac{0.1732^2}{3}\right)$$
$$=10.04nZ^2$$

故总重　$W=16.04nZ^2=16.04\times0.75\times100^2=120300$（t）≈12（万 t）

其次计算 W 作用线的位置，即求图 6 中的 d_0。这可先计算 W_2 作用线距平台内缘的距离［见式（6）］，即

$$\frac{\bar{x}}{10}=\frac{0.5-\dfrac{2}{3}\overline{\Delta Z}+\dfrac{1}{4}\overline{\Delta Z}^2}{1-\overline{\Delta Z}+\dfrac{\overline{\Delta Z}^2}{3}}=\frac{0.392}{0.8368}=0.468$$

$$\bar{x}=4.68$$

于是

$$d_0=\frac{10.04\times4.68-6\times2.5}{16.04}=2(\mathrm{m})$$，$d_0'=8\mathrm{m}$，并可求得 $e=23.7$。

然后选择一组 K 值，自大至小依次为∞、6.62、6、5、4、…进行试算。先计算 $K=\infty$，这表示两个面上的摩擦角均为 0，只能有正应力，则显然 $N_1=W$，$N_2=0$。仅仅从力的平衡条件来看，仍然能够满足，即自重全由平台承受。但是，W 的合力线在平台以外，所以不需要再作进一步计算，我们确信这个情况无法稳定，因为破坏面上不能受拉，则在平台面上，我们无法找到任何压力分布图形能使其合力跑到平台以外去和 W 相平衡的。

对于其他 K 值，可以按前步骤试算。为此，将 $\delta=60°$，$f_1=f_2=0.577$，$d_0=2\mathrm{m}$，$L=75\mathrm{m}$，$n=0.75$ 等代入式（15）、式（17）～式（19）中，得到以下简化形式

$$N_1=\frac{0.866-0.2885/K}{0.866+0.2885/K^2}W$$

$$N_2=\frac{0.577/K}{0.866+0.2885/K^2}W$$

$$d_1=\frac{0.577}{K}[\cot(\delta-\phi_{2K})+1.732]d_2+\frac{2}{K}$$

$$\sigma_1=\frac{N_1}{94.8(d_1-2)}$$

$$\sigma_2=\frac{N_2}{189.6(8-d_2)}$$

并将所需数据列于表 3。

表 3

K	$\frac{0.2885}{K}$	$\frac{0.2885}{K^2}$	$\tan\phi_{2K}$	ϕ_{2K}	$\delta-\phi_{2K}$	$\cot(\delta-\phi_{2K})$	$\cot(\delta-\phi_{2K})+1.732$	N_1	N_2	d_1
6.62	0.0435	0.00658	0.087	4.98°	55.02°	0.700	2.432	$0.943W$	$0.1W$	$0.212d_2+0.302$
6	0.0480	0.008	0.096	5.5°	54.5°	0.713	2.445	$0.936W$	$0.11W$	$0.235d_2+0.333$
5	0.0577	0.01155	0.1155	6.6°	53.4°	0.743	2.475	$0.921W$	$0.131W$	$0.286d_2+0.4$
4	0.0721	0.01803	0.144	8.2°	51.8°	0.786	2.518	$0.898W$	$0.163W$	$0.362d_2+0.5$

先取 $K=6.62$ 计算，这时 $d_1=0.212\,d_2+0.302$，如果选 $d_2=8$，则得 $d_1=2$。可见，在这个安全系数下，破坏面 ab、bc 上反力作用点刚好通过 b 点及 c 点（见图 9）。这种平衡情况，理论上虽可能，但将产生无穷大的压应力。所以，这个 K 值实际上是个上限，当材料及地基强度为无限大时，始能达到此值。此值显然可从式（21）求出

$$\frac{d_0}{\tan\phi_K}=\left[\frac{1}{\tan(\delta-\phi_K)}+\tan\delta\right]d_0'+d_0\tan\delta \tag{21}$$

式（21）或可试解，或可将 $\tan(\delta-\phi_K)$ 展为 $\frac{\tan\delta-\tan\phi_K}{1+\tan\delta\tan\phi_K}$，从而得到一个 $\tan\phi_K$ 的二次方程解之，均可得 $\tan\phi_K=0.087$，$K=\frac{0.577}{0.087}=6.62$。

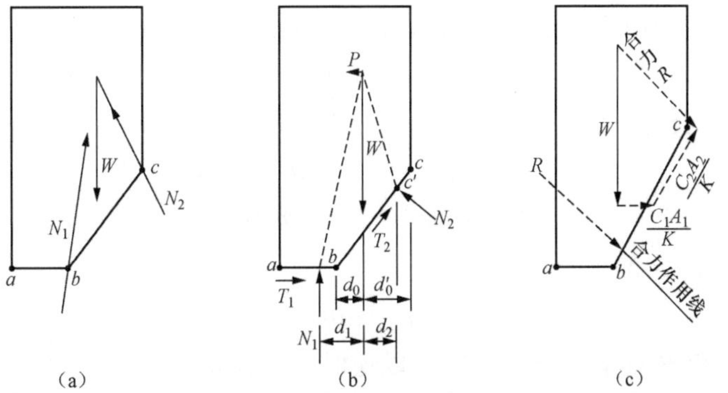

图 9

其次，取 $K=6$ 计算。我们试取 $d_2=7.9$，则相应 $d_1=2.188$，于是

$$\sigma_1=\frac{0.94W}{94.8\times0.188}=0.0527W$$

$$\sigma_2=\frac{0.11W}{189.6\times0.1}=0.0058W$$

可见 σ_1 远大于 σ_2，为此，d_2 尚应加大。当试至 $d_2=7.988$ 时，$d_1=2.210$，$\sigma_1\approx\sigma_2=0.047W$。

于是，继续取 $K=5$ 计算。仿上，试算得 $d_2=7.96$ 时，$d_1=2.677$，$\sigma_1\approx\sigma_2=0.0146W$。同样 $K=4$ 时，$d_2=7.92$，$d_1=2.375$，$\sigma_1\approx\sigma_2=0.00721W$。将 $W=120300$ 代入，相应于各 K 值的最大正应力如表 4 所示。

表 4

K	$\sigma(t/m^2)$	K	$\sigma(t/m^2)$
6.62	∞	5	1760
6	5650	4	867

如果根据基岩及混凝土情况，认为最大平均压应力需限制在 $90kg/cm^2$ 左右，则相应安全系数 $K\approx4$。

如无平台，则在斜面上块体的自重稳定系数仅为 $f\cot\delta=0.333$。可见，设置平台后，仅考虑摩擦力，稳定安全系数可从 0.333 提高到 4 以上。

在本例情况，合力 W 作用线已位在平台以外，所以当两个破坏面上的 f 都为 0 时，不可能维持稳定，因而安全系数有一上限，其值可由式（21）确定。如平台很宽，合力 W 作用线位在平台以内，这时，即使两破坏面上 f 都为 0，也能维持稳定，全部重量均由平台承受，即 K 的上限为无穷。如果相应的 σ_1 值也在容许值以内，则坝体在自重作用下确实不可能引起侧向失稳。反之，如 σ_1 超过容许值，则我们可以用同样步骤，根据容许的压应力，求出一个实际的安全系数。计算公式均同前，仅 d_0 为负值。

若平台稍有倾斜，或尚有侧向荷载作用，或要计入破坏面上的黏结力 c 的影响时，计算原理均无所异，仅公式稍复杂。容易理解，若平台稍向外倾，稳定安会系数将减小。反之，若平台稍向内倾或计入黏结力影响，K 值可以增大。

如果坝体除承受自重外，还承受在 xz 平面内的侧向力 P，如图 9（b）所示，则我们可以用同样方式核算其稳定，所不同的是平衡条件应写为

$$\left.\begin{aligned}T_1+T_2\cos\delta-N_2\sin\delta=P\\N_1+T_2\sin\delta+N_2\cos\delta=W\end{aligned}\right\}\tag{22}$$

另外，d_1 和 d_2 间的关系应改为

$$M_0+T_1(d_0+d_2)\tan\delta=N_1(d_1+d_2)\tag{23}$$

式中：M_0 为 W 和 P 对于 c' 点的力矩，以逆时针向为正。

一般来讲，P 力指向河床时，将减低坝体稳定性，指向岸坡时则作用相反。

如果要考虑黏结力 c 的影响，则针对每一个 K 值，可将作用在 ab、bc 面上的黏结力 $\frac{c_1A_1}{K}$ 和 $\frac{c_2A_2}{K}$ 当作外力处理，与 W 合成为一个力 R［见图 9（c）］，仿上计算。当然，K 值变动时，$\frac{c_1A_1}{K}$ 和 $\frac{c_2A_2}{K}$ 也随之改变。很显然，计入 c 值后，K 值可以显著增加。

4　情况 4　有平台的岸坡坝段，承受自重和水压力

上节所述，是岸坡坝段在自重（或位在 xz 平面内的其他外力）作用下的稳定分析。通常，最重要的情况是坝体同时承受自重和顺河向（y 向）的水压力（以及相应产生的渗透压力）。这种情况下的稳定分析比较复杂一些，而且需要作一些近似假定以简化试算工作。

首先应分析外力的数值和作用位置。取 xz 平面看，其上有自重 W_1、W_2 和渗透压力 U_1、U_2。这些力可以通过静力平衡计算，组合为一个净的垂直力 W、一个水平力 P。合力作用线和基岩面交点为 b'（控制距 d_0），参见图 10（a）。取 xy 平面看，W 和 P 作用在 b' 点，控制距 e_0，另外上游面作用有水压力，合力为 Q，作用线离平台边为 $\overline{d_0}$（一般情况下，$\overline{d_0}$ 很接近于 d_0）。取 yz 平面看，则水压力合力 Q 距平台高为 h，而 P 的作用线距平台为 h'。W、P、Q 以及 d_0、$\overline{d_0}$、e_0、h 这些值都可事先算好，以供分析中应用。

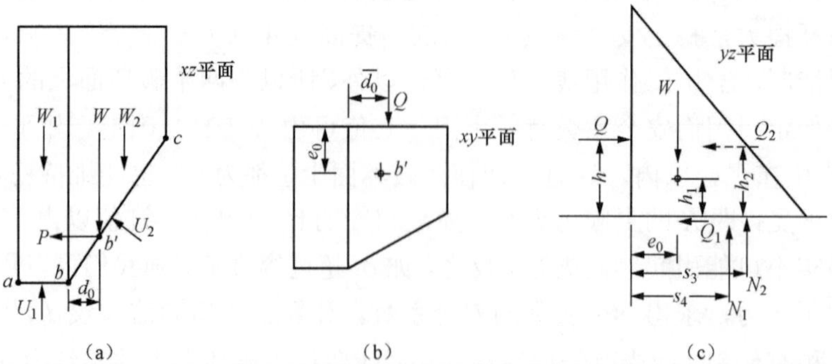

图 10

然后设想把接触面上的抗剪指标 f 及 c 按比例降低（各除以 K），直到坝块达临界状态。此时，在两个破坏面上的反力的分值，各记为 N_1、T_1、Q_1 和 N_2、T_2、Q_2，它们的作用范围假定如图 11（b）中所示，各为两个矩形 $2x_1e_1$ 及 $2x_2e_2$。在这些范围内，正应力达到容许极限 $\bar{\sigma}$（或分别达到 $\bar{\sigma}_1$ 及 $\bar{\sigma}_2$）。先不考虑 c 值影响，则可写出

$$\left.\begin{aligned}N_1&=2x_1e_1\bar{\sigma}\\N_2&=2x_2e_2\bar{\sigma}\\T_1^2+Q_1^2&=f_{1K}^2N_1^2\\T_2^2+Q_2^2&=f_{2K}^2N_2^2\end{aligned}\right\}\tag{24}$$

式中：$f_{1K}N_1$ 为在 ab 面上所能提供的最大摩擦力，此力又分为 T_1 及 Q_1 两个分值。如果令 $T_1=\beta_1f_{1K}N_1$，则 $Q_1=\sqrt{1-\beta_1^2}f_{1K}N_1$，$\beta_1$ 是 0～1 之间的一个数，再记 $\beta_1f_{1K}=\bar{f}_{1K}$，$f_{1K}$ 可称为 xz 平面上的视摩擦系数，则

$$Q_1=\sqrt{(1-\beta_1^2)}f_{1K}N_1$$

$$T_1=\bar{f}_{1K}N_1$$

$$Q_2=\sqrt{(1-\beta_2^2)}f_{2K}N_2$$

$$T_2=\bar{f}_{2K}N_2$$

为了简化分析工作，我们作这样一个假定，即 $\beta_1=\beta_2=\beta$，那么

$$\left.\begin{aligned}N_1=2x_1e_1\bar{\sigma},\ T_1=\bar{f}_{1K}N_1,\ Q_1=\sqrt{1-\beta^2}f_{1K}N_1\\N_2=2x_2e_2\bar{\sigma},\ T_2=\bar{f}_{2K}N_2,\ Q_2=\sqrt{1-\beta^2}f_{2K}N_2\end{aligned}\right\}\tag{25}$$

因此，只要知道 x_1、x_2、e_1、e_2、$\bar{\sigma}$ 和 β 6 个值，也就知道 N_1、N_2、T_1、T_2、Q_1 和 Q_2 6 个值，反之亦然。但是，后面那 6 个值又需满足 6 个平衡条件，我们就可以从平衡条件得到包括 $\bar{\sigma}$ 在内的 12 个待定值。当改变 K 值，就可以得到相应的这组值，特别是得到 K—$\bar{\sigma}$ 关系。最后，从基岩或混凝土的容许 $\bar{\sigma}$ 值，就可确定安全系数 K。

具体的计算工作可以这样进行：针对一个选好的 K 值，计算 $f_{1K}=\dfrac{f_1}{K}$，$f_{2K}=\dfrac{f_2}{K}$，然后选择一组 β 值，对于每个 β，计算 $\bar{f}_{1K}=\beta f_{1K}$，$\bar{f}_{2K}=\beta f_{2K}$，那么，$N_1$、$N_2$、$T_1$ 及 T_2 就可以由 xz 平面上的平衡条件得出，即

$$T_1+T_2\cos\delta-N_2\sin\delta=P$$

$$N_1+T_2\sin\delta+N_2\cos\delta=W$$

$$T_1=\bar{f}_{1K}N_1$$

$$T_2=\bar{f}_{2K}N_2$$

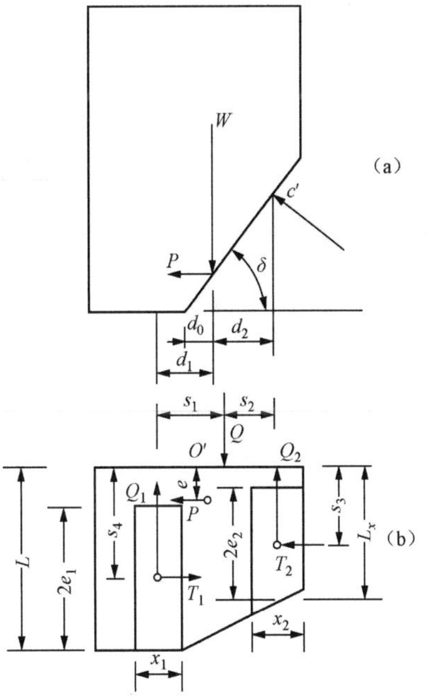

图 11

解之

$$\left.\begin{aligned}N_1&=\frac{P(\cos\delta+\overline{f}_{2K}\sin\delta)+W(\sin\delta-\overline{f}_{2K}\cos\delta)}{(1+\overline{f}_{1K}\overline{f}_{2K})\sin\delta+(\overline{f}_{1K}-\overline{f}_{2K})\cos\delta}\\N_2&=\frac{\overline{f}_{1K}W-P}{(1+\overline{f}_{1K}\overline{f}_{2K})\sin\delta+(\overline{f}_{1K}-\overline{f}_{2K})\cos\delta}\\T_1&=\overline{f}_{1K}N_1\\T_2&=\overline{f}_{2K}N_2\\Q_1&=\sqrt{1-\beta^2}\,f_{1K}N_1\\Q_2&=\sqrt{1-\beta^2}\,f_{2K}N_2\end{aligned}\right\}\tag{26}$$

但由沿 y 方向力的平衡，要求

$$Q_1+Q_2=Q$$

即

$$\sqrt{1-\beta^2}(f_{1K}N_1+f_{2K}N_2)=Q\tag{27}$$

由此条件即可求出 β。

选择一组 K 值，逐个进行试算，求出相应的 β 值，找出 β 值后，也就求出了 N_1、T_1、Q_1、N_2、T_2、Q_2 6 个分力，可以将 β 及 6 个分力按 K 值排列成表。

如前所述，N_2 不能为负值。如 N_2 为负值，表明在相应的 K 值下不能维持平衡，故大于该 K 值的当然更不必进行核算。因此剔除这些 K 值后，对其他较小的 K 值，N_2 都是正值，这表示，仅从力的平衡条件来讲，都可能成立。我们就需进一步确定反力分布的范围 x_1、x_2、e_1、e_2 以及压力 σ 5 个值。为此，我们先在 xz 平面上关于 c' 点取力矩平衡条件［见式（23），见图 9（a）］

$$M_0+T_1(d_0+d_2)\tan\delta=N_1(d_1+d_2)\tag{23′}$$

即

$$\frac{M_0}{N_1}+\overline{f}_{1k}(d_0+d_2)\tan\delta=d_1+d_2\tag{28}$$

另外

$$\sigma_1=\frac{N_1}{4(d_1-d_0)e_1},\quad \overline{\sigma}_2=\frac{N_2\cos\delta}{4(d_0'-d_2)e_2}\tag{29}$$

令 $\sigma_1=\sigma_2$，有

$$\frac{d_0'-d_2}{d_1-d_0}=\frac{N_2}{N_1}\times\frac{e_1}{e_2}\cos\delta\tag{30}$$

目前，e_1 及 e_2 尚未求出，因此 d_1 和 d_2 也无法确定。我们可取 $\alpha=\frac{e_1}{e_2}$，而选择一组 α 值分别试算（α 值一般大于 1）。对于每一指定的 α 值，可由式（28）、式（30）联合确定 d_1 及 d_2，从而得到 x_1 及 x_2。

然后考虑 xy 平面上的力矩平衡，参考图 11（b），取 O' 点为矩心（也可取任何其他方便的点作矩心），则有

$$Q_2s_2 - Q_1s_1 + (T_2\cos\delta - N_2\sin\delta)s_3 + T_1s_4 - Pe = 0 \tag{31}$$

式（31）中除 s_3 及 s_4 外，均为已知值，而 $s_3 = L_x - e_2$， $s_4 = L - e_1$，故式（31）是一个 e_1 和 e_2 之间的线性关系式，利用 $e_2 = \dfrac{e_1}{\alpha}$，可以消去一个 e，从而求出各 e 值。总之，对于每个试算的 α 值，我们可从式（28）、式（30）、式（31）完全算出 e_1、e_2、x_1、x_2 以及 σ［σ 由式（29）计算］。

最后，从 yz 平面上的力矩平衡条件，确定 α 值。例如取坝踵为矩心，则有

$$Qh = Q_2h_2 + N_1s_4 + (N_2\cos\delta + T_2\sin\delta)s_3 - We_0 \tag{32}$$

能满足式（32）的 α 值就是所求答案。求出 α 后，也就找到所设 K 值下的全部数据（N_1、N_2、T_1、T_2、Q_1、Q_2 以及 e_1、e_2、x_1、x_2 和 σ），根据容许的 σ 值即可确定 K。

【例 4】 仍以［例 3］中的坝段为例，设上游面库水深从平台算起为 90m，扬压力从上游到下游呈三角形分布，$\xi = 0.075$，试求其稳定安全系数。

首先，进行外力分析。关于自重，在［例 3］中已求得为 $W_1 = 6nZ^2 = 45000\text{（t）}$，$W_2 = 10.04nZ^2 = 75300\text{（t）}$，$\bar{x} = 4.68\text{m}$ 等。然后，计算上游面水压力，其值为

$$Q_1 = 5\times 4050 = 20250\text{（t）}，\quad Q_2 = \int_0^{10}\frac{1}{2}(90 - 1.732x)^2\,\mathrm{d}x = 33200\text{（t）}，\quad Q = 53450\text{（t）}$$

Q_1 的作用点距平台底为 30m，距左边线为 2.5m；Q_2 的作用点距平台底为 35.37m，距左边线为 9.65m。因此，合力 Q 的作用点距平台底将为 33.33m，距左边线为 6.94m。

其次，计算扬压力。显然，$U_1 = 0.15Q_1 = 3037.5\text{（t）}$，作用点距上游面 25m，距左边线 2.5m。关于 U_2，可以分为两个分力，垂直分力为

$$U_{2\text{v}} = 0.15Q_2 = 4980\text{（t）}$$

其作用点距左边线 9.65m，距上游面 22.99m，另外水平分力为

$$U_{2\text{h}} = 1.732\times 0.15Q_2 = 8630\text{（t）}$$

其作用点距平台高 8.05m。

我们在核算斜坡坝块的稳定性以前，不妨先考察一下如果基岩是水平的则情况如何。显然，此时有

$$K = \frac{0.577\times(45000 - 3038)}{20250} = 1.196$$

因此，安全系数是满足要求的。现在看一看岸坡坝段的情况，选择一组安全系数作为核算根据。参考水平坝基情况，试选择 K=1.20、1.18、1.15、1.10 等值。由式（26）有

$$N_1=\frac{8630\times\left(0.5+\dfrac{0.577\beta}{K}\times 0.866\right)+112280\times\left(0.866-\dfrac{0.577\times 0.5\beta}{K}\right)}{\left(1+\dfrac{\beta^2\times 0.577^2}{K^2}\right)\times 0.866}=\frac{101600-28100\dfrac{\beta}{K}}{0.866+0.2885\dfrac{\beta^2}{K^2}}$$

$$N_2=\frac{64800\dfrac{\beta}{K}-8630}{0.866+0.2885\dfrac{\beta^2}{K^2}}$$

代入式（27）中，得

$$\sqrt{1-\beta^2}\,\frac{0.577}{K}\left(\frac{92900+36700\dfrac{\beta}{K}}{0.866+0.2885\dfrac{\beta^2}{K^2}}\right)=53450$$

或

$$\sqrt{1-\beta^2}\left(\frac{92900+36700\dfrac{\beta}{K}}{0.866+0.2885\dfrac{\beta^2}{K^2}}\right)=92600K$$

上面是确定 β 的公式。分别置 $K=1.20$、1.18、1.15、1.10，得 $\beta\approx 0.205$、0.342、0.426、0.510（本节例题以计算尺完成演算，故第三位有效数字可能有误差），乃可列表计算 $\dfrac{\beta}{K}$、$\dfrac{\beta}{K^2}$ 诸值，如表 5 所示。

表 5

K	β	β/K	β/K^2	$\sqrt{1-\beta^2}$	f/K	$\sqrt{1-\beta^2}\dfrac{f}{K}$	$\beta\dfrac{f}{K}$
1.20	0.205	0.171	0.0292	0.979	0.481	0.471	0.0986
1.18	0.342	0.290	0.0840	0.940	0.489	0.460	0.167
1.15	0.426	0.370	0.1372	0.905	0.502	0.454	0.214
1.10	0.510	0.464	0.215	0.860	0.525	0.452	0.268

将上述有关值，代入式（25）、式（26）等中，可以求得 N_1、N_2、T_1、T_2、Q_1、Q_2 诸值，如表 6 所示。

表 6

K	N_1	T_1	Q_1	N_2	T_2	Q_2	ΣQ
1.20	110640	10910	52110	2790	270	1310	53440
1.18	104950	17530	48280	11370	1900	5230	53510
1.15	100010	21400	45400	17000	3640	7720	53120
1.10	95350	25560	43100	23120	6200	10450	53550

求得的 Q_1+Q_2 值，应与总水压力平衡，可资校核。从计算成果可见，所有 N_2 值均为压力，因此仅从力的平衡条件看，都能成立。

下一步要从力矩平衡条件，来确定失稳或极限时压力区的位置和压应力大小。为此，要对每一个 K 值选择一组 $\alpha=e_1/e_2$ 值来进行试算。初步估算后，对 $K=1.20$，选择 $\alpha=3.0$、2.8；对其他 K 值，选择 $\alpha=3.0$、2.5、2.0 来试算。为说明计，我们只举 $K=1.18$ 为例。

先考虑在 xz 平面上力的平衡，取扬压力 U_2 作用点为矩心，由力矩平衡条件（见图 12）可得

$$104950d_1-11370\times 2d_2=M_0+17530\times 8.06$$

式中：M_0 为外力对于矩心之力矩。

即　$M_0=45000\times 7.15-75300\times 0.03-3038\times 7.15=297800$

代入上式，化简后得

$$d_1=4.182+0.217d_2$$

其次，由 $\sigma_1=\sigma_2$ 的条件［见式（30）］有

$$\frac{5.35-d_2}{d_1-4.65}=\frac{11370/2}{104950}\alpha=0.0542\alpha$$

由以上两式可解得

$$d_2=\frac{5.35+0.0253\alpha}{1+0.01175\alpha}$$

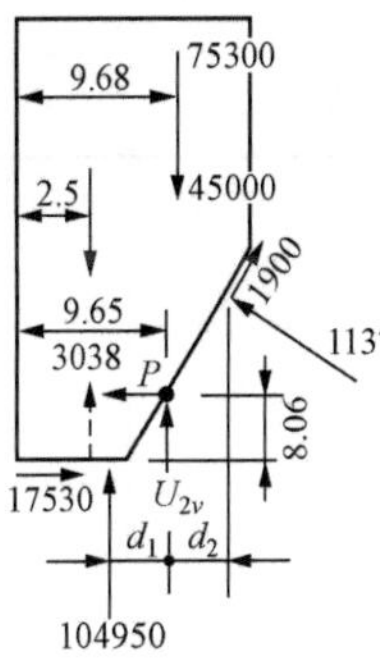

图 12

置 $\alpha=\dfrac{e_1}{e_2}=3$、2.5、2、…可求出 d_2、d_1，以及 $x_1[=2(d_1-4.65)]$、$x_2[=2(5.35-d_2)]$，见表 7。

表 7

α	d_1	d_2	x_1	x_2
3	5.319	5.241	1.338	0.218
2.5	5.323	5.259	1.346	0.182
2	5.327	5.277	1.354	0.146
⋮	⋮	⋮	⋮	⋮

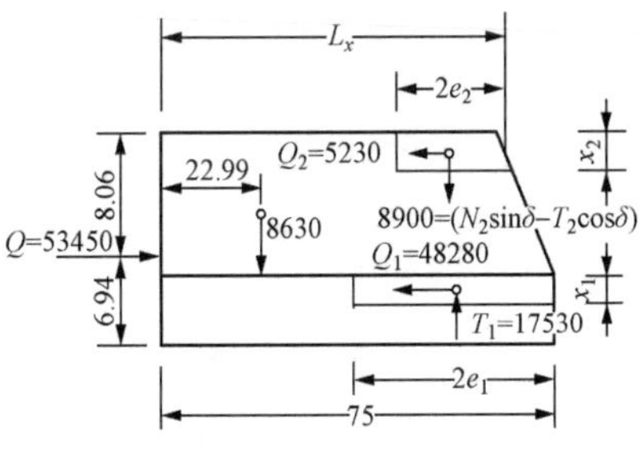

图 13

然后考虑 xy 平面上的力矩平衡条件

$$5230\left(8.06-\frac{x_2}{2}\right)-48280\left(1.94+\frac{x_1}{2}\right)+17530(75-e_1)-8900(L_x-e_2)-8630\times 22.99=0$$

上式中的 L_x（见图 13），容易写为 x_2 的线性函数，即

$$L_x=62.01+0.65x_2$$

将各 x_1、x_2、L_x 等值代入

$$5230 \begin{bmatrix} 8.06 - \begin{matrix} 0.109 \\ 0.091 \\ 0.073 \\ \vdots \end{matrix} \end{bmatrix} - 48280 \begin{bmatrix} 1.94 + \begin{matrix} 0.669 \\ 0.673 \\ 0.677 \\ \vdots \end{matrix} \end{bmatrix} + 1314750 -$$

$$17527e_1 - 8900 \begin{bmatrix} 62.15 - e_1/3 \\ 62.13 - e_1/2.5 \\ 62.11 - e_1/2 \\ \vdots \end{bmatrix} - 198403.7 = 0$$

从上式可以解出相对于各 α 值时的 e_1 及 e_2，如表 8 所示。

表 8

α	$2e_1$	$2e_2$	$\sigma_1 = \dfrac{N_1}{2x_1 e_1}$ （kg/cm²）	$\sigma_2 = \dfrac{N_2}{2x_2 e_2}$ （kg/cm²）
3	65.74	21.91	119	119
2.5	68.54	27.42	113	113
2	73.23	36.61	106	106
$\vdots$	$\vdots$	$\vdots$		

求出的 σ_1 应等于 σ_2，可资校核。但有时由于 x_2 的数值很小，算尺演算的精度常不能满足上述校核要求（实际上并未算错），由于 N_1、x_1、e_1 之值均较大，故 σ_1 的精度较高。

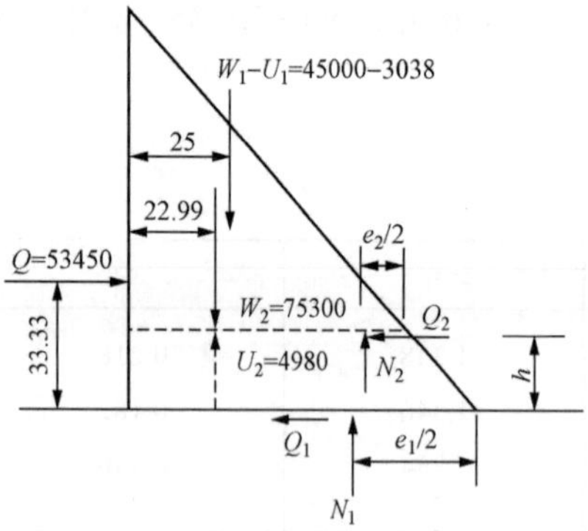

图 14

最后，我们考虑 yz 平面上的力矩平衡条件（见图 14）。取上游坝踵为矩心，外力产生的力矩为

$$M_0 = 53450 \times 33.33 + (45000 - 3038) \times 25 + (75300 - 4980) \times 22.99 = 4447000$$

然后考虑反力产生的力矩

$$M = N_1(75 - e_1) + (N_2\cos\delta + T_2\sin\delta)(L_x - e_2) + Q_2\left(17.32 - \frac{x_2}{2}\tan\delta\right)$$

将 $N_1 = 104950$、$N_2\cos\delta + T_2\sin\delta = 5690 + 1650 = 7340$、$Q_2 = 5230$，以及各组 e_1、e_2、x_2 代入得

$$M = 104950 \begin{bmatrix} 42.13 \\ 40.73 \\ 38.39 \end{bmatrix} + 7340 \begin{bmatrix} 51.20 \\ 48.42 \\ 43.80 \end{bmatrix} + 5230 \begin{bmatrix} 17.13 \\ 17.16 \\ 17.19 \end{bmatrix} = \begin{bmatrix} 4890000 \\ 4720000 \\ 4440000 \end{bmatrix}$$

我们在坐标纸上点出 $\alpha = 3$、2.5 及 2，绘上以上三个 M 值，连成一条曲线，那么相应于 $M = 4447000$ 的 α 值约为 2.01，再将 $\alpha = 3$、2.5 及 2 时的 σ 值也点绘连成曲线，则相应于 $\alpha = 2.01$ 时的 σ 约为 106。所以，结论是对于 $K = 1.18$，相应的 $\sigma \approx 106 \text{kg/cm}^2$。

对于 $K=1.20$、1.15、1.10 等，作类似计算，求得相应的 σ 值后，可以绘制 $K—\sigma$ 曲线，如图 15 所示。最后，如果基岩或混凝土的容许极限 σ 值为 100kg/cm^2 左右，则从曲线上可以求得 K 约为 1.17。可见，在本情况中，设有平台的岸坡坝段的 K 值并不比基岩为水平情况降低多少。另外从图 15 中曲线趋势可见，K 值变化的范围也不大，即使容许的 σ 值有很大增加，K 值也不大可能超过 1.2；反之，若 σ 值很低，K 值将减低，但即使 σ 降到 30kg/cm^2，K 也能达到 1.1 左右。

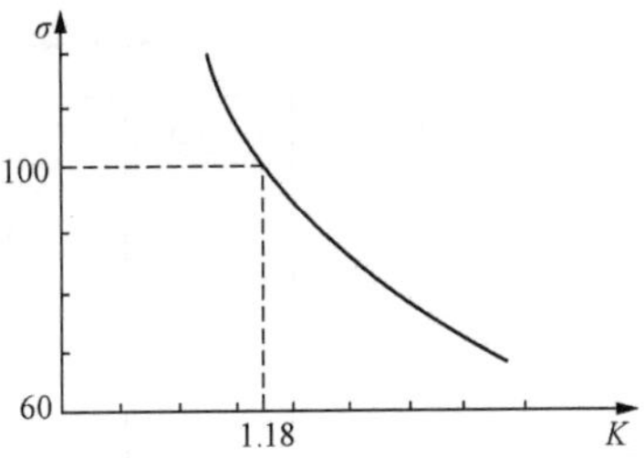

图 15

在上面的分析中，只考虑了破坏面上摩擦力 f 的作用。这种分析成果相当于用公式 $K=\dfrac{f(W-U)}{Q}$ 计算水平地基上的坝块的安全系数。因此，所需满足的条件也应该与之相称（一般要求 $K\approx1.0\sim1.1$）。如果考虑破坏面上黏结力 c 的作用，则安全系数将有较大增长，但所需满足的要求也相应提高（例如要求 $K_c\geqslant3$）。在水平地基上的坝块考虑 c 的影响，我们可以用公式 $K_c=\dfrac{f(W-U)+cA}{Q}$ 计算；在有平台的岸坡坝段，当需考虑 c 值影响时，也应按照上述同样原则进行试算。这时，由于多了一个抗剪因素，当然将使试算工作复杂化。为使计算工作便于进行，我们可以作如下简化假定：使这两个破坏面上的黏结力合力各为 $\dfrac{c_1A_1}{K}$ 及 $\dfrac{c_2A_2}{K}$，分别作用在相应断面的形心处，而且其方向均和摩擦力一致，即它们沿水压力方向（y 向）的分值各为 $\sqrt{1-\beta^2}\dfrac{c_1A_1}{K}$ 及 $\sqrt{1-\beta^2}\dfrac{c_2A_2}{K}$，而另一方向分值各为 $\beta\dfrac{c_1A_1}{K}$ 及 $\beta\dfrac{c_2A_2}{K}$。

这样，当选定一个 K 值进行分析时，在 xz 平面上除自重、浮力和反力 N_1、N_2、T_1、T_2 外，尚有两个力即 $\overline{T}_1=\dfrac{\beta}{K}c_1A_1$ 与 $\overline{T}_2=\dfrac{\beta}{K}c_2A_2$，在写平衡方程时需予计入。另外，在考虑 y 方向力的平衡时，也增加了两个抗力 $\overline{Q}_1=\sqrt{1-\beta^2}\dfrac{c_1A_1}{K}$ 和 $\overline{Q}_2=\sqrt{1-\beta^2}\times\dfrac{c_2A_2}{K}$。通过试算仍能求出相应于指定 K 值的 β，以及全部反力。以后在计算反力分布范围和压应力 σ 时，只需在写平衡条件时列入 $\overline{T_1}$、$\overline{T_2}$、$\overline{Q_1}$、$\overline{Q_2}$ 的项目即可。

5 实　　例

上文中，为解释简明起见，只举了个简单实例。本节中举一工程实例以作示例❶。

图 16 中示一典型坝段，图 16（a）为横剖面，图 16（b）为纵剖面，图 16（c）为底面，图上并标明合力方向及数值，在底部绘出了扬压力图形。

❶ 本例为某水库重力坝的分析成果。

通过荷载计算，求出作用在这一坝段上的合力是 $W=89582.3\text{t}$，纵向水平力 $Q=56210.7\text{t}$，横向水平力为 $P=8889.4\text{t}$。这些力的作用点均示于图 16 上。现在要求此坝段的稳定安全系数，设基岩最大容许承压应力为 30kg/cm^2。

如果假定坝块站在水平基岩面上，则可取 6m 长的平段计算，得 $K=\dfrac{0.7\times 32971}{20624.44}=1.118$。

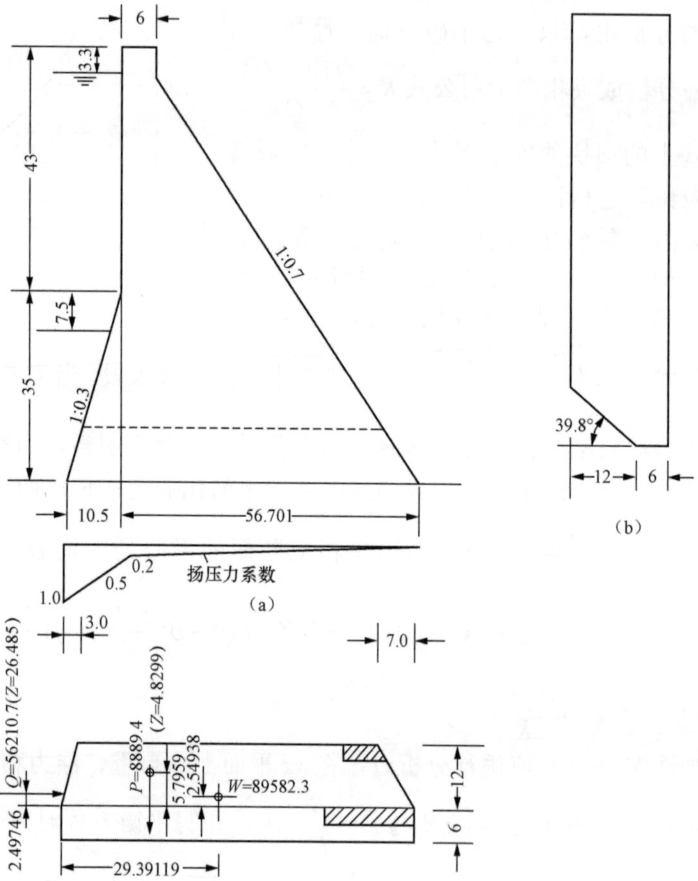

图 16

令 $K=1.05$、1.04、1.03、1.02，试算 N_1、N_2，应用式（26），以 $\sin\delta=0.640184$、$\cos\delta=0.768221$、$f_1=f_2=0.7$ 代入

$$N_1=\frac{P(\cos\delta+\overline{f}_{2K}\sin\delta)+W(\sin\delta-\overline{f}_{2K}\cos\delta)}{(1+\overline{f}_{1K}\overline{f}_{2K})\sin\delta+(\overline{f}_{1K}-\overline{f}_{2K})\cos\delta}=\frac{64178.168-44189.7\beta/K}{0.640184+0.31369\beta^2/K^2}$$

$$N_2=\frac{\overline{f}_{1K}W-P}{(1+\overline{f}_{1K}\overline{f}_{2K})\sin\delta+(\overline{f}_{1K}-\overline{f}_{2K})\cos\delta}=\frac{62707.6\beta/K-8889.31}{0.640184+0.31369\beta^2/K^2}$$

把 N_1、N_2 代入式（27）中得

$$\sqrt{1-\beta^2}\,\frac{38702.1+12962.5\beta/K}{0.640184+0.31369\beta^2/K^2}=56210.7K$$

即
$$\beta=\frac{2.77609K^2+1.36028\beta^2}{\sqrt{1-\beta^2}}-2.98569K$$

置不同的 K 值，可求得 β、β/K 等值，如表 9 所示。

表 9

K	β	β/K	$(\beta/K)^2$	f/K	$\sqrt{1-\beta^2}$	$\sqrt{1-\beta^2}\frac{f}{K}$	$\beta f/K$
1.05	0.3763	0.35838	0.12844	0.66666	0.92650	0.61766	0.25086
1.04	0.3954	0.38019	0.14454	0.67307	0.91851	0.61822	0.26613
1.03	0.4128	0.4008	0.16065	0.67961	0.91081	0.61900	0.28056
1.01	0.4439	0.4395	0.19316	0.69307	0.89608	0.62104	0.30765

将以上数值代入 $T_1=\overline{f}_{1K}N_1$、$T_2=\overline{f}_{2K}N_2$、$Q_1=\sqrt{1-\beta^2}f_{1K}N_1$、$Q_2=\sqrt{1-\beta^2}f_{2K}N_2$ 中得到各力，如表 10 所示。

表 10

K	N_1	T_1	Q_1	N_2	T_2	Q_2	ΣQ
1.05	71041	17821	43879	19962	5008	12330	56209
1.04	69112	18393	42726	21810	5804	13484	56210
1.03	67287	18878	41650	23523	6600	14560	56211
1.01	63867	19649	39664	26643	8197	16546	56210

第二步工作是求反力作用范围。令 $\frac{e_1}{e_2}=\alpha$，取 $\alpha=3.5$、4、5、6、8、13、…根据 xz 平面力矩平衡，取图 17 中 b 为矩心，得 $N_1d_1-\frac{N_2d_2}{\cos\delta}+M_0=0$，又由式（30）置 $d_0'=12$、$d_0=0$ 代入，将 d_2 以 d_1 表示，再代入上式，整理后得

$$d_1=\frac{-M_0/N_1+15.62050N_2/N_1}{1+(N_2/N_1)^2\alpha}$$

$$d_2=12-0.768221\alpha\frac{N_2}{N_1}d_1$$

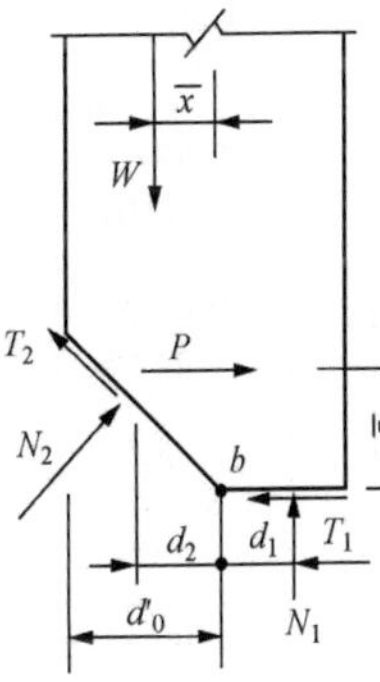

图 17

外力矩为

$$M_0=W\overline{x}-P\overline{z}=228379.7-42935.3=185444\text{（t·m）}$$

根据 d_1、d_2 可以求得 x_1、x_2，即

$$x_1=2(d_1-d_0)\qquad x_2=2(d_0'-d_2)$$

$$L_x=60.201+\frac{0.7x_2}{2.4}\qquad d_0=0\qquad d_0'=12\text{m}$$

列表计算d_1、d_2、x_1、x_2及L_x，如表 11 所示。

表 11

K	α	d_1	d_2	x_1	x_2	L_x	$\sigma_1=\sigma_2$
1.05	13	0.87785	9.53648	1.75570	4.92702	61.638	78.036
	8	1.09026	10.11718	2.18051	3.76563	61.299	61.139
	6	1.20708	10.43657	2.41416	3.12684	61.113	53.93
1.04	8	1.25020	9.57526	2.50040	4.84948	61.615	53.52
	6.5	1.36357	9.85124	2.72714	4.29751	61.454	48.24
	4.5	1.55112	10.30780	3.10223	3.38441	61.188	40.72
1.03	6	1.56046	9.48553	3.12092	5.02893	61.668	41.80
	5	1.67884	9.74566	3.35767	4.50868	61.516	38.07
	4	1.81664	10.04850	3.63328	3.90302	61.339	34.10
1.01	5	1.93180	8.90455	3.86359	6.19090	62.007	32.71
	4	2.13000	9.26956	4.26001	5.46089	61.794	28.72
	3.5	2.24519	9.48167	4.49037	5.03667	61.670	26.62

K	α	Q_2s_2	Q_1s_1	$(T_2\cos\delta-N_2\sin\delta)\times s_3$	T_1s_4	Pe	e_1	e_2
1.05	13	12330×7.03903	−43879.1×3.3753	−8932.52476×（$61.638-e_1/13$）	17821.3×（$67.201-e_1$）	−141496.8	25.92566	1.99428
	8	12330×7.61972	−43879.1×3.5877	−8932.52476×（$61.299-e_1/8$）	17821.3×（$67.201-e_1$）	−141496.8	26.64411	3.33051
	6	12330×7.93912	−43879.1×3.7045	−8932.52476×（$61.113-e_1/6$）	17821.3×（$67.201-e_1$）	−141496.8	27.28028	4.54671
1.04	8	13483.5×7.077802	−42726.2×3.74766	−9503.556×（$61.615-e_1/8$）	18392.7×（$67.201-e_1$）	−141496.8	25.82168	3.22771
	6.5	13483.5×7.35379	−42726.2×3.86103	−9503.556×（$61.4544-e_1/6.5$）	18392.7×（$67.201-e_1$）	−141496.8	26.26387	4.04059
	4.5	13483.5×7.810336	−42726.2×4.04858	−9503.556×（$61.188-e_1/45$）	18392.7×（$67.201-e_1$）	−141496.8	27.35357	6.07857
1.03	6	14560.4×6.9881	−41650.2×4.05792	−9988.84×（$61.66777-e_1/6$）	18878.2×（$67.201-e_1$）	−141496.8	25.78710	4.29785
	5	14560.4×7.2482	−41650.2×4.17629	−9988.84×（$61.516-e_1/5$）	18878.2×（$67.201-e_1$）	−141496.8	26.31785	5.26357
	4	14560.4×7.55103	−41650.2×4.31410	−9988.84×（$61.339-e_1/4$）	18878.2×（$67.201-e_1$）	−141496.8	27.14698	6.78675
1.01	5	16546.4×6.4071	−39964×4.42926	−10759.4684×（$62.00667-e_1/5$）	19648.9×（$67.201-e_1$）	−141496.8	25.26732	5.05346
	4	16546.4×6.7721	−39964×4.62746	−10759.4684×（$61.7937-e_1/4$）	19648.9×（$67.201-e_1$）	−141496.8	26.09651	6.52413
	3.5	16546.4×6.98421	−39964×4.742646	−10759.4684×（$61.67-e_1/3.5$）	19648.9×（$67.201-e_1$）	−141496.8	26.71794	7.63370

其次由 xy 平面（见图 18），对 O' 点取矩［见式（31）]，即

$$Q_2 s_2 - Q_1 s_1 + (T_2\cos\delta - N_2\sin\delta)s_3 + T_1 s_4 - Pe = 0$$

$$s_3 = L_x - e_2 \qquad s_4 = L - e_1$$

式中：s_1、s_2 为 Q_1、Q_2 对 O' 点力臂。

据此，求每一 α 值下的 e_1、e_2、σ_1、σ_2，其中

$$\sigma_1 = \frac{N_1}{2e_1 x_1} \qquad \sigma_2 = \frac{N_2\cos\delta}{2e_2 x_2}$$

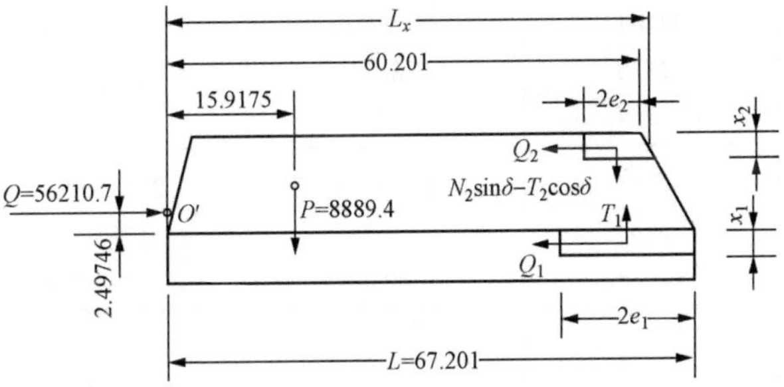

图 18

计算列在表 11 中。最后，由 yz 平面的力矩平衡条件确定 α 的值。对坝踵取矩（见图 19），有

$$Q_2 h_2 + N_1 s_4 + (N_2\cos\delta + T_2\sin\delta)s_3 = Qh + We_0 = M_0$$

$$M_0 = Qh + We_0 = 4121681\text{（t • m）}$$

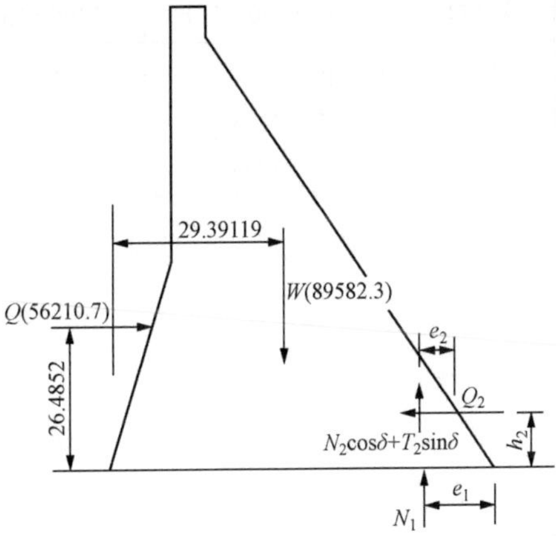

图 19

计算结果如表 12 所示。

表 12

K	α	$h=10-\dfrac{x_2}{24}$	$s_4=67.201-e_1$	$N_2\cos\delta+T_2\sin\delta$	$s_3=L_x-e_2$
1.05	13	7.947075	41.27534	18541.3095	59.64372
	8	8.430987	40.55689	18541.3095	57.96849
	6	8.69715	39.92072	18541.3095	56.56629
1.04	8	7.91878	41.37932	20470.8736	58.38772
	6.5	8.20937	40.93713	20470.8736	57.41380
	4.5	8.58983	39.84744	20470.8736	55.10943
1.03	6	7.90461	41.41390	22295.5136	57.36992
	5	8.12138	40.88315	22295.5136	56.25243
	4	8.37374	40.05402	22295.5136	54.55225
1.01	5	7.42046	41.93368	25715.1723	56.95321
	4	7.72463	41.10449	25715.1723	55.26957
	3.5	7.90139	40.48306	25715.1723	54.03630
K	α	Q_2h	N_1s_4	$(N_2\cos\delta+T_2\sin\delta)s_3$	Σ
1.05	13	12330×7.947075	71040.9×41.27534	18541.3095×59.64372	4136097
	8	12330×8.430987	71040.9×40.55689	18541.3095×57.96849	4059964
	6	12330×8.69715	71040.9×39.92072	18541.3095×56.56629	3992053
1.04	8	13483.5×7.91879	69111.6×41.37932	20470.87×58.38772	4161811
	6.5	13483.5×8.20937	69111.6×40.93713	20470.87×57.41380	4115232
	4.5	13483.5×8.58983	69111.6×39.84744	20470.87×55.10943	3997879
1.03	6	14560.4×7.904612	67286.8×41.41390	22295.513×57.36992	4180795
	5	14560.4×8.121383	67286.8×40.88315	22295.513×56.25225	4123320
	4	14560.4×8.373743	67286.8×40.05402	22295.513×54.55225	4033302
1.01	5	16546.4×7.42046	63867×41.93368	25715.17×56.953207	4265522
	4	16546.4×7.72463	63867×41.10449	25715.17×55.269572	4174302
	3.5	16546.4×7.90139	63867×40.48306	25715.17×54.036702	4105824

绘出α—M、α—σ、σ—K 曲线，如图 20 所示，查得相应于 $M_0=4121681\text{t}\cdot\text{m}$ 时的α—σ值如表 13 所示。

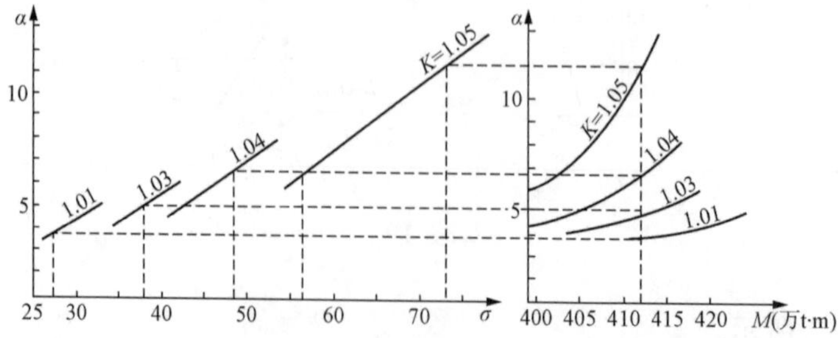

图 20

表 13

K	α	σ	K	α	σ
1.05	11.5	73.0	1.03	5.0	38.0
1.04	6.7	48.6	1.01	3.62	27.2

因［σ］=30，故相应的 K 约为 1.017，达临界状态时，反力 N_1 集中作用于平台靠下游及靠山侧的狭长部位，N_2 集中于岸坡靠山侧及下游，平台承担了大部分荷载。

在有些情况下，例如平台很宽，反力 N_1 及 N_2 的作用位置是位在靠河的一侧，这种情况下，坝块不可能侧向失稳。

6 结 论

（1）岸坡坝段的稳定分析是一个重要而又复杂的问题。如果岸坡较陡，坝体较高，或有不利的地质情况存在时，宜对这个问题作一些深入的研究，并采取合适的措施。

（2）如果受某些条件限制，在岸坡上不能设置平台，岸坡坝段的地基面为一个斜面，则其抗滑稳定分析可以采用习用的摩擦公式或剪摩公式计算，只需在有关项目中引入倾角 δ 的影响。此时的安全系数一般较低，特别是只计入摩擦抗力的安全系数更低，通常是无法满足正常的设计要求的。如计入黏结力影响，则 K_c 值有所好转，但若基岩较破碎或岸坡较陡时，c 值可以采用多少是一个值得注意的问题。

（3）为了改善上述情况，可以封闭横缝，限制坝块的侧向位移。在某些情况下采用这个措施后坝块的剪摩安全系数 K_c 可以接近地基为水平时的值，但摩擦安全系数仍偏低。同时为了有效和可靠地限制坝块侧向位移，必须仔细设计和认真进行横缝灌浆工作，还应核算河床坝段的稳定，使达到平衡设计。

（4）如果岸坡地形地质条件容许，则在坡面上设置平台（或利用较低坝段的混凝土面为平台）是提高岸坡坝段稳定性的有效措施。这时，其抗滑稳定问题的性质已与一般坝段有根本区别，不能再用简单公式核算。本文建议了一个分析方法，但计算工作量较大。所以最好是利用一些典型坝段的分析成果，总结出一些规律和经验，以作为设计岸坡坝段的参考。

计算证明，如果平台尺寸选取得当，坝段的安全系数 K 不会比水平地基情况降低多少。通过少量例子的分析成果来看，平台宽度占坝段宽 1/3 时，对于 40°～60°的岸坡已可借摩擦力维持稳定。

计算表明，设有平台的岸坡坝段的抗滑安全系数不仅取决于破坏面上的抗剪指标，而且在较小程度上也取决于坝基的容许压应力，所以对于地基破碎软弱的情况应特别注意。由于坝基容许压应力可以有较大的变化幅度，所以安全系数也有某些变动幅度。

在许多情况中，失稳时反力 N_1 合力线位在平台靠下游和山侧处，反力 N_2 合力线位在岸坡靠下游和顶部的地方，尤其平台上（$2x_1e_1$ 的范围内）承受大部分负担。所以如果这些部位的基岩条件较差，宜采取工程措施予以加强，这对提高抗滑能力有一定作用。

（5）过去有些文献在分析刚体的复杂抗滑问题时常只考虑力的平衡条件，而未考虑力矩的平衡条件。如果这样求出的反力作用线与破裂面的交点位在合适范围内，力矩平衡条件对抗滑稳定分析的影响确实不大。但若反力作用线与破坏面交点已位在边缘附近或已超出破坏面范围，这在破坏面不能承拉的条件下是不现实的，由此得出的安全系数一般偏大，应设法考虑力矩平衡的要求，使得到接近实际的解答。

（6）国外有些文献在分析刚体滑动问题时，由于破坏面上未知因素数量多于平衡方程数，不能求解，便采用如下原则：在各种可能的反力组合中，找出使安全系数取最小值的那一组作为解答。笔者认为这种做法值得商榷。对于破坏面为已定的情况下，似应采取相反的原则：刚体在失稳前，能调整其反力分布，挖掘抗剪潜力，直到无法再满足平衡条件和强度条件后才会失稳。这一概念已在作者其他一些文章中论述过。

论 试 载 法

1 概　　述

试载法是一种计算拱坝应力的常用方法。"试载"这个名称，是个不很妥帖的历史名称，似乎改称为"梁拱变位协调法"或"梁拱分载法"等更合适些。这个方法可以用手算试解，也可以列成代数方程组后用电子计算机求解（在后一情况，就更不宜称为试载法了）。根据试载法建立的方程组，其系数矩阵不呈带状，有时甚至有些"病态"，但这个方法有许多其他优点，故应用颇广，为我国广大水工设计同志所熟悉。国内外有不少文献对此法有所介绍和阐述。但是，有不少同志常常是从直观出发接受试载法这个概念的。究竟这个方法的理论根据是什么？物理意义是什么？它的基本假定是什么？它能否给出正确的应力及位移？如果是近似的，则产生误差的因素是什么？试载法中在梁拱系统上要施加几组自平衡的内力系？这些虚构的内力系的物理意义是什么？调整变位究竟应调整三向、四向、五向还是六向？只调整三向，则内力系应如何施加？目前习用的三向调整方式是适用于任何拱坝还是有所限制？……类似这些问题似尚缺少详尽的讨论，因此就容易产生误解，或在编制电算程序时发生疑义。目前，试载法还是一个分析拱坝的主要手段，将来它可能也仍适用于不少工程中，故本文拟针对上述问题作一个概括性的评述，以供参考。

在讨论试载法的有关问题之前，先将其一般计算步骤简单回顾一下，假定我们要计算图 1 中所示的拱坝应力，选取若干个拱圈（图 1 中示 5 条）和相应的悬臂梁（图 1 中示 9 根）作为计算体系。拱和梁交于基础上同一点，然后将坝所承受的主要荷载（坝上游面的径向压力）p 划为两部分，一部分为 p_a，作用在拱上；一部分为 p_c，作用在梁上。另外，在拱和梁上各施加以下三组内力系：①切向内力系，其集度为 q；②水平扭转内力系，其集度为 m_z；③垂直扭转力系，其集度为 m_t。这些内力系沿拱轴线或梁轴线分布，都是"自平衡"的，即作用在拱某点处的 q（或 m_z 或 m_t）和作用于梁在同一点上的 q（或 m_z 或 m_t）其值相等，方向相反。然后，分别取出每根拱和梁，计算它们在各自负担的外荷载及上述内力系作用下的变位（包括径向变位、切向变位、水平转角和垂直转角）。调整外载的分配比例和内力系集度的数值，使拱和梁在同一点处有相同的变位。最后，分别计算拱和梁在最终确定的分配外载和内力系作用下的应力和变位，就是拱坝的应力和变位。

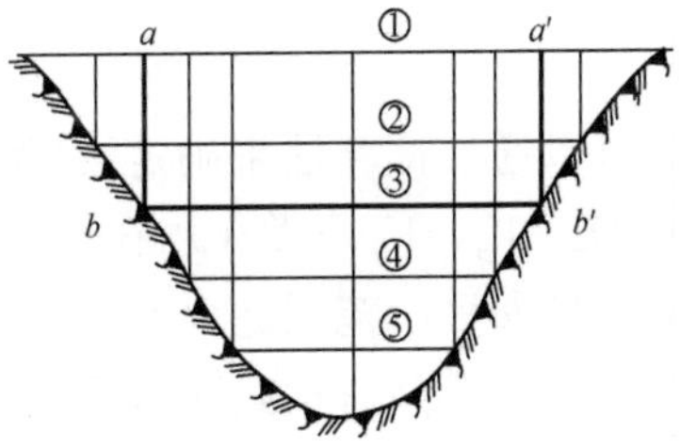

图 1

如有其他次要的荷载存在，例如横向地震力、坝顶上的集中力、温度荷载等也可加以考虑。一般先把它们分别加到拱或梁上，假定全由拱或梁负担，由此计算拱或梁的初始变位，然后进行调整。通常是将上述横向地震力及坝顶集中力先划给梁承受，温度荷载先划给拱承受。关于这个问题，我们在下面还有一些专门的讨论。

在计算拱和梁的变位时，当然要考虑地基变位影响，后者用伏格特公式作近似计算。由于拱和梁站在同一地基上，所以拱上的荷载，不但产生拱的变位，而且还会通过地基变形作用影响到与它相连的那两根梁；梁上的荷载，也同样影响到和它相连的拱，然后再影响到拱的另一端上的梁。例如在图 1 中的 $a—b—b'—a'$ 体系中，当荷载作用在其上任一点处，将引起所有各点的变位。

由于梁和拱的反力都将产生地基变形，从而相互影响，所以一定要妥善予以处理。通常有两种不同的处理方法：

（1）梁拱相互影响法。图 2 中所示相交于一处的梁端和拱端，形成基岩上的一个小三角块，在其顶面作用有梁底反力 N_z、V_{zr}、V_{zt}、M_t、M_z，在侧面作用有拱端反力 N_t、V_{tz}、V_{tr}、M_z、M_t，分别计算这些反力所产生的地基变位（沉陷、水平径向位移、水平切向位移、两个方向的转动等），而且加以合并，即得到合成的地基变位，而后者也就是梁和拱的公共的地基变位。

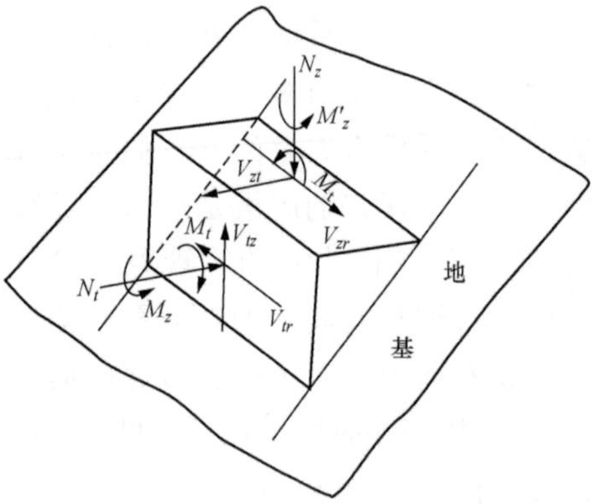

图 2

（2）梁站在拱端上法。视梁 ab 或 $a'b'$ 站在拱 bb' 的两端，把梁底反力视作施加在拱端的集中力，由此计算拱端的变位，此变位同时作为梁的地基变位。

应该说，以上两种方法都是可行的，第（1）种方法的优点是可以推广用到梁拱不交于地基上同一点的情况（此时，梁和拱之间的相互影响可以通过插补法来确定）；第（2）种方法在处理上比较简便，但通常只把梁端的反力 M_z、V_{zr}、V_{zt} 三者作用在拱端上，而忽略 M_t 和 N_z 的影响（因为这两个反力的影响已不在拱圈平面范围之内），因此精确性要差一些。

以上仅是对试载法步骤的简要说明，因为这个步骤已为广大同志所熟悉，故不做详细的叙述。

2 试载法的基本依据

对于试载法，我们可以从不同的角度来理解和推导它。例如，可以假定拱坝能按壳体理论分析，然后从壳体方程出发，用数学方式来推出梁拱分载的公式。这样做的好处是完全可以用数学方法推演；缺点是其基本出发点以筒状薄壳的理论为依据，对形态复杂和较厚的拱坝有其近似性。另外，我们也可以从结构和力学的观点来解释试载法。后面这条途径具有力学概念明确、适应性较广的优点。所以本文就采取这一途径。按照这条思路，试载法的基本依据可以归溯到工程力学上的两条基本原理。

（1）内外力替代原理。任何结构物在承受荷载后，将产生应力并发生变位。在计算中，我们可视需要将结构物切除一部分而对余下部分进行计算，只要将切割面上的内应力视作表面荷载施加在该切面上，这样求出的该部分应力和变位将等于结构物的真实应力和变位。

（2）唯一解原理。任何弹性体承受指定的荷载（或变位）下的解答是唯一的。换言之，如果有一组解答已被证明满足平衡、连续以及边界条件，就一定是正确的解答，而且只有这样一种解答（克希霍夫原理）。

现在考虑图 3（a）中的拱坝。为说明简便计，先假定地基不变形，图 3（b）表示从拱坝中切出来的一片梁。如果我们不仅把外荷载 p 加在梁的上游面，而且把梁的两个侧面上的应力也都作为表面荷载作用上去，然后就按一根独立的梁计算，那么就可得到准确的应力和变位（内外力替代原理），只要所加的表面力系确实是该面上的真实应力。

同样，我们也可从拱坝中切取一片水平拱圈出来［见图 3（c）］，而将其上下两个表面上的应力作为施加在它上面的边界荷载，再按独立拱计算，同样可以得到准确的应力和变位。如果梁和拱相交于某点 n，那么该点从梁上算出来的变位必然与从拱上算出来的变位一致，因为它们都是同一结构上同一点处的真实变位。

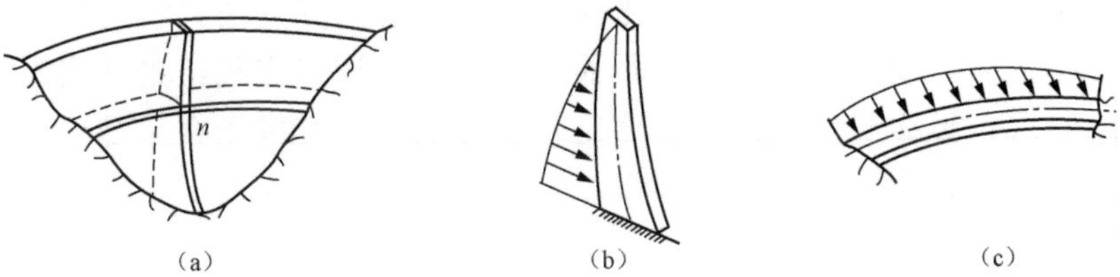

图 3

如果地基有变形，则应将梁（拱）连同地基一起计算，而且无论算哪一条梁或拱，要沿整个坝基面上都加上坝底的应力，才能得出真实的变位。

反过来讲，如果我们将拱坝分别切成拱和梁，并且在各切面上施加某种内力系，并调整这些内力系的集度，使拱和梁这两套系统在外荷载和内力系的作用下，处处变位一致，则所加的内力系一定就代表这些截面上真正应力的影响，所求出的拱梁变位和应力也是拱坝的真实应力（唯一解原理）。

所以，试载法中所施加在梁或拱上的所谓“自平衡内力系”实际上就是作用在两个切割面上应力的影响。当然，我们已将两个面上的应力合并起来而且放置在拱或梁的轴线上以利于计算。试载法，就其原理来讲，是准确的方法。通常，此法只给出近似结果，并不是由于原理上的问题，而是由于计算技术上的近似性，见下所述。

如果我们要用试载法“精确地”确定拱坝的应力和变位，那么必须做到以下几点：

（1）拱和梁的数量要切取得无穷多；

（2）在拱和梁的切割面上要施加连续分布的应力（包括正应力 σ 和剪应力 τ）以作为表面荷载；

（3）拱和梁要按照弹性力学原理，精确计算其应力和变位，包括地基变位影响；

（4）要求调整所施加的所有内应力函数，使拱和梁在所有点（无穷多）上所有变位分量（u，v，w）处处协调。

按照以上要求来处理，显然是不现实，也是不必要的。在实际计算中，我们不仅只取出有限个拱和梁作代表，只核算在它们相交处的变位协调情况（假定坝体的应力和变位都呈和缓而连续的变化，所以在各交线处协调后，其间任何点处也都近似协调）；而更主要的是，在计算变位时作了重要简化假定，即假定水平拱法线方向纤维变位后保持为直线、长度不变，沿厚度方向变形为线性。这个假定，相当于板壳理论中的直法线假定或材料力学中的平截面假定。这样，近似地说，拱和梁都可视为一根杆件，用其轴线代表，所应施加的内力系可以合成为沿这根轴线分布的值，拱和梁的变位可按平截面假定计算，并最终以轴线上每一截面的三个变位和三个转动角来代表（而不再是无穷多个点上的 u，v，w 值）。变位协调的核算，将只在拱梁交点上进行。按这样方式进行分析，可以使计算工作简化到能实用的程度，当然相应地带来一些误差。显然，在厚拱坝中误差影响会大一些。

此外，地基变形只能作近似计算，这也是产生误差的一个主要原因。要解决这个问题，需有赖于空间弹性力学、空间有限元分析和岩石力学等方面的进展。

试载法就是在以上一些假定和简化基础上建立的计算方法。它当然不是精确的方法，但也不是完全没有理论根据似是而非的方法。许多实践结果证明，包括对一些厚拱坝的研究，试载法的成果是有一定代表性的，在许多场合下是可以作为设计的依据的。

3　内力系、平衡条件和协调条件

现在我们进一步具体分析应该对梁和拱各施加怎样的内力系，以及这些力系间的关系和要求。

3.1　坐标和代号

取垂直轴为 z，径向轴为 r（或 y），切向轴为 t（或 x）。从拱坝中切出宽为 $\mathrm{d}t$、高为 $\mathrm{d}z$ 的一个元块，其两侧面形心各为 G_1 及 G_1'，两者间的平距即为 $\mathrm{d}t$（$\mathrm{d}t$ 与上游面宽度 $\mathrm{d}t'$ 稍有不同，$\dfrac{\mathrm{d}t}{\mathrm{d}t'}=\dfrac{R}{R+h/2}$），又其底面和顶面的形心各为 G_2 及 G_2'，其间沿径向的距离为 $\mathrm{d}a$（$\dfrac{\mathrm{d}a}{\mathrm{d}z}$ 就是悬臂梁中心轴线的坡度），该元块相对应的中心角为 $\mathrm{d}\phi$（见图 4）。

3.2　外力

作用在这元块上的外力，最主要的是上游面水压力。如上游面倾斜扭曲，则水压力还可以分为径向分力、水平切向分力、竖向分力三个分力，将这些分力移置到元块中心去并以集度表示（在移置过程中，集度数值要乘以 $\dfrac{\mathrm{d}t'}{\mathrm{d}t}$ 调整，而且还产生扭矩）。

一般情况下，可以认为在元块形心处作用有五个外力：径向力 R_0（主要为水压力引起)、切向力 T_0(水压力分力及侧向地震力)、竖向力 S_0(水压力分值及自重),绕 z 轴的力矩 $\boldsymbol{M}_{z0}$、绕 t 轴的力矩 $\boldsymbol{M}_{t0}$,这些外力均可写成其“集度”和 $\mathrm{d}t\mathrm{d}z$ 的乘积,即

$$\left.\begin{aligned} R_0 &= p_0\,\mathrm{d}t\,\mathrm{d}z \\ T_0 &= q_0\,\mathrm{d}t\,\mathrm{d}z \\ S_0 &= s_0\,\mathrm{d}t\,\mathrm{d}z \\ \boldsymbol{M}_{z0} &= m_{z0}\,\mathrm{d}t\,\mathrm{d}z \\ \boldsymbol{M}_{t0} &= m_{t0}\,\mathrm{d}t\,\mathrm{d}z \end{aligned}\right\} \tag{1}$$

式(1)中的 p_0、q_0、…、m_{t0} 等可以从外荷载和元块的几何要素计算确定。这是个静力计算问题,关于绕 r 轴的力矩,是个高阶微量,不必计及。

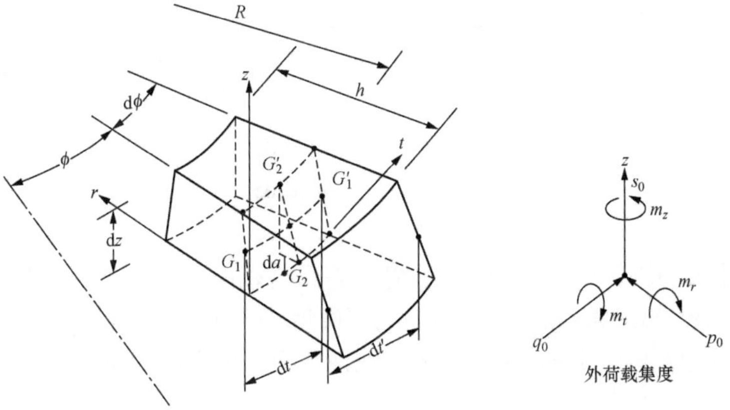

图 4

3.3 应力和作用在拱梁上的内力系

作用在元块四个表面上的应力,可以分为两组,一组作用在顶面和底面上,一组作用在两个侧面上。先研究后一组。我们把应力组成为以下几个合力:轴向力 $N_t\mathrm{d}z$,剪力 $V_{tz}\mathrm{d}z$、$V_{tr}\mathrm{d}z$,扭矩 $\boldsymbol{M}_t\mathrm{d}z$,弯矩 $\boldsymbol{M}_z\mathrm{d}z$。另一个弯矩 $\boldsymbol{M}_r\mathrm{d}z$ 是高阶微量,不必计入。N_t 等均以单位高度的合力计,所以均要乘以 dz。用黑体字 $\boldsymbol{M}$ 表示扭矩,以下同此。

各力及力矩的意义及脚标观图 5 自明,不作赘述。该图中画出一个侧面上的这五个合力,在另一侧面上也有五个值,而且同这面的值有微小差别。例如,沿 z 方向就有个不平衡的力 $\dfrac{\partial V_{tz}}{\partial t}\mathrm{d}t\mathrm{d}z$ 存在,其他仿此。这些差值正是应该作用在元块上的“内力系”。

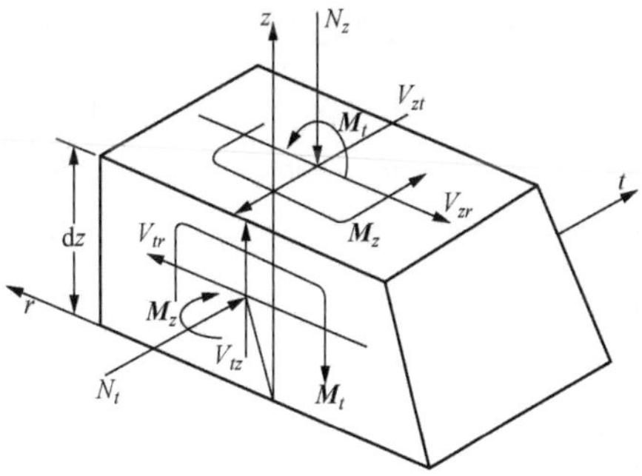

图 5

更具体的分析如下:取出一根悬臂梁,并切出高为 dz 的一个单元。在这单元两个侧面上的五个内力不平衡,把不平衡值(也就是两者的合力)视作应该施加在悬臂梁上的内力系,用这种内力系来代替拱的作用。很明显,

内力系共有三个力和三个力矩六组，其集度可由 N_t 等的变率（$\frac{\partial N_t}{\partial t}$ 等）算出（详细公式后述）。我们总可以把它们写成以下形式

径向力	$p\mathrm{d}t\mathrm{d}z$	力矩	$m_r\mathrm{d}t\mathrm{d}z$
切向力	$q\mathrm{d}t\mathrm{d}z$	力矩	$m_z\mathrm{d}t\mathrm{d}z$
竖向力	$s\mathrm{d}t\mathrm{d}z$	力矩	$m_t\mathrm{d}t\mathrm{d}z$

综上所述，把悬臂梁从坝体内切出，当作独立的梁处理时，为了能将切开面上的应力的影响考虑进去，应在悬臂梁轴线上施加上述六组内力系，它们的集度各为 p、q、s、m_r、m_z、m_t，都可以从侧面上应力沿 t 轴的变率确定。这些集度乘以悬臂梁的宽度（$\mathrm{d}t$ 或 1）后，就是作用在梁的单位高度（$\mathrm{d}z=1$）上的力或力矩。

完全相仿，在元块顶面上的应力，可以合成为轴向力 $N_z\mathrm{d}t$，剪力 $V_{zt}\mathrm{d}t$、$V_{zr}\mathrm{d}t$，扭矩 $\boldsymbol{M}_z\mathrm{d}t$ 和弯矩 $\boldsymbol{M}_t\mathrm{d}t$ 等五个（见图 5）。在底面上也有这个五个值，与顶面不相平衡。两者的合力可以视为加在元块中心的另一组内力，这些内力共六个，我们也总可以把它们写成为

$p_\mathrm{c}\mathrm{d}t\mathrm{d}z$	$m_{r\mathrm{c}}\mathrm{d}t\mathrm{d}z$
$q_\mathrm{c}\mathrm{d}t\mathrm{d}z$	$m_{z\mathrm{c}}\mathrm{d}t\mathrm{d}z$
$s_\mathrm{c}\mathrm{d}t\mathrm{d}z$	$m_{t\mathrm{c}}\mathrm{d}t\mathrm{d}z$

在上述集度的脚标中加一个“c”，意思是指这些内力代表元块顶底面上应力影响的，也就是代表悬臂梁影响的，所以添注 c。仿此，前面提到的 p、q 等，应加注一个 a（如 p_a、q_a 等）以说明这些内力是代表元块两侧面上应力的影响，也就是代表拱应力对梁的影响。

总之，把拱从坝体内切出，当作独立的拱圈计算时，为了能将切开面上（顶面、底面）梁应力对它的影响考虑进去，应该沿拱轴线施加六组内力系，它们的集度各为 p_c、q_c、s_c、$m_{r\mathrm{c}}$、$m_{z\mathrm{c}}$、$m_{t\mathrm{c}}$ 等，都可以从平截面上的应力沿 z 轴的变率确定。这些集度乘以拱的厚度 $\mathrm{d}z$（或 1）后就是作用在单位轴线长（$\mathrm{d}t=1$）上的力或力矩。

3.4 元块的平衡条件和“分载”概念

现在考虑元块的平衡条件，它承受外载 $p_0\mathrm{d}t\mathrm{d}z$、$q_0\mathrm{d}t\mathrm{d}z$、…另外，它在四个侧面上有应力作用。如上所述，这些应力最后合成为作用在形心上的力 $p_\mathrm{a}\mathrm{d}t\mathrm{d}z$、$q_\mathrm{a}\mathrm{d}t\mathrm{d}z$ 等以及 $p_\mathrm{c}\mathrm{d}t\mathrm{d}z$、$q_\mathrm{c}\mathrm{d}t\mathrm{d}z$ 等。考虑元块的平衡条件，显然有

$$\left.\begin{array}{lll} p_0=p_\mathrm{a}+p_\mathrm{c} & q_0=q_\mathrm{a}+q_\mathrm{c} & s_0=s_\mathrm{a}+s_\mathrm{c} \\ m_{z0}=m_{z\mathrm{a}}+m_{z\mathrm{c}} & m_{t0}=m_{t\mathrm{a}}+m_{t\mathrm{c}} & m_{r\mathrm{a}}+m_{r\mathrm{c}}=0\ \text{（此式也可不列）} \end{array}\right\} \quad (2)$$

式（2）的物理意义，可以再解释一下。取径向力的平衡为例，元块承受径向外载 p_0（均以集度表示），这个外力分别由两侧面及两平面上的应力来平衡，前者负担 p_a 部分，后者负担 p_c 部分，而 $p_\mathrm{a}+p_\mathrm{c}=p_0$。在计算梁的时候，虽然真正作用着的总外力集度是 p_0，但由于两侧拱的作用存在，从静力等效上看，相当于把梁当作独立杆件计算，但仅承受荷载集度 p_0-p_a（$=p_\mathrm{c}$）。同样，在计算拱的时候，虽然作用着的总外力集度是 p_0，但由于顶面、底面上有梁向应力作用，所以实际上等效于仅承受外力集度 p_0-p_c（$=p_\mathrm{a}$）。其他各种方向的情况也一样。

由此，我们就产生了一种“分载”的概念。就是说，我们不必考虑拱梁上各应施加什么内力系，而仅须把外载集度 p_0 分划为二。一部分 p_c 放在梁上，然后即按独立梁分析，另一部分 p_a 放在拱上，并按独立拱分析，彼此各不相涉。对于其他方向荷载，也仿此进行（把 q_0 分为 q_a、q_c 等）。如果外载为 0，譬如 $q_0=0$，则 $q_a+q_c=0$，换言之，也要把 0 进行划分，此时拱上分配到的值与梁上分配到的值两者绝对值相等，但符号相反。

这样，我们就得到试载法的第一种处理方式：将各种外载集度（包括为 0 的）划分为由拱及梁负担的两部分，分别施加在拱和梁上，然后独立计算拱和梁，调整划分比例，使两套系统的变位相符，就代表拱坝真实的应力和变位状态。

但是还有另外一种考虑方式，仍以径向力为例，我们可以设想梁负担的是 p_0-p_a，拱负担的是 p_a。就是说，先把 p_0 全交由梁负担，拱上为 0。然后以此为基础，将一对自平衡的内力（集度各为 $\pm p_a$）分别加在拱及梁上。这样，我们得到第二种处理方式：先将各种外载完全交由梁（或拱）承担，计算其变位，当然梁、拱的变位不能协调，然后在拱和梁上施加六组自平衡的内力系（一加梁上，一加拱上，数值相等方向相反），调整这些内力系的集度，使变位恢复协调，从而获得解答。当然，采用此法处理时，外荷载只能加在某一系统（梁或拱）上，不能同时加在两种系统上。

应该指出，采用以上不同的途径，结果应该（而且必然）是一样的，仅试算的收敛速度可能有些区别，通常的做法常是混合使用。譬如水压力是主要荷载，常常采用“分载”概念，在每次试算中反复修正划分比。对于其他外载，如坝顶集中力、侧向地震力等，常视方便分别先完全交给梁或拱负担，算出初始变位。然后拟定一套自平衡内力系来恢复协调条件。这时，需要加在梁及拱上的内力系只有四组，径向内力系已由“分载”代替了。

在各种荷载中，温度荷载是一种特殊的荷载。它并不是一种“力”，而是通过它所产生的体积变化来引起坝体应力的，所以上面的论述不适用于它。即，它不能采取“分载”的方式，将全部温度变化划分给梁拱分担；也不能随便将它都交给某一系统承受。根据试载法的原理，我们知道，对于温度荷载应该这样处理：将全部温度变化既加在拱上，也加在梁上，计算两者由此而产生的变形，然后施加内力系来恢复协调条件。不过，如果温度变化是均匀的（均匀温升或温降），则对梁来讲，只引起梁轴线的垂直变位，而在传统的三向调整中，垂直变位并不参加调整，所以只须将温度变化加在拱上即可（这样得出的温度应力是近似解）。但是，对于非均匀温度变化（例如由于温度梯度所产生的应力），就应将温度变化同时施加在梁及拱上，计算其变位，再施加内力系使之协调。孔隙压力所产生的应力，性质也与温度荷载相同，需同样处理。

3.5　内力系集度的具体公式

内力系集度 p_a、p_c 等既然反映元素两侧应力的合成影响，则它们必能以拱、梁内力的函数形式表示。如果仅作数值分析，并不需推导这些公式，但如要作理论研究，则应推导出这些公式。这很容易从元块的平衡条件求出，只须注意元块是一个复杂的六面体。下面，我们就等截面拱圈的情况（此时元块是一弧形六面体）推导如下。

（1）径向力平衡条件：考虑图 4、图 5，由径向力的平衡条件得

$$p_0 \mathrm{d}t\mathrm{d}z = \left(\frac{\partial V_{zr}}{\partial z}\mathrm{d}z\right)\mathrm{d}t + \left(\frac{\partial V_{tr}}{\partial t}\mathrm{d}t\mathrm{d}z\cos\frac{\mathrm{d}\phi}{2} + 2\sin\frac{\mathrm{d}\phi}{2}N_t\mathrm{d}z\right)$$

或

$$p_0 = \frac{\partial V_{zr}}{\partial z} + \left(\frac{\partial V_{tr}}{\partial t} + \frac{N_t}{r}\right)$$

因此

$$\left.\begin{aligned} p_{\mathrm{c}} &= \frac{\partial V_{zr}}{\partial z} \\ p_{\mathrm{a}} &= \frac{\partial V_{tr}}{\partial t} + \frac{N_t}{r} \end{aligned}\right\} \quad (3)$$

（2）切向力平衡条件：完全相似，可写出元块的切向力平衡条件如下

$$q_0 \mathrm{d}t\mathrm{d}z = \left(\frac{\partial N_t}{\partial t}\mathrm{d}t\cos\frac{\mathrm{d}\phi}{2}\mathrm{d}z - 2V_{tr}\mathrm{d}z\sin\frac{\mathrm{d}\phi}{2}\right) + \frac{\partial V_{zt}}{\partial z}\mathrm{d}z\mathrm{d}t$$

或

$$q_0 = \left(-\frac{V_{tr}}{r} + \frac{\partial N_t}{\partial t}\cos\frac{\mathrm{d}\phi}{2}\right) + \frac{\partial V_{zt}}{\partial z}$$

即

$$\left.\begin{aligned} q_{\mathrm{c}} &= \frac{\partial V_{zt}}{\partial z} \\ q_{\mathrm{a}} &= \frac{\partial N_t}{\partial t} - \frac{V_{tr}}{r} \end{aligned}\right\} \quad (4)$$

（3）竖向力平衡条件：考虑元块上竖向力平衡条件，可得

$$s_0 \mathrm{d}t\mathrm{d}z = \frac{\partial N_z}{\partial z}\mathrm{d}z\mathrm{d}t + \frac{\partial V_{tz}}{\partial t}\mathrm{d}t\mathrm{d}z$$

即

$$\left.\begin{aligned} s_{\mathrm{a}} &= \frac{\partial V_{tz}}{\partial t} \\ s_{\mathrm{c}} &= \frac{\partial N_z}{\partial z} \end{aligned}\right\} \quad (5)$$

（4）水平面上力矩的平衡，考虑图 5，取绕 z 轴的力矩平衡条件，有

$$m_{z0}\mathrm{d}t\mathrm{d}z = \left(\frac{\partial \boldsymbol{M}_z}{\partial z}\mathrm{d}z + \mathrm{d}a \cdot V_{zt}\right)\mathrm{d}t + \left(\frac{\partial \boldsymbol{M}_z}{\partial t}\mathrm{d}t + V_{tr}\cos\frac{\mathrm{d}\phi}{2}\mathrm{d}t\right)\mathrm{d}z = 0$$

这里忽略了 $\mathrm{d}N_t$ 所产生的高阶微量，于是

$$m_{z0} = \left(\frac{\partial \boldsymbol{M}_z}{\partial z} + \frac{\mathrm{d}a}{\mathrm{d}z}V_{zt}\right) + \left(\frac{\partial \boldsymbol{M}_z}{\partial t} + V_{tr}\right)$$

或

$$\left.\begin{aligned} m_{z\mathrm{c}} &= \frac{\partial \boldsymbol{M}_z}{\partial z} + \frac{\mathrm{d}a}{\mathrm{d}z} - V_{zt} \\ m_{z\mathrm{a}} &= \frac{\partial \boldsymbol{M}_z}{\partial t} + V_{tr} \end{aligned}\right\} \quad (6)$$

作用在拱上的扭转内力集度 $m_{z\mathrm{c}}$ 由两部分组成，一部分是扭矩 $\boldsymbol{M}_z$ 沿高度的变率，这是主要成分，并且常常就以记号 m_z 代表之，它常被称为水平扭转力系集度；另一部分是由于梁轴的倾斜，所以在元块顶面及底面上的剪力 V_{zt} 组成了一个扭矩 $V_{zt} \times \frac{\mathrm{d}a}{\mathrm{d}z} = V_{zt} \times i$，$i$ 为梁轴离开竖直线的斜率。在侧面上，扭矩集度 $m_{z\mathrm{a}}$ 也可分为两部

分，一部分是拱弯矩 M_z 的变率 $\frac{\partial \boldsymbol{M}_z}{\partial t}$，另一部分是剪力 V_{tr} 所产生的扭矩。

如外载并不产生扭矩，$m_{z0}=0$，则 $m_{z\mathrm{c}}=m_{z\mathrm{a}}$（绝对值）。作用在梁上的全部扭矩集度就是 $m_z+V_{zt}\cdot i$，我们常常在梁轴上施加试荷载 m_z，另外计算每个断面上 V_{zt} 所产生的扭转影响。

（5）垂直面上的力矩平衡条件，参考图 5，这个条件是（令 $m_{t0}=0$）

$$\left(\frac{\partial \boldsymbol{M}_t}{\partial z}\mathrm{d}z - V_{zr}\mathrm{d}z + \mathrm{d}aN_z\right)\mathrm{d}t + \left(\frac{\partial \boldsymbol{M}_t}{\partial t}\mathrm{d}t\cos\frac{\mathrm{d}\phi}{2}\right)\mathrm{d}z = 0$$

或

$$\left.\begin{aligned} &\left(\frac{\partial \boldsymbol{M}_t}{\partial z} - V_{zr} + \frac{\mathrm{d}a}{\mathrm{d}z}N_z\right) + \left(\frac{\partial \boldsymbol{M}_t}{\partial t}\right) = 0 \\ &m_{t\mathrm{a}} = \frac{\partial \boldsymbol{M}_t}{\partial t} \\ &m_{t\mathrm{c}} = \frac{\partial \boldsymbol{M}_t}{\partial z} - V_{zr} + N_z i = -m_{t\mathrm{a}} \end{aligned}\right\} \tag{7}$$

即

式中，$m_{t\mathrm{a}}$ 常以记号 m_t 表示，并常被称为垂直扭转力系集度。

（6）绕 r 轴的力矩平衡条件，参考图 5，可以写为

$$\left.\begin{aligned} V_{zt}\mathrm{d}t\mathrm{d}z &= V_{tz}\mathrm{d}z\mathrm{d}t \\ V_{zt} &= V_{tz} \end{aligned}\right\} \tag{8}$$

或

故 m_r 就是 V_{zt} 或 V_{tz}。这个关系式不影响以后的计算。

3.6　独立的内力系数量

上面提到，在试载法计算中要分别在拱和梁上施加六组内力系，其集度分别为 p、q、s、m_r、m_z、m_t。但是，进一步分析可知，这六组内力并不是彼此独立的，当其中某一些的集度值确定后，其余的值也随之肯定，这个问题对计算关系很大，必须搞清楚。

首先，绕 r 轴的内力矩的集度就是 V_{zt} 或 V_{tz}，当切向内力集度 q_c 或 q_a 确定后，V_{zt} 也随之而定，从而 m_r 不是个独立量。同样，$s_\mathrm{a}=\frac{\partial V_{tz}}{\partial t}$，故 q_a 决定后，V_{zt} 随之确定，$V_{tz}=V_{zt}$ 也随之确定，而 s_a 也随之确定。即 s_a 也不是一个独立量。

最后研究 m_z 和 m_t，由式（6）和式（7）的第一个方程可得

$$\left.\begin{aligned} m_{z\mathrm{c}} &= \frac{\partial M_z}{\partial z} + V_{zt}i = m_z + V_{zt}i \\ m_{t\mathrm{a}} &= \frac{\partial \boldsymbol{M}_t}{\partial t} = m_t \end{aligned}\right\} \tag{9}$$

当按照材料力学原理计算拱、梁应力时，扭矩 $\boldsymbol{M}_z$ 和 $\boldsymbol{M}_t$ 之间存在一定关系。考虑图 6 中的元块，在其顶面上作用有水平扭矩 $\boldsymbol{M}_z$，它实际上是由切向剪应力 τ_{zt} 产生的，按材料力学原理，假定 τ_{zt} 沿断面厚度呈线性变化，则 $\tau_{zt}=\frac{\boldsymbol{M}_z y}{J_c}$，其中 J_c 为顶部断面的惯矩，y 为计算点到中和轴距离。

论试载法

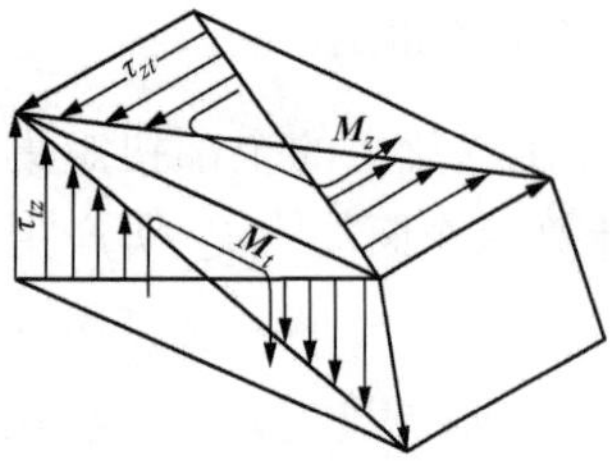

图 6

同样，侧面上的 $\boldsymbol{M}_t$ 是由剪应力 τ_{tz} 产生的，而且 $\tau_{tz}=\frac{\boldsymbol{M}_t y'}{J_a}$，其中 J_a 为侧断面的惯矩，y' 为计算点到中和轴的距离。

如果拱坝的曲率半径较大，厚度较小，则可认为 $\frac{y}{J_c}\approx\frac{y'}{J_a}$，但由于 $\tau_{zt}=\tau_{tz}$，结论是 $\boldsymbol{M}_z=\boldsymbol{M}_t$。就是说，在拱坝中任一点水平扭矩 $\boldsymbol{M}_z$ 等于垂直扭矩 $\boldsymbol{M}_t$。这样，内力系 m_{zc} 和 m_{ta} 中，只有一个是独立的，即 m_z 和 m_t 中，确定一个后，另一个也随之而定。需要指出的是，$\boldsymbol{M}_t=\boldsymbol{M}_z$ 并不意味着 $m_z=m_t$，即并不是垂直扭转力系的集度等于水平扭转力系的集度（也正由于此，给我们的计算增加了不少困难，因为在计算中我们需施加在拱和梁上并进行调整的乃是 m_z 或 m_t，而不是 $\boldsymbol{M}_z$ 或 $\boldsymbol{M}_t$）。但它们之间存在以下关系：将 m_t 沿 t 轴积分，将等于将 m_z 沿 z 轴积分值。

在以上的说明中，我们认为 $m_z=m_t$。对于厚拱坝，可能有些误差，即 $\boldsymbol{M}_z$ 不严格等于 $\boldsymbol{M}_t$，但它们之间必存在一定关系，因为 $\tau_{zt}=\tau_{tz}$ 的条件始终存在，所以 m_z 和 m_t 之间总是只有一个是独立的。例如对于厚拱坝，仍令 τ 沿厚度呈线性变化，可以得出

$$\boldsymbol{M}_t=\boldsymbol{M}_z+\frac{h^2V_{tz}}{12R} \tag{10}$$

这时，V_{zt} 也不严格等于 V_{tz}，而有

$$V_{zt}=V_{tz}\left(1-\frac{h^2}{12R^2}\right)-\frac{\boldsymbol{M}_z}{R} \tag{11}$$

综上所述，可知在六组内力系中，只有三组是独立的，通常我们选用径向内力集度 p、切向内力集度 q 和水平扭转力系集度 m_z 作为独立变量。这三者一经确定或假定，另外三者随之确定，虽然要由前三者算出后者可能是比较麻烦的。

3.7　应满足的变位协调条件和解算途径

通过以上分析不难看出，试载法的计算可以采取两种途径来完成：

（1）不考虑各组内力系集度之间的相互关系，把所有内力系都作为未知量，由所有的变位分量的协调条件来确定它们（所谓变位协调条件，是在同一点上，从梁系统计算出来的各种线变位和转角应该等于从拱系统算出来的这些值）。最后得到的内力系集度，应该满足上节中分析的关系，这可作为一个校核手段。

（2）考虑六组内力集度间的依赖关系，选择其中三种为独立变量（把其余三种用这三种表达），使未知量减少一半。然后选择三种变位分量的协调条件来求解这三个独立的内力集度值，问题从而得解。另外三个变位分量应自行协调，可以作为一个校核手段。

当然也可用选用四（五）种内力系，而由四（五）种变位协调条件来确定它们。

重要的是，由不同途径求出的最终成果，应该是（而且必然是）一致的（计算中可能出现的误差除外）。

采用第一种方式，缺点是未知量增多，优点是不必考虑各内力系集度之间的复杂

关系。采用第二种方式，优点是未知量减少一半，缺点是必须考虑内力系集度之间的关系。以往用手算解拱坝应力时，我们无例外地采用第二法。现今已采用电子计算机解算，但由于受到机器容量的限制，特别是试载法方程组的系数矩阵不呈带状，而且宜于直接解算，未知量不能过多，所以也多仍按第二法解算。

在这里要着重指出的是，在采用第二法时，我们只选用三种内力系集度（例如 p、q、m_z）作为独立未知量，决不意味着在拱和梁上只要施加这三种内力系即可。恰恰相反，我们在拱和梁上必须施加全部内力系 p、q、s、m_z、m_t、m_r，仅仅是后三者可以用前三者表示而已。应该将它们全加上，算出所有内力所产生的变位，但只须核算三个分变位的协调条件，因为独立变量仅三组。

这样看来，采用第二法解算，虽然未知量少了，计算步骤却是曲折的。特别是，从严格的立场上讲，不仅每一组内力系对所有的变位分量都有影响，而且拱的变位还受梁上内力系的影响（反之亦然），所以要“精确”地建立试载法的方程组将是极其复杂的。但问题还有另一方面，在实用上，我们可以根据内力系—变位间相互影响的主次程度，作出必要的简化而无损于成果的合理可靠性。在许多实际工程问题中，那些非独立量的内力系对我们要核算协调性的那些分变位的贡献很小，或无影响。这样，在核算变位协调条件时就可以把它们忽略不计，使第二法大为简化。但是，也正由于此，不少同志误解认为采用三向调整时根本不必放入那些内力系，把不应该忽略的内力系也排除了，而有些非独立量的影响是不能忽略的，或者在一般拱坝中可以忽略但对某些拱坝（如薄的双曲拱坝）就不能忽略。所以，如果不从原理上了解第二法的意义，就容易产生错误。

4 变位协调条件的选择和内力系的简化

4.1 变位协调条件的选择

下面专门讨论通用的计算方法，即选用三组独立的内力系，并核算三种变位协调条件（三向调整）。内力系的选用无例外地使用径向 p、切向 q 和一个扭转向（常为水平向）m_z。那么应该核算哪些变位协调条件呢？通常是核算与内力系相应的径向变位 v、切向变位 u 和水平扭转角 θ_z。这三者调整一致后，另外三个变位（竖向变位 w、垂直扭转角 θ_t、θ_r）也必然一致（只要我们在计算变位时已考虑了全部内力系的影响，而且演算无误）。但这并不意味着必须选用这三种变位。例如说我们也可选用 u、v、θ_t，或 v、θ_z、w 或 u、v、w 等均无不可。但通过实践来看，对于通常的拱坝选用 u、v、θ_z 是较好的，计算较方便，次要影响较少，而且这些变位正是设计上要知道的量，也便于与模型试验比较。

4.2 试载法中梁、拱变位计算的原则

在选择了独立的内力系和变位协调条件后，第二步工作就是要解决梁或拱在所受的内外力系作用下的变位计算问题。我们当然会想到直接用杆件公式计算梁拱变位，但试载法中所谓的梁拱是处于三向应力场中的截条，与普通的杆件还有所不同，首先

是梁拱之间相互有影响。以拱为例，试载法中的拱，在顶面和底面上承受轴向压力 N_z，从而产生垂直的应变 $\varepsilon_z=\dfrac{N_z}{ET}$。由于泊松比的影响，又将引起拱平面内的轴向应变 $\varepsilon_t=\mu\varepsilon_z$。同样，顶面和底面上的弯矩 $\boldsymbol{M}_t$ 也会在拱平面内产生法截面的转角。所以严格讲，求拱的变位时要考虑梁上力系的影响，求梁的变位时要考虑拱上力系的影响。这就使两套体系相互影响，使分析工作大为复杂化。这些影响全由泊松比产生，混凝土的 μ 值一般较小（约 1/6），为了简化工作，我们不考虑这些影响，使梁拱的变位可以根据各自所受力系独立算出。必要时可在第二轮计算中再校正 μ 的影响（这一步工作常称为泊松比影响校正）。

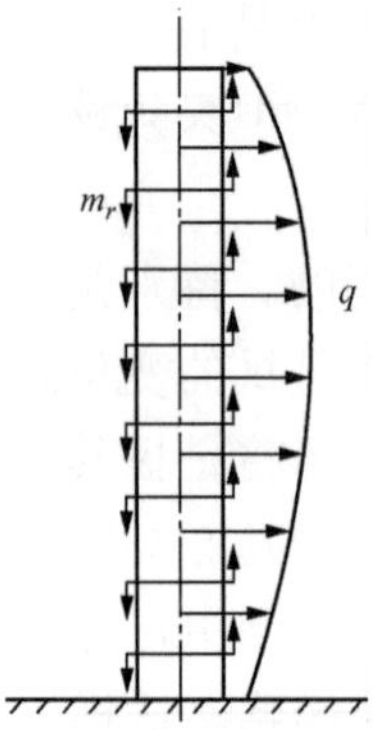

图 7

经过这样简化处理后，梁拱的变位计算就基本上可按杆件公式进行，但还有以下一些特点值得注意：

（1）侧向无矩。以悬臂梁为例（见图 7），它在侧向荷载 q 以及 m_r 的作用下，似乎也要产生侧向弯曲，其实分析 q 和 m_r 的综合影响后，可知梁的每一断面上的侧向弯矩都是 0。换言之，梁的侧向变形只为水平的剪切移动而无侧向挠曲变形。所以在计算梁的变形时，不必施加力系 m_r，而且对力系 q 也只要计算其剪切影响，q 的挠曲作用与 m_r 的作用自相平衡了。对于拱，也有类似结论。

（2）梁的剪切和扭转。在杆件分析中剪应力沿截面的分布是抛物线形（两侧边界处为 0，中心处最大，分布系数为 1.5）。对于试载法中的梁，其两个侧面并非自由表面，所以侧向剪应力的分布应认为是均匀的，分布系数为 1.0。径向剪应力则仍可按抛物线分布考虑。所以径向剪切变位和侧向剪切变位计算公式中的系数是不同的。

同样，自由的等截面的杆件在纯扭转时，扭矩和扭转角的变率之间的关系式为 $\boldsymbol{M}=GI\cdot\dfrac{\partial\phi}{\partial z}$，而试载法中的梁处于三向应力状态下，其相应关系式为 $\boldsymbol{M}=2GI\cdot\dfrac{\partial\phi}{\partial z}$。

（3）梁的侧向变位。普通杆件的侧向变位由侧向剪力和垂直扭矩产生。试载法中的梁的侧向变位，通过较精确的分析，还取决于其他一些因素（例如取决于竖向变位沿 t 轴的变率 $\dfrac{\partial w}{\partial t}$）。但对于普通的拱坝，这些因素影响不大，仍可忽略。

总体来说，对于普通的拱坝，梁和拱的变位均可用普通杆件公式计算，但可利用侧向无矩的特性以简化计算，在计算侧向剪切变位时剪应力应视为沿截面厚度均布，以及在计算扭转角时应该用 $2GI$ 来代替杆件公式中的 GI。

4.3 各类荷载产生的梁拱变位情况

上面讲了梁拱的变位可以用普通杆件公式计算，现在进而研究每一类荷载对梁或拱各产生哪些变位，以及这些变位中有无主次之分。为便于讨论，先假定悬臂梁是径向平面内的梁，拱是水平的拱圈（圆筒式拱坝或定中心拱坝）。

（1）悬臂梁。平面悬臂梁承受径向荷载后显然将产生径向变位 v 以及转角 θ_t，在次要程度上还产生竖向变位 w（如果梁轴垂直则 $w=0$）。这些变位都发生在梁所在的平面之内。径向荷载不产生变位 u、θ_r、θ_z。

当梁承受切向荷载时，产生侧向变位 u，如果梁轴不垂直，切向荷载将在各截面上产生扭矩，从而还引起水平扭转角 θ_z 。

仿此，我们逐一分析各种荷载的影响后，可以得到表 1。

表 1

荷载种类	产生的变位				
	径向位移 v	切向位移 u	绕 z 轴转动 θ_z	绕 t 轴转动 θ_t	竖向位移 w
径向荷载 p	∨	□		∨	∨*
切向荷载 q	□	∨	∨		□
水平扭矩 m_z		∨	∨		
垂直扭矩 m_t	∨			∨	∨*
竖向荷载 s	∨*	□		∨*	∨

注　打有∨的各项就是该种荷载将产生的主要变位；∨* 为次要变位；未作∨记号的项表示该种荷载并不产生该项变位。

对于变中心变半径的双曲拱坝，悬梁臂是一根空间扭曲梁，不同高程处的截面，其“径向”的方向是不同的。此时某一高程处的所谓径向荷载在其他截面上就有径向、切向分量，因而不仅产生径向位移也产生切向位移。表 1 中注有“□”记号的栏也将填满。这虽将增加计算工作量，但原理无别。采用电算时用矩阵相乘方式计算变位矩阵，程序也不复杂。

（2）拱。对于拱，我们同样可以列出一张表，如表 2 所示。

表 2

荷载种类 \ 变位种类	v	u	θ_z	θ_t	w
p	∨	∨	∨		
q	∨	∨	∨		
m_z	∨	∨	∨		
m_t				∨	∨
s				∨	∨

在上面表 1 和表 2 中，我们没有列入绕 r 轴的力矩 m_r 和相应的转动 θ_r ，因为如前所述，m_r 的影响就是配合 q 产生侧向无矩作用，而且在三向或四向调整中我们也用不到变位 θ_r 。

4.4　内力系的简化

现在我们转到关键性的问题上来。当选定 p、q、m_z 为独立内力系，而且核算变位 u、v、θ_z 时，从表 2 看，拱的内力系 m_t 、s 可认为不产生拱的 v、u 和 θ_z ，因此计算拱的 v、u、θ_z 时也不必施加内力系 m_t 、s，这是个很大的优点，也是我们选用 v、u 和 θ_z 作为核算对象的原因之一。

对于悬臂梁来讲，问题要复杂一些。我们看到，m_t 和 s 都对 u、v 和 θ_z 有影响，因此，在计算梁变位时，应该把所有的内力系都加上。但是，混凝土拱坝常分块施工，最后通过灌浆成为整体作用，所以自重往往直接作用在独立的坝块上，它所产生的变位不必参加试载法调整，而且只要不是太薄和垂直曲率很大的双曲拱坝，一般竖向力产生的径向位移也是不大的，所以只有对于提前灌浆封拱的双曲薄拱坝，才需计算竖向力系 s 对径向位移等的影响。在其他情况下，竖向力的影响都可不计。

最后还留下一个 m_t 对径向位移的影响。但这个因素既不能忽略也无法转化，必须设法将 m_t 以 m_z 表示后，计及它的各项影响。

归纳言之，对于习用的试载法的基本计算原则如下：

（1）选取 p、q、m_z 三组内力系集度为独立变量（解算对象）；

（2）核算拱梁系统在交点上变位 u、v、θ_z 的协调条件；

（3）计算拱的上述三个变位时，只需加上 p、q、m_z；

（4）计算梁的 u、v、θ_z 时，要施加 p、q、m_z 和 m_t，m_t 可用 m_z 表示；

（5）以上不适用于解算曲率很大、断面很薄的穹窿形拱坝，当温度应力很大时，这个方法也不够精确，对于它们应采取更全面的考虑方式。

5 单位荷载、一次全调整和试载计算

5.1 单位荷载的应用

通过以上分析，我们已阐明试载法的一些基本概念和解算途径，现在可以进而讨论具体步骤。我们计算的目的是要确定三组内力系集度 p、q、m_z，它们都是沿梁轴线或拱轴线连续分布的函数。为了便于解算，把它们视为许多单位荷载的线性组合，这些单位荷载都呈三角形分布，在某一计算结点处为 1，相邻两结点处为 0，将单位荷载线性组合起来，便可以用折线来近似表示任何连续分布的曲线（见图 8）。如果我们事先算好每一种单位荷载施加在梁和拱上所产生的变位（包括 u、v、θ_z），那么，既可以利用这些变位系数成立代数方程来解算 p、q、m_z 在结点处的值，也便于在手算中反复修改内力系图形时迅速求出变位之用，因此是个重要的工具。

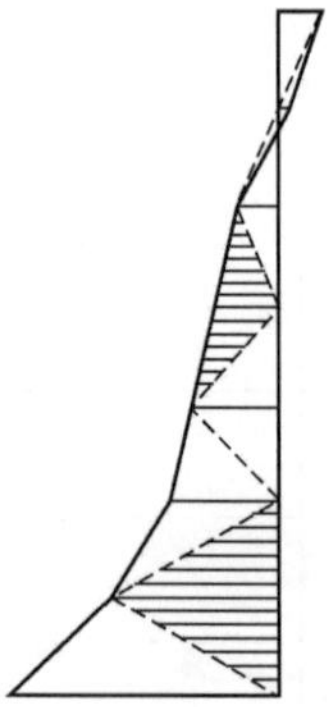

图 8

下面简单论述单位荷载所产生的变位的计算原则及变位协调方程的建立步骤。为解释简单计，我们先取 4 组内力系和 4 组变位（四向调整），然后再解释如何改为三向。

5.2 单位荷载产生的拱、梁结构变位

当梁或拱承受任一种单位荷载时，所发生的变位由两部分组成。一部分由结构变形产生，另一部分由地基变形产生，均可用虚功原理计算。我们先考虑结构变形部分（地基刚固）。由于单位荷载和变位均有四类，所以用矩阵来表达较方便。

（1）梁。梁是个静定结构，对于任一单位荷载都可用静力学方法算出每一断面上的 4 个内力（径向、切向剪力，水平、垂直扭矩），设以矩阵 [L] 表示单位荷载列阵，[L]$_j$ 表示在以结点 j 为顶点的单位荷载列阵，那么在断面 j 上的内力矩阵 [N]$_{nj}$ 可写为 [N]$_{nj}$=[B][L]$_j$。其中 [B] 是表示悬臂梁几何形态的一个矩阵，为 4 阶方阵。对于定圆心拱坝，[B] 中有很多元素为 0，[B] 呈

$$\begin{bmatrix} \times & 0 & 0 & \times \\ 0 & \times & \times & 0 \\ 0 & \times & \times & 0 \\ \times & 0 & 0 & \times \end{bmatrix}$$

的形式，参见表 1；对于变圆心双曲拱坝，非零元素较少，［B］呈

$$\begin{bmatrix} \times & \times & 0 & \times \\ \times & \times & \times & 0 \\ 0 & \times & \times & 0 \\ \times & 0 & 0 & \times \end{bmatrix}$$

的形式。求出内力后，引用虚功原理，在结点 i 处施加虚的单位集中力及力矩，而且将各截面上由此产生的内力记为 $[\bar{N}]_{ni}$，则 $[L]_j$ 在结点 i 处产生的变位将为

$$[C]_{ij} = \int_{n=f}^{n=i} [\bar{N}]_{ni}^{\mathrm{T}} [k]_n [N]_{nj} \, \mathrm{d}z \tag{12}$$

式中：f 为坝基；$[k]_n$ 为梁在 n 号截面处的刚度特征，是个对角矩阵；$[C]_{ij}$ 中每一元素表示作用在 j 结点上某一种单位荷载所产生的 i 号结点处的某一种变位，只要梁的几何形态及材料常数确定后必可按一定规则求出这个矩阵。

（2）拱。拱必为一平面拱，而且常为圆拱或多心圆拱，几何形态较简单，但它是超静定结构。要计算在结点 l 处的单位荷载 $[L]_l$ 所产生的结点 i 处的变位 $[\bar{C}]_{il}$，可按以下步骤进行：先按超静定拱理论算出在拱冠处的超静定内力 $[H]_{0l}$，然后算出拱上任意点处的内力 $[H]_{il}$。再在 i 点切开，将左段或右端拱视为一弯曲的悬臂梁，梁端作用有力系 $[H]_{il}$，计算这根梁的梁端变位即为 $[\bar{C}]_{il}$。当拱的几何尺寸及材料常数确定后，也必可按一定顺序求出矩阵 $[\bar{C}]$ 来。计算 $[C]_{ij}$ 及 $[\bar{C}]_{il}$ 是试载法分析中工作量较大的一项准备工作。

5.3　刚性地基情况下的变位协调方程

如果地基为刚固，则求出 $[C]_{ij}$ 和 $[\bar{C}]_{il}$ 后就可以建立变位协调方程组，如图 9 所示。由于地基刚固，显然可见一根梁上各结点的变位只取决于这根梁上的荷载。例如④号梁上 i 点处的变位可写为 $\sum_j [C]_{ij}[x_j]$，而［x_j］为④号梁上各结点单位荷载峰值的列阵，j 取 4、16、26 及 34。

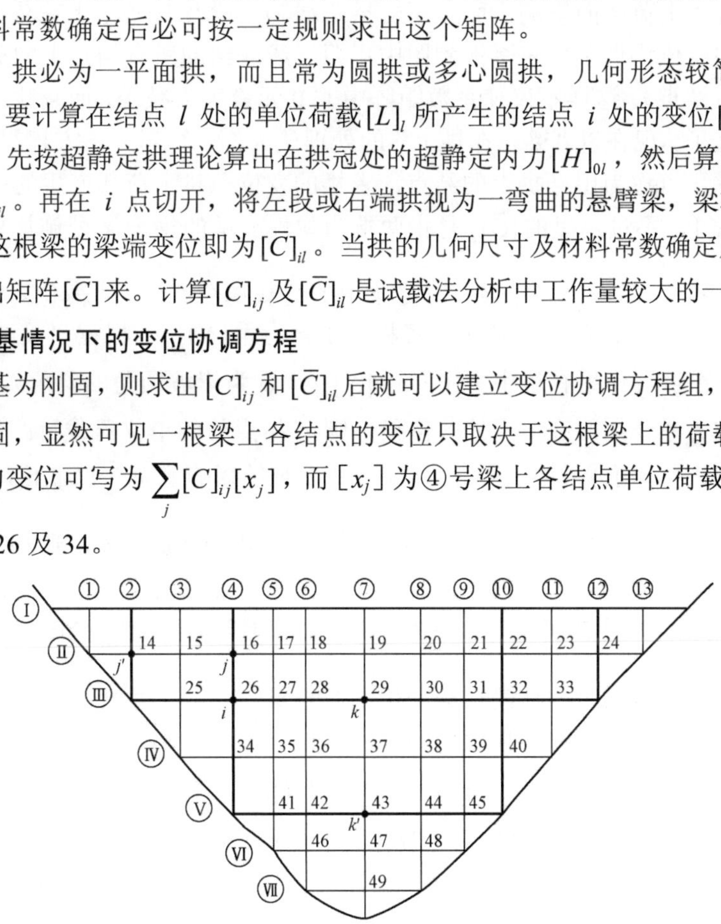

图 9

从拱的角度看，i 点位在Ⅲ号拱上，其变位只受该拱上的荷载影响，其值显然为 $\sum_k[\bar{C}]_{ik}[\bar{x}_k]$。$k$ 代表拱上各结点序号，从 25 至 33。$[\bar{x}_k]$ 为这一行结点上单位荷载峰值的列阵，由变位协调条件即得

$$\sum_j[C]_{ij}[x_j]+[\delta_i]=\sum_k[\bar{C}]_{ik}[\bar{x}_k]+[\bar{\delta}_i] \tag{13}$$

式中：$[\delta_i]$ 及 $[\bar{\delta}_i]$ 分别为梁及拱在 i 点的初始变位，为已知值。

由于 $[x]+[\bar{x}]$ 应等于外载，所以式（13）可转化为 $[x]$ 或 $[\bar{x}]$ 的方程组。每一内结点可以成立这样一组方程（每组 4 个），总的方程数为 $4n$（n 为内结点数）。

可见若利用 4 种内力为未知元，地基又为刚固，则协调方程的建立比较方便，最后形成的系数矩阵仍较稀疏，但不呈带状。

5.4 地基变位影响的引入

实际上地基总有变位，而对拱坝来讲，地基变位对坝的应力和变位有显著影响，不能忽视。要考虑地基变位的影响，则一个结点上的变位将受到更多结点上荷载影响。例如在图 9 中，④号梁上 i 点的变位不仅受该梁上荷载的影响，而且受与此梁相连的Ⅴ号拱以及站在Ⅴ号拱另一端上的⑩号梁上荷载的影响。同样，i 作为拱上的一点，其变位不仅受Ⅲ号拱上荷载的影响，而且还受拱两端②号梁及⑫号梁上荷载的影响。所以要建立 i 点的变位协调条件将牵涉到图中用粗黑线联结的所有结点上的荷载（两个 U 形框上的所有结点）。这样不仅使系数矩阵中非 0 元素大为减少，而且建立系数矩阵的工作也复杂化了。现在以“梁站在拱上”的处理法为例，解释一下方程组的建立方法。

首先考虑 i 点作为Ⅲ号拱上的结点，求拱的变位。拱上荷载产生的 i 点变位仍可写为 $\sum_k[\bar{C}]_{ik}[\bar{x}_k]$，不过这里的 $[\bar{C}]_{ik}$ 是指两端为弹性支承的拱于 k 处施加单位荷载后在 i 点处产生的变位。另外，②号梁及⑫号梁上的荷载也会产生 i 点变位。例如，设在②号梁 j' 结点处施加单位荷载，则在梁底将产生合力系 $[N]_{fj'}$，根据“梁站在拱上”的原则，相当于在拱端作用有集中力系 $\tan\psi[N]_{fj'}$（ψ 为岸坡倾角的斜角）。若用 $[D]_{if}$ 表示拱端受单位力系作用时在 i 点处的位移，则 j' 结点处的单位荷载所产生的 i 点变位为 $[D]_{if}\tan\psi[N]_{fj'}$，而②号梁上所有荷载对 i 点变位的影响就为 $\sum_{j'}[D]_{if}\tan\psi[N]_{fj'}[x_{j'}]$，⑫号梁上荷载的影响类此。将三者（拱和两根梁）的影响叠加，才得到 i 点的最终变位。

其次考虑 i 作为④号梁上的点，我们要计算在 i 点处的梁变位。先计算梁上荷载所产生的 i 点变位，此值仍可写为 $\sum_j[C]_{ij}[x_j]$，但是这里的 $[C]_{ij}$ 是改指梁基站在拱上的情况。其次在Ⅴ号拱上的荷载也会产生 i 点的变位，设Ⅴ号拱上结点 k' 处的单位荷载在左拱端产生内力 $[H]_{fk'}$，且设拱端作用单位集中力、力矩时的地基变位为 $[u_a]$，则 k' 处的单位荷载将在拱端产生地基变位 $[u_a][H]_{fk'}$，根据梁站在拱上的概念，这一地基变位将产生 i 点处的变位 $[\bar{N}]_{if}[u_a][H]_{fk'}$，而Ⅴ号拱上全部荷载对 i 点处变位的影响为 $\sum_{k'}[\bar{N}]_i^{\mathrm{T}}f[u_a][H]_{fk'}[\bar{x}_{k'}]$。再进一步分析可知，第⑩号梁上的荷载对 i 点的变位也有影响，即该梁上的荷载在梁底产生集中反力，相当于Ⅴ号拱右拱端上承受集中荷载，

它将产生左拱端的地基变位，从而影响 i 点的变位，其值可仿上计算，不再详述。一般这种“左梁”对“右梁”的影响已很微小，有些程序中将它略去。

最后的 i 点处变位协调方程可写为

$$\sum_{j}[C]_{ij}[x_j]+\sum_{k'}[\bar{N}]_{if}^{\mathrm{T}}[u_{\mathrm{a}}][H]_{fk'}[\bar{x}_{k'}]+[\delta]_i$$

梁上荷载产生的梁变位　　拱上荷载产生的梁变位　　梁的初始变位

$$=\sum_{k}[\bar{C}]_{ik}[\bar{x}_k]+\sum_{j'}[D]_{if}\tan\psi[N]_{fj'}[x_{j'}]+[\bar{\delta}_i] \tag{14}$$

拱上荷载产生的拱变位　　梁上荷载产生的拱变位　　拱的初始变位

如果要计入左梁和右梁的相互影响，则式（14）左端还要增加一项，将式（14）的 $[\bar{x}]$ 以 $[x]$ 表示，就可化为 $[x]$ 的联立方程组。对每一结点建立上述方程组即可求解 $[x]$。

可见，考虑地基影响后建立和解算联立方程组均较复杂。当我们利用计算机求解时，迭代法的适用性值得研究。即先按刚性地基求出第一近似解，并利用这一解答计算地基变位。计算梁拱在这组地基变位下产生的结点新变位（变位协调条件被破坏），再次施加内力系进行协调，并可循环进行。这样做，也许比一次解算更有利些。

5.5　三向调整

上面所述系取四种内力系及四种变位作为解算和协调对象，原理比较简便，但未知元数增加 1/3，将要求计算机有较大容量，或减少梁拱数目。在手算时则要多进行一种调整，更为不便。所以最好改用三向调整。

在计算机上采用三向调整时，对于拱的变位计算并无困难，只须把有关矩阵取消最后一行和一列。因为我们认为垂直扭转力矩并不对径向、切向和水平扭转变位有显著影响。对梁来讲，简单地删除有关矩阵中的最后一阶，就相当于忽视垂直扭矩对于径向变位的影响，有时不够精确。要在三向调整中考虑这个影响，可采用以下几种方式：

（1）迭代法。首先不考虑垂直扭矩所产生的径向变位，解出初步成果后利用所求得的水平扭矩计算垂直扭矩，然后计算垂直扭矩产生的梁的径向变位，再次进行协调，并可循环进行。预计收敛速度是快的。

（2）$2m$ 法。这个巧妙的处理法是吉林大学数学系首创的。简单地说，垂直扭矩的影响可以用拱上水平扭矩乘 2 来代替。他们是从数学角度推出这一结论的。如果改从力学角度加以论述，更可以看清这个方法的本质。

图 10 所示为径向荷载的分配图，全部荷载 p 由梁与拱分担： $p=p_{\mathrm{c}}+p_{\mathrm{a}}$。但梁所分担的部分 p_{c} 实际上还由两类不同的结构作用承受，一为梁的挠曲作用，一为梁的垂直扭转作用（即由梁上垂直扭矩 m_t 承受），故可写为 $p_{\mathrm{c}}=p_{\mathrm{c}f}+p_{\mathrm{c}t}$。同样，拱的分担部分也由拱的挠曲作用和拱的水平扭转作用（即由水平扭矩 m_z）承受，可写成 $p_{\mathrm{a}}=p_{\mathrm{a}f}+p_{\mathrm{a}t}$。由力学原理可以证明梁和拱由扭矩承受的那部分外载是相等的，即 $p_{\mathrm{c}t}=p_{\mathrm{a}t}$。

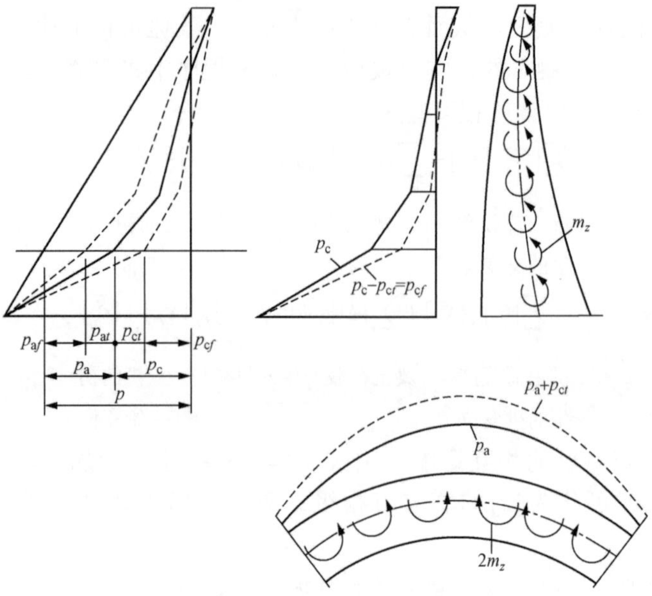

图 10

如果我们将梁所分担的部分外载 p_c 全作用在梁上，则必须同时在梁上施加垂直扭矩 m_t 才能算出梁的真实变位。这样看来，似乎在求解时非出现垂直扭矩不可。如我们想进行三向调整而且不使 m_t 出现，同时又能得到梁的真实变位，有一个近似办法，即在梁上仅施加外荷 p_{cf}。但这样一来，拱上的荷载相应成为 $p_a+p_{cf}=p_{af}+2p_{at}$，比它应承担的部分多出了 p_{at}。为了校正这一影响，我们就在拱上作用 2 倍的水平扭矩 m_z，所多出的 1 倍用来抵消多加在拱上的荷载 p_{at}，使仍能得到拱的真实变位。由此看来，为了实现三向调整而且在运算中不必考虑 m_t，我们可以在拱上施加 2 倍水平扭矩（梁上仍施加 1 倍水平扭矩）进行分载和协调。这样求出的梁的荷载实际上就是 p_{cf}，拱的荷载实际上就是 $p_{af}+2p_{at}$（两者之和仍为外载 p），其意义已和通常试载法中的定义有别。

采用 2m 法的优点是可以只用三组内力系进行调整且该法包括了垂直扭矩的影响，同时也顺利地回避了计算中直接引用 m_t 所引起的复杂问题；其缺点则为精度上不及正规的做法（即由水平的扭矩求垂直扭矩，再计算后者的影响）。例如严格来讲，梁在 p_c 以及垂直扭矩 m_t 作用下的变位并不等于梁在 p_{cf} 作用下（而无 m_t）的变位，因为两者的剪切变位不一致，对于扭曲梁似更不合适。其他还有一些不够精确的地方，但不论如何，2m 法是一种有价值的近似处理法，至少适用于较薄的定圆心拱坝，究竟它有多少误差，值得进一步研究。

（3）直接由 m_z 求 m_t。这是最原始的做法，我们从水平扭矩的集度 m_z 推算出垂直扭矩集度 m_t。参考图 10，设各结点上的 m_z 已知，则可沿每根梁将 m_z 沿轴线从顶往下积分，算出各结点处的总水平扭矩 $\boldsymbol{M}_z$（它们是各 m_z 的线性函数）。这个 $\boldsymbol{M}_z$ 也就是该处的垂直扭矩 $\boldsymbol{M}_t$。将 $\boldsymbol{M}_t$ 沿拱的轴线求微分，即推算各结点处的斜率 $\dfrac{\partial \boldsymbol{M}_t}{\partial t}$，就是该处的垂直扭转荷载集度 m_t（当然也是相关的 m_z 的线性函数），得到 m_t 后即可推算它所产生的梁的径向变位。考虑 m_t 对梁的变位影响，在原理上并不复杂，数学处理也是初等的，但具体执行中很不方便。在手算调整时，我们可先进行水平扭转调整，求出初步的 m_z 值，然后按上述步骤对 m_z 进行数值积分和微分得出 m_t，计算 m_t 产生的梁变位，将它引入下一轮再调整中。如果采用电算，则要求算出每一种单位 m_z 荷载所产生的 m_t 以及相应的梁变位（计算中可利用样条函数或二次插值），这将使程序相当复杂。

5.6 内力系在地基面处的值

变位协调方程只能在内结点上建立，在地基面上，我们以拱和梁有相同的变位作为计算的出发点，故不能再建立协调方程。所以内力系在地基边界处的值不能确定（未知元数多于方程式数），参见图 11。如果梁拱数量很多，则我们可以对地基处的函数值作一些假定，其影响是不大的。通常的做法有：

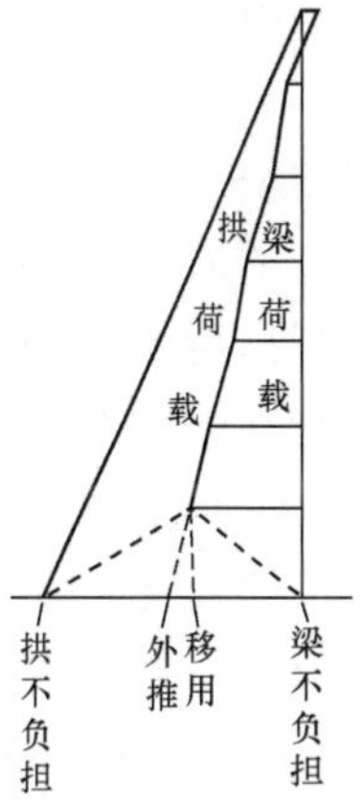

图 11

（1）将邻近结点上的值移用到边界上；

（2）由邻近两点上的值外推；

（3）由邻近拱和梁上两结点的值进行某种加权平均；

（4）对于内力系 p，有时令梁和拱的径向荷载成 $\sin^2\psi$ 与 $\cos^2\psi$ 之比，其中 ψ 为地基面倾角，由此确定地基面上的 p_a 和 p_c 值；

（5）使单位荷载结点不与拱梁网格重合，从而使未知元数与方程组数一致。

目前采用较多的是第（1）种做法。由于实际上梁拱数量有限，采用不同的假定对荷载分配有相当影响，有时甚至在荷载分布图的底部出现反常现象（见图 12），这说明梁拱数量太少，所作假定不符合实际。一般来讲，荷载分配线的局部不合理对拱坝应力的影响较小，对拱坝变形的影响更小。

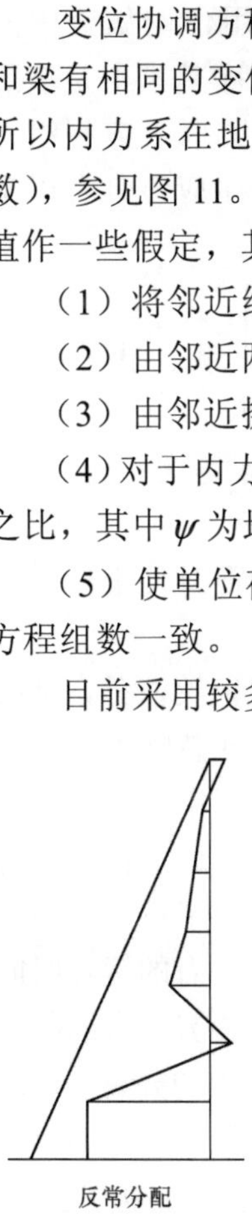

图 12

应该认为这个问题迄今尚未解决，我国有些同志认为要解决这个问题应在地基面上另核算变位协调条件。

5.7 关于坝顶边界条件

在坝顶，通常为自由边界，即 $\boldsymbol{M}=V=0$（或者当坝顶上存在已知的集中力及力矩，则 $\boldsymbol{M}$ 及 V 为指定值）。但是，各悬臂梁在坝顶处都有转角 θ_t，而且 θ_t 沿切向并不均匀（有 $\dfrac{\partial\theta_t}{\partial t}$ 存在），则取出顶拱来看，必然存在垂直扭转矩 $\boldsymbol{M}_t$，而根据 $\boldsymbol{M}_t=\boldsymbol{M}_z$ 的原理，坝顶上也必然存在水平扭矩 $\boldsymbol{M}_z$，这里出现了矛盾。实际上，正与薄板理论中的克希霍夫条件一样，我们如在坝顶上放置任意一组水平扭矩 $\boldsymbol{M}_z$，同时放上一组剪力 $V=\dfrac{\partial \boldsymbol{M}_z}{\partial t}$，则两者合并后的影响仍然相当于自由边界。换言之，仅从合力的角度看，坝顶上的边界条件不是唯一的，可以视需要加上一组合力效应为 0 的 $\boldsymbol{M}_z$ 及 V 值。这组值的大小，应该这样决定：顶拱在 $\boldsymbol{M}_t=\boldsymbol{M}_z$ 的作用下所产生的扭转角和悬臂梁顶的转角协调。这样来看，采取三向调整时，垂直扭转角的平衡协调本来是可以自行满足的，但在顶部却例外，必须增加额外的未知元，即坝顶的 $\boldsymbol{M}_z$（及相应的 V）来满足协调条件。

这个问题，早在用手算调整内力系时已被发现（见文献［1］），在电算中，我们需要额外增加未知量和相应的方程式。这样求出的成果和不考虑坝顶垂直扭转协调条件的成果是有些区别的，但不会产生本质上的差别。

5.8 拱坝的电算求解

由于试载法手算工作量很大，所以从 20 世纪 60 年代起美国、日本以及欧洲（法国、葡萄牙等）各国都研究编制了电算程序，有的比较完整和适用，例如美国的 ADSAS（arch dam stress analysis system）。一般来讲，试载法电算程序基本上是按照手算的原理编制的，只是把所有计算工作移到电算机中进行，并成立联立方程组一次解出荷载分布，从而计算拱坝的应力和变位。一个比较理想的程序应该具有以下一些功能：

（1）能适用于常用的各种拱坝形式（不对称的、多心的、双曲的等）；

（2）能考虑各种常见的荷载（水压力、泥沙压力、冰压力、地震荷载、温度荷载、扬压力、自重等），最好能考虑分期施工和开裂等影响；

（3）包括必要的调整（三向或四向），对垂直扭转荷载的影响应予考虑；

（4）对坝顶和底部的边界条件应合理处理；

（5）程序精炼，拱梁数量足够，输入数据简单，输出内容全面，而且便于使用，计算时间短。

70 年代以来，我国各单位已自编了不少试载法程序，除简单的拱冠梁法外，都按多拱梁考虑。多数采用三向调整，对垂直扭矩影响或用 $2m$ 法处理，或忽略不计，对坝基处未知元值多引用邻近结点上的值。对坝顶条件多未按克希霍夫理论处理，地基变位均用伏格特公式处理，梁拱数量受电算机容量限制多为 7 拱 13 梁。这些程序各有其考虑特点、简化假定和编写技巧，为我国拱坝应力分析的现代化作出了贡献。但它们多少都还存在一些缺点：有的应用范围较窄，有的作了较多简化假定，有的运算时间过长，有的不够稳定，以致同一工程用不同程序计算时，成果常有一定差异。有的程序在分析某一特别的坝时，会得出完全不合理的成果。因此，还需做进一步的分析、提高和定型工作，才能满足迫切需要。现在，我国有不少单位和同志，正在继续努力编制更为完整和合适的试载法程序，或发展更新的分析理论和程序，并以静力分析为根据，进而研究动力分析、机辅设计、最优化设计和自动选型等更为复杂的问题。

5.9 试载法的手算调整

在电算机广泛应用以前，试载法都是用手算进行的。在我国，至今还有些中小型工程仍在用手算分析。某些情况下也需通过手算对电算成果进行校核或研究。

手算的步骤一般如下：

（1）首先进行径向调整，即施加一组自平衡的径向内力于梁拱之上，其效果相当于将径向外载划分为二：一部分加在拱上，一部分加在梁上，其他荷载全部划分给梁或拱，计算拱和梁在所负担的荷载下发生的各种变位。修正荷载的划分值，使两者的径向变位一致，完成第一次径向调整。

（2）然后进行切向调整，先计算第一次径向调整后梁和拱的切向位移之差。施加一组自平衡的切向内力系，使拱和梁的切向位移协调。切向内力出现后，又产生相应的径向和扭转变位，所以径向变位又不协调，但程度较轻，留待再调整中处理。

（3）第三次，施加一组自平衡的水平扭转内力系 m_z，使拱和梁的水平扭转角 θ_z 协调，这一步称为水平扭转调整。扭转调整中又会产生梁和拱的各种变位。

（4）由于在切向调整和水平扭转调整中，在梁和拱上出现新的径向变位（其中包括由于垂直扭矩所产生的那部分，需按上节中所述步骤从水平扭矩 m_z 中计算，由于手算调整是逐步进行数值计算的，所以这一点并不增加困难），故要进行径向再调整，即修改径向荷载的分配比例，使径向变位再次恢复协调。只有经过径向再调整，扭转力系对拱坝径向变位的影响才能体现出来。

在此以后，再视需要循环地进行切向—扭转再调整，以及第二循环再调整。

实践说明：①在不少情况中，进行第一次径向调整后，径向荷载的分配比例已大致定下来了，以后所有调整，对这一比例的影响不会过大；②进行到第一次径向再调整，拱坝的主要应力和变位已定下来了，对于很多工程进行到这一步已够精确；③进行到第二次径向再调整后，几乎对于所有工程都能得到满意成果。这说明，依次调整的收敛速度是快的，这是由于每一种荷载主要产生一种主变位（与之相应的），而它们所产生的其他向的次变位，在数值上属于次级影响（但也有极少数例外，收敛较慢）。

上述试载法步骤，是多年来习用的做法，这种算法，从 1923 年发展试载法以来，似乎并无很大的改变。这种手算调整的优点是避免了大量联立方程组的建立和解算(指无电算机可利用时)，而且比较灵活，适应性强，例如便于考虑混凝土开裂影响，可以考虑各种荷载，可以根据工程重要性及迭次调整成果决定是否进行下一轮工作，可以充分参考类似工程的计算成果等。其缺点是反复调整的计算工作量大，需要有经验的计算人员和较长时间的演算。随着我国电算的普及，试载法手算将逐渐消失。但是，对于水利工程的设计人员来讲，仍应对试载法的基本原理、主要公式、计算步骤有一透彻了解，而且在必要时仍能进行一些简单的计算。特别是电算程序的调试往往需以熟悉手算作基础。

6 简短的结论

以上讨论的目的主要是探索一下试载法中的一些基本概念和问题，并不是提出新的分析法或研究改进具体的计算公式和步骤，所以对像坐标系的选择、正负向的规定、公式的列写等，远不够严谨和完整。但是如果以上所述内容，尚无原则性错误的话，我们就可澄清一些疑义，对一些看法取得一致。例如：

（1）对试载法的评价。试载法是有理论依据的、将空间弹性体按“法线作线性变位假定”简化为两向问题分析的方法，相当于“壳体理论”。在壳体理论的基础上，它又作了如下两大近似处理：①将拱和梁作为杆件计算；②对基础变形用伏格特公式计算。对这些近似处理并可视需要做些简化和改进（当然，一般需增加计算的复杂性和工作量)。所以，认为试载是概念模糊的工程算法，对厚拱坝根本不适用的意见，似并不恰当，但我们也应看到它的近似性，知道“近似”之所在，明确改进的方向。

(2) 试载法是否适用于双曲拱坝。原则上讲，试载法适用于任何拱坝或壳体。但要根据解算对象的具体几何形状和坝壳厚度，决定在基本方程体系中可以近似简化的程度，主要是具体分析每一种内力系对各种变位的影响，而不宜不加区分地套用传统做法、步骤和假定。

(3) 三向调整、四向调整和五、六向调整。有的同志认为采用三向调整是一种近似的算法，因为只考虑了三种主要方向变位的协调而未考虑另外三个方向变位的协调。同时，对三向调整中又要引入垂直扭转对梁变位的影响而感到不解。这显然是个误解。由本文分析可知，由于内力系中只有三组是独立量，所以仅需进行三向调整，即可得到正确解。另外三个方向的变位必定自行协调。问题在于：在计算变位时，必须按精确公式进行并引入全部内力系的影响。只是对于常用的拱坝来讲，某些内力系对某些变位的影响很小，可予忽略，这样才变成现在传统的计算方法。由于忽略一些次要变位而产生的误差，不是三向调整本身的问题。

特别是对于习用的径向、切向、水平扭转三向调整中，应当把垂直扭矩对于径向变位的影响包括在内，否则将对变位成果有较大影响。当然，为了避免 m_z 和 m_t 之间换算的麻烦，也可以采用四组内力进行四向调整，所得成果应该一致。对于某些特殊的薄拱坝，也许应采用更为精确的调整。

(4) 顶部边界条件。根据上文分析，如果我们简单地置拱顶的 $\boldsymbol{M}_z$ 和 $V=0$，将使顶部的扭转变位得不到协调，应该按照克希霍夫边界条件处理，增加一些未知量和相应的方程式以求得到更为合理的解答。

参考文献

[1] U S. Department of the Interior. Bureau of Reclamation: Treatise on Dams. Arch Dams，1948.

[2] 吉林大学数学系，水利电力部东北勘测设计院. 拱坝计算的试荷载法的矩阵分析及其在电子计算机上的实现. 吉林大学学报：自然科学版，1973，2.

[3] 冯果忱，等. 拱坝计算的试荷载法的理论基础及其误差分析. 吉林大学学报：自然科学版，1973，2.

[4] 陈正作. 利用圆拱形变方程加速拱坝试荷载法三向全调整的计算. 水利水电科技，1975，1.

[5] 水利电力部东北勘测设计院科学研究所. 对试载法及内力法中几个问题的分析意见. 1978.

[6] 水利电力部东北勘测设计院科学研究所. 拱坝拱梁分载法顶部自由边界条件. 1978.

[7] 水利电力部东北勘测设计院科学研究所. 试载法的力学基础. 1978.

[8] Serafim J L，等. 分析拱坝的全调整法. 美国土木工程师协会会刊，1970，96（结构卷 8）：1711-1734.

[9] Rydzewsk J. Theory of Arch Dams. London：Pergamon Press，1965.

[10] 潘家铮. 关于试载法中若干问题的讨论. 水利电力勘测设计，1979，5.

黏土层的固结计算

1 概　　述

本文整理和补充了若干计算黏土层加压固结的公式、图表和方法。文中所采用的理论就是习用的太沙基固结理论。目前，有关黏土特性和固结理论的研究正在不断发展，计算技术也在突飞猛进。例如，采用更复杂和更能反映黏土性能的计算模型，以及将地基应力方程和固结方程联合求解的做法，都有助于更好地预测黏土的固结过程。因此，对于传统的理论和相应的计算方法应该有分析地采用，并不断地提高。此外，本文中只给出一些成果和算例，至于其来源和详细情节，需参阅专著。

在采用传统的固结理论时，孔隙压力水头 H 须满足下述方程

$$\frac{\partial H}{\partial t}=\frac{\partial H^*}{\partial t}+c\nabla^2 H \tag{1}$$

$$c=\frac{k(1+\varepsilon)}{a\gamma} \tag{2}$$

式中：H 为孔隙压力水头，m 或 cm；t 为时间，s 或年；γ 为水的容重，1t/m^3 或 0.001kg/cm^3；∇^2 为拉普拉斯算子；c 为固结系数，m^2/年或 cm^2/s；k 为渗透系数，m/年或 cm/s；ε 为所考虑压密范围内的平均孔隙比；a 为压缩系数，即 $\Delta\varepsilon=a\Delta p$，m^2/t 或 cm^2/kg；$H^*$ 为由于外荷载变化所产生的土内初始孔隙压力。

若固结过程中，外荷载不变动，则 $\frac{\partial H^*}{\partial t}=0$

$$\frac{\partial H}{\partial t}=c\nabla^2 H \tag{3}$$

这个方程是典型的数学物理方程之一。自然界中有许多现象都可以用它来近似描述，例如土的固结、热的传导等。因此，我们可以广泛采用在其他领域内已经获得的成果，直接引用到固结问题上，不需重新推导。

2 一维固结问题

2.1 均匀土层，瞬时加压

设黏土层厚 l，底部不透水，顶部能自由透水。在 $t=0$ 时，突然施加压力 p_0，并全部转化为初始孔隙压力（以水头表示）$H_0=\frac{p_0}{\gamma}$（见图 1），则在经过时间 t 后，沿

垂线上的孔隙压力水头为

$$H = H_0 \frac{4}{\pi} \sum_{n=1,3,5,\cdots}^{\infty} \frac{1}{n} e^{-\frac{cn^2\pi^2}{4l^2}t} \sin\frac{n\pi x}{2l} \tag{4}$$

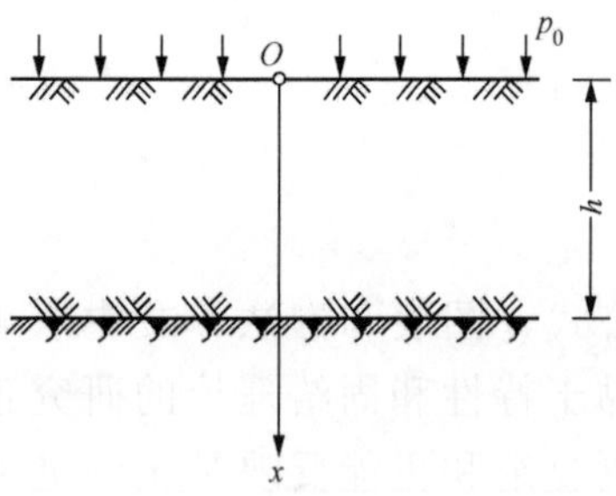

图 1

式（4）就是微分方程 $\frac{\partial H}{\partial t} = c\frac{\partial^2 H}{\partial x^2}$ 在

$$t=0,\ 0 \leqslant x \leqslant l:\ H = H_0$$

$$t \neq 0,\ x=0:\ H=0$$

$$t \neq 0,\ x=l:\ \frac{\partial H}{\partial x}=0$$

边界条件下的经典解答。求出 H 后，土壤中的有效压力将为 $\sigma = p_0 - \frac{H}{\gamma}$。

在整个垂直断面上（$x=0$ 至 $x=l$）的平均孔隙压力为

$$\bar{H} = H_0 \frac{8}{\pi^2} \sum_{n=1,3,5,\cdots}^{\infty} e^{-\frac{cn^2\pi^2}{4l^2}t} = H_0 E\left(\frac{ct}{4l^2}\right) \tag{5}$$

在底部（$x=l$）的最大孔隙压力为

$$H_l = H_0 E'\left(\frac{ct}{4l^2}\right) \tag{6}$$

$\bar{H}$ 与 H_l 之比可记为

$$\frac{\bar{H}}{H_l} = E''\left(\frac{ct}{4l^2}\right) \tag{7}$$

以上各式中，E、E'、E'' 都是一些数值函数，以 $\frac{ct}{4l^2}$ 或 $\pi^2\frac{ct}{4l^2}$ 为宗量，$\frac{ct}{4l^2}$ 可称为化引时间（数学上称为傅里叶准数）。E 值、E' 值、E'' 值这些函数分别列入表 1～表 3（注意表 1 中以 $\pi^2\frac{ct}{4l^2}$ 为宗量）。

【例 1】 设某黏土层厚 $l=15\text{m}$，$k=10^{-7}\text{cm/s}$，$a=0.058\text{cm}^2/\text{kg}$，$\varepsilon=1.09$，试求相应于 $t=0$、0.5、1.0、1.5、2 年时的孔隙压力情况。先算出 $c=0.0036\text{cm}^2/\text{s}=11.4\text{m}^2/$年。

$$\frac{ct}{4l^2} = \frac{11.4t}{900} = 0.0125t$$

则当 $t=0$、0.5、1.0、1.5、2 年时，$\frac{ct}{4l^2}=0$、0.00625、0.0125、0.01875、0.025；$\frac{\pi^2 ct}{4l^2}=0$、0.0616、0.1232、0.185、0.2465，从表 1、表 2 中内插得 E 及 E' 值，即

t	0	0.5	1	1.5	2（年）
E	1.000	0.8218	0.7479	0.6909	0.6434
E'	1.000	1.000	0.9968	0.9802	0.9493

表 1

$\frac{\pi^2 ct}{4l^2}$	0	0.01	0.02	0.03	0.04	0.05	0.06	0.07	0.08	0.09
0	1.0000	0.9282	0.8984	0.8756	0.8563	0.8394	0.8240	0.8099	0.7968	0.7845
0.1	0.7728	0.7618	0.7512	0.7410	0.7312	0.7218	0.7127	0.7038	0.6952	0.6869
0.2	0.6787	0.6708	0.6631	0.6555	0.6481	0.6408	0.6337	0.6267	0.6199	0.6132
0.3	0.6066	0.6000	0.5936	0.5873	0.5812	0.5751	0.5691	0.5632	0.5573	0.5515
0.4	0.5458	0.5402	0.5346	0.5292	0.5237	0.5184	0.5131	0.5079	0.5028	0.4976
0.5	0.4926	0.4877	0.4827	0.4779	0.4730	0.4682	0.4636	0.4589	0.4543	0.4497
0.6	0.4452	0.4408	0.4363	0.4319	0.4277	0.4234	0.4192	0.4150	0.4108	0.4068
0.7	0.4027	0.3986	0.3947	0.3907	0.3868	0.3830	0.3792	0.3754	0.3716	0.3679
0.8	0.3643	0.3607	0.3570	0.3534	0.3499	0.3464	0.3430	0.3396	0.3362	0.3329
0.9	0.3296	0.3263	0.3230	0.3199	0.3166	0.3134	0.3104	0.3173	0.3042	0.3012
1.0	0.2982	0.2952	0.2928	0.2894	0.2865	0.2836	0.2809	0.2780	0.2751	0.2725
1.1	0.2698	0.2672	0.2645	0.2618	0.2592	0.2566	0.2541	0.2576	0.2491	0.2466
1.2	0.2441	0.2417	0.2393	0.2369	0.2346	0.2322	0.2300	0.2276	0.2253	0.2231
1.3	0.2209	0.2187	0.2165	0.2144	0.2122	0.2101	0.2081	0.2060	0.2039	0.2019
1.4	0.1999	0.1979	0.1959	0.1940	0.1920	0.1902	0.1882	0.1864	0.1845	0.1827
1.5	0.1808	0.1791	0.1773	0.1755	0.1738	0.1720	0.1703	0.1686	0.1670	0.1653
1.6	0.1836	0.1620	0.1604	0.1588	0.1573	0.1556	0.1541	0.1525	0.1511	0.1496
1.7	0.1481	0.1466	0.1452	0.1436	0.1423	0.1409	0.1394	0.1381	0.1367	0.1354
1.8	0.1340	0.1327	0.1313	0.1300	0.1287	0.1274	0.1262	0.1249	0.1237	0.1225
1.9	0.1213	0.1200	0.1188	0.1176	0.1165	0.1153	0.1142	0.1131	0.1119	0.1108
2.0	0.1097	0.1086	0.1076	0.1064	0.1054	0.1043	0.1033	0.1023	0.1012	0.1003
2.1	0.0993	0.0982	0.0923	0.0963	0.0954	0.0944	0.0935	0.0926	0.0916	0.0907
2.2	0.0898	0.0889	0.0880	0.0871	0.0863	0.0854	0.0846	0.0837	0.0829	0.0821
2.3	0.0813	0.0805	0.0797	0.0789	0.0781	0.0773	0.0765	0.0758	0.0751	0.0742
2.4	0.0735	0.0728	0.0721	0.0713	0.0707	0.0700	0.0692	0.0686	0.0678	0.0672
2.5	0.0665	0.0659	0.0653	0.0646	0.0640	0.0633	0.0627	0.0620	0.0614	0.0608
2.6	0.0602	0.0596	0.0590	0.0584	0.0579	0.0573	0.0567	0.0562	0.0556	0.0550
2.7	0.0545	0.0539	0.0534	0.0528	0.0524	0.0518	0.0513	0.0508	0.0503	0.0498
2.8	0.0493	0.0488	0.0483	0.0478	0.0473	0.0469	0.0464	0.0460	0.0455	0.0451
2.9	0.0446	0.0442	0.0437	0.0433	0.0429	0.0424	0.0420	0.0416	0.0412	0.0408
3.0	0.0404	0.0400	0.0396	0.0392	0.0387	0.0384	0.0380	0.0376	0.0373	0.0369
3.1	0.0365	0.0361	0.0357	0.0354	0.0350	0.0347	0.0344	0.0340	0.0336	0.0333
3.2	0.0331	0.0327	0.0324	0.0321	0.0318	0.0315	0.0311	0.0308	0.0306	0.0302
3.3	0.0292	0.0295	0.0293	0.0289	0.0287	0.0283	0.0281	0.0278	0.0276	0.0272
3.4	0.0271	0.0268	0.0265	0.0263	0.0260	0.0258	0.0255	0.0252	0.0250	0.0247
3.5	0.0245	0.0242	0.0240	0.0237	0.0235	0.0253	0.0230	0.0228	0.0226	0.0224

表 2

$\frac{ct}{4l^2}$	E'	$\frac{ct}{4l^2}$	E'	$\frac{ct}{4l^2}$	E'	$\frac{ct}{4l^2}$	E'	$\frac{ct}{4l^2}$	E'
0.001	1.0000	0.046	0.8015	0.091	0.5185	0.172	0.2332	0.42	0.0202
0.002	1.0000	0.047	0.7941	0.092	0.5134	0.174	0.2286	0.44	0.0169
0.003	1.0000	0.048	0.7868	0.093	0.5084	0.176	0.2241	0.46	0.0136
0.004	1.0000	0.049	0.7796	0.094	0.5034	0.178	0.2198	0.48	0.0112
0.005	1.0000	0.050	0.7723	0.095	0.4985	0.180	0.2155	0.50	0.0092
0.006	1.0000	0.051	0.7651	0.096	0.4936	0.182	0.2113	0.52	0.0075
0.007	1.0000	0.052	0.7579	0.097	0.4887	0.184	0.2071	0.54	0.0062
0.008	0.9998	0.053	0.7508	0.098	0.4839	0.186	0.2031	0.56	0.0051
0.009	0.9996	0.054	0.7437	0.099	0.4792	0.188	0.1991	0.58	0.0042
0.010	0.9992	0.055	0.7367	0.100	0.4745	0.190	0.1952	0.60	0.0034
0.011	0.9985	0.056	0.7297	0.102	0.4652	0.192	0.1914	0.62	0.0028
0.012	0.9975	0.057	0.7227	0.104	0.4561	0.194	0.1877	0.64	0.0023
0.013	0.9961	0.058	0.7158	0.106	0.4472	0.196	0.1840	0.66	0.0019
0.014	0.9944	0.059	0.7090	0.108	0.4385	0.198	0.1804	0.68	0.0016
0.015	0.9922	0.060	0.7022	0.110	0.4299	0.200	0.1769	0.70	0.0013
0.016	0.9896	0.061	0.6955	0.112	0.4215	0.205	0.1684	0.72	0.0010
0.017	0.9866	0.062	0.6883	0.114	0.4133	0.210	0.1602	0.74	0.0009
0.018	0.9832	0.063	0.6821	0.116	0.4052	0.215	0.1525	0.76	0.0007
0.019	0.9794	0.064	0.6756	0.118	0.3973	0.220	0.1452	0.78	0.0006
0.020	0.9752	0.065	0.6690	0.120	0.3895	0.225	0.1382	0.80	0.0005
0.021	0.9706	0.066	0.6626	0.122	0.3819	0.230	0.1315	0.82	0.0004
0.022	0.9657	0.067	0.6561	0.124	0.3745	0.235	0.1252	0.84	0.0003
0.023	0.9605	0.068	0.6498	0.126	0.3671	0.240	0.1192	0.86	0.0003
0.024	0.9550	0.069	0.6435	0.128	0.3600	0.245	0.1134	0.88	0.0002
0.025	0.9493	0.070	0.6372	0.130	0.3529	0.250	0.1080	0.90	0.0002
0.026	0.9433	0.071	0.6310	0.132	0.3460	0.255	0.1028	0.92	0.0001
0.027	0.9372	0.072	0.6246	0.134	0.3393	0.260	0.0978	0.94	0.0001
0.028	0.9308	0.073	0.6188	0.136	0.3326	0.265	0.0931	0.96	0.0001
0.029	0.9242	0.074	0.6128	0.138	0.3261	0.270	0.0886	0.98	0.0001
0.030	0.9175	0.075	0.6068	0.140	0.3198	0.275	0.0844	1.00	0.0001
0.031	0.9107	0.076	0.6009	0.142	0.3135	0.280	0.0803		
0.032	0.9038	0.077	0.5950	0.144	0.3074	0.285	0.0764		
0.033	0.8967	0.078	0.5892	0.146	0.3014	0.290	0.0728		
0.034	0.8896	0.079	0.5835	0.148	0.2955	0.295	0.0693		
0.035	0.8824	0.080	0.5778	0.150	0.2897	0.300	0.0659		
0.036	0.8752	0.081	0.5721	0.152	0.2840	0.31	0.0597		
0.037	0.8679	0.082	0.5665	0.154	0.2785	0.32	0.0541		
0.038	0.8605	0.083	0.5610	0.156	0.2731	0.33	0.0490		
0.039	0.8532	0.084	0.5555	0.158	0.2677	0.34	0.0444		
0.040	0.8458	0.085	0.5500	0.160	0.2625	0.35	0.0402		
0.041	0.8384	0.086	0.5447	0.162	0.2574	0.36	0.0365		
0.042	0.8310	0.087	0.5393	0.164	0.2523	0.37	0.0330		
0.043	0.8236	0.088	0.5340	0.166	0.2474	0.38	0.0299		
0.044	0.8162	0.089	0.5288	0.168	0.2426	0.39	0.0271		
0.045	0.8088	0.090	0.5236	0.170	0.2378	0.40	0.0246		

可见，对于这种土，如完全依靠垂直排水固结，一年以后，平均孔隙压力仍达 75%，底部竟达 99.7%，其效果是不显著的。

求出 E 及 E' 值后，可以用图解法大致求出孔隙压力的分布曲线，以免应用式（4）作反复计算（参见图 2）。

表 3

$\frac{ct}{4l^2}$	E''	$\frac{ct}{4l^2}$	E''
0.00125	0.921	0.0375	0.652
0.00250	0.888	0.0500	0.642
0.00500	0.839	0.0750	0.640
0.00750	0.805	0.1000	0.639
0.01000	0.770	0.1500	0.638
0.01500	0.730	0.2000	0.637
0.02000	0.697	0.2500	0.637
0.02500	0.677	0.3750	0.637

2.2　均匀土层，线性加压

条件同 2.1 节，只是压力并非瞬时骤加，而是随时间线性增加，即

$$p=\beta t \tag{8}$$

式中：β 为加载速率，t/（m^2 • 年）。例如，在 0.2 年中增加荷载 10t/m^2 时，$\beta=50$ t/（m^2 • 年），这个情况的解答是

$$H=\frac{\beta}{c\gamma}\left[\frac{x}{2}(2l-x)-\frac{16l^2}{\pi^3}\sum\frac{1}{n^3}e^{-\frac{cn^2\pi^2t}{4l^2}}\sin\frac{n\pi x}{2l}\right] \tag{9}$$

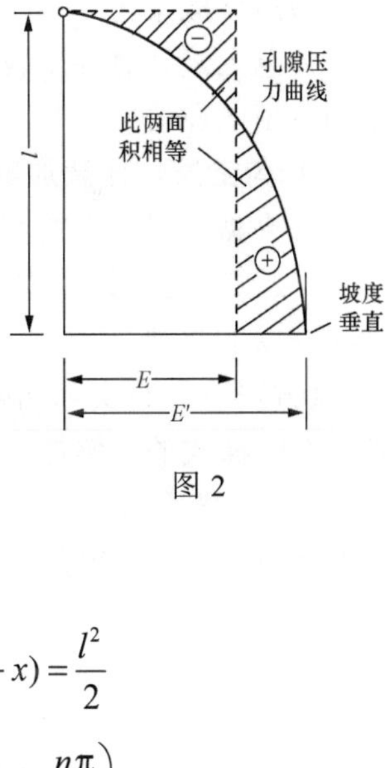

图 2

【例 2】 设［例 1］情况，荷载是在 0.2 年中从 0 增长到 10t/m^2，求在 $t=0.2$ 年及 $t=2$ 年时的底部孔隙压力。

从所给数据，$\beta=50\text{t}/(\text{m}^2\text{ • 年})$

$$\frac{\beta}{c\gamma}=\frac{50}{11.4\times1}=4.386(1/\text{m})\text{，}\quad\frac{\pi x}{2l}=\frac{\pi}{2}\text{，}\quad\frac{x}{2}(2l-x)=\frac{l^2}{2}$$

故
$$H=4.3860\times\left(112.5-116.1055\sum\frac{1}{n^3}e^{-0.125015n^2t}\sin\frac{n\pi}{2}\right)$$

以 $t=0.2$ 代入上式，得

$$\begin{aligned}H_{t=0.2}&=4.3860\times\left[112.5-116.1055\left(e^{-0.025003}-\frac{1}{27}e^{-0.22503}+\frac{1}{125}e^{-0.62507}-\frac{1}{343}e^{-1.22515}+\cdots\right)\right]\\&=4.3860\times[112.5-116.1055\times(0.93785-0.029574+0.0042818-0.00085631+\\&\quad 0.000181-0.0000365+\cdots)]\\&=4.3860\times(112.5-110.220)\approx10.0\text{（无消散）}\end{aligned}$$

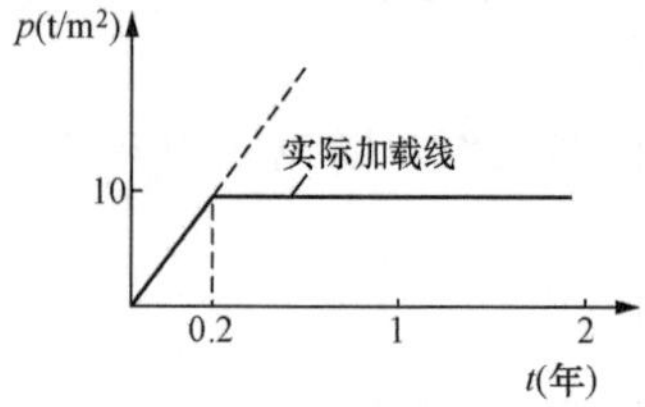

图 3

当我们要计算 $t=2$ 年时的孔隙压力时，必须注意实际加荷过程线如图 3 中实线所示，即荷载线性增加到 0.2 年后维持为常数。但式（9）仅适用于荷载按线性持续增长情况，故不能直接引用。为此，我们利用叠加原理，先假定荷载以 $\beta=50$ 的速率持续增长到 $t=2$ 年，另在 $t=0.2$ 年时又叠加一个 $\beta=-50$ 的成果即为所求。

（1）$\beta=50$，$t=2$，代入式（9），得

$$H_{t=2}=4.3860\times\left[112.5-116.1055\left(e^{-0.2501}-\frac{1}{27}e^{-2.250}+\frac{1}{125}e^{-6.2507}-\frac{1}{343}e^{-12.25}+\cdots\right)\right]$$

$$=4.3860\times[112.5-116.1055\times(0.77878-0.0039026+0.0000154-0.000000029)]$$

$$=4.3860\times(112.5-89.9690)=98.9018\text{（m）}$$

（2）$\beta=-50$，$t=1.8$，代入式（9），得

$$H_{t=1.8}=4.3860\times\left[112.5-116.1055\left(e^{-0.22503}-\frac{1}{27}e^{-2.025}+\frac{1}{125}e^{-5.625}-\frac{1}{343}e^{-11.02}+\cdots\right)\right]$$

$$=4.3860\times(112.5-92.1455)=89.2739\text{（m）}$$

故最终成果为 $H=98.90-89.27=9.63$（m）

注意上述计算要求较高精度，所以必须备有精度较高的指数函数表及计算机（或采用微型电算器）。

2.3 均匀土层，任意加载过程

如果黏土层面上的实际加载过程如图 4（a）实线所示，则可根据叠加原理，利用 2.1 及 2.2 节的成果完成计算，具体做法有以下两种。

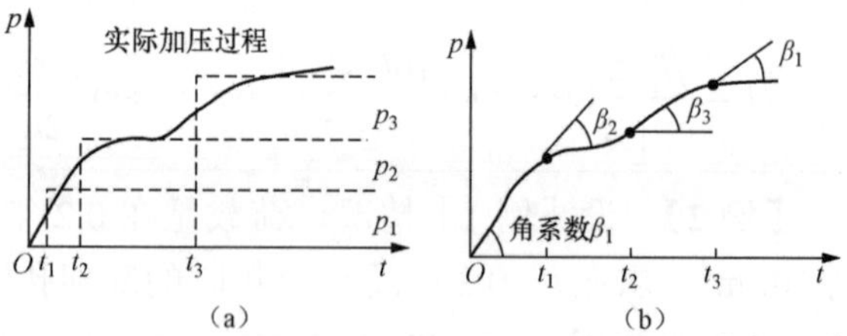

图 4

【方法一】 将实际加载过程化为若干个阶梯式的突然加载过程。如图 4（a）中虚线所示，将实际加载过程近似化为以下三个突加过程：

在 $t=t_1$ 时，突加 p_1

在 $t=t_2$ 时，突加 p_2

在 $t=t_3$ 时，突加 p_3

然后对于每一级突加荷载，都用 2.1 节中方法计算其孔隙压力的消减过程。只是对于 p_n 来讲，在决定 E、E' 等值时，时间 t 应以（$t-t_n$）代替。最后将同一时间的所有荷载产生的孔隙压力叠加，即得最终成果。

【方法二】 将实际加荷过程化为若干条折线组成的线性加荷过程。如图 4（b）所示，将实线加荷过程化为虚线所示的线性过程：

在 $t=0$ 时，$p=\beta_1 t$

在 $t=t_1$ 时，叠加上 $p=-\beta_2 t$

在 $t=t_2$ 时，再叠加上 $p=\beta_3 t$

依此类推。然后对于每一次线性加载，都用 2.2 节中方法计算其孔隙压力的消散过程，只是对 $\beta_2 t$ 来讲，t 应用（$t-t_1$）代替，余类推，最后将同一时间的所有加荷过程产生的孔隙压力叠加，即得最终成果。

这两种方法都便于采用，方法二似乎更准确些，但实际上我们常采用方法一。

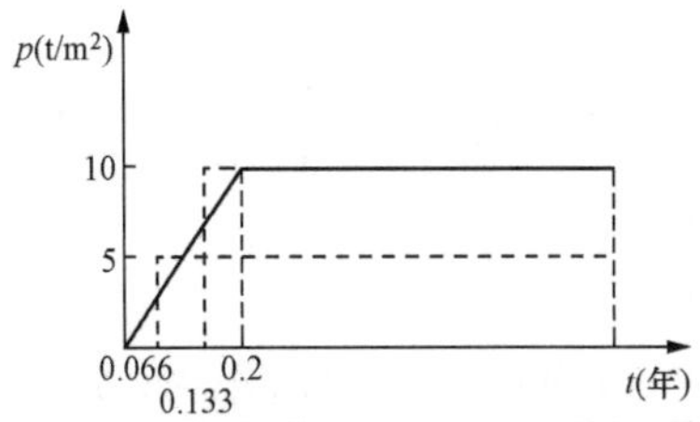

图 5

【例 3】 对于［例 2］的加荷情况，试化为突加荷载计算，求 2 年后的底部孔隙压力（见图 5）。

我们将实际加荷过程化为以下两次突加过程：

（1）在 $t=0.066$ 年时，突加荷载 $p=5\text{t/m}^2$

（2）在 $t=0.133$ 年时，突加荷载 $p=5\text{t/m}^2$

对于第一次加荷，在 2 年后的底部孔隙压力为

$$H = 5\times E'\left(\frac{ct}{4l^2}\right) = 5\times E'(0.0125t)$$

此处 t 应以（$t-0.066$）代入，即等于 $2-0.066=1.934$，故

$$H=5\times E'(0.0125\times1.934)=5\times E'(0.0242)=5\times0.9439=4.720$$

对于第二次加荷，仿上计算，取 $t=2-0.166=1.834$，$\dfrac{ct}{l^2}=0.0125\times1.834=0.0229$，$H=5\times E'(0.0229)=5\times0.961=4.805$。

合计之，$H=9.525$。

用本法计算可不必要求很高的计算精度，有时用算尺也可解决。

2.4 均匀土层，有限差分计算

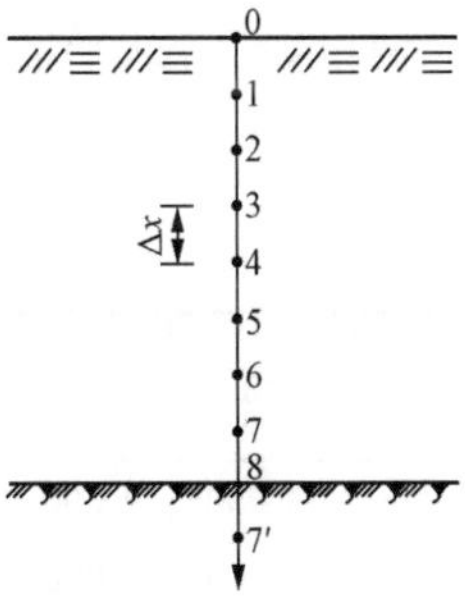

图 6

固结方程可以方便地用数值法解算。对于一维情况，尤为适用。对于二维情况，则计算工作量稍大。对于三维情况，由于结点数量多，而且不易在平面上表示，手算就不很现实，需用电子计算机解决。

在用数值法解垂直单向固结问题时，首先将垂直深度 l 分为若干等格 Δx（一般取 8～10 段），如图 6 所示，另外选择计算时段 Δt，并计算参数

$$\alpha=\frac{c\Delta t}{\Delta x^2} \tag{10}$$

时段 Δt 的选择不能过大，即不能使 $\alpha>\dfrac{1}{2}$。另外，时段 Δt 的选择又最好使 α 成为一个简单的值，例如 $\alpha=\dfrac{1}{2}$、$\dfrac{1}{4}$ 等。一般常用的值是 $\alpha=\dfrac{1}{2}$ 或 $\alpha=\dfrac{1}{4}$。

这样，设在某一时间 t，任意相邻的三个结点（其编号为 $n-1$、n、$n+1$）上的孔隙压力已知为 H_{n-1}、H_n、H_{n+1}，则在经过一个时段 Δt 后，n 号结点上的孔隙压力为

$$H_n'=(1-2\alpha)H_n+\alpha(H_{n-1}+H_{n+1}) \tag{11}$$

所以，可以从前一时段末的孔隙压力依次推算后一时段的孔隙压力。

如果采用$\alpha=\frac{1}{2}$，则式（11）简化为

$$H_n'=\frac{1}{2}(H_{n+1}+H_{n-1}) \tag{12}$$

如果采用$\alpha=\frac{1}{4}$，则式（11）简化为

$$H_n'=\frac{1}{2}H_n+\frac{1}{4}(H_{n+1}+H_{n-1}) \tag{13}$$

如果在该计算时段内，n 点处的孔隙压力还受外荷载影响增加ΔH_n，则在计算公式中应增加该值，例如

$$H_n'=\Delta H_n+\frac{1}{2}(H_{n+1}+H_{n-1}) \tag{14}$$

在做数值计算时，还需要规定初始条件及边界条件。如为突然加载，则初始条件就是所有结点上的孔隙压力等于突然加载值。如为逐渐加载，则可化为一系列的突然加载。对于边界条件，则土层表面结点（图 6 中结点 0），孔隙压力常为 0，对于底部，如为不透水，则可延伸到 7′ 点（与 7 点对称），且$H_{7'}$经常等于H_7，然后从点 7 及点 7′ 两点计算H_8的值。

【例 4】 试以有限差分法解算［例 1］情况至 $t=2$ 年。

选取$\Delta x=\frac{15}{8}=1.875^m$和$\alpha=\frac{1}{2}$，故$\Delta t=\frac{\alpha\Delta x^2}{c}=\frac{0.5\times1.875^2}{11.4}=0.1542$（年）。初始孔隙压力取为 100%，计算公式为$H_n'=\frac{1}{2}(H_{n-1}+H_{n+1})$，计算结果列入表 4 中。

在 $t=13\,\Delta t=2.0046$（年）时，孔隙压力消减情况即如表 4 最后一行所示，其平均值可用辛普森公式求得为 0.629。

表 4

结点 / 时段 Δt	0	1	2	3	4	5	6	7	8	7′
0	1.000（0）	1.000	1.000	1.000	1.000	1.000	1.000	1.000	1.000	1.000
1	0	0.500	1.000	1.000	1.000	1.000	1.000	1.000	1.000	1.000
2	0	0.500	0.750	1.000	1.000	1.000	1.000	1.000	1.000	1.000
3	0	0.375	0.750	0.875	1.000	1.000	1.000	1.000	1.000	1.000
4	0	0.375	0.625	0.875	0.938	1.000	1.000	1.000	1.000	1.000
5	0	0.312	0.625	0.782	0.938	0.969	1.000	1.000	1.000	1.000
6	0	0.312	0.547	0.782	0.876	0.969	0.985	1.000	1.000	1.000
7	0	0.273	0.547	0.712	0.876	0.931	0.985	0.993	1.000	0.993
8	0	0.273	0.492	0.712	0.821	0.931	0.962	0.993	0.993	0.993
9	0	0.246	0.492	0.656	0.821	0.891	0.962	0.977	0.993	0.977
10	0	0.246	0.451	0.656	0.773	0.891	0.934	0.977	0.977	0.977
11	0	0.226	0.451	0.592	0.773	0.854	0.934	0.956	0.977	0.956
12	0	0.226	0.409	0.592	0.723	0.854	0.905	0.956	0.956	0.956
13	0	0.205	0.409	0.566	0.723	0.814	0.905	0.931	0.956	0.931

由上述计算可见，选取$\alpha=\frac{1}{2}$，虽可使计算大大简化，但存在以下一些缺点：

（1）取$\alpha=\frac{1}{2}$，计算过程虽能收敛，但函数H随时间呈台阶式变化；

（2）$\Delta t=0.1542$年嫌过大，影响计算精度，特别当时间t较小时，影响更大；

（3）对于指定的t值，通常并不相当于Δt的整倍数，不能直接获得答案，而需内插。

为了解决这些问题，我们可以采取以下措施。即，在开始计算时，取α为较小值，增加计算精度，以后绝大部分计算，仍可用$\alpha=\frac{1}{2}$进行，以简化工作。算到靠近$t=2$年的时段处，再次改变α值，使在最后一步中能求出所需成果。

如在本例中，我们在第一个时段（从$t=0$到$t=\Delta t=0.1542$年）中，可采取$\alpha=\frac{1}{16}$，设相应时段为$\Delta t'$，则$\Delta t'=\frac{\Delta t}{8}$，即，把第一时段$\Delta t$（相应$\alpha=\frac{1}{2}$）再细分为8次计算。此时，计算公式改为

$$H_n'=\frac{7}{8}H_n+\frac{1}{16}(H_{n-1}+H_{n+1})$$

以后第2～12时段仍采用$\alpha=\frac{1}{2}$，$\Delta t=0.1542$年不变。计算公式为

$$H_n'=\frac{1}{2}(H_{n-1}+H_{n+1})$$

算到第12时段后，相应的$t=0.1542\times12=1.8504$（年），与$t=2$年还相差0.1496年。我们再改变α，使取$\alpha=\frac{c\Delta t}{\Delta x^2}=\frac{11.4\times0.1496}{1.875^2}=0.4851$，从而最后一次计算公式为

$$H_n'=0.02979H_n+0.4851(H_{n-1}+H_{n+1})$$

按上述方式计算，其成果见表5。在第13时段末（即$t=2$年），孔隙压力分布如表5中最末一行所示，底部孔隙压力为0.950，平均值为0.639，比表4成果要精确一些。

表5

时段 \ 结点	0	1	2	3	4	5	6	7	8
0	1.000（0）	1.000	1.000	1.000	1.000	1.000	1.000	1.000	1.000
1 $\Delta t'$	0	0.938	1.000	1.000	1.000	1.000	1.000	1.000	1.000
2 $\Delta t'$	0	0.884	0.996	1.000	1.000	1.000	1.000	1.000	1.000
3 $\Delta t'$	0	0.835	0.990	1.000	1.000	1.000	1.000	1.000	1.000
4 $\Delta t'$	0	0.792	0.981	0.999	1.000	1.000	1.000	1.000	1.000
5 $\Delta t'$	0	0.754	0.970	0.998	1.000	1.000	1.000	1.000	1.000
6 $\Delta t'$	0	0.721	0.958	0.996	1.000	1.000	1.000	1.000	1.000
7 $\Delta t'$	0	0.690	0.946	0.993	1.000	1.000	1.000	1.000	1.000

续表

时段 \ 结点	0	1	2	3	4	5	6	7	8
$1\Delta t$ （$=8\Delta t'$）	0	0.663	0.933	0.991	0.999	1.000	1.000	1.000	1.000
$2\Delta t$	0	0.467	0.827	0.966	0.996	1.000	1.000	1.000	1.000
$3\Delta t$	0	0.414	0.717	0.912	0.983	0.998	1.000	1.000	1.000
$4\Delta t$	0	0.359	0.663	0.850	0.955	0.992	0.999	1.000	1.000
$5\Delta t$	0	0.332	0.605	0.809	0.921	0.977	0.996	1.000	1.000
$6\Delta t$ （=0.942 年）	0	0.303	0.572	0.763	0.893	0.959	0.989	0.998	1.000
$7\Delta t$	0	0.286	0.533	0.733	0.861	0.941	0.979	0.995	0.998
$8\Delta t$	0	0.267	0.510	0.697	0.837	0.920	0.968	0.989	0.995
$9\Delta t$	0	0.255	0.482	0.674	0.809	0.903	0.955	0.982	0.989
$10\Delta t$	0	0.241	0.465	0.646	0.789	0.882	0.943	0.972	0.982
$11\Delta t$	0	0.233	0.444	0.627	0.764	0.866	0.927	0.963	0.972
$12\Delta t$	0	0.222	0.430	0.604	0.747	0.846	0.915	0.950	0.963
$13\Delta t$ =（2 年）	0	0.215	0.414	0.589	0.725	0.831	0.900	0.939	0.950

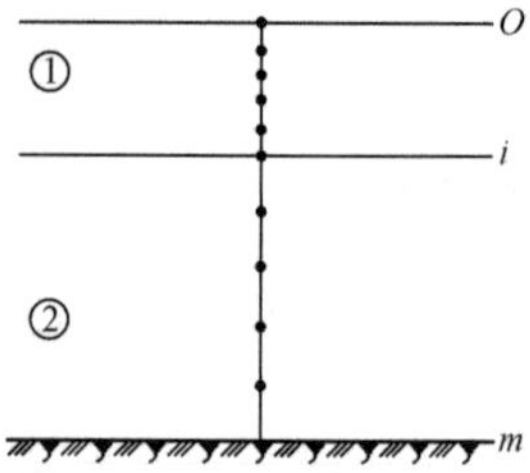

图 7

2.5 不均匀土层，有限差分计算

当土壤由若干层组成，每层特性不同时，虽亦可由分界面的条件来寻求固结过程的理论解，但很复杂，不如用有限差分解算方便。

如图 7 所示，设土层可分为①②两层，其渗透系数各为 k_1、k_2，且 $k_1=n_1k_2$；其固结系数各为 c_1、c_2，且 $c_1=n_2c_2$。

我们将①②两层分别划为若干区段，①层的间距为 Δx_1，②层的间距为 Δx_2，且 $\Delta x_1=n_3\Delta x_2$。

最后选择计算时段 Δt_1 和 Δt_2，以及参数 α_1 和 α_2。令 $\alpha_1=n_4\alpha_2$，$\Delta t_1=n_5\Delta t_2$，则

$$\alpha_1=\frac{c_1\Delta t_1}{\Delta x_1^2} \text{ 或 } \Delta t_1=\frac{\alpha_1\Delta x_1^2}{c_1}$$

$$\alpha_2=\frac{c_2\Delta t_2}{\Delta x_2^2} \text{ 或 } \Delta t_2=\frac{\alpha_2\Delta x_2^2}{c_2}$$

故

$$\frac{\Delta t_1}{\Delta t_2}=\frac{\alpha_1\Delta x_1^2}{c_1}\cdot\frac{c_2}{\alpha_2\Delta x_2^2}=\frac{\alpha_1}{\alpha_2}\cdot\frac{c_2}{c_1}\cdot\left(\frac{\Delta x_1}{\Delta x_2}\right)^2=\frac{n_4n_3^2}{n_2}$$

即

$$n_5=\frac{n_4n_3^2}{n_2} \tag{15}$$

进行适当选择，确定 α_1、Δx_1、Δt_1 及 α_2、Δx_2、Δt_2 后，就可以对两个区分别进行数值计算。现在的问题是分界面上结点的函数值应如何确定。设该结点编号为 i，则 H_i 既属于①区又属于②区，而且应满足水流的连续条件（即由②区渗出的水量应等于流入①区的水量），由此可以得到以下计算公式

$$H_i=\frac{n_1}{n_1+n_3}H_{i-1}+\frac{n_3}{n_1+n_3}H_{i+1} \tag{16}$$

如果上下层格子间距相同，$n_3=1$，则有

$$H_i = H_{i+1} - \frac{H_{i+1} - H_{i-1}}{1+\frac{1}{n_1}} \tag{17}$$

因此，对于每一时段，当 H_{i+1} 及 H_{i-1} 值已求得时，即可确定 H_i 值。但是在这里我们遇到一个困难，即上下两区所选择的时段 $\Delta t_1 \neq \Delta t_2$，为了解决这个问题，我们常常选择 n_5 使它成为整数或整数分之一。例如，令

$$n_5 = \frac{\Delta t_1}{\Delta t_2} = \frac{1}{4}$$

则每当第①层土进行四个时段的计算后，第②层土计算一次。反之，如 $n_5=4$，则第②层计算四次后第①层土计算一次。

对于这类问题，分析时最重要的一点是合适地选择 Δx、Δt 和 α，既能节省计算工作，又能保证所需精度。一般有几种选择法：

（1）选择 $\Delta t_1 = \Delta t_2$，但 $\Delta x_1 \neq \Delta x_2$，$\alpha_1 \neq \alpha_2$。

这时，上下层时间分段相同，但上下层迭弛公式不同。

（2）选择 $\alpha_1 = \alpha_2$，但 $\Delta x_1 \neq \Delta x_2$，$\Delta t_1 \neq \Delta t_2$。

这时，上下层迭弛公式相同，但上下层时间间距不同，应使 $\Delta t_1 / \Delta t_2$ 为一整数或整分数，如果能选用 $\alpha_1 = \alpha_2 = \frac{1}{2}$，则最为方便。

（3）选择 $\alpha_1 \neq \alpha_2$，$\Delta x_1 \neq \Delta x_2$，$\Delta t_1 \neq \Delta t_2$。

这是最一般性的情况。这时应使 $\Delta t_1 / \Delta t_2$ 为整数或整分数，另外 α_1 与 α_2 值也尽量取简单值以利于计算。

【例 5】 在［例 1］所示情况中，设土层分为上下两区，上区厚 6m（①区），其指标为 $k_1 = 5\times10^{-7}\,\text{cm/s}$，$c_1 = 57\text{m}^2/\text{年}$，下区厚 9m（②区），$k_2 = 1\times10^{-7}\,\text{cm/s}$，$c_2 = 11.4\text{m}^2/\text{年}$，求 $t=1$ 年及 $t=2$ 年时孔隙压力分布情况。

我们取 $\Delta x_1 = 1.5\text{m}$，$\alpha_1 = 0.5$，则有

$$\Delta t_1 = \frac{\alpha_1 \Delta x_1^2}{c_1} = 0.01974\text{（年）}$$

$$\Delta x_2 = 1.5\text{m} \quad \alpha_2 = 0.5$$

故

$$\Delta t_2 = \frac{\alpha_2 \Delta x_2^2}{c_2} = 0.0987\text{（年）}$$

即 $\frac{k_1}{k_2} = 5 = n_1$，$\frac{c_1}{c_2} = n_2 = 5$，$n_3 = 1$，$n_4 = 1$，$n_5 = \frac{1}{5}$。

这样，①区进行五次计算后，②区才计算一次。

分界面结点 4 的计算公式是

$$H_4 = H_5 - \frac{H_5 - H_3}{1.2}$$

全部计算列入表 6 中，时段是以 Δt_1 为准的，即时段 1～5 相当于 $1\times\Delta t_2$，时段 6～10 相当于 $2\times\Delta t_2$，余类推。对于第①区，即从结点 0 到结点 4，每隔一个 Δt_1，计算一次，

计算公式仍为 $H_n' = \frac{1}{2}(H_{n-1} + H_{n+1})$，仅 $H_4 = H_5 - \frac{H_5 - H_3}{1.2}$。另外，为提高精度，对于第 1 时段的各值，是又将该时段划分为 8 个小区段计算所得的（参见表 5）。进行到第 5 时段时，除进行①区的计算外，并扩展到②区 $\left[\text{计算公式仍为} H_n' = \frac{1}{2}(H_{n-1} + H_{n+1})\right]$，以后都这样做，即进行①区的 4 次计算（此时②区各点的 H 值不变），第 5 次则扩及全部结点计算一次。

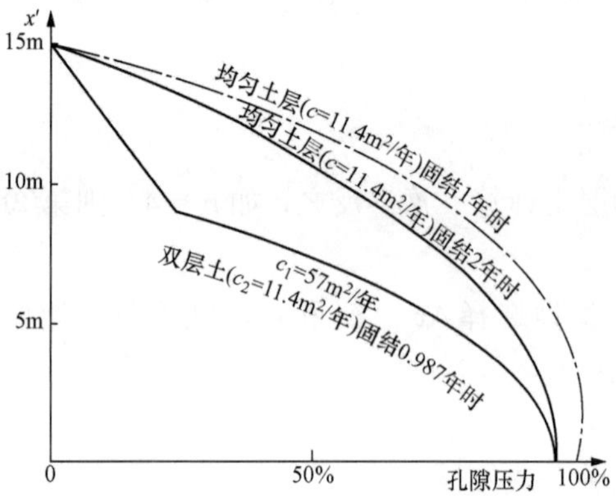

图 8

计算进行到 $50\Delta t_1$，即 $10\Delta t_2$，或 0.987 年止。此时孔隙压力的分布，如表 6 中最末一行所示，将它绘成曲线，如图 8 所示。在图 8 上并绘出均质土层（c 均为 11.4 m^2/年）时，t=1年及 t=2 年的消散曲线。由图 8 可见，由于上部 6m 的黏土固结特性良好，故本例在 1 年后的消散情况远胜于均匀土层情况。

表 6

结点号 / 时段号	第①区					第②区						9'
	0	1	2	3	4	5	6	7	8	9	10	
0	1.000（0）	1.000	1.000	1.000	1.000	1.000	1.000	1.000	1.000	1.000	1.000	1.000
1	0	0.663	0.933	0.991	1.000							
2	0	0.467	0.827	0.966	0.993							
3	0	0.414	0.717	0.910	0.972							
4	0	0.358	0.662	0.845	0.925							
5	0	0.331	0.602	0.793	0.871	0.963	1.000	1.000	1.000	1.000	1.000	1.000
6	0	0.301	0.562	0.737	0.821							
7	0	0.281	0.519	0.692	0.775							
8	0	0.260	0.487	0.647	0.737							
9	0	0.244	0.454	0.612	0.700							
10	0	0.227	0.428	0.577	0.671	0.850	0.982	1.000	1.000	1.000	1.000	1.000
11	0	0.214	0.402	0.550	0.623							
12	0	0.201	0.382	0.513	0.600							
13	0	0.191	0.357	0.491	0.569							
14	0	0.178	0.341	0.463	0.551							
15	0	0.171	0.321	0.446	0.528	0.776	0.925	0.991	1.000	1.000	1.000	1.000
16	0	0.161	0.314	0.425	0.501							
17	0	0.157	0.293	0.408	0.484							
18	0	0.147	0.283	0.389	0.470							
19	0	0.142	0.268	0.377	0.452							
20	0	0.134	0.260	0.360	0.442	0.684	0.888	0.963	0.996	1.000	1.000	1.000
21	0	0.130	0.247	0.351	0.414							
22	0	0.124	0.241	0.331	0.407							

续表

结点号 / 时段号	第①区					第②区						9'
	0	1	2	3	4	5	6	7	8	9	10	
23	0	0.121	0.228	0.324	0.390							
24	0	0.114	0.223	0.309	0.384							
25	0	0.112	0.212	0.304	0.371	0.636	0.824	0.942	0.982	0.998	1.000	0.998
26	0	0.106	0.208	0.292	0.359							
27	0	0.104	0.199	0.284	0.349							
28	0	0.100	0.194	0.274	0.343							
29	0	0.097	0.187	0.269	0.334							
30	0	0.094	0.183	0.281	0.330	0.579	0.789	0.903	0.970	0.991	1.000	0.901
31	0	0.092	0.178	0.257	0.314							
32	0	0.089	0.175	0.246	0.311							
33	0	0.088	0.168	0.243	0.302							
34	0	0.084	0.166	0.235	0.299							
35	0	0.083	0.160	0.233	0.291	0.545	0.741	0.880	0.947	0.985	1.000	0.985
36	0	0.080	0.158	0.226	0.285							
37	0	0.079	0.153	0.222	0.279							
38	0	0.077	0.151	0.216	0.274							
39	0	0.076	0.147	0.213	0.271							
40	0	0.074	0.145	0.209	0.268	0.506	0.713	0.844	0.933	0.974	1.00	0.974
41	0	0.073	0.142	0.207	0.258							
42	0	0.071	0.140	0.200	0.257							
43	0	0.070	0.136	0.199	0.251							
44	0	0.068	0.135	0.194	0.250							
45	0	0.067	0.131	0.193	0.246	0.482	0.675	0.823	0.909	0.967	1.000	0.967
46	0	0.066	0.130	0.189	0.241							
47	0	0.065	0.128	0.186	0.237							
48	0	0.064	0.126	0.183	0.235							
49	0	0.063	0.124	0.181	0.233							
50（0.987 年）	0	0.062	0.122	0.179	0.231	0.454	0.653	0.792	0.895	0.955	1.00	0.955

对于这种计算，还可以注意两点：

（1）对第①区土，我们总选取合适的 Δx_1，使将该区厚度等分为整数分段。然后，为了维持 $\Delta t_1/\Delta t_2$ 为整数或整分数，Δx_2 往往不能将第②区厚度等分为整数段。

例如，图 9 中结点 0—4 将第①层土均分为 4 段。但 Δx_2 不能将第②层土均分为整数段，而使最后一段结点 8—9 不等于 Δx_2。如果结点 8—9 很小，可以弃去，将结点 8 视为底结点。如果结点 8—9 接近于 Δx_2，则可将点 9 视为底结点。如果结点 8—9 约为 Δx_2 的一半，则结点 8 上的值可从结点 7、9 的值以不等步长的差分公式推求。

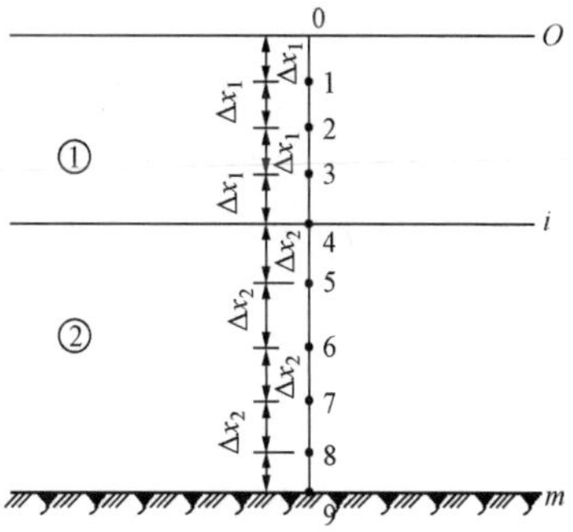

图 9

（2）由于各种因素的牵制，基本计算时段 Δt_1 可能较短。这样，要计算较长的固结过程所需工作量很大。为此，在计算了一定时段，当某些固结系数 c 较大的土层中的孔隙压力曲线已趋平缓，或已消散得差不多时，可将该区段的 Δx 放大，即加大 Δt，以加速其余土层的计算过程。

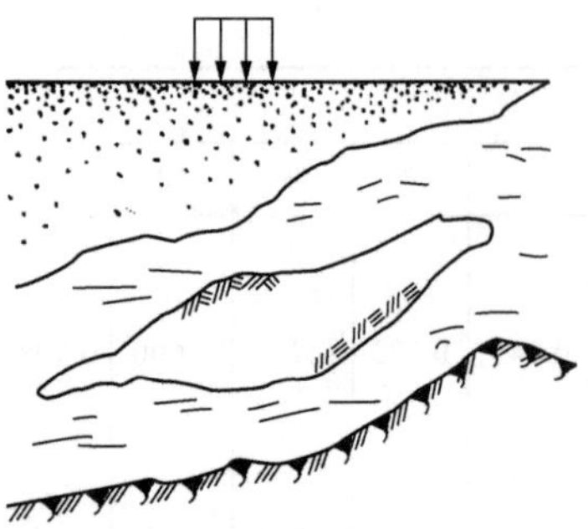

图 10

2.6 一维解答的适用范围

以上各节介绍的一维解答，应用很方便，如果采用数值解法，并可解决较为复杂的情况。但是，这种解答只适用于土层是水平分布以及表面荷载延伸较远的情况。如果土层的分布并不呈水平层状，或表面荷载作用在较小的范围内，图 10 则不能按一维问题处理，而需按平面问题解算。采用差分计算可以获得这种问题的解答，但工作量很大，以进行电算为宜，而采用电算，有限单元法又比差分法更为灵活适用。

3 轴对称固结问题

3.1 理论分析

当黏土层较厚、固结系数较小时，仅依靠垂直排水固结，速度缓慢，常不能满足要求。此时，采用砂井排水加速固结，往往效果很好（见图 11）。当砂井的作用远大于垂直固结作用时，可以忽略后者的影响，而简化为平面固结问题。

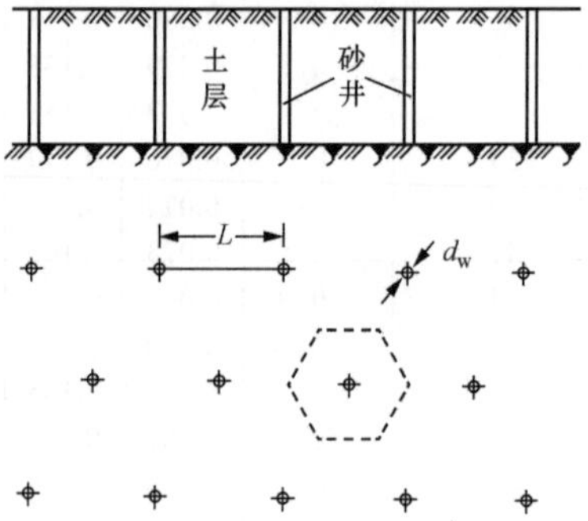

图 11

砂井一般均布于土层中，设其直径为 d_w（半径为 r_w），间距为 L。每一砂井负担其周围区域的排水。将这块区域化为等积圆形，该圆直径 d_e（半径 r_e）称为砂井的影响直径，其值容易求得为

$$\begin{aligned} d_e &= 1.050L（砂井按梅花形布置）\\ d_e &= 1.128L（砂井按正方形布置） \end{aligned} \tag{18}$$

初始孔隙压力（以水头表示）为均匀分布，设为 H_0，然后渗透水在平面内流动，集中到砂井排出。孔隙压力水头的分布遵循下述方程

$$\frac{\partial H}{\partial t} = c_r\left(\frac{\partial^2}{\partial r^2} + \frac{1}{r}\frac{\partial}{\partial r}\right)H \tag{19}$$

其中，c_r 表示沿水平方向的固结系数，相应边界条件是：

（1）$t=0$，$r_w \leqslant r \leqslant r_e$，$H=H_0$。

（2）$0 \leqslant t \leqslant \infty$，$r=r_w$，$H=0$。

（3）$0 \leqslant t \leqslant \infty$，$r=r_e$，$\dfrac{\partial H}{\partial r}=0$。

（4）$t\to\infty$，$r_w \leqslant r \leqslant r_e$，$H\to 0$。

上述方程的解答需以无穷级数表达。美国格洛弗氏、德国楞得列克氏和我国朱伯芳同志都先后求得其形式解。分析这些解答，可知孔隙压力是时间 t、坐标 r 以及比值

$n=\frac{r_e}{r_w}$ 的函数。由于计算工作量很大，目前只求得对少数几个 n 值（例如 $n=100$、$n=10$ 等）的数值解，并制成曲线。对于任意的 n 值，则采用一些近似假定，将 c_r 值进行换化后仍利用 $n=100$ 的成果计算，这样做当然是近似的。

既然要利用近似解，则可以另找更方便的办法求解。目前在计算砂井固结时，我们多应用 R. A. 巴隆氏的近似解。为了介绍这个近似解答，我们考察下列 H 的表达式

$$H=\frac{H_0 e^{-8T_r/F_n}}{F_n}\left(\ln\frac{r}{r_w}-\frac{r^2-r_w^2}{2r_e^2}\right) \tag{20}$$

$$T_r=\frac{c_r t}{d_e^2} \tag{21}$$

而 F_n 是一个待定常数。

这个解答，满足边界条件（2）～（4），但在 $t=0$ 时，初始孔隙压力的分布并不均匀，而呈曲线形

$$t=0,\ H=\frac{H_0}{F_n}\left(\ln\frac{r}{r_w}-\frac{r^2-r_w^2}{2r_e^2}\right)$$

这和严格的初始条件 $(t=0,\ H=H_0)$ 是有出入的。我们若将式(20)括号中的值在 $r=r_w$ 到 $r=r_e$ 范围的面积内求其平均值，可得

$$\text{平均值}=\frac{\int_{r_w}^{r_e}\left(\ln\frac{r}{r_w}-\frac{r^2-r_w^2}{2r_e^2}\right)\times 2\pi r\,\mathrm{d}r}{\pi(r_e^2-r_w^2)}=\frac{n^2}{n^2-1}\ln n-\frac{3n^2-1}{4n^2}$$

所以，如果取

$$F_n=\frac{n^2}{n^2-1}\ln n-\frac{3n^2-1}{4n^2} \tag{22}$$

则解答式（20）可以在“平均意义”下满足初始条件（1），参见图 12。

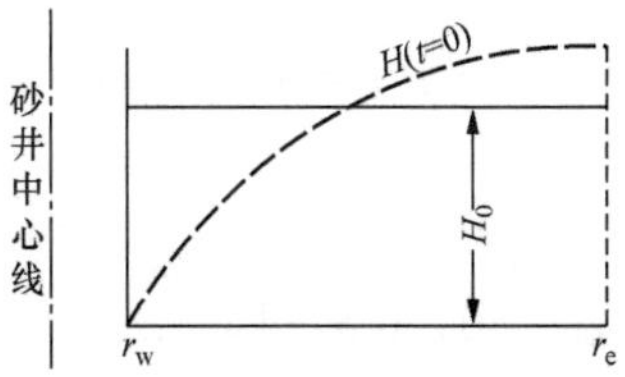

图 12

最后，我们将解答式（20）代入微分方程式（19）的左右两侧，整理后得下列成果

$$\frac{\partial H}{\partial t}=-\frac{2c_r}{r_e^2F_n}\times H_0 e^{-8T_r/F_n}\times\frac{\ln\frac{r}{r_w}-\frac{r^2-r_w^2}{2r_e^2}}{F_n}\times c_r\left(\frac{\partial^2 H}{\partial r^2}+\frac{1}{r}\frac{\partial H}{\partial r}\right)$$

$$=-\frac{2c_r}{r_e^2F_n}\times H_0 e^{-8T_r/F_n}\times 1$$

这两个公式当然是不相同的，因为在 $\frac{\partial H}{\partial t}$ 的公式中最后一项为 r 的函数，而在 $c_r\left(\frac{\partial^2 H}{\partial r^2}+\frac{1}{r}\frac{\partial H}{\partial r}\right)$ 的公式中却为常数 1。所以解答式（20）也不严格满足微分方程。但

是，正如前面讨论初始条件那样，$\left(\ln\frac{r}{r_w}-\frac{r^2-r_w^2}{2r_e^2}\right)\Big/F_n$ 在 $r=r_w$ 到 $r=r_e$ 的面积内的平均值为 1，所以解答式（20）在该范围内“平均地”满足了微分方程，这就是巴隆解答的实质，从而得

$$H=\frac{H_0}{F_n}e^{-8T_r/F_n}\left(\ln\frac{r}{r_w}-\frac{r^2-r_w^2}{2r_e^2}\right)$$

$$\overline{H}=H_0e^{-8T_r/F_n}\text{（平均孔隙压力水头）} \tag{23}$$

$$\overline{U}=1-e^{-8T_r/F_n}\text{（固结度）} \tag{24}$$

$$T_r=\frac{c_rt}{d_e^2},\ n=\frac{r_e}{r_w} \tag{25}$$

巴隆解以其形式简单且有一定精度，常为众人所采用。但我们应了解其来源及近似本质。解答中的 F_n 是 n 的函数，如表 7 所示。

表 7

n	5	6	7	8	9	10	11	12	13	14	15	16
F_n	0.9365	1.100	1.242	1.366	1.478	1.578	1.670	1.745	1.832	1.904	1.971	2.034
n	17	18	19	20	30	40	50	60	70	80	90	100
F_n	2.094	2.150	2.203	2.254	2.655	2.941	3.164	3.346	3.499	3.633	3.750	3.856

【例 6】 对于［例 1］的土层，布置梅花形排水砂井，以加速固结。砂井间距 $L=4.75\text{m}$，直径 $d_w=0.25\text{m}$，土为均质黏土，$c_r=11.4\text{m}^2/$年，试求固结过程。

由于 $L=4.75$，故 $d_e=1.05\times4.75\approx5(\text{m})$，即 $n=\frac{d_e}{d_w}=20$，$F_n=2.254$，而

$$\overline{H}=H_0e^{-8T_r/2.254}=H_0e^{-3.550T_r}$$

置 $t=0$、0.5、1、1.5、2 年，相应的 $T_r=0$、0.228、0.456、0.684、0.912，而

$$\overline{H}=H_0\times(1.0,\ 0.445,\ 0.198,\ 0.088,\ 0.039)$$

可见在设置 $L=4.75\text{m}$、$d_w=0.25\text{m}$ 的砂井后，大大加速了固结过程，在 2 年后，孔隙压力残留值仅为 4%左右。另可注意，本情况中求得的平均孔隙压力是指平面上每个砂井周围范围内的平均孔隙压力，与第 2 节中的 $\overline{H}$ 意义不同，后者是指一条垂线上的平均值。

如果要计算各点的孔隙压力，我们可将 r_e-r_w 的长度均分为 5 段，各分界点的 r 值依次为 $r=0.125$、0.600、1.075、1.550、2.025、2.500，然后计算

$$\frac{\ln\frac{r}{r_w}-\frac{r^2-r_w^2}{2r_e^2}}{F_n}=\lambda$$

得 $\lambda=0$、0.684、0.914、1.032、1.091、1.108。这样，各点孔隙压力就是

$$H=\frac{H_0}{F_n}\mathrm{e}^{-8T_r/F_n}\left(\ln\frac{r}{r_{\mathrm{w}}}-\frac{r^2-r_{\mathrm{w}}^2}{2r_{\mathrm{e}}^2}\right)=H_0\mathrm{e}^{-8T_r/F_n}\cdot\lambda=\overline{H}\cdot\lambda$$

例如，在$t=1$年时，$\overline{H}=0.198$，将此值乘以λ，可得H的分布为0、0.135、0.181、0.204、0.216、0.219（以H_0为单位）。

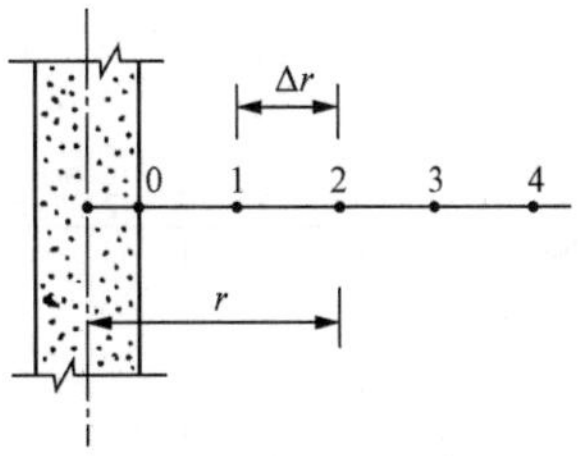

图13

3.2 数值分析

将式（19）写成差分方程后，就可进行数值分析。将砂井周围分成等间距网格，格的间距等于Δr（见图13），又设$n-1$、n及$n+1$为任意相邻三个点。在$t=t$时，该处的空隙压力各为H_{n-1}、H_n和H_{n+1}，则在经过Δt以后，n结点上的孔隙压力将为

$$H_n'=(1-2\alpha)H_n+\alpha(H_{n+1}+H_{n-1})+\frac{\alpha}{2}\frac{\Delta r}{r_n}(H_{n+1}-H_{n-1}) \tag{26}$$

其中α为

$$\alpha=\frac{c\Delta t}{\Delta r^2} \tag{27}$$

α不应大于1/2，常取用简单的分数，如$\alpha=\frac{1}{2}$，$\frac{1}{4}$，…以利于计算。

若取$\alpha=\frac{1}{2}$，则

$$H_n'=\frac{1}{2}(H_{n+1}+H_{n-1})+\frac{1}{4}\frac{\Delta r}{r_n}(H_{n+1}-H_{n-1}) \tag{28}$$

若取$\alpha=\frac{1}{4}$，则

$$H_n'=\frac{1}{2}H_n+\frac{1}{4}(H_{n+1}+H_{n-1})+\frac{1}{8}\frac{\Delta r}{r_n}(H_{n+1}-H_{n-1}) \tag{29}$$

在计算过程中，当土层所受外载改变时，则应随时在各点上增减相应的初始孔隙压力H^*。

【例7】 将［例6］以差分法解之。

由于$d_{\mathrm{e}}=5\mathrm{m}$，$d_{\mathrm{w}}=0.25\mathrm{m}$，故$r_{\mathrm{e}}=2.5$，$r_{\mathrm{w}}=0.125$，$r_{\mathrm{e}}-r_{\mathrm{w}}=2.375$。将这段间距等分为5段，$\Delta r=\frac{2.375}{5}=0.475(\mathrm{m})$，结点共6个，依次编为0、1、2、3、4、5，各点的半径$r_0=0.125$，$r_1=0.600$，$r_2=1.075$，$r_3=1.550$，$r_4=2.025$，$r_5=2.500$。

选取$\alpha=0.5$，$\Delta t=\frac{0.5\times0.475^2}{11.4}=0.009896\approx0.01$（年）。计算公式为$H_n'=\frac{1}{2}(H_{n+1}+H_{n-1})+\frac{1}{4}\frac{\Delta r}{r_n}(H_{n+1}-H_{n-1})$，其中的$\frac{1}{4}\frac{\Delta r}{r_n}$值计算结果如下：

结点	1	2	3	4	5
$\frac{1}{4}\frac{\Delta r}{r_n}$	0.198	0.110	0.0766	0.0586	0.0475

因此，可得各点迭弛公式，如

$$H'_3=\frac{1}{2}(H_4+H_2)+0.0766(H_4-H_2)=0.5766H_4+0.4234H_2$$

$$H'_2=\frac{1}{2}(H_3+H_1)+0.110(H_3-H_1)=0.610H_3+0.390H_1$$

$$H'_1=\frac{1}{2}(H_2)+0.198H_2=0.698H_2$$

$$H'_4=\frac{1}{2}(H_5+H_3)+0.0586(H_5-H_4)=0.5586H_5+0.4414H_4$$

$$H'_5=H_4$$

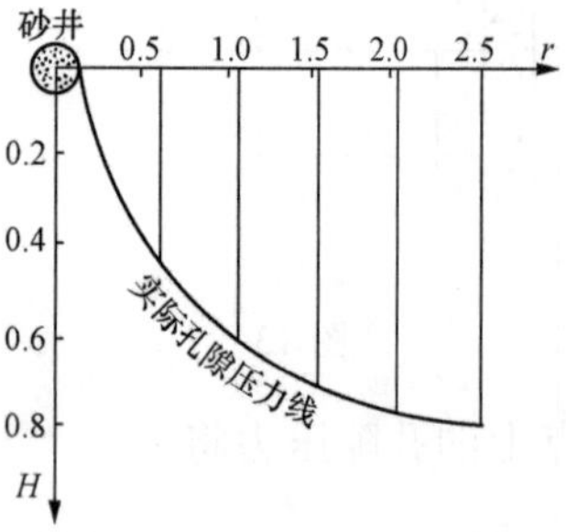

图 14

于是可以列表计算，见表 8。

由于 Δr 较小，故 Δt 也较小，算到 $20\Delta t$ 时，仅相当于 0.2 年，其成果绘如图 14 所示。为了加快计算速度，在孔隙压力消散到一定程度后，可以将网格放粗。

表 8

时段	结点编号 0	1	2	3	4	5	4'
0	1.000（0）	1.000	1.000	1.000	1.000	1.000	同 4
1 2	0 0	0.698 0.698	1.000 0.882	1.000 1.000	1.000 1.000	1.000 1.000	
3 4	0 0	0.616 0.616	0.882 0.820	0.950 0.950	1.000 0.978	1.000 1.000	
5 6	0 0	0.572 0.572	0.820 0.779	0.911 0.911	0.978 0.949	0.978 0.978	
7 8	0 0	0.544 0.544	0.779 0.748	0.877 0.877	0.949 0.917	0.949 0.949	
9 10	0 0	0.522 0.522	0.748 0.720	0.846 0.846	0.917 0.886	0.917 0.917	
11	0	0.503	0.720	0.816	0.886	0.886	
12 13	0 0	0.503 0.485	0.694 0.694	0.816 0.787	0.855 0.855	0.886 0.855	
14 15	0 0	0.485 0.468	0.669 0.669	0.787 0.759	0.825 0.825	0.855 0.825	
16 17	0 0	0.468 0.451	0.646 0.646	0.759 0.733	0.796 0.796	0.825 0.796	
18 19	0 0	0.451 0.435	0.623 0.623	0.733 0.707	0.796 0.796	0.796 0.769	
20	0 （按巴隆公式，0）	0.434 （0.495）	0.610 （0.662）	0.707 （0.745）	0.742 （0.788）	0.769 （0.802）	

3.3　考虑扰动层影响之解

在上面推导的解答中，假定砂井面 $(r=r_w)$ 是自由排水面，土层为均质透水体，很多砂井是用打桩法施工的，即用打桩机将一根钢管打入土层中，在拔桩时灌入砂子形成砂井（另一种有效的施工法是水力冲孔法），这样，即使原来的土层是均匀的，也会由于打桩的影响，使桩孔周围的土密度增大，渗透性减小，形成一个扰动层。不计此一影响会使计算偏于不安全。设砂井半径为 r_w，影响半径为 r_e，扰动层的半径为 r_s，$\frac{r_e}{r_w}=n$，$\frac{r_s}{r_w}=s\,(s>1)$。土层原来的渗透系数为 k_h，扰动层内减小为 k_s，而且假定扰动层内由于密度增加，与周围土层相比，可视为刚性（见图 15）。

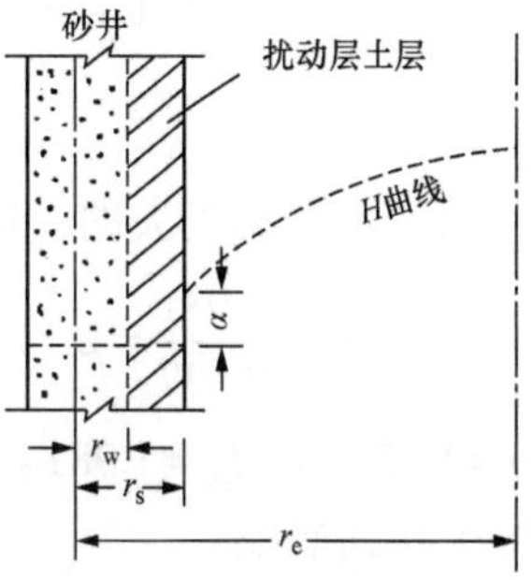

图 15

这样，在计及扰动层影响时，我们可以只考虑 $r=r_s$ 到 $r=r_e$ 这一范围内的排水固结。这里，H 仍应满足式（19），边界条件改为

$$0\leqslant t\leqslant\infty,\ r=r_s,\ H=\alpha$$

$$0\leqslant t,\ r=r_e,\ \frac{\partial H}{\partial r}=0$$

α 取决于 s 及 $\frac{k_h}{k_s}$，有

$$\alpha=\frac{k_h}{k_s}\left(\frac{n^2-s^2}{n^2}\right)\ln s \tag{30}$$

依照前节做法，可以求得以下公式

$$H=H_0\mathrm{e}^{-\frac{8T_r}{\nu}}\cdot\frac{\ln\left(\frac{r}{r_s}\right)-\frac{r^2-r_s^2}{2r_e^2}+\frac{k_h}{k_s}\frac{n^2-s^2}{n^2}\ln s}{\nu} \tag{31}$$

$$\overline{H}=H_0\cdot\mathrm{e}^{-\frac{8T_r}{\nu}} \tag{32}$$

$$\nu=\frac{n^2}{n^2-s^2}\ln\frac{n}{s}-\frac{3}{4}+\frac{s^2}{4n^2}+\frac{k_h}{k_s}\left(\frac{n^2-s^2}{n^2}\right)\ln s \tag{33}$$

$$U=1-\mathrm{e}^{-\frac{8T_r}{\nu}} \tag{34}$$

由于

$$\frac{\int_{r_s}^{r_e}\left(\ln\frac{r}{r_s}-\frac{r^2-r_s^2}{2r_e^2}+\frac{k_h}{k_s}\frac{n^2-s^2}{n^2}\ln s\right)\cdot 2\pi r\,\mathrm{d}r}{\pi(r_e^2-r_s^2)}=\nu$$

所以解答式（31）在 $r=r_s$ 到 $r=r_e$ 的范围内，就平均意义上讲，满足微分方程及初始条件。

应用式（31）的困难，主要还在于合理地确定扰动区范围 s 及渗透系数之比 $\left(\frac{k_h}{k_s}\right)$，这最好是通过实地试验确定。

【例 8】 设 $n=5$，$s=1.2$，$\frac{k_h}{k_s}=7$，试求孔隙压力表达式。

根据所给数据，得

$$\nu=\frac{25}{23.56}\ln\frac{5}{1.2}-0.75+\frac{1.44}{100}+7\times\left(\frac{25-1.44}{25}\right)\ln 1.2=1.981$$

故 $$U=1-\mathrm{e}^{\frac{-8T_r}{1.981}}$$

如果不考虑扰动影响，则 $F_n=0.937$，而

$$U=1-\mathrm{e}^{\frac{-8T_r}{0.937}}$$

可见影响是相当大的。即，不考虑扰动影响时，固结 1 年所达到的固结度在考虑扰动影响后需要 $\frac{1.981}{0.937}=2.11$（年）才能达到。或者，相当于从 $n=5$ 增大到 $n=15.5$，因为 $n=15.5$ 时，$F_n=1.981$。所以我们采用砂井作为加速固结的措施时，要尽量设法减少施工扰动影响。

4 垂直向—轴对称向同时固结问题

4.1 理论分析

当黏土层在压力下，既向砂井排水，亦沿竖向排水，则我们需解算以下微分方程

$$\frac{\partial H}{\partial t}=c_r\left(\frac{\partial^2 H}{\partial r^2}+\frac{1}{r}\frac{\partial H}{\partial r}\right)+c_z\frac{\partial^2 H}{\partial z^2} \tag{35}$$

其边界条件为

$$\left.\begin{aligned} &z=0,\ H=0\\ &z=l,\ \frac{\partial H}{\partial z}=0\\ &r=r_{\mathrm{w}},\ H=0\\ &r=r_{\mathrm{e}},\ \frac{\partial H}{\partial r}=0\end{aligned}\right\} \tag{36}$$

上述方程之解，可利用在第 2、3 节中已得的解答，应用“乘积定律”求得。具体讲，如果只考虑竖向排水，经过一定时间 t 后，土层内某点的孔隙压力将消散为 H_z（以初始均匀孔隙压力 H_0 为单位值，故 $H_z<1$）。同样，如果只考虑辐射向排水，则孔隙压力将消散为 H_r（<1），则在两个方向同时排水时，孔隙压力将消散为 $H=H_z\cdot H_r$。因为 H_z 满足下列方程和边界条件

$$\frac{\partial H_z}{\partial t}=c_z\frac{\partial^2 H}{\partial z^2}$$

$$z=0,\quad H_z=0$$

$$z=l,\quad \frac{\partial H_z}{\partial z}=0$$

而 H_r 满足下列方程和边界条件

$$\frac{\partial H_r}{\partial t}=c_r\left(\frac{\partial^2}{\partial r^2}+\frac{1}{r}\frac{\partial}{\partial r}\right)H_r$$

$$r = r_w,\quad H_r = 0$$

$$r = r_e,\quad \frac{\partial H_r}{\partial r} = 0$$

现在考察一下：取 $H = H_z \cdot H_r$ 时，它是否满足式（35）和边界条件［式（36）］。为此，将 $H = H_z \cdot H_r$ 代入式（35）右边，有

$$c_r\left(\frac{\partial^2}{\partial r^2}+\frac{1}{r}\frac{\partial}{\partial r}\right)(H_z \cdot H_r)+c_z\frac{\partial^2}{\partial z^2}(H_z \cdot H_r)$$

$$=H_z \cdot c_r\left(\frac{\partial^2}{\partial r^2}+\frac{1}{r}\frac{\partial}{\partial r}\right)H_r + H_r c_z\frac{\partial^2}{\partial z^2}H_z$$

$$=H_z\frac{\partial H_r}{\partial t}+H_r\frac{\partial H_z}{\partial t}=\frac{\partial(H_z H_r)}{\partial t}=\frac{\partial H}{\partial t}$$

因此，取 $H = H_z \cdot H_r$ 可以满足式（35），同样可证明它也满足边界条件［式（36）］。总之，当土体可以向不同方向排水固结时，其最终孔隙压力消散比为单向排水时消散比的乘积。

将 $H = H_z \cdot H_r$ 在土体范围内积分并除以体积后，可证明平均孔隙压力消散比 $\bar{H}$ 亦等于竖向和辐射向平均消散比的乘积，即

$$\bar{H} = \bar{H}_z \cdot \bar{H}_r \tag{37}$$

一般将 $1-\bar{H}$ 称为固结度，以 U 表示，故

$$1-U=(1-U_z)(1-U_r) \tag{38}$$

上述乘积定律只适用于沿不同方向间的排水互不相涉的情况。

【例 9】 设［例 1］中的黏土层，厚 15m，$c=11.4\text{m}^2/$年，在土层中设置梅花形砂井，$d_e=5\text{m}$，$d_w=0.25\text{m}$。试计算砂井及表面同时排水的固结过程。

在［例 6］中我们已求得当 $t=0$、0.5、1、1.5、2 年时，$\overline{H}_r=1.0$、0.445、0.198、0.088、0.039。在［例 1］中，我们已求得 $\overline{H}_z=1.0$、0.822、0.748、0.691、0.643。故 $\overline{H}=\overline{H}_r \cdot \overline{H}_z=1.0$、0.366、0.148、0.061、0.025。

如果要求 1 年后砂井底部平面孔隙压力分布状态，则由［例 1］知，在 $t=1$ 时 $E'=0.9968$，而由［例 6］知，在 $t=1$ 时的 H_r 也已求得，两者相乘，既为所求。

4.2 数值计算

将微分方程式（35）转化为差分形式，并设时间间距等于 Δt，在平面上网格间距为 Δr，在垂直方向上网格间距为 Δz，就可得到

$$H'_{i,k}=H_{i,k}+\frac{c_r\Delta t}{\Delta r^2}\left[H_{i+1,k}+H_{i-1,k}-2H_{i,k}+\frac{\Delta r}{2r_i}(H_{i+1,k}-H_{i-1,k})\right]+$$

$$\frac{c_z\Delta t}{\Delta z^2}(H_{i,k+1}+H_{i,k-1}-2H_{i,k}) \tag{39}$$

式中：i 为结点沿半径方向的编号；k 为结点沿垂直方向的编号；$i+1$、k，$i-1$、k，i、$k+1$，i、$k-1$ 为相邻四个结点的编号；$H'_{i,k}$ 为时间 $t+\Delta t$ 时的（i，k）结点处的

孔隙压力；$H_{i,\ k}$ 为上一时段 t 的该结点处孔隙压力（见图 16）。

如果是均匀各向同性土层，则 $c_r = c_z = c$，另外选取 $\Delta r = \Delta z$ 并记为 Δh，且令

$$\alpha = c\frac{\Delta r}{\Delta h^2} \tag{40}$$

则

$$H'_{i,\ k} = (1-4\alpha)H_{i,\ k} + \alpha(H_{i+1,\ k} + H_{i-1,\ k} + H_{i,\ k+1} + H_{i,\ k-1}) + \alpha\frac{\Delta r}{\partial r_i}(H_{i+1,\ k} - H_{i-1,\ k}) \tag{41}$$

α 不能小于 $1/4$，若取 $\alpha = 1/4$，则

$$H'_{i,\ k} = \frac{1}{4}(H_{i+1,\ k} + H_{i-1,\ k} + H_{i,\ k+1} + H_{i,\ k-1}) + \frac{\Delta r}{8r_i}(H_{i+1,\ k} - H_{i-1,\ k}) \tag{42}$$

这是轴对称竖向固结问题中最简单的计算方式。用式（42）进行迭弛计算虽无多大的困难，但计算工作量常常很大。例如，对于［例 9］中的情况，如果要进行数值分析，我们仍取 $\Delta r = 0.475$（和［例 7］一样），则沿深度方向将分为 $\dfrac{15}{0.475} = 31.6$ 个分段，所以结点至少有 186 点（见图 17），数值计算的工作量将极其巨大，但是计算步骤和公式却十分简单。因此，极宜编成程序在电子计算机上解算。

4.3　荷载变动情况下的计算

在以上的推导中，假定荷载是瞬时加在土层上，以后就维持不变。实际上，土层的受荷是渐变的，而且常常是分期的。例如，在河滩台地上填筑压重层时，台地上所受的荷载是从 O 开始，经过一段时间 T_1 后，达到压重值 p_1，然后可能间歇若干时间，再在其上堆筑土坝……台地受荷过程如图 18 中折线所示。

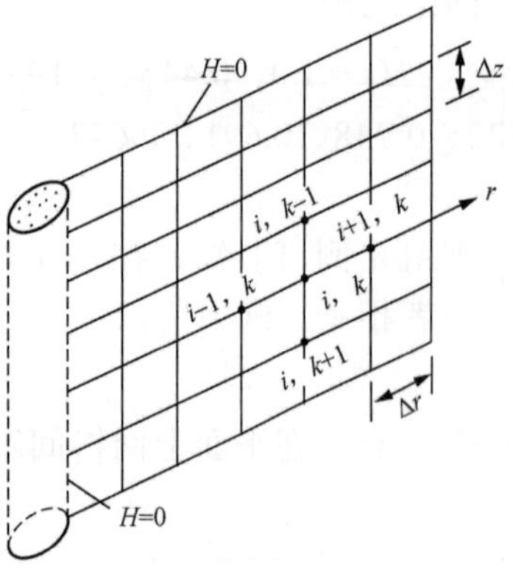

图 16

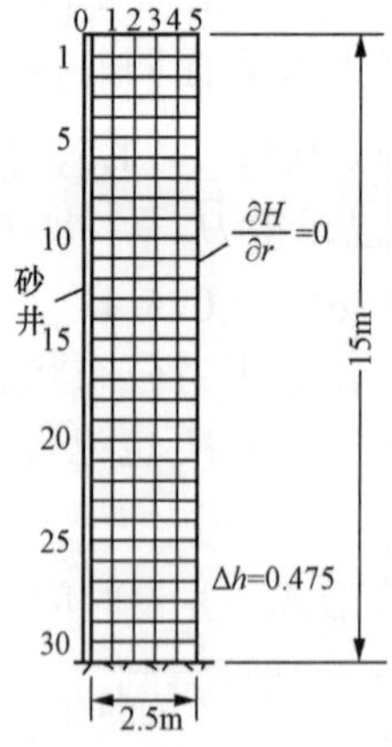

图 17

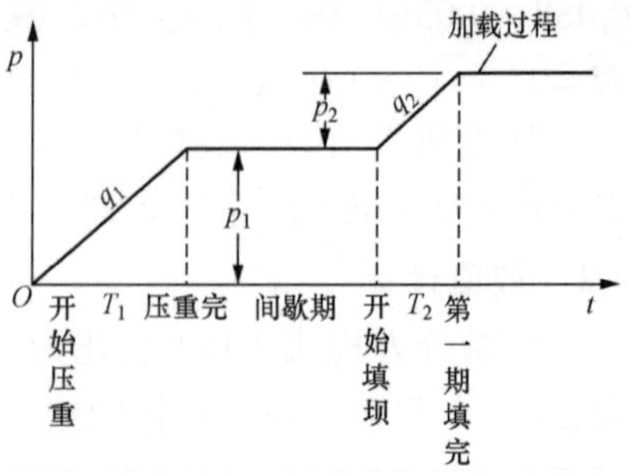

图 18

要计算这种加荷条件下的固结，可以利用瞬时加荷之解答按荷载变化情况积分求得。设加荷都是均匀进行，即在时段 T_1 内加荷 p_1，加荷率为 p_1/T_1 记为 q_1，余类推。

考虑土体同时向竖向及横向排水，则在 $t=0$ 时受瞬时荷载 H_0 后，相应的平均孔隙压力公式为

$$\bar{H}=\bar{H}_r\cdot\bar{H}_z=H_0\left(\frac{8}{\pi^2}\mathrm{e}^{\frac{-\pi^2 T_v}{4}}+\frac{8}{9\pi^2}\mathrm{e}^{\frac{-9\pi^2 T_v}{4}}+\cdots\right)\left(\mathrm{e}^{\frac{-8T_r}{F_n}}\right) \tag{43}$$

注意，在竖向消散的解答中，当 $T_v \geqslant 0.1$ 时，无穷级数中只取一项已够准确（第二项只为第一项的 1.5%以下），从而，可得近似公式

$$\bar{H}=H_0\left(\frac{8}{\pi^2}\mathrm{e}^{-\frac{\pi^2 T_v}{4}-\frac{8T_r}{F_n}}\right) \tag{44}$$

记

$$\alpha=\frac{8}{\pi^2},\ \beta=\frac{\frac{\pi^2 T_v}{4}+\frac{8T_r}{F_n}}{t}=\frac{\pi^2 c_v}{4l^2}+\frac{8c_r}{F_n d_{\mathrm{e}}^2} \tag{45}$$

则

$$\bar{H}=H_0\alpha\mathrm{e}^{-\beta t} \tag{46}$$

当仅有横向消散时，$\alpha=1$，$\beta=\frac{8c_r}{F_n d_{\mathrm{e}}^2}$；仅有径向消散时，$\alpha=\frac{8}{\pi^2}$，$\beta=\frac{\pi^2 c_v}{4l^2}$。

现在假定从 $t=0$ 开始，均匀加荷直到 $t=T_1$ 止（见图 19），加荷率为 q_1，则在 t 时（$0<t<t_1$）的孔隙压力为

$$H=\int_0^t \alpha\mathrm{e}^{-\beta(t-\tau)}\cdot q_1\cdot\mathrm{d}\tau=q_1\cdot\frac{\alpha}{\beta}(1-\alpha^{-\beta t})=p_1\cdot\frac{\alpha}{\beta T_1}(1-\mathrm{e}^{-\beta t}) \tag{47}$$

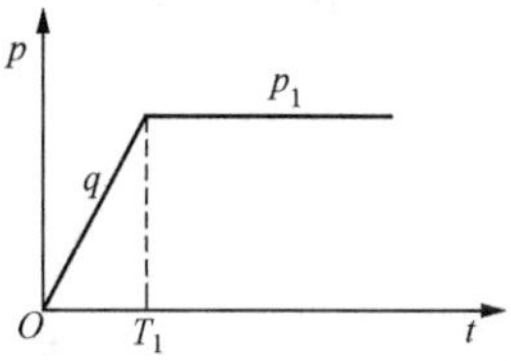

图 19

式（47）适用于 $t\leqslant T_1$，当 $t>T_1$ 后，荷载不再增加，此时

$$H=p_1\frac{\alpha}{\beta T_1}[\mathrm{e}^{-\beta(t-T_1)}-\mathrm{e}^{-\beta t}] \tag{48}$$

式（47）及式（48）适用于有任何级加荷的情况，如图 20 所示，设我们要计算某时间 t 的孔隙压力。从图 20 上可见，此时①号及②号加荷已经完成，而③号加荷尚在进行，则 H 的公式为

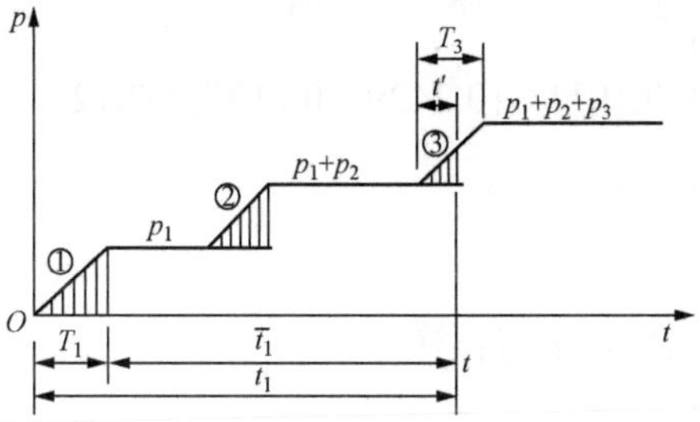

图 20

$$H=p_1\frac{\alpha}{\beta T_1}(\mathrm{e}^{-\beta\bar{t}_1}-\mathrm{e}^{-\beta t_1})+p_2\cdot\frac{\alpha}{\beta T_2}(\mathrm{e}^{-\beta\bar{t}_2}-\mathrm{e}^{-\beta t_2})+p_3\frac{\alpha}{\beta T_3}(1-\mathrm{e}^{-\beta t'})$$

一般性公式为

$$H=\sum_n p_n\frac{\alpha}{\beta T_n}(\mathrm{e}^{-\beta\bar{t}_n}-\mathrm{e}^{-\beta t_n})+p'\frac{\alpha}{\beta T'}(1-\mathrm{e}^{-\beta t'})$$

式中：n 为已完成的加载级数；p_n、T_n、$\bar{t}_n$、t_n，意义见图 21。最后一项为在时刻 t 时尚在进行的那级加载的影响；p'、T' 及 t' 的意义也示于图 21 中。

求出 H 后，固结度为

$$U=1-\frac{H}{p}$$

式中：p 为全部加荷荷载。

【例10】 设某土层厚 $l=0.8\text{m}$，表面排水，底部不透水，设置 $r_w=0.15$、$r_e=1.5$、$n=10$ 的砂井系统，$c_r=c_v=11.4\text{m}^2/\text{年}$。加载过程是：从 $t=0$ 到 $t=1$ 月，均匀加荷，$p_1=10\text{t/m}^2$，间歇 5 个月，从 $t=6$ 月到 $t=8$ 月，均匀加荷 14t/m^2（见图 22），求 $t=1$ 年时的固结度，计算中考虑扰动层影响，设 $s=1.2$，$\dfrac{k_h}{k_s}=7$。

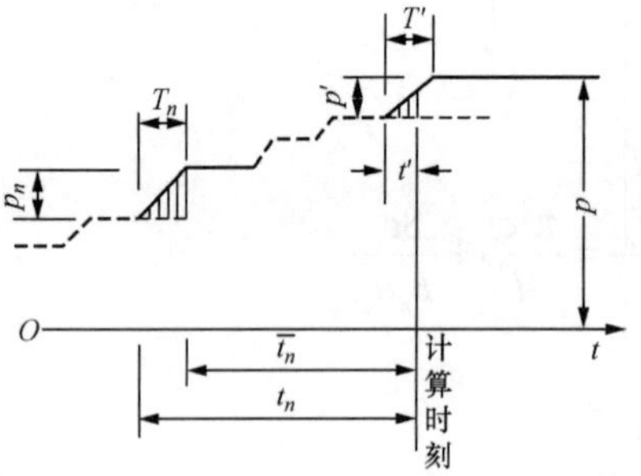

图 21

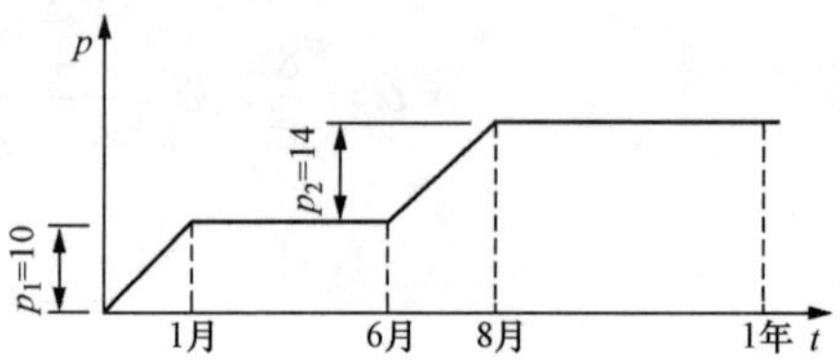

图 22

根据所给数据，得

$$\alpha=\frac{8}{\pi^2}=0.811$$

$$\beta=\frac{\pi^2 c_v}{4l^2}+\frac{8c_r}{\nu d_e^2}=\frac{\pi^2\times 11.4}{4\times 64}+\frac{8\times 11.4}{2.66\times 9}=4.245$$

其中

$$\nu=\frac{100}{98.56}\ln\frac{10}{1.2}-0.75+\frac{1.44}{400}+7\times\left(\frac{98.56}{100}\right)\ln 1.2=2.663$$

$$\frac{\alpha}{\beta}=0.1911$$

$$H=10\times\frac{0.1911}{1/12}(e^{-4.245\times 11/12}-e^{-4.245})+14\times\frac{0.1911}{1/6}(e^{-4.245\times 4/12}-e^{-4.245\times 6/12})$$

$$=120\times 0.1911\times(0.02042-0.01434)+14\times 6\times 0.1911\times(0.2429-0.1197)=2.12$$

$$\frac{H}{P}=\frac{2.12}{24}=8.8\%\text{，固结度 }U=91.2\%$$

5 土层中有效应力及沉陷量计算

以上各节所述都是如何计算孔隙压力的消散过程。但我们的最终目的常常是要求确定土层中的有效应力（由此可确定土层中的抗剪强度，校核其稳定性），以及土层的沉陷量和沉陷发展过程。

对于任一时刻 t，当我们已求得孔隙压力 H 后，则相应的有效应力 σ 为

$$\frac{\sigma}{\gamma}=H^*-H \tag{49}$$

式中：H^* 为初始孔隙压力。

如果作用在土层上的外荷载随时变动，则 H^* 也应随之调整，即

$$H^* = H_0^* + \sum \Delta H^* \tag{50}$$

式中：H_0^* 为 $t=0$ 时的初始孔隙压力；$\sum \Delta H^*$ 为从 $t=0$ 到 $t=t$ 的间距内，随着外荷载的变动所改变的初始孔隙压力。

因此，当我们求得每一点上孔隙压力 H 随时间的变化过程 $H(t)$ 后，从式（49）可以确定相应的有效压力的变化过程 $\sigma(t)$，而 $\tau(t)=\sigma(t) \cdot \tan\phi + c$ 即代表该点相应的抗剪强度，式中 $\tan\phi$ 是土样固结后的抗剪强度。容易理解，随着时间 t 的增加，孔隙压力逐渐消散，有效压力逐渐增加。因此，土中的抗剪能力也是逐渐增长的。

其次考虑土的沉陷问题。设有一块土体微元，原来在初始压力 p_0 作用下，处于平衡状态中，相应的初始孔隙比为 ε_0。然后假定将有效压力增加一值 Δp_1，使土体所受压力达到 $p = p_0 + \Delta p_1$，此时土体将压缩，其孔隙率减为 ε_1（见图 23），压缩量 Δs_1 为

$$\Delta s_1 = \frac{a}{1+\varepsilon_0} \cdot \Delta p_1 \cdot \Delta h \tag{51}$$

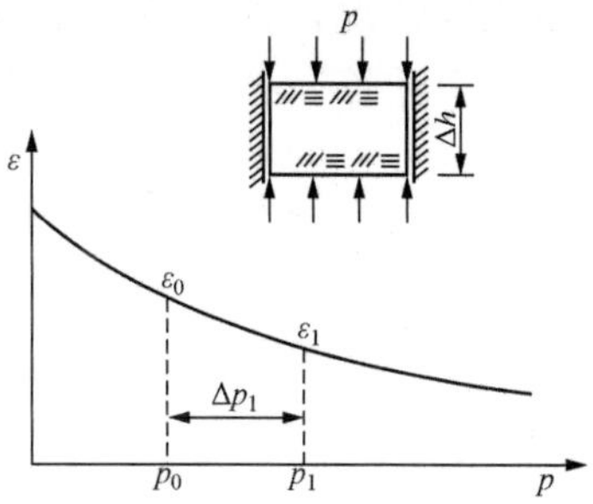

图 23

式中：a 为压缩系数，cm^2/kg，也就是压缩曲线 $(\varepsilon—p)$ 在该段范围的斜率，即

$$a = \frac{\varepsilon_0 - \varepsilon_1}{\Delta p_1}$$

因此，式（51）也可写为

$$\Delta s_1 = \frac{\varepsilon_0 - \varepsilon_1}{1+\varepsilon_0} \Delta h \tag{52}$$

如果以后土体所受有效压力陆续增加 Δp_2、Δp_3、…、Δp_n，则

$$\Delta s_2 = \frac{a_2}{1+\varepsilon_1} \Delta p_2 \Delta h = \frac{\varepsilon_1 - \varepsilon_2}{1+\varepsilon_1} \Delta h$$

$$\Delta s_3 = \frac{a_3}{1+\varepsilon_2} \Delta p_3 \Delta h = \frac{\varepsilon_2 - \varepsilon_3}{1+\varepsilon_2} \Delta h$$

$$\cdots$$

而该块的总压缩量为

$$\Delta s = \left(\sum_{n=1}^{n} \frac{a_n}{1+\varepsilon_{n-1}} \Delta p_n \right) \Delta h = \left(\sum_{n=1}^{n} \frac{\varepsilon_{n-1} - \varepsilon_n}{1+\varepsilon_{n-1}} \right) \Delta h \tag{53}$$

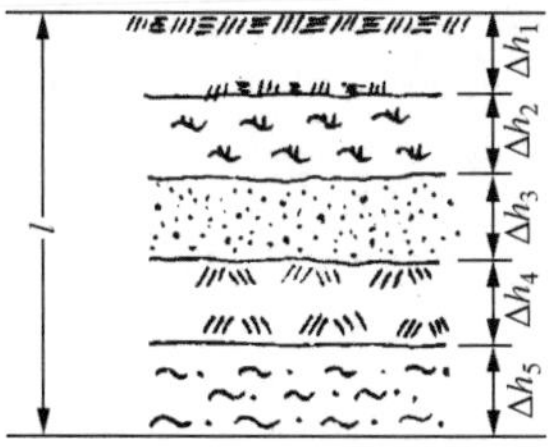

图 24

现在可以考虑整层土层的压密问题。我们将土层全高 l 根据土质的变化情况以及计算精度要求，划分为若干区段 Δh_1、Δh_2、…、Δh_m（见图 24）。对于每一种土质，通过试验，求出其压缩曲线，同时，通过分析计算求出各区段代表点（通常取其中点）处的有效压力变化（增长）过程，

这样就可分区段应用式（53）计算其压缩量，并叠加后求得总沉陷量，即

$$S=\sum_{i=1}^{i=m}\Delta s_i=\sum_{i=1}^{i=m}\left(\sum\frac{a_n}{1+\varepsilon_{n-1}}\Delta p_n\right)\Delta h_i=\sum_{i=1}^{i=m}\left(\sum_n\frac{\varepsilon_{n-1}-\varepsilon_n}{1+\varepsilon_{n-1}}\right)\Delta h_i \tag{54}$$

在进行上述计算时，还需注意土的应力状态问题。通常的压缩试验是在固结仪中进行的，在这种试验中，土样的侧向变形是不存在的。因此，如果实际土层在压缩过程中，侧向也是无变形或变形微小的（例如四周受约束的土层，全面积土受压，或土层范围及受荷面积大，而厚度较小等情况），可直接引用压缩试验成果，用式（54）计算而有其代表性。反之，如为大面积土层，四周无约束且为仅在表面局部受压的情况，则土体处于复杂的三向应力和三向应变状态。此时，进行合理的沉陷或变形计算，必须进一步研究土壤的变形—应力特性而成为一个很复杂的问题。如果仍用式（54）作近似的一维计算，则对公式中的压缩系数，不宜直接引用有限侧的压缩试验成果，而宜进行能适当模拟土体真实应力状态的试验来决定。如果只有普通压缩试验成果，而土体性质又接近线弹性体，则可根据弹性理论关系考察如何应用普通压缩试验成果来计算沉陷量。

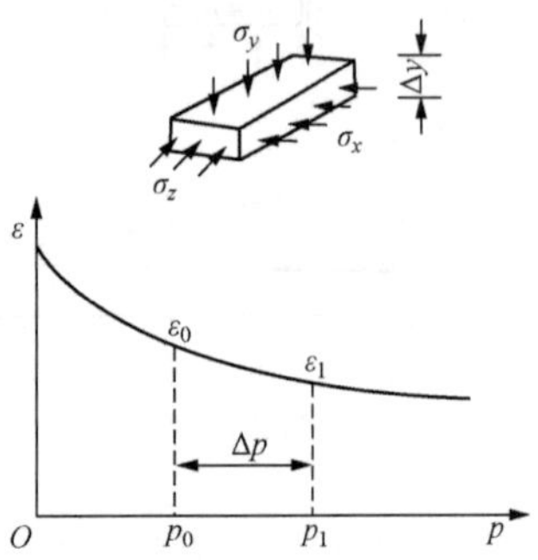

图 25

设有某一土体微元原来处于某一三向应力状态（σ_{x0}、σ_{y0}、σ_{z0}）时，其初始孔隙比为 ε_0（见图 25），以后三向主应力各增加了 $\Delta\sigma_x$、$\Delta\sigma_y$ 和 $\Delta\sigma_z$，则根据线弹性体理论，可得出沿 y 轴的压缩量，即

$$\Delta s=\left[\frac{1+\mu}{1-2\mu}\left(\frac{\Delta\sigma_y}{\Delta\sigma_x+\Delta\sigma_y+\Delta\sigma_z}-\frac{1}{3}\right)+\frac{1}{3}\right]\frac{\varepsilon_0-\varepsilon_1}{1+\varepsilon_0}\cdot\Delta y$$

$$=\frac{1}{1-2\mu}\left[(1+\mu)\frac{\Delta\sigma_y}{\Delta\sigma_x+\Delta\sigma_y+\Delta\sigma_z}-\mu\right]\frac{\varepsilon_0-\varepsilon_1}{1+\varepsilon_0}\cdot\Delta y$$

由此，即可分区计算，求出总沉陷量。在利用上式计算时，要注意以下几个问题：

（1）在计算中要用到土的泊松比 μ，这个值需通过试验确定，而且也随应力状态而变化。

（2）为了计算沿 y 方向（竖向）的沉陷，不仅要知道竖向的应力 σ_y，而且要知道另外两个应力 σ_x 及 σ_z，它们可用弹性理论估算。

（3）如果我们只有从单向压缩仪上得出的压缩曲线，那么在决定 ε_0 和 ε_1 或 a 值时，尚需作一假定。通常的做法是假定孔隙率 ε 取决于三向应力之和，因此，应该取 $p_0=\sigma_{x0}+\sigma_{y0}+\sigma_{z0}$，在压缩曲线上确定 ε_0，而取 $\Delta p=\Delta\sigma_x+\Delta\sigma_y+\Delta\sigma_z$ 确定 ε_1（见图 25）。

由于实际上许多土壤的性质与线弹性体相差较远，因此，根据以上方式求出的沉陷量与实际数值常常有一定差值。

6 复杂问题的有限单元分析

应用以上各节所介绍的方法和公式，大多数实际上遇到的固结计算问题都已可得解。但是，有时我们也可能遇到一些复杂情况，不能用上述简单方法处理，须用更为精确的理论和更有力的计算工具才能解决。

一种情况是，问题的边界条件十分复杂，例如像图 10 中所示情况，这里河滩由性质差异很大的材料组成，界面不规则，难以简化，因此也难以寻求数学解答。如用有限差分法计算，也很复杂，这还是指平面问题，如果考虑到空间作用，有限差分法就更难适用。

另外，如果这块黏土层所受的边界荷载不是无限范围的均布荷载，而是不均匀的，或有集中力的，或随时间变化很大的荷载，也将同样使计算难度增大。虽可用弹性理论中的布心内斯克公式作地基内应力的估算，但和实际情况有很大区别。

还必须指出的是，我们以前的分析，都以太沙基的固结理论为依据。太氏在土壤力学创立时期提出固结理论，作出了很大贡献。但这个理论是单向固结理论，不够严密。将它推广用到平面和空间问题上，有一定误差。为了较严密地分析固结问题，我们必须采用在理论上更完善的比奥理论。即，从材料的受力变形特性和渗透水的流动规律，根据体积相容条件，联合解算出土体内的变形（应力）和孔隙压力，这方面的研究近几年来有很大进展。

对于这些复杂问题，都要求我们采用更有力的分析方法（有限单元法）和计算工具（电子计算机）来解决它，在本文中，仅能以最简单的平面问题为例作些扼要介绍。但在掌握它的基本概念后，不难推广到空间问题和高级单元上去。

用有限单元法解算固结问题时，首先将计算区域划分为合适的单元，如图 26 中所示，计算域已按地质情况适当地划分为三角形单元。每个结点上的变位值 u、v 及孔隙压力 p 是我们求解的对象。求出结点上的这些值后，就可用插补公式确定单元内任意点的 u、v 及 p。

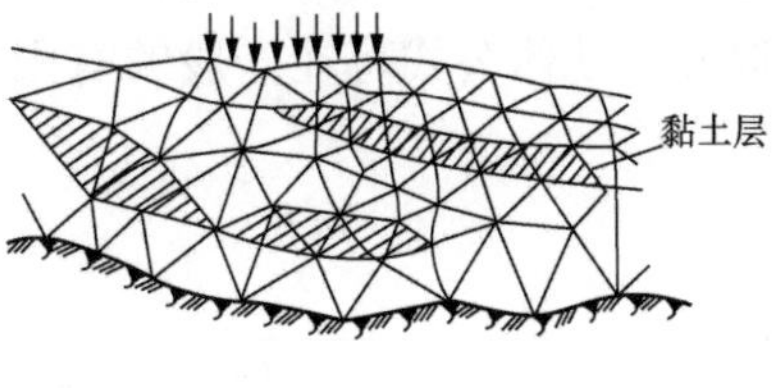

图 26

解算 u、v、p 的条件，仍然是平衡条件和体积协调（相容）条件。第一个条件是平衡条件，要求作用在计算域内任一隔离体上的力（包括边界力、体积力、内应力）呈平衡状态。渗流惯性力一般为值甚小，可以不计。这和普通静力学计算是一样的，只是目前的“应力”（应称为总应力）要分为两部分：一部分是作用在土体骨架上的有效应力 σ'，它产生土体的应力和变形，并且可以通过弹性理论公式，将它们以结点变位值 u、v 来表示；另一部分则是作用在土体孔隙中的（超静）水压力 p。总之，在考察平衡条件时，σ' 和 p 都应包括在内，而计算土体的应力和变位时，只考虑 σ' 的成分（所用的材料常数当然也应该用相应的排水试验值）。

第二个条件是体积协调要求。即在任何时段 ΔT 内，饱和土体受力而产生的体积压缩值一定等于同一时段内由于渗流而排出的水量。体积压缩值可从结点变位算出，渗流水量则根据达西定律由孔隙压力的分布求出。因此，根据这个条件可以建立 u、v、p 之间的另一组方程。

这样，解算固结问题的概念将是：

（1）平衡条件：→由此建立平衡方程（方程中包括应力 σ' 和孔隙压力 p）→通过弹性理论公式将 σ' 以结点变位 u、v 表示→得到 u、v、p 之间的一组方程。

（2）相容条件：→由此建立相容方程（方程中包括体积应变和渗流水量）→通过弹性理论公式将体积应变以结点变位表示→通过达西定律将渗流水量以孔隙压力表示→得到 u、v、p 之间的又一组方程。

再按给定的边界条件和初始条件，解上述两组方程，即得 u、v、p 的变化过程。

具体讲，如图 27 所示，取出一个单元 ijm 考虑。设在某一时刻（$t=0$）结点 i、j、m 上的变位为 u_i、v_i，u_j、v_j，u_m、v_m；结点上的孔隙压力为 p_i、p_j、p_m。这些变位和孔隙压力是满足当时的平衡条件和相容条件的。在经过一定时段 ΔT 后，由于内应力作用，土体体积不断发生变化，孔隙水在压力作用下渗流，结点上的变位和孔隙压力都发生了变动，令其增量各为 Δu_i、Δv_i、…、Δp_i、Δp_j、Δp_m。我们来研究如何确定这些增量。

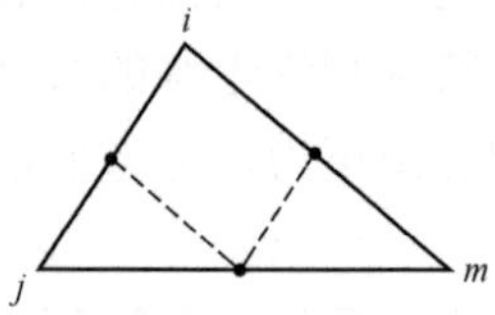

图 27

（1）平衡条件。

在 ΔT 时段内，结点变位发生了上述变化，则相应的土体内的有效应力也就发生变化。首先，这些变化，按虚功原理可换化为等效的结点力 ΔF_{xi}、ΔF_{yi}、ΔF_{xj}、ΔF_{yj}、ΔF_{xm}、ΔF_{ym}。它们和变位增量之间的关系，可用熟知的单元刚度矩阵来表示

$$[\Delta F_{xi} \quad \Delta F_{yi} \quad \Delta F_{xj} \quad \Delta F_{yj} \quad \Delta F_{xm} \quad \Delta F_{ym}]^{\mathrm{T}} = [k][\Delta u_i \quad \Delta v_i \quad \Delta u_j \quad \Delta v_j \quad \Delta u_m \quad \Delta v_m]^{\mathrm{T}} \tag{55}$$

对于三结点的三角形单元，［k］为 6 阶方阵，其元素完全取决于单元几何形状和材料常数，具体公式可在一般的有限单元书本中找到

$$[k] = \frac{(1-\nu)E}{4(1-\nu^2)(1-2\nu)}\begin{bmatrix} k_{11} & k_{12} & k_{13} & k_{14} & k_{15} & k_{16} \\ & k_{22} & k_{23} & k_{24} & k_{25} & k_{26} \\ & & k_{33} & k_{34} & k_{35} & k_{36} \\ \text{对} & & & k_{44} & k_{45} & k_{46} \\ & \text{称} & & & k_{55} & k_{56} \\ & & & & & k_{66} \end{bmatrix} \tag{56}$$

$$k_{11} = b_i + \frac{1-2\nu}{2(1-\nu)}c_i^2 \quad k_{12} = \frac{b_i c_i}{2(1-\nu)} \quad k_{13} = b_i b_j + \frac{1-2\nu}{2(1-\nu)}c_i c_j$$

$$k_{14} = \frac{\nu}{1-\nu}b_i c_j + \frac{1-2\nu}{2(1-\nu)}b_j c_i \qquad k_{15} = b_m b_i + \frac{1-2\nu}{2(1-\nu)}c_m c_i$$

$$k_{16} = \frac{\nu}{1-\nu}b_i b_m + \frac{1-2\nu}{2(1-\nu)}c_i c_m \qquad k_{22} = \frac{1-2\nu}{2(1-\nu)}b_i^2 + c_i^2$$

$$k_{23}=\frac{\nu}{1-\nu}b_jc_i+\frac{1-2\nu}{2(1-\nu)}b_ic_j \qquad k_{24}=\frac{1-2\nu}{2(1-\nu)}b_ib_j+c_ic_j$$

$$k_{25}=\frac{\nu}{1-\nu}b_mc_i+\frac{1-2\nu}{2(1-\nu)}b_ic_m \qquad k_{26}=\frac{1-2\nu}{2(1-\nu)}b_mb_i+c_ic_m$$

$$k_{33}=b_j^2+\frac{1-2\nu}{2(1-\nu)}c_j^2 \qquad k_{34}=\frac{1}{2(1-\nu)}b_jc_j$$

$$k_{35}=b_jb_m+\frac{1-2\nu}{2(1-\nu)}c_jc_m \qquad k_{36}=\frac{\nu}{1-\nu}b_jc_m+\frac{1-2\nu}{2(1-\nu)}b_mc_j$$

$$k_{44}=\frac{1-2\nu}{2(1-\nu)}b_j^2+c_j^2 \qquad k_{45}=\frac{\nu}{1-\nu}b_mc_j+\frac{1-2\nu}{2(1-\nu)}b_jc_m$$

$$k_{46}=\frac{1-2\nu}{2(1-\nu)}b_jb_m+c_jc_m \qquad k_{55}=b_m^2+\frac{1-2\nu}{2(1-\nu)}c_m^2$$

$$k_{56}=\frac{1}{2(1-\nu)}b_mc_m \qquad k_{66}=\frac{1-2\nu}{2(1-\nu)}b_m^2+c_m^2$$

$$\begin{aligned}&b_i=y_j-y_m \qquad b_j=y_m-y_i \qquad b_m=y_i-y_j\\&c_i=x_m-x_j \qquad c_j=x_i-x_m \qquad c_m=x_j-x_i\end{aligned} \tag{57}$$

其次，结点上孔隙压力的变动（Δp_i、Δp_j、Δp_m）也可换化为等效结点力

$$[\Delta F_{xi} \quad \Delta F_{yi} \quad \Delta F_{xj} \quad \Delta F_{yj} \quad \Delta F_{xm} \quad \Delta F_{ym}]^{\mathrm{T}}=[k'][\Delta p_i \quad \Delta p_j \quad \Delta p_m]^{\mathrm{T}} \tag{58}$$

其中$[k']$是 6×3 矩阵，它表示结点孔隙压力所产生的相应等效结点力，不难导得

$$[k']=-\frac{1}{6}\begin{bmatrix}b_i & b_i & b_i\\ c_i & c_i & c_i\\ b_j & b_j & b_j\\ c_j & c_j & c_j\\ b_m & b_m & b_m\\ c_m & c_m & c_m\end{bmatrix} \tag{59}$$

最后，如果在ΔT时段内，外载也有所变化，相应的结点力增量为Δp_{xi}、Δp_{yi}、…、Δp_{ym}，则由平衡条件可写下

$$\begin{aligned}&[k][\Delta u_i \quad \Delta v_i \quad \Delta u_j \quad \Delta v_j \quad \Delta u_m \quad \Delta v_m]^{\mathrm{T}}+[k'][\Delta p_i \quad \Delta p_j \quad \Delta p_m]^{\mathrm{T}}\\&=[\Delta p_{xi} \quad \Delta p_{yi} \quad \Delta p_{xj} \quad \Delta p_{yj} \quad \Delta p_{xm} \quad \Delta p_{ym}]^{\mathrm{T}}\end{aligned} \tag{60}$$

（2）相容条件。

当结点的变位有变动时，单元的体积就要变化。首先，将单元划为三区，每个结点附近为一区。将每个结点区的体积变化（压缩量）记为ΔV_i、ΔV_j、ΔV_m，则可写下

$$[\Delta V_i \quad \Delta V_j \quad \Delta V_m]^{\mathrm{T}}=[h'][\Delta u_i \quad \Delta v_i \quad \Delta u_j \quad \Delta v_j \quad \Delta u_m \quad \Delta v_m]^{\mathrm{T}} \tag{61}$$

其中，$[h']$代表单位结点位移产生的结点区体积压缩量。

$$[h'] = -\frac{1}{6}\begin{bmatrix} b_i & c_i & b_j & c_j & b_m & c_m \\ b_i & c_i & b_j & c_j & b_m & c_m \\ b_i & c_i & b_j & c_j & b_m & c_m \end{bmatrix} \tag{62}$$

其次，当结点上存在孔隙压力 p_i、p_j、p_m 时，要产生渗流。经过时段 ΔT 后，在各结点区内排出的水量为

$$[\Delta Q_i \quad \Delta Q_j \quad \Delta Q_m]^{\mathrm{T}} = [h][p_i \quad p_j \quad p_m]^{\mathrm{T}} \tag{63}$$

矩阵 $[h]$ 代表单位结点孔隙压力产生的各结点区的排水量，由达西定律可以求得为

$$[h] = \frac{-\Delta T}{4A}\begin{bmatrix} k_x b_i^2 + k_y c_i^2 & k_x b_i b_j + k_y c_i c_j & k_x b_i b_m + k_y c_i c_m \\ \text{对} & k_x b_j^2 + k_y c_j^2 & k_x b_j b_m + k_y c_j c_m \\ & \text{称} & k_x b_m^2 + k_y c_m^2 \end{bmatrix} \tag{64}$$

式中：k_x、k_y 为沿 x、y 向的渗透系数。

再者，在时段 ΔT 内，孔隙压力的增量 Δp_i、Δp_j、Δp_m 也要产生渗流，假定这些增量在 ΔT 内是均匀变化的，其时段平均值为 $\frac{\Delta p_i}{2}$、$\frac{\Delta p_j}{2}$、$\frac{\Delta p_m}{2}$，则它们产生的通过结点区的排水量为

$$\begin{bmatrix} \Delta Q_i \\ \Delta Q_j \\ \Delta Q_m \end{bmatrix} = \frac{1}{2}[h]\begin{bmatrix} \Delta p_i \\ \Delta p_j \\ \Delta p_m \end{bmatrix} \tag{65}$$

最后，从体积协调条件，即在时段 ΔT 内单元体积的压缩量应等于排出的水量，可得

$$[h'][\Delta u_i \quad \Delta v_i \quad \Delta u_j \quad \Delta v_j \quad \Delta u_m \quad \Delta v_m]^{\mathrm{T}} + \frac{1}{2}[h][\Delta p_i \quad \Delta p_j \quad \Delta p_m]^{\mathrm{T}} + [h][p_i \quad p_j \quad p_m]^{\mathrm{T}} = 0 \tag{66}$$

如果在时段 ΔT 内，尚有其他水量从外界流入或从内部向外逸出，则式（66）右端不为 0 而为给定的常量。

结合平衡和协调条件，可以写下

$$\begin{aligned} &[k][\Delta u_i \quad \Delta v_i \quad \Delta u_j \quad \Delta v_j \quad \Delta u_m \quad \Delta v_m]^{\mathrm{T}} + [k'][\Delta p_i \quad \Delta p_j \quad \Delta p_m]^{\mathrm{T}} \\ &= [\Delta p_{xi} \quad \Delta p_{yi} \quad \Delta p_{xj} \quad \Delta p_{yj} \quad \Delta p_{xm} \quad \Delta p_{ym}]^{\mathrm{T}} \\ &[h'][\Delta u_i \quad \Delta v_i \quad \Delta u_j \quad \Delta v_j \quad \Delta u_m \quad \Delta v_m]^{\mathrm{T}} + \frac{[h]}{2}[\Delta p_i \quad \Delta p_j \quad \Delta p_m]^{\mathrm{T}} \\ &= -[h][\Delta p_i \quad \Delta p_j \quad \Delta p_m]^{\mathrm{T}} \end{aligned} \tag{67}$$

这两组方程共有 9 个未知元，对每一单元都可写下以上两组方程。我们可以把未知量重新排列一下，即按 Δu_i、Δv_i、Δp_i、Δu_j、Δv_j、Δp_j、Δu_m、Δv_m、Δp_m 的顺序排列，而把两者合并为一，写成

$$
\begin{bmatrix} [g]_{ii} & [g]_{ij} & [g]_{im} \\ [g]_{ji} & [g]_{jj} & [g]_{jm} \\ [g]_{mi} & [g]_{mj} & [g]_{mm} \end{bmatrix}
\begin{Bmatrix} \begin{bmatrix} \Delta u_i \\ \Delta v_i \\ \Delta p_i \end{bmatrix} \\ \begin{bmatrix} \Delta u_j \\ \Delta v_j \\ \Delta p_j \end{bmatrix} \\ \begin{bmatrix} \Delta u_m \\ \Delta v_m \\ \Delta p_m \end{bmatrix} \end{Bmatrix}
=
\begin{Bmatrix} \begin{bmatrix} \Delta p_{xi} \\ \Delta p_{yi} \\ -H_i \end{bmatrix} \\ \begin{bmatrix} \Delta p_{xj} \\ \Delta p_{yj} \\ -H_j \end{bmatrix} \\ \begin{bmatrix} \Delta p_{xm} \\ \Delta p_{ym} \\ -H_m \end{bmatrix} \end{Bmatrix}
\tag{68}
$$

式中：$[g]_{ii}$ 等为系数矩阵中的子阵，其一般公式为

$$
[g]_{ns} = \begin{bmatrix} \frac{1}{4\varDelta}(E_1 b_n b_s + E_3 c_n c_s) & \frac{1}{4\varDelta}(E_2 b_n c_s + E_3 c_n b_s) & \frac{-b_n}{6} \\ \frac{1}{4\varDelta}(E_2 c_n b_s + E_3 b_n c_s) & \frac{1}{4\varDelta}(E_1 c_n c_s + E_3 b_n b_s) & \frac{-c_n}{6} \\ \frac{-b_s}{6} & \frac{-c_s}{6} & \frac{-\Delta t}{8\varDelta}(k_x b_n b_s + k_y c_n c_s) \end{bmatrix}
\tag{69}
$$

又

$$
H_r = -\frac{\Delta T}{4\varDelta}\sum_{s=i、j、m}(k_x b_r b_s + k_y c_r c_s)p_s \tag{70}
$$

式（69）中的 $E_1 = 1$， $E_2 = \dfrac{\nu}{1-\nu}$， $E_3 = \dfrac{1-2\nu}{2(1-\nu)}$ 。

考虑整个区域，这一区域被划分为 M 个单元，每个单元都有上述的一个方程，把它们统统叠加起来，可以得到一个矩阵方程

$$
[S]\{x\} = \{B\} \tag{71}
$$

式中：[S] 为总系数矩阵（$3n\times3n$ 阶）；$\{x\}$为未知元列阵（$3n\times1$）；$\{B\}$为已知项列阵（$3n\times1$）。

要建立式（71），首先把所有结点按序编号（从 1 到 n），每个结点上有 3 个未知值 Δu 、Δv 、Δp 。$\{x\}$ 就按 Δu_1 、Δv_1 、Δp_1 ，Δu_2 、Δv_2 、Δp_2 ，…，Δu_n 、Δv_n 、Δp_n 排列。常项$\{B\}$也按此顺序排列：ΔF_{x1} 、ΔF_{y1} 、$-H_1$ ，…，ΔF_{xn} 、ΔF_{yn} 、$-H_n$ 。至于总系数矩阵 [S] 为 $3n\times3n$ 阶方阵，它由各单元的刚度矩阵 [G] 叠加而成。叠加方式如下：图 28 中为 $3n\times3n$ 的总矩阵，设某单元的结点编号为 ijm；在总矩阵中，纵横边界上可以找到对应的 i、j、m 三个位置，交织而得到 9 个位置：ii、ij、im，ji、jj、jm，mi、mj、mm。其次将单元 ijm 的刚度矩阵的各子阵 [g]$_{ii}$… [g]$_{mm}$ 填到相应位置中去，其他各单元仿此一一填入，位于同一格中的值进行叠加。等全部单

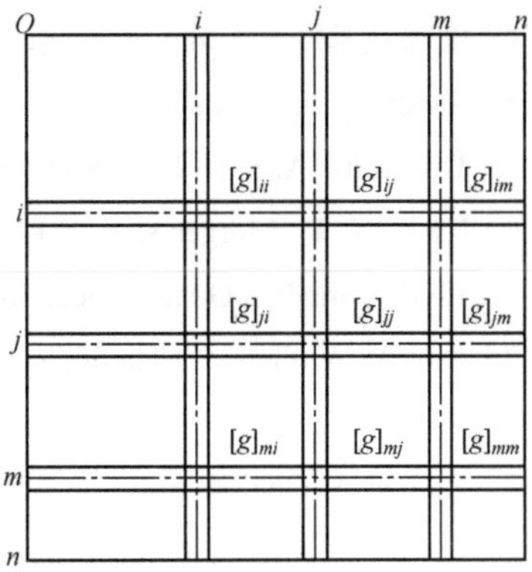

图 28

元填入后，就得到总系数矩阵［S］。边界结点则按边界条件处理。

最后解算式（71），即可得在ΔT时段中所有结点上的增量Δu、Δv、Δp，将它们叠加在时段初始时的u、v、p值上，得到时段末之值，移作下一时段的初始值，再次进行（常项$\{B\}$应表示新时段内的相应值）。这样就可从起始状态出发，一步步地算出结点变位（从而求出单元有效应力）和孔隙压力的变化全过程。

上面的介绍，是以平面问题、三结点三角形单元（按此，在单元内位移及孔隙压力为线性变化，应力为均布）、时段ΔT内变量均匀变化的情况为准的。这是最简单的情况，但我们在了解本法的基本意义后，就可以将分析原理推广到空间问题、高精度单元和更合理的时段插补规律上去，当然相应的数学式要复杂得多。

和平面弹性问题不同，总系数矩阵［S］虽然是对称的，但不一定是正定的，而且矩阵各元素的数值往往有极大（数量级）的相差，这给方程组的解算带来困难，而需采用各种计算技巧和进行数学处理来解决。

对于非饱和土体，体积协调方程要复杂得多，因为在孔隙内的空气可以被排出，压缩或溶入液体内，使排水量不等于体积压缩量。这种问题尚在研究阶段。

在上面的推导中，假定土体是线弹性体，所以刚度矩阵中用到两个弹性常数E及ν，它们应通过相应的试验来测定。如果土的性质确实接近线弹性体，则它们和常规压缩试验中求得的压缩系数a的关系是容易找到的。实际上，土体远非弹性体，采用有限单元法可以为在固结计算中考虑土体的非弹性性质以及破坏特性创造条件。因为这只要对刚度矩阵［k］进行相应改造即可，而要在理论分析中考虑这种复杂因素几乎是不可能的。

读者如要对本问题进行更深入的了解，可以参阅有关的国内外文献。

参考文献

［1］太沙基 K．理论土力学．徐志英，译．北京：地质出版社，1960．

［2］弗洛林 B A．土力学原理：第二卷．徐志英，译．北京：中国建筑工业出版社，1973．

［3］南京水利科学研究所．水利水运科技情报．1974，1-3．

［4］筑坝技术经验汇编：第一集．北京：水利电力出版社，1976．

［5］Sandhu R S，Wilson E L. Finite Element Analysis of Seepage in Elastic Media. Journal of E. M. Division，A. S. C. E.，1969，95（EM.3）.

［6］Hwang C T，Morgen stern N R，Murray D W. On Solutions of Plane Strain Consolidation Problems by FEM. Canadian Geotechnical Journal，1971，8.

［7］Biot M A. General Theory of Three-Dimensional Consolidation. Journal of Applied Physics，1941，12.

［8］Biot M A. General Solution of the Equations of Elasticity and Consolidation for a Porous Materials. Journal of Applied Mechanics Proc.，A. S. M. E.，1956.

［9］水利电力部第五工程局，水利电力部东北勘测设计院．土坝设计．北京：水利电力出版社，1978．

土石坝应力分析和变形分析的发展

1 概　　述

人类利用土、石材料修建堤防、分水堰、拦河坝等水利工程的历史已经很久了。但由于这些建筑材料的性能十分复杂，对建筑物进行合理正确的分析一直没有得到解决。即使到20世纪四五十年代，尽管世界各国已修建了不少较高的土石坝，但主要仍是依靠经验来指导设计和施工。对坝体的稳定、孔隙压力的变化等，则采用一些近似理论和方法进行分析控制。至于对土石坝的应力和变形计算，基本上停留在估计阶段。其后，虽然也有人推导过各种计算土石坝应力的公式，但多属于弹性楔体理论的范畴，这些公式的应用范围和可靠性是很有限的。1952年，英国毕晓普曾用有限差分法按弹性理论分析土坝应力，这比过去是一大进步，但土石坝并非弹性体，而且计算工作之繁重也使人望而却步。

20世纪60年代以来，由于土壤力学和岩石力学的不断发展，有限单元法的出现和电子计算机的应用，这方面才有所突破。但是，尽管有了有限单元法这样有力的工具，土石坝的分析问题还不能说已完全解决，这主要由于以下两个因素：①构成土石坝的材料（特别是黏土）的特性，到目前为止尚未为我们彻底掌握；②要在计算中反映材料的所有特性，将使单元特性过分复杂，不便实用。因此，我们对土石坝性能的掌握，多少也比对其他建筑物要差些。例如，我们在设计中还不能精确地计算土石坝内应力和变形的分布及变化过程，也难以定性、定量地预测土石坝中开裂情况和裂缝发展或愈合过程。

由于土石坝所应用的材料是丰富的当地材料，从而可大量节约三材及投资，今后必将大量修建，进一步研究它的分析理论是有现实意义的。本文拟对这个问题作一回顾和讨论，以供参考。

2 20世纪60年代以前的分析方法回顾

从20世纪30年代开始，就有许多人在寻求分析土石坝应力的理论方法，限于当时的认识水平和计算条件，这些方法当然都是很近似甚至是很粗糙的。从力学观点上看，这些方法大致可分为以下几类。

2.1 弹性理论法

将坝体视作无限深的弹性楔体，应用弹性理论推求其在自重或其他边界荷载下的应力分布。著名的列维公式即为一例。按照列维公式，一个三角形断面的均质土坝，在其自重作用下坝内应力将呈线性分布［见图1（a)］。对于非均质的坝，可以采用以下几种方式处理：

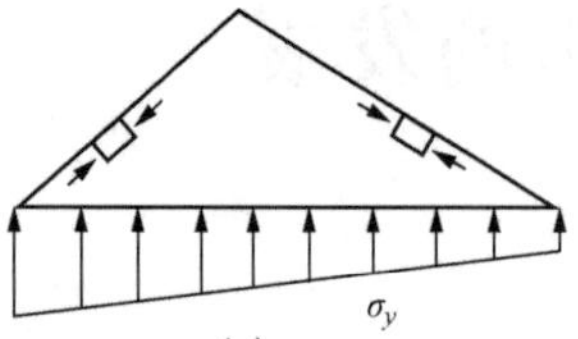

（a）

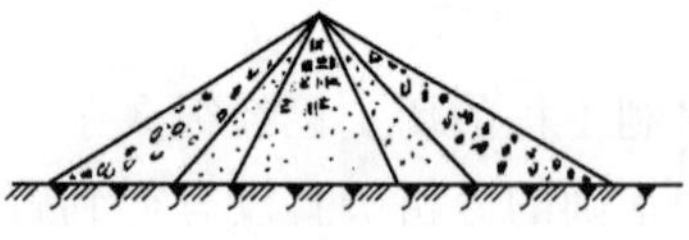
（b）

图 1

（1）如果坝体可视为由几个楔体贴合而成，这些楔体具有共同的顶点［见图 1（b）］，则可令每一楔体内的应力均为线性分布，然后由上下游边界条件以及相邻楔体接触面条件确定所有楔体内的应力分布。

（2）采用变分法求解，即假定一组应力分布状态，其中含有若干个待定常数。这组应力状态能满足平衡条件和边界条件，但并不满足相容条件，然后应用最小应变能原理，建立条件方程，求得各待定常数，在最后这个步骤中可以考虑坝体的不均质影响。例如马尔库斯（H. Marcus）的方法即是。

（3）采用差分法求解。例如前面提到过的毕晓普的解法。

弹性理论解答的缺点，不仅在于土石料并非线弹体，更由于在解答中未考虑土石料的破坏条件，从而求出的应力状态常常是不能存在的。例如，在图 1（a）中的情况，沿土石坝上下坡面，材料都处于单轴受压的状态，对于无凝聚力或凝聚力很小的材料来讲，这是不可能的。

2.2　极限平衡法

众所熟知，对于两维应力问题，我们需求解三个独立的应力分量，即 σ_x、σ_y 及 τ_{xy} 或 σ_r、σ_θ 及 $\tau_{r\theta}$。从平衡条件可以建立两个方程，在弹性理论中是以相容条件作为第三个方程来求解的，而在极限平衡理论中，则以在每一点上都达到极限平衡的条件作为第三个方程

$$(\sigma_r-\sigma_\theta)^2+4\tau_{r\theta}^2=\sin^2\phi(\sigma_r+\sigma_\theta)^2$$

或

$$(\sigma_x-\sigma_y)^2+4\tau_{xy}^2=\sin^2\phi(\sigma_x+\sigma_y)^2 \tag{1}$$

式中：ϕ 为内摩擦角，由此可以设法解出应力分布。

索科洛夫斯基（B. B. Соколовский）在这方面做了很多工作。这个方法的缺点，一是计算十分复杂（即使对于很简单的情况，也不能得到形式解，只能用数值法求解）；二是它所给出的成果是一种虚拟的状态，即坝体内每一点都达到极限平衡状态，这显然不是土石坝的实际工作状态。另外，也不能求出变形。笔者认为：如果说应用此法推求挡土墙的土压力或地基的承载能力还不失为一种途径的话，则应用此法推求土石坝的应力分布是不可取的。

纳戴（A. Nadai）和安佐（Z. Anzo）的方法也是建立在极限平衡理论上的，只是他们采取较为近似的处理方法，以简化计算工作。

由于弹性理论和极限平衡理论存在上述缺点，格洛弗（R. E. Glover）和康威尔（F. E. Cornwell）提出了一个想法，即将坝基（包括地基）分为弹性区和塑性区两部分（见图 2），分别按弹性理论及极限平衡理论确定两种区域内的应力，并令接触面上的应力满足应力连续条件（由此确定接触面位置）。这种把坝体分为弹塑性两种区域分别

处理的想法，是前进了一步。但两种区域按直线划分是人为的，并不符合实际，也不易推广应用到复杂的非均质坝的情况中去。

图 2

2.3 假定应力分布规律法

由于采用弹性理论和极限平衡理论分析坝体应力都存在很多缺点和困难，不少作者就放弃严格的理论解，企图通过假定某些应力分布的规律以寻求一个简单而大体符合实际的解法。比较著名的有勃拉兹（J. H. A. Brahtz）和奥德（J. Ohde）的方法。

勃拉兹选用了一组应力分布，它们满足平衡条件，在坝的上下游坡上应力为 0（见图 3）。另外，在 y 轴上，水平应力与垂直应力之比为某定值 K。

奥德假定一个对称的三角楔在自重下其各点应力可以用正弦函数表示，即

$$\sigma_y = a\sin\left(\frac{\pi x}{2l}\right) + b\sin\left(\frac{3\pi x}{2l}\right)$$

$$\sigma_x = c\sin\left(\frac{\pi x}{2l}\right) + d\sin\left(\frac{3\pi x}{2l}\right)$$

$$\tau_{xy} = e\sin\left(\frac{\pi x}{l}\right) + f\sin\left(\frac{3\pi x}{2l}\right)$$

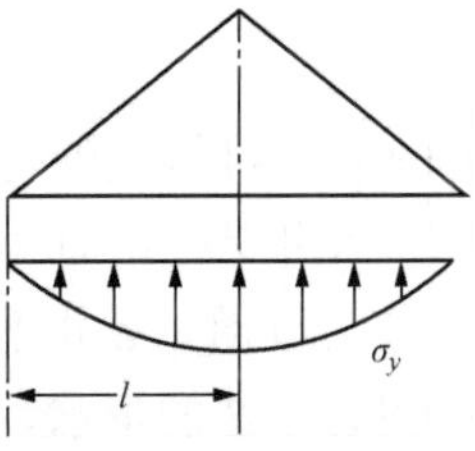

图 3

这组应力在边界上为 0。其中 6 个常数 $a\sim f$ 则根据平衡要求并假设在中轴线上 $\dfrac{\sigma_x}{\sigma_y} = \lambda$ 来确定。可见本法与勃拉兹法在本质上无所区别，仅是采用不同的假定的应力表达式。

这类方法计算很简单，但所采用的应力表达式以及对 $\dfrac{\sigma_x}{\sigma_y} =$ 常数的假定是任意的，这在多大程度上代表实际情况是令人怀疑的。另外，它们也只适用于最简单的均质楔形坝体断面上。

综上所述，在 20 世纪 60 年代前所发展的各类算法，都存在很大缺点，没有顾及坝体材料的应力—变形特征，破坏条件以及土壤的固结问题、蠕变问题等重要因素。当时有些国外学者，一方面正确地认识到土石坝的合理分析必须考虑荷载历史、土壤固结等因素对土体变形的影响，其解答应该是时间的函数，另一方面悲观地认为寻求这样的解答是无希望的。

3 砂砾料的力学特性

根据上节的讨论，以往各种计算方法之所以不能反映实际情况，主要在于计算中未考虑坝体材料在受力后的实际变形性能。所以要正确分析土石坝必须从研究材料的特性着手。

图 4 表示一个典型的土石坝断面。通常，土石坝总是由图 4 中所示的几类材料组

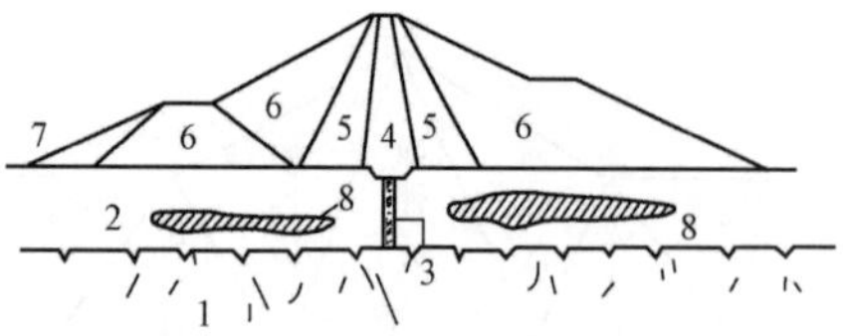

图 4

1—基岩；2—天然沉积的砂砾石层；3—混凝土防渗墙；4—黏土心墙；5—由砂砾石组成的反滤层；6—堆石或砂砾石组成的坝壳；7—上游围堰的临时防渗墙（黏土、混凝土或沥青混凝土）；8—黏土层

成的。这些材料的主要特性以及可用什么计算模型来近似代表，乃是我们首先要解决的问题。为此，我们先讨论几种理想材料的性质。

（1）弹性体、线弹性体。材料在承受应力σ后将产生相应的应变ε，改变σ值可以绘出材料的$\sigma—\varepsilon$曲线（见图 5）。如果某一材料，当σ逐渐增大时，ε也相应单调地增大，而σ逐渐减小时，ε也循着原来路线退回，就称为弹性体，弹性体的σ与ε互为单值函数。弹性体的$\sigma—\varepsilon$线一般来讲应该是曲线，并常可化为一组折线代替（实际上，很少存在非线性的弹性体，当$\sigma—\varepsilon$呈曲线形状时，多半为弹塑性体，但我们常以非线性弹性体来近似模拟弹塑性体，下详）。

弹性体内各点的性质相同时，称为均质弹性体。弹性体内各点沿不同方向其性质不变时，称为各向同性弹性体。弹性体的$\sigma—\varepsilon$关系线为直线时，称为线弹性体。最理想化的材料就是均质、各向同性的线弹性体，在古典的弹性理论中主要就研究这类理想材料。

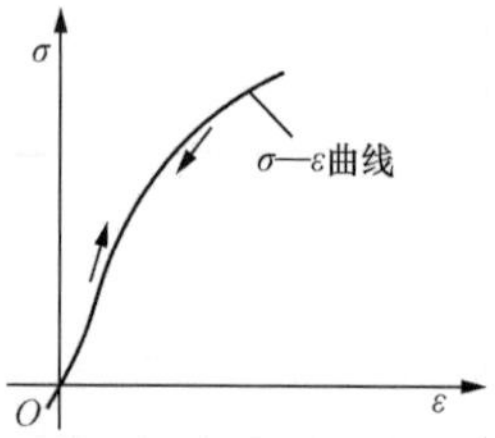

图 5

（2）弹塑性体。如果某种材料在承受较低应力时其性能成弹性，但当应力σ超过一定值（屈服限）后就发生不能回复的塑性变形，这种物体称为弹塑性体，如图 6 所示，在 *OA* 段范围内，材料呈弹性反应，当σ超过σ_s后进入塑性性态，材料发生很大的塑变 *AB*，这时如再退荷，就不沿原来途径回复而取另一途径 *CD*。当σ降为 0 时，ε并不退为 0，而有永久变形 *OD* 存在。根据塑性段 *AB* 的形状，又可分为三类：

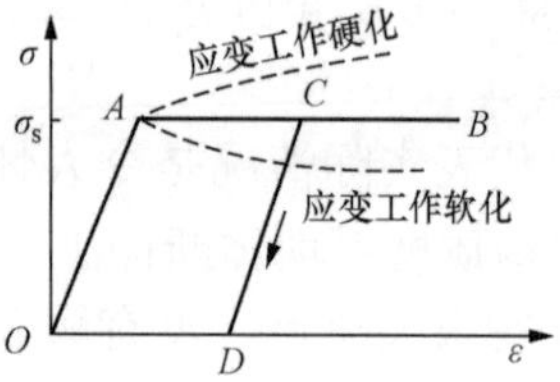

图 6

1）完全塑性，*AB* 为一条水平线；

2）应变工作硬化，*AB* 线向上倾；

3）应变工作软化，*AB* 线向下降。

如果弹塑性体的 *OA* 段为直线而 *AB* 段为水平线，则称为理想弹塑性体。有的材料不存在纯弹性段 *OA*，而是一加荷即同时出现弹性和塑性变形，此时也就无初始屈服限。

（3）黏弹性体。以上所论都假定材料受荷后其应变的产生是瞬时的，而且以后也不再变动。有一些材料在受荷后，除产生瞬时应变（弹性应变）外，随着时间的增长还有徐变（蠕变）产生，如图 7 所示。多数材料徐变的发展是有一定限度的，有徐变性能的弹塑性材料的$\sigma—\varepsilon$关系，可以用一组曲线表示，其中 $t=0$ 的一条即代表瞬时反应，如果徐变应变及徐变应变率和应力之间存在线性关系，这种材料可称为黏弹性体。

现在可以研究土石坝的各种材料性能近似属于哪一类型的问题。对于基岩，它是一种连续体，或是存在某些软弱层的准连续体。与坝体相比，它的刚度很大，所以在绝大多数情况下分析土石坝时可将基岩视为刚体处理，即坝基面可作为不变形的边界，仅在稀见情况下（坝体很高、基岩十分软弱或有严重缺陷）才需考虑基岩的变形影响，此时可将基岩视为各向同性或异性的弹性体。对于巨大的地质构造可用特殊单元模拟、基岩中出现较大拉应力时可用“无拉应力法”将拉应力转移。这些与混凝土坝分析相同，在现代有限单元分析中是容易实现的。除基岩外坝体结构中的混凝土部分也可作为各向同性弹性体处理。因此，主要的问题是研究砂砾石和黏土这两类材料的特性。本节中先讨论砂砾石。

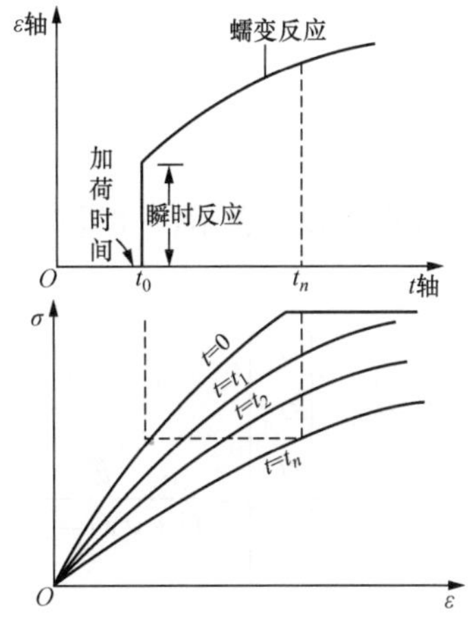

图 7

砂砾料（以及堆石料）包括人工填筑的坝壳、反滤层以及河床中的天然覆盖层。一方面，它们是不连续体，由不同粒径和形状的砂、砾石、卵石或块石组成，与基岩或混凝土有本质区别。另一方面，它们所含空隙较大，对渗透水流的阻力较小，因此基本上不存在超静孔隙水压力。另外，它们也不存在明显的徐变现象，所以可不考虑孔隙压力消散与徐变问题。

要将砂砾料作为不连续的颗粒体处理，困难很多，目前尚未发展出这方面成熟的处理法，一般仍是仿照连续体处理，只是尽量设法反映出砂砾料的主要特性，因此我们常把砂砾料作为非线性弹性体或弹塑性体处理。

3.1 砂砾料 σ — ε 关系的非线性反映

3.1.1 计算模型选择

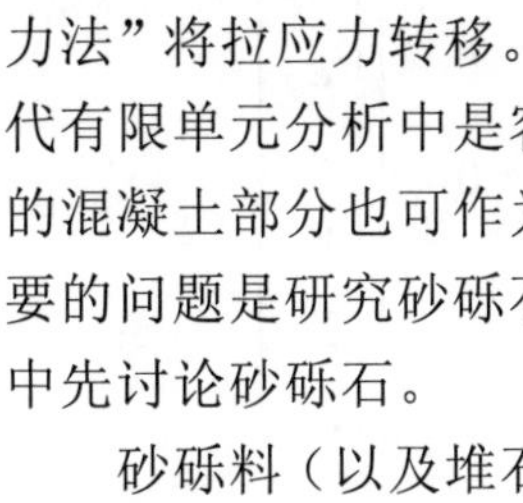

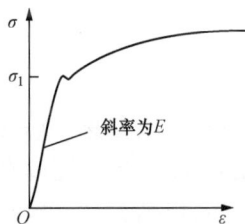

图 8

为了研究砂砾料的 σ—ε 关系，我们先回忆一下连续体（例如钢材）的情况，对于后者，我们通常制作一个单向试件，进行拉伸试验，求出其 σ—ε 关系线（见图 8）。这条曲线在一定的应力范围内基本上为直线，比例常数为其弹模 E。同时，测定轴向应变与侧向应变可以得到另一个常数 ν（泊松比）。当这个连续体承受复杂的应力状态作用时，只要在弹性范围以内，我们是采用下述广义虎克定律来表达其 σ—ε 关系的，即

$$\varepsilon_x = \frac{\sigma_x}{E} - \nu\left(\frac{\sigma_y}{E} + \frac{\sigma_z}{E}\right)$$

$$\varepsilon_y = \frac{\sigma_y}{E} - \nu\left(\frac{\sigma_x}{E} + \frac{\sigma_z}{E}\right)$$

$$\varepsilon_z = \frac{\sigma_z}{E} - \nu\left(\frac{\sigma_x}{E} + \frac{\sigma_y}{E}\right) \quad (2)$$

$$\gamma_{xy} = \frac{\tau_{xy}}{G}$$

$$\gamma_{yz}=\frac{\tau_{yz}}{G}$$

$$\gamma_{xz}=\frac{\tau_{xz}}{G}\qquad\left[G=\frac{E}{2(1+\nu)}\right]$$

或者将σ以ε表示，并写成矩阵形式，为

$$\begin{Bmatrix}\sigma_x\\\sigma_y\\\sigma_z\\\tau_{xy}\\\tau_{xz}\\\tau_{yz}\end{Bmatrix}=\frac{E}{(1+\nu)(1-2\nu)}\begin{bmatrix}1-\nu & \nu & \nu & 0 & 0 & 0\\ \nu & 1-\nu & \nu & 0 & 0 & 0\\ \nu & \nu & 1-\nu & 0 & 0 & 0\\ 0 & 0 & 0 & \dfrac{1-2\nu}{2} & 0 & 0\\ 0 & 0 & 0 & 0 & \dfrac{1-2\nu}{2} & 0\\ 0 & 0 & 0 & 0 & 0 & \dfrac{1-2\nu}{2}\end{bmatrix}\begin{Bmatrix}\varepsilon_x\\\varepsilon_y\\\varepsilon_z\\\gamma_{xy}\\\gamma_{xz}\\\gamma_{yz}\end{Bmatrix}\tag{3}$$

从上，可以注意几点：①材料特性只反映在 E、ν两个常数上；②剪应力只产生剪应变，轴应力只产生轴应变，两者互不相涉；③应力为应变的单值函数，最终的应力取决于最终的变位，而与达到该情况的途径无关；④应力、应变仅为坐标的函数，与时间无关。总之，对于理想连续弹性体，σ—ε关系将是明确的、单值的、线性的和不随时间变化的。

对于松散体承受复杂的应力作用时，应力和应变之间的关系可以写成一般的函数形式，即

$$f_1(\sigma_x、\sigma_y、\sigma_z、\cdots、\varepsilon_x、\varepsilon_y、\varepsilon_z、\cdots、\gamma_{yz})=0\tag{4}$$

或者

$$\sigma_x=F_1(\sigma_x、\sigma_y、\sigma_z、\cdots、\gamma_{yz})=0\tag{5}$$

如果考虑材料还有徐变等性能，则函数将取 F（应力、应变、应力变率、应变变率）$=0$的复杂形式，这种函数关系亦即所谓材料的本构律（Constitutive Law）。目前，还没有完全弄清砂砾料精确的本构律。另外，即使找出了确能反映它们间的精确关系，也必将十分复杂，未必适合于分析之用。为此我们总是根据砂砾料体σ与ε之间的主要变化规律，用一个虚拟的“计算模型”来代表实际的砂砾体，而“计算模型”中的一些特性常数，则通过对砂砾料的试验来测定。显然，计算模型仅仅是现实世界的近似反映，它既不是精确的，也不是唯一的，而可以随着试验研究工作的进展，不断改进。

对于砂砾料来说，我们可以忽略“时间”这个因素，着重研究σ和ε之间的关系。一个最常用的计算模型，便是假定松散体的σ—ε关系仍与连续弹性体一样，可用式（3）表示。区别仅在于 E、ν值不再是常量，而随应力或应变值变化，这种材料称为非线性弹性体。采用这种“初等”模型，计算较方便，在一般的土石坝分析中可得出合理的成果，但对某些问题就不合适。例如，有些砂料具有剪胀性，即承受剪应力时其体积会有变化，这一现象在所采用的计算模型中是无法反映出来的；又如某些砂料在某种情况下其ν值可大于 0.5，此时若仍采用式（3），就无法进行计算。在这些情况中，我们只能放弃“初等”的计算模型，而采用更复杂的模型。

3.1.2 材料常数的确定

选定计算模型后，就要通过材料试验来确定其中的常数 E 和ν。但对于砂砾体，我们不但不能进行单轴拉伸试验，而且压缩试验也必须在保持一定的侧向压力下才能进行。我们一般在三轴仪上试验，此时试件承受三个主应力：轴向压力 $\sigma_z=\sigma_1$，侧向压力 $\sigma_2=\sigma_3$。试验开始时，可施加均匀压力 $\sigma_1=\sigma_2=\sigma_3$ 对试件进行固结，并以此作为起始点，逐渐增加 σ_1（亦即对试件施加偏应力 $\sigma_1-\sigma_3$），量测轴向及侧向应变 ε_a 及 ε_r。将 $\sigma_1-\sigma_3$ 依 ε_a 绘成曲线，一般能得到图 9（a）中所示成果。$\sigma_1-\sigma_3$ 越大，ε_a 的增加越快。当 $\sigma_1-\sigma_3$ 达某一值（点 A）时，变形已很大，可认为材料已破坏［见图 9（c）］。这个应力称为材料的强度或破坏应力差 $(\sigma_1-\sigma_3)_f$。松散体的破坏，显然是由于其内部剪应力超过相应的抗剪强度，故 $(\sigma_1-\sigma_3)_f$ 取决于材料的 ϕ 及 c，经推导可得

$$(\sigma_1-\sigma_3)_f=\frac{2c\cos\phi+2\sigma_3\sin\phi}{1-\sin\phi} \tag{6}$$

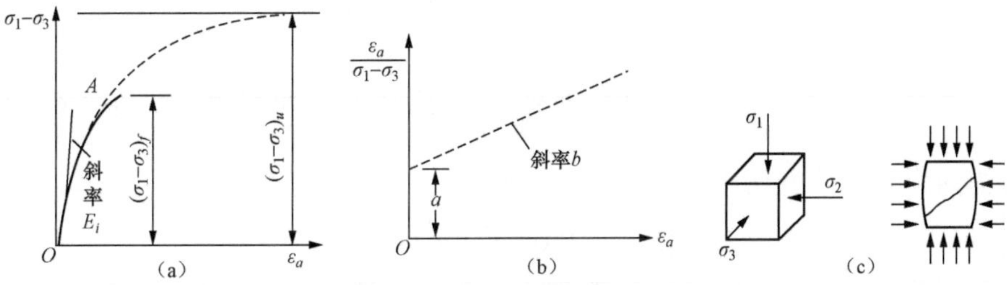

图 9

当 $c=0$ 时

$$(\sigma_1-\sigma_3)_f=\frac{2\sigma_3\sin\phi}{1-\sin\phi} \tag{7}$$

关于图 9 中曲线的形状，曾有许多人研究过，目前多采用康德纳（R. L. Kondner）氏假定，即认为此曲线很接近于一双曲线，而可用下式表达

$$\sigma_1-\sigma_3=\frac{\varepsilon_a}{a+b\varepsilon_a} \tag{8}$$

式中：a、b 为两个常数。

式（8）被广泛采用的原因，一是它相当接近于许多砂砾料（以及应变硬化的土料）的试验数据，二是形式较为简便。式（8）可改写为

$$\frac{\varepsilon_a}{\sigma_1-\sigma_3}=a+b\varepsilon_a \tag{9}$$

我们若将试验所得的 ε_a 和 $\sigma_1-\sigma_3$ 的数据，按 $\dfrac{\varepsilon_a}{\sigma_1-\sigma_3}$ 及 ε_a 点绘，可发现点子近似分布在一条直线上［见图 9（b）］。作出这条直线，其截距及斜率即为式中 a、b 两数。a 实际上是图 9（a）中 OA 段在 O 点的斜率（初始斜率）E_i 的倒数，b 则为这条双曲线渐近线竖坐标 $(\sigma_1-\sigma_3)_u$ 的倒数，因此式（9）可写为

$$\frac{\varepsilon_a}{\sigma_1-\sigma_3}=\frac{1}{E_i}+\frac{\varepsilon_a}{(\sigma_1-\sigma_3)_u} \tag{10}$$

这使得两个常数具有明显的物理意义。可注意$(\sigma_1-\sigma_3)_u$是指应变ε_a达无穷时的$\sigma_1-\sigma_3$值，所以常大于$(\sigma_1-\sigma_3)_f$值，比值

$$R_f=\frac{(\sigma_1-\sigma_3)_f}{(\sigma_1-\sigma_3)_u}\leqslant 1 \tag{11}$$

称为破坏比，也是材料的一个常数。

为了使式（10）能在分析中应用，我们推求切线模量E_t，其定义为

$$E_t=\frac{d(\sigma_1-\sigma_3)}{d\varepsilon_a} \tag{12}$$

对式（10）取导，并在成果中消去ε_a，可得

$$E_t=\left[1-R_f\frac{(\sigma_1-\sigma_3)}{(\sigma_1-\sigma_3)_f}\right]^2 E_i \tag{13}$$

如果用一系数 m 表示$\dfrac{\sigma_1-\sigma_3}{(\sigma_1-\sigma_3)_f}$（代表剪应力利用程度，可称为强度利用率，有的文献中称为应力水平或剪切比，并记为 s），则

$$E_t=(1-R_f m)^2 E_i \tag{14}$$

如果用式（6）代入式（13），消去$(\sigma_1-\sigma_3)_f$，则

$$E_t=\left[1-\frac{R_f(1-\sin\phi)(\sigma_1-\sigma_3)}{2c\cos\phi+2\sigma_3\sin\phi}\right]^2 E_i \tag{15}$$

式（15）中的E_i也不是一个常数，而取决于侧向压力σ_3，根据试验，詹布认为E_i可表示为σ_3的幂函数，即

$$E_i=Kp_{\rm a}\left(\frac{\sigma_3}{p_{\rm a}}\right)^n \tag{16}$$

式中：K 及 n 为另外两个特性常数；$p_{\rm a}$为大气压。

在公式中引进$p_{\rm a}$是为了使K、n无因次化。按式（16），当σ_3很小时，E_i接近于 0，这同试验值常有差别，对于有些黏性（即抗拉强度）的材料尤不合适。为此，有人建议当σ_3小到某一值以后，E_i就变成常量。也有建议将式（16）改为

$$E_i=Kp_{\rm a}\left(\frac{\sigma_3-\sigma_t}{p_{\rm a}}\right)^n \tag{17}$$

式中：σ_t为材料的抗拉强度（以负值代入）。

式（17）较适用于有凝聚力的材料。

总之，为了确定E_t，要对试件在不同的侧压力σ_3下进行轴向压缩试验，整理成果求出K、n、R_f及$(\sigma_1-\sigma_3)_f$诸值［确定$(\sigma_1-\sigma_3)_f$也就是测定材料的ϕ和 c 值］。然后切线模量E_t就可用式（13）确定，它是$\sigma_1-\sigma_3$和σ_3的函数，这个E_t值就是用于计算

模型中的 E 值。

此外，我们还要确定一个常数 ν。这也可通过三轴试验测定，即同时测定 ε_a 及 ε_r（实际上是量测体积应变 $\varepsilon_v = \dfrac{\Delta V}{V}$，而 $\varepsilon_r = \dfrac{\varepsilon_v - \varepsilon_a}{2}$），然后近似地取切线泊松比 ν_t 为

$$\nu_t = -\frac{\mathrm{d}\varepsilon_r}{\mathrm{d}\varepsilon_a} \tag{18}$$

根据一些试验发现，ε_v—ε_a 的曲线如图 10 所示。ε_a 逐渐增大时，ε_v 的增加率渐渐变小，直至为 0（不能压缩），相应的 ν_t 为 0.5。另外，ε_v—ε_a 曲线又随侧压力 σ_3 而异。当 σ_3 很小时，体积甚至会膨胀（图 10 中虚线），这就不能用“初级”模型来代表。总之，ν_t 也是个取决于 ε_a（即 $\sigma_1-\sigma_3$）及 σ_3 的值，$\sigma_1-\sigma_3$ 越大，它也越大，以 0.5 为限。邓肯和库尔霍（Kulhawy）假定 ε_a 和 ε_r 的关系也可用双曲线表示，$\varepsilon_a = -\dfrac{\varepsilon_r}{\nu_i - d\varepsilon_r}$，并取初始泊松比为 $\nu_i = G - F\log\left(\dfrac{\sigma_3}{p_\mathrm{a}}\right)$，再用式 $\nu_t = -\dfrac{\mathrm{d}\varepsilon_r}{\mathrm{d}\varepsilon_a}$ 求得

$$\nu_t = \frac{G - F\log\left(\dfrac{\sigma_3}{p_\mathrm{a}}\right)}{\left\{1 - \dfrac{d(\sigma_1-\sigma_3)}{Kp_\mathrm{a}\left(\dfrac{\sigma_3}{p_\mathrm{a}}\right)^n\left[1 - \dfrac{R_f(1-\sin\phi)(\sigma_1-\sigma_3)}{2c\cos\phi + 2\sigma_3\sin\phi}\right]}\right\}^2} \tag{19}$$

式中：G、F、d 为材料的另三个常数；其余代号同前。

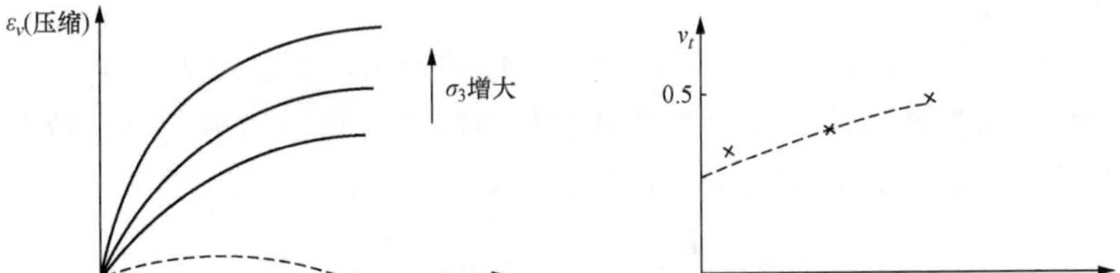

图 10

获得 E_t 及 ν_t 两个参数后，就可像连续弹性体那样进行计算，只是现在 E_t 及 ν_t 随着各点应力的改变而不断变化。

3.1.3 平面变形问题

上面叙述，对砂砾料常数的测定都在三轴仪上进行，这样求出的 E_t 及 ν_t，是否可用于任何类型的问题呢？对此，我们再次指出，一切计算是采用一个“初级”模型进行的，它与砂砾料的实际性能有相当差距，所以用三轴试验求出的常数较宜于用来计算轴对称性质的问题，特别是计算轴对称线上各点的应力及变位。因为在这种情况中，σ_2 和 σ_3 是接近或相等的，从而同试验时的应力状态较接近，成果也更可信些。

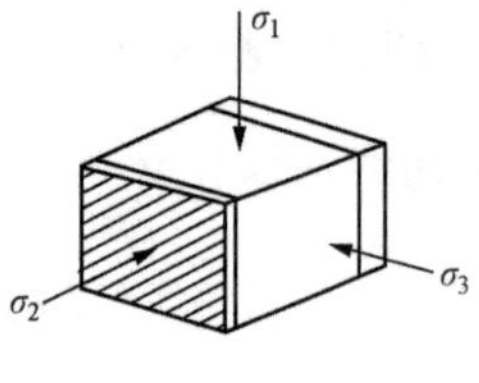

图 11

但是土石坝的分析问题大多属于平面变形性质的问题，或为空间问题，所以解算土石坝问题时，最好进行相似的平面变形试验来测定常数。此时，试件做成矩形体，在其上施加垂直压力 σ_1 以及水平侧压 σ_3（见图 11）。至于另两个侧壁应使其不产生变位（侧壁面上也无摩擦），以模拟平面变形状态，此时 $\sigma_2 \neq \sigma_3$。近年来这种试验仪器发展也很快，且可以达到较大规模。用这种试验求出的 E_t 和 ν_t 会同从三轴试验得出的值相异，用它们来分析土石坝问题可能更合适些。

在平面变形试验中，我们可以通过测定 ε_a 及 ε_v 以求泊松比 ν，如果能测定 σ_2 的值，则也可由式 $\nu_t = \dfrac{\sigma_2}{\sigma_1+\sigma_3}$ 确定。根据一些试验报道，此时 ν_t 为八面体剪应变 γ 的函数，如图 12 所示。忽略 γ 很小时的反曲段，可以表示为线性式，即

$$\nu_t = \nu_0 + \overline{K}\gamma$$

或表示为八面体剪应力的函数，即

$$\nu_t = \nu_0 + \overline{K}\frac{\tau}{\sqrt{G_i G_t}}$$

式中：$\overline{K}$、G_i 均为材料常数。

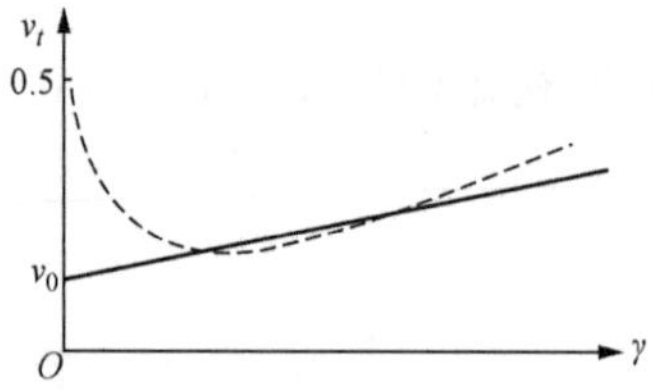

图 12

如果实际问题是空间问题性质（例如，在狭谷中修建的高土石坝），则我们很难进行无限多组的反映实际应力状态的材料试验并加以应用，只能近似采用平面试验或三轴试验的成果。看来要用“初级模型”来精确解算这类问题是困难的。

3.1.4 利用 G 及 K 计算

在“初级模型”中，我们将砂砾料当作弹性体处理，而且用 E_t、ν_t 两个切线模量来表示其特性。由弹性理论可知，弹性体的材料特性也可以用另两个常数即剪切模量 G 和压缩模量 K 来表示，它们与 E、ν 之间的关系是

$$G=\frac{E}{2(1+\nu)} \qquad K=\frac{E}{3(1+2\nu)} \tag{20}$$

在砂砾料分析中，采用 G、K 为计算参数，有一定好处。因为 G 是剪应力（增量）与剪应变（增量）之比，随着主应力差 $(\sigma_1-\sigma_3)$ 的增大而降低，到破坏时降为 0，代表了材料的主要非线性性质。“K”是“静水压力”（$\sigma_1=\sigma_2=\sigma_3$）与相应体积应变之比，在一定程度上可取为常值。当“静水压力”很大时，K 将增大（$K=\infty$ 相当于 $\nu=0.5$，表示物体不可压缩）。所以材料进入屈服破坏后，可以取 G 为小量而 K 为某一定量进行计算。

3.1.5 对卸荷及破坏影响的处理

上面所述是将砂砾料当作非线性弹性体处理，它与线弹性体的区别就在材料特性 E、ν 随应力而变，并非常数，这在很大程度上反映了材料的非线性性质。但是，砂砾料的真实性能并不是理想的非线性弹性体，而多少接近弹塑性体，因此在用非线性弹

性体模型来模拟砂砾料时，必须再辅以一些其他处理。

弹塑性体与非线性弹性体的最大区别是：前者在卸荷时（以及卸荷后重新加荷但未达历史上曾到过的应力水平时），应变并不循原曲线退回和回升，而呈一狭长的环形，近似上可以认为在卸荷—重增荷过程中材料是弹性的，只有当应力超过历史水平后才再次呈非线性变化。为了反映这一特性，我们可在分析中采用增量法进行。对于每一级荷载增量所产生的应力变化均判别其为加荷抑卸荷。对于卸荷情况以及卸荷再增荷但未达历史水平的情况，就将材料改按弹性体处理，相应的模量记为 E_{ur}，可用式（21）确定，即

$$E_{ur} = K_{ur} p_{\mathrm{a}} \left(\frac{\sigma_3}{p_{\mathrm{a}}} \right)^n \tag{21}$$

式中：K_{ur} 为材料的常数。

但是砂砾料不能像金属材料那样承受单轴应力，所以问题的性质就更为复杂些。分析砂砾料非线性常数的试验测定过程，我们可知所谓卸荷或再增荷即指材料所承受的偏应力 $\sigma_1 - \sigma_3$ 下降或再上升（但未达原水平）；其次还要注意在模量公式中的 $E_i\left[= K p_{\mathrm{a}} (\sigma_3 / p_{\mathrm{a}})^n\right]$ 取决于周围压力 σ_3，也同样存在上述问题。即，只有在 σ_3 增加的情况下才用上式确定 E_i，而当 σ_3 减少或减少后回升但未达原水平时，上式中的 σ_3 须采用历史水平值 σ_{3c}。由此看来并可知所谓卸荷或增荷都针对每个单元的应力状态变化而言，须逐级逐单元判别，并不是笼统地以建筑物是否在增荷（填筑加高、水库蓄水）或卸荷来判别。换言之，从整个建筑物来讲，可能处在加荷状态，但个别单元却处于卸荷状态中。

此外，由于我们采用非线性弹性体的增量法分析，而荷载增量又不可能取得无限小，所以有时某些单元的计算应力已处于破坏状态，此时也宜进行校正。校正的措施是人为地将该单元的应力状态改为与破坏线相切的状态，而将超余的应力通过重分配予以转移，反复进行，直至收敛。具体的做法有很多种，将在例题中解释。

3.2 弹塑性模型

上节中所述的将砂砾料作为非线性弹性体处理的方法，虽采用颇广，也常可获得满意成果，但人们总嫌它尚不能很好地反映材料的实际性能。为此，近 20 年来有很多人在研究将砂砾料作为“弹塑体”处理的问题。弹塑性体的主要性质为：

（1）当应力达到一定水平时，材料屈服，以后材料就产生塑性变形。即在屈服后材料的变形可分为弹性变形和塑性变形两部分，前者可以恢复，仍按弹性理论分析，后者不能恢复。

（2）塑性变形可从“塑性势函数”计算。

（3）材料达到屈服所用的塑性能与应力水平之间有一定关系（加工硬化或软化规律）。

所以要进行弹塑性分析，需解决三个问题：

（1）材料屈服及破坏的规律。

（2）确定“塑性势”以便计算塑性变形。

（3）确定应变硬化规律。

3.2.1 砂砾料的屈服及破坏特性

砂砾料的屈服状态很难明确和精确地试验测定，但其破坏状态则较为明确，所以我们先从其破坏特性谈起。设在砂砾料内某一点上作用有三个主应力σ_1、σ_2及σ_3。

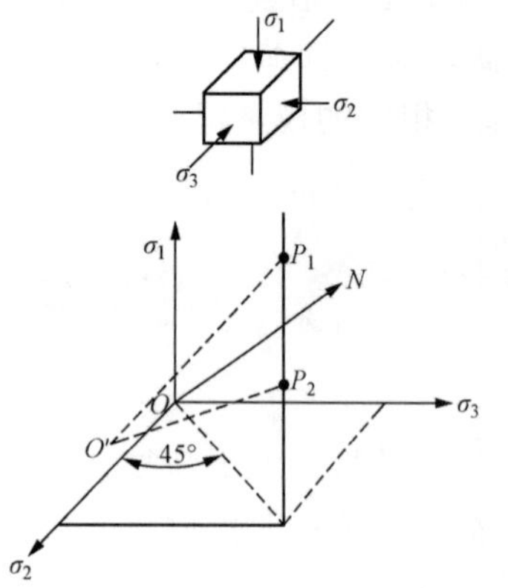

图 13

在空间取坐标轴（σ_1、σ_2、σ_3），则每一种应力状态均相当于该空间中的一点。例如，在轴对称应力条件下，$\sigma_2=\sigma_3$，相应的应力点都位在一个垂直于$\sigma_2-\sigma_3$平面而且与σ_3或σ_2轴成45°交角的平面上(见图 13)。如果σ_1也等于σ_2和σ_3，则应力点位在射线ON上，ON与三个轴都成等距离。位于这条线上各点代表砂砾料承受“静水压力”，此时，不论压力值多大，都不会产生破坏。若维持$\sigma_3=\sigma_2$不变，而将σ_1增加（或减少），达到某一点P_1（P_2）时，材料就破坏。改变σ_2（σ_3）值，可以得到一组P_1、P_2点，连成轨迹是空间的两条曲线，表示在三轴试验（轴对称应力状态）下的破坏曲线。即在三轴试验中，应力点只能落在这两条曲线之内，不能超出此范围。对于服从摩尔—库伦破坏律的材料，这两条线是直线，其交点O'相当于材料均匀受拉而破坏的情况，如果材料无凝聚力，则O'点与原点 O 重合。对于任何空间应力状态（$\sigma_1\neq\sigma_2\neq\sigma_3$），都有其破坏极限，把所有代表材料破坏的应力点连接起来，就得到一个“破坏曲面”，一般是一个凸曲面，材料所承受的应力状态，只能落在这个曲面以内，当应力点接触到这个曲面时，即达到破坏状态。破坏曲面的具体形状取决于材料的破坏特性，而可写成一般形式的方程，即

$$f(\sigma_1,\ \sigma_2,\ \sigma_3,\ k)=0 \tag{22}$$

或

$$f(J_1,\ J_2,\ J_3,\ k)=0 \tag{23}$$

J_1、J_2、J_3为三个应力不变量，即

$$\left.\begin{aligned}J_1&=\sigma_1+\sigma_2+\sigma_3\\ J_2&=-(\sigma_1\sigma_2+\sigma_2\sigma_3+\sigma_3\sigma_1)\\ J_3&=\sigma_1\sigma_2\sigma_3\end{aligned}\right\} \tag{24}$$

k是一个破坏参数。根据不同的破坏理论，可以有不同的f函数和破坏面。例如认为剪应力达到$c+\sigma\tan\phi$时发生破坏的摩尔—库伦准则下，破坏面是一个角锥体的面，其法向截面呈一不规则六角形。图 14 中还表示了根据其他破坏理论得到的破坏面。

上面讲的是材料的破坏条件，但在破坏前材料先要达到屈服。屈服点是区分材料只产生弹性变形和材料开始产生塑性变形的分界点。把材料达到屈服时的应力点轨迹连起来可以得到一个屈服面。但屈服面的形状极难通过理论或试验确定，一般假定它的形状和破坏面相似，只是小一些。对于有应变硬化特征的材料，在退荷再加荷过程中材料呈弹性，所以屈服面不是一个固定的面，它随着加荷而扩大，退荷时它停在原

位置上不变，退荷再加荷而且达到原应力水平后它才再次扩大，到屈服面与破坏面重合时材料达到破坏。理想弹塑性材料的屈服面只有一个，就是其破坏面。

对于轴对称应力形态，破坏面或屈服面变成破坏线或屈服线，可以画在$\sqrt{2}\sigma_1$和σ_3为轴的平面上，但更多的是改在以p、q为轴的平面上表示，这里$p=\frac{1}{3}(\sigma_1+\sigma_2+\sigma_3)$，$q=\sigma_1-\sigma_3$。

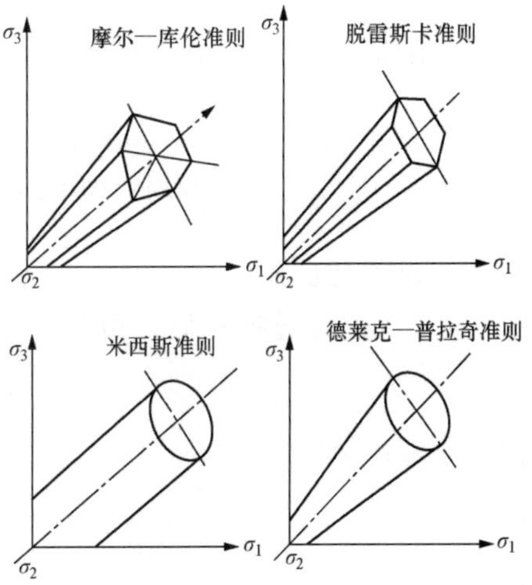

图 14

采用屈服面与破坏面相似的假定，存在一个问题：由于破坏是偏应力过大而产生的，所以破坏面都是开口的锥形面，使屈服面也就"成为"这种锥形面。例如，当材料承受静水压力$\sigma_1=\sigma_2=\sigma_3$时，不论压力多大，都不会屈服。而实际上的材料在受均匀压缩并卸荷时，仍是有不可恢复的塑性应变的，这说明上述开口的锥形面不能完全反映屈服特性。为了考虑这一点，必须计及应变硬化的因素，而在开口的屈服面上增加一个限制面——帽盖屈服面。在pq平面上看，则形成一个封闭域（见图 15），当不断增荷时，帽盖也不断扩大。

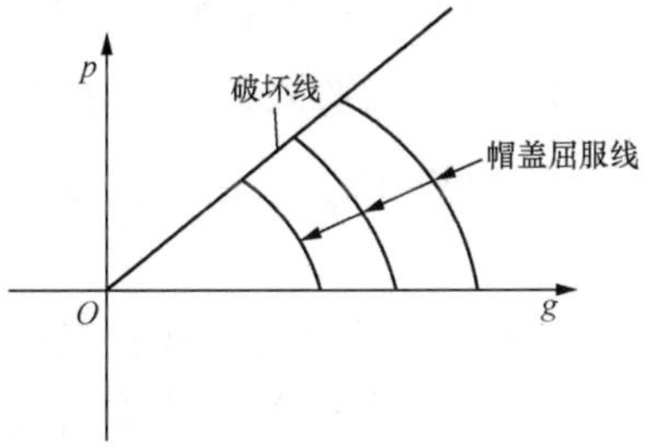

图 15

3.2.2 塑性势和流动规律

材料屈服后，除弹性应变外，还要产生塑性应变。弹性应变增量仍可按弹性理论$\Delta\varepsilon^e=[D]\Delta\sigma$从应力增量计算，式中$[D]$为弹性矩阵。问题在于计算塑性应变增量。德莱克等人从经典的塑性流动理论出发，认为存在着一个塑性势函数g，它是主应力的标量函数。g与塑性应变增量$\Delta\varepsilon^p$间存在以下关系：在应力空间内将具有相同g值的点连为塑性势面，则$\Delta\varepsilon^p$的矢量正交于此等势面，$\Delta\varepsilon^p$的各分量则正比于塑性势函数的偏导数。例如在轴对称情况下，取塑性势为g（p、q），则$\Delta\varepsilon^p$的两个分量$\Delta\varepsilon_v^p$（体积应变）和$\Delta\varepsilon_\gamma^p$（八面体剪切应变）为

$$\left.\begin{aligned}\Delta\varepsilon_v^p&=\mathrm{d}\lambda\frac{\partial g}{\partial p}\\ \Delta\varepsilon_\gamma^p&=\mathrm{d}\lambda\frac{\partial g}{\partial q}\end{aligned}\right\}\tag{25}$$

$\mathrm{d}\lambda$是个比例常量，要通过试验确定。关于塑性势面的形状，在金属结构中常假定与屈服面重合，这称为相适应的流动规则，在软黏土上也近似可用，但用于砂土上不甚相宜（常给出过大的扩张率），以采用不相适的流动规则（塑性势面与屈服面不重合）为好。

3.2.3 工作硬化定律

采用上述理论，并选定屈服函数 f 和塑性势函数 g 后，我们就可计算全应变增量

$$\{\mathrm{d}\varepsilon\}=\{\mathrm{d}\varepsilon^e\}+\{\mathrm{d}\varepsilon^p\}=[D]^{-1}\{\mathrm{d}\sigma\}+\mathrm{d}\lambda\left\{\frac{\partial g}{\partial \sigma}\right\} \tag{26}$$

式中：$\mathrm{d}\lambda$为比例量。

式（26）经过换化后，可得

$$\{\mathrm{d}\sigma\}=[D_{ep}]\{\mathrm{d}\varepsilon\} \tag{27}$$

$[D_{ep}]$称为弹塑性矩阵，即

$$[D_{ep}]=[D]\left\{1-\frac{\left\{\frac{\partial g}{\partial \sigma}\right\}\left\{\frac{\partial f}{\partial \sigma}\right\}^{\mathrm{T}}[D]}{A+\left\{\frac{\partial f}{\partial \sigma}\right\}^{\mathrm{T}}[D]\left\{\frac{\partial g}{\partial \sigma}\right\}}\right\} \tag{28}$$

而

$$A=F'\{\sigma\}^{\mathrm{T}}\left\{\frac{\partial g}{\partial \sigma}\right\}\qquad \left(F'=\frac{\mathrm{d}f}{\mathrm{d}W_p},\ W_p\text{为塑性能}\right) \tag{29}$$

所以归结到要确定 F'。对于理想塑性材料，$A=0$；对于一般性弹塑性材料，这取决于材料应变硬化情况，可通过试验确定。设材料在应力状态为(p、q)时的塑性能为 W_p，W_p 与 p、q 间有唯一的关系。由常规的三轴压缩试验和三向均匀压缩试验求得 f 与 W_p 的关系曲线（注意 $\mathrm{d}W_p=p\mathrm{d}\varepsilon_v^p+q\mathrm{d}\varepsilon_\gamma^p$，只要测定 $\mathrm{d}\varepsilon_v^p$ 和 $\mathrm{d}\varepsilon_\gamma^p$，即可得 $\mathrm{d}W_p$），绘成曲线，其斜率即为式（29）中的 F'。

在确定了弹塑性矩阵后，就可引入有限单元分析中。当然，计算时首先要判断单元是否处于增荷状态。当单元的 f 值增大时，表示单元进入塑性屈服状态，用$[D_{ep}]$代替$[D]$；当单元的 f 值减低或保持不变或未达历史水平时，表示处于退荷或重加荷过程，此时应该用$[D]$计算。可注意弹塑性矩阵各元素为应力的函数，因此弹塑性应变增量不仅取决于应力增量，而且取决于当时的应力状态。

3.2.4 莱德—邓肯模型

我们采用不同的屈服函数、塑性势函数和应变硬化定律就可以得到多种弹塑性模型。例如最初期的塑性模型（德莱克—普拉奇模型），它的屈服条件是 $\alpha I_1+\sqrt{I_2'}=k$，其中 $I_1=\sigma_1+\sigma_2+\sigma_3$，$I_2'=\frac{1}{6}[(\sigma_1-\sigma_2)^2+(\sigma_2-\sigma_3)^2+(\sigma_3-\sigma_1)^2]$，$\alpha$、$k$ 为屈服参数，分别为

$$\alpha=\frac{\tan\phi}{\sqrt{9+12\tan^2\phi}},\quad k=\frac{3c}{\sqrt{9+12\tan^2\phi}}$$

塑性势函数与之相适应，且 $A=0$（完全塑性）。在这样的情况下，对于平面应变问题的弹塑性矩阵，各元素就可直接导出（根据 S. F. Reyes 推导成果），即

$$[D_{ep}]=\begin{bmatrix} D_{11} & D_{12} & D_{13} \\ D_{21} & D_{22} & D_{23} \\ D_{31} & D_{32} & D_{33} \end{bmatrix} \tag{30}$$

$$\left.\begin{aligned}
&D_{11}=2G(1-h_2-2h_1\sigma_x-h_3\sigma_x^2)\\
&D_{22}=2G(1-h_2-2h_1\sigma_y-h_3\sigma_y^2)\\
&\mathrm{D}_{33}=2G\left(\frac{1}{2}-h_3\tau_{xy}^2\right)\\
&D_{12}=D_{21}=-2G[h_2+h_1(\sigma_x+\sigma_y)+h_3\sigma_x\sigma_y]\\
&D_{13}=D_{31}=-2G(h_1\tau_{xy}+h_3\sigma_x\tau_{xy})\\
&D_{23}=D_{32}=-2G(h_1\tau_{xy}+h_3\sigma_y\tau_{xy})\\
&h_1=\left(\frac{3K\alpha}{2G}-\frac{I_1}{6\sqrt{I_2'}}\right)\Bigg/\left[\sqrt{I_2'}\left(1+9\alpha^2\frac{K}{G}\right)\right]\\
&h_2=[\alpha-I_1/(6\sqrt{I_2'})]\left(\frac{3K\alpha}{G}-\frac{I_1}{3\sqrt{I_2'}}\right)\Bigg/\left(1+9\alpha^2\frac{K}{G}\right)-3\nu Kk\Bigg/\left[E\sqrt{I_2'}\left(1+9\alpha^2\frac{K}{G}\right)\right]\\
&h_3=1\Bigg/\left[2I_2'\left(1+9\alpha^2\frac{K}{G}\right)\right]\\
&K=\frac{E}{3(1-2\nu)}
\end{aligned}\right\} \tag{31}$$

所以$[D_{ep}]$中每一个元素都是当时应力状态（σ_x、σ_y、τ_{xy}、σ_z）的函数，在平面分析中，σ_x、σ_y、τ_{xy}都是分析对象，在计算机中有记载的，σ_z可利用$\sigma_z=\nu(\sigma_x+\sigma_y)$计算，在塑性范围内，$\sigma_z$的增量要改用式（32）计算，即

$$\Delta\sigma_z=\frac{1}{2}(\Delta\sigma_1+\Delta\sigma_2)-\frac{1}{2}(\Delta\sigma_1-\Delta\sigma_2)\sin\phi \tag{32}$$

这个弹塑性模型虽然较简单，并且已发展了计算程序，但由于它采用相适应的流动规则，常给出很大的塑性体积应变，另外又未考虑应变硬化而作为完全塑性处理，所以对砂土不很适宜。目前比较好的砂土弹塑性模型是莱德—邓肯模型。他们采用的破坏条件是

$$I_1^3-k_1I_3=0 \tag{33}$$

k_1为破坏参数（常大于 27）。材料未破坏时，参数$f=\dfrac{I_1^3}{I_3}$可代表“应力水平”，f最小值为 27（$\sigma_1=\sigma_2=\sigma_3$），$f$最大值为$k_1$（破坏）。按式（33）确定的破坏面在主应力空间中是一锥面，其正剖面形状似一曲线正三角形。其次，塑性势函数采用

$$g=I_1^3-k_2I_3 \tag{34}$$

k_2为另一参数，可表示为f的线性函数，即

$$k_2=Af+27(1-A) \tag{35}$$

常数A取决于材料性质，在 0.4 左右。有了函数g，即可确定$\Delta\varepsilon^p$，即

$$\begin{Bmatrix}\Delta\varepsilon_x^p\\ \Delta\varepsilon_y^p\\ \Delta\varepsilon_z^p\\ \Delta\gamma_{yz}^p\\ \Delta\gamma_{zx}^p\\ \Delta\gamma_{xy}^p\end{Bmatrix}=\Delta\lambda\bullet k_2\begin{Bmatrix}\dfrac{3}{k_2}I_1^2-\sigma_y\sigma_z+\tau_{yz}^2\\ \dfrac{3}{k_2}I_1^2-\sigma_z\sigma_x+\tau_{zx}^2\\ \dfrac{3}{k_2}I_1^2-\sigma_x\sigma_y+\tau_{xy}^2\\ 2\sigma_x\tau_{yz}-2\tau_{xy}\tau_{zx}\\ 2\sigma_y\tau_{zx}-2\tau_{xy}\tau_{yz}\\ 2\sigma_z\tau_{xy}-2\tau_{yz}\tau_{zx}\end{Bmatrix} \tag{36}$$

式（36）中的 $\Delta\lambda$ 须通过试验测定，即进行多次三轴试验，测定应力状态与塑性应变增量，计算塑性应变能 $W_p=f\{\sigma_{ij}\}^{\mathrm{T}}\{\mathrm{d}\varepsilon_{ij}^p\}$，将 W_p 按 $f=I_1^3/I_3$ 绘成曲线（以 σ_3 为参变量），则 $\Delta\lambda=\dfrac{\mathrm{d}W_p}{3g}$，式中 $\mathrm{d}W_p$ 是当应力水平 f 增加 $\mathrm{d}f$ 时的 W_p 增量。从试验成果看，W_p—f 关系接近一双曲线，但不通过原点，而通过纵轴上坐标为 f_i 的 O' 点（见图 16），故莱德等将它写为

$$\mathrm{d}W_p=\frac{a\mathrm{d}f}{\left(1-\gamma_f\dfrac{f-f_t}{k_1-f_t}\right)^2} \tag{37}$$

式中 a 为曲线起始斜率的倒数，可写为

$$a=Mp_{\mathrm{a}}\left(\frac{\sigma_3}{p_{\mathrm{a}}}\right)^l \tag{38}$$

常数 M 及 l 由试验决定，又

$$\gamma_f=\frac{k_1-f_t}{(f-f_t)_u} \tag{39}$$

而 $(f-f_t)_u$ 是双曲线渐近线到 O' 点的距离。所以采用本模型要通过试验（均可在三轴仪中进行）确定八个常量：M、l、γ_f、A、f_t、k_1、k_{ur}、n，其中 k_{ur} 及 n 是计算在卸荷时的弹性模量 $E_{ur}=k_{ur}p_{\mathrm{a}}\left(\dfrac{\sigma_3}{p_{\mathrm{a}}}\right)^n$ 用的，然后弹性应变增量即按弹性公式计算，而塑性应变增量分别利用 E_{ur} 及式（36）计算。单元的增荷或卸荷状态则可考察应力水平 f 是否达到并超过历史水平来判别。

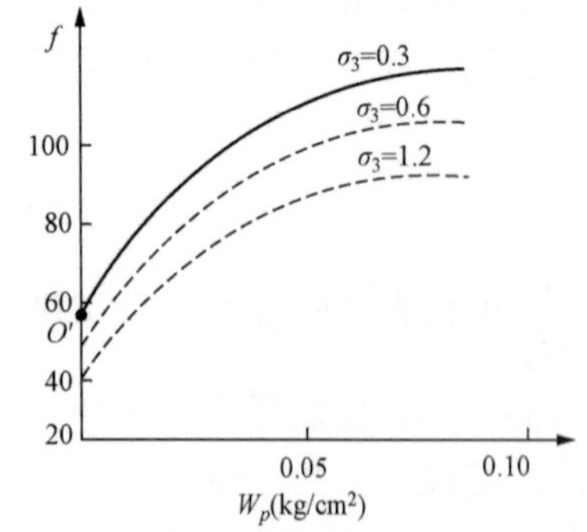

图 16

文献［16］给出紧砂和松砂的常数值，如表 1 所示。

表 1

常量	紧砂	松砂
k_1	103	58
f_1	40	33
A	0.44	0.39
γ_f	0.957	0.970
M	2.55×10^{-4}	6.80×10^{-4}
l	1.32	1.17
k_{ur}	2300	1600
n	0.80	0.86

据上述文献介绍，利用这个模型可以计算砂土受各种应力状态下的变形，与试验值相符良好。这个模型的优点是：①反映了中间主应力 σ_2 的影响；②屈服条件较简单，从而计算应变的公式也不复杂；③能反映材料的剪胀性，因为从式（36）可以看出，剪应力也将产生体积应变；④能方便地表达应力路线的影响，并较好地反映出主应力轴旋转时材料中应变的变化特点。

当我们选定了弹塑性模型和确定了塑性应变的计算方法后，就可以应用初应变法或初应力法进行有限单元法分析。例如，设我们采用德莱克—普拉奇模型，并用弹塑性矩阵分析，则分析的步骤如下：

（1）对于每一荷载增量，首先按线弹性进行分析，求得单元应力的增量 $\Delta\sigma^i$ 及应变增量 $\Delta\varepsilon^i$（上标 i 表示第 i 次迭代）；

（2）把求得的应力增量，与前次迭代终了时求得的应力 σ^{i-1} 叠加，求得本次迭代后的应力 $\sigma^i=\sigma^{i-1}+\Delta\sigma^i$；

（3）按照 $f=\alpha I_1+\sqrt{I_2}$ 是否大于或等于 k 的条件，判断该单元是否屈服。若单元已屈服，则相应于应变增量 $\Delta\varepsilon^i$ 的应力增量应该为 $\overline{\Delta\sigma^i}=D_{ep}\cdot\Delta\varepsilon^i$；

（4）由此求得应该重分配的超余应力 $\Delta\sigma^i-\overline{\Delta\sigma^i}$；

（5）将上述超余应力转化为等效结点力，对所有单元按此处理，并按结点叠加，求得结构上总的等效附加荷载 ΔF；

（6）在 ΔF 作用下，重复（1）～（5）的步骤，直到所有单元收敛为止；

（7）施加下一级荷载。

国内外都已编制有按上述方式处理的弹塑性分析程序，可供应用。

4 黏土料的力学特性

黏土料包括人工填筑的黏土心墙、铺盖或坝壳，也包括河床中沉积的黏土质覆盖层。对于后者，在建坝时常予以挖除。如果不予挖除，宜在设计中仔细考虑其影响。

一般这种天然黏土层的特性和人工填筑料是有所区别的。

黏土料也是由微小颗粒组成的不连续体，但其特性又与砂砾料有异，而且更为复杂。通常它是非均质、不同向、非弹性、非线性的材料，其特性取决于颗粒组成、形状、矿物成分、排列方向和压密程度。特别是它常常具有应变软化和随时间而蠕变的特性。至于天然黏土覆盖层的特性，则还取决于地质历史、受荷过程、曾经历过的应力水平和应力状态及加荷速率，关系极为复杂。

4.1 黏土料的应力—应变关系

将黏土料在三轴仪中进行试验，在达到“峰值”以前，其应力—应变关系也接近一双曲线，可以用类似于砂砾料的关系式来表示。目前常用的也是邓肯氏模型。当然，黏土的各项特征数有很大的变动范围，与砂砾料的参数更有较大区别。在达到强度极限后，某些黏土的强度常常会下降，形成一个明显的峰值，然后转为水平线。最终的强度称为残余强度。残余强度主要由摩擦力提供，凝聚力 c' 为 0。当然也有一些黏土没有这种应变软化现象，也没有明显的峰值强度和残余强度。一般讲，超固结的土，其峰值现象较为明显（极紧密的砂，有时也有这种现象）。还有的土从峰值强度下降为残余强度时曲线很陡，有些类似于“脆性破坏”性质（见图 17）。

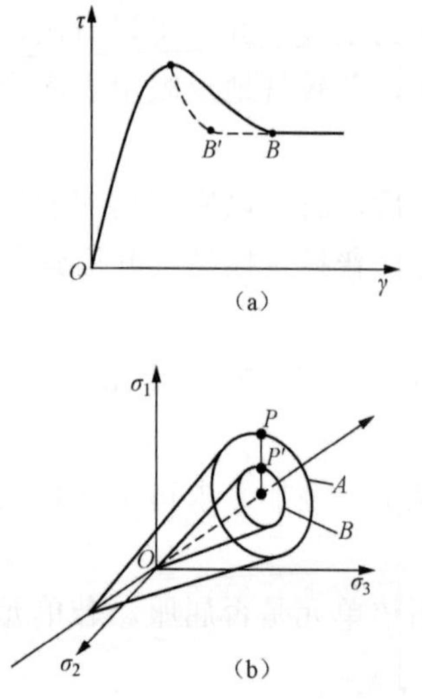

图 17

对于应变软化的黏土，其应力—应变曲线（例如 q— ε_1 曲线）有时仍可用数学式表示，如

$$q=\frac{\varepsilon_1(a+c\varepsilon_1)}{(a+b\varepsilon_1)^2} \tag{40}$$

式中：a、b、c 为通过试验测定的参数。

a 仍为起始斜率的倒数。当 $\varepsilon_1\to\infty$ 时，残余强度为 $q_r\to\frac{c}{b^2}$。峰值强度为 $q=\frac{1}{4(b-c)}$，相应的 $\varepsilon_1=\frac{a}{b-2c}$。调整 a、b、c 值，可以使式（40）尽量逼近实测数据。如果不能用一个简单算式表示，我们也可分段用样条函数来表示。

对于具有应变软化性质的黏土料，有限单元分析工作要困难得多。上节中提到，我们常用切线模量和增量法进行土石坝的非线性分析。但施用于应变软化土料上时，当越过峰值后，随着应变的增加应力反而下降，换言之刚度成为负值，这在有限元分析中是无法求解的。为了克服这个困难，我们必须放弃切线模量——增量法，而改用割线模量法。即每一步计算中荷载和位移都要用累积值

$$[K_{s,i}]\{\delta_i\}=\{P_i\} \tag{41}$$

可注意在整个问题中一旦某一部位强度达到峰值需改按割线模量计算，则整个计算域全部都要改用割线模量。

对于脆性破裂的材料，也可以这样处理。材料在达到峰值强度后，屈服面（破坏面）就突然收缩。这时，单元中原来的应力状态（相当于峰值强度的）就不能存在，

要调整为新的应力状态（与残余强度相称）。从主应力空间上看，应力点从原来的破坏面上转移到一个缩小了的新曲面上，相应的应力变化值$\Delta\sigma_1$、$\Delta\sigma_2$、$\Delta\sigma_3$要看作不平衡力系进行重分配。

上节中又曾介绍用弹塑性模型模拟砂土的方法，这种模型不能用来处理应变软化问题。所以要将弹塑性模型推广到具有应变软化特性的黏土上来，还需要将经典的塑性理论作进一步的改进。

4.2 黏土的固结问题

黏土受荷后，其应力及应变是随时间变化的，这是它最重要的特点之一。其之所以变化，是由两个因素引起的：一是孔隙水的消散；一是黏土体本身的徐变。我们先讨论孔隙水消散问题。

饱和的黏土突然受荷时，荷载瞬间先由孔隙水承担（或其中绝大部分先由孔隙水承担），此时土骨架中的应力未及改变（或只有很少的改变）。然后，在不平衡的孔隙压力作用下，孔隙水逐渐渗流排出，从而逐渐把压力转到土骨架上，直到最后全由骨架承受。这个过程就是孔隙压力消散过程，也就是土的固结过程。土的这种特性，常以图 18 中的模型来说明。弹簧 A 和水体 B 共同存在于容器中，当容器顶部活塞突然受压时，压力先由水承受，水在该压力下逐渐通过小孔排出，从而逐渐把压力转移到弹簧上去，直到最后外加压力全由弹簧承受为止。

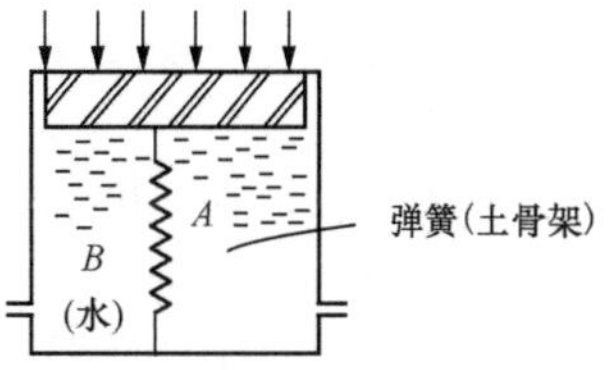

图 18

图 19 中示一饱和土体微元，处于平面变形状态下，土体由土骨架及孔隙水组成，骨架中的应力（有效应力）为 σ'_x、σ'_y $[\sigma'_z=\nu(\sigma'_x+\sigma'_y)]$ 及 τ'_{xy} $(\tau'_{xz}=\tau'_{yz}=0)$，孔隙水压力为 p，故总应力为

$$\sigma_x=\sigma'_x+p,\ \sigma_y=\sigma'_y+p,\ \tau_{xy}=\tau'_{xy} \tag{42}$$

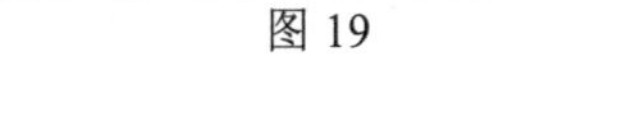

图 19

孔隙水在压力场 p 的作用下将发生渗流，根据达西定律，流速为

$$q_x=-\frac{k_x}{\gamma_w}\frac{\partial p}{\partial x},\ q_y=-\frac{k_y}{\gamma_w}\frac{\partial p}{\partial y} \tag{43}$$

单元时间内流出微元的水量是

$$\frac{\partial q_x}{\partial x}+\frac{\partial q_y}{\partial y}=-\frac{k_x}{\gamma_w}\frac{\partial^2 p}{\partial x^2}-\frac{k_y}{\gamma_w}\frac{\partial^2 p}{\partial y^2}=-\frac{k}{\gamma_w}\left(\frac{\partial^2 p}{\partial x^2}+\frac{\partial^2 p}{\partial y^2}\right) \tag{44}$$

其中置 $k_x=k_y=k$ 。同时微元的体积应变为

$$\varepsilon_v=\varepsilon_x+\varepsilon_y=\frac{\sigma'_x+\sigma'_y+\sigma'_z}{3K} \tag{45}$$

式中：K 为土骨架的体积模量。

由于假定土体是饱和的，土骨架颗粒本身也不能压缩，则体积的压缩应等于排出的水量，即

$$\frac{k}{\gamma_w}\left(\frac{\partial^2 p}{\partial x^2}+\frac{\partial^2 p}{\partial y^2}\right)=\frac{\partial}{\partial t}(\varepsilon_x+\varepsilon_y)=\frac{\partial}{\partial t}\left(\frac{\sigma'_x+\sigma'_y+\sigma'_z}{3K}\right)$$

$$=\frac{\partial}{\partial t}\left(\frac{\dfrac{\sigma_x+\sigma_y+\sigma_z}{3}-p}{K}\right)$$

$$=\frac{\partial}{\partial t}\left(\frac{\sigma-p}{K}\right)=\frac{\partial\sigma}{\partial t}\cdot\frac{1}{K}-\frac{\partial p}{\partial t}\cdot\frac{1}{K} \tag{46}$$

$$\sigma=\frac{1}{3}(\sigma_x+\sigma_y+\sigma_z)$$

当 $\dfrac{\partial\sigma}{\partial t}=0$ 时

$$\frac{Kk}{\gamma_w}\left(\frac{\partial^2 p}{\partial x^2}+\frac{\partial^2 p}{\partial y^2}\right)=\frac{\partial p}{\partial t} \tag{47}$$

式（47）与太沙基公式 $c_v\left(\dfrac{\partial^2 p}{\partial x^2}+\dfrac{\partial^2 p}{\partial y^2}\right)=\dfrac{\partial p}{\partial t}$ 相比，可见是一致的。由此并可知，太沙基公式只在 $\dfrac{\partial\sigma}{\partial t}=0$ 时才是准确的。另外，所谓固结系数 c_v 实际上就是 $\dfrac{Kk}{\gamma_w}$。当我们在固结仪中求出土壤的压缩系数 a，则由弹性力学知

$$\frac{a}{1+\varepsilon}=\frac{1}{E}\left(1-\frac{2\nu^2}{1-\nu}\right) \tag{48}$$

另外

$$K=\frac{E}{3(1-2\nu)} \tag{49}$$

由此可得 $K=\dfrac{1+\varepsilon}{3a}\cdot\dfrac{1+\nu}{1-\nu}$，再代入 c_v 式中，得

$$c_v=\frac{Kk}{\gamma_w}=\frac{(1+\varepsilon)k}{3a\gamma_w}\cdot\frac{1+\nu}{1-\nu}=\frac{(1+\varepsilon)k}{3a\gamma_w}\left(1+\frac{2\nu}{1-\nu}\right) \tag{50}$$

关于黏土中孔隙压力消散问题的准确解，只能将土体中的有效应力和孔隙压力分开，并联合考虑孔隙水的渗流和土体积的变形才能解出，这个问题将在第 6 节中叙述。另外，上节中所述的 σ—ε 关系指有效应力与土体应变的关系，试验工作应在排水、慢压条件下进行，即应排除孔隙压力对试验成果的影响，以这样的成果用于考虑孔隙压力消散影响的精确分析。

4.3 黏土体的徐变特性

上面讨论的固结过程，完全是由孔隙水的渗流而产生的。实际上土的骨架在不变的有效应力作用下，除发生瞬时的反应外，由于次压缩等因素，其应变也会随时间而不断变化，这是土骨架本身的徐变性能，它是使土的应变和应力随时间而变化的第二个因素。

我们考虑某一土体微元，承受轴向应力 σ_1 及周围应力 $\sigma_2=\sigma_3$。维持偏应力

$q=\sigma_1-\sigma_3$为常量，则随着时间 t 的增长，轴向应变 ε 的变化可以有几种不同的情况。对于没有徐变的土料，ε 是一个常量 ε_e，在 ε—t 图上（见图 20）表现为一条水平线。对于有徐变性能的土料，ε 将随着 t 的增加而增长，在 ε—t 图上为一上升曲线，其在纵轴上的截距即为瞬时应变 ε_e。这条曲线的发展过程视偏应力 q 的大小而定。当 q 较小时，曲线的上升有一极限，也即随着 t 的增加，应变速率 $\dfrac{d\varepsilon}{dt}$ 逐渐减到 0。当偏应力 q 达到某一限值 q_c 时，$\dfrac{d\varepsilon}{dt}$ 不衰减到 0，而最终维持为常量，土料进入稳定流动状态，徐变量不断增加，最终导致土料破坏。如果 q 更大于 q_c，则徐变曲线将呈反曲现象，使土料更迅速地破坏。q_c 值一般低于土料的瞬时强度，黏土的塑性越大，q_c 越低。

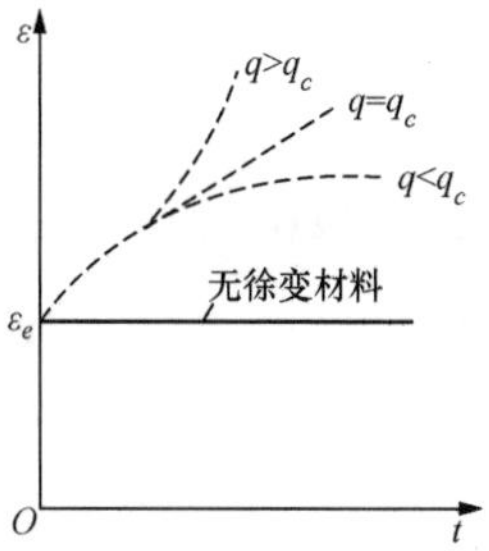

图 20

有许多学者对土料的徐变曲线形状做了研究和试验，并提出不同的表达方式，例如

$$\varepsilon=\varepsilon_e+\varepsilon_c=\frac{q}{E_0}+\frac{q}{\xi}t^n \tag{51}$$

$$\varepsilon=\varepsilon_e+\varepsilon_c=\frac{q}{E_0}+A\mathrm{e}^{aq}t^n \tag{52}$$

$$\varepsilon=\varepsilon_e+\varepsilon_c=\frac{q}{E_0}+qa\ln(bt+1) \tag{53}$$

$$\varepsilon=\varepsilon_e+\varepsilon_c=\frac{q}{E_0}+\frac{q}{A}(1-\mathrm{e}^{-nt}) \tag{54}$$

$$\varepsilon=\varepsilon_e+\varepsilon_c=\frac{q}{E_0}+\sum_{i=1}^{m}\frac{q}{A_i}(1-\mathrm{e}^{-n_i t}) \tag{55}$$

这里 ε_e 为瞬时应变，ε_c 为徐变，t 指加荷以后经过的时间。调整公式中的一些常数，可以使公式在一定范围内逼近试验数据。

对于瞬时应变 ε_e，在式（51）～式（55）中均写为 $\dfrac{q}{E_0}$，即作为 q 的线性函数，当然也可写成 q 的非线性函数，例如 $\varepsilon_e=\dfrac{aq}{1-bq}$ 等。另外，如果瞬时弹模 E_0 还取决于加荷的时间 τ，则 E_0 可写为 $E_0(\tau)$，正如混凝土的 E_0 取决于受荷时的龄期一样。但对黏土料来讲，ε_e 常可简单写成 $\dfrac{q}{E_0}$ 或 $\dfrac{aq}{1-bq}$ 的形式，与 τ 无关。

对于徐变量 ε_c 的各种表达式中，当 q 较小时，可以写成 q^* 的线性式，如式（51）、式（53）～式（55）等。但如 q 接近或超过 q_c，ε_c 与 q 就不成线性关系了。另外可注意，采用式（51）～式（53），徐变的增长均无极限，而采用式（54）、式（55）时则有极限。

总而言之，设土料在时间 $t=\tau$ 时加荷 q（τ），则到 $t=t$ 时的应变 ε 将为 t 及 τ 的函数 $\varepsilon(t,\ \tau)$，即

$$\varepsilon(t,\ \tau)=\varepsilon_e+\varepsilon_c \tag{56}$$

如果 q 值不大，ε 可表示为 q 的线性函数，则

$$\varepsilon(t,\ \tau)=\frac{q(\tau)}{E_0}+q(\tau)\cdot c(t,\ \tau) \tag{57}$$

式中的 $\varepsilon(t,\ \tau)$ 称为徐变度，代表在单位应力下的徐变量。例如，设我们采用式（54）的关系

$$\varepsilon(t,\ \tau)=\frac{q(\tau)}{E_0}+\frac{q(\tau)}{A}[1-\mathrm{e}^{-n(t-\tau)}]=q(\tau)[c_0+c(t,\ \tau)] \tag{58}$$

而

$$c(t,\ \tau)=\frac{1}{A}[1-\mathrm{e}^{-n(t-\tau)}] \tag{59}$$

当土料上承受变动的荷载时，在时间 t 的总应变量显然为

$$\begin{aligned}\varepsilon(t)&=\frac{q(\tau_0)}{E_0}+\int_0^t c(t,\ \tau)\mathrm{d}q(\tau)\\&=\frac{q(t)}{E_0}+\int_0^t q(\tau)\frac{\partial}{\partial\tau}c(t,\ \tau)\mathrm{d}\tau\end{aligned} \tag{60}$$

如果我们已掌握或假定了黏土的徐变发展规律，那么在任意荷载作用下，我们总可以求出在任何时间的徐变应变量 ε_c。正与温度应力分析相似，我们可将 ε_c 作为初应变，在总应变中扣除，重新分析，即可在计算中计入徐变所产生的应力重分布影响。这种利用初应变方法来处理土料的徐变影响，在原则上是简单的，但要这样做，便需记录整个应力历史，需要大容量的机器和长的计算时间，有时会达到不现实的程度。

5　土石坝的有限单元分析一：线弹性分析

将有限单元法用于土石坝分析的第一步，就是视土石坝的组成材料都是理想的线弹性体，只是各部位可采用不同的材料常数。如前所述，基岩可视为刚体处理，在计算中也不考虑材料的屈服和破坏。

将问题作如此简化后，土石坝的分析就与普通弹性体的分析相同了。因此，没必要作详细介绍。因为用有限单元法处理这一类问题，尤其是平面问题，我国已有丰富的经验和成果。但是，可以补充作以下一些说明。

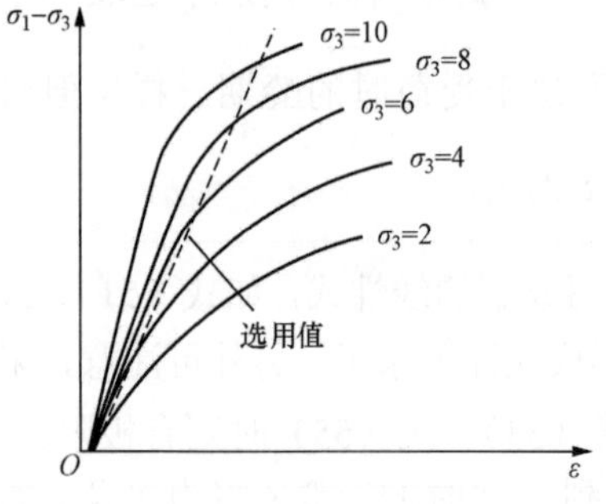

图 21

（1）各类材料的常数（E、ν 或 G、K）必须适当选用，这对成果有很大的影响。如前所述，土和砂砾料的 σ—ε 曲线实际上接近为双曲线型，而且还取决于侧限压力 σ_3。所以在选用材料常数时，应估计它们实际承受的 σ_3 和 $\sigma_1-\sigma_3$ 的大致范围，然后参考试验成果，取一平均而有代表性的值。由于坝体顶部、底部、内部和外部的应力状态有较大区别，所以宜将坝体划为几个区域，每一个区域各选用其合适的 E、ν 值。

在线弹性分析中，并未考虑固结问题，也就是按总应力法分析的。所以 E、ν 值也应代表材料（特别是黏土料）在不排水条件下的数

值。尤其在筑坝初期，黏土心墙的孔隙压力较高，如排水不畅，它的ν值将接近 0.5（即不可压缩），而且其总强度也很低。另外，坝壳在水下部分和水上部分也可用不同的常数。当采用分层加荷计算时，E、ν值可视固结进程予以调整。

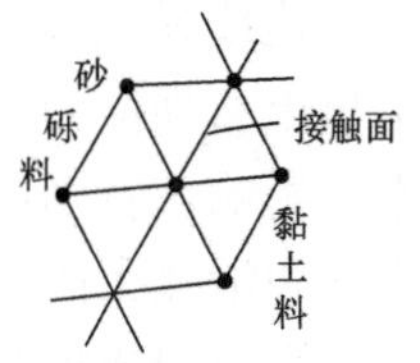

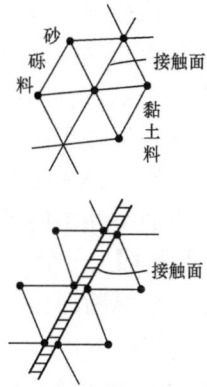

图 22

（2）不同材料的接触面，可以作为连续边界处理，也可以作为接触边界处理。对于前者，接触面两侧的单元体在接触面上有共同的结点，互相刚接，成为一体。对于后者，接触面两侧的单元体可以发生单位滑移（当接触面上的剪应力超过相应抗剪强度时），所以接触面上的剪应力不能超过$c-f\sigma$，这个条件可由计算机来检查调整，或在接触面之间设置一组“接触单元”来实现（见图 22）。理论上讲，在不同材料间按接触面处理比作为连续面处理要合理些，特别是接触面上的摩擦系数较小时更是这样。但其影响程度则随具体算例有较大的区别。

（3）土石坝所受的荷载主要是自重及上游面库水压力。对于自重，可按各分区材料的容重（水下部分的砂砾料用浮重）计算各单元的重量，换为结点上的集中力。对于水压力可化为作用在斜墙（心墙）表面及内部结点上的集中力。

土石坝总是逐渐填筑而成的，因此在计算自重应力时，为了更切合实际，可根据实际施工程序，划为几个阶段进行（分层加荷分析），而不是将整个坝体重量瞬时加到全断面上（一次加荷分析），参见图 23。对于每一阶段，则近似假定该部分的坝体是瞬时完成的，计算证明，对于水平应力和变形值，是否按分层加荷处理对成果是有影响的，同时，各部位的材料常数(E、ν)也可在各次分析中加以调整。通常取 5～10 个阶段分析已足。

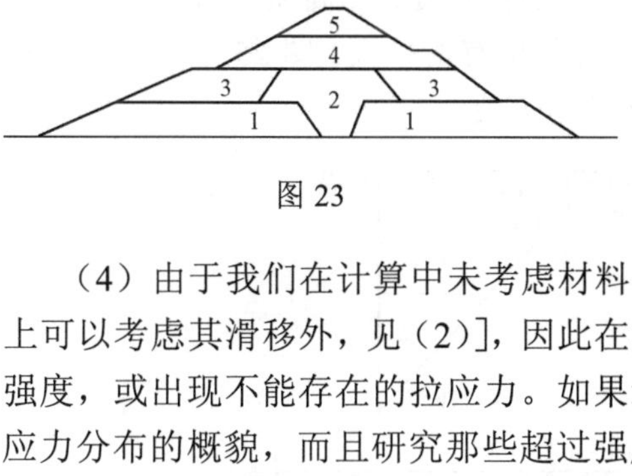

图 23

（4）由于我们在计算中未考虑材料的屈服或破坏问题［除了在不同材料的接触面上可以考虑其滑移外，见（2）］，因此在算出的成果中个别单元的应力可能超过其剪切强度，或出现不能存在的拉应力。如果这些单元是个别的，那么所得成果仍代表坝体应力分布的概貌，而且研究那些超过强度的单元的位置和应力值，有助于了解坝体将在何处开裂或进入塑性状态，以及发生这些情况的可能性的大小。如果要进一步探讨这个问题，则在计算中必须考虑材料的屈服和破坏问题。为此，要对每一“超强”单元进行应力转移或采用弹塑性单元。但是这种计算往往结合材料的非线性性质处理（见第 6 节）作为近似的线弹性体分析，我们一般不作此项考虑，但有时可作一“无拉分析”。即假定材料不能受拉，在出现拉应力的单元上将不能承受的拉应力予以转移。在调整过程中，如出现新的受拉单元则继续转移，直到不再出现拉应力为止。这时所获得的应力分布将更接近实际情况，而被调整过的受拉单元区，也就是最可能开裂的部位。

（5）在线弹性分析中，土料及砂石料一般按各向同性体处理。当然如有必要（例如河床内的天然冲积层具有明显的各向异性特征时）也可按各向异性体处理，唯须进行专门试验来测定其不同方向的常数，而这一点是不容易做到的。

上述线弹性分析当然是近似的，但比之列维方法或毕晓普的计算已是大有进展。它给出土石坝应力分布的概貌，反映了坝体体型、地基、不同材料和施工顺序对应力分布的影响，特别能指出可能开裂及进入塑性状态的部位，可以估计坝体各点的强度安全性和滑弧上的安全系数以及给出许多其他有用的资料。如果材料的弹性常数用得合适，则所得成果有时与实测值也很接近。

下面举几个例子。

【例 1】 一个 V 形峡谷，边坡坡角为 45°，填筑了 100m 高的均质土坝。顺坝轴面切取一个纵断面作为平面弹性问题处理。有限元的网格如图 24 所示，对此，进行以下一些计算研究。

（1）在填筑过程中岸坡拉应力区的发生和变化。令坝体是均质土坝，$E=392\text{kg/cm}^2$，$\nu=0.3$，$\gamma=2.16$。假设土能受拉，坝体分 10 层填筑到顶。在填筑第 2 层后，发现坝肩处有一个单元在自重作用下受拉，最大拉应力为 0.02kg/cm^2。但填筑到第 4 层后，在上层土重压力下该处拉应力消失，而转移到第 4 层顶坝肩处两个单元中受拉，其值为 0.46kg/cm^2 及 0.11kg/cm^2（见图 25）。继续加高时，情况也一样，即拉力区通常发生在坝肩和基岩的接触处，加高坝体后下层拉力区消失而上层出现新的拉力区，而且其范围和拉应力值也有所扩大。图 25 中（b）～（d）分别所示填筑第 6、8、10 层时的拉应力范围和拉应力值。

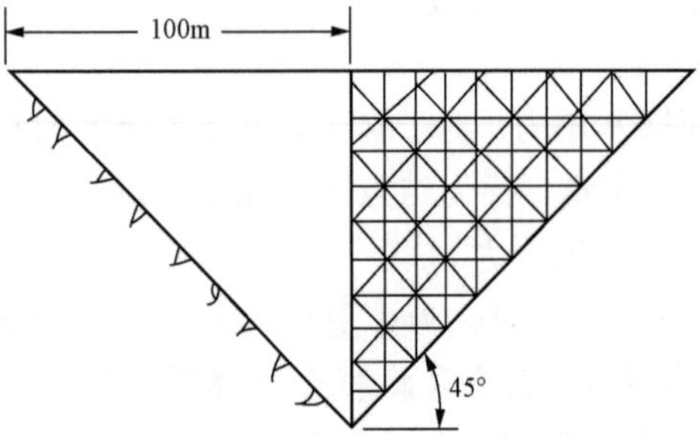

图 24

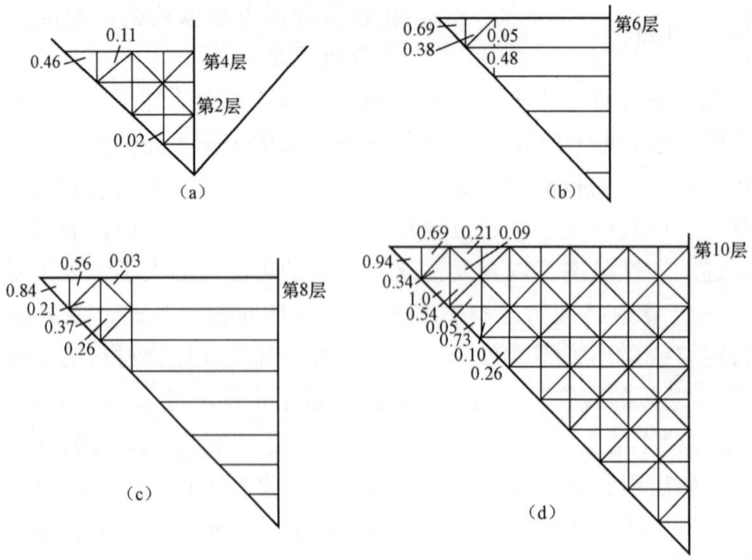

图 25

这一计算可用来研究岸坡坡度、形状和土料弹模对坝肩拉应力区的影响。计算证明，放缓坡度，或在坝肩采用塑性较大的土料（或在接触面上铺一层这种土料），可以大大减小拉力区范围和拉应力数值。当然，减低土料的弹性模量往往同时降低了土料的强度。但在很多情况下这样做还是有利的。

（2）“无拉分析”的影响。在上例中，用有限单元法计算了分 10 层填筑到顶后的应力，并绘成等主应力线图，如图 26 中实线所示。在坝肩处 σ_3 为负值，表示该处受拉。现在假定坝体不能受拉，而进行“无拉调整”，则等应力线改如图 26 中虚线所示。可见，第一主应力 σ_1 基本上不受影响，第三主应力 σ_3 在局部（坝肩处）有较大影响。两种计算对垂直沉陷 v 也无显著影响。

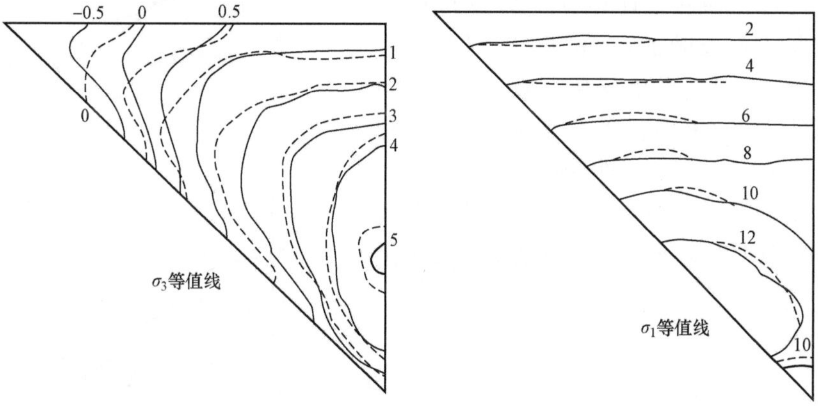

图 26

（3）多层分析和一次分析的影响。上例的均质土坝，若按一次加荷分析以及按分层计算（分 5、10、20 层计算），其成果是不同的。以坝顶上产生的最大水平拉应力 σ、水平拉应变 ε，以及垂直轴上最大沉陷 v 作为比较标准，则该三值与分层计算的层数 n 的关系见图 27。计算中采用的数据为 $E=200$，$\nu=0.35$，$\gamma=1.9$。

从图 27 可见，分层越多，这三个值都越小，但分到 10 层以上，影响就不显著了。此外，分层对 v 的影响不大。所以，一般土石坝如能分 10 层计算，足以反映施工过程对应力和变位分布的影响。

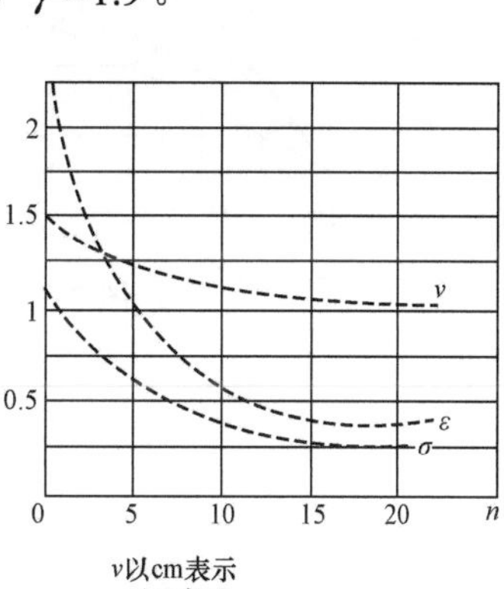

图 27

【例 2】 空间分析与平面分析的比较。在某 V 形峡谷中修建一心墙坝。坝高 100m，坝顶长 200m，心墙部分顶宽 10m，两边坡度 1:10。堆石部分为 1:2 坝坡（如图 28 所示，图中仅示坝体的 1/4）。设心墙的 $E_c=200$，$\nu=0.35$，$\gamma=1.9$，坝壳 E_s 与 E_c 之比为 0.1～10，试分析其应力。

本情况由于峡谷狭窄为一空间问题，以采用空间有限元法分析较为合理。空间元块的分割如图 28 中所示。另外，顺坝轴线切取最大断面进行平面分析以供比较。计算均按自重一次加荷进行。

首先令 $\dfrac{E_c}{E_s}=1$，即为均质坝。在自重作用下求其应力分布。以坝顶上的水平应力 σ_x 为比较对象，按三向及两向问题求得的 σ_x 各以虚线及实线示于图 29（a）中，可见在坝肩处为拉应力，河中心处为压应力。两种成果相差不大，按空间问题求解时应力值稍小（见图 29）。

但是当 $\dfrac{E_c}{E_s}\neq 1$ 时，两种算法的成果便有所出入。在按平面问题计算时，E_s 与 E_c 值不同的影响是无法反映的，而按空间问题计算时，这一影响可以清楚地反映出来。图 29（b）中示 E_s 远小于 E_c 的情况（$E_s=20$），可见此时 σ_x 值有很大增加。反之，图 29（c）中示 E_s 远大于 E_c 的情况（$E_s=2000$），此时 σ_x 又大大减低。图 30 中表示最大拉应力随 E_c/E_s 的变化情况。

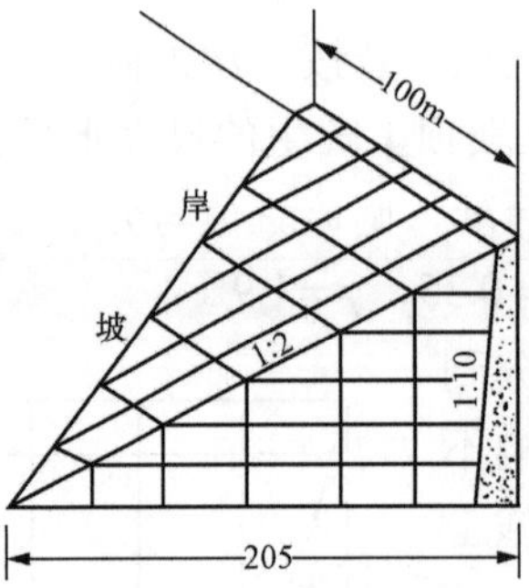

图 28

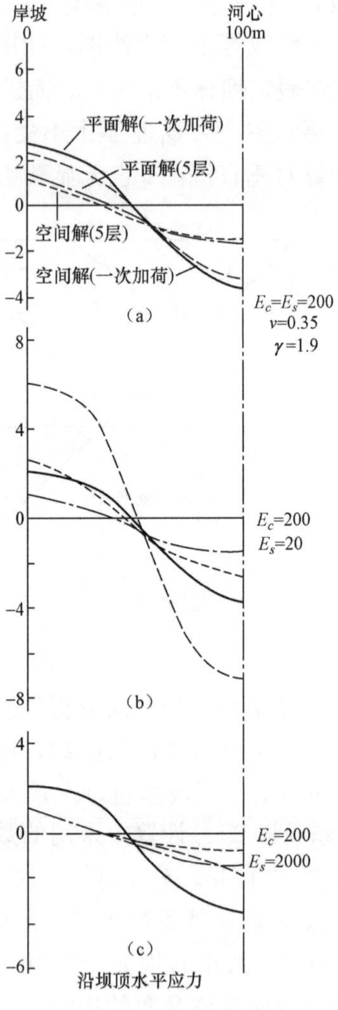

图 29

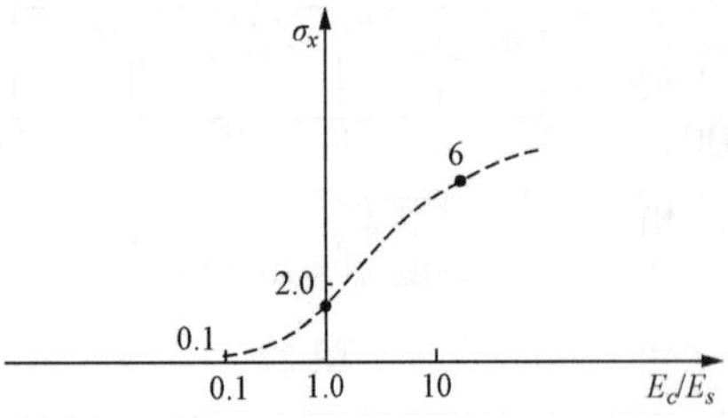

图 30

关于坝顶上的沉陷量 v 亦已算出以供比较。当 $E_c/E_s=1$ 时，按空间或平面问题计算的区别仍然不大（见图 31）。

应注意以上成果都是按自重一次加到坝体全断面上的。考虑施工过程作分期计算后，σ_x 要大大减小。例如上例若按五期加高计算，则相应的 σ_x 将如图 29 中细线所示。

按线弹性理论一次加荷分析时，有时在坝体内

（特别是两坝肩）会出现较大的拉应力。这当然值得注意，并应设法消除或改善。但可注意到：①若考虑施工顺序改为分期计算，拉应力将减小；②考虑了材料的非线性影响后，拉应力也要减小；③改变 E_c 或 E_s 值，常可使应力状态得到改善。

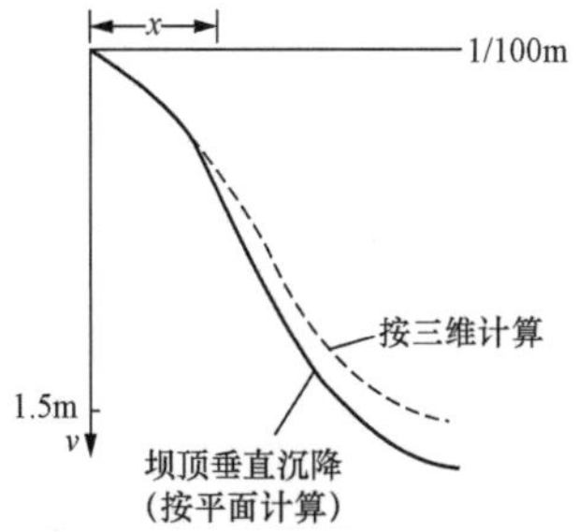

图 31

【例 3】 某心墙堆石坝高 159m，修建在 15m 厚的砂卵石覆盖层上，峡谷近似为 V 形，坝体典型断面如图 32 所示。为研究该坝产生裂缝的可能性，清华大学用平面有限元法分析了其纵横剖面。分析纵剖面时，设心墙为等厚，未考虑坝壳的影响，按平面应力问题处理，纵剖面共划为 756 个单元，418 个结点，目的是研究不同土料及岸坡形状对坝肩拉力区的影响和探索应力分布规律。

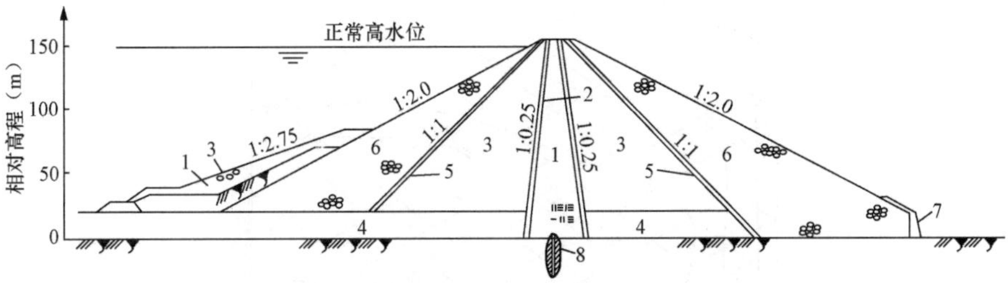

图 32

1—心墙、斜墙黏土或黏土与砂砾石的混合料；2—反滤料；3—坝体砂砾石；4—基础砂砾石；5—小粒径堆石过渡层；6—堆石体；7—混凝土挡墙；8—帷幕灌浆

根据现场情况，心墙土料或可采用纯黏土，或可采用掺有 35%砾石的混合料（下面简称为红掺料）。后者弹性模量较高，性能较好，应尽量采用。图 33、图 34 中分别表示全部采用红掺料和下部 2/3 采用红掺料、上部 1/3 采用纯黏土两种方案的纵断面上 σ_2 等值线图。观图可知：①两坝肩均存在拉力区，与一般的线弹性分析结论相似；②岸坡较陡的一侧，拉应力值也较高；③心墙上部 1/3 改用弹性模量较低的黏土后，坝肩拉力区和拉应力值显著变小，但岸坡较陡一侧在交界部位出现一较低的拉应力区。如果采用拱形分界线，此拉应力区可以基本消除。应注意，由于计算是一次加荷分析，亦未考虑弹塑性影响，故算出的拉应力是偏大很多的。计算中采用的土料 E、ν 值亦示于图中。

其次，切取坝体横断面进行分析（按平面应变问题处理）。心墙部位划为 285 个单元，坝壳划为 802 个单元，共 595 个结点。进行横剖面分析的目的是研究不同的心墙及坝壳材料对应力分布的影响。经初步计算发现，心墙及其附近坝壳砂砾料的弹模之比 $(K = E_{砂} / E_{心})$ 对应力分布影响最大。共研究了十几个计算方案，表 2 中示其中四种方案的参数。这四种方案的 K 值各为 0.5、1.3、2.5、5.0。部分分析成果示于图 35～图 39 中。分析这些成果可以看出以下几点。

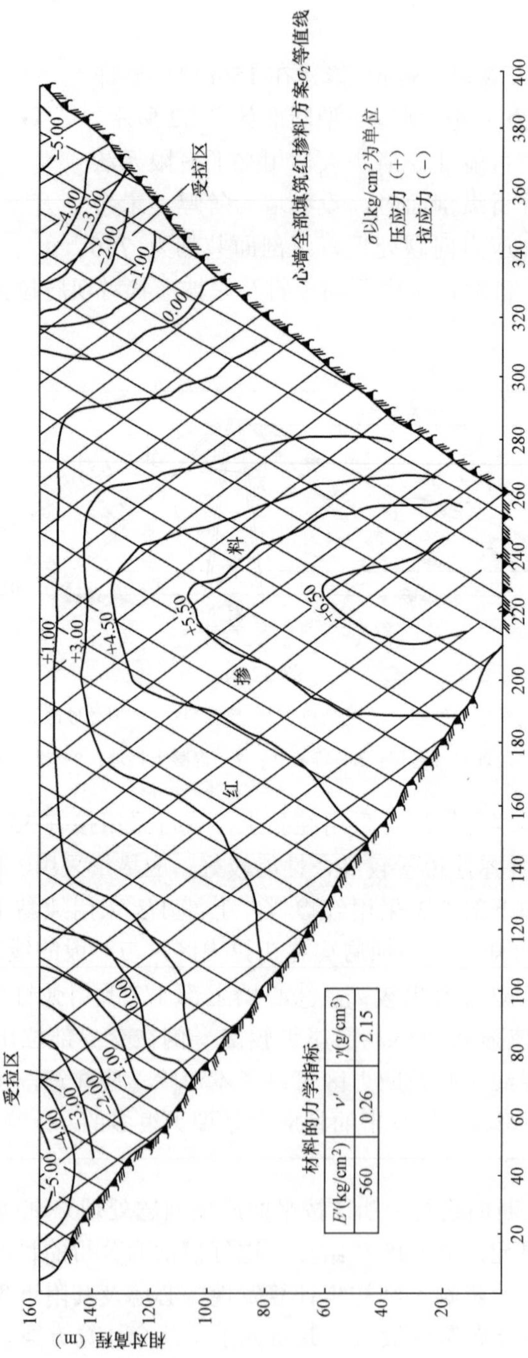
心墙全部填筑红掺料方案σ_2等值线
σ以kg/cm²为单位
压应力（+）
拉应力（-）
受拉区
受拉区
红
掺
料
+1.00
+3.00
+4.50
+5.50
+6.50
0.00
-1.00
-2.00
-3.00
-4.00
-5.00
相对高程（m）
材料的力学指标
| E(kg/cm²) | ν' | γ(g/cm³) |
| 560 | 0.26 | 2.15 |

图 33

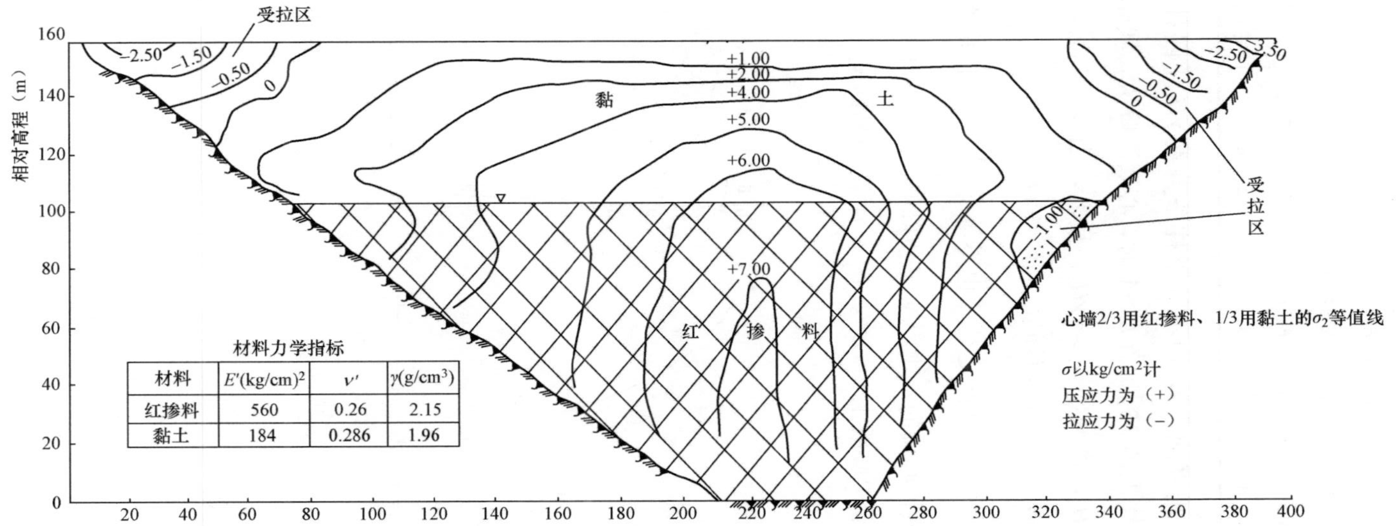

材料力学指标

材料	$E'(kg/cm)^2$	ν'	$\gamma(g/cm^3)$
红掺料	560	0.26	2.15
黏土	184	0.286	1.96

图 34

表 2

方案	坝体砂砾料	心墙	堆石
Ⅱ$_5$	$E=300$，$\nu=0.3$，$\gamma=2.0$	$E=600$，$\nu=0.35$，$\gamma=2.15$	$E=1000$，$\nu=0.3$，$\gamma=1.85$
Ⅱ$_4$	$E=800$，$\nu=0.3$，$\gamma=2.0$	$E=600$，$\nu=0.35$，$\gamma=2.15$	$E=1000$，$\nu=0.3$，$\gamma=1.85$
Ⅱ$_{2a}$	$E=1500$，$\nu=0.3$，$\gamma=2.0$	$E=600$，$\nu=0.35$，$\gamma=2.15$	$E=1000$，$\nu=0.3$，$\gamma=1.85$
Ⅱ$_{6a}$	$E=1500$，$\nu=0.3$，$\gamma=2.0$	$E=300$，$\nu=0.4$，$\gamma=2.15$	$E=1000$，$\nu=0.3$，$\gamma=1.85$

（1）一般情况下，垂直应力σ_y均不等于柱条自重γH［四种方案心墙中心线上$\sigma_y/(\gamma H)$随坝高变化曲线见图 35］。当$K>1$时，心墙沉降大，坝壳对心墙起了支托作用，所以心墙的$\sigma_y<\gamma H$，坝壳的$\sigma_y>\gamma H$。反之，当$K<1$时，心墙除自重外，还受坝壳下沉影响，故其$\sigma_y>\gamma H$，而坝壳的$\sigma_y<\gamma H$。

（2）水平应力σ_x与垂直应力σ_y之比ξ也不等于$\dfrac{\nu}{1-\nu}$。k值增大，心墙的σ_y减小，所以ξ值增大。K值降低，心墙的σ_y增大，ξ值降低。K的变化是影响坝体应力的一个重要因素（四种方案心墙中心线上σ_x/σ_y、σ_y、σ_x随坝高的变化曲线分别如图 36～图 38 所示）。

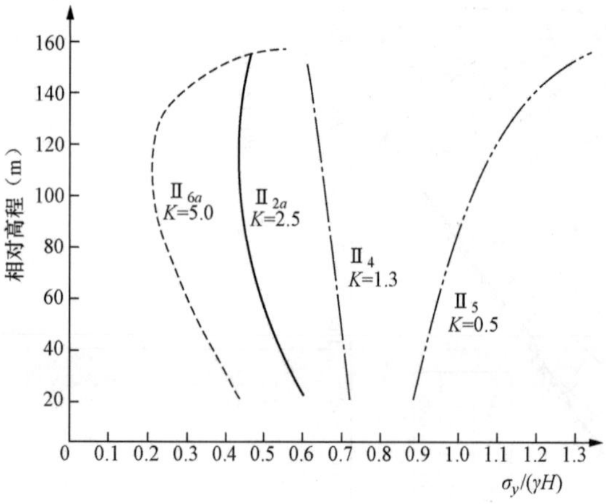

图 35

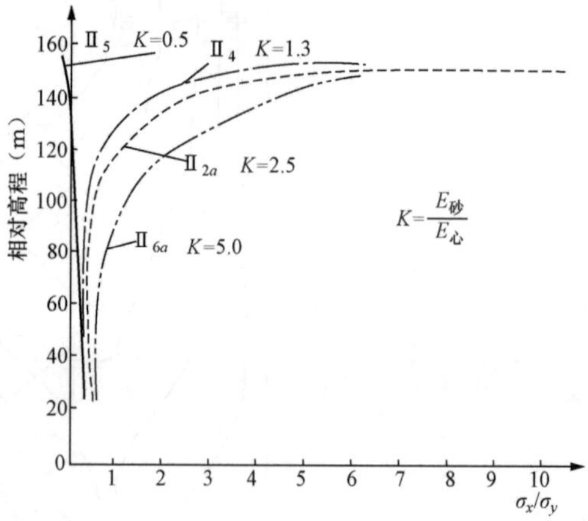

图 36

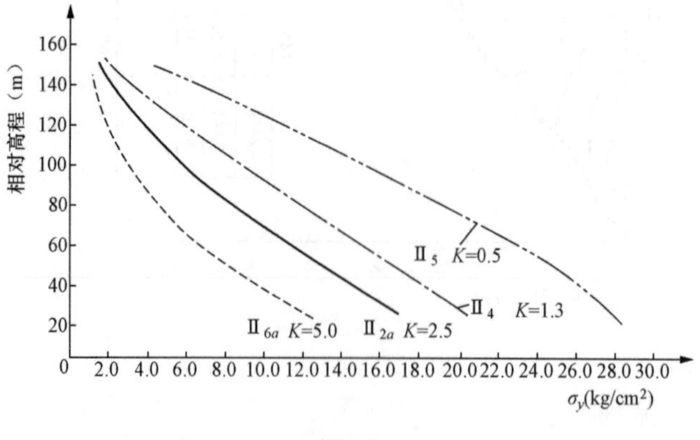

图 37

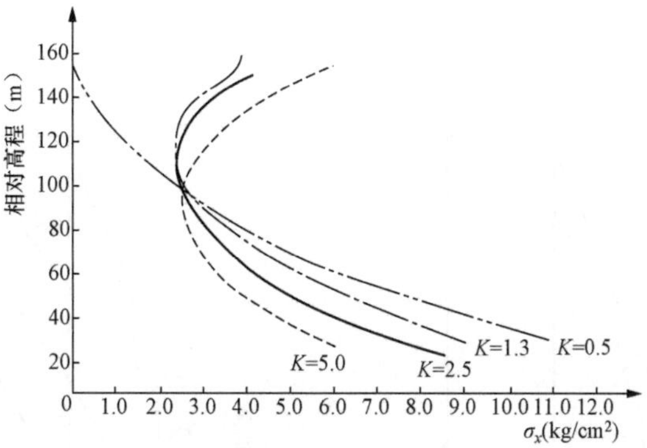

图 38

（3）K 值过大或过小，都容易产生裂缝，K 值过小，坝高 3/4 以上部位 σ_x 很小，甚至出现拉应力。这是心墙顶部出现纵向裂缝的重要原因之一。K 值过大，则心墙自重大部为坝壳支承，心墙的 σ_y 过小，在顶部尤为明显。再考虑孔隙压力的影响，心墙有出现水平裂缝的危险。

图 39 所示为方案 $\text{II}_{6a}\,(K=5.0)$的坝体横断面 σ_1、σ_2 等值线图。

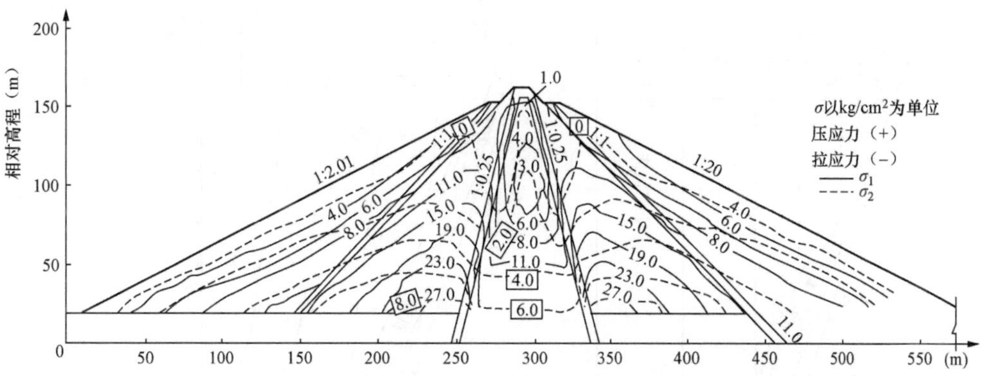

图 39

从上面所举例题可知，线弹性分析虽是一种近似处理法，但也能提供很多有价值的资料，特别是预测或验证土石坝发生开裂的部位。近几年来，我国有关单位利用这一简单分析做过不少分析研究。例如图 40（a）中示一辗压式黏土斜墙坝，最大坝高 58m，坝基砂卵石覆盖层深 50m，采用混凝土墙防渗。先完成临时防汛断面，然后补坡加高到设计断面。施工期中在坝顶部位出现裂缝，为了研究开裂的原因，以及研究补坡到设计断面后的应力分布情况，北京市水利局和清华大学对此进行了线弹性有限单元分析。该坝的典型横断面和有关指标均见图 40（a）。分析后得第二主应力如图 40（b）所示。可见，坝体内除防渗墙插入斜墙部位附近出现拉应力外，在斜墙顶部也出现拉力区，该部位剪应力也超过抗剪强度。由于 σ_2 在表面为最大拉应力，向坝内递减为压应力。因此，如果开裂，也将是表面宽内部闭合。

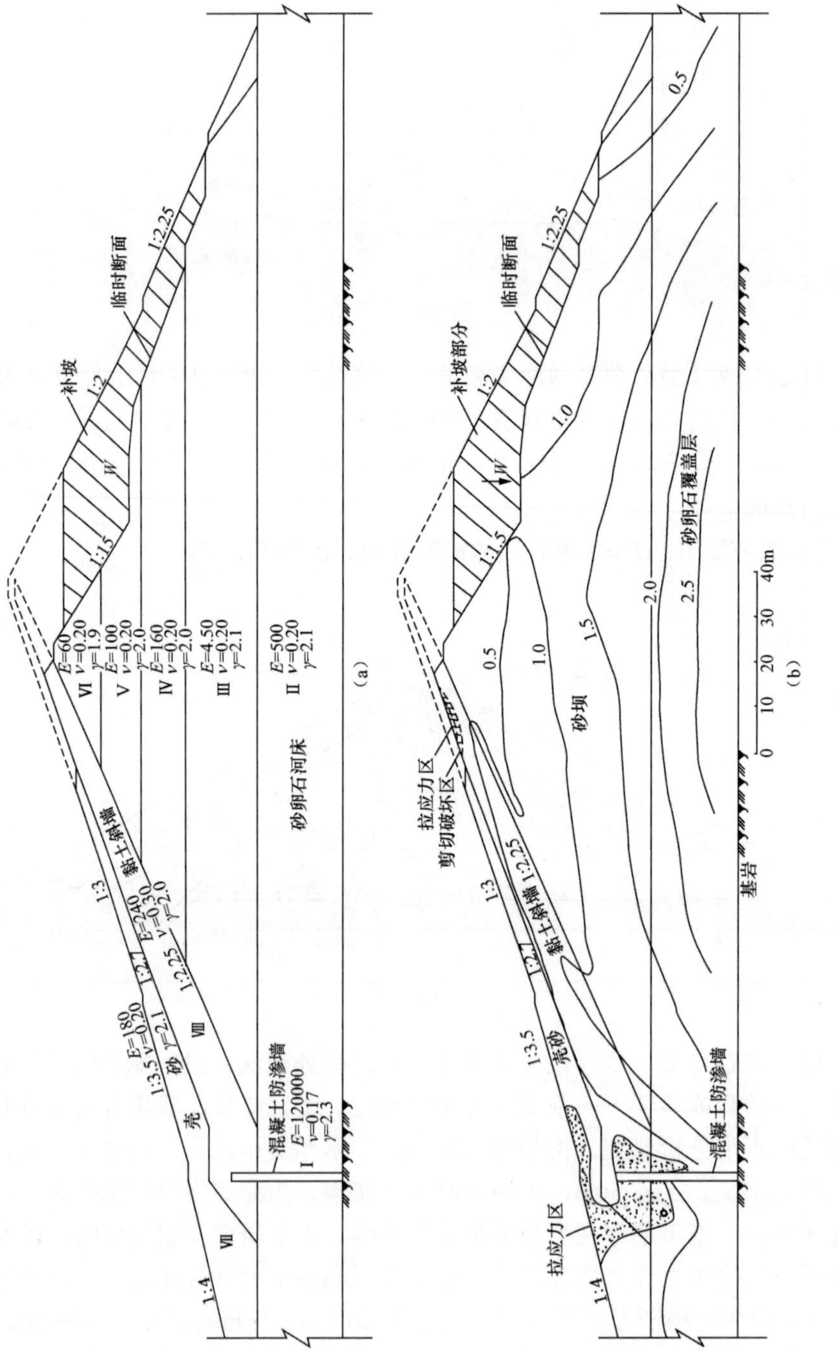
补坡
临时断面
1:2.25
1:2
1:1.5
W
E=60 ν=0.20 γ=1.9
Ⅵ
E=100 ν=0.20 γ=2.0
Ⅴ
E=160 ν=0.20 γ=2.0
Ⅳ
E=4.50 ν=0.20 γ=2.1
Ⅲ
E=500 ν=0.20 γ=2.1
Ⅱ
砂卵石河床
黏土斜墙
1:3
E=240 ν=0.30 γ=2.0
1:2.7
1:2.25
E=180 ν=0.20 γ=2.1
1:3.5
砂
壳
Ⅷ
混凝土防渗墙
E=120000 ν=0.17 γ=2.3
Ⅰ
Ⅶ
1:4
(a)
补坡部分
临时断面
1:2.25
1:2
1:1.5
W
0.5
1.0
1.5
2.0
2.5
砂卵石覆盖层
砂坝
拉应力区
剪切破坏区
黏土斜墙 1:2.25
1:3
1:2.7
1:3.5
壳砂
混凝土防渗墙
基岩
拉应力区
1:4
0 10 20 30 40m
(b)

图 40

图 41 为某水库副坝的典型断面，该坝是宽斜心墙坝，心墙填料为黏土、壤土或黏壤土，坝壳主要为砂砾料。在施工中，心墙断面被填成锯齿状。后来，在钻孔检查中发现，两个高程处有层厚度不等的稀软层。为研究出现这种情况的原因，长江水利科学研究院对该坝进行了线弹性分析（一次加荷）。经分析发现，由于心墙的变形模量较低，而且其断面成锯齿形，坝体中存在较大的拱效应，心墙的大主应力减低，在锯齿形断面附近出现了减压区，容易造成“水力开裂”。图 41 中并示出一种情况的计算成果，即在空库条件下的大主应力 σ_1（基本上为垂直应力）的等值线图，可以明显看出心墙主应力减小的现象，坝体各分区的变形模量亦示于图上。

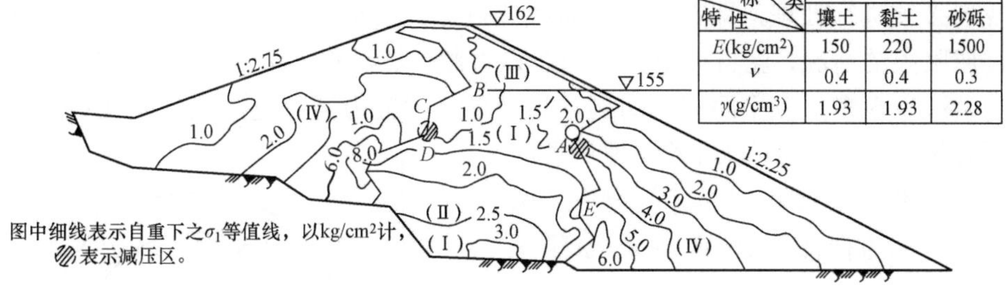

材料力学指标

指标 \ 土类 特性	心墙 壤土	心墙 黏土	坝壳 砂砾
E(kg/cm²)	150	220	1500
ν	0.4	0.4	0.3
γ(g/cm³)	1.93	1.93	2.28

图 41

6　土石坝的有限单元分析二：非线性分析

如果在计算中要考虑坝体材料的非线性影响，则材料的变形特性不再是常数，而为应力或变位状态的函数，所以不可能一次完成计算，必须结合坝体的修建过程以及蓄水过程，采用增量法并循序迭代修正才能得到成果。

首先，应拟定材料的计算模型，并通过试验或参考类似工程的经验确定各区材料的特性数。在第 3 节、第 4 节中介绍过土石料的两大类计算模型，即邓肯氏模型和弹塑性模型。目前较多采用的还是邓肯氏模型，故需确定 K、R、n、c、ϕ、G、d 等参数并存入计算机中。这样，当一个单元的应力状态知道后（已求得主应力 σ_1 和 σ_3），即可求出相应的 E_t、ν_t 值或 G、K 值。附录中汇集了国内外一些工程的材料参数值。

具体的分析方法有增量法、迭代法或混合法等。我们以图 42 为例，令 $ABCD$ 为第一计算层（河床覆盖层为 0 层），我们首先估定河床覆盖层中的初始应力，这可假定其垂直应力等于自重压力，水平应力等于某个侧压力系数乘以垂直应力，剪应力 τ 为 0。覆盖层中的原始位移 u 及 v 也为 0。由此可以算出覆盖层的初始常数 $(E_0)_0$、$(\nu_0)_0$（括弧内的脚标 0 指第 0 层，括弧外的脚标指第 0 阶段）。对于第一层 $ABCD$ 也可类似地拟定其初始常数 $(E_1)_0$、$(\nu_1)_0$。

然后将第一层的自重施加到相应结点上并进行有限单元分析，求出每一单元的应力增量后，叠加到初始应力中去得到第一阶段末的应力（*ABCD* 范围内的初始应力为 0），并由此求出第一阶段末的特性常数 $(E_0)_1$、$(\nu_0)_1$、$(E_1)_1$、$(\nu_1)_1$，将它们引入第二阶段分析之用（在第二阶段中，计算域也扩大，荷载则为第二层土重），以后各层的计算仿此。

这样的直接增量法分析虽然简单，但除非把增量取得很小，否则是不够精确的。为了提高精度同时又不使荷载级数过多，我们常常要采用一些改进的措施，例如“中点增量法”“迭代法”或混合措施。具体的做法将通过例题来说明。

按照上述步骤就可以对土石坝进行非线性分析。但是，在演算过程中常常会出现下述情况，即所算出的某些单元的应力状态已经超过屈服限，这是由于我们用分段直线来逼近非线性，如果荷载级较大，就会使某些单元出现不容许存在的应力状态。对此，我们必须进行处理，即在每一级荷载分析后，要检查各单元的应力状态，如果出现超过屈服限的情况，就将该单元应力予以调整，然后将“超余应力”重新进行分配。调整的做法也很多，以平面问题为例，当某单元的应力圆超过库伦破裂线后，我们就将其应力状态从 $\{\sigma\}$ 修改为 $\{\sigma'\}$，使后者的应力圆与库伦破裂线相切，并假定应力圆中心和主应力方向都不变（见图 43），不难推得新的应力状态，为

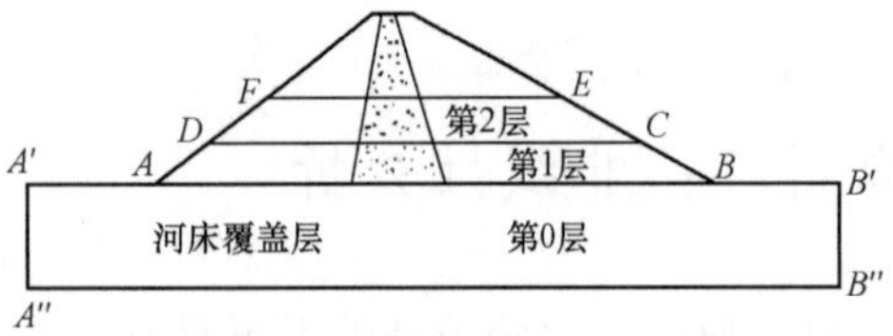

图 42

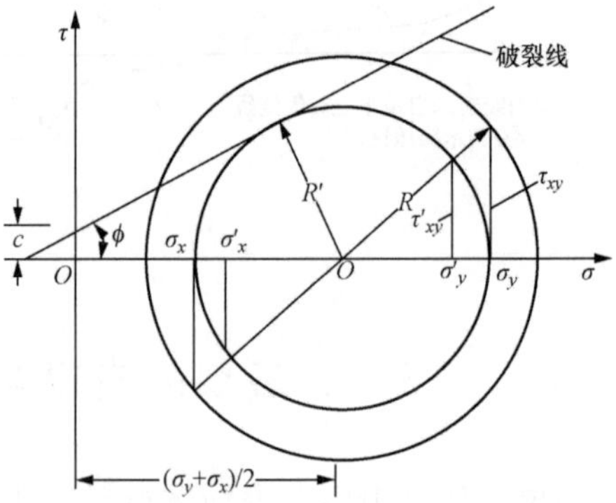

图 43

$$\sigma'_x = \frac{\sigma_y + \sigma_x}{2} + \left(\frac{\sigma_y - \sigma_x}{2}\right)\frac{R'}{R}$$

$$\sigma'_y = \frac{\sigma_y + \sigma_x}{2} - \left(\frac{\sigma_y - \sigma_x}{2}\right)\frac{R'}{R}$$

$$\tau'_{xy} = \tau_{xy}\frac{R'}{R}$$

式中

$$R' = \frac{\sigma_x + \sigma_y}{2}\sin\phi + c\cdot\cos\phi$$

$$R = \sqrt{\left(\frac{\sigma_y - \sigma_x}{2}\right)^2 + \tau_{xy}^2}$$

然后将超余应力 $\{\sigma\}-\{\sigma'\}$ 作为不平衡外力，予以转移。这种处理法虽不能认为精确，但因其简单，在实用上常被采用（更简单的做法是仅转移拉应力，即进行无拉分析）。如果要更精确地处理这个问题，则宜改变计算模型，即按弹塑性模型分析。

图 44 中示一修建于峡谷内的心墙堆石坝以及单元划分情况，心墙及坝壳材料假定符合邓肯氏规律，其特性数如表 3 所示。

表 3

坝料	γ	c	ϕ	R_f	K	n	d	G	F
坝壳	2.1	0	42°	07	1000	0.5	6	0.32	0.14
心墙	2.1	1.63	6°	0.95	550	0.35	0.5	0.44	0.02

图 45～图 50 是横断面分析成果，包括大、小主应力等值线 σ_1、σ_2，最大剪应力 τ_{max} 的等值线，剪切比（抗剪强度利用率）s 等值线以及垂直位移 v、水平位移 u 等值线。图中实线为平面分析成果，虚线为空间分析成果。图 51～图 54 是纵断面空间分析成果，也包括 σ_1、σ_3、τ_{max}、s 和 u、v 的等值线。图中实线为心墙中的值，虚线为坝壳。分析这些成果可以看出，在横断面上三维方法算出的坝底心墙的 σ_1 比平面成果要小 40%，这显然是岸坡的影响，坝壳应力（近接触区）也小 17%，在上部则变化不大。三维方法求得的 σ_3 和 τ_{max} 也比平面成果小，但剪切比则相似。两种方法求出的垂直变位 v 相近，u 则稍有区别（三维成果较小）。在纵断面上，我们取两个断面，一个通过坝壳，一个通过心墙（靠近坝壳），可见坝壳中 σ_1 大（底部尤明显），心墙靠近岸坡处 σ_3 大。关于 τ_{max}，由于坝壳中 σ_1 大，故 τ_{max} 也大，在靠近边界处要比心墙大 3 倍，但坝壳的强度也高，所以剪切比相差并不多，心墙的值稍大些。垂直变位也差不多，心墙稍大，水平变位以心墙为大。利用三维分析，还算出了水平断面上的应力 σ_z，它在接触区有所集中，兹不详述。

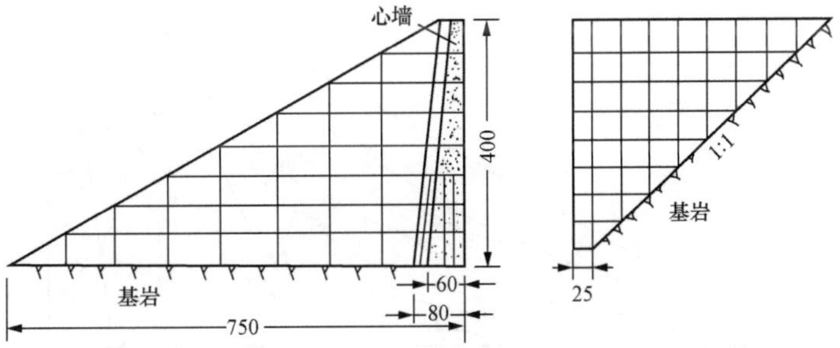

图 44

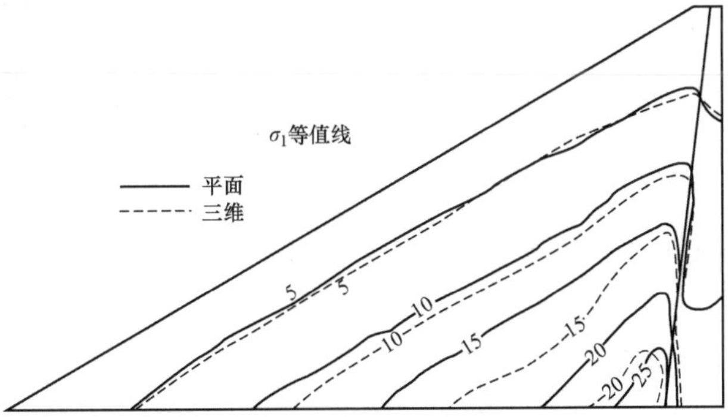

图 45

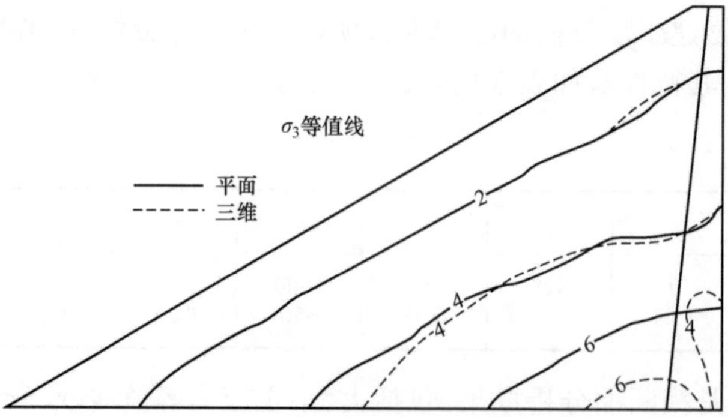

图 46

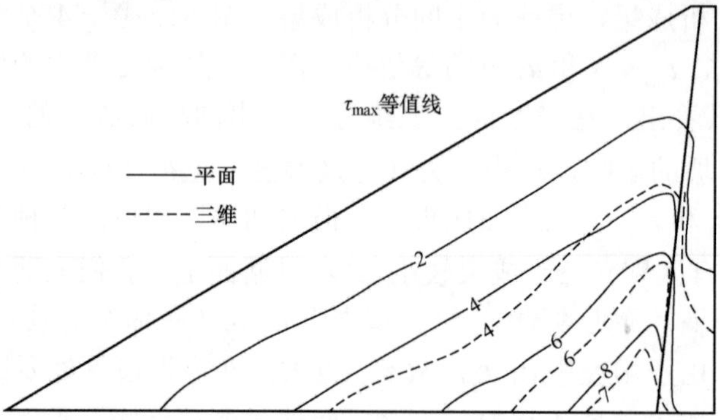

图 47

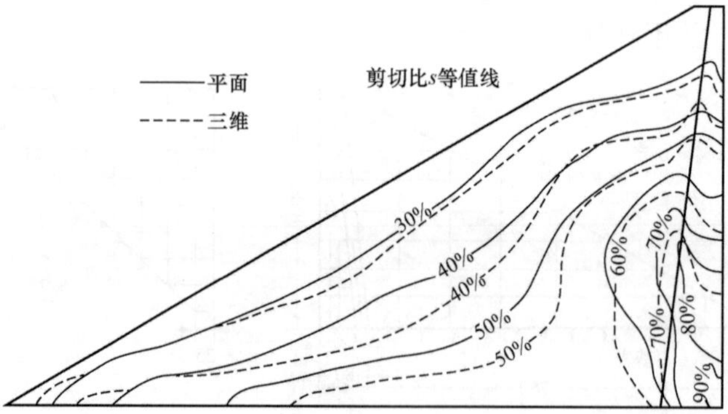

图 48

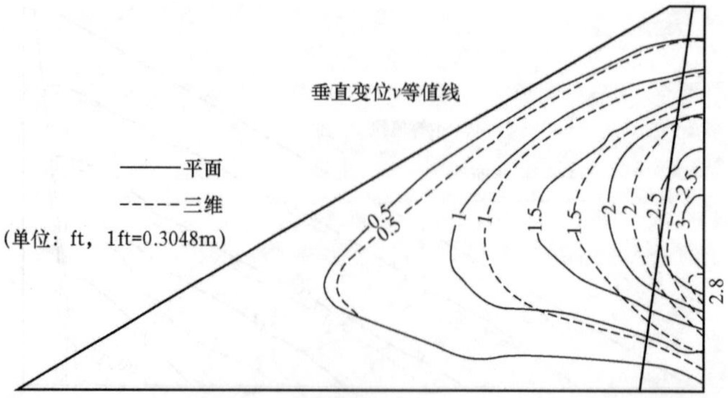

图 49

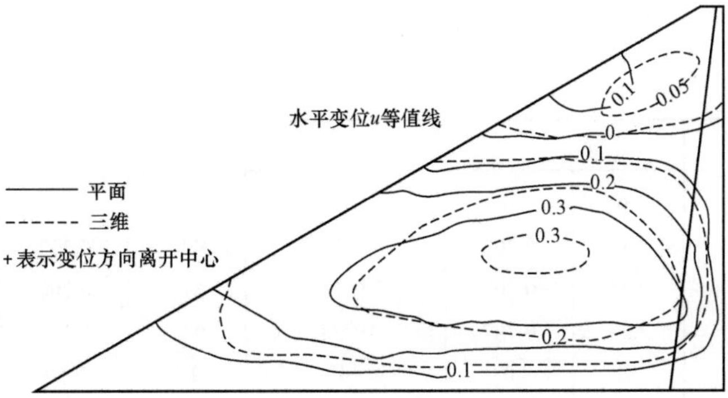

图 50

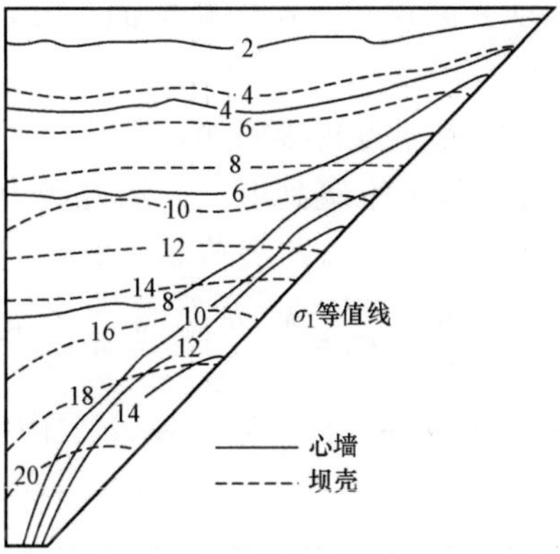

图 51

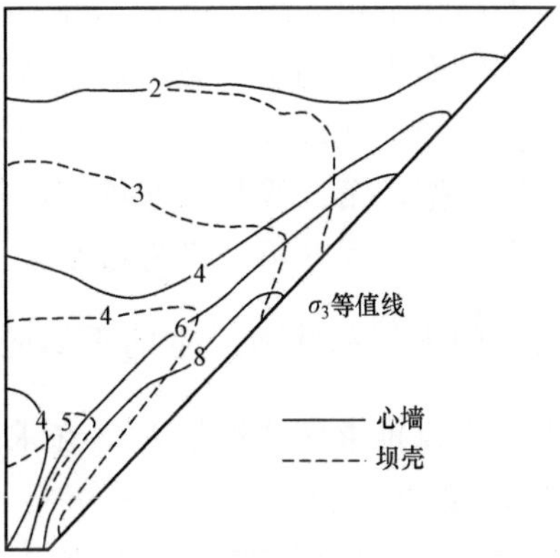

图 52

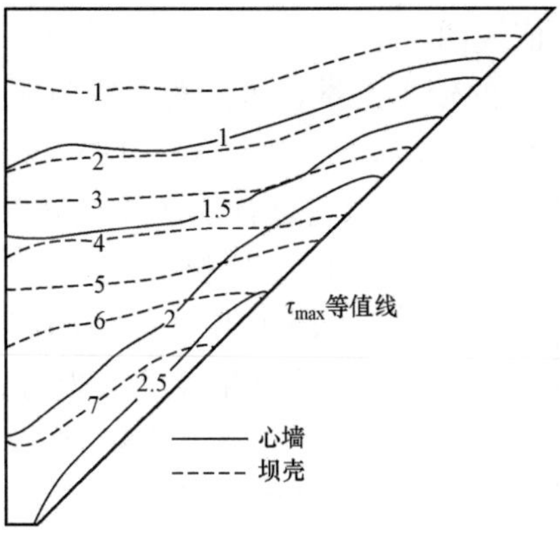

图 53

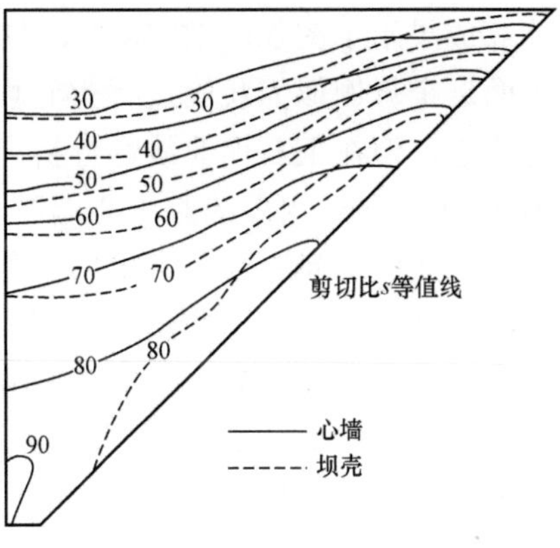

图 54

华东水利学院和甘肃省水利局对某水库的沥青混凝土心墙坝作了非线性分析，得到很好的成果。该坝最大坝高 58m，坝顶长 304m，顶宽 7m，底宽 313m（坝体断面示意见图 55)，心墙为沥青混凝土，坝壳为戈壁滩砂砾料，经试验，它们的应力应变关系都近似可用邓肯氏理论表示，最后采用的计算指标如表 4 所示。

表 4

材料	指标						
沥青混凝土	γ	c	ϕ	K	n	R_f	ν
上部	2.35	0.707	19°28′	400	0.292	0.85	0.49
中部	2.35	0.707	19°28′	611	0.206	0.82	0.49
底部	2.35	0.707	19°28′	937	0.236	0.90	0.49
砂砾料	2.1	0	44°	1180	0.50	0.73	0.27
黏土	1.6	0.24	24°20′	73	0.73	0.76	0.32

计算中采用任意四边形等参数单元（最后分析，如采用三角形单元或由三角形单元组成的四角形单元更合适）。计算中曾在心墙和坝壳间设置一维的接触面单元，但后来发现接触面上错动量很微，后来就取消了接触面单元。

计算按增量法进行，将自重荷载划为八级，水压力划为两级施加，共十级。第一级是基坑开挖，第二级是围堰堆筑，第三～八级为从基坑堆筑到坝顶，第九级为库水蓄到一半左右高程，第十级为蓄水至坝顶。在每级荷载下，以前级荷载所算得的应力加上估算的本级荷载所产生的平均应力增量$\left(\Delta\sigma_1=\dfrac{\gamma h}{2},\ \Delta\sigma_3=\dfrac{k_0\gamma h}{2}\right)$作为本级荷载下的应力，用以推求切线模量 E_t 。在求 E_t 时，如 $\sigma_3 < 1\text{kg/cm}^2$ 时，即按 $\sigma_3=1$ 计算。另外泊松比 ν 取为常值。

对于计算中出现个别单元的应力超过屈服限时，将这些单元的应力 σ_x 和 τ_{xy} 进行调整（假定 σ_z 及主应力方向不变），使之满足临界条件，而将超余应力进行重分配。单元破坏后将弹性模量减为小值（1kg/cm^2）。在蓄水计算中考虑了坝壳的湿化影响。

计算成果示于图 56～图 58 中，包括几种等值线图。

上面这个算例似为我国进行土石坝非线性分析的较早尝试，虽然对一些问题的处理尚可改进，但在土石坝非线性分析上跨出了重要的一步。

图 59 中示某一水库的黏土心墙石渣坝。成都科技大学对它进行了非线性分析。分析中作为平面应变问题处理，采用三角形单元，荷载分八次施加。材料特性满足邓肯氏规律，但当 σ_3 减少到一定值后即取 E_i 为常量。具体计算方法采用中点增量法和中点增量迭代法。后者原理如下（参考图 60)，设本级荷载施加以前该单元的应力为 σ_i 。用 σ_i 计算供本级计算应力时使用的切线模量 $E_{t,\ i}$ 和 $\nu_{t,\ i}$ 。然后施加本级荷载的 1/2，用已算出的 $E_{t,\ i}$ 和 $\nu_{t,\ i}$ 计算该单元在半级荷载作用下的应力增量 $\Delta\sigma_{i,\ 1/2}$ 并和原有的应力 σ_i 相叠加；用叠加后的应力 $\sigma_i+\Delta\sigma_{i,\ 1/2}$ 去计算 $E_{i,\ i+1/2}$ 和 $\nu_{i,\ i+1/2}$，再从 σ_i 开始用 $E_{i,\ i+1/2}$ 和 $\nu_{i,\ i+1/2}$ 去重复计算新的 $\Delta\sigma_{i,\ 1/2}$，并重复上述步骤若干次，最后还是从原来的 σ_i 开始，利用最后求得的 $E_{i,\ i+1/2}$ 和 $\nu_{i,\ i+1/2}$ 施加本级全部荷载，算出应力增量 $\Delta\sigma_i$ ，并和 σ_i 叠加，即得在本级末时的应力 σ_{i+1} ，以后各级荷载仿此进行。

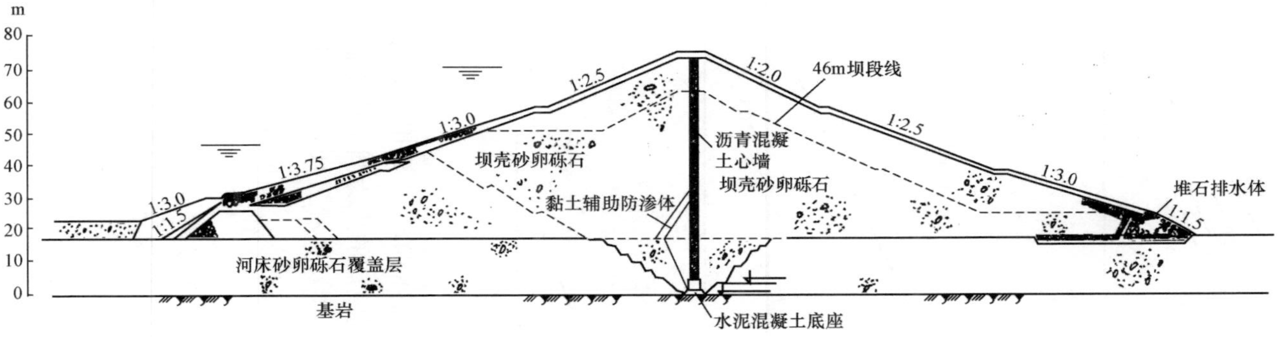
m
80
70
60
50
40
30
20
10
0
1:3.0
1:1.5
1:3.75
1:3.0
1:2.5
1:2.0
46m坝段线
1:2.5
1:3.0
1:1.5
坝壳砂卵砾石
黏土辅助防渗体
沥青混凝
土心墙
坝壳砂卵砾石
堆石排水体
河床砂卵砾石覆盖层
基岩
水泥混凝土底座

图 55

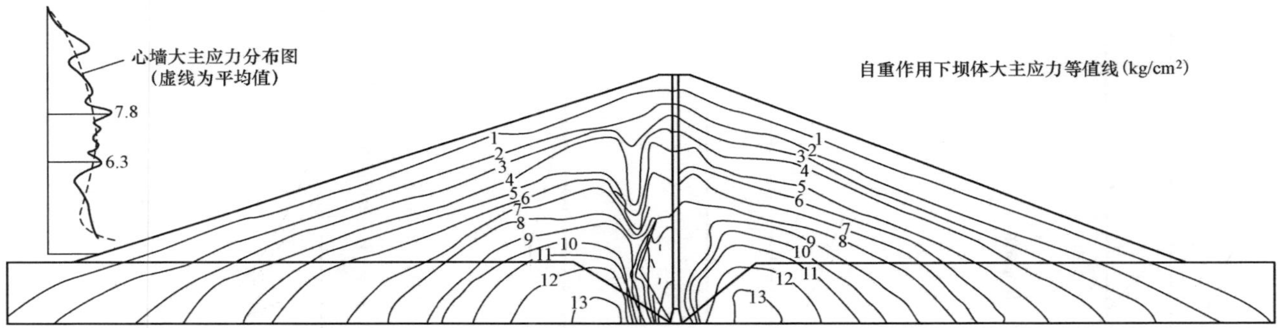
心墙大主应力分布图
(虚线为平均值)
7.8
6.3
自重作用下坝体大主应力等值线(kg/cm²)

图 56

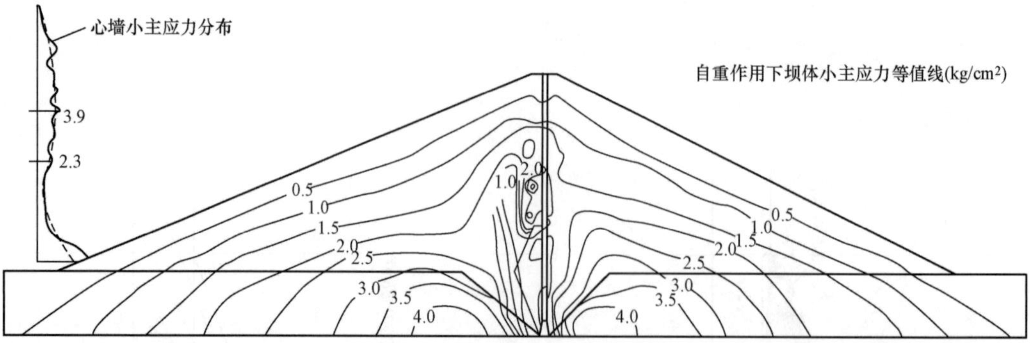

图 57

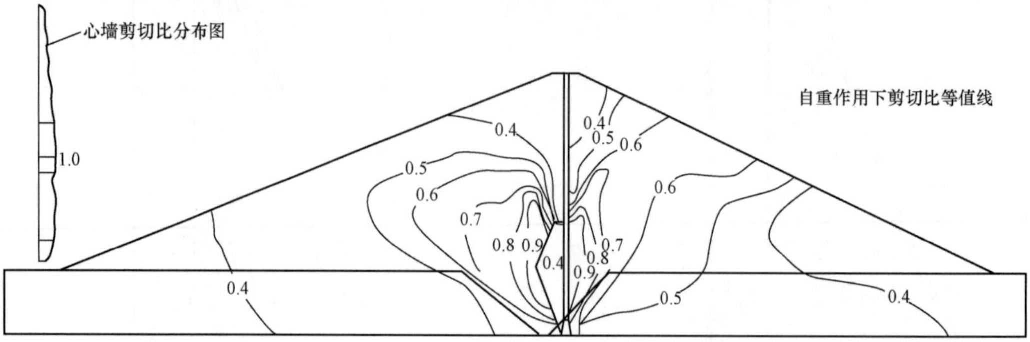

图 58

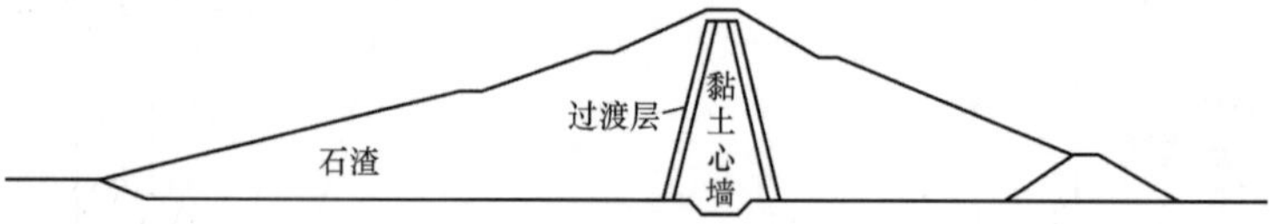

图 59

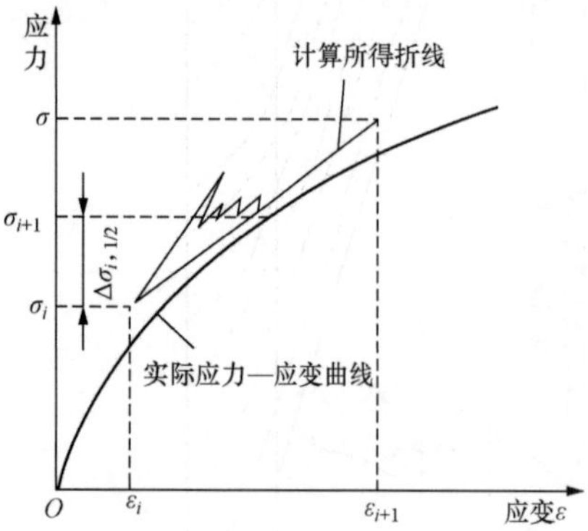

图 60

对于进入破坏状态的单元，采用“同心圆”原则调整应力，使调整后的应力圆与库伦破裂线相切。调整后进一步进行迭代，这种中点增量叠加法的缺点是计算时间较长，有时收敛不快或不收敛到唯一解。

根据分析成果，得到以下一些有意义的结论：

（1）不论是在自重作用下还是蓄水情况，坝内应力状况良好，横断面上任何部分未发生破坏，纵断面上仅局部有很小的拉应力。

（2）一次加荷或分级加荷对应力分布影响不大，但对位移值有较大影响，特别是对垂直沉陷的影响最为突出。

（3）本坝的过渡层比坝壳密实，心墙的刚度则最低，因此心墙两侧过渡层对心墙的拱托作用明显，竖向应力在过渡层处有明显的集中。集中程度取决于过渡层与心墙刚度之比，也取决于心墙两侧坡度。

（4）经分析比较，心墙位置以微倾上游为宜。

可参阅图 61～图 63。

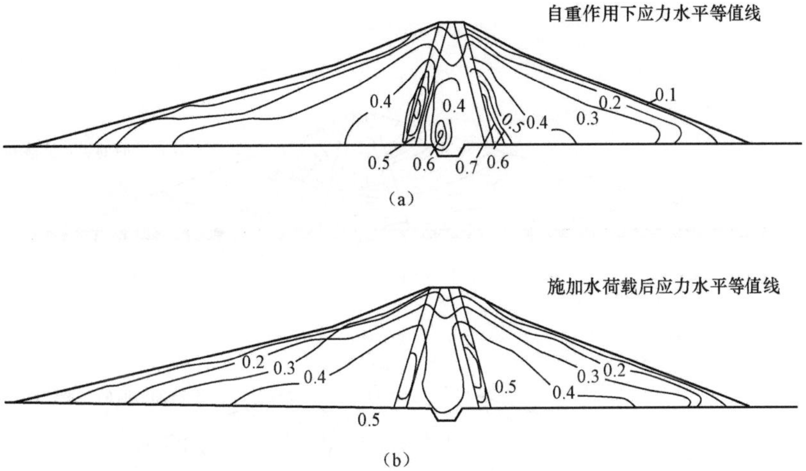

图 61

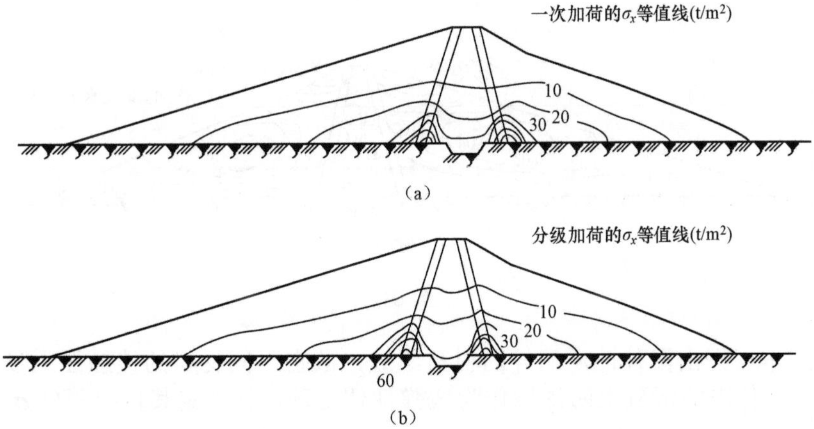

图 62

图 64 中示我国一座高土石坝，最大高度 101m，坝顶长 297.4m，坝体中部设有两道混凝土防渗墙。北京大学和水电部第五工程局对这座坝进行了非线性分析。材料特性基本上满足邓肯规律，材料常数通过试验测定，仅将 E_i 表达为 $E_i = 10K\left(\dfrac{\sigma_3 - \sigma_t}{10}\right)^n$，$\sigma_t$ 为土的抗拉强度，如 $\sigma_3 > \sigma_t$，则取 $E_t = 10\text{t/m}^2$，另外泊松比的表达式也写为 $\mu_i = G - F \times \log\left(\dfrac{\sigma_3 - \sigma_t}{10}\right)$，$\mu_t = \dfrac{\mu_i}{(1 - d\varepsilon_a)^2}$，当算出的 μ 值超过 0.495 或 $\sigma_3 > \sigma_t$ 时，则取 $\mu = 0.495$。

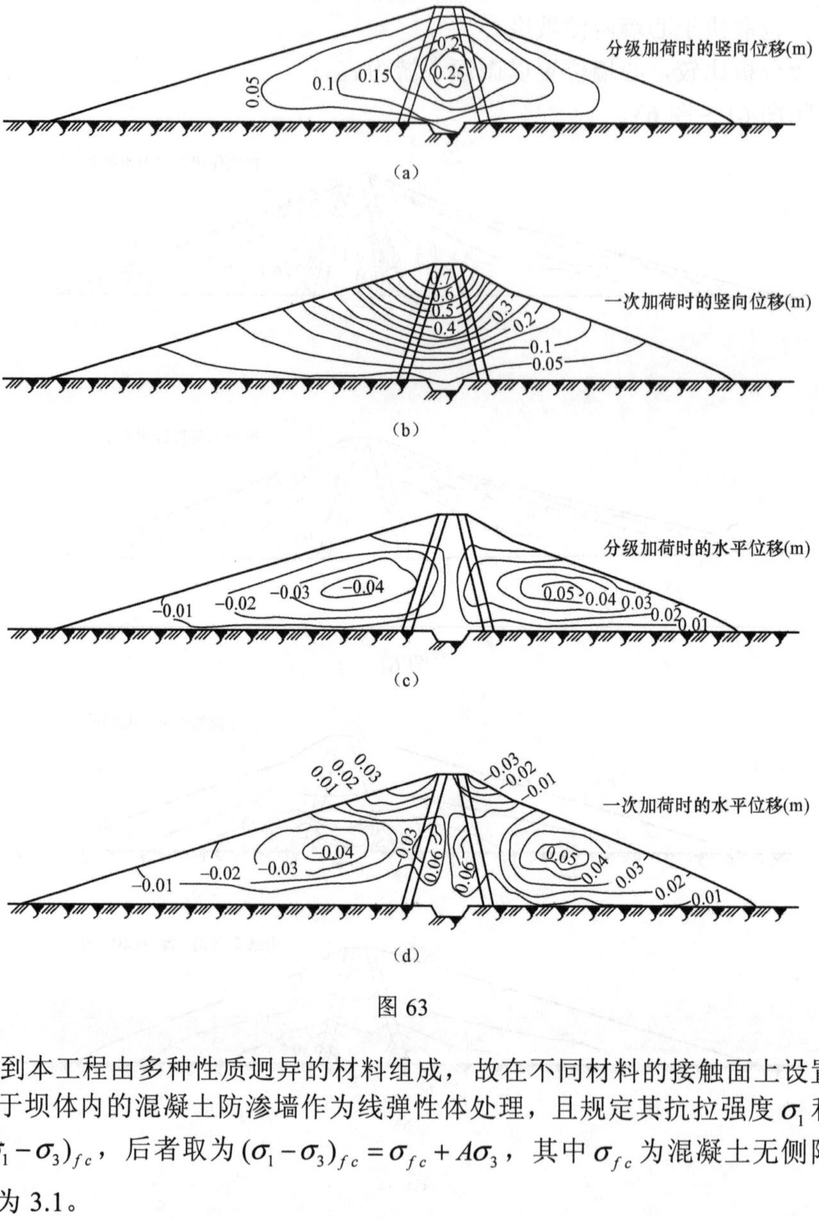

图 63

考虑到本工程由多种性质迥异的材料组成，故在不同材料的接触面上设置了接触单元，对于坝体内的混凝土防渗墙作为线弹性体处理，且规定其抗拉强度 σ_1 和破坏主应力差 $(\sigma_1-\sigma_3)_{fc}$，后者取为 $(\sigma_1-\sigma_3)_{fc}=\sigma_{fc}+A\sigma_3$，其中 σ_{fc} 为混凝土无侧限抗压强度，A 取为 3.1。

在分析中根据施工顺序分为 13 个阶段进行。每阶段假定一次完成，但求解时仍将这一阶段的荷载分 n 次比例增加以提高精度。具体讲，设某级施荷阶段的总外力为 $\{P\}$，先用外力的极小部分 $\{P/\mathrm{M}\}$ 作为每级新填土层的初始加载力，并假定其初始模量为小值 $E_t=10\times10^3\mathrm{t/m^2}$，$\mu_t=G'$，由此确定刚度矩阵并计算 $\{\Delta\varepsilon_0\}$ 和 $\{\Delta\sigma_0\}$ 然后把余下的外力分为 n 次比例加载，第一次比例加载力为 $\{P_1\}=\left\{\dfrac{P}{n}\left(1-\dfrac{1}{M}\right)\right\}$，相应的模量由 $\{\Delta\sigma_0\}$ 确定，由此算出刚度矩阵，再解出 $\{\Delta\varepsilon_1\}$ 和 $\{\Delta\sigma_1\}$，令 $\{\sigma_1\}=\{\Delta\sigma_0+\Delta\sigma_1\}$，再由此确定模量供分析第二次比例加载用，直到本阶段算完为止。

图 65 中示本坝分析的一些成果。研究所得成果，可以得到以下一些结论：

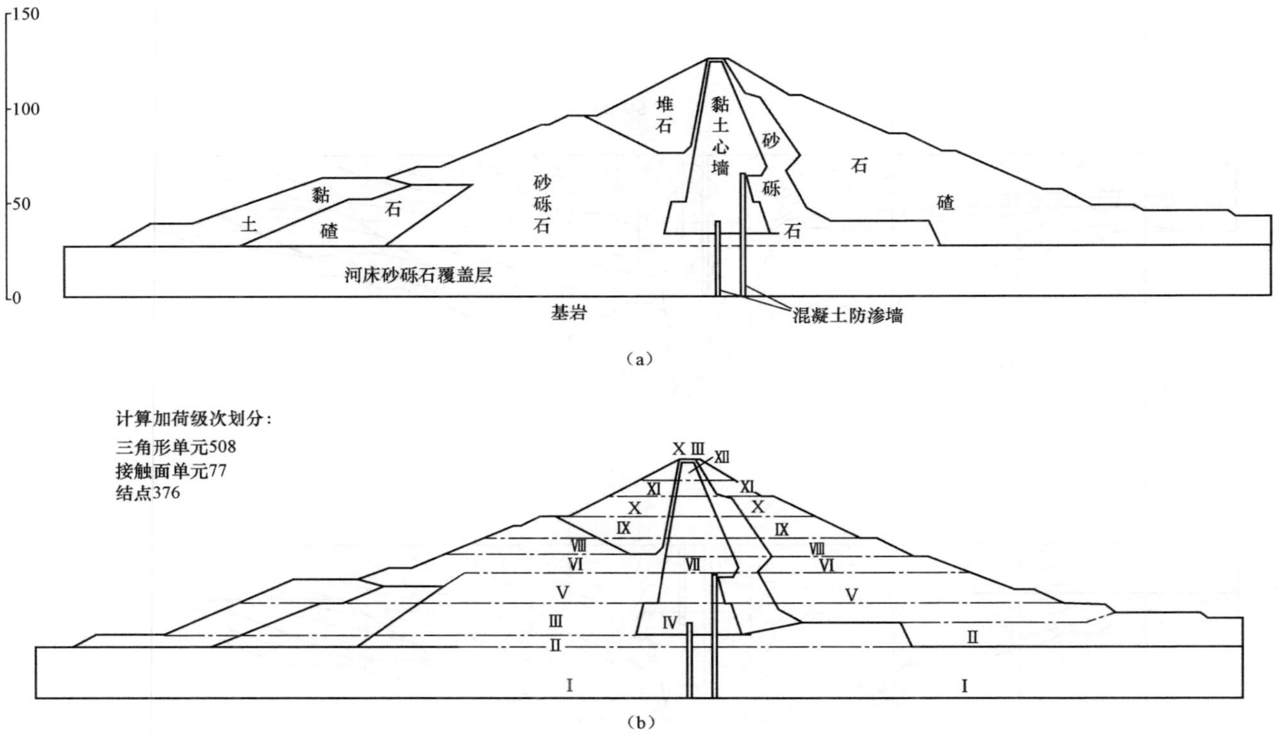
150
100
50
0
堆石
黏土心墙
砂砾
石
石碴
黏土
石碴
砂砾石
河床砂砾石覆盖层
基岩
混凝土防渗墙
(a)
计算加荷级次划分：
三角形单元508
接触面单元77
结点376
X Ⅲ
Ⅻ
Ⅺ
X
Ⅸ
Ⅷ
Ⅵ
Ⅶ
Ⅴ
Ⅲ
Ⅳ
Ⅱ
Ⅰ
(b)

图 64

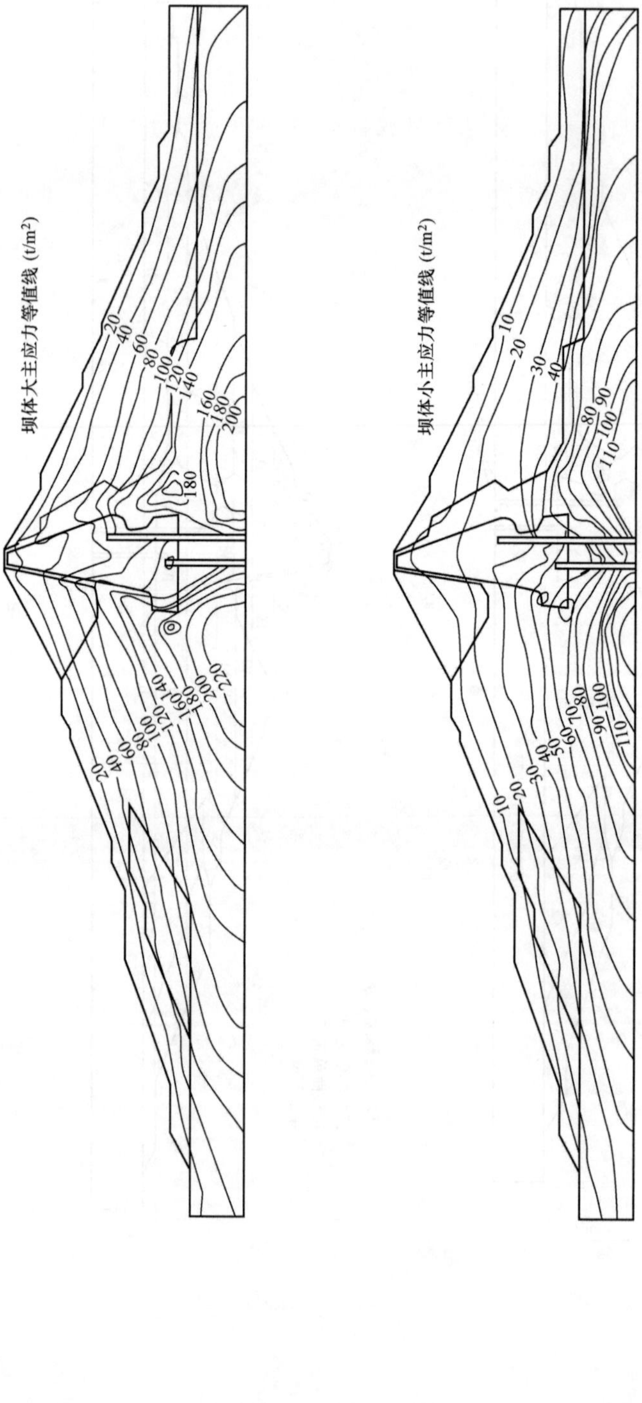

坝体大主应力等值线 (t/m²)

坝体小主应力等值线 (t/m²)

图 65

（1）材料常数的大小直接影响计算成果。在最后阶段，坝壳的模量底部大，顶部小（泊松比则在底部略小），心墙的模量以中部为低。

（2）坝体垂直位移随离开边界的距离而增大，最大值发生在黏土心墙中部（151cm）。水平变位两侧各向上下游移动，以下游侧的变位为大，两道混凝土防渗墙均向下游变位。

（3）砂砾石和黏土接触面上的错动量不大，但混凝土防渗墙与相邻的砂砾石或黏土间的错动较大。这是由于两种材料刚度相差悬殊所致。在两道防渗墙顶部，等应变线密集，最大垂直压应变和水平拉应变均达到2%的量级。

（4）坝体大小主应力均随埋深而增加，但心墙受到两侧坝壳的承托作用，其应力明显低于坝壳。在心墙两侧形成应力集中区，混凝土防渗墙中的应力则远高于心墙和坝壳，这些都同预期情况相符合。防渗墙中最大压应力达 200kg/cm^2 的量级，小主应力的规律性不佳，恐系单元划分和单元形态不理想所致。

（5）整个坝体的应力水平在坝壳中一般均小于 0.5，心墙及其两侧均大于 0.5，在防渗墙顶部局部地区材料已进入塑流状态。混凝土防渗墙也已达到极限状态。

7　土石坝的有限单元分析三：考虑固结影响

在第 5 节、第 6 节的分析中，都没有涉及孔隙压力问题。对于不存在孔隙压力或孔隙压力影响不大的坝，按此分析已可得出必要的资料（例如：对于设有刚性斜墙或心墙的堆石坝，以及用沥青混凝土防渗的堆石坝）。对于土坝和堆石坝中的黏土心墙（斜墙）部分，上述计算属于总应力分析法的范畴。即，分析中的应力，对于黏土料而言，是指土骨架应力及孔隙压力之和。黏土的材料常数，指在不排水条件下总应力—变位间的关系常数。算出总应力后，也应该和黏土的不排水剪强度相比以了解其安全度。由于土坝在修建和运行过程中，孔隙压力不断变化，故总应力分析法对于有孔隙压力的土石坝来讲只能是一种近似处理法，它不能分别给出土的有效应力和孔隙压力，不能给出这两者随时间的变化过程，也不能得出更精确的安全度。对于重要的土石坝，特别是土料固结很慢、强度很低时（例如坝基有淤泥层），这种分析法就不能认为满意。

下面简述考虑固结问题的合理计算方法。设想黏土体中某一单元 ijm，在某一时刻 t，单元内的位移场为 $U(x,\ y)$，相应的结点位移（排成列矩阵）为 $\{\delta\}$。单元内还存在孔隙压力场 $P(x,\ y)$，相应的结点孔隙压力（排成列矩阵）为 $\{p\}$。单元体内还承受外载，转化为相应的结点外力为 $\{f\}$，在时刻 t，$\{\delta\}$、$\{p\}$、$\{f\}$ 三者是相适应的。

设想经过了一微小时段 Δt 后，单元承受的外载有了变化，即 $\{f\}$ 有一增量 $\{\Delta f\}$。另外由于渗流作用，孔隙压力也起了变化，即 $\{p\}$ 有增量 $\{\Delta p\}$，相应的结点位移有增量 $\{\Delta\delta\}$。现在要考察 $\{\Delta\delta\}$、$\{\Delta p\}$ 和 $\{\Delta f\}$ 的关系。

当结点位移有增量 $\{\Delta\delta\}$ 时，相应产生结点力增量 $\{\Delta f_1\}$，其关系可写为矩阵形式 $\{\Delta f_1\}=[k]\{\Delta\delta\}$。同样，当结点孔隙压力有增量 $\{\Delta p\}$ 时，相应产生结点力增量 $\{\Delta f_2\}$，可写为 $\{\Delta f_2\}=[k']\{\Delta p\}$。由平衡条件得

$$[k]\{\Delta\delta\}+[k']\{\Delta p\}=\{\Delta f\} \tag{61}$$

在式（61）中 $\{\Delta f\}$ 是已知外载增量，而 $\{\Delta p\}$ 及 $\{\Delta\delta\}$ 为未知量。可见仅由平衡条件不足以解题。为此必须补充下述条件，即对于饱和土体，在时段 Δt 中单元体积的压缩量要等于被排出的水量。

当单元结点位移产生增量 $\{\Delta\delta\}$ 后，单元体积将有所变化，将变化量分配在各结点区，并排成列矩阵 $\{\Delta V\}$，则可写为 $\{\Delta V\}=[h']\{\Delta\delta\}$。其次，在孔隙压力场 P 的作用下，于时段 Δt 中将有孔隙水从单元中排出。将通过各结点区的排出水量排成列矩阵 $\{\Delta Q\}$，可有 $\{\Delta Q\}=[H]\{p\}$。另外，在时段 Δt 内孔隙压力的增量 $\{\Delta p\}$ 也将产生渗水量 $\{\overline{\Delta Q}\}=\dfrac{1}{2}[H]\{\Delta p\}$（假定在 Δt 时段内 Δp 从 0 渐增到最终值），则由体积协调条件，可有

$$[h']\{\Delta\delta\}+[H]\{p\}+[H]\frac{\{\Delta p\}}{2}=0 \tag{62}$$

联立解式（61）和式（62），我们可以得出 $\{\Delta\delta\}$ 及 $\{\Delta p\}$ 值，与原来的 $\{\delta\}$ 及 $\{p\}$ 累加后，得到该时段末的 $\{\delta\}$ 及 $\{p\}$ 值，并作为下一时段的起始值。仿此继续分析下去。[k]、[k']、[H]、[h'] 等均为单元的特性矩阵，可由单元的几何及物理性状求得。例如，对于最简单的平面三结点三角形单元，假定 U 及 P 都是线性函数，则不难求出如下的特征矩阵：

[k] ——这就是在普通有限单元分析中的单元刚度矩阵（6×6 方阵），其公式在许多文献中均可找到，不列举。公式中的材料特性 E、ν 等可以为常数（线弹性体），也可以为变数，逐时段改变（弹塑性体）。

[k'] ——这是指维持单位结点孔隙压力所需的结点力，为 6×3 矩阵。

$$[k']=\frac{1}{6}\begin{bmatrix} b_i & b_i & b_i \\ c_i & c_i & c_i \\ b_j & b_j & b_j \\ c_j & c_j & c_j \\ b_m & b_m & b_m \\ c_m & c_m & c_m \end{bmatrix} \tag{63}$$

$$\begin{aligned} &b_i=y_j-y_m \qquad b_j=y_m-y_i \qquad b_m=y_i-y_j \\ &c_i=x_m-x_j \qquad c_j=x_i-x_m \qquad c_m=x_j-x_i \end{aligned} \tag{64}$$

注意 [k'] 中每一列 6 个系数之和为 0，即维持结点孔隙压力所需的三个结点力自呈平衡，这是当然的。

[h'] ——单位结点位移引起的结点区压缩量，容易求得，为

$$[h']=-\frac{1}{6}\begin{bmatrix} b_i & c_i & b_j & c_j & b_m & c_m \\ b_i & c_i & b_j & c_j & b_m & c_m \\ b_i & c_i & b_j & c_j & b_m & c_m \end{bmatrix} \tag{65}$$

可注意 [h'] = [k']^{T}。

[H] ——在 Δt 时段内、在单位孔隙压力作用下产生的通过结点区边界的排水量

矩阵，其形式为

$$[H]=\frac{-\Delta t}{4A\gamma_{\rm w}}\begin{bmatrix} k_x b_i b_i + k_y c_i c_i & k_x b_i b_j + k_y c_i c_j & k_x b_i b_m + k_y c_i c_m \\ \text{对} & k_x b_j b_j + k_y c_j c_j & k_x b_j b_m + k_y c_j c_m \\ & \text{称} & k_x b_m b_m + k_y c_m c_m \end{bmatrix} \tag{66}$$

式中：k_x、k_y 为沿 x、y 方向的渗透系数；A 为三角形单元的面积；$\gamma_{\rm w}$ 为水的容重，在吨米制中可置为 1。

我们将式（61）及式（62）合并，并将列矩阵重排后，可以写成如下较整齐的形式

$$\begin{bmatrix} [g]_{ii} & [g]_{ij} & [g]_{im} \\ [g]_{ji} & [g]_{jj} & [g]_{jm} \\ [g]_{mi} & [g]_{mj} & [g]_{mm} \end{bmatrix} \begin{Bmatrix} \begin{Bmatrix} \Delta u_i \\ \Delta v_i \\ \Delta p_i \end{Bmatrix} \\ \begin{Bmatrix} \Delta u_j \\ \Delta v_j \\ \Delta p_j \end{Bmatrix} \\ \begin{Bmatrix} \Delta u_m \\ \Delta v_m \\ \Delta p_m \end{Bmatrix} \end{Bmatrix} = \begin{Bmatrix} \begin{Bmatrix} \Delta f_{xi} \\ \Delta f_{yi} \\ \Delta H_i - H_{0i} \end{Bmatrix} \\ \begin{Bmatrix} \Delta f_{xj} \\ \Delta f_{yj} \\ \Delta H_j - H_{0j} \end{Bmatrix} \\ \begin{Bmatrix} \Delta f_{xm} \\ \Delta f_{ym} \\ \Delta H_m - H_{0m} \end{Bmatrix} \end{Bmatrix} \tag{67}$$

式中

$$[g]_{ns}=\begin{bmatrix} [k]_{ns} & & -b_n/6 \\ & & -c_n/6 \\ \dfrac{-b_s}{6} & \dfrac{-c_s}{6} & \dfrac{-\Delta t}{8A_{\gamma_w}}(k_x b_n b_s + k_y c_r c_s) \end{bmatrix} \tag{68}$$

$$H_{0r}=-\frac{\Delta t}{4A\gamma_{\rm w}}\sum_{s=i,j,m}(k_x b_r b_s + k_y c_r c_s)p_{0s} \tag{69}$$

其中 $[k]_{ns}$ 为刚度矩阵中的对应项，而 ΔH_i 等是指在坝内设有排水措施或在时段内有外界水量进入计算域中的相应值，一般为 0。

可注意，在国外最初发表的有关文献中，位移场系假定为二次函数而孔隙压力场则为线性函数。这样做应力及孔隙压力都为线性函数，比较合理。但单元体为 6 结点的三角形单元，刚度矩阵较繁。我国南京水科所的同志将它改为上述简化形式。优点是特性矩阵简化了，缺点是应力与孔隙压力表达式在单元内不同阶，而且时段 Δt 的不同选择对计算成果有影响。

从上面的叙述可知，要解决土体的固结计算问题，必须联合解决土体的变形和孔隙水的渗流这两个不同性质而关联在一起的问题，这就使得分析工作复杂化了。下面探讨几种分析方法。

（1）近似独立计算 p 法。列下整个计算域的平衡条件，为

$$[K]\{\Delta\delta\}+[K']\{\Delta p\}=\{\Delta f\} \tag{70}$$

如果式中$\{\Delta p\}$是已知值，我们就可解出$\{\Delta\delta\}$。当然，严格讲$\{\Delta p\}$应和$\{\Delta\delta\}$联立解出，但作为近似计算，我们可以用某些近似方法，将$\{\Delta p\}$独立算出，那么问题就简化为计算一系列的普通有限单元问题$[K]\{\Delta\delta\}=\{\Delta f\}-[K']\{\Delta p\}$了。

对于土石坝来讲，计算Δp的近似方法就是利用太沙基的一维固结理论，而且把它推广到二维问题上，即

$$C_v\left[\frac{\partial^2}{\partial x^2}+\frac{\partial^2}{\partial y^2}\right]p=\frac{\partial p}{\partial t}-\frac{\partial \theta}{\partial t} \tag{71}$$

其中$\frac{\partial \theta}{\partial t}$是由于外荷载的改变所产生的初始孔隙压力变化率，常假定即等于各点所受其上土柱重量的变率。用这个近似理论并应用有限差法可以算出土石坝在修建过程中每一时段p的分布场，由此并可求得每一时段$\{\Delta p\}$值，将此增量引入式（70）就可解算$\{\Delta\delta\}$。

这种算法的缺点：一是它的近似性。因为如前所述，$\{\Delta p\}$与$\{\Delta\delta\}$应联合解出，现在$\{\Delta p\}$却另用近似理论求解，解答中假定土体垂直应力即为其上土重，有一定误差。二是在计算$\{\Delta p\}$时，若用有限差法计算，则两套网格不一致，需插补为有限单元结点上并作为原始数据输入，很不方便。当然$\{\Delta p\}$也可利用有限单元网格进行电算（需另排一个程序），但既如此，不如采用更精确的方法了。

（2）$\{\Delta\delta\}$与$\{\Delta p\}$的接续校正法。采用这个步骤时，我们需编制两个子程序，一个可称为“结构程序”，一个为“渗流程序”。首先考虑结构程序，在式（61）中，有$\{\Delta\delta\}$及$\{\Delta p\}$两套未知值，故单从平衡条件不能求解，但如补充一个条件，即假定在变形过程中，各单元的体积应变已知，则就可解出$\{\Delta\delta\}$及$\{\Delta p\}$。已知$\{\Delta f\}$及指定的体积变化求解$\{\Delta\delta\}$及$\{\Delta p\}$的过程就是结构程序。另外考虑式（62），这里给定$\{p\}$及$\{\Delta p\}$后可以得出$\{\Delta\delta\}$从而得出体积应变，这是渗流程序。两套程序用相同的网格和相同的时间间隔 Δt 联在一起，这样就联立方程近似分解为两个既独立又关联的程序。具体演算时，首先假定第一时段中单元的体积应变为 0，从式（61）求出初始孔隙压力（相当于确定瞬时反应），再利用式（62）进行第一时段的渗流计算求出该时段内的体积应变，再将它输入结构程序中求出相应的结点变位和孔隙压力。其后，利用新求出的孔隙压力计算第二时段的体积变化，如此循环进行。这个方法在理论上讲虽然不如下面所述方法精确，但具有灵活的优点，特别便于和土的蠕变问题联合考虑求解。当问题处在早期阶段（以固结问题为主时），可以采用较小的 Δt，在固结基本完成后，可以停用渗流程序而且放大 Δt。在每计算一个 Δt 后，有必要时并可改变渗透系数、单元刚度甚至求解域的形状（当土体有严重变形时）。计算中采取的 Δt 值，要根据各种具体条件慎重选定。

（3）联立解算$\{\Delta\delta\}$及$\{\Delta p\}$。将式（61）及式（62）联立起来，并写成像式（67）那样的方程组。在每一时段，起始的$\{\delta_0\}$及$\{p_0\}$为已知值（得自上一时段的分析成果），在本时段内的结点力增量$\{\Delta f\}$也为已知，就可解出本时段内的增量$\{\Delta\delta\}$及$\{\Delta p\}$，叠加在初始值上可得时段末之值，而作为下一时段的始值，如此顺序进行到最终。当材料

为非线性时，可在每一时段末修改相应的数值。

这个解法在理论上最较合理，但也存在一些解算上的问题。主要是由于孔隙压力参与其间，使方程组的系数矩阵不仅扩大了，而且不一定是正定矩阵，各系数间大小相差悬殊，有的主项数值小于副项，这给方程组的解算带来不便或困难。有时须采取一些数学处理以改善其病态。

还应注意，本节所述解法只适用于饱和土体的固结问题［这样式（62）才能成立］，对于不饱和土体的固结分析方法尚在研究中。

图 66 中示某水库均质黄土坝。初建坝高 58m，1962 年建成。其后在坝前淤积相当厚的淤泥层，1966 年和 1973 年两次将坝加高，现高 74m。在淤泥层上加高坝体存在严重的土体固结和稳定问题。该工程采用分阶段施工的措施，成功地完成加高任务，保证了安全。

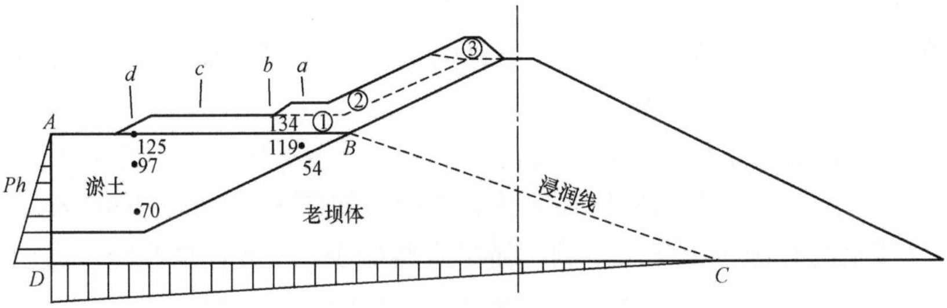

图 66

华东水利学院和黄委科研所对本工程进行了有限单元固结分析，求出孔隙压力、有效应力和位移的时间过程。计算中并考虑了土的非线性特性。采用的解法是联合解算$\{\Delta\delta\}$和$\{p\}$，以位移增量 $\Delta\delta$ 及孔隙压力 p 为未知量，故其基本方程与式（61）、式（62）稍有不同，见参考文献［9］，材料的非线性假定符合邓肯氏模型，相应的常数见表 5。

表 5

土类	容重	凝聚力	摩擦角	土的非线性参数						渗透系数
	γ（t/m^3）	c（t/m^2）	ϕ（°）	R_f	K	n	G	F	d	（m/d）
Ⅰ	1.87	0	32.2	0.89	267	0.383	0.335	0.175	2.2	0.0216
Ⅱ	2.01	0	34.2	0.62	100	0.945	0.299	0.083	3.2	0.0038
Ⅲ	1.87	0	32.2	0.98	267	0.383	0.335	0.175	2.2	0.0216

具体的分析方法是增量法，根据坝的实际修建过程将整个坝体和坝前淤积层分为若干级，顺次分析。另一方面对每一级荷载来讲，又划分为许多时段 Δt，每一时段也作为增量考虑。分析中还采取了以下措施或简化假定。

（1）当 σ_3 小于历史上曾经达到过的固结压力 σ_{3c} 时，认为土料处于回弹或再压状态，此时取 $E_i = Kp_a\left(\frac{\sigma_{3c}}{p_a}\right)^n$。同样，当（$\sigma_1-\sigma_3$）小于历史上曾达到过的（$\sigma_1-\sigma_3$）时，取 $E_t = E_{ur} = K_{ur}p_a\left(\frac{\sigma_3}{p_a}\right)^n$。

（2）当某些单元的应力超过库伦破裂线或出现主拉应力时，将应力圆修正到与破裂线相切（与原应力圆同心），由此得出超余应力并进行转移。按理在 Δt 的每次计算循环中都要进行上述应力转移，使误差低于预定范围，但这样做使计算时间过长。为此，将前一个 Δt 时段中因应力转移产生的不平衡结点力放在下一时段中计算。

（3）整个计算分为几个大的阶段，每进入一个阶段，就将该阶段计算网格全部加上，但又分为很多时段 Δt，荷载仍按 Δt 逐渐增加，逐时段考虑材料的非线性性质。这样可以不致使网格过密而仍能较好地模拟施工加荷过程。在 Δt 的选取方面，考虑到后期孔隙压力消散缓慢，宜取大一些。计算中采取在每一个 Δt 计算后乘以一个大于 1 的因数，使 Δt 逐步增大的方法。

（4）为了简化边界条件，假定坝体的水上部分（浸润线以上）孔隙压力始终为 0，固结计算主要对淤泥部分及老坝体水下部分进行。如图 66 所示，*ABC* 线上的孔隙压力为 0，*CD* 线上的孔隙压力从上游到下游呈直线减少。所要计算孔隙压力消散部位为 *ABCD* 部分。

下面列举部分计算成果，图 67 中为三个垂直断面上孔隙压力的变化。从图 67 可见，自加高工程开始后 70～150d 时孔隙压力达最大，到 320d 时（第一期加荷完成后 60d，第二期加荷开始时），孔隙压力已消散得差不多，剩余的附加孔隙压力为值已不大。第二、三次加荷所产生的附加孔隙压力值也小（因荷载不大）。孔隙压力消散较快是由于土料的渗透系数并不过小之故。

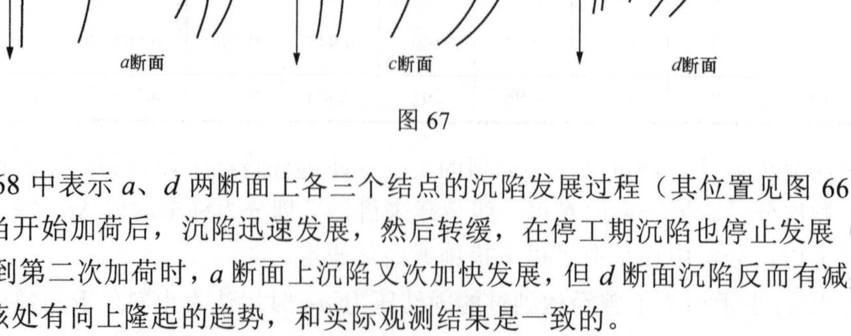

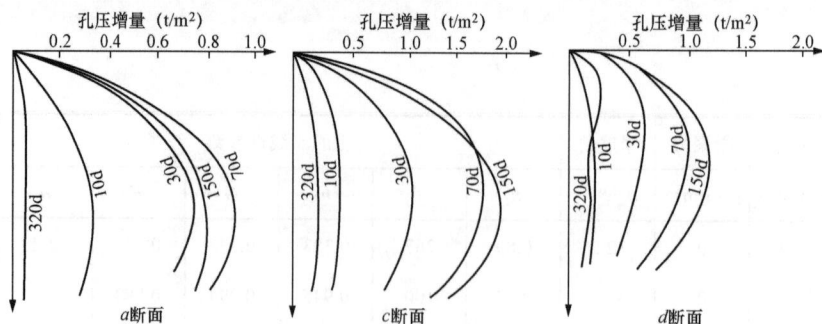

图 67

图 68 中表示 *a*、*d* 两断面上各三个结点的沉陷发展过程（其位置见图 66）。由图可见，当开始加荷后，沉陷迅速发展，然后转缓，在停工期沉陷也停止发展（或发展甚缓），到第二次加荷时，*a* 断面上沉陷又次加快发展，但 *d* 断面沉陷反而有减少趋势，这表明该处有向上隆起的趋势，和实际观测结果是一致的。

图 69 中表示加高后坝顶附近部位的位移矢量。实际情况，在坝轴线下游老坝体表面上产生了一些裂缝。从位移矢量图上分析，在该处产生裂缝是可以理解的。但目前尚难对裂缝条数与深度作出预报。

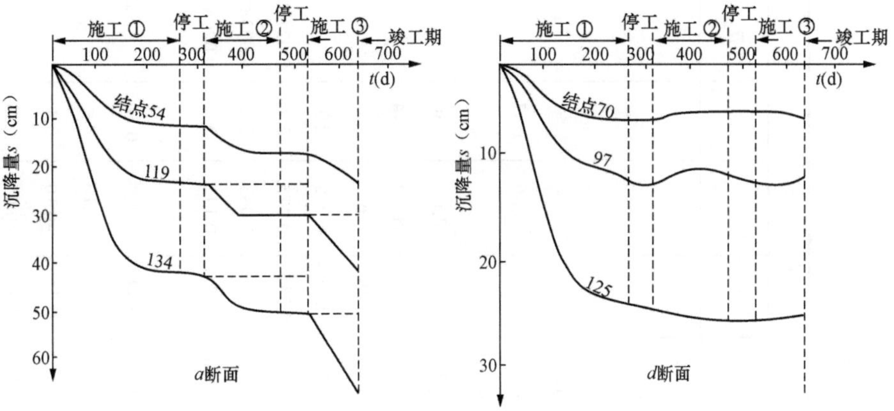

图 68

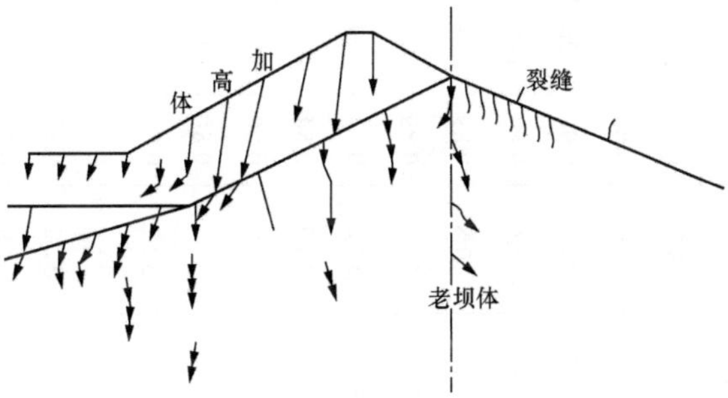

图 69

图 70 中表示加高竣工时坝顶附近部位的剪应变 $\varepsilon_1—\varepsilon_2$ 等值线图（单位：%）。可见，最大剪应变分布在加高部位及淤积土中，且大致呈弧线状分布。所以，最危险的滑裂面也大致将沿这种弧面产生。

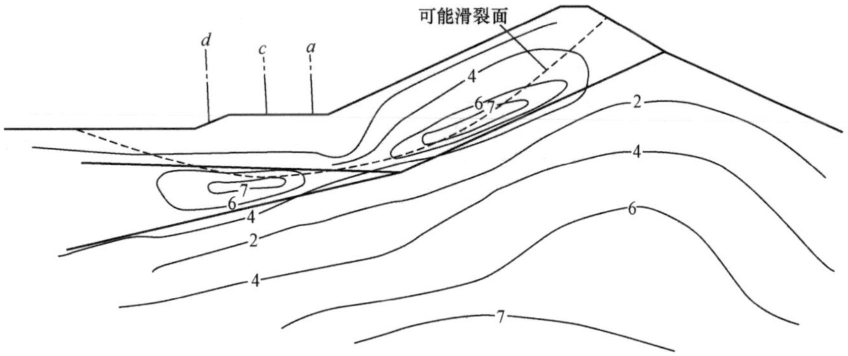

图 70

附录　黏土和砂砾料的非线性常数

【土】

编号	土类	比重 ρ	流限（%）	塑限（%）	容重 γ（t/m^2）	凝聚力	摩擦角	邓肯氏常数								产地
						c（kg/cm^2）	ϕ	R_f	K	K_{ur}	n	G	F	d	$\bar{\mu}$	
1	重壤土	2.68	37.8	23.9	1.91	0.68	32	0.87	210		0.54					巴家嘴
2	重壤土	2.70	31.8	20.6	2.00	0.05	37	0.85	166		0.52					张家嘴
3	中壤土	2.68	30.8	19.7	1.97	0.25	35.5	0.90	198		0.27					
4	重壤土	2.71	30.4	21.2	1.98	0.11	37.6	0.84	165		0.46					
5	粉质黏土	2.74		17.2	1.77	0.43	20.8	0.89	114		0.287	0.326	0.066	1.87		石盘
6	粉质黏土	2.74		20	1.65	0.36	17.2	0.89	76		0.20					
7					2.07	0.80	19.8	0.83	100		0.75	0.45	0.13	1.50		白龙江
8					1.70（干）	0.27	26.7	0.84	183		0.40	0.33	–0.14	2.44		白龙江
9					1.96	0.10	27	0.90	500		0.60	0.48	0	0		
10					1.85	0	31	0.80	100		0.80	0.45	0.075	10		日本樽水坝
11					1.87	0	32.2	0.89	267		0.383	0.335	0.175	2.2	0.0216	
12					2.01	0	34.2	0.62	100		0.945	0.299	0.083	3.2	0.0038	
13					1.87	0	32.2	0.98	267		0.383	0.335	0.175	2.2	0.0216	
14	黏土				1.6	0.24	24°20′	0.76	73		0.78					
15	黏土				2.1	1.63	6°	0.95	550		0.35	0.44	0.02	0.50		
16	黏土				2.01	1.18	0	0.90	500		0.37	0.43	–0.10	0.4		
17	黏土					1.18	0	0.90	500		0.70	0.43	–0.10	0.4		美国奥罗佛尔
18	黏土				2.4	1.32	25.1°	0.88	345		0.76	0.30	–0.05	3.83		Cannons ville
19	黏土								360		0.56					

【砂砾、堆石料】

编号	材料	容重 γ（t/m^2）	凝聚力 c（kg/cm^2）	摩擦角 ϕ	邓肯氏常数 R_f	K	n	G	F	d	产地
1	混合岩风化料	1.90	0	36.4	0.62	69	0.94				张家嘴
2	混合岩风化料	1.90	0	37	0.82	183	0.67				张家嘴
3	中细砂	1.87	0	35	0.70	35	0.90				张家嘴
4	中细砂	1.90	0	37	0.82	200	0.66				张家嘴
5	混合岩风化料	1.90	0	37	0.82	990	0.90				张家嘴
6	石渣料	1.85	0.75	34.0	0.80	1020	0.845				石盘
7	石渣料	1.85	0.55	36.2	0.81	500	0.34				石盘
8	砂砾料	2.31	0	43.2	0.57	550	0.30	0.40	0.07	2.0	白龙江
9	堆石料	2.15	0	45.0	0.70	800	0.45	0.30	0.15	4.0	白龙江
10	石渣料	2.15	0	35.0	0.70	300	0.45	0.30	0.15	4.0	白龙江
11	坝壳	1.80	0	38.0	0.76	2500	0.25	0.43	0.19	14.8	印度特里
12	过渡层	1.99	0	32.0	0.76	3000	0.30	0.43	0.19	14.8	印度特里
13	戈壁砂石料	2.0	0	44	0.68	450	0.70				戈壁滩
14	坝壳砂石料	2.1	0	42	0.70	1000	0.50	0.32	0.14	6	戈壁滩
15	轧碎灰岩	2.01	0	47	0.70	2500	0.30	0.32	0.14	1.4	戈壁滩
16	反滤料	2.16	0	35	0.80	600	0.30	0.30	0.075	10	日本樽水（卸荷时 K_{ur}=3000）
17	反滤料	2.11	0	37	0.80	500	0.60	0.40	0.075	10	日本樽水（卸荷时 K_{ur}=2500）
18	堆石坝壳	2.4	0	43.5	0.76	3780	0.19	0.43	0.19	14.3	美国 Oroville
19	堆石坝壳		0			1000	0.10				美国 Furnas
20	过渡层		0	43.5	0.76	3350	0.19	0.43	0.19	14.8	美国 Oroville
21	紧砂地基	2.4	0	35	0.80	720～900	0.50				
22	回填中砂	1.76	0	30	0.80	400～600	0.50				
23	紧砂	1.6	0	36.5	0.91	2000	0.54				
24	松砂		0	30.4	0.90	300～1100	0.65				

参考文献

[1] 水利水电科学研究院．科学研究论文集：第 6 集（土工）．北京：中国工业出版社，1965．
[2] 华东水利学院．弹性力学问题的有限单元法．北京：水利电力出版社，1974．
[3] 清华大学，北京市水利局．用有限单元法计算土石坝应力．1974．
[4] 清华大学水利系．某堆石坝坝体应力计算阶段报告．1975．
[5] 华东水利学院农水系，甘肃水电局勘测设计第二总队．沥青混凝土心墙坝材料试验及有限单元计算．1975．
[6] 水利电力部南京水利科学研究所．水利水运科技情报．1973（3，增刊 2），1974（3-4）．南京：水利电力部南京水利科学研究所，1973-1974．
[7] 华东水利学院．有限单元法在岩土力学中的应用．1978．
[8] 刘怀恒．岩石力学平面非线性有限元法及程序．地下工程，1979．
[9] 华东水利学院，黄委会水科所．比奥平面固结问题有限单元法通用程序说明．1979．
[10] 张家嘴水库工程指挥部，武汉水利电力学院．土坝有限单元分析阶段报告．
[11] 成都科技大学水利系．用有限单元法分析石渣坝的应力和变形．1978，12．
[12] 长江水利水电科学研究院．丹江口土坝应力与变形的有限单元分析．1979．
[13] Biot M A. General Theory of Three-Dimensional Consolidation. Jour. of App. Phy.，1941，12．
[14] Sandhu R S , Wilson Z L . Finite Element Analysis of Seepage in Elastic Media. Proc． A. S. C. E.，1969，95（EM3）．
[15] Applications of F. E. M. in Geotechnical Engineering. Proc. of the Syposium Held at Vipksburg Mississippi. 1972，Ⅰ-Ⅱ．
[16] Lade P V，Duncan J M. Elastoplastic Stress-Strain Theory for Cohesionless Soil. Jour. of the Geotechnical Engineering Division, 1975，101（GT.10）．

黏土心墙沉陷斜率的控制

1　几个基本问题的讨论

黏土心墙是当地材料坝中的一种防渗结构，它具有就地取材、便于土法填筑也适于机械化施工，以及适应不均匀沉陷的性能较好等优点，因此采用得很广泛。应指出的是，黏土心墙和斜墙或刚性心墙相比，确实具有适应不均匀沉陷的优点，但由于黏土的抗拉强度或极限拉伸应变很小，如设计和施工中不注意，仍很容易产生裂缝。心墙一经开裂，往往严重影响坝体安全。所以如何防止心墙开裂是当地材料坝设计及施工中的关键问题之一。关于心墙裂缝的种类和产生的原因，在许多文献中有很好的分析介绍[1]，这里不再复述。本文专门讨论心墙的横向裂缝，即大致平行于河流的裂缝，这是最常出现，也是较为严重的一种裂缝，它常从坝顶开始，向下发展，贯通上下游，破坏心墙的整体性，成为漏水以及发生管涌破坏的通道，后果极为不利。

产生横向裂缝的原因，虽然也是综合性的，但主要原因无疑是心墙在填筑或运行过程中发生的不均匀沉陷，这从实践和理论上都可得到证明，所以为了防止横向裂缝，就需在设计中估算心墙的沉陷量和沉陷斜率，加以适当控制。但是，对于这种计算和控制，还没有成熟和合理的规定，许多重要的概念也未澄清，实际工程上的观测统计资料也较少，而且观测方式和对象也不一，这使设计同志在考虑这一重要问题时颇感困难。目前习惯上的做法是将心墙切为独立的分条，用“分层总和法”计算其最终沉陷，并联成沉陷曲线确定其斜率，再按一些实际观测资料判断沉陷斜率是否过大（例如，限制其在1%以内）。但这是个比较粗糙的做法，甚至有些不合理的地方。本文拟对这个问题作些定性讨论，并提出一些计算和控制的建议，以供参考。在本节中先讨论几个原则问题如下。

1.1　控制沉陷、沉陷斜率和控制开裂间的关系

心墙在填筑过程中和在运行期内，内部各点的变位不断发生变化，相应地产生了各种应变和应力。如果在某一点处的应变（应力）超过了土料的极限应变（强度），在该处即将破坏（包括开裂或滑移）。所以严格来讲，我们要控制心墙的开裂，应该采用精确合理的方法（例如用电算机进行有限单元法分析），按照心墙的填筑过程，逐时段计算心墙内部应变场（应力场）的变化过程，计算中应计及土料的各种特性（非弹性、非线性、剪胀、湿陷、徐变、屈服等）。这样才能较明确地看出在什么部位于什么时间将有开裂的可能。但是这种计算过于复杂，考虑到我们目前对土料的性能尚难完全掌握，要这样做还不现实，所以不得不在分析中采取一些近似的方法。在各种变位中，心墙各点的垂直沉陷 W 最容易计算，因此我们希望能通过对垂直沉陷的分析，来估计心墙开裂的可能性。这样做当然是近似的，但也有一定道理，因为通过实践知道，心

墙的开裂确实与垂直沉陷有一定的关系，问题是要较准确合理地算出竖直沉陷的数值，并弄清它和心墙开裂之间的明确关系，本文主要内容也正是探讨这两个问题。

1.2 心墙沉陷量 W 是坐标和时间的函数

为了弄清这个问题，我们需对心墙的沉陷量 W 下一个明确的定义。设 P 是心墙中的某一点，该处在 t_1 时填筑完成。以这个时间和这一点刚填好时的位置为起算标准，在以后各时间中该点所产生的竖向位移（通常是向下的）称为该点的沉陷 W。显然，W 将是该点位置（x、y、z，当简化为平面问题处理时则为 x、y）及时间 t 的函数。

再细考虑一下，不难理解产生沉陷的主要原因是由于在自重作用下，土料有压缩（图 1 中 PB 部分的压缩）和地基有压缩（图中 AB 部分的压缩）。前者可称为心墙压缩量，以 u 记之；后者可称为地基沉陷量，以 v 记之；而 $W=u+v$。如果心墙放在硬基上，则 $W=u(v=0)$。

由于心墙是逐层填筑的，而且黏土和软基都具有徐变性，因此 W 将是时间 t 的复杂函数。例如图 1（a）中的 P 点，其沉陷的发展过程将大致如图 1（b）所示。t_1 是其填筑时间，从 a 到 b 的过程表示在 P 点以上继续填筑时所产生的沉陷过程。从 b 到 c 的时段中，心墙填筑暂停，但由于心墙和软基的徐变性能，沉陷仍有所增加。从 c 到 d 又恢复填筑心墙直至坝顶。d 到 e 表示竣工后到蓄水的过程。在蓄水时（e 点），如土料有湿陷性，沉陷量将有一较突然的增加（假定蓄水过程很快，湿陷的发生也很快）。从 f 以后，沉陷量（W）渐趋稳定，最终沉陷量为 W_∞。

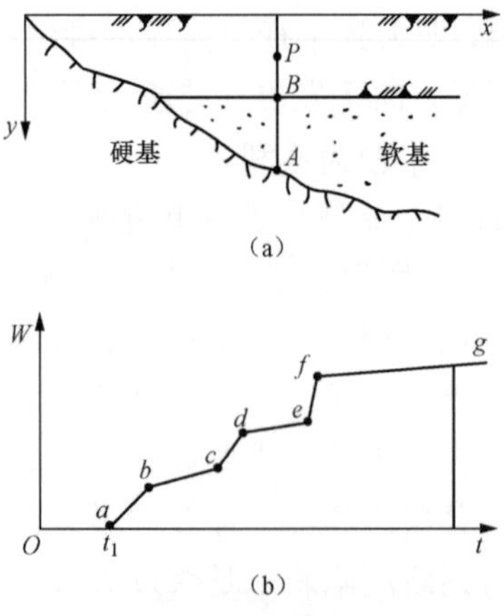

图 1

上面提到黏土和软基的徐变性能是由许多因素产生的。但其中最主要的是受荷后孔隙压力的消减过程，也就是黏土和软基在施工和运行期中的固结过程。如果黏土和软基的固结速度很快，则在竣工后 W 很快趋于稳定。心墙如果开裂，往往在施工期中或竣工后不久即出现（对于湿陷性很大的土料，则往往在蓄水后不久出现裂缝）。如果黏土和软基的固结速度很慢，则竣工后 W 仍将不断变化，甚至在数年或数十年后，仍有出现新的裂缝的可能性。

1.3 应该求出不同高程不同时间的沉陷曲线

根据上面的讨论，沉陷量 W 是坐标和时间的复杂函数。心墙一般是水平分层填筑的。为便于考虑，我们可以沿水平断面计算各点的沉陷量，并联成沉陷曲线。例如图 2 所示，我们取一水平断面 AB，在它刚填筑后（$t=t_1$），其沉陷为 0，经过一段时间（$t=t_2$）后，由于心墙的继续填筑或由于软基和心墙的徐变作用，沉陷曲线为 W_2。仿此，可以计算 $t=t_3$、$t=t_4$ 等的沉陷曲线，直达稳定值。对于其他水平断面，也可仿此算出其沉陷曲线的发展过程。只有全面算出这些沉陷曲线组（不同高程、不同时间、直到稳定）后，才能找出最危险的部位和时间。

但是，要这样全面计算，工作量太大。因此，我们应该分析实际条件，判断控制性的断面和时间，而只计算这些情况，例如：

（1）如果心墙放在硬基上，则靠近水平地基面的各点，其沉陷为0，不必计算。同样，如心墙固结速度很快，也无湿陷性，则心墙顶部的沉陷也接近为0。这时，最重要的常为半高处的断面（一般来讲，这类心墙不易开裂），如图3（a）所示。

（2）如果心墙位在软基上，而且后者的不均匀沉陷很大（心墙本身的沉陷较为均匀或很小），则心墙开裂的危险主要由软基沉陷产生。我们应计算沿地基面 BB' 线上的沉陷曲线（该处沉陷斜率和曲率往往最大）和其上 AA' 线的沉陷曲线（AA' 约位在1/2倍心墙高度处，该处总沉陷值以及某些曲率值常很大），见图3（b）。

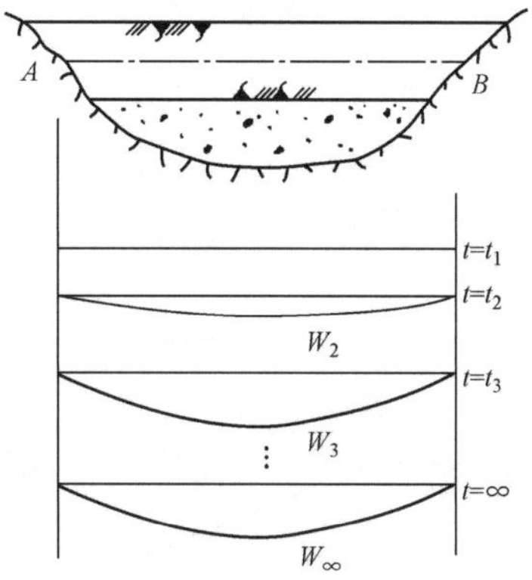

图2

（3）如果心墙土料有很大湿陷性，心墙开裂危险主要来自湿陷，则应计算心墙在蓄水后的沉陷过程，主要计算部位在坝顶。

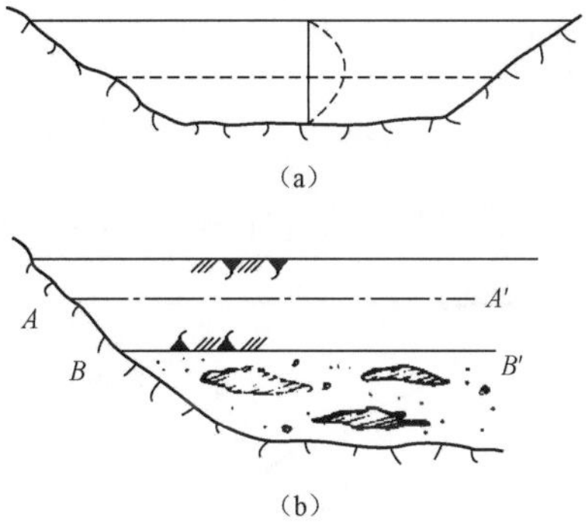

图3

（4）一般情况下最终的沉陷量和斜率多大于以前的值，所以为简单计，可以只计算各断面的最终沉陷曲线（W_∞）。

1.4　计算沉陷曲线时，必须考虑心墙的连续性

讨论过以上各点后，可以研究沉陷曲线的计算方法。设我们已对心墙土料和软基材料进行过压缩试验，得到它们的压缩曲线，则当我们取出一条竖直的土条独立考虑时，便可以由压缩曲线用“分层总和法”算出它在竖向荷载 p 作用下的沉陷量 $W=u+v$（计算中可以忽略侧向变形的影响，也可加以考虑），不必赘述。

如果沿心墙取出若干条代表性的竖向条，且对每一条进行上述计算，求出各高程处的沉陷 W，然后将所得 W 沿水平断面连成线，就得到沉陷曲线。这种习用的算法，我们称为“分条独立计算法”。

例如，设我们要计算图4中软基表面处（水平截面 $A—A$）的最终沉陷曲线，我们可以计算每一分条的软基在全部心墙自重下的压缩量 v 并连成曲线。相似，设我们要计算图4中心墙某一高程（水平截面 $B—B$）的最终沉陷曲线，则可以计算每一分条在该高程处的最终沉陷量（包括上述的地基沉陷 u 及心墙 PQ 段的压缩量 v 从该层填筑后起算），并连成曲线。如果心墙是均匀的，则不难证明，在心墙半高处的沉陷量取最大值。

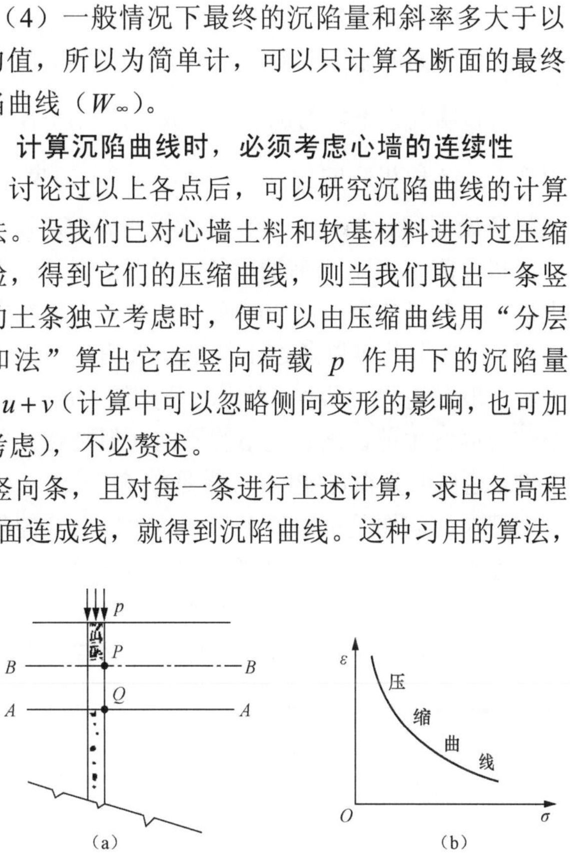

图4

按照“分条独立计算法”求出的沉陷曲线，将是一组折线。在这里我们作了一个不符合实际的假定，即，在计算中视各土条的沉陷是孤立发生的，相互间无关系，实际上心墙是一个整体，各分条不均匀的沉陷必将引起心墙内的剪应力和水平正应力，从而调整了沉陷值，使之成为光滑连续的曲线。所以“分条独立计算”的成果只是个定性的指标，并不等于实际的沉陷量。用这样的成果作为控制对象，不仅不准确，而且会出现难以解释的矛盾。例如，只要地基略有起伏，沉陷曲线在该处就相应地不连续，形成无穷大的斜率或曲率（见图 5），似乎在该处必将开裂，这显然同客观事实不符。所以，我们在计算心墙的沉陷曲线时，必须考虑其整体作用，将“分条独立计算”的成果加以校正，然后才能作为控制对象，这是一个重要的结论（具体的校正方法在第 2、3 节中介绍）。

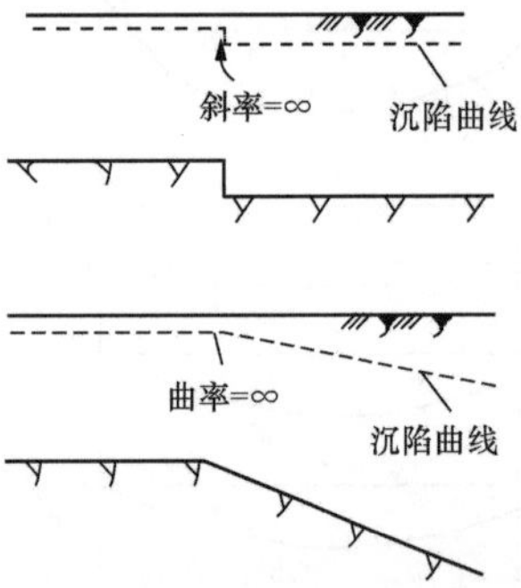

图 5

1.5 沉陷曲线与心墙应变（应力）的关系

当心墙发生均匀的沉陷（在同一水平截面上 W 为常值）时，这种沉陷主要产生心墙沿竖直方向的压缩应变或压应力，因此与心墙的开裂无关。

当心墙发生不均匀沉陷，形成一定的沉陷斜率 $i=\dfrac{\mathrm{d}W}{\mathrm{d}x}$ 时，心墙土体微元发生剪切应变 $\varepsilon_{xy}=i$ 和相应的剪应力（$\tau=Gi$）。如果 τ 超过土料的抗剪强度 $[\tau]=c+f\sigma$，则土料开始屈服。这时，τ 不能再按式 $\tau=Gi$ 确定，只能取极限值［τ］。当剪切应变（即沉陷斜率）继续增大，达到土料的极限剪切应变［i］后，土料将发生剪切断裂。［i］值可以通过土料试验来测定。由于心墙土料一般具有较大塑性，故［i］值是较大的。换言之，要使心墙发生剪切破裂是不容易的（但是使某些断面上的 τ 达屈服是很可能的），参见图 6。

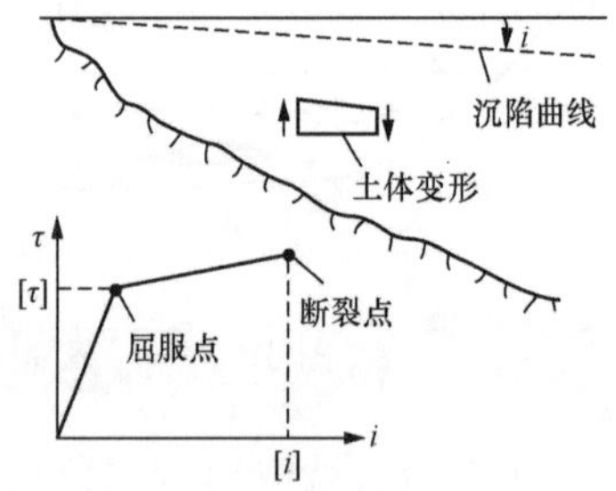

图 6

现在的问题是沉陷斜率与心墙的横向拉伸裂缝之间存在着什么关系？为此，我们先研究一种简单情况，即地基为岩基，而且表面为平顺的斜坡（见图 7）。这时，心墙内任一点的变位都由于自重压缩土体产生，而且各点变位常含有两个分量，即沉陷 W 和水平变位 s（指向河床中心）。水平应变即为 $\varepsilon=\dfrac{\mathrm{d}s}{\mathrm{d}x}$。土体是否开裂取决于 $\dfrac{\mathrm{d}s}{\mathrm{d}x}$ 是否超过极限拉伸值。由此看来，仅计算沉陷 W 和沉陷斜率 $\dfrac{\mathrm{d}W}{\mathrm{d}x}=i$，从理论上讲，是不能判断是否会产生横向拉伸裂缝的，我们必须计算 s 及 $\dfrac{\mathrm{d}s}{\mathrm{d}x}$ 才行。文献［2］中假定 s 常和 W 成比例，即 $s=\zeta W$，那么 $\dfrac{\mathrm{d}s}{\mathrm{d}x}=\zeta\dfrac{\mathrm{d}W}{\mathrm{d}x}=\zeta i$，

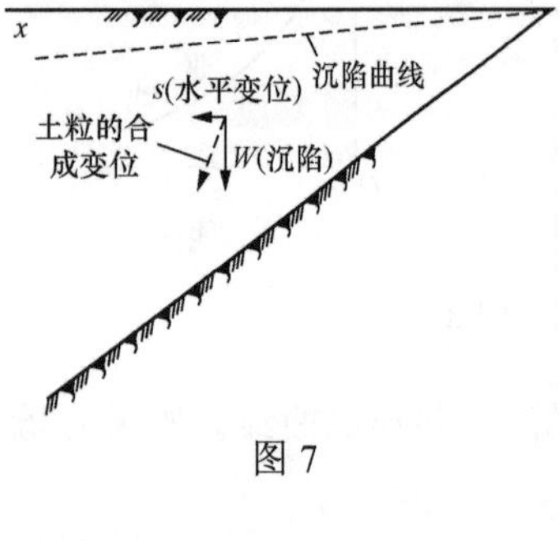

图 7

所以通过验算 i 就可知道是否会产生横向裂缝。但是很难想象在心墙内处处的 s 和 W 之间都保持一定的比值，也难以确定这个 ζ 的数值。例如图 8 中是一个 V 形峡谷中黏土心墙堆石坝的三向有限元分析成果，其中图 8（a）给出了心墙在岸坡部分的 W 和 s 的等值线。我们取两个水平断面 1—1 和 2—2，绘出其上的 s 和 W 的分布曲线［见图 8（b)］，可以看到两条曲线的形状完全不同，s 达最大值时 W 并未达最大值，而 W 达最大值时 s 值则为 0，并不存在简单的 $s=\zeta W$ 的关系。至于 $\frac{\mathrm{d}s}{\mathrm{d}x}$ 的最大值与 $\frac{\mathrm{d}W}{\mathrm{d}x}$ 的最大值也不发生在同一处，它们数值之间有什么联系也还不清楚。总之，对于这种情况，要从 W 及 $\frac{\mathrm{d}W}{\mathrm{d}x}$ 的值来确定 $\frac{\mathrm{d}s}{\mathrm{d}x}$ 是很不容易的，还需要进行大量研究分析，也许最后仍不得不借助于有限单元法进行分析。

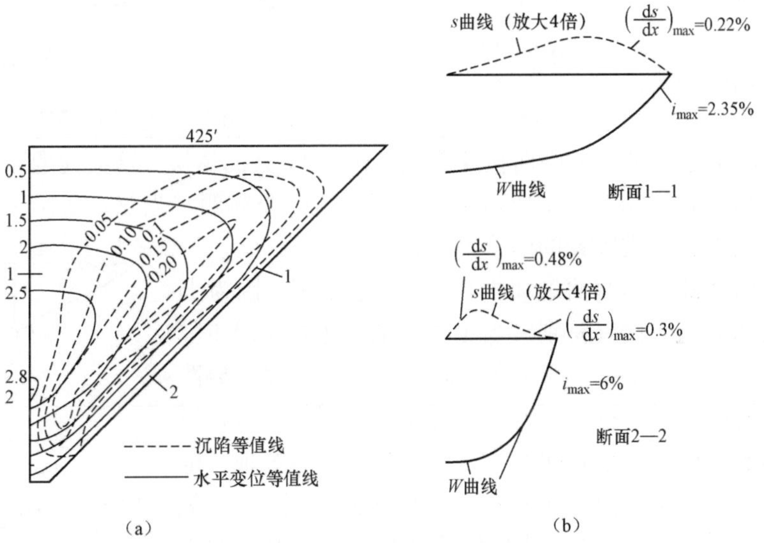

图 8

另外还有一种情况，则是由于坝基下有软弱而且不均匀的土层，或者基岩表面很不平顺，以致沉陷曲线将产生很大的曲率 $\frac{\mathrm{d}^2W}{\mathrm{d}x^2}=W''$，由此也将产生水平拉应变和拉应力，正与梁的弯曲一样（见图 9)。这种情况，可能是某些土坝发生横向裂缝的主要原因。当有沉陷曲率 W'' 存在时，心墙在中和轴线以上和以下分别产生拉伸或压缩应变。如果拉伸应变超过极限拉伸值（或拉应力超过抗拉强度），即

$$\varepsilon_x \geqslant [\varepsilon_x]$$

$$\sigma_x \geqslant [\sigma_x]$$

则心墙即将开裂。这种裂缝一般从心墙顶部或底部发生，向中部延伸。土料的 $[\varepsilon_x]$ 或 $[\sigma_x]$ 可通过拉伸或弯曲试验来测定。

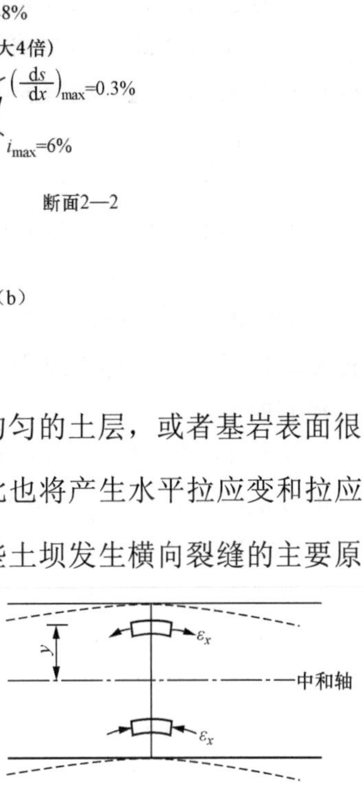

图 9

通过以上分析，我们可以简单归纳一下。黏土心墙的开裂，可分为两类情况来研

究。一类是如图 10（a）所示的均匀平顺岩基上的心墙，它在自重作用下可能产生以下裂缝：①当沉陷斜率 i 较大时，可能出现剪切缝；②当水平应变 $\frac{ds}{dx}$ 过大时，可能出现横向张裂缝。最大的 $\frac{ds}{dx}$ 总是发生在河床中心线和岸坡之间某些部位上（从中线到岸坡间往往有两个地方 $\frac{ds}{dx}$ 达最大，一处靠近岸坡，一处靠近中线）。这个最大的 $\frac{ds}{dx}$ 值是否可以通过沉陷斜率 i 来估算，还有待研究，目前缺乏必要资料，因此必要时仍需通过电算确定。另一类则如图 10（b）所示，这里由于基岩的不平顺或软基的不均匀，使心墙好像一根黏土梁那样受力，对于这种情况，我们不仅要计算沉陷斜率 i，还要计算曲率 $W''=\frac{di}{dx}$。斜率 i 决定土体微元的剪切应变和剪应力，过大时将产生剪切破坏，而曲率 W'' 则决定心墙中的水平应变和水平应力，曲率过大时产生横向拉伸裂缝，如图 11 处的情况。这类问题可以通过简单的计算加以估计和控制。本文所讨论的也限于这一类问题。当然，实际上的土体应力和应变将包括上述两类因素的综合影响。

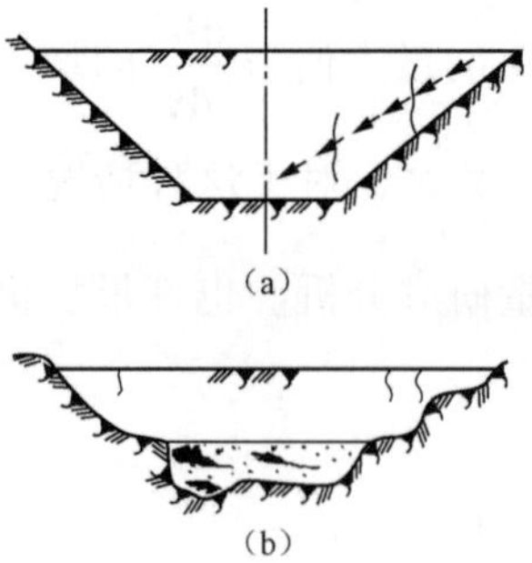

图 10

在上述剪切破坏和弯曲破坏中，尤其注意后者，因为土料对两类破坏的适应性有差别。当土体中的 τ 达到 $[\tau]$ 时，意味着土体进入塑性状态，并不立即断裂，通过较大的塑性变形，应力能得到重调整。而当土体的 σ_x 达到 $[\sigma_x]$ 时，拉伸应变也达到极限，往往立即发生脆断，已无调整余地。根据国内少数土料试验成果，土料在单向拉伸情况下 $[\varepsilon_x]$ 是很小的（0.1%～0.3%），从已成坝体的开裂情况来看，发生较多的也是这类拉伸裂缝而非剪切错断，因此我们应特别注意控制曲率。

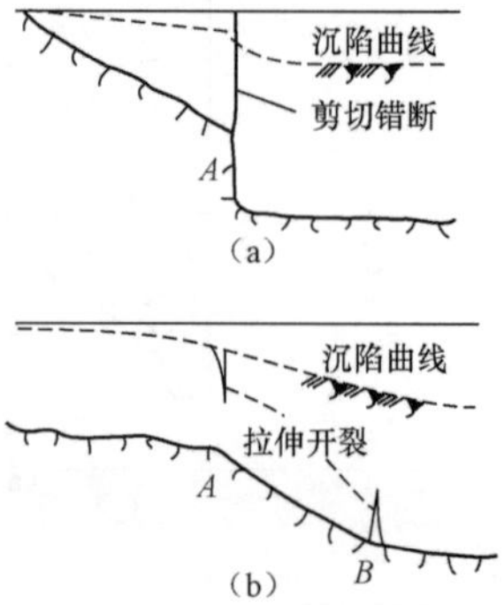

图 11

从图 11（b）看，拉伸裂缝可以从顶部向下发展（A 处），也可以从底部向上延伸（B 处）。但是这图仅表示单层土梁在弯曲时的情况，对于分层填筑而成的心墙来讲，情况有所不同。如果心墙上部有开裂趋势，该部位并无潜力可挖，裂缝很易形成。反之，在心墙底部，由于分层填压，在该处土体受到较大的竖直压应力 σ_y 的作用，相应也存在一定的水平压应力 σ_x（或初始压应变 ε_{x0}），可以抵消一部分弯曲作用所产生的拉应力（应变）。另外，土体在双向受力情况下的极限拉伸（σ_y 为压力，σ_x 为拉力），同单向拉伸情况也应有所区别，这些都与顶部不同。从实践上考察，心墙的开裂也多从坝顶（或坝顶以下一些处）发生再向下伸展，很少有从底部发生往上尖灭的情况。所以我们尤其要注意坝顶和中部的开裂条件。

于此，尚可提出的是目前对已成土坝的开裂情况和相应的沉陷过程的调查统计资料远感不足。不仅数量少，而且缺乏统一、合理的观测方法。多数资料都限于坝顶处的最终沉陷值及其斜率，较少测到在心墙内部点的沉陷发展过程和斜率的变化情况。我们希望不久后有更完整的实测资料可供统计、分析和研究之用，这对提高黏土心墙的设计水平将起重要作用。

有的同志认为曲率这个因素比较抽象，不易观测，不易控制，不如斜率那样容易为人接受和便于检查、控制。作者则认为如果心墙开裂确与曲率有直接关系，则对曲率加以计算、检查和控制也不至于存在太大的困难。

2 黏土心墙沉陷曲线的计算和校正（一）

在上文中我们曾指出，计算黏土心墙的沉陷曲线时必须考虑心墙的整体性影响，使计算成果光滑连接。如果计算是按独立分条进行的，则应加以校正。本节中就讨论这种校正的方法。

当然严格地说，这种计算只能通过有限单元分析才能得到全面的解决。正如前述，这样做需花很大的代价。另外以目前我们对土料性能的掌握程度来讲，采用“精确”的电算也不一定能得到“精确”的成果。作为设计中控制沉陷斜率的手段，我们可以采用一些较为简单近似的方法来解决这个问题。简言之，我们把黏土心墙视作由黏土组成的“梁”，考虑“梁”上各断面的平均应力和连续条件，而将分条计算的成果加以校正。

为了便于考虑，本段中假定心墙是瞬时筑成的，也即在瞬时全断面上承受全部荷载，这虽与实际情况（分层填筑）有所不同，但本情况的分析成果是一个基本工具，可由此再来解决更为复杂的问题。

在心墙中任意取出一竖直的土条，令其高度为 h，软基的深度为 H。在心墙自重（自容重为 γ）的作用下，心墙各点均将产生沉陷 W，它由心墙压缩量 u 及软基压缩量 v 组成，即 $W=u+v$，u 和 v 的数值可根据材料的压缩曲线用分层总和法求得。

在这样的计算中，未考虑相邻土条间的作用。实际上，由于心墙的整体作用，真正的沉陷量将为 $W+\overline{W}$，其中 $\overline{W}$ 是一个校正值，由 $\overline{u}$ 和 $\overline{v}$ 组成。因而，真正的沉陷斜率是 $\dfrac{\mathrm{d}(W+\overline{W})}{\mathrm{d}x}=\dfrac{\mathrm{d}W}{\mathrm{d}x}+\dfrac{\mathrm{d}\overline{W}}{\mathrm{d}x}=i+\overline{i}$，$\overline{i}$ 代表斜率的修正值。

心墙土条发生上述畸变后，在两个侧面上将产生剪应力，即

$$\tau=G_c(i+\overline{i})=G_c i+G_c\overline{i} \tag{1}$$

其中 G_c 代表心墙土料的剪切模量。在式（1）中我们将（$i+\overline{i}$）作为剪切应变，这里忽略了横向（水平）变位的影响，因为我们的计算都限于垂直沉陷。在心墙顶面，水平变位的影响是不能忽略的，因为不然的话，在自由顶面上将出现剪应力。但我们现在主要研究心墙整体沉陷和倾斜问题，所以对上述局部影响可不考虑。

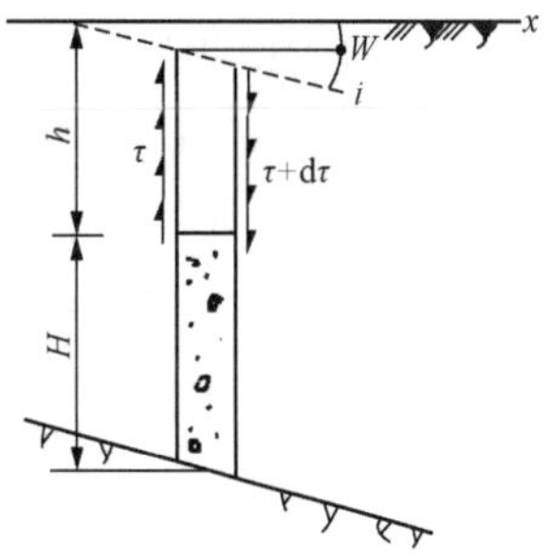

图 12

图 12 中所示土条两侧的剪应力是不相等的，其差值为 $\mathrm{d}\tau$。由于 $\mathrm{d}\tau$ 的影响，相当于土料容重起了变化 γ'，即

$$\gamma' = \frac{\mathrm{d}\tau}{\mathrm{d}x} = G_c \frac{\mathrm{d}i}{\mathrm{d}x} + G_c \frac{\mathrm{d}\bar{i}}{\mathrm{d}x} = G_c \frac{\mathrm{d}i}{\mathrm{d}x} + G_c \frac{\mathrm{d}^2 \overline{W}}{\mathrm{d}x^2} \tag{2}$$

由于这个影响，心墙在自重作用下的压缩量就不再是 u 而是一个修正值 $\bar{u}$，即

$$\bar{u} = \frac{\gamma' h^2}{2E_c} = \frac{G_c h^2}{2E_c}\left(\frac{\mathrm{d}i}{\mathrm{d}x} + \frac{\mathrm{d}^2 \overline{W}}{\mathrm{d}x^2}\right) = \beta_c hh\left(\frac{\mathrm{d}i}{\mathrm{d}x} + \frac{\mathrm{d}^2 \overline{W}}{\mathrm{d}x^2}\right) \tag{3}$$

$$\beta_c = \frac{G_c}{2E_c} = \frac{1}{4(1+\nu_c)} \tag{4}$$

式中：ν_c 为心墙料的泊松比。同样，由于这影响，软基的压缩量也有一校正值，即

$$\bar{v} = \frac{\gamma' h}{E_f} H = \frac{G_c Hh}{E_f}\left(\frac{\mathrm{d}i}{\mathrm{d}x} + \frac{\mathrm{d}^2 \overline{W}}{\mathrm{d}x^2}\right) = \beta_f Hh\left(\frac{\mathrm{d}i}{\mathrm{d}x} + \frac{\mathrm{d}^2 \overline{W}}{\mathrm{d}x^2}\right) \tag{5}$$

$$\beta_f = \frac{G_c}{E_f} = \frac{E_c}{2(1+\nu_c)E_f} \tag{6}$$

当然，严格来讲，沿土条高度 τ 并非均布，但我们忽略这些变化，认为全高度上 τ 的均取此值，其中 E_f 是软基的压缩模量。在这里，我们没有考虑软基的连续性，而把它当作弹簧地基处理。理论上讲，也可将软基的连续性考虑在内。但这样做将使数学处理很复杂，因此我们采用上述简化处理，将 $\bar{u}$ 和 $\bar{v}$ 合并，得

$$\overline{W} = \bar{u} + \bar{v} = \beta_c hh\left(\frac{\mathrm{d}i}{\mathrm{d}x} + \frac{\mathrm{d}^2 \overline{W}}{\mathrm{d}x^2}\right) + \beta_f Hh\left(\frac{\mathrm{d}i}{\mathrm{d}x} + \frac{\mathrm{d}^2 \overline{W}}{\mathrm{d}x^2}\right) \tag{7}$$

我们引入下述代号

$$\beta^2 = \beta_c + \beta_f \frac{H}{h} = \frac{1}{4(1+\nu_c)} + \frac{E_c}{2(1+\nu_c)E_f}\frac{H}{h} \tag{8}$$

式（7）可化为

$$\frac{\mathrm{d}^2 \overline{W}}{\mathrm{d}x^2} - \frac{\overline{W}}{\beta^2 h^2} = -\frac{\mathrm{d}i}{\mathrm{d}x} \tag{9}$$

这是我们的基本方程。所以，当我们先按分条独立计算，求出沉陷量 W 和斜率 $i = \frac{\mathrm{d}W}{\mathrm{d}x}$ 后，可以计算曲率 $\frac{\mathrm{d}i}{\mathrm{d}x}$，代入式（9），并根据边界条件，即可求出沉陷量的校正量 $\overline{W}$。式（9）中的参数 β 是一个表示心墙和软基相对刚度的指标［见式（8）］。心墙和软基的压缩模量 E_c、E_f 虽不易精确求得，但 β 以它们比值的平方根形式出现，所以只要能恰当估计其比值范围 E_c、E_f 的变动对计算成果的影响是不显著的。如果我们已算得心墙在其自重 γh 作用下的地基表面沉陷 v_0 和心墙墙顶由于本身压缩产生的沉陷 u_0，则这两个值可以作为压缩模量的尺度，因为，后者可近似表示为

$$E_c = \frac{\gamma h^2 (1-\nu_c^2)}{2u_0} \tag{10}$$

$$E_f = \frac{\gamma hH(1-\nu_f^2)}{v_0} \tag{11}$$

从而 $$\beta^2=\frac{1}{4(1+\nu_c)}+\frac{1-\nu_c}{1-\nu_f^2}\frac{v_0}{4u_0}=\frac{1}{4}\left(\frac{1}{1+\nu_c}+\frac{1-\nu_c}{1-\nu_f^2}\frac{v_0}{u_0}\right)$$

$$\beta=\frac{1}{2}\sqrt{\frac{1}{1+\nu_c}+\frac{1-\nu_c}{1-\nu_f^2}\frac{v_0}{u_0}}\approx\frac{1}{\sqrt{5}}\sqrt{1+\frac{v_0}{u_0}} \tag{12}$$

式（9）的解法如下，先求其补函数

$$\overline{W}=a\mathrm{e}^{-\frac{x}{\beta h}}+b\mathrm{e}^{\frac{x}{\beta h}} \tag{13}$$

式中：a、b 为两个积分常数，将式（13）取导，得

$$\overline{W'}=\frac{-a}{\beta h}\mathrm{e}^{-\frac{x}{\beta h}}+\frac{b}{\beta h}\mathrm{e}^{\frac{x}{\beta h}} \tag{14}$$

$$\overline{W''}=\frac{a}{\beta^2h^2}\mathrm{e}^{-\frac{x}{\beta h}}+\frac{b}{\beta^2h^2}\mathrm{e}^{\frac{x}{\beta h}} \tag{15}$$

对于心墙中的任一段在其两端（$x=0$ 及 $x=l$）的三个特征值为

$$x=0:\quad \overline{W}=a+b \qquad\qquad x=l:\quad \overline{W}=a\mathrm{e}^{-l'}+b\mathrm{e}^{l'}$$

$$\overline{W'}=-\frac{a}{\beta h}+\frac{b}{\beta h} \qquad\qquad \overline{W'}=-\frac{a}{\beta h}\mathrm{e}^{-l'}+\frac{b}{\beta h}\mathrm{e}^{l'} \tag{16}$$

$$\overline{W''}=\frac{a}{\beta^2h^2}+\frac{b}{\beta^2h^2} \qquad\qquad \overline{W''}=-\frac{a}{\beta^2h^2}\mathrm{e}^{-l'}+\frac{b}{\beta^2h^2}\mathrm{e}^{l'} \tag{17}$$

式中：$l'=\dfrac{l}{\beta h}$ 为无因次参数。在推导上述公式时所用的正负号见图 13。

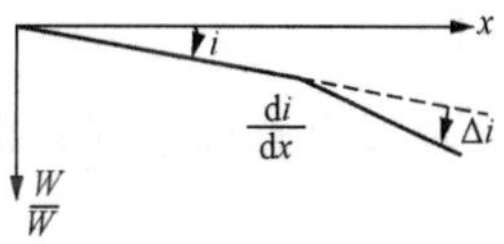

图 13

应用以上公式调整心墙沉陷值的步骤如下：

（1）将心墙分为若干段，例如分为 n 段，依次标为第Ⅰ、Ⅱ、…、N段，相应有 $n+1$ 个截面（结点），依次记为 0、1、2、…号截面（即第Ⅰ段两端点为 0 及 1，余仿此）。

（2）分条独立计算各截面上的沉陷量为 W_0、W_1、W_2、…、W_n，并计算每一段的平均沉陷斜率，即 $i_1=\dfrac{W_1-W_0}{l_1}$、$i_2=\dfrac{W_2-W_1}{l_2}$、…、i_n。我们假定各段间距不大，可以忽略本段范围内 $\dfrac{\mathrm{d}i}{\mathrm{d}x}$ 的影响，即只考虑在结点处 i 的突变影响。这样，只需利用补函数就可以求正校正量 $\overline{W}$，而不必用到其特解（如要在计算中考虑 $\dfrac{\mathrm{d}i}{\mathrm{d}x}$，也无困难，特解就是 $\overline{W}=\beta^2h^2\dfrac{\mathrm{d}i}{\mathrm{d}x}$，但一般无此需要）。

（3）从第Ⅰ段开始算起。其水平长为 l_1（无因次长为 $l_1'=\dfrac{l_1}{\beta_1h_1}$），两端结点号为 0 及 1。我们已按分条独立计算法求出截面 0、1 上的沉陷为 W_0、W_1（一般 $W_0=0$），此段上的校正函数可写为

$$\overline{W}_{\mathrm{I}}=a_1\mathrm{e}^{-\frac{x}{\beta_1 h_1}}+b_1\mathrm{e}^{\frac{x}{\beta_1 h_1}} \tag{18}$$

式中：h_1 为本段范围内心墙平均高；β_1' 为本段内的代表值。

在结点 0，$x=0$，$\overline{W}(0)=a_1+b_1$，但该处 $\overline{W}=0$，故得 $b_1=-a_1$。在结点 1，$x=1$，则

$$\overline{W}_{\mathrm{I}}(l_1)=a_1\mathrm{e}^{-l_1'}+b_1\mathrm{e}^{l_1'}=a_1(\mathrm{e}^{-l_1'}-\mathrm{e}^{l_1'}) \tag{19}$$

$$\overline{W}_{\mathrm{I}}'(l_1)=-\frac{a_1}{\beta_1 h_1}(\mathrm{e}^{-l_1'}+\mathrm{e}^{l_1'}) \tag{20}$$

总之，在结点 1 处的 $\overline{W}$ 和 $\overline{W}'$ 可以用一个常数 a_1 表示。

（4）取出第Ⅱ段，其水平长度为 l_2（无因次长为 $l_2'=\dfrac{l_2}{\beta_2 h_2}$）。两端结点为 1 及 2。此段的校正函数可写为

$$\overline{W}_{\mathrm{II}}=a_2\mathrm{e}^{-\frac{x}{\beta_2 h_2}}+b_2\mathrm{e}^{\frac{x}{\beta_2 h_2}} \tag{21}$$

在结点 1，$x=0$，则

$$\overline{W}_{\mathrm{II}}(0)=a_2+b_2 \tag{22}$$

$$\overline{W}_{\mathrm{II}}'(0)=-\frac{a_2}{\beta_2 h_2}+\frac{b_2}{\beta_2 h_2} \tag{23}$$

根据结点 1 处沉陷曲线的连续条件

$$\overline{W}_{\mathrm{II}}(0)=\overline{W}_{\mathrm{I}}(l_1) \tag{24}$$

$$\overline{W}_{\mathrm{I}}'(l_1)-\overline{W}_{\mathrm{II}}'(0)=i_2-i_1 \tag{25}$$

或者写出具体公式，即

$$\begin{aligned}&a_2+b_2=a_1(\mathrm{e}^{-l'}-\mathrm{e}^{l_1'})\\&-\frac{a_1}{\beta_1 h_1}(\mathrm{e}^{-l_1'}+\mathrm{e}^{l_1'})-\left(-\frac{a_2}{\beta_2 h_2}+\frac{b_2}{\beta_2 h_2}\right)=i_2-i_1\end{aligned} \tag{26}$$

由此，可将 a_2、b_2 以 a_1 表示之。然后可计算第Ⅱ段右结点处的 $\overline{W}$ 和 $\overline{W}'$，即

$$\overline{W}_{\mathrm{II}}(l_2)=a_2\mathrm{e}^{-l_2'}+b_2\mathrm{e}^{l_2'} \tag{27}$$

$$\overline{W}_{\mathrm{II}}'(l_2)=-\frac{a_2}{\beta_2 h_2}\mathrm{e}^{-l_2'}+\frac{b_2}{\beta_2 h_2}\mathrm{e}^{l_2'} \tag{28}$$

（5）仿上进行，即取出第Ⅲ段，令其校正函数为

$$\overline{W}_{\mathrm{III}}=a_3\mathrm{e}^{-\frac{x}{\beta_3 h_3}}+b_3\mathrm{e}^{\frac{x}{\beta_3 h_3}} \tag{29}$$

并令在结点 2 处，有

$$\overline{W}_{\mathrm{III}}(0)=\overline{W}_{\mathrm{II}}(l_2)$$

$$\overline{W}_{\mathrm{II}}'(l_2)-\overline{W}_{\mathrm{III}}'(0)=i_3-i_2$$

或

$$a_3+b_3=a_2\mathrm{e}^{-l_2'}+b_2\mathrm{e}^{l_2'}$$

$$\left(-\frac{a_2}{\beta_2 h_2}+\frac{b_2}{\beta_2 h_2}\right)-\left(-\frac{a_3}{\beta_3 h_3}+\frac{b_3}{\beta_3 h_3}\right)=i_3-i_2 \tag{30}$$

可将 a_3、b_3 以 a_1 表示之。

这样进行到最末一段（第 N 段）。从最末一个结点（结点 n）上的条件

$$\overline{W}_n=0$$

就可以确定 a_1，回代后求出所有需要值。

这一计算步骤有些像初参数法计算，并不困难和繁复，但需细致进行，因为前面算错一个数值便将一直影响以后运算成果。

【例 1】 某工程右岸河滩部分，由于其下软基内有淤泥质土层，不均匀沉陷问题较大，需作核算。我们选取下列桩号为计算截面：截面（结点）0：0+226.5，截面 1：0+233，截面 2：0+241.5，截面 3：0+256，截面 4：0+259，截面 5：0+271.5（见图 14）。

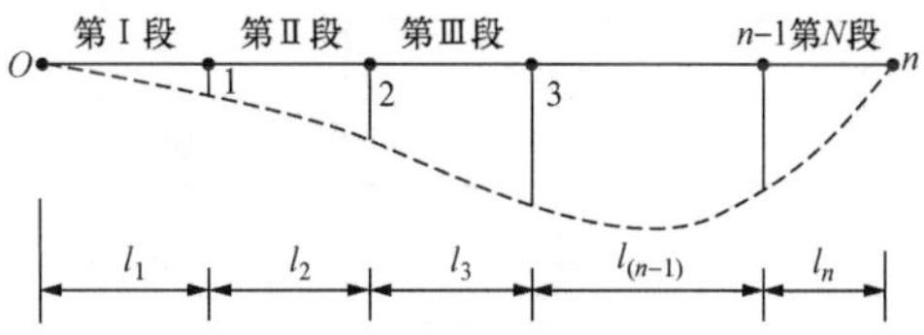

图 14

在这些桩号上，根据软基地质剖面和相应的压缩试验成果，算出在心墙自重作用下的地基沉陷量各为 58.2、74.3、114.7、97.5、66.3、16.2cm。这些断面上心墙高度均为 24m，在自重下的心墙压缩量均为 72cm（这是假定荷载一次加上，与实际情况不符，已见前面说明）。

这样，可以计算各分段的平均沉陷坡降，即

$$\text{Ⅰ段}\quad i_1=\frac{0.743-0.582}{6.5}=2.48\%$$

$$\text{Ⅱ段}\quad i_2=\frac{1.147-0.743}{8.5}=4.76\%$$

$$\text{Ⅲ段}\quad i_3=\frac{0.975-1.147}{14.5}=-1.186\%$$

$$\text{Ⅳ段}\quad i_4=\frac{0.663-0.975}{3.0}=-10.40\%$$

$$\text{Ⅴ段}\quad i_5=\frac{0.162-0.663}{12.5}=-4.008\%$$

由于我们是分条独立计算的，所以不仅沉陷曲线成为一组折线，而且局部地段斜率特大（达 10%以上），按此结果，似乎心墙非裂不可。

现在进行校正计算。为此先计算各段的特征常数 β，如表 1 所示。表中第 1 行、第 2 行为断面及分段的编号，第 3 行为分段水平距，第 4 行为心墙高，第 5 行、第 6 行为心墙自重所产生的心墙压缩 u_0（假定荷载一次加上）和地基沉陷 v_0，第 7～9 行是计算 β 值的过程，第 10 行为各分段上的平均 β 值，第 11 行为 βh，第 12 行为无因次长度 l'，第 13 行为按分条独立计算所得的各段平均沉陷斜率（i），第 14 行为前后两段斜率差，第 15～17 行的意义另详见下一节。

表 1

1	断面	0	1	2	3	4	5
2	分段	Ⅰ	Ⅱ	Ⅲ	Ⅳ	Ⅴ	
3	段长 L（m）	6.5	8.5	14.5	3.0	12.5	
4	心墙高 h（m）	24	24	24	24	24	24
5	心墙压缩量 u_0（m）	0.72	0.72	0.72	0.72	0.72	0.72
6	地基沉陷量 v_0（m）	0.582	0.743	1.147	0.975	0.663	0.162
7	$1+v_0/u_0$	1.8083	2.0319	2.5931	2.3542	1.9208	1.285
8	$\sqrt{1+v_0/u_0}$	1.3447	1.4255	1.6103	1.5343	1.3859	1.1068
9	$\frac{1}{\sqrt{5}}\sqrt{1+v_0/u_0}$	0.6014	0.6375	0.7201	0.6862	0.6198	0.4950
10	β	0.6195	0.6788	0.7032	0.6530	0.5574	
11	βh（m）	14.868	16.291	16.877	15.672	13.378	
12	$l'=\frac{L}{\beta h}$	0.4372	0.5185	0.8592	0.1914	0.9344	
13	i（%）	2.477	4.753	−1.186	−10.40	−4.008	
14	Δi（%）		2.276	−5.939	−9.214	6.392	
15	$\overline{L}$（m）		7.5	11.5	8.75	7.55	
16	$\frac{1}{5}\frac{h}{L}$		0.640	0.417	0.549	0.620	
17	β'		1.30	1.0315	1.292	1.191	

完成上述准备工作后，即可进行校正计算。边界条件是：令结点 0 及 5 处无校正值（这仅为假定，更合理些应该从心墙的左坝头算到右坝头。但本工程河床范围基础和心墙均较均匀，可以采用 $\overline{W}_0=0$ 的假定。令 $\overline{W}_5=0$，则只为示例，可以继续计算过去）。

下面的计算工作都是用算尺进行的，结果证实采用普通的复对数计算尺也可解决问题，当然成果的精度差一些。

［第Ⅰ段］$\overline{W}_{\mathrm{I}}=a_1e^{-\frac{x}{14.85}}+b_1e^{\frac{x}{14.85}}$

由 $\overline{W}_{\mathrm{I}}(o)=0$，得 $b_1=-a_1$

在 $x=l_1$ 处，$\overline{W}_{\mathrm{I}}(l_1)=a_1e^{-0.438}-a_1e^{0.438}=a_1\times(0.6442-1.55)=-0.906a_1$

$$\overline{W}'_{\mathrm{I}}(l_1)=-\frac{a_1}{14.85}(e^{-0.438}+e^{0.438})=-\frac{a_1}{14.85}\times(0.6442+1.55)=-0.14775a_1$$

［第Ⅱ段］$\overline{W}_{\mathrm{II}}=a_2e^{-\frac{x}{16.3}}+b_2e^{\frac{x}{16.3}}$

在 $x=0$ 处，$\overline{W}_{\mathrm{II}}(o)=a_2+b_2$

$$\overline{W}'_{\mathrm{II}}(o)=-\frac{1}{16.3}(a_2-b_2)$$

由结点 1 的连续条件

$$a_2+b_2=-0.906a_1$$

$$(-0.1476a_1)-\left[-\frac{1}{16.3}(a_2-b_2)\right]=2.28\%$$

整理得 $$a_2-b_2=2.405a_1+0.3718$$

从而 $$a_2=0.750a_1+0.1859 \qquad b_2=-1.655a_1-0.1859$$

在 $x=l_2$ 处

$$\overline{W}_{\text{II}}(l_2)=a_2\text{e}^{-0.555}+b_2\text{e}^{0.555}=0.5738a_2+1.742b_2=-2.452a_1-0.2172$$

$$\overline{W}'_{\text{II}}(l_2)=-\frac{a_2}{16.3}\text{e}^{-0.555}+\frac{b_2}{16.3}\text{e}^{0.555}$$

$$=-\frac{0.5738}{16.3}(0.75a_1+0.1859)+\frac{1.742}{16.3}(-1.655a_1-0.1859)$$

$$=-0.2034a_1-0.02644$$

［第III段］ $\overline{W}_{\text{III}}=a_3\text{e}^{-\frac{x}{16.88}}+b_3\text{e}^{\frac{x}{16.88}}$

在 $x=0$ 处 $\overline{W}_{\text{III}}(o)=a_3+b_3 \qquad \overline{W}'_{\text{III}}(o)=-\frac{1}{16.88}(a_3-b_3)$

由结点 2 的连续条件

$$a_3+b_3=-2.452a_1-0.2172$$

$$(-0.2034a_1-0.02644)+\frac{a_3+b_3}{16.88}=-5.946\%$$

整理得 $$a_3-b_3=3.430a_1-0.558$$

由此得 $$a_3=0.489a_1-0.3876 \qquad b_3=-2.941a_1+0.1704$$

在 $x=l_3$ 处

$$\overline{W}_{\text{III}}(l_3)=a_3\text{e}^{-0.859}+b_3\text{e}^{0.859}=0.423a_3+2.36b_3=-6.784a_1+0.2375$$

$$\overline{W}'_{\text{III}}(l_3)=-\frac{a_3}{16.88}\text{e}^{-0.859}+\frac{b_3}{16.88}\text{e}^{0.859}$$

$$=-\frac{0.423}{16.88}(0.489a_1-0.3876)+\frac{2.36}{16.88}(-2.941a_1+0.1704)$$

$$=-0.4238a_1+0.03354$$

［第IV段］ $\overline{W}_{\text{IV}}=a_4\text{e}^{-\frac{x}{15.69}}+b_4\text{e}^{\frac{x}{15.69}}$

在 $x=0$ 处 $$\overline{W}_{\text{IV}}(o)=a_4+b_4$$

$$\overline{W}'_{\text{IV}}(o)=-\frac{1}{15.69}(a_4-b_4)$$

由结点 3 的连续条件

$$a_4+b_4=-6.784a_1+0.2375$$

$$-0.4268a_1+0.03354+\frac{a_4-b_4}{15.69}=-0.09214$$

整理得 $$a_4-b_4=6.650a_1-1.970$$

解之得 $$a_4=-0.06675a_1-0.8662 \qquad b_4=-6.7168a_1+1.104$$

在 $x=l_4$ 处

$$\overline{W}_{\rm IV}(l_4)=a_4e^{-0.1912}+b_4e^{0.1912}=0.826a_4+1.210b_4=-8.075a_1+0.620$$

$$\overline{W}'_{\rm IV}(l_4)=-\frac{a_4}{15.69}e^{-0.1912}+\frac{b_4}{15.69}e^{0.1912}$$

$$=-\frac{0.826}{15.69}(-0.06675a_1-0.8662)+\frac{1.210}{15.69}(-6.7168a_1+1.104)$$

$$=-0.5145a_1+0.1307$$

［第Ⅴ段］$\overline{W}_5=a_5e^{-\frac{x}{13.40}}+b_5e^{\frac{x}{13.40}}$

在 $x=0$ 处

$$\overline{W}_5(o)=a_5+b_5$$

$$\overline{W}'_5(o)=-\frac{1}{13.40}(a_5-b_5)$$

由结点 4 的连续条件

$$a_5+b_5=-8.075a_1+0.620$$

$$-0.5145a_1+0.1307+\frac{a_5-b_5}{13.40}=0.0639$$

整理得 $a_5-b_5=6.890a_1-0.895$

解之得 $a_5=-0.5925a_1-0.1375$　　$b_5=-7.4825a_1+0.7575$

在 $x=l_5$ 处

$$\overline{W}_{\rm V}(l_5)=a_5e^{-0.932}+b_5e^{0.932}=0.393a_5+2.540b_5=-19.263a_1+1.871$$

边界条件：$\overline{W}_{\rm V}(l_5)=0$，故 $a_1=0.0971$

回代后得

$$a_5=-0.5925\times0.0971-0.1375=-0.195$$
$$b_5=-7.4825\times0.0971+0.7575=0.0295$$
$$a_4=-0.06675\times0.0971-0.8662=-0.873$$
$$b_4=-6.7168\times0.0971+1.104=0.452$$
$$a_3=0.489\times0.0971-0.3876=-0.340$$
$$b_3=-2.941\times0.0971+0.1704=-0.116$$
$$a_2=0.750\times0.0971+0.1859=0.259$$
$$b_2=-1.655\times0.0971-0.1859=-0.347$$

并可计算各结点处的校正值，得

$\overline{W}_1=-0.906a_1=-0.088$，　　或 $\overline{W}_1=a_2+b_2=-0.347+0.259=-0.088$

$\overline{W}_2=-2.452a_1-0.2172=-0.455$　　或 $\overline{W}_2=a_3+b_3=-0.340-0.116=-0.456$

$\overline{W}_3=-6.784a_1+0.2375=-0.421$　　或 $\overline{W}_3=a_4+b_4=-0.873+0.452=-0.421$

$\overline{W}_4=-8.075a_1+0.620=-0.165$　　或 $\overline{W}_4=a_5+b_5=-0.195+0.0295=-0.1655$

同样可计算校正后的沉陷斜率：

［结点 1］：第Ⅱ段　$\overline{W}'=-\frac{1}{16.30}(a_2-b_2)=-\frac{1}{16.30}\times(0.259+0.347)=-3.72\%$

$$W'+\overline{W}'=4.76\%-3.72\%=1.04\%$$

第Ⅰ段　$\overline{W}'=-0.1476a_1=-1.434\%$

$$2.48\%-1.434\%=1.046\%$$

［结点 2］：第Ⅱ段　$\overline{W}'=-0.2034\times0.0971-0.02644=-4.616\%$

$$W'+\overline{W}'=4.76\%-4.616\%=0.144\%$$

第Ⅲ段 $\overline{W}'=-\dfrac{1}{16.88}(a_3-b_3)=-\dfrac{1}{16.88}\times(-0.340+0.116)=1.328\%$

$$-1.186\%+1.328\%=0.142\%$$

［结点 3］：第Ⅲ段 $\overline{W}'=-0.4238\times0.0971+0.03354=-0.756\%$

$$W'+\overline{W}'=-1.185\%-0.756\%=-1.942\%$$

第Ⅳ段 $\overline{W}'=-\dfrac{1}{15.69}(a_4-b_4)=-\dfrac{1}{15.69}\times(-0.873-0.452)=8.45\%$

$$-10.40\%+8.45\%=-1.95\%$$

［结点 4］：第Ⅳ段 $\overline{W}'=-0.5145\times0.0971+0.1307=8.08\%$

$$W'+\overline{W}'=-10.40\%+8.08\%=-2.32\%$$

第Ⅴ段 $\overline{W}'=-\dfrac{1}{13.40}(a_5-b_5)=-\dfrac{1}{13.40}\times(-0.195-0.0295)=1.676\%$

$$-4.01\%+1.676\%=-2.33\%$$

可见经过调整后，沉陷曲线成为一条连续光滑曲线，最大的斜率发生在结点 4，$i=-2.33\%$。

校正前和校正后的沉陷曲线示于图 15 中，可以看出两者之间很大的差异，这也可说明，用校正前的沉陷曲线作为控制标准是不够合理的。

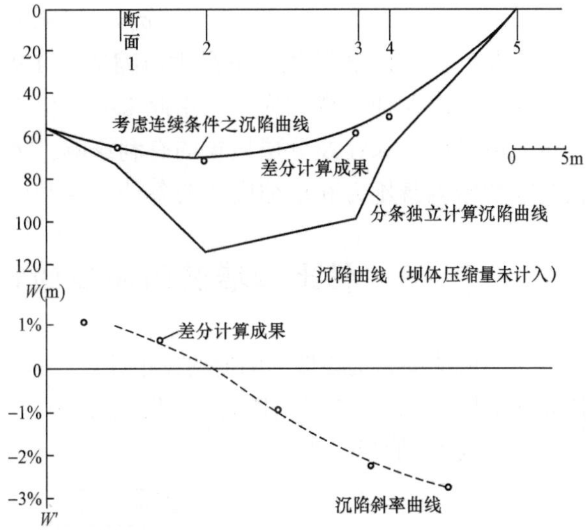

图 15

如果要计算曲率，则每一分段左结点（$x=0$）处可用下式计算

$$\overline{W}''=\frac{1}{\beta_2 h_2}(a+b)$$

右结点（$x=1$）处为

$$\overline{W}''=\frac{1}{\beta_2 h_2}(a\mathrm{e}^{-l'}+b\mathrm{e}^{l'})$$

在本例中：

［结点 1］（第Ⅰ段）$\overline{W}''=\dfrac{1}{14.85^2}\times(0.0971\mathrm{e}^{-0.438}+0.0971\mathrm{e}^{0.438})=-0.000399$

（第Ⅱ段）$\overline{W}''=\dfrac{1}{16.3^2}\times(0.259+0.347)=-0.000331$

［结点 2］（第Ⅱ段）$\overline{W}''=\dfrac{1}{16.3^2}\times(0.259\mathrm{e}^{-0.555}-0.347\mathrm{e}^{0.555})=-0.00172$

（第Ⅲ段）$\overline{W}''=\dfrac{1}{16.88^2}\times(-0.340-0.116)=-0.00160$

［结点 3］（第Ⅲ段）$\overline{W}''=\dfrac{1}{16.88^2}\times(-0.340\mathrm{e}^{-0.859}-0.116\mathrm{e}^{0.859})=-0.00147$

（第Ⅳ段）$\overline{W}''=\dfrac{1}{15.69^2}\times(-0.873+0.452)=-0.00171$

［结点 4］（第Ⅳ段）$\overline{W}''=\dfrac{1}{15.69^2}\times(-0.873\mathrm{e}^{-0.1912}+0.452\mathrm{e}^{0.1912})=-0.000710$

（第Ⅴ段）$\overline{W}''=\dfrac{1}{13.4^2}\times(-0.195+0.0295)=-0.000922$

由于我们的校正计算是以剪力—沉陷连续要求推导得出的，所以在各结点处左右侧的曲率不严格相等，可取平均值为准，或者将各结点处斜率点绘成曲线后，量取其坡率来作为曲率。

求出以上各成果后，我们可以校核最大的应变和应力。最大剪应变和应力发生在断面 4 上，设 $G_c=300\text{t/m}^2$，则 $i_{xy}=2.33\%$，$\tau=7\text{t/m}^2$。最大弯曲应变和应力发生在断面 2 上，取 $\overline{W}''=-0.0016$，$E_c=750\text{t/m}^2$，则

$$\varepsilon_x=\frac{24}{2}\times(-0.0016)=-1.92\%$$

$$\sigma_x=-14.4\text{t/m}^2$$

因此，在断面 2 的顶部有最大压缩应变 1.92%和压应力 1.44kg/cm²，相应在底部也有这样大的拉伸应变和应力。由此来看，似乎仍将开裂。但上述计算是按心墙瞬时填筑完成考虑，未计及分层填筑的有利影响。另外，在底部的受拉区中，也未计入该区存在初始侧身压力和压缩应变的条件，这些问题将在第 4 节中再阐述。

3　黏土心墙沉陷曲线的计算和校正（二）

上节所述的黏土心墙沉陷值的校正计算，是利用微分方程式（9）的补函数进行的，计算并不复杂，但工作量仍嫌大。如果把式（9）写成差分形式，就可以获得更方便的解。

按式（9）的形式为

$$\frac{\mathrm{d}^2\overline{W}}{\mathrm{d}x^2}-\frac{\overline{W}}{\beta^2h^2}=-\frac{\mathrm{d}i}{\mathrm{d}x}$$

考虑三个连续的结点 1、2、3（见图 16），结点 1—2 间的平距为 L_{12}，结点 2—3 的平距为 L_{23}，又令 $L_2=\dfrac{1}{2}$（$L_{12}+L_{23}$）。令在 1、2、3 结点上的校正值各为 $\overline{W}_1$、$\overline{W}_2$、$\overline{W}_3$。则将导数改写为差分形式后，可得

$$\frac{\dfrac{\overline{W}_3-\overline{W}_2}{L_{23}}-\dfrac{\overline{W}_2-\overline{W}_1}{L_{23}}}{L_2}-\frac{\overline{W}_2}{\beta_2^2h_2^2}=\frac{i_{12}-i_{23}}{L_2} \tag{31}$$

将式（31）整理后可得

$$-\frac{\overline{W}_3}{L_{23}}+\overline{W}_2\left(\frac{L_2}{\beta_2^2h_2^2}+\frac{1}{L_{23}}+\frac{1}{L_{21}}\right)-\frac{\overline{W}_3}{L_{21}}=i_{23}-i_{21}=\Delta i_2 \tag{32}$$

按此顺序，每相邻的三个结点可以成立如上的一个方程式。解之，就可直接求出各结点上的校正值。上述方程组很像“三弯矩方程”，建立和解算均为较简单。

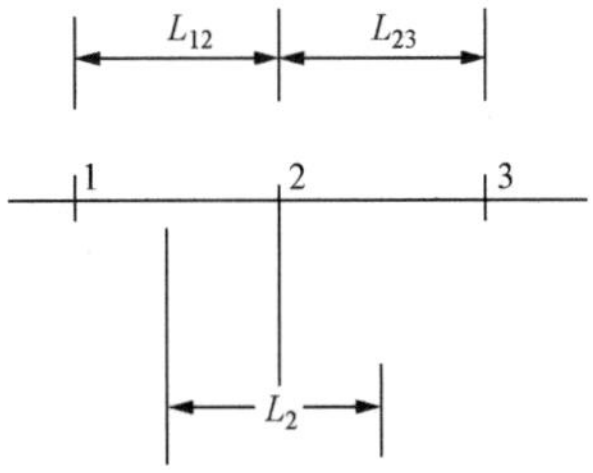

图 16

式（32）中的 $\dfrac{L_2}{\beta_2^2 h_2^2}$ 一项可稍作变化，即

$$\frac{L_2}{\beta_2^2 h_2^2}=\frac{1}{\beta_2^2\left(\dfrac{h_2}{L_2}\right)h_2}=\frac{1}{\beta_2' h_2} \tag{33}$$

其中

$$\beta_2'=\beta_2^2\frac{h_2}{L_2}=\frac{1}{5}\left(1+\frac{v_0}{u_0}\right)\frac{h_2}{L_2} \tag{34}$$

这样式（32）可写为

$$-\frac{\overline{W}_3}{L_{23}}+\overline{W}_2\left(\frac{1}{\beta_2' h_2}+\frac{1}{L_{23}}+\frac{1}{L_{21}}\right)-\frac{\overline{W}_1}{L_{21}}=\Delta i_2 \tag{35}$$

【例 2】 上节中的问题试以差分法解之。

首先计算参数 $\beta'=\dfrac{1}{5}\left(1+\dfrac{v_0}{u_0}\right)=\dfrac{h_2}{L_2}$，这只需在表 1 中增加第 15～17 行即得。于是可以依次写下联立方程组如下：

结点 0—1—2

$$\overline{W}_1\left(\frac{1}{24\times1.30}+\frac{1}{6.5}+\frac{1}{8.5}\right)-\frac{\overline{W}_2}{8.5}=2.28\% \qquad (\overline{W}_0=0)$$

$$-\frac{\overline{W}_1}{8.5}+\overline{W}_2\left(\frac{1}{24\times1.0815}+\frac{1}{8.5}+\frac{1}{14.5}\right)-\frac{\overline{W}_3}{14.5}=-5.946\%$$

$$-\frac{\overline{W}_2}{14.5}+\overline{W}_3\left(\frac{1}{24\times1.292}+\frac{1}{14.5}+\frac{1}{3.0}\right)-\frac{\overline{W}_4}{3.0}=-9.214\%$$

$$-\frac{\overline{W}_1}{3.0}+\overline{W}_4\left(\frac{1}{24\times1.191}+\frac{1}{3.0}+\frac{1}{12.5}\right)=6.39\% \qquad (\overline{W}_5=0)$$

以上四式经整理后得

$$\overline{W}_1\times(3.21+11.75+15.4)-11.75\overline{W}_2=2.28$$

$$-11.75\overline{W}_1+\overline{W}_2\times(3.85+11.75+6.9)-6.9\overline{W}_3=-5.946$$

$$-6.9\overline{W}_2+\overline{W}_3\times(3.22+6.9+33.3)-33.3\overline{W}_4=-9.214$$

$$-33.3\overline{W}_3+\overline{W}_4\times(3.50+8.0+33.3)=6.39$$

再简化之，得

$$\overline{W}_1=0.384\overline{W}_2+0.0745$$
$$(-4.51\overline{W}_2+0.876)+26.50\overline{W}_2-6.9\overline{W}_3=-5.946$$

即 $$21.99\overline{W}_2-6.9\overline{W}_3=-6.822\text{，或}\overline{W}_2=0.314\overline{W}_3-0.310$$

$$(-2.162\overline{W}_3+2.14)+43.45\overline{W}_3-33.33\overline{W}_4=-9.214$$

即 $$41.288\overline{W}_3-33.33\overline{W}_4=-11.354\text{，或}\overline{W}_3=0.808\overline{W}_4-0.275$$

$$(-26.9\overline{W}_4+9.15)+44.83\overline{W}_4=6.39$$

即 $$17.93\overline{W}_4=-2.77$$

于是
$$\overline{W}_4=-0.1545\quad(-0.165)$$
$$\overline{W}_3=-0.125-0.275=-0.400\quad(-0.421)$$
$$\overline{W}_2=-0.1256-0.310=-0.4356\quad(-0.455)$$
$$\overline{W}_1=-0.1673+0.0745=-0.0928\quad(-0.088)$$

上述括号中为上节中求得的值，可见即使采用这样大而不均匀的分格，差分计算仍可得到可信的成果，而计算工作又远为简便。

将各截面上的沉陷值加以校正后得（未计入心墙的压缩值 72cm）。

$$W_0=58.2\qquad i_{\text{I}}=\frac{65.0-58.2}{6.5}=1.046\%$$

$$W_1=74.3-9.3=65.0\qquad i_{\text{II}}=0.717\%$$

$$W_2=114.7-43.6=71.1\qquad i_{\text{III}}=-0.937\%$$

$$W_3=97.5-40.0=57.5\qquad i_{\text{IV}}=-2.20\%$$

$$W_4=66.3-15.4=50.9\qquad i_{\text{V}}=-2.776\%$$

$$W_5=16.2$$

这样看来，校正后的最大斜率约为−2.77%，和上节求得的−2.33%也相近。参见图 15，我们将各斜率点绘在每一段的中点处，并联成光滑曲线，然后可以量取各点的曲率（如要精确一些，可用插值公式计算），而最简单的办法是用下式计算

［结点 1］ $$\overline{W}''=\frac{0.717\%-1.046\%}{7.5}=-0.0439\%$$

［结点 2］ $$\overline{W}''=\frac{0.937\%-0.717\%}{11.5}=-0.144\%$$

［结点 3］ $$\overline{W}''=\frac{-2.20\%+0.937\%}{8.75}=-0.144\%$$

［结点 4］ $$\overline{W}''=\frac{-2.776\%+2.20\%}{7.75}=-0.0744\%$$

这样求出的曲率，一般为偏小。

上面求得的校正值 $\overline{W}$，是墙顶沉陷的校正值，它由两部分组成，即地基沉陷的校正值 $\overline{v}$ 和墙身压缩的校正值 $\overline{u}$，从式（5）和式（7）可以推得

$$\frac{\overline{v}}{\overline{W}}=\frac{\beta_{\mathrm{f}}H}{\beta_{\mathrm{c}}h+\beta_{\mathrm{f}}H}=\frac{\dfrac{E_{\mathrm{c}}}{2(1+\nu_{\mathrm{c}})E_{\mathrm{f}}}H}{\dfrac{1}{4(1+\nu_{\mathrm{c}})}h+\dfrac{E_{\mathrm{c}}}{2(1+\nu_{\mathrm{c}})E_{\mathrm{f}}}H}$$

$$=\frac{\dfrac{2E_{\mathrm{c}}}{E_{\mathrm{f}}}H}{h+2\dfrac{E_{\mathrm{c}}}{E_{\mathrm{f}}}H}=\frac{2\lambda H}{h+2\lambda H}$$

其中
$$\lambda=\frac{E_{\mathrm{c}}}{E_{\mathrm{f}}}$$

故
$$\overline{v}=\frac{2\lambda H}{h+2\lambda H}\overline{W}$$

$$\overline{u}=\frac{h}{h+2\lambda H}\overline{W}$$

心墙内部一点 P（距墙底为 D）处的压缩校正值为

$$\overline{u}\left(1-\frac{\overline{h-D^{2}}}{h^{2}}\right)$$

总之，在墙顶处的校正值是 $\overline{W}$，在墙底处的校正值是

$$\overline{v}=\frac{2\lambda H}{h+2\lambda H}\cdot\overline{W}$$

在心墙内部各点应处的校正值是

$$\overline{v}+\overline{u}\left(1-\frac{\overline{h-D^{2}}}{h^{2}}\right)=\frac{2\lambda H}{h+2\lambda H}\overline{W}+\frac{h}{h+2\lambda H}\left(1-\frac{\overline{h-D^{2}}}{h^{2}}\right)\overline{W}$$

4 分层填筑和徐变影响

在第 2、3 节中所述计算，都假定心墙是瞬时一次完成，荷载也瞬时加在全截面上，材料也无徐变性能（沉陷瞬时完成），这些假定与实际情况不符，因此，还要作一定的修正。

考虑图 17 中的心墙，我们假定它分 m 期筑成（图 17 中表示分 4 期，即 $m=4$），每一期心墙则仍假定瞬时完成。那么，更合理的计算要按以下步骤进行：

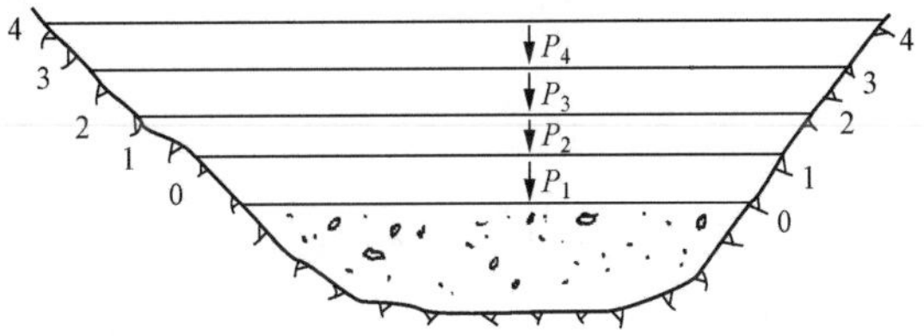

图 17

（1）将第一期土重（P_1）施加在地基上，计算基础面上的沉陷。这样我们得到水平断面 0—0 在时间 t_1 时的沉陷曲线（由于荷载 P_1 产生），记为 W_0（1）。

（2）再施加第二期土重（P_2），这时，第一层心墙已形成梁的作用，按上两节所述

方法，求出 P_2 所产生的墙顶（断面 1—1）沉陷曲线，并且可以分出其中的基础沉陷部分，前者记为 W_1（2），后者记为 W_0（2）。所以在第二层心墙填上后，水平断面 0—0 上的沉陷值为 W_0（1）$+W_0$（2），水平断面 1—1 上的沉陷为 W_1（2）（水平断面 2—2 上的沉陷为 0）。

（3）仿上分期施加土重荷载 P_3，P_4，…，P_m，每施加一次荷载 P_k，就计算它在水平断面 0—0，1—1，2—2，…，（$k-1$）—（$k-1$）上所产生的沉陷 W_0（k），W_1（k），…，W_{k-1}（k）。

（4）这样，在心墙填至顶部，各水平断面上的沉陷将如下所示：

水平断面 0—0：$W_0(1)+W_0(2)+W_0(3)+\cdots+W_0(m)$

水平断面 1—1：$W_1(2)+W_1(3)+\cdots+W_1(m)$

水平断面 2—2：　　$W_2(3)+\cdots+W_2(m)$

⋮　　　　⋮

水平断面 m—m：　　0

按照上述分层计算并进行叠加，我们可以求出较为接近实际的成果，而且还得到了各水平截面上沉陷的发展过程，但是计算工作量较大。因为每填筑一层，心墙的长度和厚度（h）都改变一次（即上两节公式中的参数 β 和 h 都改动一次），因此计算工作要分层重新做起。

当我们将层数分得越多时，成果就越接近实际，当然计算工作也越大。实际上心墙是以数十厘米一层分层填筑的，如划分得这样细，工作量将极浩大，是不现实也无必要的。将心墙全高分为五六层计算也许已能给出良好成果。

在每施加一次荷载（例如 P_k）后，算出它所产生的沉陷量 W（k）——校正后的值，以及相应的沉陷斜率 W'（k）和曲率 W''（k），即可换算为剪切应力（应变）及弯曲应力（应变）。剪应力（应变）的换算很方便，有

$$剪应变= W'(k) \tag{36}$$

$$剪应力=G_c W''(k) \tag{37}$$

弯曲应力（应变）的换算稍微曲折一些。参考图 18，设在施加荷载 P_k 时，心墙的厚是 y，而我们所计算的水平截面离地基高度为 D，则

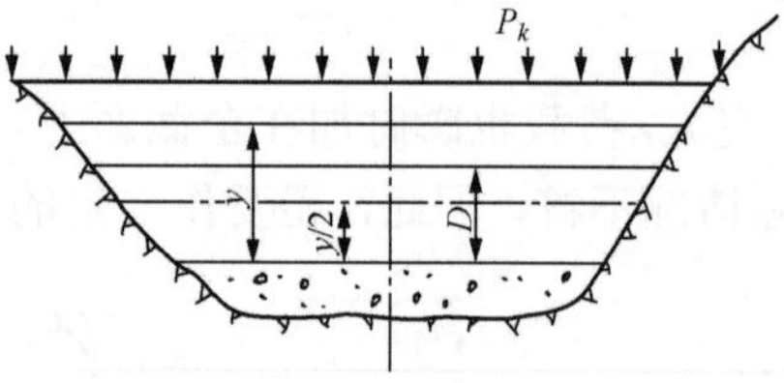

图 18

$$弯曲应变\quad \varepsilon_x=\left(D-\frac{y}{2}\right)W''(k) \tag{38}$$

$$弯曲应力\quad \sigma_x=\left(D-\frac{y}{2}\right)W''(k)E_c \tag{39}$$

任一水平截面上，最终的合成值为

$$剪应变\quad \varepsilon_{xy}=\sum_{k=1}^{m}W'(k)=W' \tag{40}$$

$$剪应力\quad \tau=G_c=\sum_{k=1}^{m}W'(k)=G_c W' \tag{41}$$

$$弯曲应变\quad \varepsilon_x=\sum_{k=1}^{m}\left(D-\frac{y}{2}\right)W''(k)+\varepsilon_{x0} \tag{42}$$

弯曲应力 $$\sigma_x = \sum_{k=1}^{m}\left(D-\frac{y}{2}\right)W''(k)E_c + \sigma_{x0} \tag{43}$$

式中：ε_{x0} 及 σ_{x0} 为由于自重产生的侧向应变及侧压力。

可注意在求合成 ε_x 和 σ_x 时，叠加项中的 y 是随着 k 改变的，所以不能像剪应力一样将 $\sum W'(k)$ 写为 W'，而必须分层进行数值演算而叠加之。

在得出每个水平截面上的 ε_{xy}、τ、ε_x、σ_x 后，即可考察是否有开裂危险。

在许多工程中，心墙本身的压缩量较小或均匀，主要问题出在软基的大量和不均匀的沉陷。对于这类问题我们可以用些近似的办法来估计分层填筑的影响，而不必作详细的分层演算。

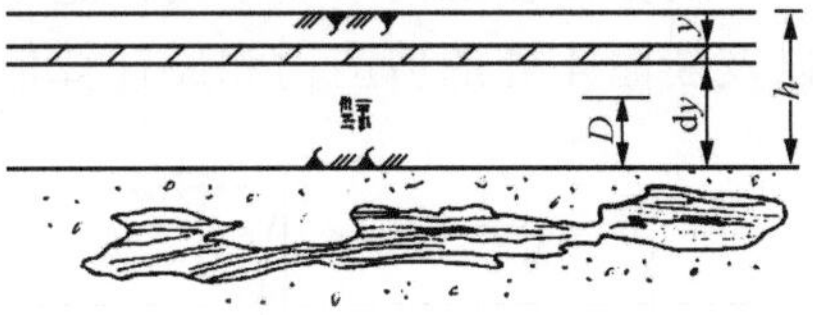

图 19

图 19 中示一等高、均匀的长心墙，位在很不均匀的软基上。我们先假定整个心墙（墙高 h）是瞬时筑成的，并采用上两节中的办法，求得了沉陷校正值 $\bar{W}$（和相应的 $\bar{W}'$、$\bar{W}''$）。则各截面上的剪应变（应力）和弯曲应变（应力）将如前述为

$$\left.\begin{aligned} \varepsilon_{xy} &= i + \bar{W}' \\ \tau_{xy} &= G(i + \bar{W}') \\ \varepsilon_x &= \bar{W}''\left(D - \frac{h}{2}\right) \\ \sigma_x &= \bar{W}''\left(D - \frac{h}{2}\right)E_c \end{aligned}\right\} \tag{44}$$

现在我们研究一下：考虑心墙分层填筑影响后，上述成果将有何变化。设心墙以无限薄的分层（dy）向上填筑，考虑其中一个微层 dy，当时心墙的高度为 y。当我们按分条独立计算时，这一层土重将使相邻分段间产生斜率差 $\Delta i\dfrac{\mathrm{d}y}{h}$。由此而产生的沉陷校正量仍按式（35）计算，只是式中的 h_2 应改为 y，同时右边的常项改为 $\Delta i\dfrac{\mathrm{d}y}{h}$。当 y 取不同值时，$\overline{W}_2$ 项的系数将有些变动，但考察系数的组成。y 值的变动对系数所产生的影响并不很大。所以我们可以近似地认为各层土重 γdy 所产生的沉陷校正量是相同的，都等于 $\overline{W}\dfrac{\mathrm{d}y}{h}$，那么，在离地基高度 D 处的总校正量就可用积分求得

$$斜率 = \int_D^h \overline{W}'\frac{\mathrm{d}y}{h} = \overline{W}'\left(1-\frac{D}{h}\right) = \overline{W}'(1-d) \tag{45}$$

$$曲率 = \int_D^h \overline{W}''\left(D-\frac{y}{2}\right)\frac{\mathrm{d}y}{h} = \frac{\overline{W}''h}{2}\left(2d-\frac{3}{2}d^2-\frac{1}{2}\right) \tag{46}$$

$$d = \frac{D}{h}$$

于是，考虑了分层填筑影响后的斜率或曲率，等于按心墙瞬时完成所求出的值，

分别乘以函数（$1-d$）和$\left(2d-\frac{3}{2}d^2-\frac{1}{2}\right)$即可。若把这两个函数沿高度画成曲线，可知前者呈三角形变化，顶部之值为 0，底部为 1；后者是抛物线，顶部为 0，1/3 高处为 1/6，1/2 高处为 1/8，2/3 高处为 0，底部为−1/2。因此，假定心墙一次瞬时完成，沿高度的剪应力为均布，而考虑分层填筑后，剪应力沿墙高呈三角形分布（底部强度与一次填筑情况相同）。同样，假定心墙一次完成时沿高度弯曲应力为直线分布，而考虑分层填筑后将呈抛物线分布，顶部为 0，底部亦仅为前者的一半值（参见图 20）。总之，应力情况大大改善。

例如，在上两节所举的例题中，若考虑分层填筑的影响，在断面 2 处的弯曲应力以及断面 4 处的剪应力和原计算值可比较于图 21 中。

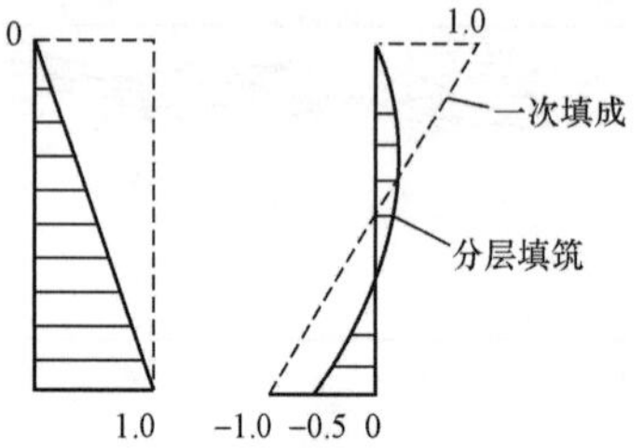

图 20

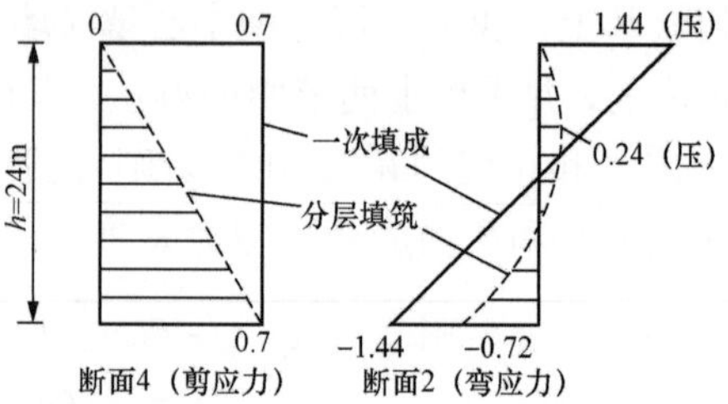

图 21

分析这个例题的计算过程和成果，可以看出以下几点：

（1）如果按“分条独立计算法”计算各垂直断面上的总沉陷量（并假定心墙瞬时完成），其沉陷曲线将为一条折线。在断面 2 处的总沉陷量达（72+114.7）cm。最大斜率在断面 3—4 之间，其值达 10.4%。这是由于地基中存在淤泥质夹层，心墙土料压缩性大，再加上基岩面凹凸不平（有大孤石）所引起的。

（2）将以上成果进行连续性校正后（但仍不考虑心墙的分层填筑影响），则沉陷曲线变成连续光滑曲线。在断面 2 处，$W=$（72+69.1）cm，左右侧 i 相同（0.144%）。曲率 $\frac{\mathrm{d}i}{\mathrm{d}x}=-0.0016$，相应的 $\varepsilon_x=\mp1.92\%$，最大斜率为 2.33%。

经过这样校正，沉陷曲线合理了，最大斜率减少很多，而且可看出在计算范围内，曲线下垂，受拉区在底部，顶部开裂的危险性不存在，而且可以算出具体的 $\frac{\mathrm{d}i}{\mathrm{d}x}$、$\varepsilon_x$、$i$ 和 τ_{xy}、σ_x 等值。

（3）考虑心墙分层填筑影响后，σ_x 可以进一步减少，如图 21 所示，最大压应力在离墙顶约 8m 处，$\sigma_x=0.24$kg，最大拉应变在墙底，$\sigma_x=0.72$kg，拉应变 $\varepsilon_x=0.96\%$。

心墙在填筑过程中，底部土体受到垂直压力，最大达 γh，如土体能侧向自由变形，则将发生侧向应变 $\varepsilon_x=\frac{\gamma h\nu}{E}$，实际上，由于受侧向压缩，$\varepsilon_x=0$，这相当于在底部施加了预压缩，预压应变 $\varepsilon_x=\nu\frac{\gamma h}{E_c}$，如果以 $\nu=0.25$、$\gamma=1.8$、$h=24$、$E=750$ 代入，

$\varepsilon_x = 0.25 \times \frac{1.8 \times 2.4}{750} = 1.44\%$，所以弯曲所产生的 ε_x，和上述预压 ε_x 叠加后仍为受压状态，尚不致使土体开裂。

（4）总之，原来似乎很严重的沉陷斜率问题，经过逐步深入探索，可以看到问题不像想象的那么严重，各断面处很可能不致开裂，也许问题较大的地方还不是原计算中沉陷 W 或斜率 i 最大的断面处，而在断面 5 以右，因为该处沉陷曲线可能上凸（我们的计算仅为示例性，只算到断面 5 为止，假定 W_5 不校正，实际上应再算过去直到坝肩）。

上面所述又都是假定心墙和软基并无徐变性能，在承受荷载后，沉陷是瞬时完成的。按此，在竣工后坝体沉陷就不会再变动。坝顶上的沉陷也应该为 0，开裂现象必在施工期中发生（如果土料有湿陷性，则在蓄水后随即发生）。实际上，不论是心墙或软基，受荷后并不瞬时达到其最终沉陷量，而有一个滞后过程，这就是所谓徐变性能。我们假定徐变性主要由孔隙压力的消散（亦即土体的固结）所产生。

要在计算中精确地考虑徐变因素，只能借助于电算，而且需要大容量的机器，计算程序和需要的时间也很长。我们在本节中简单讨论一下近似的处理方法。

先考虑地基的固结影响。参考图 22（a），我们在地基表面（心墙范围内）施加均布的荷载并用一般方法进行固结计算，将其成果绘成曲线，即将在荷载范围内的地面平均沉陷量 v 按时间绘成曲线，见图 22（b），当 t 趋于无穷时，沉陷趋于其最终值 v_∞，我们取若干个时间坐标 t_1、t_2、…（t_1 为原点），则这条曲线可近似以阶梯形函数代替，即假定沉陷 v 是在 t_1、t_2 等瞬时跳跃式的发生。在 t_1、t_2、…时所发生的沉陷增量可写成

$$v(t_1) = k_1 v_\infty$$
$$v(t_2) = k_2 v_\infty$$
$$\cdots$$

k_1、k_2 是一些数值系数，均小于 1，且 $\sum k = 1$，可从固结分析成果中确定。

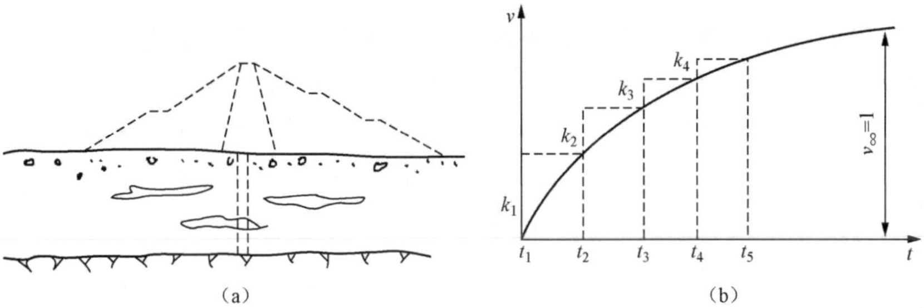

（a）　　（b）

图 22

对于心墙，我们假定它在承受垂直荷载时，孔隙压力只能向两侧（反滤层）消散，也可进行固结分析，求出相应的系数。

如果已求出这些系数，我们就可以用数值分析的方法来考虑固结过程对心墙沉陷过程的影响。

参考图 23，设心墙共分 m 层填筑（图中表示了 4 层）。每一层的土重荷载是 P_1、P_2、…、P_m。每层填筑的时间是 t_1、t_2、…、t_m（并不一定均匀上升）。

在第一层土填上后，我们将荷载 P_1 施加在地基上，可以用分层总和法确定在各桩号处的最终沉陷量，以 W_1（1）表之（指分条独立计算成果）。但是这一沉陷并非瞬时产生的。我们将 W_1（1）分别乘以系数 k_1、k_2、…，得到一系列的分量 k_1W（1）、k_2W（2）、…，表示在 t_1、t_2、…时产生的部分，k_1、k_2 这些系数从固结分析成果上确定。注意，我们以 t_1 为时间轴原点（见图 24），为清楚记，在 k 的左下脚加一脚标 1 识别，即 ${}_1k_2$…等。

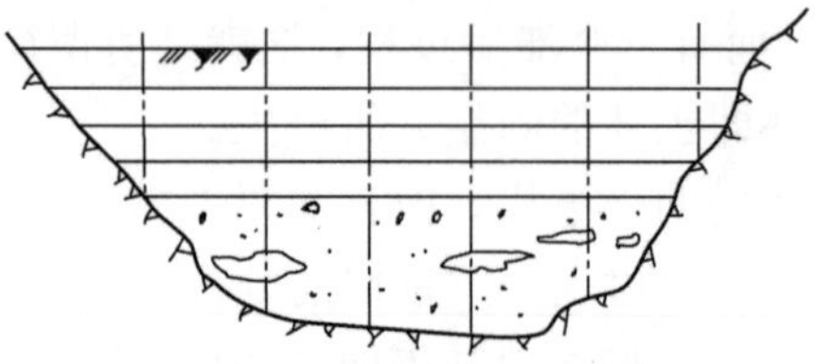

图 23

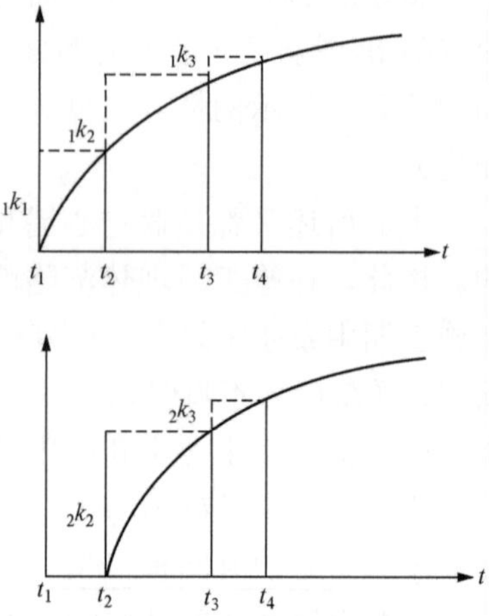

图 24

在 $t=t_2$ 时，填上第二层土，我们也一样先确定 P_2 所产生的最终沉陷量 W_2（2），并且分别乘以系数 ${}_2k_2$、${}_2k_3$、…得到一系列分量，表示在 t_2、t_3、…各瞬时所产生的部分，${}_2k_2$、${}_2k_3$、…仍在固结分析成果上取用，但要以 t_2 为曲线起点量取（见图 24）。

仿此，将每一层土重所引起的最终沉陷量都按此原则划分为一系列增量，那么，容易理解，在各时间所发生的合成沉陷是

$$\begin{aligned} &t=t_1:\ {}_1k_1W(1)\\ &t=t_2:\ {}_1k_2W(1)+{}_2k_2W(2)\\ &t=t_3:\ {}_1k_3W(1)+{}_2k_3W(2)+{}_3k_3W(3)\\ &\cdots\quad\ \cdots \end{aligned} \tag{47}$$

因此，我们仍可用第 2、3 节中所述方法计算连续的沉陷曲线，只是式（35）或式（9）右端的常项Δi 要分别按不同时间，取用上面所列出的沉陷值。这样，我们就可针对每一层土填筑的时间，计算一次沉陷曲线，并包括了徐变影响在内，不仅可以算到竣工时，而且可以算到竣工后任一时间，只要我们已求出各系数 k。对于有湿陷性的土壤，可以在蓄水后的瞬间加上由于湿陷产生的Δi 值。

这样的计算显然是比较合理的，但工作量较大。由于消散过程不易用简单的数学式表示，而且心墙的上升可能不均匀（汛期停工等），所以也不容易用积分方式来作近似估算。但作为定性的考察，我们姑且假定图 22（b）中的固结过程可用以下函数表示

$$F(t)=1-\mathrm{e}^{-\alpha t} \tag{48}$$

在时间为 t 时，这个函数的增量为

$$\mathrm{d}F(t)=\alpha\,\mathrm{e}^{-\alpha t}\mathrm{d}t \tag{49}$$

假定心墙是均匀、等速地填筑到顶的，填筑速率为 $1/k$（m/d）。当填筑到某一高程 y 处（相应的时间为 $t=ky$），该处微分土层所产生的总沉陷校正值为 $\overline{w}\frac{dy}{h}$，而在时间段 t 到 $t+dt$ 内所产生的值为

$$\frac{\overline{w}}{h}\alpha e^{-\alpha(t-ky)}dydt \tag{50}$$

对于任一高度为 D 的水平截面（它在 $t=kD$ 时填筑），在 t 时的沉陷为

$$\iint\frac{\overline{w}}{h}\alpha e^{-\alpha(t-ky)}dydt \tag{51}$$

积分式（51）并不困难，但要注意积分顺序和极限，即先对 dt 积分，其积分限如下：当 $y<D$ 时，从 kD 积到 t；当 $y>D$ 时，从 ky 积到 t，然后再对 y 积分，也分为 y 从 0 到 D 和从 D 到 h 两段进行。在后面这段范围内又须注意，当 $t<kh$ 时，积分限又要改为从 D 到 t/k。按此，最终的斜率公式为

$$W'=\overline{W}'\left(\frac{t}{t_h}-d\right)-\frac{\overline{W}'}{\alpha t_h}(e^{-\alpha t_d}-e^{-\alpha t})\qquad (t\leqslant kh) \tag{52}$$

$$W'=\overline{W}'(1-d)-\frac{\overline{W}'}{\alpha t_h}[e^{-\alpha(t-t_h)}-e^{-\alpha t}-1+e^{-\alpha t_d})]\qquad (t>kh) \tag{53}$$

式中以 W' 代表考虑徐变后的沉陷，又

$$d=\frac{D}{h} \tag{54}$$

$$t_d=kD \tag{55}$$

$$t_h=kh \tag{56}$$

在求曲率时，基本积分式为

$$\iint\frac{W''}{h}\alpha e^{-\alpha(t-ky)}\left(D-\frac{t}{2k}\right)dydt \tag{57}$$

但是在积分极限确定上，更要复杂一些：

（1）在基本积分式中，当 $t\leqslant t_h$ 时，用式（57）；而当 $t<t_h$ 后，式（57）中的 $\left(D-\frac{t}{2k}\right)$ 要改为 $\left(D-\frac{h}{2}\right)$。

（2）先对时间积分，其积分限：$y<D$ 时，从 t_d 积至 t；$y>D$ 时，从 ky 积至 t。

（3）然后对 y 积分，分 $y<D$ 及 $y>D$ 两段进行，对于 $y>D$ 这一段，在 $t<t_h$ 后，积分限为 D 到 $\frac{t}{k}$，$t>t_h$ 时，积分限为 D 到 h。

按上规定，做出积分，成果为

$$t<t_h\text{时}\quad W''=\frac{W''h}{2}\left[e^{-\alpha t}\left(\frac{2d}{\alpha t_h}-\frac{t}{\alpha t_h^2}-\frac{1}{\alpha^2 t_h^2}\right)+e^{-\alpha t_d}\left(\frac{1}{\alpha^2 t_h^2}-\frac{d}{\alpha t_h}\right)-\frac{t^2}{2t_h^2}+\frac{2dt}{t_h}-\frac{3d^2}{2}\right] \tag{58}$$

特别，对于 $d=0$，0.5，1 三点处，有

$$W''(d=0)=\frac{W''h}{2}\left[\mathrm{e}^{-\alpha t}\left(-\frac{1}{\alpha^2 t_h^2}-\frac{t}{\alpha t_h^2}\right)-\frac{1}{\alpha^2 t_h^2}-\frac{t^2}{2t_h^2}\right] \tag{59}$$

$$W''(d=0.5)=\frac{W''h}{2}\left[\mathrm{e}^{-\alpha t}\left(\frac{1}{\alpha t_h}-\frac{t}{\alpha t_h^2}-\frac{1}{\alpha^2 t_h^2}\right)+e^{\frac{-\alpha t_h}{2}}\left(\frac{1}{\alpha^2 t_h^2}-\frac{1}{2\alpha t_h}\right)-\frac{t^2}{2t_h^2}+\frac{t}{t_h}-\frac{3}{8}\right] \tag{60}$$

$$W''(d=1)=\frac{W''h}{2}\left[\mathrm{e}^{-\alpha t}\left(\frac{2}{\alpha t_h}-\frac{1}{\alpha^2 t_h^2}-\frac{t}{\alpha t_h^2}\right)+\mathrm{e}^{-\alpha t_h}\left(\frac{1}{\alpha^2 t_h^2}-\frac{1}{\alpha t_h}\right)-\frac{t^2}{2t_h^2}+\frac{2t}{t_h}-\frac{3}{2}\right] \tag{61}$$

$t>t_h$ 时

$$W''=\frac{W''h}{2}\left\{\frac{2d}{\alpha t_h}[1+\mathrm{e}^{-\alpha t}-\mathrm{e}^{-\alpha t_d}-\mathrm{e}^{-\alpha(t-t_h)}]+\frac{1}{\alpha^2 t_h^2}[\mathrm{e}^{-\alpha t_d}-\mathrm{e}^{-\alpha t_h}]+\right.$$
$$\left.\frac{1}{\alpha t_h}[\mathrm{e}^{-\alpha(t-t_h)}-1-\mathrm{e}^{-\alpha t}+d\mathrm{e}^{-\alpha t_d}]+\left(2d-\frac{1}{2}-\frac{3}{2}d^2\right)\right\} \tag{62}$$

特别，对于 $d=0$、0.5、1 三点处，有

$$W''(d=0)=\frac{W''h}{2}\left\{\frac{1}{\alpha^2 t_h^2}(1-\mathrm{e}^{-\alpha t_h})+\frac{1}{\alpha t_h}[\mathrm{e}^{-\alpha(t-t_h)}-1-\mathrm{e}^{-\alpha t}]-\frac{1}{2}\right\} \tag{63}$$

$$W''(d=0.5)=\frac{W''h}{2}\left[\frac{1}{\alpha t_h}\left(-\frac{1}{2}\mathrm{e}^{-\frac{\alpha t_h}{2}}\right)+\frac{1}{\alpha^2 t_h^2}\left(\mathrm{e}^{-\frac{\alpha t_h}{2}}-\mathrm{e}^{-\alpha t_h}\right)+\frac{1}{8}\right] \tag{64}$$

$$W''(d=1)=\frac{W''h}{2}\left\{\frac{1}{\alpha t_h}[1+\mathrm{e}^{-\alpha t}-\mathrm{e}^{-\alpha t_h}-\mathrm{e}^{-\alpha(t-t_h)}]\right\} \tag{65}$$

【例 3】 仍用前举例题，设心墙在 300d 内均匀上升到顶。又设地基及心墙的徐变过程可用式（$1-\mathrm{e}^{-30t}$）表示，即 $\alpha=\frac{1}{30}$（d^{-1}）。试求墙顶（$d=1.0$）、半高（$d=0.5$）和墙底（$d=0$）三处沉陷斜率及曲率发展过程。

由题意，在墙底，$t_d=0$；在半高处，$t_d=0.5$；在墙顶，$t_d=1.0$（墙顶）$=t_h$。

代入斜率公式中，得

$$W'=-\frac{W'}{10}\left[\mathrm{e}^{-\left(\frac{t}{30}-10\right)}-\mathrm{e}^{-\frac{t}{30}}-1+\mathrm{e}^{-\frac{t_d}{30}}\right]+W'(1-d) \qquad (t>t_h)$$

$$W'=-\frac{W'}{10}\left[\mathrm{e}^{-\frac{t_d}{30}}-\mathrm{e}^{-\frac{t}{30}}\right]+W'\left(\frac{t}{300}-d\right) \qquad (t<t_h)$$

对于墙底，以 $d=0$，$t_d=0$ 代入，并取 $t=0$，150，300 和∞，得

$t=0$	$W'=0$
$t=150$	$W'=0.5W'$
$t=300$	$W'=0.9W'$
$t=\infty$	$W'=W'$

对于墙半高，以 $d=0.5$，$t_d=150$ 代入，并取 $t=150$，300 及∞，得

$t=150$	$W'=0$
$t=300$	$W'=0.5W'$
$t=\infty$	$W'=0.6W'$

对于墙顶，以 $d=1$，$t_d=300$ 代入，并取 $t=300$ 及∞，得

$$t=300 \qquad W'=0$$

$$t=\infty \qquad W'=0.1W'$$

可注意 $\alpha=\dfrac{1}{30}$，表示一个月后固结已完成（$1-e^{-1}$）=63.2%，这是很快的过程，意味着徐变影响不显著。算出的成果也同不考虑徐变影响者相近。如果 $\alpha=\dfrac{1}{300}$，表示要 10 个月后固结才完成 63.2%，则徐变影响就大得多，此时式（52）和式（53）为

当 $t>t_h$ 时 $$W'=-W'\left[e^{-\left(\frac{t}{300}-1\right)}-e^{-\frac{t}{300}}-1+e^{-\frac{t_d}{300}}\right]+W'(1-d)$$

当 $t<t_h$ 时 $$W'=-W'\left(e^{-\frac{t_d}{300}}-e^{-\frac{t}{300}}\right)+W'\left(\frac{t}{300}-d\right)$$

我们仍计算 $d=0$，0.5，1.0 三点处的沉陷斜率发展过程：

$d=0$ 时 $$W'=-W'\left(1-e^{-\frac{t}{300}}\right)+W'\left(\frac{t}{300}\right) \qquad (t<300)$$

$$t=0 \qquad W'=0$$

$$t=150 \qquad W'=-W'(1-e^{-0.5})+0.5W'=0.106W'$$

$$t=300 \qquad W'=-W'(1-e^{-1})+W'=0.368W'$$

$$t=\infty \qquad W'=-W'(-1+1)+W'=W'$$

$d=0.5$ 时 $$W'=-W'(e^{-1/2}-e^{-t/300})+W'\left(\frac{t}{300}-0.5\right)$$

$$t=150 \qquad W'=W'(0.5-0.5)=0$$

$$t=300 \qquad W'=W'(e^{-0.5}-e^{-1})+0.5W'=0.262W'$$

$$t=\infty \qquad W'=-W'(-1+e^{-0.5})+W'(1-0.5)=0.894W'$$

$d=1$ 时 $$W'=-W'(e^{-1}-e^{-t/300})$$

$$t=300 \qquad W'=0$$

$$t=\infty \qquad W'=-W'(-1+e^{-1})=0.632W'$$

如将成果绘示在图 25 中，可以看出徐变的影响，徐变发展过程越慢，则最终成果越接近假定心墙瞬时一次填成的成果（参见图 25 中 $t=\infty$时的曲线）。

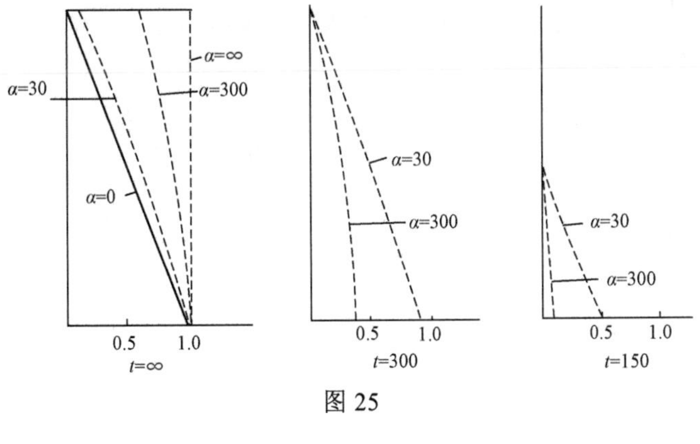

图 25

然后计算曲率，以 $\alpha=\dfrac{1}{30}$，$\alpha t_h=10$ 代入式（58）和式（62）中，即

$t<t_h$ 时 $$W''(d=0)=\frac{W''h}{2}\left[\mathrm{e}^{-\frac{t}{30}}\left(-\frac{1}{100}-\frac{1}{10}\cdot\frac{t}{30}\right)+\frac{1}{100}-\frac{t^2}{2\times300^2}\right]$$

$$W''(d=0.5)=\frac{W''h}{2}\left[\mathrm{e}^{-\frac{t}{30}}\left(\frac{1}{10}-\frac{1}{10}\cdot\frac{t}{30}-\frac{1}{100}\right)+\mathrm{e}^{-5}\left(\frac{1}{100}-\frac{1}{20}\right)-\frac{t^2}{2\times300^2}+\frac{t}{300}-\frac{3}{8}\right]$$

$$W''(d=1)=\frac{W''h}{2}\left[\mathrm{e}^{-\frac{t}{30}}\left(\frac{1}{5}-\frac{1}{100}-\frac{1}{300}\right)+\mathrm{e}^{-10}\left(\frac{1}{100}-\frac{1}{10}\right)-\frac{t^2}{2\times300^2}+\frac{2t}{300}-\frac{3}{2}\right]$$

$t>t_h$ 时 $$W''(d=0)=\frac{W''h}{2}\left[\frac{1}{100}(1-\mathrm{e}^{-10})+\frac{1}{10}\left(\mathrm{e}^{-\frac{t-300}{30}}-1-\mathrm{e}^{-\frac{t}{30}}\right)-\frac{1}{2}\right]$$

$$W''(d=0.5)=\frac{W''h}{2}\left[\frac{1}{10}\times\left(-\frac{1}{2}\mathrm{e}^{-5}\right)+\frac{1}{100}(\mathrm{e}^{-5}-\mathrm{e}^{-10})+\frac{1}{8}\right]$$

$$W''(d=1)=\frac{W''h}{2}\left[\frac{1}{10}\times\left(1+\mathrm{e}^{-\frac{t}{300}}-\mathrm{e}^{-10}-\mathrm{e}^{-\frac{t-300}{30}}\right)\right]$$

成果为：$d=0$ 时

$t=0$　　$W''=0$

$t=150$　　$W''=-0.115W''$

$t=300$　　$W''=-0.490W''$

$t=\infty$　　$W''=-0.590W''$

$d=0.5$ 时

$t=150$　　$W''=0$

$t=300$　　$W''=0.125W''$

$t=\infty$　　$W''=0.125W''$

$d=1.0$ 时

$t=300$　　$W''=0$

$t=\infty$　　$W''=0.100W''$

如果以 $\alpha=\dfrac{1}{300}$，$\alpha t_h=1$ 代入式（58）和式（62）中，即

$t<t_h$ 时 $$W''(d=0)=\frac{W''h}{2}\left[\mathrm{e}^{-\frac{t}{300}}\left(-1-\frac{t}{300}\right)+1-\frac{t^2}{2\times300^2}\right]$$

$$W''(d=0.5)=\frac{W''h}{2}\left[\mathrm{e}^{-\frac{t}{300}}\left(1-\frac{t}{300}-1\right)+\mathrm{e}^{-0.5}\left(1-\frac{1}{2}\right)-\frac{t^2}{2\times300^2}-\frac{t}{300}-\frac{3}{8}\right]$$

$$W''(d=1)=\frac{W''h}{2}\left[\mathrm{e}^{-\frac{t}{300}}\left(2-1-\frac{t}{300}\right)+\mathrm{e}^{0.5}\left(1-\frac{1}{2}\right)-\frac{t^2}{2\times300^2}-\frac{2t}{300}-\frac{3}{2}\right]$$

$t > t_h$ 时 $$W''(d=0)=\frac{W''h}{2}\left[(1-e^{-1})+\left(e^{-\frac{t-300}{30}}-1-e^{-\frac{t}{300}}\right)-\frac{1}{2}\right]$$

$$W''(d=0.5)=\frac{W''h}{2}\left[\left(-\frac{1}{2}e^{-0.5}\right)+(e^{-0.5}-e^{-1})+\frac{1}{8}\right]$$

$$W''(d=1)=\frac{W''h}{2}\left(1+e^{-\frac{t}{300}}-e^{-1}-e^{-\frac{t-300}{300}}\right)$$

成果为：$d=0$ 时

$t=0$	$W''=0$
$t=150$	$W''=-0.034W''$
$t=300$	$W''=-0.232W''$
$t=\infty$	$W''=-0.866W''$

$d=0.5$ 时

$t=150$	$W''=0$
$t=300$	$W''=0.062W''$
$t=\infty$	$W''=0.062W''$

$d=1.0$ 时

$t=300$	$W''=0$
$t=\infty$	$W''=0.634W''$

我们将计算成果绘在图 26 中，由图可看出α值对沉陷斜率和曲率发展过程的影响。当α渐趋于 0（即徐变速度很快，迅速达到稳定），计算成果就趋近于按分层计算不考虑徐变影响的答案。斜率沿高程呈三角形分布。曲率呈抛物线分布。当α渐趋于∞时（即徐变发展速度很慢，要在竣工很久后才趋稳定），则计算成果（最终值）就趋近于心墙瞬时填好的情况。由此可知软基和心墙固结速度越慢，不仅将使沉陷达到最终稳定值时需较长时间，而且增大了这些数值，对心墙的防裂是不利的。

如果在竣工时（$t=t_h$）就蓄水，而且土料迅速发生湿陷，我们也不难算出它的影响。叠加在上述成果中。如果心墙并非均匀上升，而在施工中有较长间歇期，也可改变积分限来进行估算。但施工中的间歇对心墙的不均匀沉陷一般起有利作用，不考虑这影响，是偏于安全的。

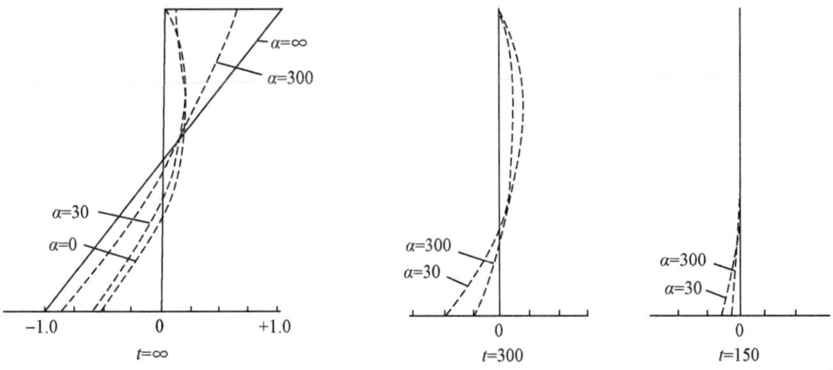

图 26

参考文献

[1] 土石坝的裂缝限制和处理方法. 杨世源，郑秀培，译. 昆明水电勘测设计院技术情报，1973（14）.
[2] 顾淦臣. 土石坝裂缝的计算方法. 水利电力部治淮委员会科学技术情报，1978.

夹层地基的分析

1　夹层地基的弹性矩阵

在天然地基中，常常夹有成组的很薄的夹层，在有限单元法计算中，如果要将这些夹层都一一作为特殊单元处理，则不胜其烦，而且实际上，也很难完全查清每一夹层的位置，所以不如笼统地考虑所有夹层的影响，而把带有夹层的地基作为正交各向异性体处理，要简便得多。此时，两条弹性主轴的方向当然平行及正交于夹层的走向。

但是，夹层地基的弹性性质和理想的正交各向异性体的性质，各有不同之处。后者是一种连续而均匀的材料，但每一点的弹性性质则随方向而改变。夹层地基则是由两种不同的材料，成层地组合而成，两种组成成分就其本身而言，可以认为是各向同性体。当然，如果夹层很薄，分布很密，接近于均匀分布，则夹层地基也就接近于理想的正交各向异性体中的横观各向同性体了。总之，严格来讲，我们不可能找到一种等效的横观各向同性体使它的特性与夹层地基完全一样，而只能使两者在主要特性上有所相似。

对于理想的横观各向同性体，其弹性性质可以用五个常数来表示，即平行层面的弹模和泊松比 E_x、ν_x，以及正交于层面的弹模、泊松比和剪模 E_y、ν_y、G_y。

这样，在有限单元法计算中，这种材料的弹性矩阵为

$$[D]=\frac{1}{(1+\nu_x)\left(1-\nu_x-\frac{2E_x}{E_y}\nu_y^2\right)}\begin{bmatrix} E_x\left(1-\frac{E_x}{E_y}\nu_y^2\right) & E_xE_y(1+\nu_x) & 0 \\ E_x\nu_y(1+\nu_x) & E_y(1-\nu_x^2) & 0 \\ 0 & 0 & G_y(1+\nu_x)\left(1-\nu_x-\frac{2E_x}{E_y}\nu_y^2\right) \end{bmatrix} \quad (1)$$

式（1）是指平面变形性质的问题。对于平面应力性质的问题，也有类似表达式，因在岩石力学中用得不多，故从略。

只要能够确定这五个常数，则进行有限单元法的计算将无困难。但是，要在现场测定这种夹层地基的 E_x、E_y、ν_x、ν_y 及 G 却很不方便，也难期精确。既然它们是由两种各向同性体成层组合而成，则不如分别测定两者的弹性常数（E 及 ν），然后按基本定义去推求夹层地基的弹性矩阵，这样要合理和简便得多。下面以 E_1、ν_1、E_2、ν_2 分别代表基岩和夹层的弹模及泊松比，并以 β 表示夹层所占宽度的比值（$0<\beta<1$）。E_1、ν_1、E_2、ν_2 可以直接测定，或可查阅有关资料选取。β 值必须通过现场测绘，统计夹层宽度后确定。

现在我们推导从 E_1、ν_1、E_2、ν_2 和 β 来确定夹层地基的弹性矩阵的公式。上面讲过，实际上并没有一种横观各向同性体能同夹层地基完全一样。所以似无必要去推求那种虚拟横观同性体的各个常数 E_x、E_y 等，而不如将弹性矩阵直接写成

$$[D]=\begin{bmatrix} a & b & 0 \\ b' & c & 0 \\ 0 & 0 & d \end{bmatrix} \tag{2}$$

从而直接推求 a、b、b'、c、d 这五个常数较为方便。考虑图 1 中的微分元块 $dxdy(=1\times1)$，其中夹层所占宽度的比值为 β（即夹层的总厚度为 $\beta dy=\beta$）。然后考虑在元块四周施加应力 σ_x 和 σ_y，使之产生应变 ε_x 及 ε_y。由于元块是由两种材料组成的，为清楚起见，我们把夹层集中起来，画在元块下部，称为②号块，基岩则为①号块；于是①号所承受的应力为 σ_{x1} 及 σ_{y1}，产生的应变为 ε_{x1} 及 ε_{y1}，②号块所承受的应力为 σ_{x2} 及 σ_{y2}，产生的应变为 ε_{x2} 及 ε_{y2}。显然，$\sigma_{y1}=\sigma_{y2}$，以下就记为 σ_y。又 $\varepsilon_{x1}=\varepsilon_{x2}$，以下就记为 ε_x。而 $\sigma_{x1}\neq\sigma_{x2}$，$\varepsilon_y$ 则由 ε_{y1} 及 ε_{y2} 两部分组成（见图 1）。

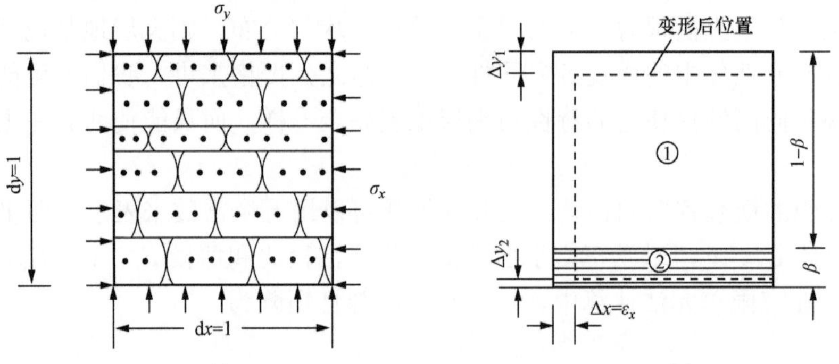

图 1

既然①、②块都是各向同性体，则可写下

$$\sigma_y=E_1'\varepsilon_{y1}+\nu_1'E_1'\varepsilon_x \tag{3}$$

$$\sigma_{x1}=\nu_1'E_1'\varepsilon_{y1}+E_1'\varepsilon_x \tag{4}$$

$$\sigma_y=E_2'\varepsilon_{y2}+\nu_2'E_2'\varepsilon_x \tag{5}$$

$$\sigma_{x2}=\nu_2'E_2'\varepsilon_{y2}+E_2'\varepsilon_x \tag{6}$$

对于平面应变问题，式（3）～式（6）中的 E_1'、ν_1'、E_2'、ν_2' 为

$$E_1'=\frac{E_1(1-\nu_1)}{(1+\nu_1)(1-2\nu_1)} \tag{7}$$

$$\nu_1'=\frac{\nu_1}{1-\nu_1}$$

E_2'、ν_2' 仿此。

我们的目的，是寻找微分元块上的平均应力σ_x、σ_y与合成应变ε_x、ε_y之间的关系，其中

$$\varepsilon_y=(1-\beta)\varepsilon_{y1}+\beta\varepsilon_{y2} \tag{8}$$

$$\sigma_x=(1-\beta)\sigma_{x1}+\beta\sigma_{x2} \tag{9}$$

为此，可将式（3）乘以$\dfrac{1-\beta}{E_1'}$，将式（5）乘以$\dfrac{\beta}{E_2'}$，并相加，得

$$\left(\frac{1-\beta}{E_1'}+\frac{\beta}{E_2'}\right)\sigma_y=\varepsilon_y+[(1-\beta)\nu_1'+\beta\nu_2']\varepsilon_x$$

或

$$\sigma_y=\frac{1}{\dfrac{1-\beta}{E_1'}+\dfrac{\beta}{E_2'}}\varepsilon_y+\frac{(1-\beta)\nu_1'+\beta\nu_2'}{\dfrac{1-\beta}{E_1'}+\dfrac{\beta}{E_2'}}\varepsilon_x \tag{10}$$

与弹性矩阵的定义

$$\begin{Bmatrix}\sigma_x\\ \sigma_y\\ \tau\end{Bmatrix}=\begin{bmatrix}a & b & 0\\ b' & c & 0\\ 0 & 0 & d\end{bmatrix}\begin{Bmatrix}\varepsilon_x\\ \varepsilon_y\\ \gamma\end{Bmatrix} \tag{11}$$

相比，即得

$$c=\frac{1}{\dfrac{1-\beta}{E_1'}+\dfrac{\beta}{E_2'}} \tag{12}$$

$$b'=\frac{(1-\beta)\nu_1'+\beta\nu_2'}{\dfrac{1-\beta}{E_1'}+\dfrac{\beta}{E_2'}} \tag{13}$$

要确定常数a和b，比较曲折一些。我们可推导如下：

由σ_x的定义

$$\begin{aligned}\sigma_x&=(1-\beta)\sigma_{x1}+\beta\sigma_{x2}=(1-\beta)(\nu_1'E_1'\varepsilon_{y1}+E_1'\varepsilon_x)+\beta(\nu_2'E_2'\varepsilon_{y2}+E_2'\varepsilon_x)\\ &=[(1-\beta)E_1'+\beta E_2']\varepsilon_x+(1-\beta)(\nu_1'E_1')\varepsilon_{y1}+\beta(\nu_2'E_2')\varepsilon_{y2}\end{aligned}$$

在上式两端，各加上$(1-\beta)\nu_2'E_2'\varepsilon_{y1}$及$\beta(\nu_1'E_1')\varepsilon_{y2}$，得

$$\begin{aligned}&\sigma_x+(1-\beta)\nu_2'E_2'\varepsilon_{y1}+\beta\left(\nu_1'E_1'\right)\varepsilon_{y2}\\ &=[(1-\beta)E_1'+\beta E_2']\varepsilon_x+(1-\beta)(\nu_1'E_1'+\nu_2'E_2')\varepsilon_{y1}+\beta(\nu_1'E_1'+\nu_2'E_2')\varepsilon_{y2}\\ &=[(1-\beta)E_1'+\beta E_2']\varepsilon_x+(\nu_1'E_1'+\nu_2'E_2')\varepsilon_y\end{aligned} \tag{14}$$

由式（3）、式（5）得

$$\varepsilon_{y1}=\frac{\sigma_y-\nu_1'E_1'\varepsilon_x}{E_1'}$$

$$\varepsilon_{y2}=\frac{\sigma_y-\nu_2'E_2'\varepsilon_x}{E_2'}$$

将上面两式代入式（14）中，并移项合并，得

$$\sigma_x + \left[\frac{(1-\beta)\nu_2' E_2'}{E_1'} + \frac{\beta \nu_1' E_1'}{E_2'}\right]\sigma_y$$

$$= [(1-\beta)(\nu_2' E_2')\nu_1' + \beta \nu_1' \nu_2' E_1' + (1-\beta)E_1' + \beta E_2']\varepsilon_x + (\nu_1' E_1' + \nu_2' E_2')\varepsilon_y \tag{15}$$

但由式（10），我们已求得

$$\sigma_y = \frac{\varepsilon_y}{\dfrac{1-\beta}{E_1'} + \dfrac{\beta_1}{E_2'}} + \frac{(1-\beta)\nu_1' + \beta \nu_2'}{\dfrac{1-\beta}{E_1'} + \dfrac{\beta}{E_2'}}\varepsilon_x$$

将 σ_y 的表达式代入式（15）左边，并且移到右边合并，最后可得如下形式

$$\sigma_x = a\varepsilon_x + b\varepsilon_y$$

其中 b 为

$$b = \nu_1' E_1' + \nu_2' E_2' - \left[\frac{(1-\beta)\nu_2' E_2'}{E_1'} + \frac{\beta \nu_1' E_1'}{E_2'}\right]\left(\frac{1}{\dfrac{1-\beta}{E_1'} + \dfrac{\beta}{E_2'}}\right)$$

将上式化简后得

$$b = \frac{(1-\beta)\nu_1' + \beta \nu_2'}{\dfrac{1-\beta}{E_1'} + \dfrac{\beta}{E_2'}} = b' \tag{16}$$

而常数 a 为

$$a = [(1-\beta)\nu_2' E_2' \nu_1' + \beta \nu_1' E_1' \nu_2' + (1-\beta)E_1' + \beta E_2'] - \left[\frac{(1-\beta)\nu_2' E_2'}{E_1'} + \frac{\beta \nu_1' E_1'}{E_2'}\right]\left[\frac{(1-\beta)\nu_1' + \beta \nu_2'}{\dfrac{1-\beta}{E_1'} + \dfrac{\beta}{E_2'}}\right]$$

将上式化简后可得

$$a = \frac{(1-2\beta+2\beta^2) + \beta(1-\beta)\left[2\nu_1'\nu_2' + \dfrac{E_2'}{E_1'}(1-\nu_2'^2) + \dfrac{E_1'}{E_2'}(1-\nu_1'^2)\right]}{(1-\beta) + \dfrac{E_1'}{E_2'}\beta}E_1' \tag{17}$$

当 $\beta = 0$，或 $E_2' = E_1'$、$\nu_2' = \nu_1'$ 时，式（12）、式（13）、式（17）便给出各向同性体的相应常数

$$\left.\begin{aligned} a &= c = E_1' \\ b &= b' = \nu_1' E_1' \end{aligned}\right\} \tag{18}$$

至于常数 d，可以近似表示为

$$d = \frac{1}{\dfrac{1}{G_1} + \beta\left(\dfrac{1}{G_2} - \dfrac{1}{G_1}\right)} \tag{19}$$

$$G_1=\frac{E_1}{2(1+\nu_1)}\quad G_2=\frac{E_2}{2(1+\nu_2)} \tag{20}$$

式（12）、式（13）、式（16）、式（17）、式（19）即为决定夹层地基弹性矩阵各元素的公式。

【例 1】 设基岩的 $E_1=20$ 万 kg/cm^2，$\nu_1=0.20$；夹层的 $E_2=2$ 万 kg/cm^2，$\nu_2=0.30$，又 $\beta=0.05$，则

$$E_1'=\frac{E_1(1-\nu_1)}{(1+\nu_1)(1-2\nu_1)}=\frac{20\times0.8}{1.2\times0.6}=22.22\text{（万 kg/cm}^2\text{）}$$

$$\nu_1'=\frac{\nu_1}{1-\nu_1}=\frac{0.2}{0.8}=0.25$$

$$G_1'=\frac{E_1}{2(1+\nu_1)}=\frac{20}{2.4}=8.33\text{（万 kg/cm}^2\text{）}$$

$$E_2'=\frac{E_2(1-\nu_2)}{(1+\nu_2)(1-2\nu_2)}=\frac{2\times0.7}{1.3\times0.4}=2.69\text{（万 kg/cm}^2\text{）}$$

$$\nu_2'=\frac{\nu_2}{1-\nu_2}=\frac{0.3}{0.7}=0.428$$

$$G_2'=\frac{E_2}{2(1+\nu_2)}=\frac{2}{2.6}=0.769\text{（万 kg/cm}^2\text{）}$$

代入式（12）～式（19）中

$$c=\frac{1}{\frac{0.95}{22.22}+\frac{0.05}{2.69}}=\frac{1}{0.0428+0.0185}=\frac{1}{0.06134}=16.30\text{（万 kg/cm}^2\text{）}$$

$$b=\frac{0.95\times0.25+0.05\times0.428}{0.06134}=\frac{0.238+0.0214}{0.06134}=\frac{0.2594}{0.06134}=4.23=b'$$

$$a=\left\{(1-0.1+0.005)+0.05\times0.95\times\left[2\times0.25\times0.428+\frac{1}{8.26}\times(1-0.428^2)\right]+\right.$$

$$\left.8.26\times(1-0.25^2)\right]\Big\}E_1'/(0.95+0.05\times8.26)$$

$$=\frac{0.905+0.0475\times(0.214+0.0989+7.737)}{0.95+0.413}E_1'$$

$$=\frac{0.905+0.3827}{1.363}E_1'=\frac{1.287}{1.362}E_1'=0.945E_1'=21(\text{万kg}/\text{cm}^2)$$

$$d=\frac{1}{\frac{1}{8.33}+0.05\times\left(\frac{1}{0.769}-\frac{1}{8.33}\right)}=\frac{1}{0.12+0.05\times(1.3-0.12)}=5.586\text{（万 kg/cm}^2\text{）}$$

因此，这一夹层地基的弹性矩阵是

$$[D]=\begin{bmatrix}21.0 & 4.23 & 0\\ 4.23 & 16.30 & 0\\ 0 & 0 & 5.586\end{bmatrix}$$

上述弹性矩阵均以 1 万 kg/cm^2 为单位。

求出$[D]$后，尚应注意它是以局部坐标轴为准的，要将它化为公共坐标轴时，尚应乘以转轴矩阵，即

$$[D'] = [T][D][T]^{T} \tag{21}$$

$$[T] = \begin{bmatrix} \cos^2\gamma & \sin^2\gamma & -2\sin\gamma\cos\gamma \\ \sin^2\gamma & \cos^2\gamma & 2\sin\gamma\cos\gamma \\ \sin\gamma\cos\gamma & -\sin\gamma\cos\gamma & \cos^2\gamma-\sin^2\gamma \end{bmatrix}$$

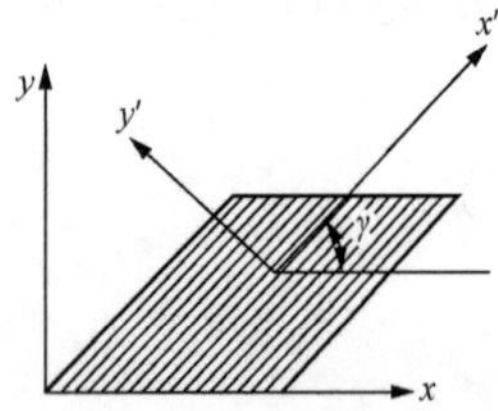

图 2

γ的意义如图 2 所示。例如，设 $\gamma = 45°$

$$[T] = \begin{bmatrix} 0.5 & 0.5 & -1 \\ 0.5 & 0.5 & 1 \\ 0.5 & -0.5 & 0 \end{bmatrix}$$

代入式（21）得

$$[D'] = \begin{bmatrix} 17.02 & 5.86 & 1.175 \\ 5.86 & 17.02 & 1.175 \\ 1.175 & 1.175 & 7.21 \end{bmatrix}$$

这就是应该在有限单元法中采用的弹性矩阵值。

如果在地基中有几条特别严重的破碎带，其余则为一般分布的微小夹层，则可将这几条严重的破碎带作为特殊单元处理，其余部位作为各向异性体材料处理。如果夹层的分布密度不很均匀，也可划分为几个区域，每个区域中各采用相应的β值（见图 3）。

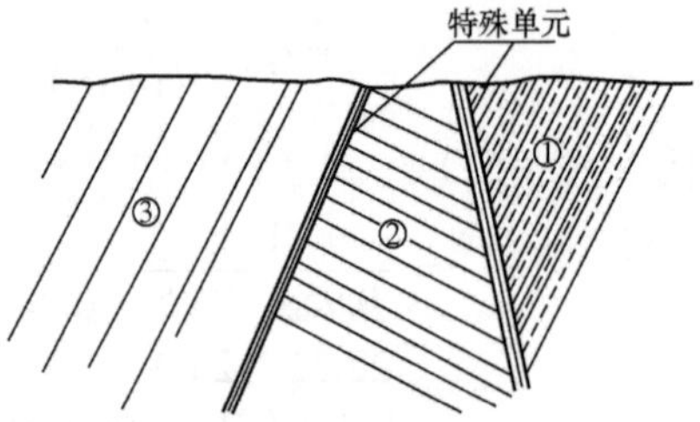

图 3

2　夹层地基弹性常数的另一表示法

上述计算夹层地基的等效体的弹性矩阵的方法，是由作者首先提出的（见文献［1］）。在文献［2］中，采用另外一种方式来表示夹层地基的弹性常数，该文中也将夹层地基化为等效的横观各向同性体，而且推导出后者的五个弹性常数，即

$$E_x = E_1(1-\beta) + E_2\beta \text{（顺夹层方向的弹模= } E_z\text{）} \tag{22}$$

$$E_y = \frac{E_1E_2}{E_1\beta + E_2(1-\beta)} \text{（垂直夹层方向的弹模）} \tag{23}$$

$$\nu_{xy} = \nu_1(1-\beta) + \nu_2\beta \text{（切层泊松比= } \nu_{zy}\text{）} \tag{24}$$

$$\nu_{xz} = \frac{E_1\nu_1(1-\beta) + E_2\nu_2\beta}{E_1(1-\beta) + E_2\beta} \text{（同层内泊松比）} \tag{25}$$

$$G_{xy} = \frac{G_1G_2}{G_1\beta + G_2(1-\beta)} = G_{zy} \tag{26}$$

其余的常数 $G_{zx}=\dfrac{E_x}{2(1+\nu_{xz})}$、$\nu_{yz}=\nu_{yx}=\nu_{xy}\dfrac{E_y}{E_x}$，不是独立常数。

可注意，在原文中对 ν_{xz} 及 G_{xy} 的推导，曾根据不同假定，推得几个公式，上面所引用的是本书作者认为较为合理的一种。这些公式推导的思路如下。

2.1 求 E_x

令基岩的弹模为 E_1，泊松比为 ν_1，厚度为 $1-\beta$，夹层的为 E_2、ν_2、β（下均同）。E_x 是组合体沿主轴 x 方向的弹模。令元块发生应变 ε_x，则基岩上承受应力 $\sigma_{x1}=E_1\varepsilon_x$，夹层上承受应力 $E_2\varepsilon_x$，组合体上的综合应力为

$$\sigma_x=\sigma_{x1}(1-\beta)+\sigma_{x2}\beta=[E_1(1-\beta)+E_2\beta]\varepsilon_x$$

近似令

$$E_x\varepsilon_x=\sigma_x$$

即得

$$E_x=E_1(1-\beta)+E_2\beta$$

2.2 求 E_y

在应力 σ_y 作用下，基岩的应变 $\varepsilon_{y1}=\dfrac{\sigma_y}{E_1}(1-\beta)$，夹层的应变 $\varepsilon_{y2}=\dfrac{\sigma_y}{E_2}\beta$，综合应力为 $\varepsilon_y=\dfrac{\sigma_y}{E_1}(1-\beta)+\dfrac{\sigma_y}{E_2}\beta$，又令 $\varepsilon_y=\dfrac{\sigma_y}{E_y}$，可得

$$E_y=\frac{1}{\dfrac{1-\beta}{E_1}+\dfrac{\beta}{E_2}}$$

2.3 求 ν_{xy}

参见图 4，在 σ_x 作用下元块产生应变 ε_x 及 ε_y，而 $\nu_{xy}=\dfrac{\varepsilon_y}{\varepsilon_x}$

$$\varepsilon_y=\varepsilon_{y1}(1-\beta)+\varepsilon_{y2}\beta=\nu_1\varepsilon_x(1-\beta)+\nu_2\varepsilon_x\beta$$

因此

$$\nu_{xy}=\frac{\varepsilon_y}{\varepsilon_x}=\nu_1(1-\beta)+\nu_2\beta$$

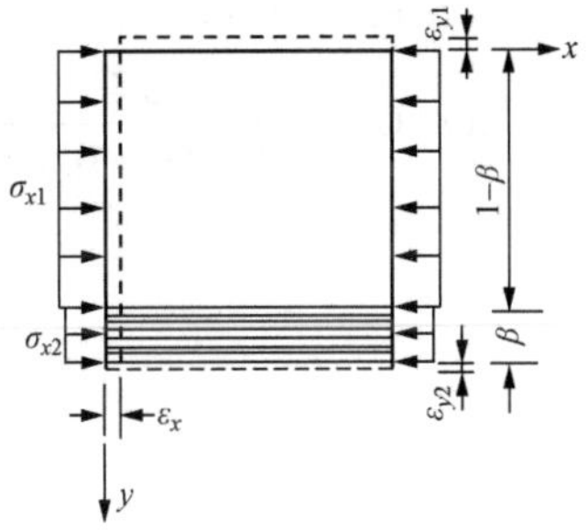

图 4

2.4 求 $\nu_{zx}=\nu_{xz}$

考虑图 5，当元块沿 z 的方向发生均匀应变 ε_z 时，沿 x 方向基岩将产生应变 $\varepsilon_{x1}=\nu_1\varepsilon_z$，夹层将产生应变 $\varepsilon_{xz}=\nu_2\varepsilon_z$，其综合应变为

$$\varepsilon_x=\nu_1\varepsilon_z(1-\beta)+\nu_2\varepsilon_z\beta$$

故

$$\nu_{zx}=\frac{\varepsilon_x}{\varepsilon_z}=\nu_1(1-\beta)+\nu_2\beta$$

2.5 求 $G_{xy}=G_{zy}$

参见图 6，元体 $ABCD$ 受剪，如 AB 不动，CD 将平行向右移动，分析变位线 AED'，得

$$DD' = DD'' + D'D''$$
$$= \frac{\tau}{G_1}(1-\beta) + \frac{\tau}{G_2}\beta$$

$$\gamma_{xy}(\text{平均}) = \frac{DD'}{AD} = \left[\frac{\tau}{G_1}(1-\beta) + \frac{\tau}{G_2}\beta\right]\Big/1 = \frac{\tau}{G_1}(1-\beta) + \frac{\tau}{G_2}\beta$$

因此
$$G_{xy} = \frac{\tau}{\gamma_{xy}} = \frac{G_1 G_2}{G_2(1-\beta) + G_1\beta}$$

其中
$$G_1 = \frac{E_1}{2(1+\nu_1)} \quad G_2 = \frac{E_2}{2(1+\nu_2)}$$

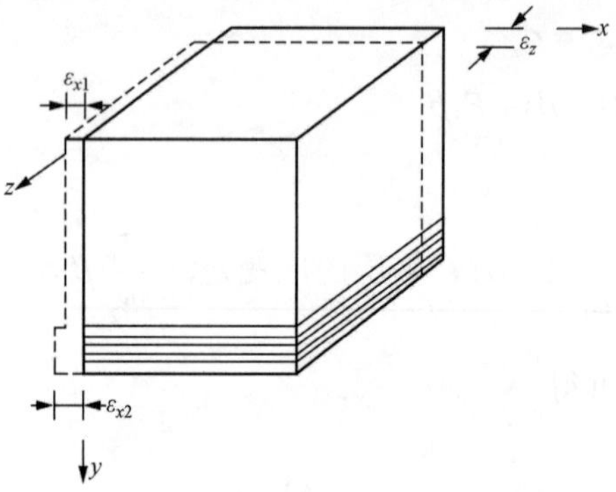

图 5

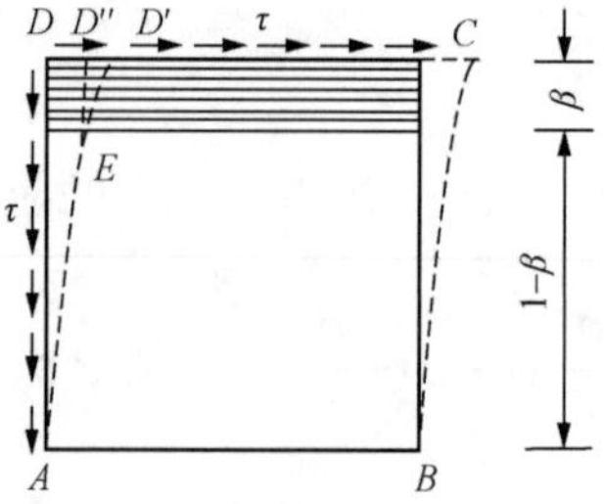

图 6

【例 2】 上节的数例，若以本节公式推求弹性常数，则可得如下成果。

（1）$E_x = E_1(1-\beta) + E_2\beta = 20\times0.95 + 2\times0.05 = 19 + 0.1 = 19.1$

（2）$E_y = \dfrac{1}{\dfrac{1-\beta}{E_1} + \dfrac{\beta}{E_2}} = \dfrac{1}{\dfrac{0.95}{20} + \dfrac{0.05}{2}} = \dfrac{1}{0.0475 + 0.025} = \dfrac{1}{0.0725} = 13.8$

（3）$\nu_{xy} = \nu_1(1-\beta) + \nu_2\beta = 0.2\times0.95 + 0.3\times0.05 = 0.19 + 0.015 = 0.205$

（4）$\nu_{zx} = 0.205$

（5）$G_{xy} = \dfrac{G_1 G_2}{0.95G_2 + 0.05G_1}$

$$G_1 = \frac{E_1}{2(1+\nu_1)} = \frac{20}{2\times1.2} = \frac{10}{1.2} = 8.33$$

$$G_2 = \frac{E_2}{2(1+\nu_2)} = \frac{20}{2\times1.3} = \frac{1}{1.3} = 0.77$$

因此
$$G_{xy} = \frac{8.33\times0.77}{0.95\times0.77 + 0.05\times8.33} = \frac{8.33\times0.77}{0.731 + 0.4165} = 5.31$$

求出以上五个常数后，可按式（1）计算弹性矩阵

$$(1+\nu_x)\left(1-\nu_x - \frac{2E_x}{E_y}\nu_y^2\right) = 1.205\times\left(1 - 0.205 - \frac{2\times19.1}{13.8}\times0.205^2\right) = 0.816$$

$$E_x\left(1-\frac{E_x}{E_y}\nu_y^2\right)=19.1\times\left(1-\frac{19.1}{13.8}\times 0.205^2\right)=19.1\times 0.942=18.0$$

$$E_x\nu_y(1+\nu_x)=19.1\times 0.205\times 1.205=4.71$$

$$E_y(1-\nu_x^2)=13.8\times(1-0.205^2)=13.8\times 0.958=13.22$$

$$G_y(1+\nu_x)\left(1-\nu_x-\frac{2E_x}{E_y}\nu_y^2\right)=5.31\times 0.816$$

因此 $$[D]=\frac{1}{0.816}\begin{bmatrix}18.0 & 4.71 & 0\\ 4.71 & 13.22 & 0\\ 0 & 0 & 5.31\times 0.816\end{bmatrix}=\begin{bmatrix}22.0 & 5.78 & 0\\ 5.78 & 16.2 & 0\\ 0 & 0 & 5.31\end{bmatrix}$$

和上节所得结果相比，可见大致相符，但有一定出入。我们若仔细分析两种推导过程，可知第一节中的推导似更较合理一些。但本节中的公式能简单地给出等效的横观同性体的五个常数，虽然是近似的，也很便于应用。

3　夹层地基上建筑物的计算

在应用有限单元法计算夹层地基上的建筑物（包括地基本身）的应力和变形时，除了如上所述，应该采用修正的弹性矩阵来代替均匀材料的弹性矩阵以外，还必须注意另一个问题，即夹层地基的屈服与破坏问题。

夹层地基中的所谓夹层，一般为充填某些细粒料的裂隙、层面、小断层、破碎带、岩脉等。总之，是一种软弱的材料，它们不但具有低的弹性模量（即 E_2 远小于 E_1）、较大的泊松比，而且其抗剪强度也远低于正常的基岩。夹层材料的抗剪强度，可以在室内或原位进行试验测定之，一般并假定其满足库伦公式，即

$$\tau_f=c-f\sigma \tag{27}$$

式中：σ 为夹层面上的有效正应力。

当夹层面上的计算剪应力达到 τ_f 后，我们假定材料就进入屈服状态，此时，沿夹层面将产生塑性流动。总之，为计算简便计，我们假定夹层材料是一种理想的弹性体（见图 7）。

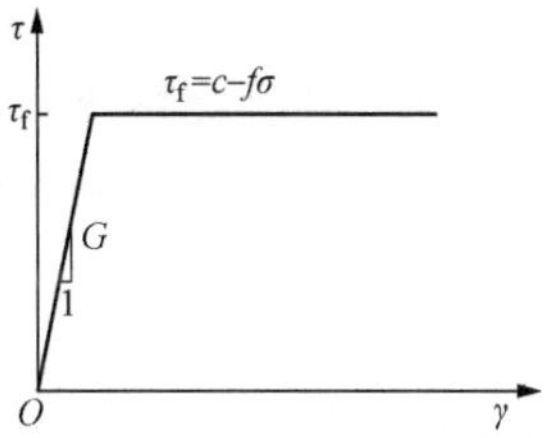

图 7

除了剪切屈服外，在夹层面上的正应力 σ 应该为压应力。因为，一般来讲，我们认为夹层面上不能承受拉应力（沿平行层面方向，基岩或尚有可能承受少量拉应力）。

因此，用有限单元法分析夹层地基及其上建筑物时，如果在地基内产生了较大的剪应力或拉应力，需要进行反复的校正才能得到最终解答。校正的方法很多，有的不改变原来的刚度矩阵，进行超余应力的转移，有的改变刚度矩阵重算，其一般步骤如下：

第一步，将各单元的弹性矩阵 $[D']$ 求出后，进行常规的有限单元分析，确定每一

单元中的应力状态(σ_x、σ_y、τ_{xy})，并将它们转化为各单元的局部坐标分量，即计算夹层面上的正应力σ及剪应力τ。这是第一次成果。

第二步，由计算机检查每一单元中的正应力σ，观其是否为压应力，并检查剪应力τ是否未超过相应的抗剪强度，即

$$\sigma \leqslant 0 \tag{28}$$

$$|\tau| \leqslant c - f\sigma \tag{29}$$

如果每个单元的成果都满足上述条件，那么，没有一个单元进入屈服状态，所获得的第一次成果就是最终成果。

第三步，如果有若干个单元，其应力状态已不满足上述条件，这些单元就将进入破坏或屈服状态，就要进行调整计算。

第一种调整计算法，可称为初应力法。如果有一个单元，在初次计算时得到的应力状态，并化成其局部坐标应力是$\{\sigma\}=[\sigma_x, \sigma_y, \tau_{xy}]^{\mathrm{T}}$，但是，它已破坏了上述条件，为此，我们在这个单元的各结点上，作用一组虚拟的结点力$\{F\}$，使单元中的应力改变成为一种容许的状态$\{\sigma\}'=[\sigma_x'、\sigma_y'、\tau_{xy}']^{\mathrm{T}}$。譬如说，当$\{\sigma\}$中的$|\tau_{xy}|>c-f\sigma_y$，可取

$$\{\sigma\}'=[\sigma_x',\ \sigma_y',\ \pm|c-f\sigma_y|]$$

又如，设单元中的τ_{xy}未超过0，但σ_y是拉应力，则取

$$\{\sigma\}'=[\sigma_x,\ 0,\ \tau_{xy}]^{\mathrm{T}}$$

如果两个条件都不满足，取

$$\{\sigma\}'=[\sigma_x,\ 0,\ c]^{\mathrm{T}}$$

这样，我们要从单元中调整一部分应力$\{\Delta\sigma\}$

$$\{\Delta\sigma\}=\{\sigma\}-\{\sigma\}'$$

并换回公共坐标系统。

根据有限单元法原理，要调整这些应力，相应于结点上有结点力

$$\{F\}=\iint[B]^{\mathrm{T}}\{\Delta\sigma\}\mathrm{d}x\mathrm{d}y$$

式中都是标准符号。将每个结点周围各单元的结点力叠加，就是与已知应力相平衡的总的结点为$\{R\}=\sum\limits_e\{F\}^e$。把这些结点力重新加在结点上再分析一次，求出各单元的修正应力，叠加在第一次成果上，就得到第二次近似值（或者将$\{R\}$加在原有的结点力系上，重新分析，也是一样）。

求出第二次近似值后，要再一次检查各单元中的应力情况，考察是否仍有单元中的应力破坏上述条件。如果有，则再次进行调整，这样循环进行，直至任何一个单元中的应力都不破坏上述条件（即σ都为压应力且τ都不大于其拉剪强度），就得到了最

终应力。

上面这种迭代法，其特点是在迭代的每一步骤中，都求出各单元中与应变对应的应力和弹性解应力之差，并按弹性方程重新分配这个应力差。因此这个过程也可称为“超余应力转移过程”。这一计算，为了获得最终的收敛成果，往往需要较多的迭代步骤，但是在每次迭代中不必重新形成劲度矩阵并重新分解这个劲度矩阵（或求逆），所以，最终所需的计算时间并不一定长。

另外一种迭代步骤，就是在每一次迭代中，当检查出某个单元的应力状态已破坏了约束条件时，就修改它的劲度矩阵；当所有这些单元的劲度矩阵都已修改完毕后，即可成立新的总体劲度矩阵重新解题。要这样做，具体方式也很多，作者所考虑过的一种办法如下：

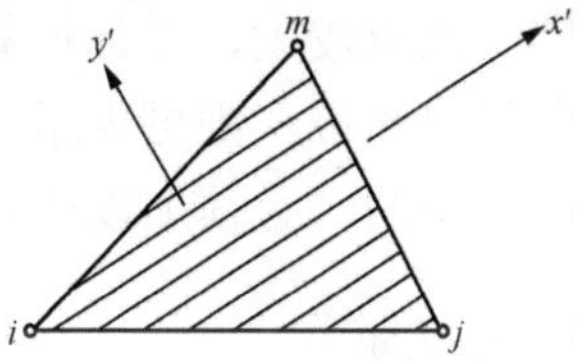

图 8

如图 8 所示，某单元 ijm，其局部坐标轴为 $x'0y'$（以 y' 轴表示垂直于层面的轴）。i、j、m 三结点沿 x'、y' 轴的位移为 u_i、v_i，u_j、v_j，u_m、v_m。又，这一单元的几何矩阵［B］的元素为 b_i、c_i，b_j、c_j，b_m、c_m。单元的面积为 Δ，则由有限单元法的基本公式，有

$$\varepsilon'_x=\frac{1}{2\Delta}(u_ib_i+u_jb_j+u_mb_m)$$

$$\varepsilon'_y=\frac{1}{2\Delta}(v_ic_i+v_jc_j+v_mc_m)$$

$$\gamma'_{xy}=\frac{1}{2\Delta}(c_iu_i+b_iv_i+c_ju_j+b_jv_j+c_mu_m+b_mv_m)$$

又由上文知，式（11）可写成

$$\sigma'_x=a\varepsilon'_x+b\varepsilon'_y$$

$$\sigma'_y=b\varepsilon'_x+c\varepsilon'_y$$

$$\tau'_{xy}=d\gamma'_{xy}$$

所以，如果任一单元，在某次迭代后求出的夹层面上剪应力 τ'_{xy} 超过 $|\tau_{\mathrm{f}}|=c-f\sigma'_y$ 时，应该调整（降低）弹性矩阵中的常数 d，使之取

$$d=\frac{\tau_{\mathrm{f}}}{|\gamma'_{xy}|}=\frac{\tau_{\mathrm{f}}2\Delta}{|c_iu_i+b_iv_i+c_ju_j+b_jv_j+c_mu_m+b_mv_m|}$$

仿此，当 σ'_y 为拉应力时，应该调整弹性矩阵中的常数 c、b，使之

$$b\varepsilon'_x+c\varepsilon'_y=0$$

或

$$\frac{b}{2\Delta}[u_ib_i+u_jb_j+u_mb_m]+\frac{c}{2\Delta}[v_ic_i+v_jc_j+v_mc_m]=0$$

这时，可能有两种情况。一种情况是 ε'_x 及 ε'_y 都是正数，这需要将 b 及 c 都置为 0，才能使 $\sigma'_y=0$。另一种情况是 ε'_x 与 ε'_y 异号，此时应令

$$\frac{c}{b}=\frac{|\varepsilon'_x|}{|\varepsilon'_y|}$$

即
$$b=c\frac{|\varepsilon_y'|}{|\varepsilon_x'|}$$

做这样调整后，就该三角形单元而言，可满足$\tau_{xy}\leqslant\tau_{\mathrm{f}}$、$\sigma_y\leqslant 0$的条件。将整体结构的总刚度矩阵中各有关元素作如上调整后，可再一次进行有限单元分析。分析后，仍可能有个别单元又违犯了约束条件。如有这种情况，那么就重复上述修正步骤，直到不再有一个单元的应力状态不满足约束条件为止。

在计算结束后，可以把达到塑性区或拉裂状态的单元标明出来。如果这些单元为数很多，就表示有很大范围的地基都已进入剪切破坏或拉裂状态，这时，建筑物的位移一般也较大，需加核算，或加改进。如果这些已破坏的单元互相连接已接近形成一条贯穿的带，则更表示这一建筑物的地基已接近沿某一破裂面破坏的边缘，这一般是不安全的，必须加以改进。

参考文献

[1] 潘家铮．夹层地基上的建筑物的有限单元分析．湖南水利电力科技，1975（4）．
[2] 水电部第八工程局勘测设计院．乌江渡右坝头北西西裂隙密集带弹性常数值问题．1976．
[3] Zienkiewicz O C . The Finite Element Method in Engineering Science. McGraw Hill，1971.

有限单元法分析中的岩基问题

地基的稳定可靠是保证任何建筑物安全的先决条件。尤其对于拦河坝一类的大型水工建筑物，这个问题更为重要。分析世界上许多水工建筑物失事的原因，不少是由于地基丧失承载能力而发生的，因建筑物本身强度不足而失事的情况反而较少。这一事实就足以说明地基问题的重要性。

但是天然地基极为复杂，要完全依靠数学方法作精确的理论分析是困难的，要用模型来研究它也很困难。因此长期以来，我们对最重要的地基问题只能参照以往经验作些近似估计和判断，以及采取一些习用的措施来加固、改善它。当然这些措施往往是必需和有效的，但缺乏定量的概念和合理的设计方法。

电子计算机的出现和有限单元法的发展，为合理分析研究地基问题创造了条件。我国在这方面起步稍迟，但发展迅速。例如水电部门许多单位都利用这个新手段结合具体工程对地基问题作了多方面的研究，取得成绩，有的达到先进水平。但是由于问题的复杂性，对地基的研究，不论在国内还是国外都远未完善。我们面对的任务仍十分艰巨。

天然地基和人工建材（例如钢铁、混凝土等）相比，有些什么特点呢？

首先，它的不均匀和不连续性。例如在岩基中往往存在大量的构造缺陷，如断层、夹层、破碎带、节理裂隙，或岩层本身的层理、劈理等。有的基岩内部有溶蚀，表层很破碎，软基的情况甚至更复杂一些。我们还不能迅速、简单地全面查明它的情况，测定它的各种参数，包括初始应力场和地下水活动影响等。而没有这些资料，就无从进行分析。这里顺便可以指出，随着分析研究工作的逐步深入，对地基情况的查勘和测试工作也必须相应加深，也就是对勘测和试验专业提出了更高的要求，这是必然的发展趋势。

其次，像地基这样复杂的材料，它的应力—应变性能远非线弹性的，也不是一般的塑性材料，它具有非弹性、非线性和时变性（即应力和变位不仅是空间的函数而且是时间的函数）。地基受荷载以后，它的一部分（甚至是相当大的部分）范围常常达到屈服或破坏状态，而它的屈服或破坏规律又十分复杂，屈服或破坏后的性能也是变化多端。我们目前还没有完全弄清各类地基的这种性能，找出它的明确规律（即所谓“本构律”）。因此也就不能建立一个或若干个数学模型，使既能精确（或至少是合理）地反映地基的各种性能，又简单方便，容易处理。

第三，即使采用一些简化了的数学模型来代表地基，由于必然存在的非线性和其他复杂性能，使得我们在进行电算分析中遇到困难（在数学处理上，计算机容量、速度和计算时间上等）。

由于上述原因，虽然目前已有很多关于地基分析方面的文献，但多数还是一些近似的分析法，与问题的最终解决还有距离。本文只拟对有限单元法中的岩基问题作一个扼要的评述和介绍，以供水工勘测、设计和科研同志们参考。

1　新鲜、完整的岩基，各向同性体

如果岩基比较新鲜、完整和均匀，而且岩体内的应力也在容许范围内（不发生破坏或屈服），那么可将地基作为理想的各向同性的线弹性体处理。这时，表征地基性能的常数只有两个：弹性模量 E 和泊松比 ν（或者采用拉姆常数或其他常数均可，其独立量常为两个）。现在的问题归结为合适地选择这两个常数。当然，可以根据实际条件，将地基分为若干区域，每个区域给以不同的常数。如果能合适地分区并选用常数，即使应用这种初步的方法也可得到很多有意义的成果。例如可以考察软弱岩层对建筑物的影响等。在这类问题中，考虑地基的作用在原则上并无困难，但也要注意以下几个问题。

（1）地基尺寸和建筑物相比实际上是无限的。在计算中只能取有限的区域，并在这个区域的边界上规定一定的条件。如果所取地基范围过小，又将边界作为固定处理，往往会得出不符实际的成果。所以在分析中应该取适当大的地基区域进入计算，而且对边界条件也需斟酌。例如有人研究，对于图 1（a）中所示情况，取计算域如示，而且令竖向边界 AA' 和 BB' 为滚动支承（不限制竖向变位），可以得到满意的成果。按此推论，如果地基面上承受剪切荷载，在两条竖向边界上也不宜限制其水平变位。如果能通过某些方法估计出这些边界上的实际变位值，以此引入为边界条件，或在最外层采用“无限单元”当然就更好。

（2）对于平面问题来讲，这样求出的变位值只有相对意义，绝对变位是求不出的（地基范围取得越大，变位量也越大，并不收敛）。有很多同志把从平面问题求出的变位，当作地基或建筑物的绝对变位，显系误解。如果设计中必须确定建筑物或地基的绝对变位，我们就应按空间问题求解。或者，至少按空间问题算出或估出某些点［例如图 1（a）中的 A 点］的绝对变位，将该点作为平面问题的参照点，然后据此推求其余各点的绝对变位。

（3）水库对上游地基面的压力问题［见图 1（b）］。这个压力是客观存在的，所以在计算中当然应该引入。但是要考虑两种不同情况：①设基岩是完全不透水体，或者在上游库底有可靠的防渗层，那么水库压力将作为边界荷载施加在地基表面上，也即仅在地基表面结点才有荷载；②基岩是一种透水材料，则库水在压力作用下通过地基往下游渗流。我们应先绘制流网，作出渗流等势线，求出各单元

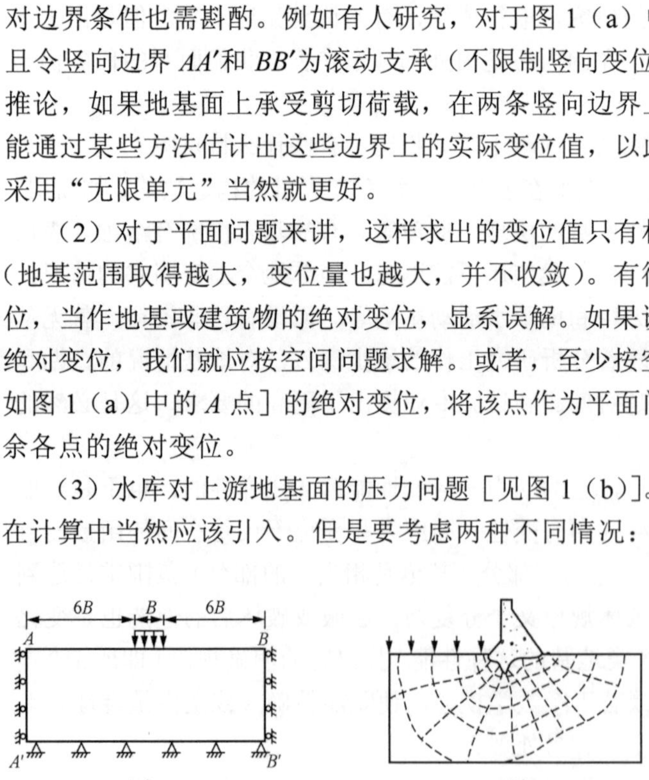

（a）　　（b）

图 1

结点上的渗透压力强度，然后按体积力的规律化为结点力作用在地基表面及内部所

有结点上。两种情况算出的成果对某些点的应力是不一样的，需加注意（实际情况接近于第②种假定）。

2 各向异性的基岩

大多数基岩存在明显的各向异性性质。例如沉积岩有明显的层理，喷发岩常有成组、定向的节理等（见图 2）。这类基岩沿垂直于层理、节理方向的特性同平行于层理、节理方向的特性有显著的差异，以用各向异性体来模拟它更为合理。

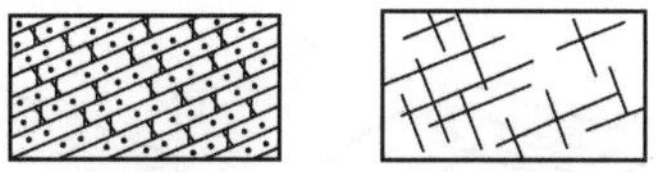

图 2

对于最一般性的各向异性弹性体来讲，任何点上的六个应力分量和六个应变分量间的关系式可写为

$$\left.\begin{aligned}&\varepsilon_x=a_{11}\sigma_x+a_{12}\sigma_y+a_{13}\sigma_z+a_{14}\tau_{yz}+a_{15}\tau_{zx}+a_{16}\tau_{xy}\\&\varepsilon_y=a_{21}\sigma_x+a_{22}\sigma_y+a_{23}\sigma_z+a_{24}\tau_{yz}+a_{25}\tau_{zx}+a_{26}\tau_{xy}\\&\cdots\\&\gamma_{xy}=a_{61}\sigma_x+a_{62}\sigma_y+a_{63}\sigma_z+a_{64}\tau_{yz}+a_{65}\tau_{zx}+a_{66}\tau_{xy}\end{aligned}\right\}\tag{1}$$

其中有 36 个弹性常数，但独立的值为 21 个，要分析这样复杂的材料是困难的。就通常的小区域的基岩来说，其层理面或节理面等常常彼此平行或正交，所以近似上可视作正交各向异性体。取 x、y、z 轴沿其弹性主方向（即与这些面平行），则广义虎克定律为

$$\left.\begin{aligned}&\varepsilon_x=a_{11}\sigma_x+a_{12}\sigma_y+a_{13}\sigma_z\quad \gamma_{yz}=a_{44}\tau_{yz}\\&\varepsilon_y=a_{12}\sigma_x+a_{22}\sigma_y+a_{23}\sigma_z\quad \gamma_{zx}=a_{55}\tau_{zx}\\&\varepsilon_z=a_{13}\sigma_x+a_{23}\sigma_y+a_{33}\sigma_z\quad \gamma_{xy}=a_{66}\tau_{xy}\end{aligned}\right\}\tag{2}$$

或者用工程常数（E、ν、G）等来表示，则更清楚

$$\left.\begin{aligned}&\varepsilon_x=\frac{\sigma_x}{E_1}-\frac{\nu_{21}}{E_2}\sigma_y-\frac{\nu_{31}}{E_3}\sigma_z\qquad \gamma_{yz}=\frac{\tau_{yz}}{G_{23}}\\&\varepsilon_y=-\frac{\nu_{12}}{E_1}\sigma_x+\frac{\sigma_y}{E_2}-\frac{\nu_{32}}{E_3}\sigma_z\qquad \gamma_{zx}=\frac{\tau_{zx}}{G_{13}}\\&\varepsilon_z=-\frac{\nu_{13}}{E_1}\sigma_x-\frac{\nu_{23}}{E_2}\sigma_y+\frac{\sigma_z}{E_3}\qquad \gamma_{xy}=\frac{\tau_{yx}}{G_{12}}\end{aligned}\right\}\tag{3}$$

这里 E_1、E_2、E_3 是沿弹性主方向 x、y、z 的弹性模量，ν_{12} 是在 x 方向拉伸时决定 y 方向收缩的泊松系数（其余类推），G_{23}、G_{13}、G_{12} 是规定主方向 y 和 z、x 和 z，以及 x 和 y 之间夹角变化的系数，它们之间并满足下述关系

$$E_1\nu_{21}=E_2\nu_{12}\qquad E_2\nu_{32}=E_3\nu_{23}\qquad E_3\nu_{13}=E_1\nu_{31}\tag{4}$$

所以独立的常数仅 9 个。

最简单的各向异性体，就是像图 3（b）所示那样的横观各向同性体。例如均匀的沉积岩，并无其他节理裂隙发育，那么在每一层面上沿各方向是同性的，取 z 轴垂直

层面，广义虎克定律可写为

$$\left.\begin{aligned}\varepsilon_x&=\frac{1}{E}(\sigma_x-\nu\sigma_y)-\frac{\nu'}{E'}\sigma_z & \gamma_{yz}&=\frac{1}{G'}\tau_{yz}\\ \varepsilon_y&=\frac{1}{E}(\sigma_y-\nu\sigma_x)-\frac{\nu'}{E'}\sigma_z & \gamma_{zx}&=\frac{1}{G'}\tau_{zx}\\ \varepsilon_z&=-\frac{\nu'}{E'}(\sigma_x+\sigma_y)+\frac{1}{E'}\sigma_z & \gamma_{xy}&=\frac{1}{G'}\tau_{xy}\end{aligned}\right\}\tag{5}$$

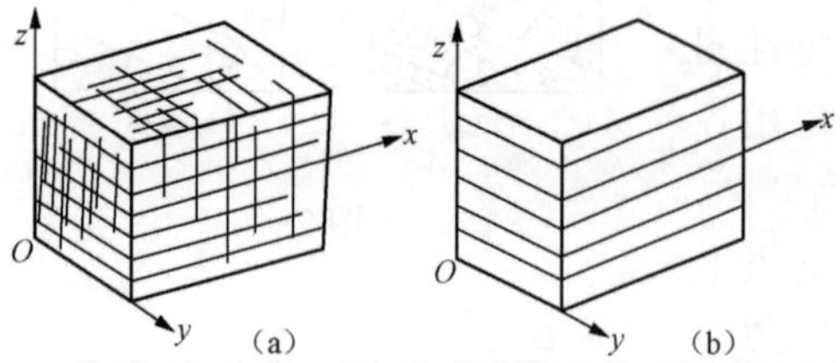

图 3

这里，E 是在层面内的弹性模量，E'是垂直层面方向的弹性模量，ν 是层面内的泊松比，ν' 是沿垂直层面方向拉伸时决定层面内收缩量的泊松比，G'是决定层面内各方向与垂直层面的方向间夹角的变化的剪切模量，而 G 则等于 $\frac{E}{2(1+\nu)}$，独立的常数为 5 个。

用矩阵表示应力和应变之间的关系，即

$$\{\sigma\}=[D]\{\varepsilon\}\tag{6}$$

式中［D］称为弹性矩阵，它的元素取决于材料的弹性常数。对于最一般性的各向异性体，由式（1）可知

$$[D]=\begin{bmatrix}a_{11} & a_{12} & \cdots & a_{16}\\ a_{21} & a_{22} & \cdots & a_{26}\\ \cdots & \cdots & \cdots & \cdots\\ a_{61} & a_{62} & \cdots & a_{66}\end{bmatrix}^{-1}\tag{7}$$

对于正交各向异性体及横观各向同性体，［D］的显式可以求出。对于后者，在平面应力问题中

$$[D]=\frac{E'}{1-n\nu'^2}\begin{bmatrix}n & n\nu' & 0\\ n\nu' & 1 & 0\\ 0 & 0 & m(1-n\nu'^2)\end{bmatrix}\tag{8}$$

或在平面应变问题中

$$[D]=\frac{E'}{(1+\nu)(1-\nu-2n\nu'^2)}\begin{bmatrix}n(1-n\nu'^2) & n\nu'(1+\nu) & 0\\ n\nu'(1+\nu) & (1-\nu^2) & 0\\ 0 & 0 & m(1+\nu)(1-\nu-2n\nu'^2)\end{bmatrix}\tag{9}$$

其中

$$n=\frac{E}{E'}\qquad m=\frac{G'}{E'}\tag{10}$$

以上所述，我们都取坐标轴与基岩的弹性主方向一致（局部坐标），这样得出的弹性常数（E_1、E_2、ν_{12}、…）称为主弹性常数。当坐标轴转动时，弹性常数就要变化。

新的弹性矩阵 $[D]_u$ 可以用主常数通过变换矩阵求得（见图 4）

$$[D]_u = [T][D][T]^{\mathrm{T}} \tag{11}$$

$$[T]=\begin{bmatrix} \cos^2\beta & \sin^2\beta & -2\sin\beta\cos\beta \\ \sin^2\beta & \cos^2\beta & 2\sin\beta\cos\beta \\ \sin\beta\cos\beta & -\sin\beta\cos\beta & \cos^2\beta-\sin^2\beta \end{bmatrix} \tag{12}$$

所以对于各向异性的基岩，仍可仿照各向同性体计算，只是弹性矩阵［D］有所不同。对于这类问题，与其说是引起了分析计算上的困难，不如说是更大程度上引起了确定各种弹性常数的困难。某些简单的各向异性体问题已有理论解（见图 5），我们可以利用这些解答从现场试验数据来推求弹性常数。但是现在常数个数很多（至少有 5 个），试验中总不免存在误差，基岩又不是理想的正交各向异性体，我们也不能进行大量的试验，获得足够多的数据以确定弹性常数的“最当值”，所以困难是不少的。顺便可以提一下，对于较复杂的情况，没有理论解可利用时，也可以把有限单元法倒过来应用，即已知一个问题的应力或变位解答（实测值），而利用有限单元法来计算弹性常数。

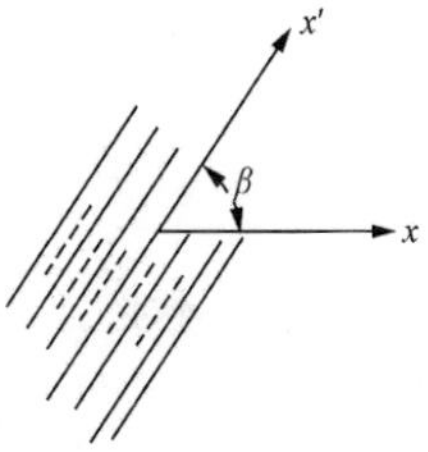

图 4

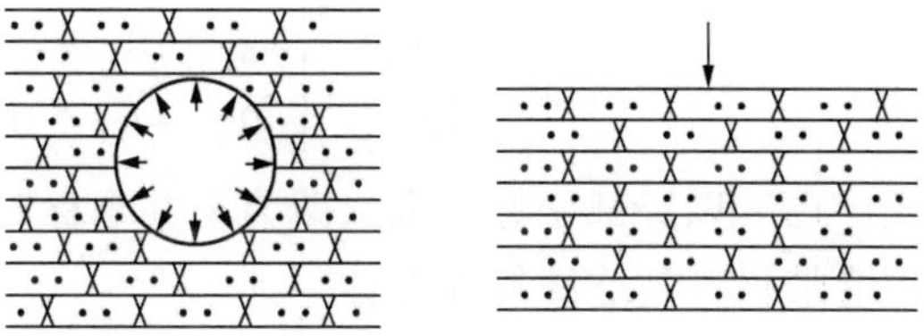

图 5

3　构造带的处理

地基内往往存在着断层、夹层、大的裂缝或其他的软弱构造带（例如挤压破碎带、劈理密集带等），统称为构造带。构造带的存在将破坏地基的完整性，显著影响地基及建筑物的变形和应力分布。对于这一类软弱面，我们应作为特殊单元来处理。处理的方式很多，有的采用一维单元，有的采用二维单元。例如当我们采用一维单元时，这些“构造带单元”为一种特殊的杆件，沿正交于构造面的方向布置，并与两侧基岩的结点相结合，如图 6 中的 aa'。aa'的长度等于构造带宽度 b。每根杆件代表其邻近一块构造带面积 F（对于平面问题，F 等于长 l 乘以单宽）。对构造带材料的特性，可以采用不同的假定。其中最简单的方式是假定构造带材料仍为理想弹性体，仅仅受以下两个条件限制：①构造带上的正应力 σ 不能为拉应力；②构造带所受的剪应力不能超过相应的抗剪强度 τ_{m}（$\tau_{\mathrm{m}}=c-f\sigma$，$c$ 和 f 分别为其凝聚力强度和内摩擦系数）。剪应力达到 τ_{m} 后，构造带面上就产生滑移，类似于理想弹塑性体。

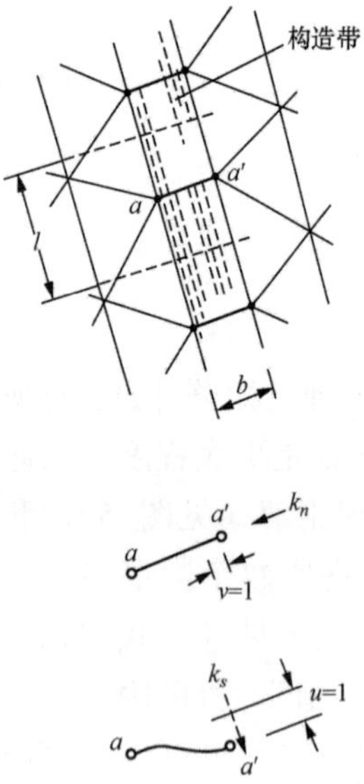

图 6

用数学方式表示，上述两个限制条件可写为 $\sigma \leqslant 0$，$|\tau| \leqslant c - f\sigma$。如果给出正应力 σ 与正应变 ε 和剪应力 τ 与剪应变 γ 的关系曲线，则如图 7 所示。由图 7 可见，当 $\sigma \geqslant 0$ 时，$E=0$，同样当 $|\tau| > \tau_{\mathrm{m}}$ 时，$G=0$。

这样，问题完全可按线弹性体解算，只多受 $\sigma<0$ 及 $|\tau|<c-f\sigma$ 两个条件的约束，对于这类问题常可用逐步接近法（迭代法）解决。其基本原理是先不考虑约束条件，用常规的有限元法分析，算出各单元中的应力和变位。如果各构造带单元中的应力都满足上述约束条件，该解答即为所求，否则，需进行校正，以使被破坏了的约束条件得到满足。校正的措施则很多，大体上讲有“改变模量重算法”，以及“超余应力转移法”等两类。现依次简述如下。

3.1 构造带单元的劲度矩阵

对于一维的构造带单元，具有两个结点，四个独立的结点位移和结点力，相应的劲度矩阵为 4 阶。其一般形式可写为

$$\begin{Bmatrix} X_a \\ Y_a \\ X_b \\ Y_b \end{Bmatrix} = \begin{bmatrix} k_s & 0 & -k_s & 0 \\ 0 & k_n & 0 & -k_n \\ -k_s & 0 & k_s & 0 \\ 0 & -k_n & 0 & k_n \end{bmatrix} \begin{Bmatrix} u_a \\ v_a \\ u_b \\ v_b \end{Bmatrix} \tag{13}$$

式（13）以局部坐标为准。改为公共坐标时须乘转换矩阵换化，不必详述。如果假定构造带材料是连续的弹性体，则

$$k_n = \frac{Elt}{(1-\nu^2)b} \qquad k_s = \frac{Glt}{b} \tag{14}$$

一维单元是将某一面积的构造带集中化为一根杆件来代表。当然，更合理些可采用二维单元，例如图 8 中所示的矩形单元 $ijkm$，其厚度为 b，长为 l，取局部坐标如图 8 所示。此单元有 4 个结点，8 个独立结点位移或结点力，记结点力$\{F\}$及结点位移$\{\delta\}$为

$$\left.\begin{aligned} \{F\} &= [X_i \quad Y_i \quad X_j \quad Y_j \quad X_k \quad Y_k \quad X_m \quad Y_m]^{\mathrm{T}} \\ \{\delta\} &= [u_i \quad v_i \quad u_j \quad v_j \quad u_k \quad v_k \quad u_m \quad v_m]^{\mathrm{T}} \end{aligned}\right\} \tag{15}$$

则劲度矩阵［k］为 8×8 阶矩阵

$$\{F\} = [k]\{\delta\} \tag{16}$$

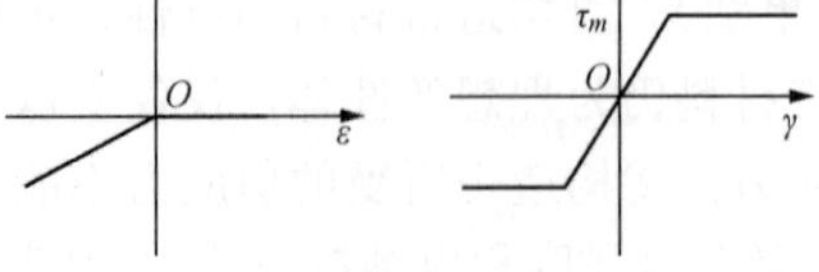

图 7

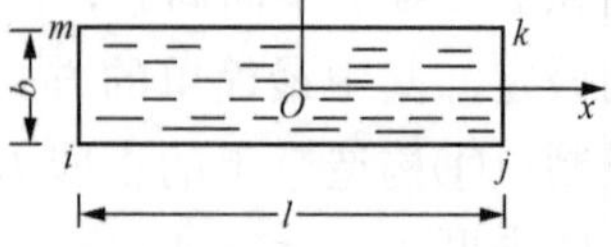

图 8

由于单元很薄，我们可假定该单元的位移函数是一个 x 的线性函数与 y 的乘积：$u=(a+bx)y$，$v=(c+dx)y$，这相当于假定单元的正应力 σ_y 沿 y 为常量，沿 x 为线性函数。

这样，容易得出［k］的公式为

$$[k]=\frac{lt}{6b}\begin{bmatrix} 2G & 0 & G & 0 & -G & 0 & -2G & 0 \\ 0 & 2E' & 0 & E' & 0 & -E' & 0 & -2E' \\ G & 0 & 2G & 0 & -2G & 0 & -G & 0 \\ 0 & E' & 0 & 2E' & 0 & -2E' & 0 & -E' \\ -G & 0 & -2G & 0 & 2G & 0 & G & 0 \\ 0 & -E' & 0 & -2E' & 0 & 2E' & 0 & E' \\ -2G & 0 & -G & 0 & G & 0 & 2G & 0 \\ 0 & -2E' & 0 & -E' & 0 & E' & 0 & 2E' \end{bmatrix} \tag{17}$$

当然，上述公式是以局部坐标为准的。在公共坐标中（设两坐标体系 x 轴的夹角为 θ），则

$$[K]_{公共}=[T_1][K]_{局部}[T_1]^{\mathrm{T}} \tag{18}$$

$$[T_1]=\begin{bmatrix} [T_\theta] & 0 & 0 & 0 \\ 0 & [T_\theta] & 0 & 0 \\ 0 & 0 & [T_\theta] & 0 \\ 0 & 0 & 0 & [T_\theta] \end{bmatrix} \tag{19}$$

$$[T_\theta]=\begin{bmatrix} \cos\theta & \sin\theta \\ -\sin\theta & \cos\theta \end{bmatrix} \tag{20}$$

构造带单元中的应力

$$\{\sigma\}=\begin{Bmatrix} \tau \\ \sigma \end{Bmatrix}=\frac{1}{2}[A][T]\{\delta\} \tag{21}$$

$$[A]=\frac{lt}{b}\begin{bmatrix} -G & 0 & -G & 0 & G & 0 & G & 0 \\ 0 & -E & 0 & -E & 0 & E & 0 & E \end{bmatrix} \tag{22}$$

$$[T]=\begin{bmatrix} [T_\theta] & 0 & 0 & 0 \\ 0 & [T_\theta] & 0 & 0 \\ 0 & 0 & [T_\theta] & 0 \\ 0 & 0 & 0 & [T_\theta] \end{bmatrix} \tag{23}$$

$$\{\delta\}=[u_i \quad v_i \quad u_j \quad v_j \quad u_k \quad v_k \quad u_m \quad v_m]^{\mathrm{T}} \tag{24}$$

式（17）中的 E' 指弹性模量 E 除以（$1-\nu^2$）之值。在许多实际问题中，构造带内物质很复杂，不能测定明确的 E 和 ν，此时不如直接测试其径向及切向模量，而将式（17）改写为

$$[k]=\frac{1}{6}\begin{bmatrix} 2k_s & & & & & & & \\ 0 & 2k_n & & & & & & \\ k_s & 0 & 2k_s & & \text{对} & & & \\ 0 & k_n & 0 & 2k_n & & & & \\ -k_s & 0 & -2k_s & 0 & 2k_s & & \text{称} & \\ 0 & -k_n & 0 & -2k_n & 0 & 2k_n & & \\ -2k_s & 0 & -k_s & 0 & k_s & 0 & 2k_s & \\ 0 & -2k_n & 0 & -k_n & 0 & k_n & 0 & 2k_n \end{bmatrix} \tag{25}$$

3.2 约束条件的检查和校正

不论采用一维单元还是二维单元，在确定了它们的劲度矩阵 $[k]$ 后，即可和其余正常单元一起组成总劲度矩阵并解算位移和应力，这与通常的有限元法并无区别，分析后要对所有构造带单元依次检查其正应力 σ 和剪应力 τ，考察是否满足约束条件。如有不满足，即采用“改变模量重算法”或“超余应力转移法”进行校正，这两类方法颇有区别，我们先举一简例说明其区别如下。

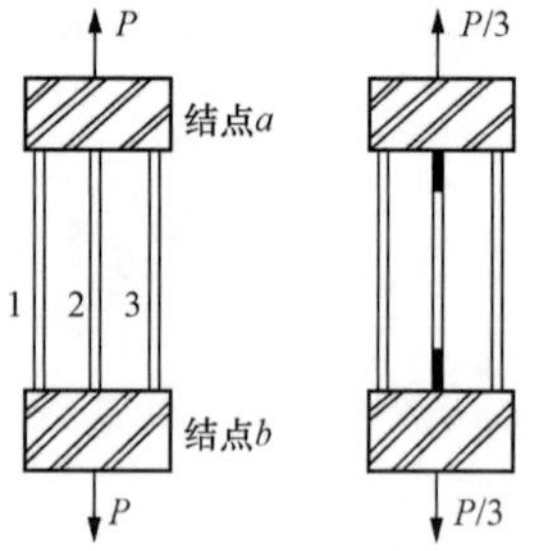

图 9

设图 9 中的总拉力 P 由三根杆件承受，但其中杆件 2 已断裂，不能受拉。我们先不考虑这点，仍按三根杆件都可承拉计算，则得

$$N_1=N_2=N_3=\frac{P}{3}$$

然后检查杆件 2 的内力，发现它是拉力 $N_2=\frac{P}{3}$，这是该杆件所不能承受的，称之为超余力，必须消除，可用以下两种方式来达到目的：

改变模量重算法：令杆件 2 的模量为 0，重新计算，得 $N_1=N_3=\frac{P}{2}$，$N_2=0$，即为最终解答。

超余应力转移法：在杆件 2 上加一对压力 $\frac{P}{3}$ 以消除该杆中之拉力，但实际上并不存在这对力，所以我们又在结点 a 和 b 上施加反向的结点力 $\frac{P}{3}$ 平衡之，后者又在三根杆件中产生了修正应力 $N_1=N_2=N_3=\frac{P}{9}$。然后再次检查，杆件 2 中又出现拉力 $N_2=\frac{P}{9}$，但已比原来的拉力 $\frac{P}{3}$ 小很多。再次消去这一拉力，施加等效结点力 $\frac{P}{9}$，这个过程可以无限制地重复下去，直到收敛到所需精度，最后成果为

$$N_1=N_3=\frac{P}{3}+\frac{P}{9}+\frac{P}{27}+\cdots=\frac{P}{2}$$

$$N_2=0$$

与按上一方法求出者相同。可注意采用本法时，原杆件的劲度可以不必改变。当然，

在转移超余应力时也可同时调整杆件劲度，例如在所举例中在计算等效结点力$\frac{P}{3}$所产生的修正应力时，将杆件 2 的模量取为 0，这样修正应力为$\Delta N_1 = \Delta N_3 = \frac{P}{6}$，合计后$N_1 = N_3 = \frac{P}{3} + \frac{P}{6} = \frac{P}{2}$，$N_2 = 0$。

就所举简例来看，第一种处理方法当然远较简单。但对于有限单元法来讲，采用此法有时会出现收敛过程很慢，甚至不收敛的情况，特别当荷载级别较大时为然。此外，采用此法时，每发现一个单元的约束条件不满足时即需改变其模量，也就要改变总劲度矩阵［K］中的元素。这样，在进行下一轮计算时就要重新分解［K］，可能影响计算速度。采用常劲度的超余应力转移法时，收敛性常可保证，而且总劲度矩阵也维持不变，虽然要迭代多次，但只是常数项的变化，计算速度可能反而快。所以我们往往采用常劲度的超余应力转移法。

说明了两种校正方法的本质后，就可进行探讨其具体做法。对于改变模量重算法，当我们检查到任一构造带单元的正应力$\sigma>0$（拉应力）时，就认为该单元已开裂，将它的E及G均置为 0，进入下一轮计算。如果某一单元的$\sigma<0$，但$|\tau|>c-f\sigma$，则认为该单元已发生滑裂，应该将它的G降到$G=\tau/\gamma$的水平。如单元的$\sigma<0$，且$\tau|<c-f\sigma$，则认为该单元仍为连续状态，其模量不予变动。经过全面检查和调整模量后，再进行下一轮分析，如此重复进行直到不再出现新的拉裂或滑移情况为止。采用本法时，荷载最好分级施加，不要使有较多单元同时开裂和滑移，这样不仅可以改变收敛慢的问题，而且还可以了解加荷过程中构造带的破坏发展过程，这是很有意义的。

对于超余应力转移法的具体步骤如下：

（1）将构造带单元作为普通的线弹性体考虑。选择适当的模量，确定各单元的劲度矩阵［k］，和其他单元一起组成总劲度矩阵［K］，这个劲度矩阵以后不再变动。

（2）施加荷载，进行第一轮分析。

（3）计算各夹层单元的正、剪应力，检查各单元处于何种状态，分别计算其超余应力：

a）$\sigma_y<0$，$|\tau|\leqslant c-f\sigma_y$，连续状态，超余应力$\{\sigma'\}=\begin{Bmatrix}0\\0\\0\end{Bmatrix}$（26a）

b）$\sigma_y<0$，$|\tau|>c-f\sigma_y$，滑移状态，超余应力$\{\sigma'\}=\begin{Bmatrix}0\\0\\\tau\pm|c-f\sigma_y|\end{Bmatrix}$（26b）

c）$\sigma_y>0$，拉裂状态，超余应力$\{\sigma'\}=\begin{Bmatrix}0\\\sigma_y\\\tau\end{Bmatrix}$（26c）

式（26 b）中正负号的取值法：若τ为正值，取负号；若τ为负值，取正号。

（4）将超余应力转化为等效结点荷载：先将超余应力左乘以转置矩阵换为公共坐

标系中的应力分量$\{\sigma\}=[T]\{\sigma'\}$，然后计算等效结点荷载，即

$$\{F\}=\int[B]^{\mathrm{T}}\{\sigma\}\mathrm{d}v \tag{27}$$

（5）将上述等效结点荷载并入原荷载中，并进行第二轮分析，再重复步骤（3）～（5），直到收敛至所需精度［或在第二轮中计算等效结点荷载产生的修正应力，与原应力叠加，再重复步骤（3）～（5），直至修正应力极为微小止］。

常劲度超余应力转移法的示意框图见图 10。

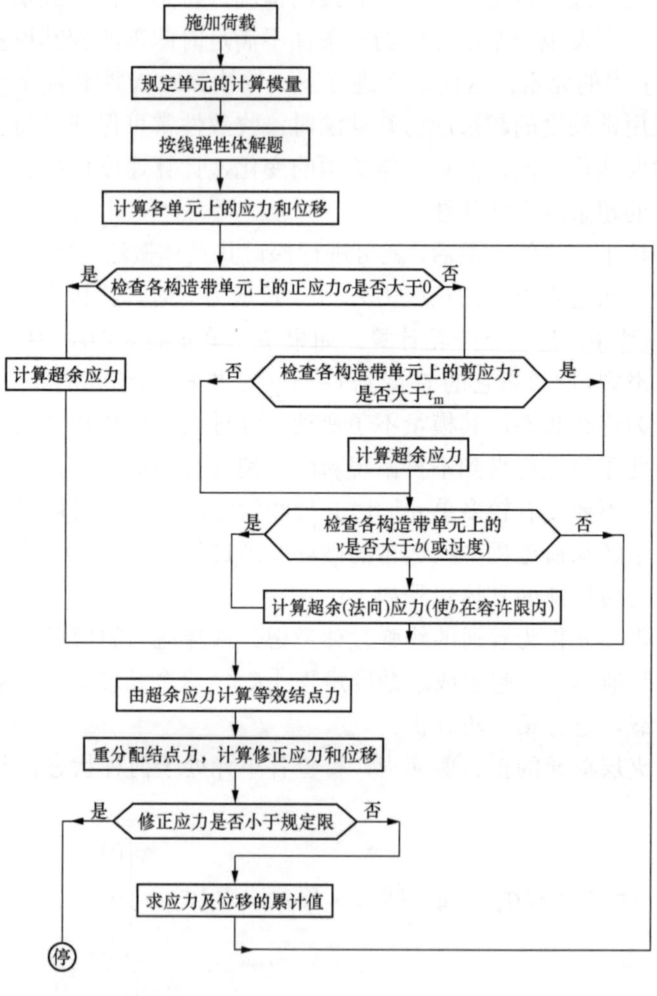

图 10

3.3 对构造带材料模量非线性变化的考虑

上面介绍的方法，计算比较简单，又能反映构造带的主要性能，故采用较多，具体程序的处理技巧则各有不同。有的方法在形式上与上述有别，但原理仍是一样的。例如华东水利学院发展的夹层单元法，实际上就是一种改变劲度的一维单元。

这类方法所给出的解答是一组满足平衡条件而又使各构造单元不破坏其两大约束条件的解答，所以我们说此法近似地反映出了构造带的主要特性，但并不是精确的解

答，因为它们未能反映出构造带材料的模量随应力或应变而产生的非线性变化。在本段中我们讨论一下更合理的分析法，首先需对两个模量的变化情况再作些探讨。

假定构造带厚度为 b，在其面上施加均匀压应力 p，并测量相应的压缩值 v，将 v 对 p 绘成曲线［见图 11（a）］，显然 $\dfrac{dp}{dv}$ 反映出压缩模量 $\left[\dfrac{dp}{dv}=\dfrac{E}{(1-v^2)b}\right]$。通常，$p$—$v$ 曲线的初始段将为直线（或为折线），相应的模量为常数（或为两个常数），但当压缩量渐大时，$\dfrac{E}{1-v^2}$ 或 k_n 值就将增加，当压缩量接近 b 时，它将接近无限大，因为构造带的总压缩量不可能超过其总厚度 b，可见，由于构造带的厚度较小，即使其材料为弹性体，则当压缩量 v 与 b 相比并非微量时，模量 k_n 或 $\dfrac{E}{1-v^2}$ 将急剧增加，呈非线性。模量的变化规律大致为

$$k_n=\frac{k_{n0}}{1-\dfrac{v}{b}} \tag{28}$$

或

$$\sigma=\frac{bk_{n0}}{lt}\log\frac{b}{b-v} \tag{29}$$

这样看来，k_n 的规律是：当 $\sigma>0$（受拉）时，$k_n=0$；$\sigma<0$（受压）时，$k_n\approx\dfrac{k_{n0}}{1-v/b}$［见图 11（b）］。

在剪切变形方面，情况是相反的。当我们在构造带面上施加均匀剪应力 τ，则在一定的正应力 σ 下，剪切位移 u 或应变 γ 和 τ 之间的关系大致如图 12 曲线所示（对于不同的 σ 值，都有一条相似的曲线，组成曲线簇）。随着 u 和 τ 的增长，曲线从直线段 OA 变成曲线段 AB，剪切模量越来越小，达 B 点后材料达破坏强度 τ_m，产生滑移，τ 不能再增加而 u 可以大量增加。A 点称为屈服限，B 点称为破坏限。满足这种变化规律的材料称为应变硬化材料。此外尚有应变软化型（残余强度型）等种类。

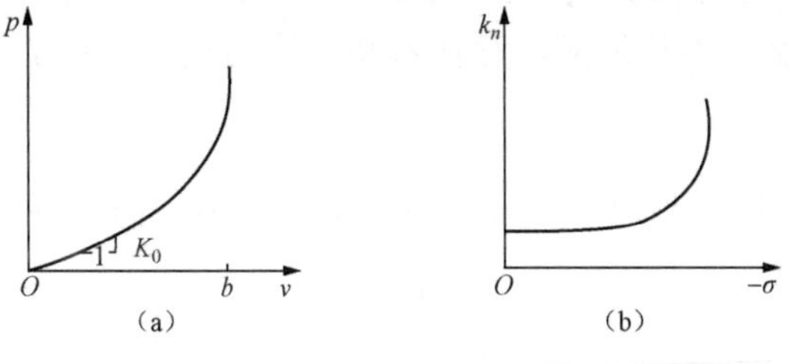

图 11

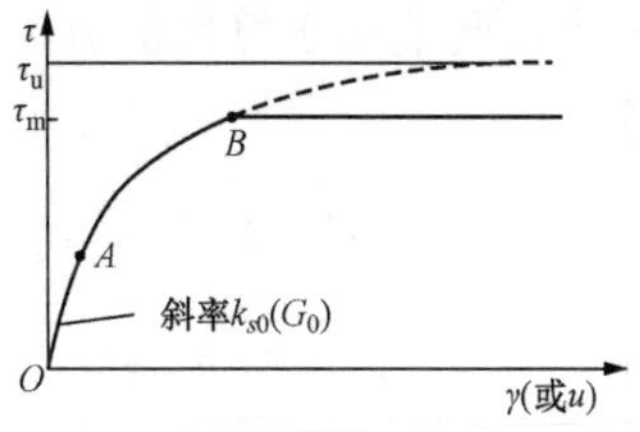

图 12

曲线 OAB 段形状接近双曲线，可以用一个初始模量 k_{s0} 或 G_0 以及一个渐近值 τ_u 来表征。双曲线的渐近值 τ_u 常大于 τ_m，可记为 $\tau_m=R\tau_u$（R 小于 1）。合适地选择 k_{s0} 和 τ_u，可以使双曲线很接近 OAB 曲线。采用双曲线关系，剪切模量可写为

$$k_s=k_{s0}\left(1-\frac{R\tau}{\tau_m}\right)^2=k_{s0}\left(1-\frac{R\tau}{c-f\sigma}\right)^2 \tag{30}$$

初始模量也不是定值，一般可表示为 σ 的幂函数，即

$$k_{s0}=a(b-\sigma)^n \tag{31}$$

式中：a、b、n 和 c、f 一样，都是材料的常数。可见，k_s 是应力状态 σ、τ 的函数，或可写为 u 的函数，即

$$k_s=k_{s0}\left(1-\frac{R\gamma}{\dfrac{c-f\sigma}{k_{s0}}+R\gamma}\right)^2 \tag{32}$$

剪应力 τ 和应变 γ 间的关系可表示为

$$\tau=\frac{\gamma}{a^{-1}(b-\sigma)^{-n}+\gamma R(c-f\sigma)^{-1}} \tag{33}$$

假定构造带的劲度 k_n、k_s 就是按照式（28）、式（30）的方式变化，而且我们已通过试验测定了材料常数，那么就可进行有限单元法分析，具体方法可采用增量法以及上面介绍过的两种方法。

［**增量法**］ 把荷载划分为很多级的增量，逐次施加一个增量。由于每级荷载很小，所以在每步计算中可以视 k_n、k_s（或 E、G）为常量，而且就取为每一段起始时的模量值。在算出该级荷载产生的应力及应变增量后，与上一级末的值叠加，得到该级末了时的应力和应变，并由此确定相应的新的模量，以供下一级增量分析中使用。这也相当于用折线去代替曲线。由于荷载增量较小，在本级中产生的超余应力也很小，不必再予转移。

为了提高精度，也可以不用每段起始的模量计算，而用每段中点处的模量。当然这样做需要对每一段都多计算一次（即要先求出中点应力，故此法称为中点增量法），这些不再详细讨论。图 13 所示为增量法的示意性框图。

［**超余应力转移法**］ 施加全部荷载，先取初始模量按线弹性体解算，求出各单元中的应力和应变，记为 σ_i、τ_i，ε_i、γ_i。根据应变 γ_i 及应力 σ_i，可从式（33）求出相应的 τ 值，此值小于算出的 τ_i，即 τ_i 和 γ_i 并不相适应，存在着超余应力 $\tau_0=\tau_i-\tau$，应予消除。

同样，根据 $\varepsilon_i\left(=\dfrac{v}{b}\right)$，从式（29）可求出 σ，它与算出的 σ_i 也不相同，存在着超余应力 $\sigma_0=\sigma_i-\sigma$，也应予清除。σ_0 并可化为公共坐标系中的值。

于是，可以用标准公式将超余应力转化为等效结点力，即

$$\{F\}=\int[B]^{\mathrm{T}}\{\sigma_0\}_{公共}\mathrm{d}v \tag{34}$$

将 $\{F\}$ 并入原荷载项内重新计算，并反复进行，直到达所需精度为止。

上面已提到过，在进行超余应力转移时，可以保持原劲度矩阵不变，但也可以将已达到破坏的单元的模量重新赋值，即采用变劲度的应力转移法。后面这种做法可以提高收敛速度，但每次迭代都要重新组或劲度矩阵和分解。

图 14 所示为考虑模量的非线性变化的超余应力转移法的示意框图。与图 10 相比，

主要区别在于确定超余应力时系按材料的实际物性曲线计算，因而更好地计入了材料的非线性性质。

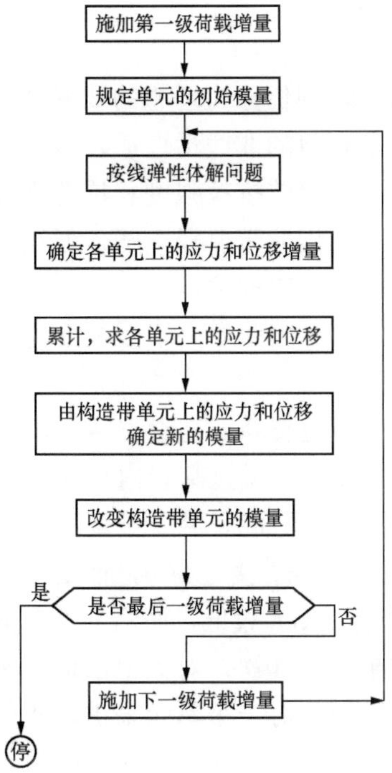

图 13

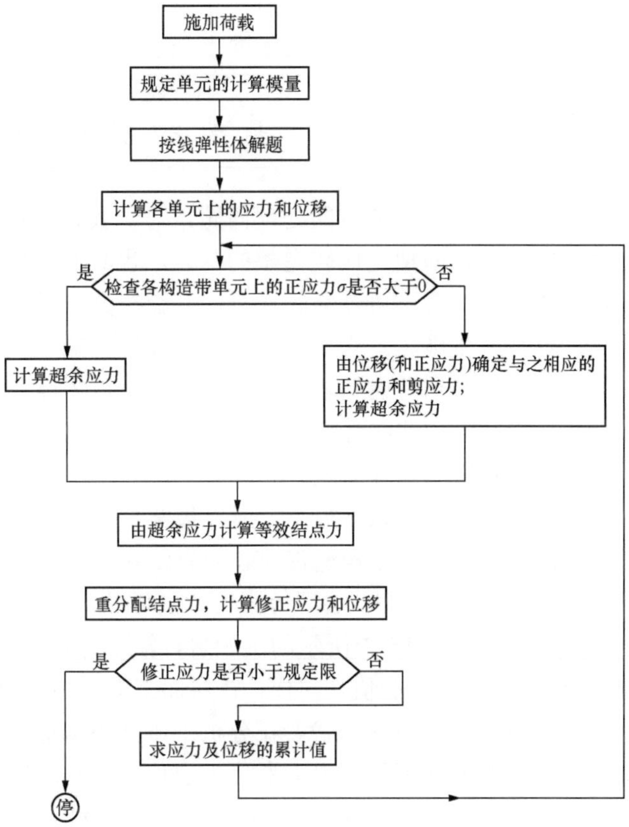

图 14

以上所介绍的增量法和超余应力转移法也可以混合应用，即所谓增量迭代法。把荷载分为若干个增量级（与纯粹的增量法相比，增量值可以大得多），然后在每一级荷载中反复进行应力转移的迭代计算。

采用上述分析法，可以较好地考虑构造带的作用（包括其非线性问题和破坏问题），这里未考虑的是在卸荷过程中构造带的变形不能全部恢复的性质（非弹性问题）。当建筑物上的外载是单调增长时，这一问题就不重要。在计算工作完成后，我们可以绘制构造带上的应力、变形分布图并标出破坏了的单元，借以了解实际荷载作用下构造带的工作条件，用增量法计算时尚可了解破坏区的发展过程，这是很有意义的。如要确定安全系数 k，可采用试算法。即将荷载不断增长或将材料强度不断降低，直到整个带均已破坏或已无法得出能维持平衡的解答时，即为整个结构和地基的破坏状态，由此估计安全系数。

如果构造带的 $b=0$，例如为一闭合的节理面，也可同样处理。古德曼最早提出的节理单元，就是解决这类问题的。此时，仍可用式（25）所表示的劲度矩阵，但 k_n 应置以大值，使节理两边的基岩面在变形后不至重叠（或可规定节理两边的结点有相同的法向变位，而解除法向平衡条件）。在节理面发生滑移前，k_s 也是个较大的值，但当剪应力 τ 超过 $c-f\sigma$ 后，即应令 $\tau=c-f\sigma$ 而不再考虑节理面两边结点的切向位移连续条件。有的构造带较厚，本身为有一定强度的材料但和基岩接触面上有夹泥，则可将构造带以普通单元代表，而在接触面上施加“接触单元”即“节理单元”。

4 基岩的屈服和破坏

上节中考虑了构造带的处理问题，对于其余部位的基岩则仍作为理想的线弹性体处理。实际上，即使是比较完整的基岩，也具有和构造带相似的非线性性质，包括：①基岩的变形中有不可恢复的成分，其弹模并非常数；②基岩的抗拉强度和抗剪强度不高，容易产生破坏。当然，基岩的非线性影响在程度上比构造带要轻一些，但在许多问题中，仍必须考虑基岩的这些非线性性质才能获得较合理的解答。

在基岩的各种非线性性质中，以“破坏影响”最为重要。因此本文下面主要讨论对“破坏影响”的处理问题。

由于基岩的抗压强度很高，所以最常见的破坏方式仍为拉裂和剪切滑移两类，因此可以仿照上节中处理构造带问题的思路和方法处理。上文中已说过基岩内总存在成组的节理、裂隙、劈理、层理等强度特别低的面（以下称为软弱面），形成显著的各向异性性质。例如图 15 中所示的沉积岩，沿 y 方向的抗拉强度 R_{ly} 接近为 0，而沿 x 方向的 R_{lx} 可能有一定的值。同样，在层面上的抗剪强度指标 c_x、f_x 较低，而沿 y 方向的 c_y、f_y 可能较高（特别是 c_y）。在分析中不能不考虑这个事实。其次，对大范围地基来说，软弱面的方向可能有很大变化，但作为一小块区域特别是对一个单元来讲，我们可认为软弱方向是明确的，而且只有一组或互为正交的两组软弱面，我们取这两个方向为单元的局部坐标轴的方向。这样，我们假定：

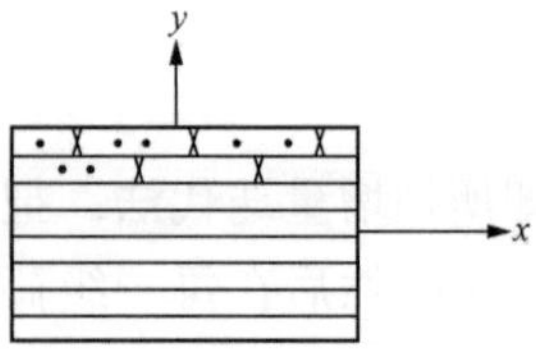

图 15

（1）每个单元都存在一组或两组强度特别低的软弱面，取这些面的方向为其局部坐标轴 x、y 的方向。

（2）每个单元的受拉开裂或受剪屈服总是沿上述软弱方向发生，不必检查其他方向。

（3）沿局部坐标的抗拉强度 R_{lx}、R_{ly} 和抗剪指标 c_x、f_x、c_y、f_y 都是常量。

作了上述假定后，问题的解算途径就和上节所述相似。可采用增量法、迭代法或增量迭代法。迭代中，既可用改变模量重算法，或用不变劲度的应力转移法，也可用不断变动劲度的应力转移法（Newton-Raphlson 法）。采用应力转移法时，每经一轮计算都要对计算域中每一个单元进行检查，确定是否有拉应力超过抗拉强度或剪应力超过抗剪强度的情况。例如假定只需检验沿 x 向的软弱面上的应力状态，则当 $\sigma_y \geqslant R_{ly}$ 时，单元拉开，超余应力即为 $\{\sigma\}=\begin{Bmatrix}0\\ \sigma_y\\ \tau\end{Bmatrix}$，如 $\sigma_y \leqslant R_{ly}$ 但 $|\tau| \geqslant c-f\sigma_y$，则单元滑移，超余应

力为 $\{\sigma\}=\begin{Bmatrix}0\\0\\\tau\pm|f\sigma_y|\end{Bmatrix}$（$\tau>0$ 时，取负号；$\tau<0$ 时，取正号），如 $\sigma_y\leqslant R_{ly}$ 且 $|\tau|<c-f\sigma_y$，则单元连续，超余应力为 0。然后就可将超余应力予以转移。

如果用“改变模量重算法”计算，则当正应力超过基岩的抗拉强度时，应置 E_x 或 E_y 及 G 均为 0。而当剪应力 $|\tau|>c-f\sigma$ 时，宜置 $G=\dfrac{c-f\sigma}{|\gamma|}$，$\gamma$ 为该单元当时的剪切应变，对于三角形单元，有

$$\gamma=\frac{1}{2\Delta}(c_iu_i+b_iv_i+c_ju_j+b_jv_j+c_mu_m+b_mv_m) \tag{35}$$

如果某些单元的基岩很完整，并不存在软弱面，则其抗拉和抗剪强度较高，不容易开裂或剪断，可作为各向同性的线弹性体处理。如仍有必要核查其破坏可能，则可每经一轮计算，都确定这些单元上的主应力 σ_1、σ_2，并检查它们是否超过抗拉强度 R_l。一旦有一个主应力超过 R_l，该单元就开裂，原来的各向同性体也就变为各向异性体，而以第一次开裂时的主应力方向为其主弹性方向，在其后的计算中，就只沿主弹性方向检查了。

【无拉分析法】 在某些问题中，基岩的非线性影响主要反映在它的抗拉强度特低，甚至根本不能受拉，而剪切破坏的影响属于次要。此时我们可采用更简单的无拉分析法来近似解算。此法的特点是：①假定基岩不能承拉；②不考虑剪切破坏问题；③荷载可以一次施加（当然也可分级施加）。具体做法也有改变模量重算法与拉应力转移法两种，其原理与上面介绍过的相似，且以采用拉应力转移法为宜。按无拉分析法首先由 Zienkiwicz 氏提出，他所建议的分析步骤如下：

【改变模量重算法】 ①将问题按各向同性弹性体分析，并检查在哪些单元上产生拉应力；②对产生主拉应力的单元，假定其材料成为各向异性体，且将沿主拉应力方向的弹模置为零（或为小值）；③重新分析原问题，并重复①、②两步直至得到一组无拉分析的解。

【拉应力转移法】 ①将问题按各向同性弹性体分析，求出每一单元的主应力；②如某些单元上出现主拉应力，由于我们假定材料不能承受拉应力，我们把应力状态 $\{\sigma\}$ 分解为 $\{\sigma_1\}+\{\sigma_0\}$ 两组，这里的 $\{\sigma_0\}$ 代表材料不能承受的那部分拉应力（即所谓超余应力），计算与 $\{\sigma_0\}$ 相应的结点力 $\{F_0\}=\int[B]^{\mathrm{T}}\{\sigma_0\}\mathrm{d}v$；③计算原结构在结点力系 $\{F_0\}$ 作用下的单元应力，作为原应力的修正部分，在计算修正应力时，原结构仍作为各向同性体处理（也可将拉裂单元按各向异性体处理），在修正过程中，有些单元中可能又出现拉应力，但一般比原情况为小；④重复②～③步骤，直至拉应力减低至可忽略程度。

如某单元上两个主应力均为拉应力，则这两个分应力均应消除，即 $\{\sigma_1\}=0$。如单元上一个主应力为拉应力，另一主应力为压应力，则须消除主拉应力，另一主压应力可保持不变，但也可加以调整，这并不影响最终的迭代成果。

上述解法，是指基岩在开裂前基本上是各向同性体，故各单元首先沿主拉应力方向开裂。如果基岩中有明显的软弱面，则应该取该软弱面为局部坐标，按局部坐标计算分应力，并检查是否出现拉应力，以后的计算和检查都以局部坐标为准。

无拉分析法是一种很常用的方法，其处理比较简捷，并可得出一些有用的成果，但存在一些缺点：除了不能反映出基岩的剪切屈服影响和弹性模量的非线性变化外，最后的分析成果还将给出一块拉裂区。换言之，这种解答实际上是一个下限，而不是一个明确的答案。也就是说如果存在这种无拉分析成果的情况，那么基岩依靠其抗压和抗剪的能力至少可以维持平衡和稳定，开裂深度不会超过算出的“拉裂区”范围。反之，如果求不出这种无拉分析的解答，则基岩在所设的荷载下可能无法维持稳定（见图 16）。

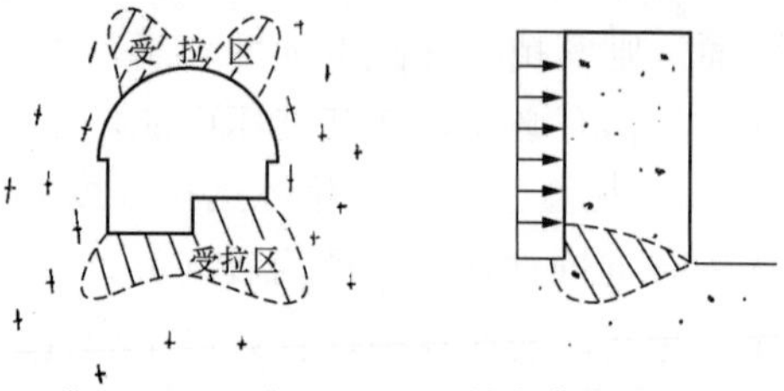

有“无拉分析成果”的情况　　不存在“无拉分析成果”的情况

图 16

如果我们要更深入地探索这种问题，例如要求知道出现裂缝的条数、深度、发展过程等时，就必须做得更细致些。首先，荷载必须逐级增加，每一级的级差要取得小一些，单元也要划分得小些（指开裂区）。其次，对基岩的抗拉强度不宜取为 0，而应该有一定的值。这样在荷载逐渐增加时就不会出现一大块开裂区域，而将是先在一个或几个单元上开裂，形成第一批裂缝。然后，只要将这一个（数个）单元的弹性模量加以修改重算，或进行应力松弛，即可获得第一级荷载下的解答。众所周知，一个单元开裂后，裂缝两边单元中的拉应力就会松弛。按此逐级计算，最终的开裂区就可能形成一个或几个狭条，反映了裂缝的条数、位置和深度，而不再是一大块开裂区域。

【弹塑性分析】 以上的分析，只能近似地反映基岩的破坏对应力及变形分布的影响，不能考虑基岩模量的非线性变化以及卸荷条件等因素。为了进一步模拟基岩的变形特性，有人研究采用弹塑性理论来分析基岩，并发展了多种数学模型。其基本原理是将基岩的变形分为弹性变形及塑性变形两部分，前者仍用弹性模型反映，后者则用塑性理论处理。如果基岩无明显的各向异性性质，接近为理想的弹塑性材料，则这样处理当可得到较好的成果，其具体做法可参考本书第五篇“土石坝应力分析和变形分析的发展”，不复赘述。但如前所述，实际的基岩性质极为复杂，特别是多数基岩存在明显的各向异性性质和脆性破裂性质等，而目前的弹塑性理论未能考虑到这一点，所以采用本理论尚有困难，不易提出合理的力学模型和本构律，尚需作继续的研究和改进。

5　基岩的徐变

一般的基岩都具有某些程度的徐变性能，即在应力维持不变的条件下，基岩的变形会随时间而逐渐增长。根据实际观测，基岩在承受荷载（设受荷时 $t=\tau$）后，首先产生一个瞬时应变ε_e，然后随时间 t 逐渐发生徐变应变（见图 17），所以在任意时刻 t 的总应变为

$$\varepsilon=\varepsilon_e+\varepsilon_c(t) \tag{36}$$

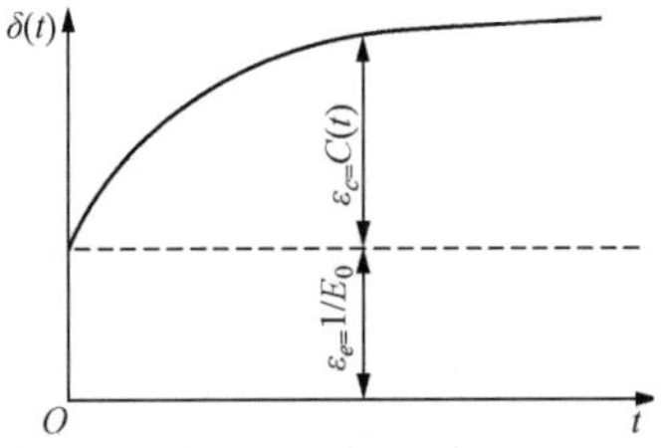

图 17

瞬时应变ε_e常假定为线弹性的，即

$$\varepsilon_e=\frac{\sigma}{E} \tag{37}$$

式中：E 为瞬时弹性模量，对基岩来讲，E 为常量［混凝土的 E 则取决于受荷龄期 τ，故应写为 E（τ）］。徐变应变ε_c随时间而增长，常有一极限值（即当 $t\to\infty$时，ε_c有一极限）。对基岩而言，一般ε_c与 σ 之间呈线性关系，且在加荷数月后，ε_c即趋稳定。在许多文献中ε_c常用指数函数表示，即

$$\varepsilon_c=\sigma c(t,\ \tau)=\sigma C[1-\mathrm{e}^{-\lambda(t-\tau)}] \tag{38}$$

有时要采用级数形式

$$\varepsilon_c=\sigma\sum_{i=1}^{n}C_i[1-\mathrm{e}^{-\lambda_i(t-\tau_i)}] \tag{39}$$

式中：c（t，τ）$=C[1-\mathrm{e}^{-\lambda(t-\tau)}]$称为徐变函数，即表示 $\sigma=1$ 时的徐变量。C 和 λ 是两个常数，前者表示徐变总量，后者反映徐变发展的速度。

式（38）的特点是$\dfrac{\mathrm{d}\varepsilon_c}{\mathrm{d}t}$可以写成 $a\sigma+b\,\varepsilon_c$ 的形式，这种性质称为黏弹性。如材料的徐变性能可以表为黏弹性体，则能简化计算工作。

对于混凝土这一类材料，c 不仅是 $t-\tau$ 的函数，而且分别是 t 及 τ 的函数，比基岩要复杂一些。

如果所承受的应力 σ 不断随时间增加，写为 σ（t），则应变 ε（t）可写为

$$\varepsilon(t)=\frac{\sigma(t)}{E(\tau)}+\int_0^t\sigma(\tau)\frac{\partial}{\partial\tau}\left[\frac{1}{E(\tau)}+c(t,\ \tau)\right]\mathrm{d}\tau \tag{40}$$

对于基岩，E 值不随受荷龄期变化，式（40）简化为

$$\varepsilon(t)=\frac{\sigma(t)}{E}+\int_0^t\sigma(\tau)\frac{\partial}{\partial\tau}c(t,\ \tau)\mathrm{d}\tau \tag{41}$$

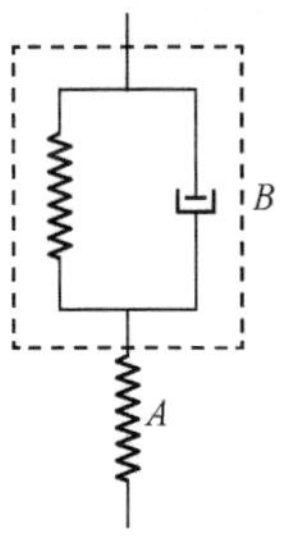

图 18

这种黏弹性材料可以用图 18 中的模型来表示。其中的弹簧 A 表示瞬性弹性作用，B 部分代表随时间而发展的徐变作用。不少基岩可近似地作为黏弹性体处理。

以上所述是指基岩承受单向应力时的情况。如果基岩处于复杂应力状态，例如处于平面应力状态下，可假定剪切变形和体积变形有相同的徐变规律，即

$$\varepsilon_x(t)=\frac{\sigma_x(t)-\nu\sigma_y(t)}{E}-\int_0^t[\sigma_x(\tau)-\nu_c\sigma_y(\tau)]\frac{\partial}{\partial\tau}c(t,\ \tau)\mathrm{d}\tau$$

$$\varepsilon_y(t)=\frac{\sigma_y(t)-\nu\sigma_x(t)}{E}-\int_0^t[\sigma_y(\tau)-\nu_c\sigma_x(\tau)]\frac{\partial}{\partial\tau}c(t,\ \tau)\mathrm{d}\tau$$

$$\gamma_{xy}(t)=2(1+\nu)\frac{\tau_{xy}(t)}{E}-2(1+\nu_c)\int_0^t\tau_{xy}(\tau)\frac{\partial}{\partial\tau}c(t,\ \tau)\mathrm{d}\tau$$

式中：ν 为瞬时弹性变形的泊松比；ν_c 为徐变变形的泊松比。对于混凝土来讲，ν 和 ν_c 都可视为常量，且都取为 1/6。基岩的试验资料较少，一般也令 $\nu=\nu_c$ 为常量。

基岩的徐变对建筑物和地基的变形及应力有显著的影响，但对某类水工建筑物，徐变主要影响变形，对某类建筑物则显著影响其应力。例如，地下结构的衬砌所受的山岩压力就与围岩的徐变性能有很大关系。

当我们应用有限单元法分析地基时，如果基岩的徐变性能已经明确，则从原则上讲徐变影响也不难加以考虑。此时，应力是时间的函数。我们将时间轴 t 离散为若干分段 Δt，逐段分析。当时段 Δt 取得充分小时，可假定荷载和材料参数的变化发生在每时段之始，在时段内则维持不变，设在 $t=0$ 时，建筑物及地基开始承荷，则先利用材料的瞬时常数（E、G 或 E、ν），按线弹性体分析，求出瞬时应力$\{\Delta\sigma_1\}$和应变。在进入第二个时段后，由于徐变作用，瞬时应力场$\{\Delta\sigma_1\}$在时段 Δt_1 中已于每个单元内都产生了徐变应变$\{\Delta\varepsilon_{c1}\}$，可以按照徐变规律计算。但实际上各单元不能自由变形，所以可把算出的徐变应变作为各单元的初应变处理，化为结点荷载，加上该时段的荷载增量，再按弹性问题计算其所产生的应力，逐步叠加，正和计算温度应力一样。以后各个时段都仿此计算。将各时段的应力增量累计，即得应力过程。由计算成果可见，由于徐变影响各单元中的瞬时应力将不断调整，多数场合下，应力将有所松弛，但某些场合下则反之（如前所述，在计算地下衬砌周围的山岩压力时，山岩压力将随徐变的发展而增加）。这种计算在原则上虽不复杂，但要记录整个应力历史，需要大容量的机器和长的运算时间，有时达到不现实的程度，如果基岩的徐变特性为黏弹性性质，则尚可设法简化计算步骤。如果基岩的徐变性质很复杂，就需用更复杂的非线性模型，如“黏塑性体”等来表示。在目前的勘测设计水平下，是否有必要采用过分复杂的模型，还值得商榷。

上面我们简单地论述了基岩的各种性能。从最简单的均质线弹性体开始，逐步讨论了各向异性性质、构造带问题、基岩的拉裂和剪切破坏、塑性变形以及徐变性能等。显然，如果要同时考虑基岩的各种性能，必然增加计算模型的复杂性，使问题不易求解。所以我们必须研究具体问题的主要矛盾，抓住关键，选取合适的计算模型以求事半功倍。例如图 19（a）中的坝体修建在软硬岩层交错的地基上，主要的问题是软弱基岩对应力和变形的影响。我们就可以采用不同弹模的线弹性体来模拟地基；图 19（b）中的主要问题是地基中有大断层存在，我们可用线弹性体模拟地基并加入构造带单元；图 19（c）中的主要问题是沿基岩层面的稳定，我们可以采用各向异性单元并考虑顺层剪切破坏的问题；图 19（d）中示一大跨度地下结构，主要问题是确定山岩压力，我们就应该采用黏弹性模型，以便计及基岩的蠕变作用。

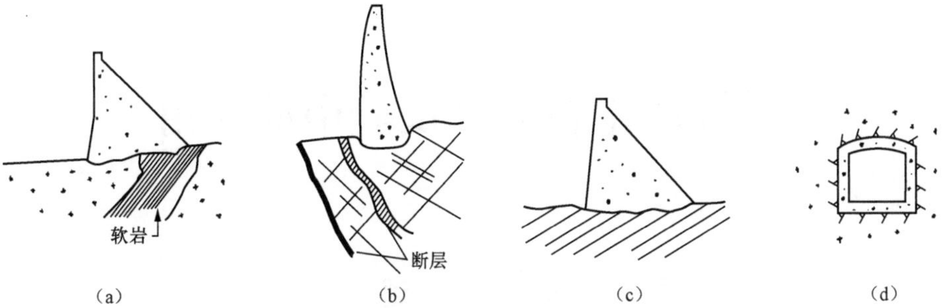

图 19

参考文献

[1] 朱伯芳，等．水工混凝土的温度应力和温度控制．北京：水利电力出版社，1976．

[2]《水利水电工程应用电子计算机资料选编》审编小组．水利水电工程应用电子计算机资料选编．北京：水利电力出版社，1977．

[3] 阿鲁久涅扬 H X．蠕变理论中的若干问题．北京：科学出版社，1961．

[4] Goodman R E , Taylor R L, Brekke T L, A Model for the Mechanics of Jointed Rock. Journal of the Soil Mechanics and Foundations Div., A. S. C. E., 1968，94（SM3）.

[5] Zienkiewicz O C, Valliappan S，King I P. Stress Analysis of Rock as a No Tension Material. Geotechnique，18：56-66.

弹性理论在岩基试验中的应用

概　　述

现场岩基变形试验是岩石力学中一种重要的试验手段，通过它可以研究岩基的变形特性、强度和破坏机理。为了从试验数据来确定基岩的各项特征常数，必须解决几个力学问题，求出其理论解。当然，这里有一个采用什么数学模型的问题。如果引用一些简化的假定，例如视岩体为半空间各向同性弹性体，承压板（块）为刚性板或柔性板，并忽略一些次要影响，则问题简化为普通弹性力学问题，多数已有理论解可资应用。这些解答在理论上的正确性是可信的，问题在于所作的基本假定与实际情况相符到什么程度。另一方面，如果要考虑天然岩基的所有性能（非线性、非均质、各向异性、徐变等）、试验地区的实际边界条件，以及垫块和基岩的严格接触条件，则不仅现成的简单解答无能为力，即使应用电子计算机进行空间有限单元分析也不易得解，因为参变数过多，岩基的真实性能还没有为我们完全掌握，而且具体条件又过分复杂。

在目前阶段，我们还多以经典的弹性理论解答作为整理分析试验成果的主要依据。上面说过，多数问题的解答已经求得，但散见各书，应用不便。笔者对此做了一些搜集和整理工作，并作了些补充和推广，以供从事岩基试验和水工设计的同志们参考。其中有些系数和公式是笔者计算或推导的，恐不免有误，望读者指正。

1　基　本　公　式

我们应用的基本公式就是古典弹性力学中著名的布心斯克公式。假设在一个半无限大的弹性体（弹性半空间）表面上施加一个集中力 P，则不难推求出相应的应力和位移公式。由弹性力学的基本理论可知：在本情况中，除集中力的作用点外，各点的应力和位移都是有界值，并在无穷远处趋近于 0。只有在集中力作用点上，它们趋于无穷大，为唯一的奇点。具体公式可以用不同的坐标系统表达。最常见的是直角坐标系和圆柱坐标系（取作用点为原点），公式如下。

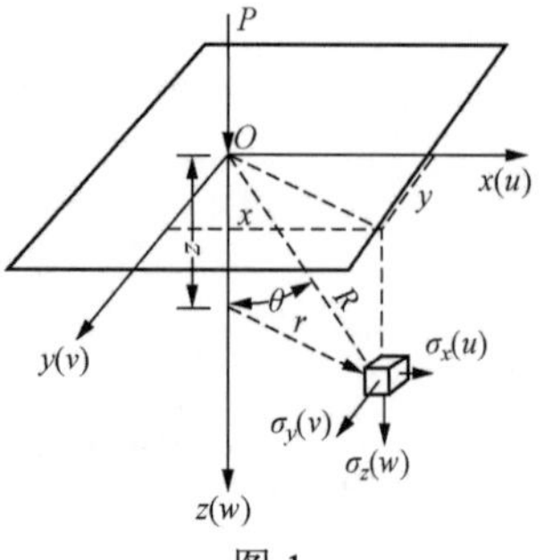

图 1

（1）直角坐标系统（见图 1）。

$$\sigma_x = \frac{-3P}{2\pi}\left\{\frac{zx^2}{R^5} + \frac{1-2\nu}{3}\left[\frac{R^2 - Rz - z^2}{R^3(R+z)} - \frac{x^2}{R^3}\frac{(2R+z)}{(R+z)^2}\right]\right\}^{❶} \tag{1}$$

❶ 在岩土力学中，正应力常以压应力为正，则 σ_x、σ_y、σ_z 均应变号。

$$\sigma_y=\frac{-3P}{2\pi}\left\{\frac{zy^2}{R^5}+\frac{1-2\nu}{3}\left[\frac{R^2-Rz-z^2}{R^3(R+z)}-\frac{y^2}{R^3}\frac{(2R+z)}{(R+z)^2}\right]\right\} \tag{2}$$

$$\sigma_z=\frac{-3P}{2\pi}\frac{z^3}{R^5}=-\frac{3P}{2\pi}\frac{\cos^3\theta}{R^2}=-\frac{3P}{2\pi}\frac{\cos^5\theta}{z^2} \tag{3}$$

$$\tau_{xy}=\frac{3P}{2\pi}\left[\frac{xyz}{R^5}-\frac{1-2\nu}{3}\frac{xy(2R+z)}{R^3(R+z)^2}\right] \tag{4}$$

$$\tau_{yz}=-\frac{3P}{2\pi}\frac{yz^2}{R^5} \tag{5}$$

$$\tau_{zx}=-\frac{3P}{2\pi}\frac{xz^2}{R^5} \tag{6}$$

$$R=\sqrt{x^2+y^2+z^2}$$

$$r=\sqrt{x^2+y^2}$$

位移公式为

$$u=\frac{P(1+\nu)}{2\pi E}\left[\frac{xz}{R^3}-(1-2\nu)\frac{x}{R(R+z)}\right] \tag{7}$$

$$v=\frac{P(1+\nu)}{2\pi E}\left[\frac{yz}{R^3}-(1-2\nu)\frac{y}{R(R+z)}\right] \tag{8}$$

$$w=\frac{P(1+\nu)}{2\pi E}\left[\frac{z^2}{R^3}+2(1-\nu)\frac{1}{R}\right] \tag{9}$$

假如集中力不是作用在原点上，而作用在坐标为（ξ，η，o）的点子处，那么上述公式仍可用，只是要用（$x-\xi$）和（$y-\eta$）来代替各公式中的 x 和 y。

（2）圆柱坐标系统（见图 2）。

应力公式为

$$\sigma_z=-\frac{3P}{2\pi}\frac{z^3}{R^5} \tag{10}$$

$$\sigma_\theta=-\frac{P}{2\pi}(1-2\nu)\left[-\frac{z}{R^3}+\frac{1}{R(R+z)}\right] \tag{11}$$

$$\sigma_r=-\frac{P}{2\pi}\left[\frac{3zr^2}{R^5}-\frac{1-2\nu}{R(R+z)}\right] \tag{12}$$

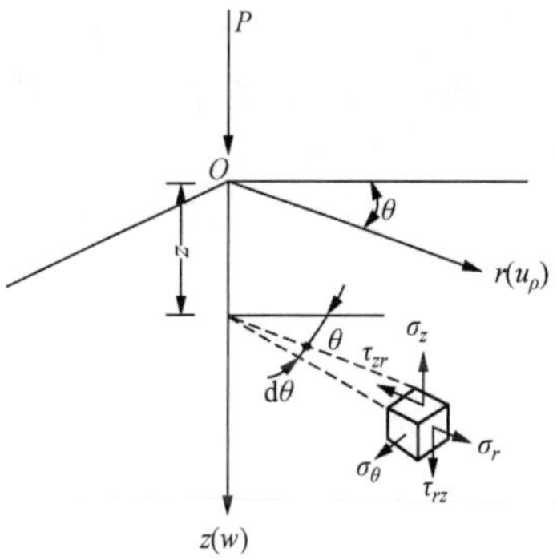

图 2

$$\tau_{rz}=-\frac{3P}{2\pi}\frac{z^2r}{R^5} \tag{13}$$

$$\tau_{z\theta}=0 \tag{14}$$

$$\tau_{zr}=0 \tag{15}$$

位移公式为

$$u_\rho = \frac{P(1+\nu)}{2\pi E}\left[\frac{rz}{R^3} - (1-2\nu)\frac{r}{R(R+z)}\right] \qquad (u_\rho = \sqrt{u^2+v^2}) \tag{16}$$

$$w = \frac{P(1+\nu)}{2\pi E}\left[\frac{z^2}{R^3} + \frac{2(1-\nu)}{R}\right] \tag{17}$$

上述公式还可以有多种变化形式，例如可化为球坐标中的公式，但在岩基试验中应用不广，从略。在岩基试验中特别重要的是地基表面（$z=0$）和沿试件中心线上的位移，在式（7）～式（9）及式（16）和式（17）中置 $z=0$ 得到地基地面上的位移如下。

对于直角坐标系统，公式为

$$u = \frac{-P(1+\nu)}{2\pi E}(1-2\nu)\frac{x}{R^2} \tag{18}$$

$$v = \frac{-P(1+\nu)}{2\pi E}(1-2\nu)\frac{y}{R^2} \tag{19}$$

$$w = \frac{P(1+\nu)(1-\nu)}{2\pi E}\frac{1}{R} \qquad (R = \sqrt{x^2+y^2} = r) \tag{20}$$

对于圆柱坐标系统，公式为

$$u_\rho = \frac{-P(1+\nu)}{2\pi E}(1-2\nu)\frac{1}{r} \tag{21}$$

$$w = \frac{P(1-\nu^2)}{\pi E r} \tag{22}$$

应用以上公式，我们可以求出在表面集中力作用下岩基内部及表面任何一点处的应力及位移。但如需计算很多点子时，计算工作量仍嫌大。为此，已有人编制了很多图表曲线，以求迅速计算本情况下的应力和位移。例如，为了计算垂直应力 σ_z，将 σ_z 写为

$$\sigma_z = \frac{P}{z^2}k_1 \tag{23}$$

$$k_1 = \frac{3}{2\pi}\frac{1}{\left[1+\left(\frac{r}{z}\right)^2\right]^{5/2}}$$

式中：k_1 为 $\frac{r}{z}$ 的函数。

又如为了计算水平正应力 σ_x，将 σ_x 写为

$$\sigma_x = \frac{P}{z^2}k_x \tag{24}$$

$$k_x = \frac{3z^2}{2\pi}\left\{\frac{zx^2}{R^5} + \frac{1-2\nu}{3}\left[\frac{R^2-Rz-z^2}{R^3(R+z)} - \frac{x^2(2R+z)}{R^3(R+z)^2}\right]\right\} \tag{25}$$

k_x 是比值 $\dfrac{x}{z}=\alpha_1$ 及 $\dfrac{y}{z}=\alpha_2$ 和 ν 的函数，这些系数的数表或曲线可在许多土壤力学或弹性力学的书中找到，这里不再列出。

其次，考虑在半无限弹性体表面上作用一个集中的水平剪力 Q。这个问题和地面上承受集中法向力的情况相似，可以求得其理论解。但笔者在常见的教本中未能找到其完整解答，所以重新推导了一下，结果如下。公式中，为简化计，引用下述记号（见图 3），即

$$\overline{x}=\frac{x}{R}$$

$$\overline{y}=\frac{y}{R}$$

$$\overline{z}=\frac{z}{R}$$

$$\beta=1-2\nu$$

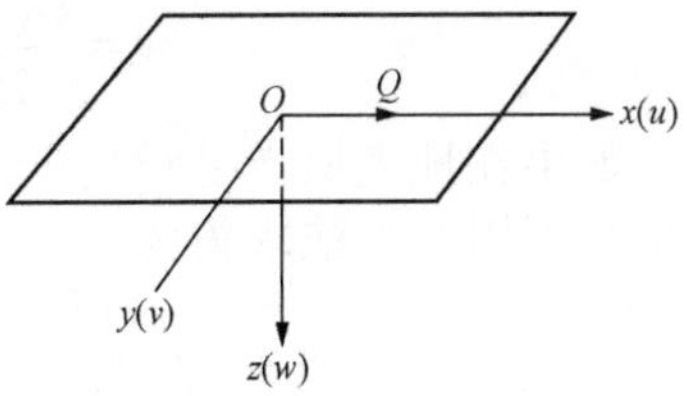

图 3

应力公式为

$$\sigma_x=\frac{Q}{\pi R^2}\left[\left(\frac{1}{2}-\nu\right)\overline{x}-\frac{3}{2}\overline{x}^3-\frac{\frac{3}{2}\beta\overline{x}}{(1+\overline{z})^2}+\frac{\beta\overline{x}^3}{2(1+\overline{z})^2}+\beta\frac{\overline{x}^3}{(1+\overline{z})^3}\right] \tag{26}$$

$$\sigma_y=\frac{Q}{\pi R^2}\left[\left(\frac{1}{2}-\nu\right)\overline{x}-\frac{3}{2}\overline{x}\,\overline{y}^2-\frac{\beta}{2}\frac{\overline{x}}{(1+\overline{z})^2}+\frac{\beta}{2}\frac{\overline{x}\,\overline{y}^2}{(1+\overline{z})^2}+\beta\frac{\overline{x}\,\overline{y}^2}{(1+\overline{z})^3}\right] \tag{27}$$

$$\sigma_z=\frac{-Q}{\pi R^2}\left(\frac{3}{2}\overline{x}\,\overline{z}^2\right) \tag{28}$$

$$\tau_{xy}=\frac{Q}{4\pi R^2}\left[-6\overline{x}^2\overline{y}-2\beta\frac{\overline{y}}{(1+\overline{z})^2}+2\beta\frac{\overline{x}^2\overline{y}}{(1+\overline{x})^2}+4\beta\frac{\overline{x}^2\overline{y}}{(1+\overline{z})^3}\right] \tag{29}$$

$$\tau_{yz}=-\frac{3}{2}\frac{Q}{\pi R^2}\overline{x}\,\overline{y}\,\overline{z} \tag{30}$$

$$\tau_{zx}=-\frac{3}{2}\frac{Q}{\pi R^2}\overline{x}^2\overline{z} \tag{31}$$

位移公式为

$$u=\frac{Q(1+\nu)}{2\pi E}\left[R^{-1}+\frac{x^2}{R^3}+\beta\left(\frac{1}{R+z}-\frac{x^2}{R(R+z)^2}\right)\right] \tag{32}$$

$$v=\frac{Q(1+\nu)}{2\pi E}\left[\frac{xy}{R^3}-\beta\frac{xy}{R(R+z)^2}\right] \tag{33}$$

$$w=\frac{Q(1+\nu)}{2\pi E}\left[\frac{xz}{R^3}+\beta\frac{x}{R(R+z)}\right] \tag{34}$$

置 $z=0$，可以得到地表上的位移公式（式中 $R=\sqrt{x^2+y^2}=r$），即

$$u=\frac{Q(1+\nu)}{2\pi E}\left[R^{-1}+\frac{x^2}{R^3}+\beta\left(R^{-1}-\frac{x^2}{R^3}\right)\right]$$

$$=\frac{Q(1+\nu)}{2\pi E}\left[(1-\nu)R^{-1}+\nu\frac{x^2}{R^3}\right] \tag{35}$$

$$v=\frac{Q(1+\nu)}{2\pi E}\left(\frac{xy}{R^3}-\beta\frac{xy}{R^3}\right)=\frac{Q\nu(1+\nu)}{\pi E}\ \frac{xy}{R^3} \tag{36}$$

$$w=\frac{Q(1+\nu)}{2\pi E}\beta\frac{x}{R^2}=\frac{Q(1+\nu)}{2\pi E}\left[(1-2\nu)\frac{x}{R^2}\right] \tag{37}$$

如果在地表原点处承受一个任意方向的力 P，其分值为 P_x、P_y 及 P_z，则相应的地表位移可用叠加法求得为

$$u=\frac{1+\nu}{2\pi E}\frac{1}{R}\left[-\frac{(1-2\nu)x}{R}P_z+2(1-\nu)P_x+\frac{2\nu x}{R^2}(xP_x+yP_y)\right] \tag{38}$$

$$v=\frac{1+\nu}{2\pi E}\frac{1}{R}\left[-\frac{(1-2\nu)y}{R}P_z+2(1-\nu)P_y+\frac{2\nu y}{R^2}(xP_x+yP_y)\right] \tag{39}$$

$$w=\frac{1+\nu}{2\pi E}\frac{1}{R}\left[2(1-\nu)P_z+(1-2\nu)\frac{1}{R}(xP_x+yP_y)\right] \tag{40}$$

上面我们列出了在半无限弹性体表面上作用一个集中力时所产生的位移公式。这些公式将作为以下各节的基本依据。另外一种基本情况是在半无限弹性体内部某点处作用一个集中力时所产生的位移公式。后者也已求得理论解，称为明特林公式。但这些公式比较冗长，要进行积分尤其复杂。考虑到明特林公式在岩基试验中应用不多，因此本文中也不再列出，读者如有必要可以参考有关文献。

2　矩形承压板垂直荷载

2.1　柔性承压板

当承压板厚度与其平面尺寸相比，较薄，附度很小者，称为柔性承压板。这时候，加在承压板顶部的荷载和承压板底部的反力基本上相同。承压板仅起了将荷载传递到基岩面的作用。一般当混凝土垫块很薄时（仅在基岩面上浇一层混凝土保护层）或铺设薄的钢垫层为承压板时，就满足柔性承压板的条件。如果加在承压板顶上的是均布压力，则在基岩面上也受到均布压力作用，我们的问题就转化为计算弹性半空间在表面上承受矩形均布压力 p 时基岩内的应力和位移问题（见图 4）。

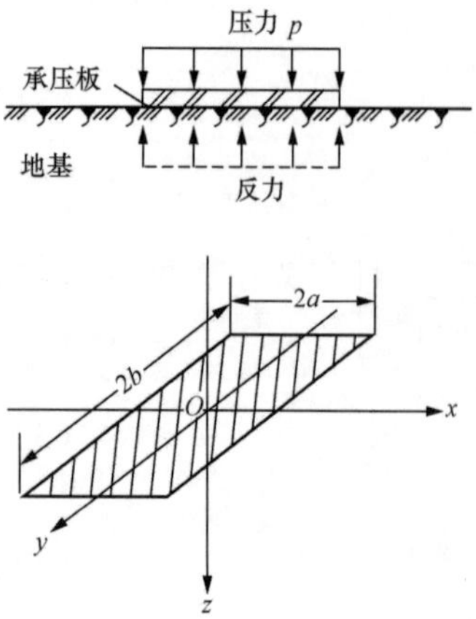

图 4

这个课题的理论解已由 A. E. 洛佛及 B. Г. 科罗特金氏得出，是利用基本公式式（1）、式（9）积分而得。公式形式较冗长，我们只列出最重要的 σ_z 的公式（以下正应力以压应力为正），即

$$\sigma_z=\frac{3pz}{2\pi}\int_{-a}^{+a}\int_{-b}^{+b}\frac{\mathrm{d}\xi\mathrm{d}\eta}{[(x-\xi)^2+(y-\eta)^2+z^2]^{5/2}}$$

$$=\frac{p}{2\pi}\left\{\arctan\frac{(x+a)(y+b)}{z\sqrt{(x+a)^2+(y+b)^2+z^2}}-\arctan\frac{(x+a)(y-b)}{z\sqrt{(x+a)^2+(y-b)^2+z^2}}+\right.$$

$$\arctan\frac{(x-a)(y-b)}{z\sqrt{(x-a)^2+(y-b)^2+z^2}}-\arctan\frac{(x-a)(y+b)}{z\sqrt{(x-a)^2+(y+b)^2+z^2}}+$$

$$\frac{z(x+a)(y+b)[(x+a)^2+(y+b)^2+2z^2]}{[(x+a)^2+z^2][(y+b)^2+z^2]\sqrt{(x+a)^2+(y+b)^2+z^2}}-$$

$$\frac{z(x+a)(y-b)[(x+a)^2+(y-b)^2+2z^2]}{[(x+a)^2+z^2][(y-b)^2+z^2]\sqrt{(x+a)^2+(y-b)^2+z^2}}+$$

$$\frac{z(x-a)(y-b)[(x-a)^2+(y-b)^2+2z^2]}{[(x-a)^2+z^2][(y-b)^2+z^2]\sqrt{(x-a)^2+(y-b)^2+z^2}}-$$

$$\left.\frac{z(x-a)(y+b)[(x-a)^2+(y+b)^2+2z^2]}{[(x-a)^2+z^2][(y+b)^2+z^2]\sqrt{(x-a)^2+(y+b)^2+z^2}}\right\}\tag{41}$$

可见一般性的应力公式比较复杂。但是，当所计算的点子位在对称轴上，或位在通过矩形角点的竖轴上时，应力公式就简单得多。例如对于位在对称轴上的点（$x=y=0$），有

$$\sigma_z=\frac{2p}{\pi}\left[\arctan\frac{ab}{z\sqrt{a^2+b^2+z^2}}+\frac{abz(a^2+b^2+2z^2)}{(a^2+b^2)(b^2+z^2)\sqrt{a^2+b^2+z^2}}\right]\tag{42}$$

位在通过角点竖轴上的点，有

$$\sigma_x=\frac{p}{2\pi}\left[\frac{\pi}{2}-\frac{4abz}{(4a^2+z^2)\sqrt{4a^2+4b^2+z^2}}-\arctan\frac{z\sqrt{4a^2+4b^2+z^2}}{4ab}+\right.$$
$$\left.(1-2\nu)\left(\arctan\frac{b}{a}-\arctan\frac{b\sqrt{4a^2+4b^2+z^2}}{az}\right)\right]\tag{43}$$

$$\sigma_y=\frac{p}{2\pi}\left[\frac{\pi}{2}-\frac{4abz}{(4b^2+z^2)\sqrt{4a^2+4b^2+z^2}}-\arctan\frac{z\sqrt{4a^2+4b^2+z^2}}{4ab}+\right.$$
$$\left.(1-2\nu)\left(\arctan\frac{a}{b}-\arctan\frac{a\sqrt{4a^2+4b^2+z^2}}{bz}\right)\right]\tag{44}$$

$$\sigma_z=\frac{p}{2\pi}\left[\frac{4abz(4a^2+4b^2+2z^2)}{(4a^2+z^2)(4b^2+z^2)\sqrt{4a^2+4b^2+z^2}}+\arctan\frac{4ab}{z\sqrt{4a^2+4b^2+z^2}}\right]\tag{45}$$

$$\tau_{zy}=\frac{pz^2}{\pi}a\left[\frac{1}{z^2\sqrt{4a^2+z^2}}-\frac{1}{(4b^2+z^2)\sqrt{4a^2+4b^2+z^2}}\right]\tag{46}$$

$$\tau_{xz}=\frac{pz^2}{\pi}b\left[\frac{1}{z^2\sqrt{4b^2+z^2}}-\frac{1}{(4a^2+z^2)\sqrt{4a^2+4b^2+z^2}}\right] \tag{47}$$

$$\tau_{yx}=\frac{p}{2\pi}\left(1-\frac{z}{\sqrt{4b^2+z^2}}-\frac{z}{\sqrt{4a^2+z^2}}+\frac{z}{\sqrt{4a^2+4b^2+z^2}}\right)+$$

$$(1-2\nu)\left(\ln\frac{2z}{z+\sqrt{4b^2+z^2}}+\ln\frac{z+\sqrt{4a^2+4b^2+z^2}}{z+\sqrt{4a^2+z^2}}\right) \tag{48}$$

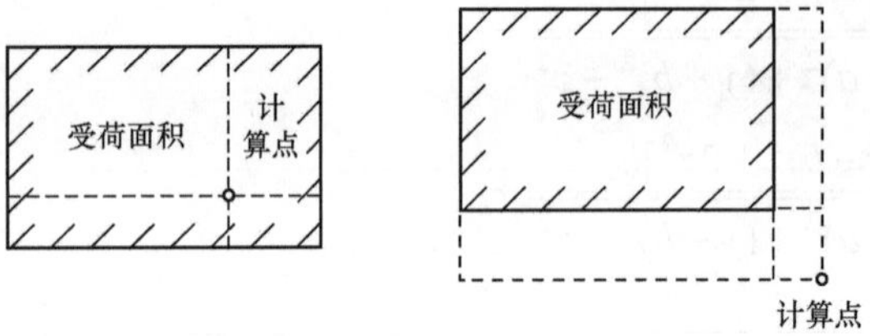

图 5

利用这些公式计算任何一点处的应力时，要将受荷面积划分为四个矩形（该点位在受荷面积以外时，则利用叠加原理，将受荷矩形化为四个矩形的代数和），然后用叠加法计算，参见图 5。

关于本情况下的位移公式也可将基本公式进行积分求得。其中垂直位移 w 的公式是

$$w=\frac{p(1-\nu^2)}{2\pi E}\int_{-b}^{b}\int_{-a}^{a}\frac{2}{\sqrt{(x-\xi)^2+(y-\eta)^2+z^2}}+\frac{1}{1-\nu}\frac{z^2}{\sqrt{[(x-\xi)^2+(y-\eta)^2+z^2]^3}}\mathrm{d}\xi\mathrm{d}\eta$$

$$=\frac{p(1-\nu^2)}{\pi E}\left\{(x+a)\ln\frac{\sqrt{(x+a)^2+(y+b)^2+z^2}+(y+b)}{\sqrt{(x+a)^2+(y-b)^2+z^2}+(y-b)}-\right.$$

$$(x-a)\ln\frac{\sqrt{(x-a)^2+(y+b)^2+z^2}+(y+b)}{\sqrt{(x-a)^2+(y-b)^2+z^2}+(y-b)}+$$

$$(y+b)\ln\frac{\sqrt{(x+a)^2+(y+b)^2+z^2}+(x+a)}{\sqrt{(x-a)^2+(y+b)^2+z^2}+(x-a)}-$$

$$(y-b)\ln\frac{\sqrt{(x+a)^2+(y-b)^2+z^2}+(x+a)}{\sqrt{(x-a)^2+(y-b)^2+z^2}+(x-a)}-$$

$$\frac{1-2\nu}{2(1-\nu)}z\left[\arctan\frac{(x+a)(y+b)}{z\sqrt{(x+a)^2+(y+b)^2+z^2}}-\right.$$

$$\arctan\frac{(x+a)(y-b)}{z\sqrt{(x+a)^2+(y-b)^2+z^2}}+$$

$$\arctan\frac{(x-a)(y-b)}{z\sqrt{(x-a)^2+(y-b)^2+z^2}}-$$

$$\left.\left.\arctan\frac{(x-a)(y+b)}{z\sqrt{(x-a)^2+(y+b)^2+z^2}}\right]\right\} \tag{49}$$

在式（49）中置 $z=0$，即得表面沉陷值，置 $x=y=0$，则得对称轴线上的沉陷值。

后者可写为

$$w_{中心}=\frac{2ap(1-\nu^2)}{E}\left(A-\frac{1-2\nu}{1-\nu}B\right) \tag{50}$$

$$A=\frac{1}{\pi}\left(\ln\frac{\sqrt{1+n^2+m^2}+n}{\sqrt{1+n^2+m^2}-n}+n\ln\frac{\sqrt{1+n^2+m^2}+1}{\sqrt{1+n^2+m^2}-1}\right) \tag{51}$$

$$B=\frac{1}{\pi}m\arctan\frac{n}{m\sqrt{1+n^2+m^2}} \tag{52}$$

$$n=\frac{b}{a}\quad m=\frac{z}{a} \tag{53}$$

如果置 $x=\pm a$，$y=0$（$n>1$），则又得到通过矩形长边中点的垂线上的沉降，即

$$w_{长边中}=\frac{2ap(1-\nu^2)}{E}\left(A_1-\frac{1-2\nu}{1-\nu}B_1\right) \tag{54}$$

A_1 和 B_1 的计算公式同 A、B，只是式子中的 n 及 m 分别代以 $\frac{n}{2}$ 及 $\frac{m}{2}$。

如果置 $x=a$ 及 $y=b$，则得出通过矩形角点的垂线上的沉降值，即

$$w_{角}=\frac{2pa(1-\nu^2)}{E}K(z) \tag{55}$$

$$K(z)=\frac{1}{\pi}\left[\ln\left(\frac{\sqrt{1+n^2+m^2}+n}{\sqrt{1+m^2}}\right)+n\ln\frac{\sqrt{1+n^2+m^2}+1}{\sqrt{n^2+m^2}}-\frac{1-2\nu}{2(1-\nu)}m\arctan\frac{n}{m\sqrt{1+n^2+m^2}}\right] \tag{56}$$

且

$$n=b/a\quad m=z/(2a) \tag{57}$$

在表面上

$$K(0)=\frac{1}{\pi}\left[\ln(\sqrt{1+n^2}+n)+n\ln\frac{\sqrt{1+n^2}+1}{n}\right] \tag{58}$$

在柔性承压板情况下，受荷区内各点沉陷量是不同的。$w_{中心}$最大，以正方试块为例，在式（50）中置 $n=1$，$m=0$，得

$$w_{中心}=2.244\frac{pa}{E}(1-\nu^2)=1.122\frac{p(1-\nu^2)}{E}\times 2a \tag{59}$$

同样，得

$$w_{边中}=1.53\frac{pa}{E}(1-\nu^2)=0.765\frac{p(1-\nu^2)}{E}\times 2a \tag{60}$$

$$w_{角}=1.122\frac{pa}{E}(1-\nu^2)=0.561\frac{p(1-\nu^2)}{E}\times 2a \tag{61}$$

$$w_{平均}=1.90\frac{pa}{E}(1-\nu^2)=0.950\frac{p(1-\nu^2)}{E}\times 2a \tag{62}$$

当试块为矩形时，$w_{平均}$仍可用式（62）计算，只是式（62）中的系数 0.950 要改变，可根据矩形短长边之比选用：

b/a	1/1	1/1.5	1/2	1/3	1/4	1/5	1/10	1/100
系数	0.9464	0.9370	0.9195	0.8815	0.8468	0.8164	0.7104	0.3693

如 b/a 值不等于上列的值，可以插补，或用下式计算（式中 $n=a/b$），即

$$\text{系数}=\frac{1}{\pi\sqrt{n}}\left\{n\ln\frac{\sqrt{n^2+1}+1}{\sqrt{n^2+1}-1}+\ln\frac{\sqrt{n^2+1}+n}{\sqrt{n^2+1}-n}-\frac{2}{3}(n^2+1)\sqrt{1+\frac{1}{n^2}}+\frac{2}{3}\left(n^2+\frac{1}{n}\right)\right\}$$

在荷载区以外的表面各点的沉陷，可用角点法以叠加方法求得，或者利用式（49）计算。特别对于正方形试块，沿 x 轴上的表面垂直沉陷量为

$$w_{\substack{z=0\\y=0}}=\frac{pa(1-\nu^2)}{\pi E}\left\{(\bar{x}+1)\ln\frac{\sqrt{(\bar{x}+1)^2+1}+1}{\sqrt{(\bar{x}+1)^2+1}-1}-\right.$$
$$\left.(\bar{x}-1)\ln\frac{\sqrt{(\bar{x}-1)^2+1}+1}{\sqrt{(\bar{x}-1)^2+1}-1}+2\ln\frac{\sqrt{(\bar{x}+1)^2+1}+\bar{x}+1}{\sqrt{(\bar{x}-1)^2+1}+\bar{x}-1}\right\} \tag{63}$$

其中，$\bar{x}=\dfrac{x}{a}$。

可注意计算位移和应力的公式有很多种形式，其间的转化也很复杂，但它们的实质是相同的。例如，如图 6 所示，矩形试块在中心、角点和受荷面以外点子处的位移也可写为

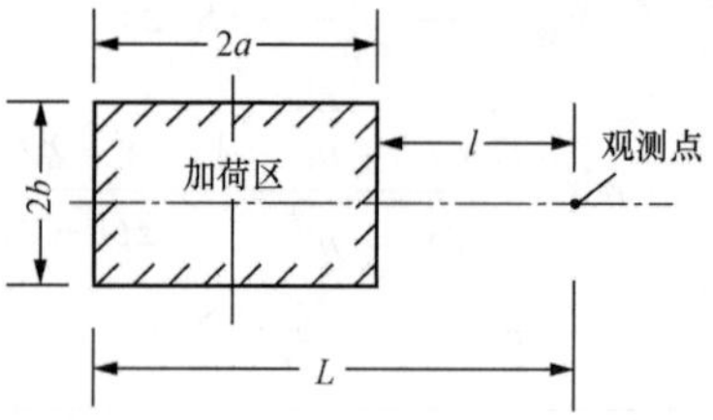

图 6

$$w_{\text{中心}}=\frac{p(1-\nu^2)}{E}\times 2a\times 0.6366\left(\operatorname{arsinh}\frac{b}{a}+\frac{b}{a}\operatorname{arsinh}\frac{a}{b}\right) \tag{64}$$

$$w_{\text{角}}=\frac{p(1-\nu^2)}{E}\times 2a\times\frac{1}{\pi}\left(\operatorname{arsinh}\frac{b}{a}+\frac{b}{a}\operatorname{arsinh}\frac{a}{b}\right) \tag{65}$$

$$w=\frac{p(1-\nu^2)}{E}\times 2a\times 0.6366\left[\left(\frac{L}{2a}\operatorname{arsinh}\frac{2b}{2L}-\frac{l}{2a}\operatorname{arsinh}\frac{2b}{2l}\right)+\frac{b}{2a}\left(\operatorname{arsinh}\frac{L}{b}-\operatorname{arsinh}\frac{l}{b}\right)\right] \tag{66}$$

对于正方试块，上述各式化为

$$w_{\text{中心}}=\frac{p(1-\nu^2)}{E}\times 2a\times 0.6366\times 2\operatorname{arsinh}1 \tag{67}$$

$$w_{\text{角}}=\frac{p(1-\nu^2)}{E}\times 2a\times\frac{2}{\pi}\times\operatorname{arsinh}1 \tag{68}$$

$$w=\frac{p(1-\nu^2)}{E}\times 2a\times 0.6366\left[\left(\frac{L}{2a}\operatorname{arsinh}\frac{a}{L}-\frac{l}{2a}\operatorname{arsinh}\frac{a}{l}\right)+\frac{1}{2}\left(\operatorname{arsinh}\frac{L}{a}-\operatorname{arsinh}\frac{l}{a}\right)\right] \tag{69}$$

不难证实，它们与式（59）、式（61）等是一致的。在式（49）中，置 $z=0$，并利用对数函数和反三角函数间的变化公式，可写出计算地表任一点沉陷的一般性

公式，即

$$w=\frac{p(1-\nu^2)}{E}\times\frac{2a}{\pi}\left[\left(1+\frac{x}{a}\right)\left(\operatorname{arsinh}\frac{y+b}{x+b}-\operatorname{arsinh}\frac{y-b}{x+a}\right)-\left(\frac{x}{a}-1\right)\left(\operatorname{arsinh}\frac{y+b}{x-a}-\operatorname{arsinh}\frac{y-b}{x-a}\right)-\right.$$

$$\left.\left(\frac{y}{a}-\frac{b}{a}\right)\left(\operatorname{arsinh}\frac{x+a}{y-b}-\operatorname{arsinh}\frac{x-a}{y-b}\right)+\left(\frac{y}{a}+\frac{b}{a}\right)\left(\operatorname{arsinh}\frac{x+a}{y+b}-\operatorname{arsinh}\frac{x-a}{y+b}\right)\right] \tag{70}$$

如果试验是用几个千斤顶加力的，也易用叠加法求之。如图 7 所示，在两个矩形受压面积的中点 o 的沉陷是

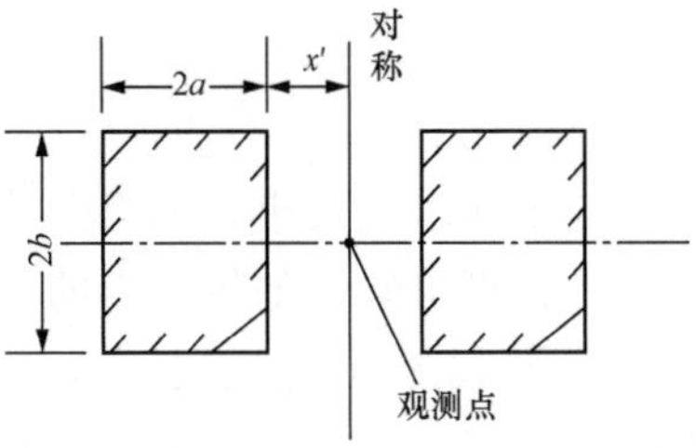

图 7

$$w=\frac{p(1-\nu^2)}{E}\times4a\times0.6366\left[\left(1+\frac{x'}{2a}\right)\operatorname{arsinh}\frac{b}{2a+x'}-\frac{x'}{2a}\operatorname{arsinh}\frac{b}{x'}+\frac{b}{2a}\left(\operatorname{arsinh}\frac{2a+x'}{b}-\operatorname{arsinh}\frac{x}{b}\right)\right] \tag{71}$$

【例 1】 柔性承压板尺寸为 1m × 1m，均布压力为 $p=20\text{kg/cm}^2$，基岩弹模为 $E=200000\text{kg/cm}^2$，$\nu=0.20$。求试块中心、边的中点、角点和 x 轴上距试块边为 1m 处的地表沉陷。

解：以 $a=50\text{cm}$，$p=20$，$E=200000$，$\nu=0.2$，代入式（59）～式（61），得

$$w_{中心}=2.244\times\frac{20}{200000}\times0.96\times50(\text{cm})=0.1077(\text{mm})$$

$$w_{边中}=1.530\times\frac{20}{200000}\times0.96\times50(\text{cm})=0.0734(\text{mm})$$

$$w_{角}=0.0533(\text{mm})$$

要计算 x 轴上距试块边为 1m 处的地表沉陷量时，我们可应用式(63)，令 $\bar{x}=\frac{x}{a}=3$，$\bar{x}+1=4$，$\bar{x}-1=2$，得

$$w=\frac{pa(1-\nu^2)}{\pi E}\left(4\ln\frac{\sqrt{17}+1}{\sqrt{17}-1}-2\ln\frac{\sqrt{5}+1}{\sqrt{5}-1}+2\ln\frac{\sqrt{17}+4}{\sqrt{5}+2}\right)$$

$$=\frac{pa(1-\nu^2)}{\pi E}\left(4\ln\frac{5.123}{3.123}-2\ln\frac{3.236}{1.236}+2\ln\frac{8.123}{4.236}\right)$$

$$=\frac{1.3570pa(1-\nu^2)}{\pi E}=0.4320\frac{pa(1-\nu^2)}{E}=0.0207(\text{mm})$$

我们也可用角点法公式计算。如图 8 所示，原来的矩形受载面积 1—5—5′—1′可分解为四个矩形（1—2—3—4）+（1′—2′—3—4）−（5—2—3—6）−（6—3—2′—5′），从而可用角点公式计算，即

$$w = 2\times\frac{2p\times\frac{a}{2}(1-\nu^2)}{\pi E}\left[\ln(\sqrt{1+4^2}+4)+4\ln\frac{\sqrt{1+4^2}+1}{4}\right]-$$

$$2\times\frac{p\times\frac{a}{2}(1-\nu^2)}{\pi E}\left[\ln(\sqrt{1+2^2}+2)+2\ln\frac{\sqrt{1+2^2}+1}{2}\right]$$

$$=2\times\frac{pa(1-\nu^2)}{\pi E}\left[\ln(\sqrt{17}+4)+4\ln\frac{\sqrt{17}+1}{4}-\ln(\sqrt{5}+2)-2\ln\frac{\sqrt{5}+1}{2}\right]$$

$$=\frac{1.3570\,pa(1-\nu^2)}{\pi E}$$

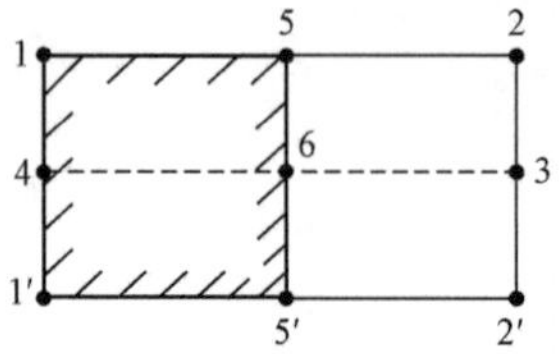

图 8

与上面求出成果相同。若用式（69）计算，成果也一致。

由计算可知，如果基岩的 E 达到 200000kg/cm^2，则采用尺寸达 1m×1m 的试块，其上压力达 20kg/cm^2（总压力达 200t）时，试块下产生的沉陷不到 0.1mm，实际上测到的沉陷常远大于此。这是由于基岩内存在很多的节理、裂隙等缺陷，其综合的弹性模量将远小于新鲜的小块岩石试样的 E 值。如果综合 E 值只有 20000kg/cm^2，则沉陷量将达 1mm 的量级，而当 E 只有 2000kg/cm^2 时，更达 1cm。

基岩变形试验问题，是上述问题的逆算。也就是已知地表上或岩体内某点的沉降，求岩体的弹性模量。例如我们测定试块边上中点处的沉陷 $w_{边中}$，则

$$\frac{E}{1-\nu^2}=1.53\frac{pa}{w_{边中}}$$

如果通过估计（或通过其他方式）确定了 ν，则从上式即可确定 E 值。如果岩体有塑性变形或永久性沉陷，则应在试验中进行几次加荷和卸荷过程，从而确定基岩的压缩模量 $\overline{E}$ 和弹性模量 E，前者可能远小于后者。

在试验过程中，我们测定好几个点子处的沉陷，则将得到几个 E 值，可进行核对且加以均化。但是，如果由不同点上求得的 E 值有很大差别时，须研究分析其原因。这些原因可能是：①岩体很不均匀，远非同向性材料（参见第 5.5 节）；②地表边界条件远非半无限体；③观测中的误差，特别是观测点距加荷中心越远，沉陷量越小，误差的影响也越大。一般以利用加荷区的平均沉陷来估计 E 值较好。

2.2　刚性承压板

有时试验中的承压板有很大的刚度。例如我们利用抗剪试验用的混凝土块来做弹性模量试验。这种混凝土块的高度往往为其平面尺寸的 1/2 以上。当块体的刚度足够大时，可以作为绝对刚性体处理。此时，在垂直荷载作用下，块体底部的沉陷是一个常量或接近为常量 w_0，而块底的反力则不均匀，呈马鞍形分布，中心处最小，在边界上有很高的应力集中（见图 9）。

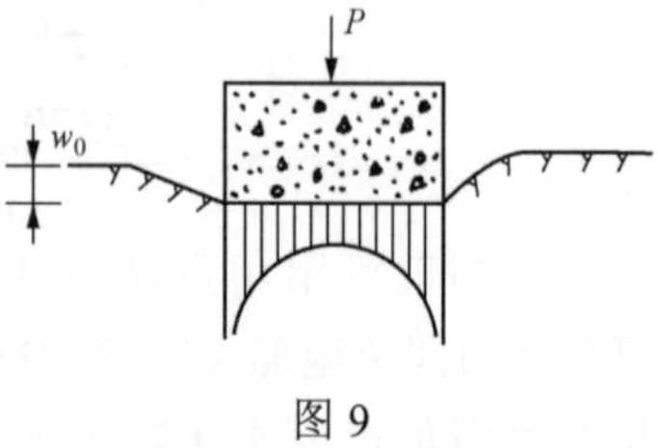

图 9

试块（承压板）的刚性可以用下述刚性指标来检查，即

$$\gamma=\frac{3\pi FaE_0(1-\nu_1^2)}{h^3E_1(1-\nu_0^2)}\leqslant\frac{8}{\sqrt{n}} \tag{72}$$

式中：F 为试块尺寸（$F=2a\times 2b$）；n 为边长比（$n=b/a\geqslant 1$）；h 为试块厚；E_0、ν_0 和 E_1、ν_1 分别为基岩及混凝土的弹性模量及泊松比。

对于正方形试块，满足“刚性”要求的条件是

$$h^3\geqslant\frac{3\pi Fa}{8}\frac{E_0(1-\nu_1^2)}{E_1(1-\nu_0^2)} \tag{73}$$

或

$$h\geqslant\sqrt[3]{\frac{3\pi}{2}\frac{E_0(1-\nu_1^2)}{E_1(1-\nu_0^2)}}a \tag{74}$$

如果 $E_0(1-\nu_1^2)/[E_1(1-\nu_0^2)]$ 分别为 1、1/5、1/10、1/50 时，$h/2a$ 应大于 0.84、0.49、0.39 及 0.23，所以如果我们采用立方体的试块，在绝大多数情况下都属于“刚性”。

对于刚性试块承受轴心压力时，其底部沉陷为常量，由此条件，可以建立起推求接触反力的公式，即

$$w=\frac{(1-\nu^2)}{\pi E}\iint_F\frac{p(\xi,\eta)\mathrm{d}\xi\mathrm{d}\eta}{\sqrt{(x-\xi)^2+(y-\eta)^2}}=w_0 \tag{75}$$

$$\iint_F p(\xi,\eta)\mathrm{d}\xi\mathrm{d}\eta=P \tag{76}$$

我们由式（75）可确定反力分布形式，再加上式（76），可以确定反力及 w_0 的绝对值。式中积分在试块底面积 F 内取值（见图 10）。

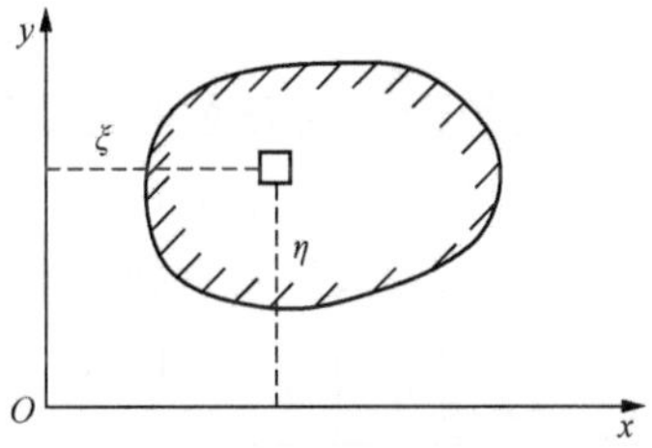

图 10

对于矩形试块，求上式的精确解有困难，通常均以数值法解之。即将矩形划分为 n 个小矩形，令每个小矩形的面积为 f_i，其上的反力集度为 p_i。在接触区内任一点（x，y），离开某一小矩形中心的距离为 ρ_i（x，y），则式（75）、式（76）可写为数值形式

$$\frac{1-\nu^2}{\pi E}\sum_{i=1}^{n}\frac{p_if_i}{\rho_i(x,y)}=w_0 \tag{77}$$

$$\sum_{i=1}^{n}p_if_i=p \tag{78}$$

在每个小矩形中心处建立式（77），并和式（78）一并解算，可以得到 n 个反力集度 p_i 和沉陷 w_0。在式（77）中，n 个项 $\dfrac{p_if_i}{\rho_i}$ 中有一项的 $\rho_i=0$，这个项要改用 $\dfrac{\omega\sqrt{f_i}(1-\nu^2)}{\pi E}p_i$，式中 ω 是个系数，取决于小矩形边长比 $n=\dfrac{b}{a}$，$n=1$ 及 2 时，$\omega=2.97$ 及 2.89。

对于正方形刚性试块，用这种方法解出的 w_0 为

$$w_0 = 0.883\frac{p(1-\nu^2)}{E}\sqrt{F} = 0.883\frac{p(1-\nu^2)}{E}\times 2a \tag{79}$$

式中：$2a$ 为正方形边长；p 为平均压力，$p=\dfrac{P}{4a^2}$。

如果为矩形刚性试块，则 w_0 仍可用公式 $w_0 = m\dfrac{p(1-\nu^2)}{E}\sqrt{F}$ 计算，式中的系数 m 可根据 a/b 比值求出：

a/b	1.5	2.0	3.0	4.0	5.0	10.0	100
m	0.88	0.86	0.83	0.80	0.77	0.67	0.35

应用数值法以及已求出的反力分布并可计算地表面上其余点子(在试块范围以外)处的沉陷。对于矩形试块，w_0 可用以下近似公式（耶戈洛夫公式）计算

$$w_0 = k\frac{p(1-\nu^2)}{E}\times 2a \tag{80}$$

$$k=\frac{1}{3\pi}\left[\ln\frac{\sqrt{1+n^2}+n}{\sqrt{1+n^2}-n}+2\ln\frac{\sqrt{1+\left(\frac{n}{2}\right)^2}+\frac{n}{2}}{\sqrt{1+\left(\frac{n}{2}\right)^2}-\frac{n}{2}}+n\left(\ln\frac{\sqrt{1+n^2}+1}{\sqrt{1+n^2}-1}+\ln\frac{\sqrt{1+\left(\frac{n}{2}\right)^2}+1}{\sqrt{1+\left(\frac{n}{2}\right)^2}-1}\right)\right] \tag{81}$$

3 矩形试块水平荷载

3.1 均匀分布的表面剪切荷载

图 11 中示一矩形试块，承受水平推力 Q。在基岩面上的剪应力的分布方式，目前尚属未知。在本节中，姑且假定基岩面上的剪应力为均布（见图 11），其强度为

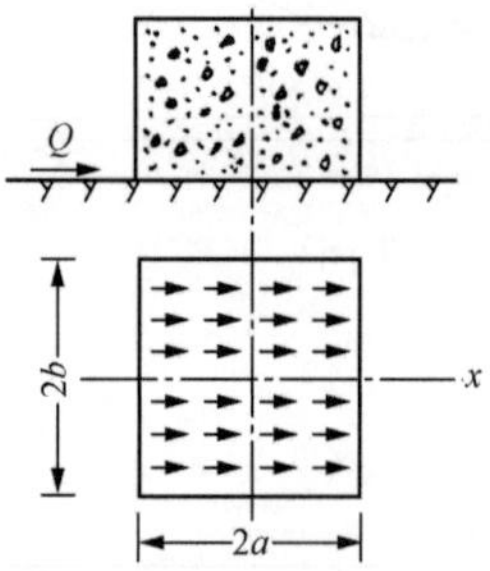

图 11

$$q=\frac{Q}{4ab} \tag{82}$$

并推求岩体的应力及位移，这个课题也和第 2 节相似，可以利用式（26）～式（37）通过积分求解。例如，岩体内的垂直正应力 σ_z 的公式为

$$\sigma_z=\frac{3qz^2}{2\pi}\int_{-a}^{+a}\int_{-b}^{+b}\frac{(x-\xi)\mathrm{d}\xi\mathrm{d}\eta}{[(x-\xi)^2+(y-\eta)^2+z^2]^{5/2}} \tag{83}$$

σ_z 的公式很繁复，只有在角点垂线上的点才简化为

$$\sigma_z=\mp\frac{q}{2\pi}\left[\frac{n}{\sqrt{m^2+n^2}}-\frac{nm^2}{(1+m)\sqrt{1+m^2+n^2}}\right] \tag{84}$$

我们总可利用叠加原理从上述公式求任意点处的 σ_z。

在岩基变形试验中最重要的是地表水平变位。仿前，将式（35）积分可得

$$u=\frac{q}{2\pi G}\int_{-a}^{+a}\int_{-b}^{+b}\frac{1}{[(x-\xi)^2+(y-\eta)^2]^{1/2}}-\nu\frac{(y-\eta)^2}{[(x-\xi)^2+(y-\eta)^2]^{3/2}}\mathrm{d}\xi\mathrm{d}\eta$$

$$=\frac{q}{2\pi G}\left\{(b-y)\ln\frac{\sqrt{(a-x)^2+(b-y)^2}+(a-x)}{\sqrt{(a+x)^2+(b-y)^2}-(a+x)}+\right.$$

$$(b+y)\ln\frac{\sqrt{(a-x)^2+(b+y)^2}+(a-x)}{\sqrt{(a+x)^2+(b+y)^2}-(a+x)}+$$

$$(1-\nu)\left[(a-x)\ln\frac{\sqrt{(a-x)^2+(b-y)^2}+(b-y)}{\sqrt{(a-x)^2+(b+y)^2}-(b+y)}+\right.$$

$$\left.\left.(a+x)\ln\frac{\sqrt{(a+x)^2+(b-y)^2}+(b-y)}{\sqrt{(a+x)^2+(b+y)^2}-(b+y)}\right]\right\} \tag{85}$$

将式（85）在矩形范围内取平均，得

$$\bar{u}=\frac{1}{4ab}\int_{-a}^{+a}\int_{-b}^{+b}u\mathrm{d}x\mathrm{d}y=q\frac{1+\nu}{\pi E}A\frac{\sqrt{F}}{\sqrt{\alpha}} \tag{86}$$

式中

$$\alpha=\frac{a}{b} \tag{87}$$

$$F=4ab \tag{88}$$

$$A=\left\{\ln\frac{\sqrt{1+\alpha^2}+\alpha}{\sqrt{1+\alpha^2}-\alpha}+\alpha\ln\frac{\sqrt{1+\alpha^2}+1}{\sqrt{1+\alpha^2}-1}+\frac{2}{3}\frac{1}{\alpha}[1+\alpha^3-(1+\alpha^2)^{3/2}]\right\}-$$

$$\nu\left\{\alpha\ln\frac{\sqrt{1+\alpha^2}+1}{\sqrt{1+\alpha^2}-1}+\frac{2}{3}\frac{1}{\alpha}[(2\alpha^3-1)-(2\alpha^2-1)\sqrt{1+\alpha^2}]\right\} \tag{89}$$

对于正方形试块$\alpha=1$

$$\bar{u}=q\frac{1+\nu}{\pi E}A\times 2a \tag{90}$$

$$A=\left[\ln\frac{\sqrt{2}+1}{\sqrt{2}-1}+\ln\frac{\sqrt{2}+1}{\sqrt{2}-1}+\frac{2}{3}(2-2\sqrt{2})\right]-\nu\left[\ln\frac{\sqrt{2}+1}{\sqrt{2}-1}+\frac{2}{3}(1-\sqrt{2})\right]$$

$$=2\ln\frac{\sqrt{2}+1}{\sqrt{2}-1}+\frac{4}{3}-\frac{4}{3}\sqrt{2}-\nu\left(\ln\frac{\sqrt{2}+1}{\sqrt{2}-1}+\frac{2}{3}-\frac{2}{3}\sqrt{2}\right)$$

$$=2.973-1.487\nu \tag{91}$$

式（90）也可写为

$$\bar{u}=\frac{q}{2G\pi}\times 2a(2.973-1.487\nu) \tag{92}$$

式中G为剪切模量，或写为

$$G=\frac{q}{\bar{u}}\frac{2a}{2\pi}(2.973-1.487\nu) \tag{93}$$

在式（85）中置 $x=y=0$，及 $x=a$、$y=0$，并令 $a=b$，可求出正方形试块中心及边界中点处的水平位移，即

$$u_{中心}=\frac{qa}{\pi G}\left(\ln\frac{\sqrt{2}+1}{\sqrt{2}-1}\right)(2-\nu)=\frac{q\cdot 2a}{G\cdot 2\pi}(3.525-1.763\nu) \tag{94}$$

$$u_{边中}=\frac{qa}{\pi G}\left[\ln\frac{1}{\sqrt{5}-2}+(1-\nu)\ln\frac{\sqrt{5}+1}{\sqrt{5}-1}\right]=\frac{q\cdot 2a}{G\cdot 2\pi}(2.406-0.962\nu) \tag{95}$$

和平均位移 $\bar{u}=\dfrac{q\times 2a}{G\times 2\pi}(2.973-1.487\nu)$ 相比，中心处位移较大，而边界上小。

【例 2】 设试块为正方形，尺寸为 $1\times 1\text{m}^2$，$Q=200\text{t}$，测得试块范围内的平均水平位移为 1mm，求基岩的 G，令其泊松比为 $\nu=0.2$。

解：以 $q=20$，$\bar{u}=0.1$，$2a=100$，$\nu=0.2$ 代入式（93），得

$$G=\frac{20}{0.1}\times\frac{100}{2\pi}\times(2.937-0.297)=8520\ (\text{kg/cm}^2)$$

又设我们测得试块边界中点的水平位移为 0.8mm，则

$$G=\frac{20}{0.08}\times\frac{100}{2\pi}\times(2.406-0.1924)=8810\ (\text{kg/cm}^2)$$

3.2 刚性试块

上节中假定试块底面上的剪应力是均布的。对于刚性试块而且假定试块和基岩面无相对错动，剪应力实际上不是均匀分布的。但试块范围内各点的水平位移则是常量 u_0。为此，我们需首先求出接触面上的剪应力分布，然后才能得到 u_0 的公式。

和 2.2 节中所述相似，这个课题的理论解尚未求得，但可以用数值解求之。即将接触面划为 n 个小矩形，而令每个小矩形上的剪应力平均值为 q，那么可以列出下面两个式子

$$u_0=\frac{1}{2\pi G}\sum_{i=1}^{n}q_i f_i\left[\frac{1}{\rho_i}-\nu\frac{(y_i-\eta)^2}{\rho_i^3}\right] \tag{96}$$

$$\sum_{i=1}^{n}q_i f_i=Q \tag{97}$$

取 n 个小矩形的中心点来建立式（96）。先确定每个小矩形中心点的坐标 x_i、y_i，然后求其他小矩形中心（ξ、η）到该矩形中心的距离 ρ_i 和 $y_i-\eta$，代入式（96）中，即得 n 个方程式。当然，每个方程式中有一个项的 $\rho_i=0$，此项要用 $q_i\sqrt{f_i}$（2.973−1.487ν）/（$2G\pi$）代替。由这组方程式可以解出 q_i 的分布规律，再应用式（97）可得 q_i 及 u_0 的绝对值。我们可以相信，对于正方形试块，这样求得的 u_0 和上段中求得的 $\bar{u}$ 不应有多少区别，因此，常可用 $\bar{u}$ 来代替 u_0。

在具体试验时，我们常在刚性试块的边界上装置千分表观测试块承受水平荷载后的水平位移，并常常要做几个加荷—卸荷循环，将成果绘成曲线。由于基岩中存在的裂隙、节理等缺陷，在卸荷过程中试块不可能恢复到原来位置，而将产生永久变形。对于此，我们宜从曲线上求出平均斜率 q/u_0，然后利用这个值去推算 G 值，这样求出的 G 将代

表真正的（切线）剪切模量。另外，我们如果联结图 12 中的 Oa 两点，以该线的斜率去推算 G，将得到一个“割线剪切模量”。由于在后者中已考虑了各种不可恢复的压缩值和塑性变形在内，所以其值将显著低于切线模量。但在计算建筑物的真实水平变位时，似以采用相应于实际剪应力的割线模量更为合适些。

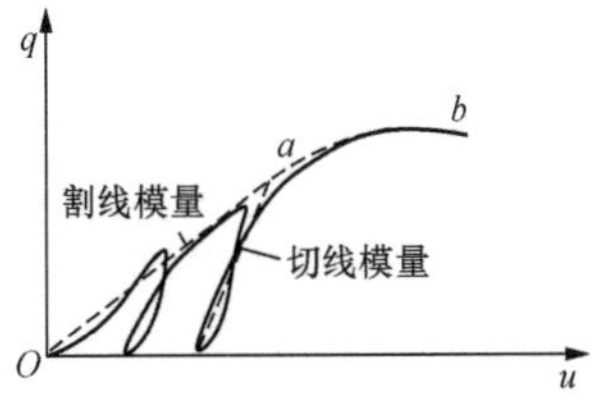

图 12

图 12 中 ab 段表示破坏试验，系用以求接触面上的抗剪强度的。此时，接触面已进入破坏阶段，水平变位大量增长，当然不能用它来计算岩基的正常剪切模量。

4　圆形承压板（试块）

在许多情况下我们也常常采用圆形承压板（试块）进行基岩的沉陷和剪切试验。圆形试块尺寸往往较小，通常采用圆的钢垫板，将它贴置在修整和衬面的岩壁上，再用油压千斤顶加荷。圆形试块的沉陷和变位公式可仿矩形试块以同样步骤求之，不再详细说明，只将最终公式扼要汇述如下。

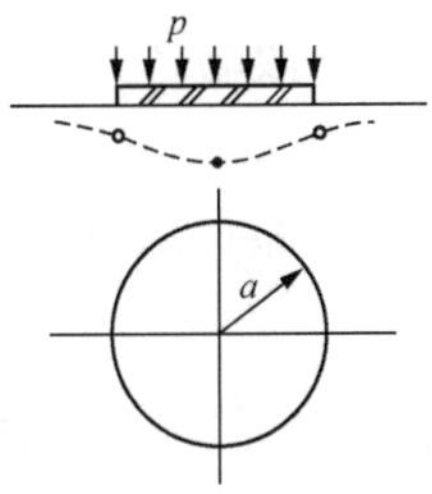

图 13

4.1　柔性试块，承受均匀法向压力 p

考虑一弹性半空间，在其表面某一圆形范围（半径为 a）内施加均匀压力 p（见图 13）。

这个情况下在对称竖轴上任一点的应力和沉陷的公式为

$$\sigma_r=\sigma_\theta=\frac{p}{2}\left[-(1+2\nu)+\frac{2(1+\nu)z}{\sqrt{a^2+z^2}}-\left(\frac{z}{\sqrt{a^2+z^2}}\right)^3\right] \tag{98}$$

$$\sigma_z=P\left[-1+\frac{z^3}{(a^2+z^2)^{3/2}}\right] \tag{99}$$

$$w=\frac{qz}{E}\left[(1-\nu)\left(1-\sqrt{\frac{z^2}{a^2+z^2}}\right)+2(1-\nu^2)\left(\sqrt{\frac{a^2+z^2}{z^2}}-1\right)\right] \tag{100}$$

在表面（$z=0$）的沉陷，可用式（101）计算，即

$$\left.\begin{aligned}
w&=\frac{4(1-\nu^2)pa}{\pi E}\int_0^{\pi/2}\sqrt{1-\frac{r^2}{a^2}\sin^2\varphi}\ \mathrm{d}\varphi \quad（当计算点在荷载面积之内）\\
w&=\frac{4(1-\nu^2)pr}{\pi E}\left[\int_0^{\pi/2}\sqrt{1-\frac{a^2}{r^2}\sin^2\theta}\mathrm{d}\theta-\left(1-\frac{a^2}{r^2}\right)\int_0^{\pi/2}\frac{\mathrm{d}\theta}{\sqrt{1-\frac{a^2}{r^2}\sin^2\theta}}\right]
\end{aligned}\right\} \tag{101}$$

式中：r 为所求位移的点子到圆心的距离。

式（101）中的积分是椭圆积分，可以在许多数学用表中查得其值。在圆心、圆周边界和受荷范围内的平均沉陷为

$$w_{\text{心}} = \frac{2(1-\nu^2)pa}{E} = 1.128\frac{p(1-\nu^2)\sqrt{F}}{E} \tag{102}$$

$$w_{\text{边}} = \frac{4(1-\nu^2)pa}{\pi E} = 0.718\frac{p(1-\nu^2)\sqrt{F}}{E} \tag{103}$$

$$w_{\text{平均}} = 0.965\frac{p(1-\nu^2)\sqrt{F}}{E} \tag{104}$$

在板外表面点处的变位为

$$w_z = \frac{4R}{\pi}\frac{p(1-\nu^2)}{E}\left[\int_0^{\pi/2}\sqrt{1-\frac{a^2}{R^2}\sin^2\theta}\,\mathrm{d}\theta - \left(1-\frac{a^2}{R^2}\right)\int_0^{\pi/2}\frac{\mathrm{d}\theta}{\sqrt{1-\frac{a^2}{R^2}\sin^2\theta}}\right] \tag{103'}$$

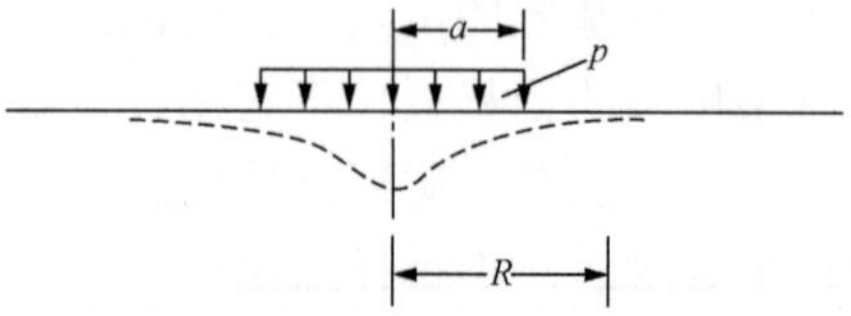

图 14

见图 14。

在基岩内任一点（r，z）处的 σ_z 及 w 也有理论公式，但较长，而且不常用到，故略之。

4.2 刚性试块承受法向压力

本情况下，接触面上的压力分布仍按下列条件确定，即

$$\frac{1-\nu^2}{\pi E}\iint_F \frac{p(\xi,\eta)\mathrm{d}\xi\mathrm{d}\eta}{\sqrt{(x-\xi)^2+(y-\eta)^2}} = w_0 \tag{105}$$

对于圆形试块，式（105）的理论解已求得，为

$$p(x,y) = \frac{p}{2\sqrt{1-\frac{r^2}{a^2}}} \tag{106}$$

$$p = \frac{P}{\pi a^2} \tag{107}$$

式中：p 为平均压力；r 为圆心到所求压力点的距离。

参见图 15，由式（106）可知，在圆心处的反力强度仅为平均压力之半，而在边界上反力无限集中。实际上，由于岩体塑性性质，边界处反力不可能达无穷。但在刚性试件底部的反力呈马鞍形分布这个事实是屡经证实的。

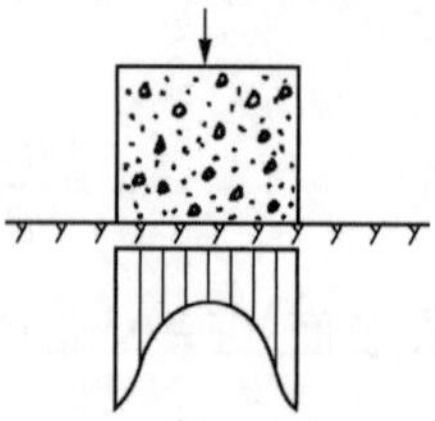

图 15

接触面上的均匀沉陷为

$$w_0 = \frac{P(1-\nu^2)}{2Ea} = 0.886\frac{p(1-\nu^2)}{E}\sqrt{F} \tag{108}$$

与式（104）相比，可知在同样的法向压力作用下，刚性试块的均匀沉陷比柔性试块的平均沉陷小 8%左右。

如果在刚性圆形试块上加以偏心荷载，则反力分布和相应的沉陷及转动角（见图 16）如下

$$p(x,y)=\frac{\frac{3ex}{a^2}+1}{2\pi a\sqrt{a^2-x^2-y^2}}P \tag{109}$$

$$\tan\theta=\frac{3(1-\nu^2)Pe}{4Ea^3} \tag{110}$$

$$w=\frac{1-\nu^2}{2Ea}\left(\frac{3}{2}\frac{ex}{R^2}+1\right)P \tag{111}$$

如果不仅要计算试块的沉陷，而且要计算试块以外地表的沉陷，则可用下式，即

$$w_r=\frac{2}{\pi}\arcsin\frac{a}{r}\cdot w_0 \tag{112}$$

如果还要计算岩体内部各点的沉陷，则可用下式，即

$$w=\frac{P(1-\nu^2)}{\pi Ea}\left[\arctan\sqrt{\frac{2}{B}}+\frac{1}{2(1-\nu)}\left(\frac{z}{a}\right)^2\sqrt{\frac{2}{AB}}\right] \tag{113}$$

$$A=\left[1+\left(\frac{r}{a}\right)^2+\left(\frac{z}{a}\right)^2\right]^2-4\left(\frac{r}{a}\right)^2 \tag{114}$$

$$B=\sqrt{A}-1+\left(\frac{r}{a}\right)^2+\left(\frac{z}{a}\right)^2 \tag{115}$$

$$r=\sqrt{x^2+y^2} \tag{116}$$

如在上述公式中，置 $z=0$，即得出地表沉陷公式，即

$$A=\left[1-\left(\frac{r}{a}\right)^2\right]^2 \tag{117}$$

$$B=0 \tag{118}$$

$$w_{z=0}=\frac{P(1-\nu^2)}{\pi Ea}\left(\frac{\pi}{2}\right)=\frac{P(1-\nu^2)\sqrt{F}}{E}\frac{\sqrt{\pi}}{2}$$

$$=0.886\frac{p(1-\nu^2)}{E}\sqrt{F} \tag{119}$$

如在式（113）中置 $r=0$，即得对称轴线上各点的沉陷公式，即

$$A=\left[1+\left(\frac{z}{a}\right)^2\right]^2 \tag{120}$$

$$B=2\left(\frac{z}{a}\right)^2 \tag{121}$$

$$w_{r=0}=\frac{P(1-\nu^2)}{\pi Ea}\left[\arctan\frac{a}{z}+\frac{1}{2(1-\nu)}\left(\frac{z}{a}\right)\right]\left[1+\left(\frac{z}{a}\right)^2\right]^{-1} \tag{122}$$

以 $p=\frac{P}{\pi a^2}$，$m=\frac{z}{a}$ 代入，得

$$w=\frac{pa(1-\nu^2)}{E}\left[\arctan\frac{1}{m}+\frac{1}{2(1-\nu)}\ \frac{m}{1+m^2}\right] \tag{123}$$

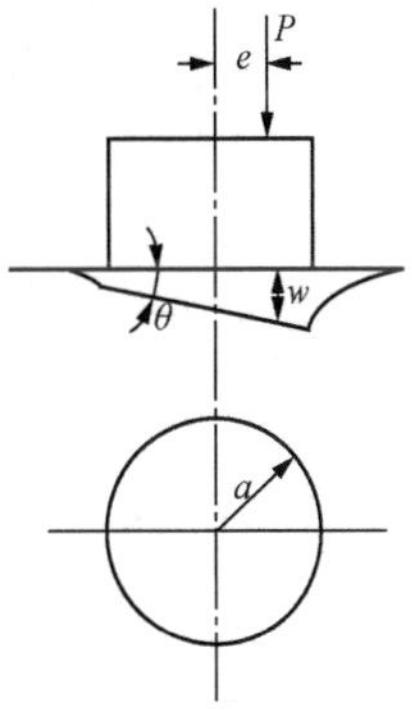

图 16

4.3 承受切向力

当圆形试块承受切向力 Q 作用时，接触面上存在着按某种规律分布的剪应力 q，我们分别几种情况加以考虑。首先，假定 q 是均布的，见图 17（a），其值显然为

$$q=\frac{Q}{\pi a^2} \tag{124}$$

当该点位于受荷区以内时，我们可以利用基本公式写出地表任何一点（x，y，O）处的变位公式，即

$$2\pi Gu=\left[\iint_F\frac{\mathrm{d}f}{\rho}-\nu\iint_F\frac{(y-y')^2}{\rho^3}\mathrm{d}f\right](-q) \tag{125}$$

$$2\pi Gv=\nu\iint_F\frac{(x-x')(y-y')}{\rho^3}\mathrm{d}f(-q) \tag{126}$$

$$2\pi Gw=\left(\frac{1}{2}-\nu\right)\iint_F\frac{(x-x')}{\rho^2}\mathrm{d}f(-q) \tag{127}$$

积分沿整个受荷区取

$$\rho=\sqrt{(x-x')^2+(y-y')^2} \tag{128}$$

我们采用极坐标 ρ、λ，见图 17（b），式（125）～式（127）可化为

$$2\pi Gu=\left[\int_0^{2\pi}\rho_0(\lambda)\mathrm{d}\lambda-\nu\int_0^{2\pi}\rho_0(\lambda)\sin^2\lambda\mathrm{d}\lambda\right](-q) \tag{129}$$

$$2\pi Gv=\nu\int_0^{2\pi}\rho_0(\lambda)\sin\lambda\cos\lambda\mathrm{d}\lambda(-q) \tag{130}$$

$$2\pi Gw=\left(\frac{1}{2}-\nu\right)\int_0^{2\pi}\rho_0(\lambda)\cos^2\lambda\mathrm{d}\lambda(-q) \tag{131}$$

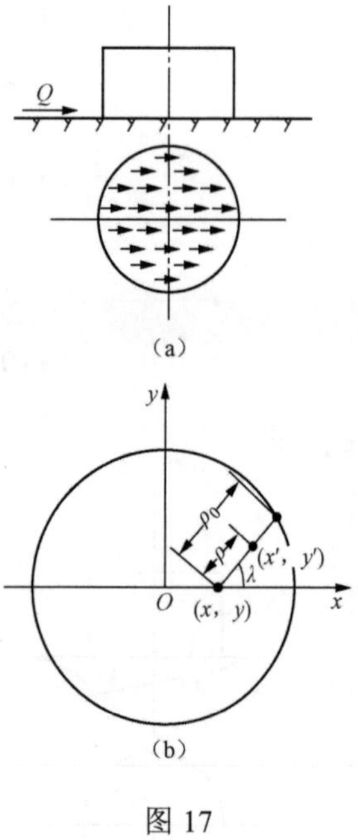

（a）

（b）

图 17

我们先研究垂直位移 w，在式（131）中，置 $x^2+y^2=0$，求得中心点沉陷为

$$w=0 \tag{132}$$

置 $x^2+y^2=a^2$，求得边界点沉陷为

$$w=\frac{\frac{1}{2}-\nu}{2\pi G}(-q)\pi a=-\frac{1-2\nu}{\pi G}\frac{\pi}{4}qa \tag{133}$$

这样看来在表面均布剪力作用下，受荷面不仅要发生切向位移，而且还有一个倾转角，这个角近似上为

$$\tan\phi=\frac{1-2\nu}{4}\frac{q}{G} \tag{134}$$

然后考虑水平切向位移，当我们计算中心点（$x=y=0$）上的切向位移时，积分式（129）中的 $\rho_0(\lambda)$ 化为常量 a，故容易求得

$$u=\frac{-q(2\pi a-\nu\pi a)}{2\pi G}=-\frac{qa}{G}\left(1-\frac{\nu}{2}\right)$$

$$=-\frac{q\sqrt{F}}{2G\pi}(3.545-1.772\nu) \tag{135}$$

同样，对于边界上的点（$y=0$，$x=a$），$\rho_0(\lambda)$简化为$2a\cos\lambda$，因此也易求得其位移，为

$$u=\frac{-qa(4-1.333\nu)}{2\pi G}=-\frac{q\sqrt{F}}{2G\pi}(2.257-0.752\nu) \tag{136}$$

欲求荷载范围内的平均位移，须计算式（129），并将其成果在整个圆形内取平均。但对于一般性的点子，积分式（129）不能以初等函数或简单的椭圆函数表示，所以只能以数值法求之，近似为

$$\bar{u}=-\frac{q\sqrt{F}}{2G\pi}(2.8-1.15\nu) \tag{137}$$

其次，我们研究“刚性试块”，这意思是指试块本身刚度很大，其弹性变形极小，可以忽视。此外，试块和基岩面紧密结合，接触面上不发生相对错动。在这个条件下，试块承受水平推力Q时，在接触面上将产生不均匀的剪应力分布，而在受荷区范围内，其水平位移则为常数u_0。

可以证明，本情况下的接触剪力按式（138）分布，即

$$q(x,\ y,\ O)=\frac{Q}{2\pi a^2}\bigg/\sqrt{1-\frac{r^2}{a^2}} \tag{138}$$

$$r^2=x^2+y^2 \tag{139}$$

在接触面中心（$x=y=0$），剪应力强度为平均剪应力$\bar{q}=\dfrac{Q}{\pi a^2}$之半，而在边界$r=a$处则趋于无穷。相应的水平位移为

$$u_0=\frac{q\sqrt{F}}{2\pi G}(2.78-1.39\nu)=\frac{Q}{4Ga}(1-0.5\nu) \tag{140}$$

在应用以上公式时，首先要分析实际情况接近于哪一种假定。例如，设我们在凿平的基岩面上，浇一薄层混凝土补平，再在其上铺设薄的钢垫板，在垫板上施加均布压力，以及集中的推力。由于垫板很薄，接触面上承受的法向压力也将是均匀的，接触面上的抗剪强度fp也是相同的。因此，在水平推力Q的作用下（特别如Q相当大，将使垫板处于临界滑动状态时），接触面上的剪应力应大致呈均布。此时，我们测量到基岩表面的水平位移后，应该用式（135）～式（137）求出其剪切模量。但这种抗剪试验，容易产生滑移。另一种情况，设我们在基岩面上浇筑一个较厚的圆形混凝土试块，并在其上施加压力P和推力Q。由于试件刚度大，又因试件和基岩紧密咬合，两者在接触面处的水平变位是相同的（在错动以前如此），显然应该用式（140）求基岩的剪切模量。即使Q值已使试块在岩面上错动，但由于压力P所产生的接触反力p呈鞍形分布，相应的抗剪强度或临界剪应力fp也呈鞍形分布，所以在测定基岩表面的水平变位值后仍然宜用式（140）求G。

5 公式的整理和讨论

5.1 公式的整理

我们将以上各节中的公式，进行如下整理。在求法向压力和垂直沉陷间的关系式时，一律写成如下形式

$$w = m_0(1-\nu^2)\frac{p\sqrt{F}}{E} \tag{141}$$

式中：F 为接触面面积；p 为平均法向压力强度，$p=\dfrac{P}{F}$；E、ν 为基岩的弹性模量（压缩模量）和泊松比；m_0 为一个数值系数，取决于接触面的形状以及所计算沉陷点子的位置。

在求推力和水平位移间的关系时，一律写成如下形式

$$u = (m_1 - m_2\nu)\frac{q\sqrt{F}}{2\pi G} \tag{142}$$

式中：F 为接触面面积；q 为平均剪应力，$q=\dfrac{Q}{F}$；G、ν 为基岩的剪切模量和泊松比；m_1、m_2 为两个数值系数，取决于接触面的形状以及所计算位移点子的位置。

这样，系数 m_0 列于表 1，$m_1 - m_2\nu$ 列于表 2。

表 1

接触面形状及特性	计算点位置		
	中心	边缘	平均
圆形，柔性	$1.128=\left(\dfrac{2}{\sqrt{\pi}}\right)$	$0.718=\left(\dfrac{4}{\pi\sqrt{\pi}}\right)$	$0.965=\left(\dfrac{16}{3\pi\sqrt{\pi}}\right)$
圆形，刚性	0.886	0.886	$0.886=\left(\dfrac{\sqrt{\pi}}{2}\right)$
正方形，柔性	1.122	0.765（边界中点）～0.561（角点）	0.95
正方形，刚性	0.883	0.883	0.883
矩形，边长比 $n=1.5$，柔性（刚性）	1.108（0.88）	角点 0.555（0.88）	0.94（0.88）
矩形，边长比 $n=2.0$，柔性（刚性）	1.083（0.86）	角点 0.541　长边中点 0.793（0.86）	0.92（0.86）
矩形，边长比 $n=3.0$，柔性（刚性）	1.03（0.83）	角点 0.514　长边中点 0.784（0.83）	0.88（0.83）
矩形，边长比 $n=5.0$，柔性（刚性）	0.943（0.77）	角点 0.470（0.77）	0.82（0.77）
矩形，边长比 $n=10$，柔性（刚性）	0.805（0.67）	角点 0.402　长边中点 0.664（0.67）	0.71（0.67）

表 2

接触面形状及特性	计算点位置		
	中心	边缘	平均
圆形，柔性	$3.545-1.772\nu$	$2.257-0.752\nu$	$2.8-1.15\nu$
圆形，刚性	$2.78-1.39\nu$	$2.78-1.39\nu$	$2.78-1.39\nu$
正方形，柔性	$3.525-1.763\nu$	$2.406-0.962\nu$（边界中点）	$2.973-1.487\nu$
正方形，刚性	$2.76-1.23\nu$	$2.76-1.23\nu$	$2.76-1.23\nu$
矩形，$n=1.5$ 柔性	$3.48-1.95\nu$	…	$2.94-1.325\nu$
矩形，$n=2$ 柔性	$3.40-2.04\nu$ …	…	$2.88-1.205\nu$

5.2 沉陷和水平位移间的关系

取圆形刚性试块为例，它在压应力 p 下的沉陷是

$$w_0=0.886(1-\nu^2)\frac{p\sqrt{F}}{E}$$

而在剪应力 q 作用下的水平位移是

$$u_0=(2.78-1.39\nu)\frac{q}{2\pi}\frac{\sqrt{F}}{G}$$

如在上式中令 $q=p$，且以 $G=\dfrac{E}{2(1+\nu)}$ 代入

$$u_0=0.885(1+0.5\nu-0.5\nu^2)\frac{p\sqrt{F}}{E}$$

由此可见，如基岩为均质各向同性弹性体，且所受的 p 与 q 的强度相同，它们所产生的垂直沉陷与水平位移 w_0 及 u_0 也将是同一量级的值（当 $\nu=0$ 时，$w_0=u_0$；当 $\nu=0.2$ 时，$w_0=0.89u_0$）。这个性质可用以鉴定基岩是否可以作为各向同性体处理。例如，当试件在某一压应力 p 作用下，其沉陷 w_0 远大于在剪应力 q 作用下的 u_0 时，此基岩的 E_z 一定远小于 E_x，反之，则 E_x 远小于 E_z（见图 18）。

我们又可注意，在推导以上各公式时，我们都假定垂直荷载并不引起接触面上的剪应力。同样，水平推力也不引起接触面上的法向应力。这是一个近似假定，因为当试块在垂直荷载作用下，它要产生水平方向的变形，而基岩在垂直接触反力作用下，也要产生水平变位，两者的水平变位并不一致。即使试块是搁置在地面上，由于摩擦力的影响，在接触面上也要产生剪应力，更不要说试块和基岩浇成一体的情况（在后一情况中，试块和基岩在接触面上不仅有相同的沉陷，而且其水平位移也要一致）。对于试块承受剪荷载时，情况亦复一致：接触面上不仅产生剪应力，也将产生法向应力。

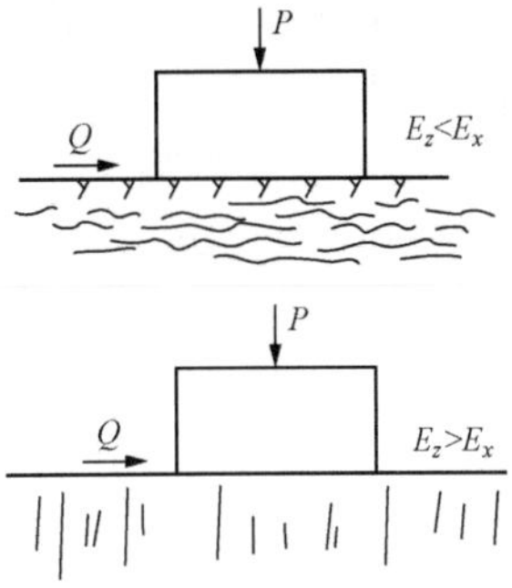

图 18

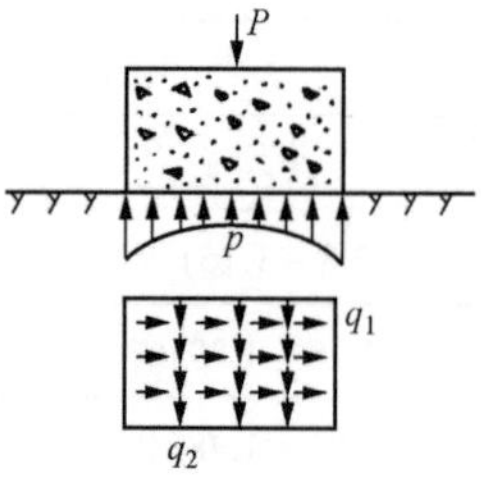

图 19

我们考虑图 19 中的刚性试块情况，它承受中心压力 P 的作用，在接触面上作用着法向反力 p（x，y）和剪应力 q_1（x，y）、q_2（x，y）。由平衡条件知

$$\iint_F p(x,\ y)\mathrm{d}F = P,\quad \iint_F xp(x,\ y)\mathrm{d}F = 0,\quad \iint_F yp(x,\ y)\mathrm{d}F = 0$$

$$\iint_F q_1(x,\ y)\mathrm{d}F = 0,\quad \iint_F q_2(x,\ y)\mathrm{d}F = 0$$

将 p（x，y）、q_1（x，y）、q_2（x，y）作用在半无限弹性体的表面上，列出相应的表面位移公式 w（x，y，O）、u（x，y，O）、v（x，y，O），并要求在接触面内

$$w(x,\ y,\ O) = w_0$$
$$u(x,\ y,\ O) = 0$$
$$v(x,\ y,\ O) = 0$$

由这些条件，可以确定 p、q_1、q_2 的分布规律及绝对值。对于一般性形状的试块，我们还没有这个问题的理论解。从某些简单情况的数值解成果来看，计及接触面上的剪应力影响后，法向反力 p（x，y）的分布形式、绝对值及沉陷量都没有显著的变化，但同时在接触面上产生一定的剪应力 τ（x，y）[见图 20（a）]。同样，当试块承受推力 Q 时，接触面上的 τ（x，y）的分布形式、绝对值以及水平位移量也没有显著的影响，但在接触面上产生了一定的法向应力[见图 20（b）]。从这些成果推断，忽略正应力和剪应力之间的相互影响，不致对计算分析试验成果带来很大的误差，一般可不必考虑。如果必须计及这些相互影响时，可以将接触面划分为许多小分区，利用数值法按上述平衡和位移条件建立方程组，解算出接触应力、沉陷及水平变位。

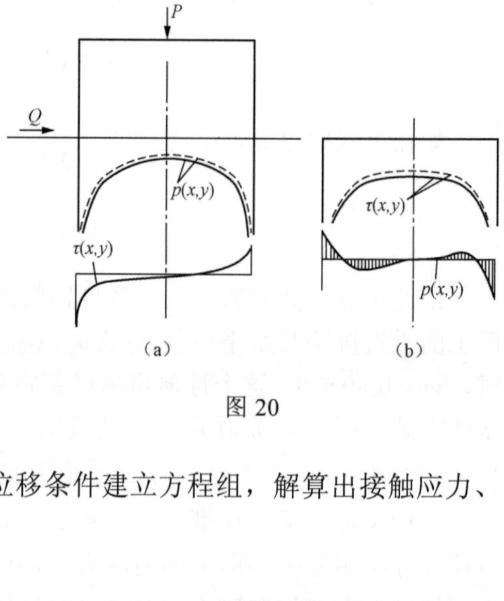

图 20

5.3 试块刚度影响

在以上的解答中，我们或令试块的刚度为 0（此时荷载不变强度地传到岩基上），或令试块的刚度为无穷（此时接触面的位移是线性的），这是两个极端情况。如果试块刚度既不是无穷，也不是 0，则应将试块作为弹性体处理，由接触面上的相容条件确定接触应力的分布，同时也求出相应的位移值。

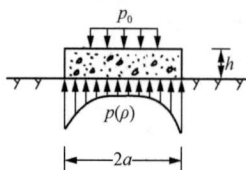

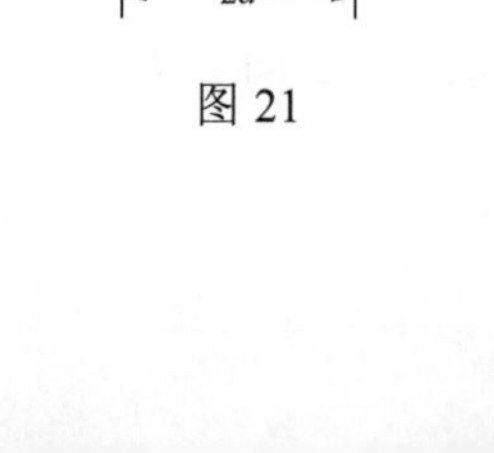

图 21

试以图 21 中所示的圆形承压板为例，它承受顶部均匀压力 p_0（分布在 $r=\overline{a}$ 的范围内），圆板的厚度 h 尚不足使它成为刚性体。另一方面，设 $h<\dfrac{2a}{3}$，使它尚可按板的理论求解，则可

设法求出近似的接触应力分布（这个课题的精确数学解不容易得出）。作为近似解，我们假定接触反力可以用 $\rho=\dfrac{r}{a}$ 的幂函数表示，并只取 $n+1$ 项，即

$$p(\rho)=\sum_{n=0}^{n}a_{2n}\rho^{2n} \tag{143}$$

其中 a_{2n} 是（$n+1$）个待定系数。我们把这个压力加在基岩表面，并利用布心内斯克基本公式用积分来求其表面（$\bar{\rho}<1$）沉陷，可有

$$w(\rho)=\frac{4(1-\nu_0^2)a}{\pi E_0}\left[\frac{1}{\rho}\int_0^{\rho}p(\bar{\rho})\bar{\rho}\int_0^{\pi/2}\frac{\mathrm{d}\theta}{\sqrt{1-\left(\dfrac{\bar{\rho}}{\rho}\right)^2\sin^2\theta}}\mathrm{d}\bar{\rho}+\right.$$

$$\left.\int_e^{1}p(\bar{\rho})\int_0^{\pi/2}\frac{\mathrm{d}\theta}{\sqrt{1-\left(\dfrac{\rho}{\bar{\rho}}\right)^2\sin^2\theta}}\mathrm{d}\bar{\rho}\right] \tag{144}$$

上面这个积分式在将椭圆积分部分展为无穷级数后可写为如下形式

$$w(\rho)=\frac{2(1-\nu_0^2)a}{\pi E_0}\sum_{m=0}^{\infty}\rho^{2n}\left[\frac{1\times3\times\cdots\times(2m-1)}{2\times4\times\cdots\times2m}\right]^2\sum_{n=0}^{\infty}\frac{a_{2n}}{2n-2m+1} \tag{145}$$

即 w（ρ）可以用 ρ 的幂函数表示。

另一方面，取出圆板来考虑，它在顶部承受局部均布荷载 p_0、在底部承受不均布的反力 p（ρ），其垂直向的变位 w 要满足下列微分方程，即

$$\left.\begin{aligned}&\frac{\mathrm{d}^4w}{\mathrm{d}\rho^4}+\frac{2}{\rho}\frac{\mathrm{d}^3w}{\mathrm{d}\rho^3}-\frac{2}{\rho^2}\frac{\mathrm{d}^2w}{\mathrm{d}\rho^2}+\frac{1}{\rho^3}\frac{\mathrm{d}w}{\mathrm{d}\rho}=\frac{a^4}{D}[p_0-p(\rho)] \quad \left(\rho<\frac{\bar{a}}{a}\right)\\&\frac{\mathrm{d}^4w}{\mathrm{d}\rho^4}+\frac{2}{\rho}\frac{\mathrm{d}^3w}{\mathrm{d}\rho^3}-\frac{2}{\rho^2}\frac{\mathrm{d}^2w}{\mathrm{d}\rho^2}+\frac{1}{\rho^3}\frac{\mathrm{d}w}{\mathrm{d}\rho}=-\frac{a^4p(\rho)}{D} \quad \left(\rho>\frac{\bar{a}}{a}\right)\end{aligned}\right\} \tag{146}$$

这个微分方程之解可以分为补充函数和特别积分两部分。前者是

$$w_1=c_0+c_1\ln\rho+c_2\rho^2+c_3\rho^2\ln\rho \tag{147}$$

后者可以用无穷级数表示，即

$$w_2=\sum_{n=2}^{\infty}A_{2n}\rho^{2n} \tag{148}$$

将 w_2 和式（147）代入式（146），即可确定系数 A_{2n}。所以在 $\rho<\dfrac{\bar{a}}{a}$ 范围内，式（146）之解为

$$w=c_0+c_1\ln\rho+c_2\rho^2+c_3\rho^2\ln\rho+\frac{a^4}{64D}(p_0-a_0)\rho^4-\frac{a^4}{D}\sum_{n=1}^{\infty}\frac{a_{2n}}{\lambda_{2n}}\rho^{2n+1} \quad (149)$$

$$\lambda_{2n}=16(n+2)^2(n+1)^2 \quad (150)$$

在上式中令 $p_0=0$，可得 $\rho>\frac{\bar{a}}{a}$ 范围内之解。当然此时 c_0～c_3 为另外四个常数。利用在板中心、板边界以及 $r=\bar{a}$ 处的边界条件，可以确定除 c_0 以外的七个常数值。再采取些近似办法，可以把从 $r=0$ 到 $r=a$ 范围内的 w 都以 ρ 的幂级数表示。把这个级数和式（145）等同，从第二项起使 ρ 的同次幂系数相等，可以建立求 a_{2i} 的无穷联立方程组。再加上板的平衡方程式进行求解，实际计算时只取（$n+1$）个系数。求出 a_{2i} 后即可确定接触反力和接触面沉陷的数值。其公式形式可写为

$$w=\bar{w}\frac{a^4}{D}p_0=\bar{m}\frac{p_0\sqrt{F}(1-\nu_0^2)}{E_0} \quad (151)$$

$$p=\bar{p}p_0 \quad (152)$$

对于圆形承压板在均布压力 p_0 下的反力分布系数 $\bar{p}$（反力 $p=p_0\bar{p}$），列于表 3 中。

表 3

承压板柔度 β ＼ 相对距离 ρ	0.0（中心）	0.1	0.2	0.3	0.4	0.5	0.6	0.7	0.8	0.9	1.0（边界）
0	0.50	0.502	0.508	0.524	0.546	0.577	0.625	0.700	0.830	1.145	—
0.5	0.57	0.58	0.59	0.60	0.62	0.66	0.72	0.82	1.02	1.40	—
1.0	0.61	0.61	0.62	0.63	0.65	0.68	0.73	0.83	1.01	1.38	—
2	0.66	0.66	0.66	0.67	0.68	0.71	0.75	0.83	1.00	1.34	—
3	0.70	0.70	0.70	0.70	0.71	0.73	0.77	0.84	0.99	1.31	—
5	0.76	0.76	0.76	0.76	0.76	0.77	0.79	0.80	0.98	1.27	—
10	0.86	0.86	0.85	0.84	0.83	0.83	0.83	0.86	0.96	1.20	—

注　$\beta=3\frac{1-\nu_1^2}{1-\nu_0^2}\frac{E_0}{E_1}\frac{a^3}{h^3}$

式中：E_1、ν_1 为承压板（试块）的弹性模量和泊松比；E_0、ν_0 为地基的弹性模量和泊松比；a 为承压板半径；h 为承压板厚度。

对于圆形承压板在均布压力 p_0 下的沉陷系数 $\bar{m}$ $\left[\text{沉陷} w=\bar{m}\frac{p_0\sqrt{F}(1-\nu_0^2)}{E_0}\right]$，列于表 4 中。

表 4

承压板柔度 β ＼ 相对距离 ρ	0.0（中心）	0.1	0.2	0.3	0.4	0.5	0.6	0.7	0.8	0.9	1.0（边界）
0（刚性板）	0.886	0.886	0.886	0.886	0.886	0.886	0.886	0.886	0.886	0.886	0.886
0.5	0.935	0.935	0.934	0.933	0.932	0.930	0.927	0.924	0.921	0.918	0.916
1.0	0.947	0.947	0.945	0.943	0.938	0.936	0.931	0.929	0.920	0.916	0.911
2	0.965	0.965	0.965	0.960	0.952	0.947	0.937	0.928	0.920	0.911	0.902

续表

相对距离 ρ / 承压板柔度 β	0.0（中心）	0.1	0.2	0.3	0.4	0.5	0.6	0.7	0.8	0.9	1.0（边界）
3	0.980	0.980	0.980	0.974	0.960	0.952	0.946	0.933	0.912	0.905	0.892
5	1.01	1.00	1.00	0.991	0.980	0.969	0.95	0.935	0.912	0.89	0.878
10	1.06	1.04	1.04	1.02	0.993	0.993	0.97	0.946	0.901	0.88	0.857
∞（柔性板）	1.128										0.718

注　$\beta=3\frac{1-\nu_1^2}{1-\nu_0^2}\frac{E_0}{E_1}\frac{a^3}{h^3}$

式中：E_1、ν_1 为承压板（试块）的弹性模量和泊松比；E_0、ν_0 为地基的弹性模量和泊松比；a 为承压板半径；h 为承压板厚度；F 为承压板面积，$F=\pi a^2$。

对于圆形承压板在中央集中压力 P 下的反力分布系数 $\overline{p}$（反力 $p=\frac{P}{F}\overline{p}$），列于表 5 中。

表 5

β \ ρ	0.0	0.1	0.2	0.3	0.4	0.5	0.6	0.7	0.8	0.9	1.0
0	0.500	0.502	0.508	0.524	0.546	0.577	0.625	0.700	0.830	1.145	—
0.5	0.816	0.816	0.785	0.755	0.723	0.723	0.755	0.816	0.943	1.29	—
1	1.10	1.07	0.975	0.911	0.816	0.785	0.785	0.816	0.880	1.165	—
2	1.57	1.51	1.35	1.20	1.01	0.911	0.848	0.816	0.755	0.943	—
3	1.98	1.89	1.66	1.42	1.16	1.01	0.911	0.785	0.660	0.754	—
5	2.74	2.58	2.23	1.79	1.415	1.165	0.975	0.755	0.440	0.440	—
10	4.18	3.93	3.27	2.45	1.76	1.32	1.04	0.62	0	−0.09	—

注　$\beta=3\frac{1-\nu_1^2}{1-\nu_0^2}\frac{E_0}{E_1}\frac{a^3}{h^3}$

式中：E_1、ν_1 为承压板（试块）的弹性模量和泊松比；E_0、ν_0 为地基的弹性模量和泊松比；a 为承压板半径；h 为承压板厚度；F 为承压板面积，$F=\pi a^2$。

对于圆形承压板在中央集中压力 P 下的沉陷系数 $\overline{m}$ $\left[沉陷 w=\overline{m}\frac{P(1-\nu_0^2)}{\sqrt{F}E_0}\right]$，列于表 6 中。

表 6

β \ ρ	0.0	0.1	0.2	0.3	0.4	0.5	0.6	0.7	0.8	0.9	1.0
0	0.886	0.886	0.886	0.886	0.886	0.886	0.886	0.886	0.886	0.886	0.886
0.5	1.01	1.00	0.995	0.985	0.970	0.957	0.944	0.925	0.915	0.896	0.883
1	1.09	1.08	1.06	1.04	1.01	0.985	0.964	0.927	0.900	0.879	0.857
2	1.23	1.22	1.18	1.15	1.09	1.04	0.993	0.936	0.878	0.822	0.766
3	1.36	1.34	1.27	1.23	1.15	1.09	1.02	0.935	0.872	0.807	0.744
5	1.56	1.52	1.42	1.35	1.24	1.14	1.03	0.920	0.815	0.710	0.602
10	1.91	1.84	1.70	1.56	1.35	1.21	1.06	0.850	0.709	0.567	0.354

注　$\beta=3\frac{1-\nu_1^2}{1-\nu_0^2}\frac{E_0}{E_1}\frac{a^3}{h^3}$

式中：E_1、ν_1 为承压板（试块）的弹性模量和泊松比；E_0、ν_0 为地基的弹性模量和泊松比；a 为承压板半径；h 为承压板厚度；F 为承压板面积，$F=\pi a^2$。

对于矩形承压板，要考虑其刚性时的计算原理亦是一样。我们举方板为例，设板的边长为 $2a$，承受均布荷载 p_0，我们令板底反力可用下式表示，即

$$p(x,\ y)=a_{00}+a_{20}(x^2+y^2)+a_{40}(x^4+y^4)+a_{22}(x^2y^2)+a_{60}(x^6+y^6)+a_{42}(x^4y^2+x^2y^4) \quad (153)$$

其中有六个待定常数，这些常数可由以下六个联立方程求解，即

$$\left.\begin{aligned}
&1000\,a_{00}+667\,a_{20}+400\,a_{40}+111\,a_{22}+286\,a_{60}+133\,a_{42}=1000\,p_0\\
&(-1414-195.77r)\,a_{00}+(1762-92.33r)\,a_{20}+(533-48.26r)\,a_{40}+\\
&(116-10.49r)\,a_{22}+(308-31.92r)\,a_{60}+(107-9.9)\,a_{42}=-195.77\,rp_0\\
&(-383+45.45r)\,a_{00}+(-1001+16.36r)\,a_{20}+(1017+9.82r)\,a_{40}+\\
&(-147+1.31r)\,a_{22}+(348+7.01r)\,a_{60}+(-98+1.26r)\,a_{42}=45.45\,rp_0\\
&(530-147.73r)\,a_{00}+(-354-98.18r)\,a_{20}+(-294-58.91r)\,a_{40}+\\
&(1945-7.83r)\,a_{22}+(-224-42.08r)\,a_{60}+(1082-7.53r)\,a_{42}=-147.73\,rp_0\\
&(-138-1.10r)\,a_{00}+(-221+1.90r)\,a_{20}+(-664-0.58r)\,a_{40}+\\
&(10+0.61r)\,a_{22}+(670-0.38r)\,a_{60}+(-33+0.48r)\,a_{42}=-1.10\,rp_0\\
&(56+5.49r)\,a_{00}+(-96+4.39r)\,a_{20}+(-66+2.63r)\,a_{40}+\\
&(-563-3.05r)\,a_{22}+(-47+1.88r)\,a_{60}+(905-2.39r)\,a_{42}=5.49\,rp_0
\end{aligned}\right\} \quad (154)$$

$$r=\frac{12\pi a^3E_0(1-\nu_1^2)}{h^3E_1(1-\nu_0^2)}=4\pi\beta \quad (155)$$

解出各 a 值后，板的沉陷 $w(x,\ y)$ 用式（156）计算，即

$$\begin{aligned}w(x,\ y)=&B_{00}+B_{20}(x^2+y^2)+B_{40}(x^4+y^4)+B_{22}(x^2y^2)+\\&B_{60}(x^6+y^6)+B_{42}(x^4y^2+x^2y^4)\end{aligned} \quad (156)$$

其中

$$B_{00}=\frac{1-\nu_0^2}{\pi E_0}\cdot a(7.051a_{00}+3.060a_{20}+1.656a_{40}+0.426a_{22}+1.130a_{60}+0.480a_{42}) \quad (157)$$

$$B_{20}=\frac{r}{\pi}\frac{1-\nu_0^2}{E_0}\cdot a[r_{20}^{00}(a_{00}-p_0)+r_{20}^{20}a_{20}+r_{20}^{40}a_{40}+r_{20}^{22}a_{22}+r_{20}^{60}a_{60}+r_{20}^{42}a_{42}] \quad (158)$$

其余仿此，式中 r_{20}^{00} 等是一些数值系数，载于表 7 中（表中所列为 r_{20}^{00} 等乘以 10^5 后的值）。

表 7

项目	a_{00}	a_{20}	a_{40}	a_{22}	a_{60}	a_{42}
B_{20}	195777*	9233	4826	1049	3192	900
B_{40}	−4545	−1636	−982	−131	−701	−126
B_{22}	14773	9818	5891	783	4208	753
B_{60}	110	−190	53	−61	38	−48
B_{42}	−549	−439	−263	305	−188	239
B_{80}	15	12	−52	10	5	2
B_{62}	−426	−342	−204	−135	−146	−42

续表

项目	a_{00}	a_{20}	a_{40}	a_{22}	a_{60}	a_{42}
B_{44}	1064	852	511	−9	365	106
$B_{10.0}$	1	0	0	0	−19	3
B_{82}	−40	−32	0	0	−19	3
B_{64}	63	50	30	44	22	6

* 指 B_{20} 公式中 a_{00} 项前的系数，余仿此。

上述算法的原理和详细讨论，可参阅文献［3］。

例如，设试块尺寸为 $1\text{m}\times1\text{m}\times0.3\text{m}$，$E_1=15\times10^4$，$\nu_1=0.167$，岩基 $E_0=0.875\times10^4$，$\nu_0=0.4$，则

$$r=12\pi\times\left(\frac{0.5}{0.3}\right)^3\times\frac{0.875}{15}\times\frac{0.972}{0.84}\approx10$$

用 $r=10$，可解算

$$p(x,\ y)=p_0[0.630+0.169(x^2+y^2)+0.308(x^4+y^4)-0.037x^2y^2+0.486x^6y^6-0.002(x^4y^2+x^2y^4)]$$

$$w(x,\ y)=\frac{p_0a(1-\nu_0^2)}{\pi E}[5.998-0.269(x^2+y^2)+0.077(x^4+y^4)+0.001x^2y^2-0.005(x^4y^2+x^2y^4)-0.002(x^8+y^8)-0.003(x^6y^2+x^2y^6)+0.008x^4y^4-0.001(x^{10}+y^{10})]$$

在中心、边界中心和角点处的 w 值为

$$w_{中心}=0.955\frac{p_0(1-\nu_0^2)}{E_0}2a$$

$$w_{边中}=0.924\frac{p_0(1-\nu_0^2)}{E_0}2a$$

$$w_{角点}=0.890\frac{p_0(1-\nu_0^2)}{E_0}2a$$

与刚性试块 $w=0.883\dfrac{p_0(1-\nu_0^2)}{E_0}2a$ 比较，可知当 $r<10$ 时，两者区别已不很大。

5.4 试验场所的几何边界问题

以上各节所述，都是从布心内斯克公式出发的，因此严格来讲，要使理论公式适用，岩基变形试验必须在“弹性半空间”上进行，至少要求试验地点周围有足够大的范围是一个平面，以满足弹性半空间的假定。这个要求在实际上恰恰是难以满足的。因为，不但不易找到这种足够大的平整的试验场地，而且在试验中我们常需用千斤顶加压。在平面上试验，就没有支承千斤顶反力的支座。当然，我们也可想些办法来解

决这个问题，例如，在垂直沉陷试验中，可以采取以下措施：

（1）利用重块加压。稍经计算，即可知道，如果要施加 10～20kg/cm^2 的压力，即使用钢板作为重块，也要在地面上堆叠 12～25m 高的压重件，这是行不通的，除非是进行软基试验，仅当压应力不大时可用。

（2）利用钢架支承千斤顶反力，钢架则锚固在离试验点较远的位置处，这样做要付出的试验代价将很大，施工也复杂。

（3）利用中心锚索将试块锚在地基深处，这个措施较为现实，国外也有采用过的报道，但试验工作要比常规方法复杂很多。

由于以上原因，目前我们还多在隧洞内进行基岩变形试验（多在勘探洞或其支洞内进行，见图 22）。由图 22 可见，试验处的边界条件远非“半无限弹性体”。为了使理论公式近似可用，应要求试块周围至少有一定范围是个平面。即 L_1、L_1'、L_2、L_2'的尺寸与试块（承压板）尺寸 $2a$ 或 $2b$ 相比，须维持一定倍数。究竟这个倍数应是多少，有待论证。例如，我们可以选择几组尺寸，用空间有限元法分析其应力和变位（这一分析是相当复杂的，因为边界形状较复杂，而且要反映无限大弹性体的影响），研究在什么条件下，这些变位就与半空间情况相近，否则，又应采用什么系数加以近似校正，有的同志在做试验时，完全无视这个问题，把试验点选在紧贴洞底或紧靠自由边界的地方，可能会有相当大的误差。又可注意，以图 22 中的试洞和半空间相比，由于 ab 线上并非边界，将使试验所得的变位值小于理论值（即求得的 E 值偏大），而由于 cd 线后的挖空，则又会使变位的试验值较理论值加大，而且还使变形不对称。

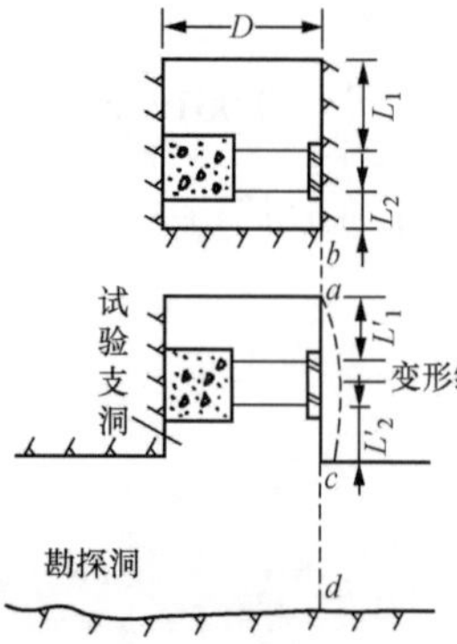

图 22

5.5 基岩的各向异性问题

众所周知，天然的基岩很少会是理想的各向同性弹性体。大多数基岩存在着明显的各向异性性质。例如，沉积岩有明显的层理，喷出岩常有成组的节理。这类基岩沿垂直于构造面和平行于构造面方向的性质有显著的差异，以用各向异性体来模拟它将更合适。

对于最一般性的各向异性弹性体来说，任何点上六个应变分量 $\{\varepsilon\}=[\varepsilon_x, \varepsilon_y, \cdots, \gamma_{zy}]^T$ 和六个应力分量 $\{\sigma\}=[\sigma_x, \sigma_y, \cdots, \tau_{zy}]^T$ 间的关系，可以用下式表示

$$\{\varepsilon\}=[a]\{\sigma\} \tag{159}$$

式中 $[a]$ 是一个六阶方阵，其中有 36 个常数，代表这种基岩的所有弹性性质。由于互等定律，36 个弹性常数中只有 21 个是独立的。但要分析这样复杂的材料，不但计算工作过大，试验工作也难以进行。实际情况，基岩的各向异性主要表现在平行和垂直于构造面方向上的差异，所以近似上可作为“正交各向异性体”处理。取坐标轴与这些面正交，则 ε 与 σ 间关系为

$$
\left.\begin{aligned}
\varepsilon_x &= \frac{\sigma_x}{E_1} - \frac{\nu_{21}}{E_2}\sigma_y - \frac{\nu_{31}}{E_3}\sigma_z \qquad & \gamma_{yz} &= \frac{\tau_{yz}}{G_{23}} \\
\varepsilon_y &= \frac{-\nu_{12}}{E_1}\sigma_x + \frac{\sigma_y}{E_2} - \frac{\nu_{32}}{E_3}\sigma_z \qquad & \gamma_{zx} &= \frac{\tau_{zx}}{G_{13}} \\
\varepsilon_z &= \frac{-\nu_{13}}{E_1}\sigma_x - \frac{\nu_{23}}{E_2}\sigma_y + \frac{\sigma_z}{E_3} \qquad & \gamma_{xy} &= \frac{\tau_{xy}}{G_{12}}
\end{aligned}\right\} \qquad (160)
$$

这里，E_1、E_2、E_3是沿弹性主向（x、y、z）的弹性模量，ν_{12}是在x方向拉伸时决定y方向收缩值的泊松比（余类推），G_{23}是规定主方向y和z间夹角变化的系数（余类推），它们并满足下述关系

$$
\left.\begin{aligned}
E_1\nu_{21} &= E_2\nu_{12} \\
E_2\nu_{32} &= E_3\nu_{23} \\
E_3\nu_{13} &= E_1\nu_{31}
\end{aligned}\right\} \qquad (161)
$$

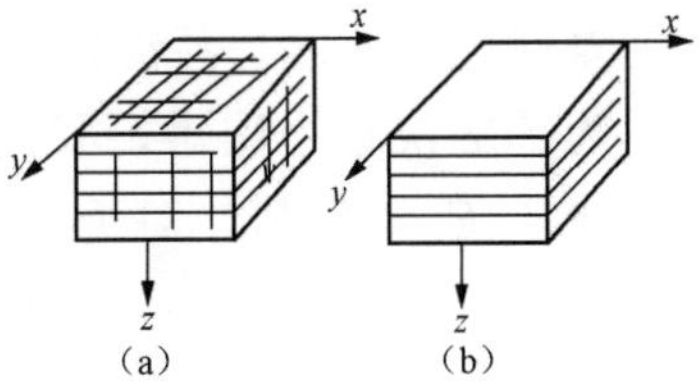

图 23

所以独立的常数仅 9 个［见图 23（a）］。

最简单的各向异性体，就像图 23（b）中所示的“横观各向同性体”。例如均匀的沉积岩，在每一层面上沿各方向是同性的。取z轴垂直层面，广义虎克定律可写为

$$
\left.\begin{aligned}
\varepsilon_x &= \frac{1}{E}(\sigma_x - \nu\sigma_y) - \frac{\nu'}{E'}\sigma_z \qquad & \gamma_{yz} &= \frac{\tau_{yz}}{G'} \\
\varepsilon_y &= \frac{1}{E}(\sigma_y - \nu\sigma_x) - \frac{\nu'}{E'}\sigma_z \qquad & \gamma_{zx} &= \frac{\tau_{zx}}{G'} \\
\varepsilon_z &= -\frac{\nu'}{E'}(\sigma_x + \sigma_y) + \frac{\sigma_z}{E} \qquad & \gamma_{xy} &= \frac{\tau_{xy}}{G}
\end{aligned}\right\} \qquad (162)
$$

这里，E、E'分别为平行和垂直层面的弹性模量；ν为层面内的泊松比；ν'为沿垂直层面方向拉伸时决定层面内收缩量的泊松比；G'为决定层面内各方向与垂直层面的方向间夹角变化的剪切模量；G为$E/$［2（$1+\nu$）］，独立的常数减为 5 个。

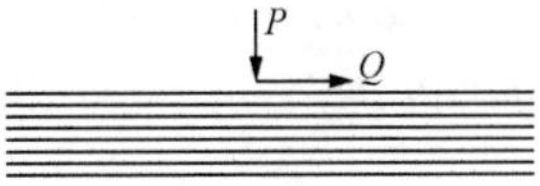

图 24

即使是对于横观各向异性体，要分析其在各种荷载下的应力和变形也是十分困难的。只有像“一个半无限体，表面是主弹性平面，承受一个集中荷载”这样的简单问题，才能求得了理论解（米契尔解）。在本情况中，表面变形公式可写成

$$
\left.\begin{aligned}
&\text{在垂直荷载 } P \text{ 作用下的沉陷} \qquad & w &= A_1\frac{P}{r} \\
&\text{在水平荷载 } Q \text{ 作用下的水平变位} \qquad & u &= B_1\left(\frac{1}{r} + C_1\frac{x^2}{r^3}\right)Q
\end{aligned}\right\} \qquad (163)
$$

式中：A_1、B_1、C_1为三个系数，它们是基岩 5 个弹性常数的函数。

当$E'=E$，$\nu'=\nu$，$G'=G$（即化为各向同性体时，A_1变为$\frac{1-\nu^2}{\pi E}=B_1$，$C_1$变为$\frac{\nu}{1-\nu}$，

就和式（20）、式（30）一致。

上述公式也可加以积分以求出当地表承受分布荷载时的变位。成果也同各向同性体的相应公式一致，只是系数不同。但是，要在岩基变形试验中应用这种公式，却十分困难。因为现在的材料常数有 5 个之多，我们怎样从试验成果去推求它们呢？当然，从理论上讲，我们可以量测 5 个不同的变位，代入理论公式中，解算得 5 个常数。或者测量更多的数据，用最小二乘法求出 5 个常数。但是由于观测误差的存在，而且基岩也非理想的横观各向同性体，这样求出的常数不可能准确，这里还没有提到解算中的困难问题（变位是各常数的复杂函数）。

为了解决这个困难，我们可以抓住主要矛盾，而放松一些次要因素。即，我们主要推求 E 及 E' 值，对于 ν 及 ν' 值可以按经验估计采用，或者做些其他的简单试验另行测定。对于 G 和 G'，不妨也近似假定它与 E 及 E' 之间有一定的关系。这样，把寻求的对象减为 2 个。最简单的做法是令 $\nu=\nu'=0$，且令 $G=\dfrac{n}{n+1}E$（n 为两个弹模之比），这时有

$$\left.\begin{aligned}A_1&=\frac{1}{2\pi E}\sqrt{\left(1+\frac{1}{n}+\frac{2}{\sqrt{n}}\right)}\\B_1&=\frac{1}{2\pi E}\frac{\sqrt{2(1+n)}}{n}\\C_1&=0\end{aligned}\right\}\tag{164}$$

在一块正方形面积上施加均匀压应力 p 时，受荷区的平均沉陷是

$$\bar{w}=2.97A_1p\times2a\tag{165}$$

而在正方形面积上施加均匀剪应力 q 时，受荷区的平均水平变位是

$$\bar{u}=2.97B_1q\times2a\tag{166}$$

这样，在试验时，我们可以在基岩面上修整一块正方形试区（$2a\times2a$），分别在其上施加压应力和剪应力，测定其平均的沉陷和切移，由其比值可以决定 n，从而得到 E 及 nE 的值。

A_1/B_1	2.68	2.09	1.673	1.395	1	0.696	0.558	0.418	0.292
n	9	5	3	2	1	1/2	1/3	1/5	1/9

例如，1m×1m 的方形试块，施加均匀压应力 $p=20\text{kg/cm}^2$，测得平均沉陷为 0.19cm。如施加均匀剪应力 $q=10\text{kg/cm}^2$，测得平均切向（水平）位移为 0.065cm。

则
$$A_1/B_1=0.19/0.13=1.46$$

$$n\approx2$$

又
$$A_1=\frac{\bar{w}}{2.97\times p\times2a}=\frac{0.19}{2.97\times2000}=0.000032=\frac{1}{2\pi E}\times1.7$$

因此（见图 25）$E=\frac{1.7}{2\pi\times0.000032}=8450$（$kg/cm^2$），$nE=16900$（$kg/cm^2$）

如果我们希望较准确地考虑 G'、ν、ν' 的影响，或者表面并非同性面（见图 26），那么上述简化公式不能应用。要解决这一类问题，非借助于电子计算机及空间有限元分析不可。

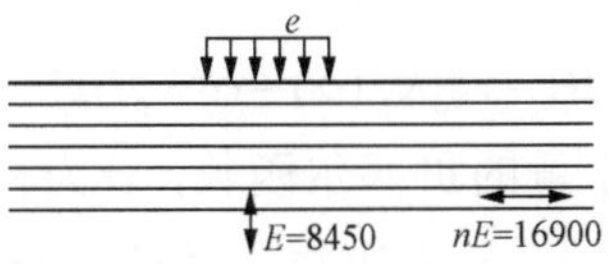

图 25

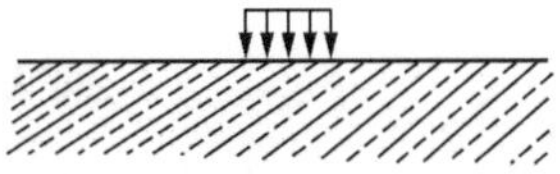

图 26

6 隧洞变形试验

水工压力圆形隧洞承受均匀径向压力 p 作用时，其内径将增大一值 u。如果围岩是均匀的各向同性弹性体，则 p 与 u 之间呈正比关系，即

$$p=ku \tag{167}$$

对于长隧洞而且全洞受压时，问题属于平面变形范畴，其具体关系式是熟知的，有

$$p=\frac{E}{(1+\nu)r}u \tag{168}$$

即

$$k=\frac{E}{(1+\nu)r} \tag{169}$$

式中：E、ν为围岩的弹性模量和泊松比；r 为洞的半径；k 为围岩的弹性抗力系数，以 t/m^3 或 kg/cm^3 计，在隧洞设计中是一个重要数据。

对于重要的大型高压隧洞，我们常在现场试洞中进行试验测定 k，将从试洞中求出的 k 值乘以试洞的半径 r_0（以 m 计），得

$$k_0=kr_0 \tag{170}$$

其中，k_0 表示半径等于 1m 的洞子的弹性抗力系数，以 t/m^2 或 kg/cm^2 计。求得 k_0 后，对于半径 R 为任意值的洞子的弹性抗力系数就是 $k=\frac{k_0}{R}$。此外，围岩的 E 值可由式（169）计算。当然，这样求得的 E 值已包括了围岩内的各种断裂、软弱因素在内，完全不等于完整的岩石试样的弹性模量。

常用的测定围岩 k 值的方法就是水压试验。为了使试验情况接近平面变形条件，试验段的长度应大于 3 倍洞子直径。由于水压试验复杂费时，我国有些单位已开始用径向千斤顶法来代替（如成都院），采用这一方法，试验段要力求其短，但这样就不能满足平面变形假定。因此，须进行试验段长度的校正。

设隧洞半径为 a，我们在洞内某一长为 l 的段内施加均匀径向压力 p，则其变形曲线如图 27 中虚线所示。在加压段中线处变位最大，记为 u_0。如果是整个隧洞受压（平

面变形问题），则变形为均匀值 u'。显然 $u'>u_0$。记 $u_0=\xi u'$（$0<\xi<1$），ξ 是试段长度修正系数，它是 $\frac{l}{2a}=\frac{c}{a}$ 和 ν 的函数。C. J. Tranter 氏曾解算了这个课题，求得

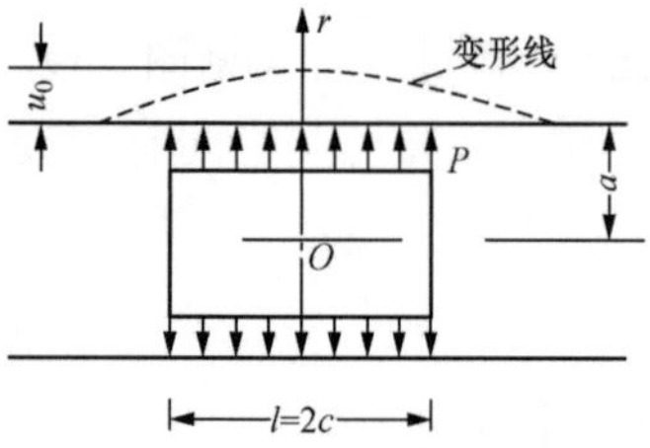

图 27

$$\xi=\frac{4(1-\nu)}{\pi}\int_0^\infty\frac{K_1^2(\alpha)}{\alpha D(\alpha)}\sin\frac{c}{a}\alpha\mathrm{d}\alpha \tag{171}$$

$$D(\alpha)=[\alpha^2+2(1-\nu)]K_1^2(\alpha)-\alpha^2K_0^2(\alpha) \tag{172}$$

而 $K_0(\alpha)$、$K_1(\alpha)$ 为虚宗量的贝塞尔函数，α 为积分变量。上式形式虽很简单，但不易计算。Tranter 氏首先将积分限 $\int_0^\infty$ 分为 $\int_0^{12}$ 及 $\int_{12}^\infty$ 两段。对于后者，被积函数中的 $\frac{K_1^2(\alpha)}{\alpha D(\alpha)}$ 可以很近似地以其渐近式表示，即

$$\frac{K_1^2(\alpha)}{\alpha D(\alpha)}\approx\frac{1}{\alpha^2}-\frac{0.4}{\alpha^3}-\frac{0.965}{\alpha^4} \tag{173}$$

从而可积出

$$\int_{12}^\infty\frac{K_1^2(\alpha)}{\alpha D(\alpha)}\sin\frac{c}{a}\alpha\mathrm{d}\alpha=\left(0.08176+0.01340\frac{c^2}{a^2}\right)\sin\frac{12c}{a}-0.01778\frac{c}{a}\cos\frac{12c}{a}+$$
$$0.2\frac{c^2}{a^2}\left[\frac{\pi}{2}-S_i\left(\frac{12c}{a}\right)\right]-\left(1+0.16083\frac{c^2}{a^2}\right)\frac{c}{a}C_i\left(\frac{12c}{a}\right) \tag{174}$$

$$S_i(x)=\int_0^x\frac{\sin x}{x}\mathrm{d}x\quad C_i(x)=-\int_x^\infty\frac{\cos x}{x}\mathrm{d}x \tag{175}$$

至于 $\int_0^{12}\frac{K_1^2(\alpha)}{\alpha D(\alpha)}\sin\frac{c}{a}\alpha\mathrm{d}\alpha$ 之值，该作者采用数值法计算。先从 $\alpha=0$ 到 $\alpha=2$，每隔间距 $\Delta\alpha=0.2$ 计算 $\frac{K_1^2(\alpha)}{\alpha D(\alpha)}$ 之值，从 $\alpha=2$ 到 $\alpha=12$，每隔间距 $\Delta\alpha=0.5$ 计算上述函数之值，然后利用 Filon 氏积分公式（类似于辛普森公式）求该积分，得

$$\int_A^B F(x)\sin kx\mathrm{d}x=h\{\alpha[F(A)\cos kA-F(B)\cos kB]+\beta S_{2s}+rS_{2s-1}\} \tag{176}$$

在这里，积分区段被划分为间距为 h 的小段，S_{2s} 是曲线 $y=F(x)\sin kx$ 在 A、B 间所有偶数纵标之和（首末项取半），S_{2s-1} 是所有奇数纵标之和，而 α、β、γ 三值由 $\psi=hk$ 计算，即

$$\left.\begin{aligned}\alpha&=\frac{1}{\psi}+\frac{\sin\psi\cos\psi}{\psi^2}-\frac{2\sin^2\psi}{\psi^2}\\\beta&=2\left(\frac{1+\cos^2\psi}{\psi^2}-\frac{2\sin\psi\cos\psi}{\psi^3}\right)\\\gamma&=4\left(\frac{\sin\psi}{\psi^3}-\frac{\cos\psi}{\psi^2}\right)\end{aligned}\right\} \tag{177}$$

为了避免在 $\alpha=0$ 处被积函数成为无穷大，可先利用上式求积分，即

$$I=\int_0^{12}\left[\frac{1}{1.4\alpha}-\frac{K_1^2(\alpha)}{\alpha D(\alpha)}\right]\sin\frac{c}{a}\alpha\mathrm{d}\alpha \tag{178}$$

在求出 I 后，原待求的积分值就是

$$\frac{1}{1.4}S_i\left(\frac{12c}{a}\right)-I \tag{179}$$

Tranter 氏就 $\nu=0.3$ 和 $\frac{c}{a}=0.25$、0.50 计算得 $\xi=0.450$ 及 0.633，图 28 中根据各种计算和实验资料，绘出 ξ 的曲线。这条曲线，当 $\frac{c}{a}$ 值稍大时，与 ν 的关系不大，至少在 $\nu=0.2\sim0.3$ 范围内是可用的。我们在进行试验时，应量取试验段中央处的最大半径增量 u_0，改正为 $u'=\frac{u_0}{\xi}$，然后再求 k_0。

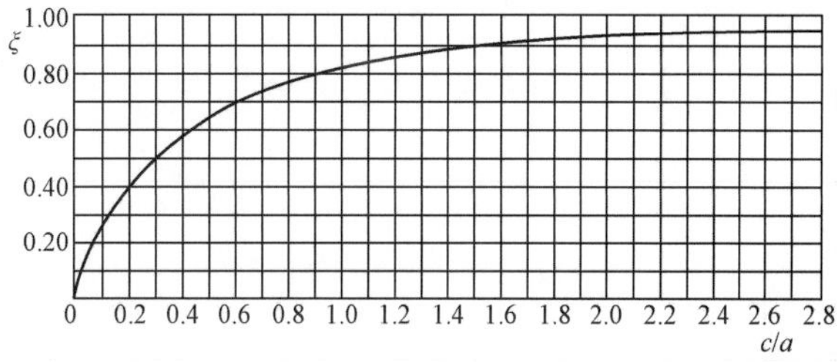

图 28

在进行试验时应注意试段不能太靠近洞口。一则试段太近洞口，就与数学推导中的假定不符，产生误差；更重要的则是洞口常易受各种影响，围岩较破碎，不能反映隧洞周围的真实地质情况。

不论是采用水压试验还是千斤顶试验，所需代价和时间都还是较多的。如进一步简化为钻孔中试验，则因孔径过小，不能反映实际情况。目前在初设阶段以及对于中小型工程，我们常在探洞中用承压板做小面积试验，测定基岩 E 值，然后再由式（169）求 k。应注意，这样求出的 k 值往往偏大。原因有二：①小面积承压试验往往不能反映出围岩中许多断裂等缺陷的影响；②隧洞边界条件与半无限平面有很大区别，在隧洞周界上受压，将产生环向应力。所以我们在进行这种试验时，除应将承压板布置在有代表性的地方外，并应适当解除环向应力或在最后的成果整理分析中予以校正（见图 29）。

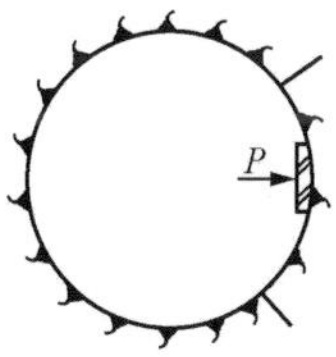

图 29

参考文献

[1] 铁摩辛柯，古地尔．弹性理论．徐芝纶，吴永祯，译．北京：人民教育出版社，1964.

[2] 清华大学工程地质及基础工程教研组．土力学讲义．北京：高等教育出版社，1959.

[3] 高尔布诺夫—盾沙道夫．弹性地基上结构物的计算．华东工业建筑设计院，译．北京：中国工业出版社，1965.

[4] 弗洛林．土力学原理：第一卷，第二卷．徐志英，译．北京：中国建筑工业出版社，1973.

[5] Lure A I. Three-Dimensional Problems of the Theory of Elasticity. Interscience Publishers, 1964.

[6] Love A E H. A Treatise on the Mathematical Theory of Elasticity. Oxford, 1944.

[7] Едоров К Е, Методы Расчета Конечных Осадок Фундаментов. сборник трудов No. 13Научно-Исследовательского Института Оснований и Фундаментов, Мащстройиздат，1949.
[8] Michell J H . The Stress in an Aeotropic Elastic Solid with an Infinite Plane Boundary. Proceeding, London Mathematical Society 247, June, 1900.
[9] Tranter C J . On the Elastic Distorsion of a Cylindrical Hole by Localised Hydrostatic Pressure. Quart. Appl. Math.，1946，4（3）.
[10] 菲尔泽水电站工作组．菲尔泽水电站岩体力学野外试验报告．1975.

水电站厂房圈梁—立柱式机墩结构设计

1 概　　述

水电站厂房中支承机组的结构，一般称为机墩结构或发电机支座；而且常常采用封闭的圆筒式结构。我们在设计某一中型的高水头水电站厂房时，因厂房尺寸紧凑，又考虑到冲击式机组的下部机件及操作机构都比较简单，因此采用了圈梁—立柱式的构架式机墩。水轮发电机组支承在圆环形的钢筋混凝土圈梁上，圈梁又支承在四根立柱上，立柱则固结于水轮机层的大体积混凝土上。这样，水轮机层空间较为开敞，运行方便，混凝土工程量也较少。但是，这种结构的施工稍复杂，刚度较差，强度和动力计算也较复杂。开始时，我们采用比较近似的方法计算，即圈梁作为固定在柱端的平面圆弧梁计算，立柱则作为固定在水轮机层上的独立悬臂梁计算；发现构架内力较大，刚度不足，不满足抗震要求。研究后，改为按考虑梁、柱相互约束作用的整体分析法重新计算，就发现立柱内力有所降低，刚度有所提高，各种要求都得到满足，因此即按此施工。该电站自 1971 年 12 月投产运行以来，情况良好，后来又推广应用到更大的混流式机组上去，也很成功。鉴于国内类似的机墩设计尚不多见，因此将主要设计分析方法扼述于下，以供参考。

2 静　力　计　算

圈梁和立柱都是钢筋混凝土结构，固结在一起。受负荷作用时，发挥整体作用。但为了计算方便，我们先将圈梁和立柱分别考虑，然后在结点处施加内力，使连续条件得到满足，从而得出最终成果。兹分述于下。

2.1 圈梁分析

（1）圈梁先作为简支在 4 个柱顶上的圆梁处理，发电机层传下来的荷载为 q_1，均匀分布在边界上。自重 q_2 均匀分布在中心线上。这些荷载由四个立柱的反力 R 来平衡。R 作用线通过立柱断面的形心（见图 1）。

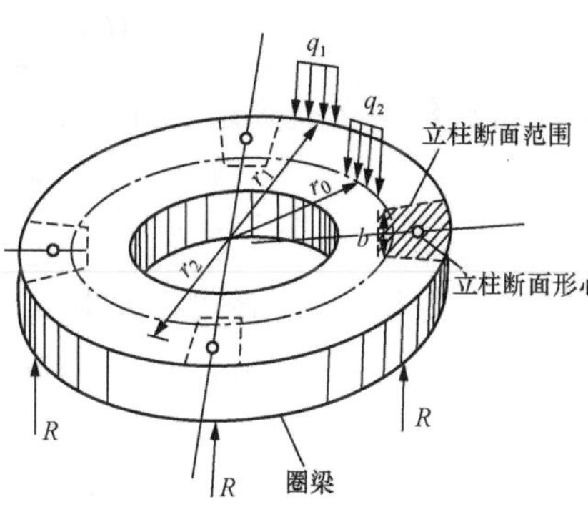

图 1

荷载 q_1 及立柱反力 R 并不作用在圈梁的中心轴线上，因此，我们先将它们转移到中心轴线上。在转移过程中，根据静力等效原理，要增加一个扭矩。扭矩的正负号，就梁的顶面而言，以向心为正，则作用在中心轴上的合成荷载为

$$q=q_1\times\frac{r_1}{r_0}+q_2 \text{（均布荷载）} \tag{1}$$

$$m=-q_1(r_1-r_0)\frac{r_1}{r_0} \text{（均布扭矩，并系负值）} \tag{2}$$

立柱反力为

$$R=\frac{1}{4}(2\pi r_1 q_1+2\pi r_0 q_2) \tag{3}$$

将这个反力移置在圈梁的中心轴线上，应增加一个扭矩，即

$$m=R(r_2-r_0)$$

设沿中心轴线，立柱断面宽度为 b，假定 R 及 m 均布于 b 的范围内，可得荷载

$$\overline{q}=\frac{-R}{b}(\uparrow) \tag{4}$$

$$\overline{m}=\frac{m}{b} \tag{5}$$

（2）由上可知，圈梁沿其中心轴线，承受向下的荷载 q（布满全圆周）和向上的荷载 $\overline{q}$（间断分布在四段圆弧上，各宽 b），此外尚承受扭转荷载 m 及 $\overline{m}$，性质同上。

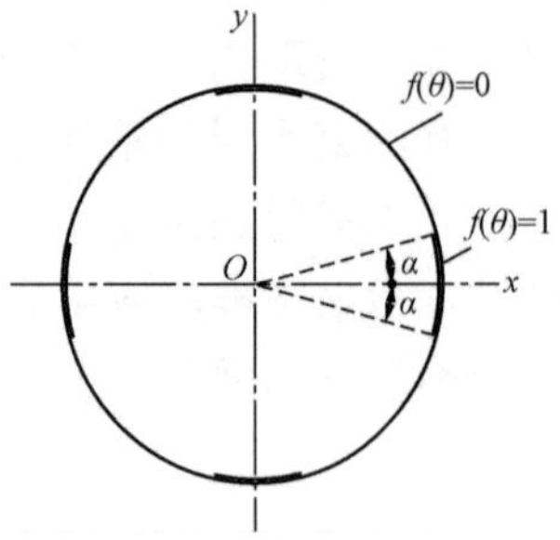

图 2

为了分析圆弧梁在这些荷载作用下的应力及变形，需将间断荷载 $\overline{q}$ 及 $\overline{m}$ 展为傅里叶级数。为此，考虑一个在圆周上的函数 $f(\theta)$。$f(\theta)$ 的定义如下，它在圆周的粗黑线范围内为 1，在其余范围内为 0（参见图 2）。将 $f(\theta)$ 展为余弦级数，即

$$f(\theta)=\frac{a_0}{2}+a_1\cos\frac{2\pi\theta}{T}+a_2\cos\frac{4\pi\theta}{T}+\cdots$$

其中，T 为周期。以 $T=\frac{\pi}{2}$ 导代入，得

$$f(\theta)=\frac{a_0}{2}+a_1\cos 4\theta+a_2\cos 8\theta+\cdots \tag{6}$$

系数 a_k 用经典公式确定（脚标 k=1，2，…），即

$$a_k=\frac{2}{T}\int_{-\alpha}^{\alpha}1\cos k\frac{2\pi\theta}{T}\mathrm{d}\theta=\frac{1}{\pi k}\left(\sin k\frac{2\pi}{T}\theta\right)_{-\alpha}^{\alpha}=\frac{2}{\pi k}\sin 4k\alpha \tag{7}$$

α 是张角之半，可见图 2。求出 a_k 后，即得 $f(\theta)$ 的展开式。角 α 可由 b 与 r_0 的比值确定。例如，设 r_0=2.39m，b=0.833m，则 α=9.985°≈10°，而

$$\begin{aligned}f(\theta)=&0.2222+0.4092\cos 4\theta+0.3135\cos 8\theta+0.1838\cos 12\theta+\\&0.05443\cos 16\theta-0.04355\cos 20\theta-0.09189\cos 24\theta-0.08956\cos 28\theta-\\&0.05115\cos 32\theta+0.04092\cos 40\theta+0.0570\cos 44\theta+0.01149\cos 48\theta+\\&0.00419\cos 52\theta-0.00389\cos 56\theta-0.00919\cos 60\theta-0.00980\cos 64\theta-\\&0.00602\cos 68\theta+0.00538\cos 76\theta+\cdots\end{aligned} \tag{8}$$

这样，q 及 $\overline{q}$ 和 m 及 $\overline{m}$ 可以合并写为

$$q(\theta)=q+\overline{q}f(\theta) \tag{9}$$

$$m(\theta)=m+\overline{m}f(\theta) \tag{10}$$

注意，由于平衡条件，$q(\theta)$ 中的常数项一定为 0，只剩下余弦项。

（3）对余弦荷载产生的应力及变形，当圈梁上作用荷载 $q_n\cos n\theta(n=2，3，\cdots$，在本文计算中，$n$ 常依次取 4 的倍数，即 n=4，8，12，…）时，在各断面上产生的弯矩 M、扭矩 T、转角 ψ 分别为

$$M=\frac{q_n r_0^2}{n^2-1}\cos n\theta \tag{11}$$

$$T=\frac{q_n r_0^2}{n(n^2-1)}\sin n\theta \tag{12}$$

$$\psi=\frac{q_n r_0^3}{(n^2-1)^2}\left(\frac{1}{EI}+\frac{1}{GJ}\right)\cos n\theta=\frac{q_n r_0^3}{(n^2-1)^2 EI}\cos n\theta\left(1+\frac{EI}{GJ}\right) \tag{13}$$

关于 M、T、ψ 的方向，参见图 3（图中以双矢号代表力矩和转角，按右手螺旋规则画）。上述公式的推导过程从略（参见文献［1］）。将 $\theta=0°$、$\theta=\alpha$ 及 θ=45°代入，可以分别求出支座中心截面、支座边界截面及跨中截面的 M、T 和 ψ。M 以底面受拉为正，ψ 以向心转动为正，EI 是圈梁断面的抗弯刚度，GJ 是圈梁断面的抗扭刚度。

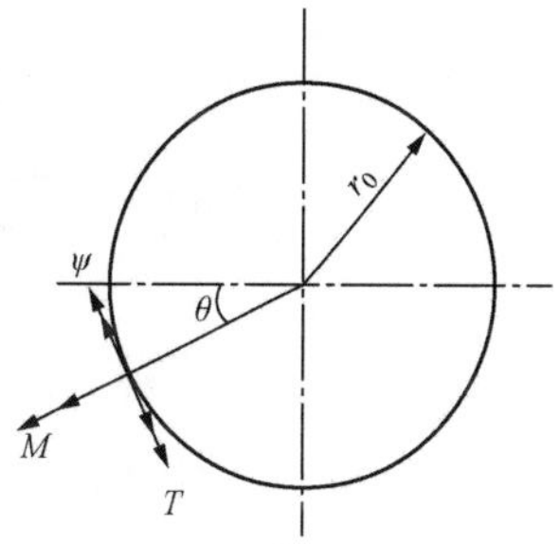

图 3

（4）扭矩产生的应力。

1）均布扭矩 m 产生的应力及变形

$$M=mr_0 \tag{14}$$

$$\psi=\frac{mr_0^2}{EI} \tag{15}$$

2）余弦分布扭矩 $\sum m_n\cos n\theta$ 作用下产生的应力及变形

$$M=-\sum\frac{m_n r_0}{n^2-1}\cos n\theta \tag{16}$$

$$T=\sum\frac{n(m_n r_0)}{n^2-1}\sin n\theta \tag{17}$$

$$\psi=\sum\frac{m_n r_0^2}{(n^2-1)^2}\left(\frac{1}{EI}+\frac{n^2}{GJ}\right)\cos n\theta$$
$$=\sum\frac{m_n r_0^2}{(n^2-1)^2 EI}\left(1+\frac{EI}{GJ}n^2\right)\cos n\theta \tag{18}$$

（5）内力和转角合计，将由式（3）及式（4）中求得的 M、T、ψ 合计，即得圈梁各断面上的合成内力及转角。但这是假定圈梁简支在立柱顶上的情况。

2.2　立柱分析

立柱作为独立的悬臂梁考虑，其承受荷载有以下几种。

2.2.1　水平离心力

$$P=\overline{\Delta r}\,\overline{m}\,\omega^2=(0.1047n)^2\,\overline{\Delta r}\,\frac{G}{g} \tag{19}$$

式中：$\overline{m}$ 为发电机转子连轴的质量；G 为重量；ω为转速（角速度），rad/s；n 为转速，r/min；$\overline{\Delta r}$ 为质量中心与旋转中心的偏差，取决于制造及安装质量。此力水平作用，指向外，它所产生的影响，对立柱来讲，是有利的，故一般不予考虑（P 力作用在上机架支承板螺栓中心）。

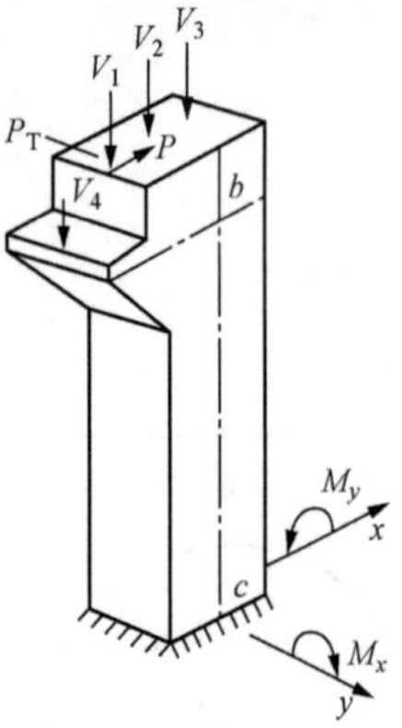

图 4

2.2.2　正常扭矩或短路扭矩产生的切向水平力

$$P_T=\frac{2M_k}{D_{cm}n} \tag{20}$$

式中：M_k 为正常或短路扭矩；D_{cm} 为发电机支承板螺栓中心的间距；n 为立柱数。

P_T 作用在上机架支承板螺栓中心，其方向与 P 垂直，所产生的弯矩主要是 M_x（参见图 4），由于在四个立柱上承受相同的、同一旋转方向的 P_T 值，所以圈梁对之并无显著的约束作用。

2.2.3　垂直荷载

（1）机械设备荷载 V_1，作用于上机架支承板螺栓中心；

（2）圈梁反力 V_2（$=R$），作用于圈梁中心轴处；

（3）立柱自重 V_3，作用于立柱轴线；

（4）下机架荷载 V_4，作用于下机架支承板螺栓中心。

以上荷载中，V_1 及 V_2 是主要的荷载，V_3 可以独立计算，影响另加，V_4 值甚微。圈梁起约束作用的，主要正是 V_1 和 V_2 所产生的 M_y。其分析步骤如下：

1）立柱受 V_1、V_2 荷载下的变形计算。画出立柱计算草图（见图 5），用虚功法求牛腿端点 a 的垂直变位Δz、水平变位Δx 和转角 θ_a，即

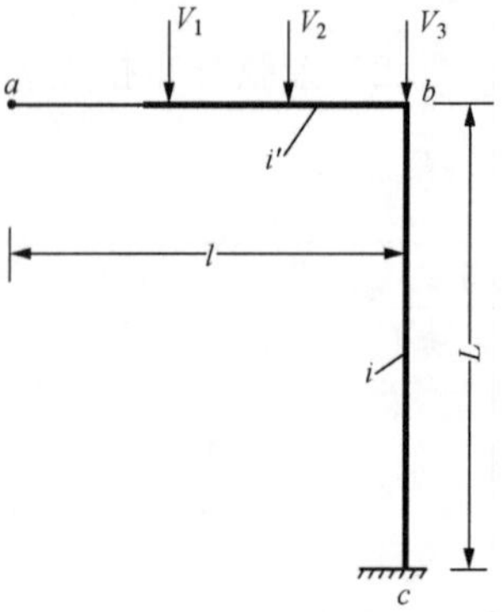

图 5

$$\Delta z=\sum\int\frac{Mm\mathrm{d}x}{Ei}+\theta_f l \tag{21}$$

$$\Delta x=\sum\int\frac{M'm'\mathrm{d}x}{Ei}+\theta_f l \tag{22}$$

$$\theta_a=\sum\int\frac{M\mathrm{d}x}{Ei}+\theta_f \tag{23}$$

立柱断面的惯矩均以 i 表示，以与圈梁的 I 区别。式中 θ_f 是基础面转动角，如立柱固定在大体积混凝土上，可近似取

$$\theta_f=\frac{4.5M}{Ea^3} \tag{24}$$

式中：a 为立柱断面边长（将它化成正方形）；M 为柱底弯矩；θ_a 以向心倾转为正，Δx 以向心位移为正，Δz 以向下位移为正。

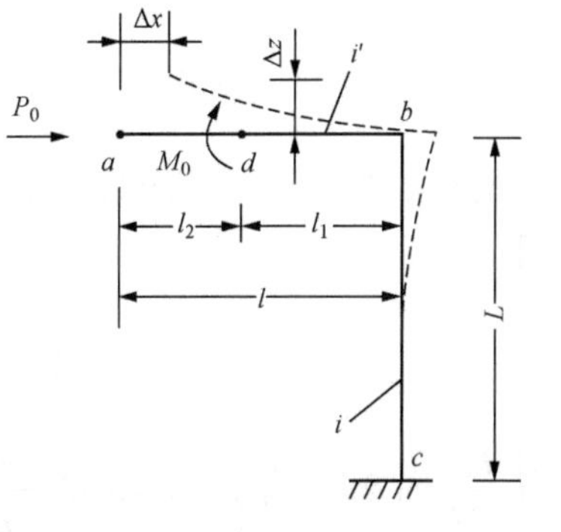

图 6

2）立柱变形常数计算。在考虑圈梁和立柱的整体作用时，要引用两者的变形常数。立柱常数容易求得，公式如下所示。

a）在单位推力作用下的常数（参见图 6）

$$[\Delta x]_{P=1}=\left(\frac{L^3}{3Ei}+\frac{4.5L^2}{Ea^3}\right) \tag{25}$$

$$[\Delta z]_{P=1}=\left(\frac{l_1L^2}{2Ei}+\frac{4.5l_1L}{Ea^3}\right) \tag{26}$$

$$[\theta]_{P=1}=\left(\frac{L^2}{2Ei}+\frac{4.5L}{Ea^3}\right) \tag{27}$$

b）在单位弯矩 $M_0=1$ 作用下的常数（M_0 作用点距立柱轴线为 l_1）

$$[\Delta x]_{m=1}=\left(\frac{L^2}{2Ei}+\frac{4.5L}{Ea^3}\right) \tag{28}$$

$$[\Delta z]_{m=1}=\left(\frac{l_1^2}{2Ei'}+\frac{l_1L}{Ei}+\frac{4.5l_1}{Ea^3}\right) \tag{29}$$

$$[\theta]_{m=1}=\left(\frac{l_1}{Ei'}+\frac{L}{Ei}+\frac{4.5}{Ea^3}\right)=\left(\beta\frac{L}{Ei}+\frac{4.5}{Ea^3}\right) \tag{30}$$

其中，$\beta=1+\frac{l_1}{L}\frac{i}{i'}$。

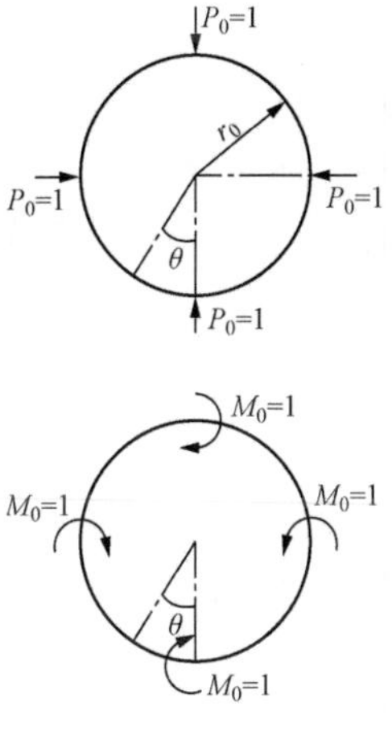

图 7

3）圈梁变形常数计算（参见图 7）。

a）圈梁承受四个对称的集中力，则在力作用点处的半径将减少一值

$$[\Delta x]_P=0.012\frac{pr_0^3}{EI_0}=0.012\frac{r_0^3}{EI_0} \tag{31}$$

式中：I_0 为圈梁在其本身平面内弯曲时的断面惯矩，以区别于另一方向的 I。

相应产生的弯矩是

$$\overline{M}=Pr_0\left(0.6366-\frac{1}{2}\sin\theta-\frac{1}{2}\cos\theta\right) \tag{32}$$

$\bar{M}$ 上加一横，以示与垂直方向的弯矩 M 区别。

b）圈梁在对称的四个集中扭矩 $M_0=1$ 的作用下在扭矩作用点处的扭转角

$$\psi(0)=\frac{2M_0r_0}{\pi EI}+\frac{4M_0r_0}{\pi EI}\sum_{n=4,\ 8,\ \cdots}^{\infty}\left[\frac{1}{(n^2-1)^2}+\frac{n^2}{(n^2-1)^2}\frac{EI}{GJ}\right]$$

在括号中的两个无穷级数，第一个收敛很快，但第二个较慢。采用一些数学方法处理后，最后得

$$\psi(0)=\left(0.6427+0.1534\frac{EI}{GJ}\right)\frac{M_0r_0}{EI} \tag{33}$$

置 $\frac{EI}{GJ}=1.25$，得 $\psi(0)=0.821\frac{M_0r_0}{EI}$。如考虑扭矩分布作用在 $\alpha=20°$ 范围内，$\psi(0)$ 将稍小一些，$\psi(0)=0.768\frac{M_0r_0}{EI}$。

其中，I 是圈梁在垂直方向弯曲时断面的惯矩。

相应产生的内力是

$$M(\theta)=\frac{2M_0}{\pi}\left(1-2\sum_{n=4,\ 8,\ \cdots}^{\infty}\frac{\cos n\theta}{n^2-1}\right) \tag{34}$$

$$T(\theta)=\frac{4M_0}{\pi}\sum_{n=4,\ 8,\ \cdots}^{\infty}\frac{n}{n^2-1}\cos n\theta \tag{35}$$

圈梁变形时，尚受上部风罩的抵抗，可按圆筒考虑。一般其值不大，可予忽略。

4）圈梁和立柱间内力 M_0 及 P_0 的确定。

在第 2.1 节和第 2.2 节，立柱及圈梁系分别计算，所以在交点处存在不协调的变位 θ_0、Δx_0、Δz_0（θ_0 中包括立柱转角 θ_a 及圈梁扭角 ψ 两种成分，Δx_0 及 Δz_0 仅为立柱柱顶变位）。为消除这些不符变位，使结构恢复连续，在交点处加入一对内力 P_0 和 M_0，则利用已求得的形变常数，根据圈梁和立柱在 a 点应有相同的 Δx 及 θ 的条件，可以建立两个方程，即

$$P_0\left(\frac{L^2}{2Ei}+\frac{4.5L}{Ea^3}\right)+M_0\left(0.768\frac{r_0}{EI}+\beta\frac{L}{Ei}+\frac{4.5}{Ea^3}\right)=\theta_0 \tag{36}$$

$$P_0\left(0.012\frac{r_0^3}{EI_0}+\frac{L^3}{3Ei}+\frac{4.5L^2}{Ea^3}\right)+M_0\left(\frac{L^2}{2Ei}+\frac{4.5L}{Ea^3}\right)=\Delta x_0 \tag{37}$$

解之，并化成无因式形式，为

$$P_0=L^2E\left[\frac{\Delta x_0}{L}\left(0.768\frac{r_0L^3}{I}+\beta\frac{L^4}{i}+\frac{4.5L^3}{a^3}\right)-\theta_0\left(\frac{L^4}{2i}+\frac{4.5L^3}{a^3}\right)\right]\Bigg/$$
$$\left[\left(0.012\frac{r_0^3L}{I_0}+\frac{L^4}{3i}+\frac{4.5L^3}{a^3}\right)\left(0.768\frac{r_0L^3}{I}+\beta\frac{L^4}{i}+\frac{4.5L^3}{a^3}\right)-\left(\frac{L^4}{2i}+\frac{4.5L^3}{a^3}\right)^2\right] \tag{38}$$

$$M_0=L^3E\left[\theta_0\left(0.012\frac{r_0^3L}{I_0}+\frac{L^4}{3i}+\frac{6L^3}{a^3}\right)-\frac{\Delta x_0}{L}\left(\frac{L^4}{2i}+\frac{4.5L^3}{a^3}\right)\right]\Bigg/$$
$$\left[\left(0.012\frac{r_0^3L}{I_0}+\frac{L^4}{3i}+\frac{4.5L^3}{a^3}\right)\left(0.768\frac{r_0L^3}{I}+\beta\frac{L^4}{i}+\frac{4.5L^3}{a^3}\right)-\left(\frac{L^4}{2i}+\frac{4.5L^3}{a^3}\right)^2\right] \tag{39}$$

求出 P_0 及 M_0 后，应计算柱及梁的变位 θ 和 Δx，以资校核。为了以后的动力计算，还应计算柱顶的垂直变位 Δz_0。P_0 及 M_0 的正向，如图 6 及图 7 所示。

求出 P_0 及 M_0 后，立柱应力即可按悬臂梁计算。圈梁应力则应在第 2.1 节中所求得的成果上叠加 P_0 和 M_0 的影响。

【例】 某电站机墩平面尺寸及剖面如图 8 所示。已求得以下各基本数据：

圈梁中心轴半径 r_0=2.39m，又 r_1=3.20m，r_2=2.943m；圈梁中心轴上所受全部均布荷载 q=14.08t/m↓，均布扭矩 m=−3.34t • m/m，立柱反力 $R=V_2$=52.8t。

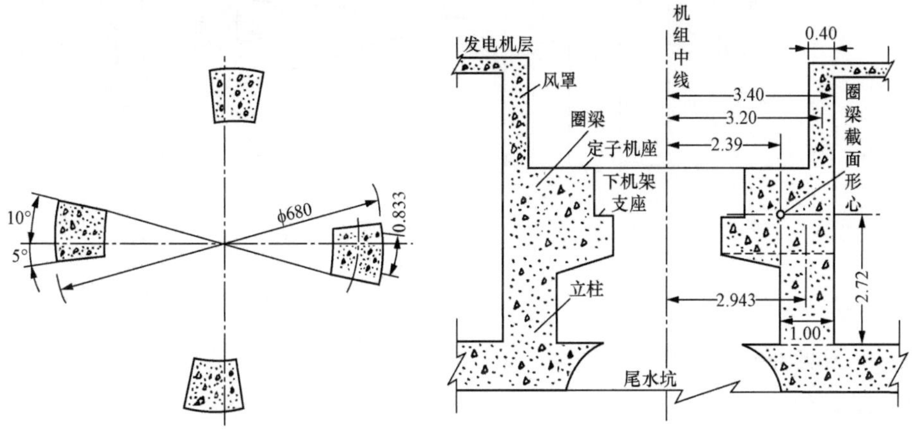

图 8

立柱断面所张的角 $2\alpha=20°$，在圈梁中心轴处宽度 b=0.833m，即

$$\bar{q}=\frac{52.8}{0.833}=63.39\text{（t/m）},\quad \bar{m}=\frac{52.8\times0.553}{0.833}=35.05\text{（t • m/m）}$$

关于立柱，已求得一些基本数据如图 9 所示，其中

V_1=22.5t×2=45t（2 为动力系数）

$V_2=R$=52.8t

V_3=4.94t

V_4=1.25t（忽略）

P=8.4t（忽略）

P_T=21.2t（短路情况）

l=1.793m，L=2.720m，l_1=0.553m

ad 段 $i''=0.0158\text{m}^4$，db 段 $i'=0.374\text{m}^4$，bc 段 $i=0.085\text{m}^4$

圈梁断面的 $EI=1.36\times10^6\text{t} \cdot \text{m}^2$，$I=0.6538\text{m}^4$，$GJ/(EI)=0.8$，$I_0=0.583\text{m}^4$

立柱在基础处断面约呈方形，取 a=1.02m。

上面这些数据是分析的基本资料，须在电站厂房设计中布置、计算或调查后确定。于是可按照上面所述步骤分析如下。

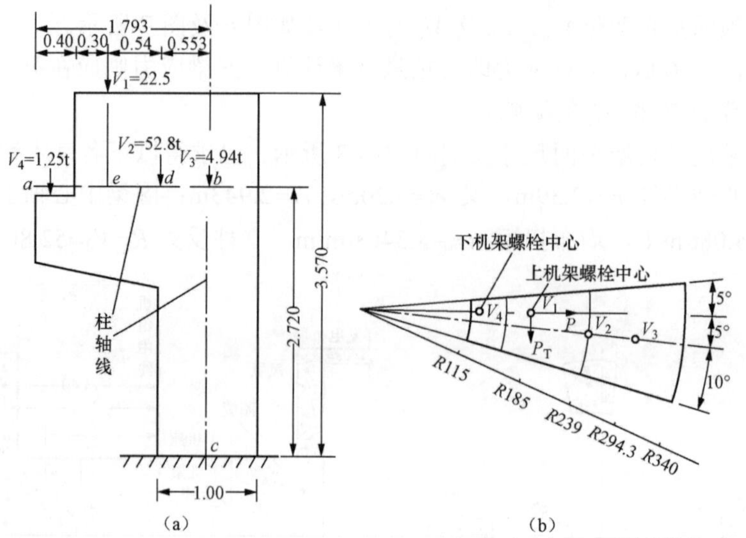

图 9

（一）圈梁分析

1. 圈梁荷载

$$q = 14.08\text{t/m}\downarrow，\ m = -3.34\text{t}\cdot\text{m/m}$$

$$\bar{q} = -63.39\text{t/m}\uparrow，\ \bar{m} = 35.05\text{t}\cdot\text{m/m}$$

2. 将荷载合并

$$q(\theta) = q + \bar{q}f(\theta) = 14.06 - 63.39f(\theta) = -25.937\cos4\theta - 19.871\cos8\theta - 11.650\cos12\theta - 3.450\cos16\theta + 2.760\cos20\theta + 5.824\cos24\theta + 5.677\cos28\theta + 3.242\cos32\theta - 2.594\cos40\theta - 3.613\cos44\theta - 0.728\cos48\theta - 0.265\cos52\theta + \cdots$$

$$m(\theta) = -3.34 + 35.05f(\theta) = 4.449 + 14.343\cos4\theta + 10.989\cos8\theta + 6.443\cos12\theta + 1.908\cos16\theta - 1.527\cos20\theta - 3.221\cos24\theta - 3.139\cos28\theta - 1.793\cos32\theta + 1.434\cos40\theta + 1.998\cos44\theta + 0.415\cos48\theta + 0.146\cos52\theta - \cdots$$

3. $q(\theta)$ 产生的应力及变形

利用式（11）～式（13），将 $\theta = 0°$、$10°$、$45°$代入可得

（1）$\theta = 0°$ 时：

$$M = -2.39^2 \times \left(\frac{25.937}{15} + \frac{19.871}{63} + \frac{11.650}{143} + \frac{3.450}{255} - \frac{2.760}{399} - \frac{5.824}{575} - \frac{5.677}{783} - \frac{3.242}{1023} + \frac{2.594}{1295} + \frac{3.613}{1599} + \cdots\right)$$

$$= -5.712\times(1.729+0.315+0.0815+0.0135-0.0069-0.0101-0.00725-0.00317+0.0020+0.00226)$$

$$= -5.712\times 2.109 = -12.05$$（t・m）（顶面受拉）

$$T=0$$

$$\psi = \frac{-2.25r_0^3}{EI}\left(\frac{25.937}{225}+\frac{19.871}{3969}+\frac{11.650}{20450}+\cdots\right)\approx\frac{-3.712}{EI}$$

$$=\frac{-3.712}{0.6538\times1800000} = -0.000003154$$ （顶面离心偏转）

（2） $\theta=10°$ 时：

计算 $\cos k\theta$ 和 $\sin k\theta$，列入表 1。

表 1

$\theta=10°$	$4\theta(40°)$	$8\theta(80°)$	12θ	16θ	20θ	24θ	28θ	32θ	36θ
$\cos k\theta$	0.766	0.174	−0.500	−0.940	−0.940	−0.500	0.174	0.766	1
$\sin k\theta$	0.643	0.985	0.866	0.342	−0.342	−0.866	−0.985	−0.643	0

$$M = -5.712\times(1.729\times0.766+0.315\times0.174-0.0815\times0.5-0.0135\times0.940+0.0069\times0.940+0.0101\times0.5-0.00725\times0.174+\cdots)$$

$$= -5.712\times1.336 = -7.631\text{（t・m）}$$

$$T = 5.712\times\left(\frac{25.937}{4\times15}\times0.6428+\frac{19.871}{8\times63}\times0.985+\frac{11.65}{12\times143}\times0.866+\frac{3.45}{16\times255}\times0.342+\frac{2.76}{20\times399}\times0.342+\cdots\right)$$

$$= 5.712\times0.3237 = 1.849\text{（t・m）}$$

T 的方向如图 10 所示。

（3） $\theta=45°$ 时：

$$M = -5.712\times(-1.729+0.315-0.0815+0.0135+0.0069-0.0101+\cdots)$$

$$= -5.7\times(-1.481) = 8.457\text{（t・m）（底面受拉）}$$

$$T=0$$

4. $m(\theta)$ 产生的应力及变形

应用式（14）～式（18）计算。

（1）均匀扭矩 m 所产生的应力及变形：

$$M = mr_0 = 4.449\times2.39 = 10.633\text{（t・m）}$$

$$\psi = mr_0^2/(EI) = 4.449\times5.712/(0.6538\times1800000) = 0.00002159$$

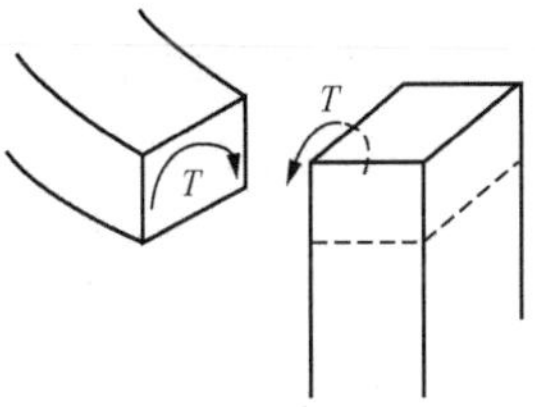

图 10

（2）不均匀分布的扭矩所产生的应力及变形：

1） $\theta=0°$ 时：

$$M=-r_0\sum\frac{m_n}{n^2-1}$$
$$=-2.39\times\left(\frac{14.343}{15}+\frac{10.989}{63}+\frac{6.443}{143}+\frac{1.908}{255}-\frac{1.527}{399}-\frac{3.221}{575}-\frac{3.139}{783}-\frac{1.793}{1023}+\frac{1.434}{1295}+\frac{1.998}{1599}+\cdots\right)$$
$$=-2.39\times(0.956+0.174+0.0451+0.00748-0.00383-0.00560-0.00401-0.00175+0.00111+0.00236+\cdots)$$
$$=-2.39\times1.17=-2.797\text{（t·m）}$$

T=0

2）$\theta=10°$ 时：

$$M=-2.39\times(0.956\times0.766+0.174\times0.174-0.0451\times0.5-0.00748\times0.94+0.00383\times0.940+0.0056\times0.5-0.00401\times0.174-\cdots)$$
$$=-2.39\times0.7373=-1.762\text{（t·m）}$$
$$T=2.39\times(4\times0.956\times0.643+8\times0.174\times0.985+12\times0.0451\times0.866+16\times0.00748\times0.342+20\times0.00383\times0.342+\cdots)$$
$$=2.39\times4.556=10.888\text{（t·m）}$$

3）$\theta=45°$ 时：

$$M=2.39\times(0.956-0.174+0.0451-0.00748-0.00383+0.0056-0.00401+0.00175+\cdots)$$
$$=2.39\times0.8191=1.958\text{（t·m）}$$

T=0

在 $\theta=0°$ 处的转角 ψ 为

$$\psi=\sum\frac{m_n r_0^2}{(n^2-1)^2EI}(1+1.25n^2)$$
$$=\frac{2.39^2}{EI}\times\left(\frac{21}{225}\times14.343+\frac{81}{3970}\times10.989+\frac{181}{20450}\times6.443+\frac{321}{65025}\times1.908-\cdots\right)$$
$$=\frac{5.712}{EI}\times(1.339+0.224+0.050+0.00942-\cdots)$$
$$\approx\frac{5.712\times1.5675}{1800000\times0.6538}=0.00000761$$

5. 内力和转角合计

支座中心处　转角 $\psi=0.00002159+0.00000761-0.000003154=0.00002605$

弯矩 M=− 12.049+10.633 − 2.797=− 4.213（t·m）

扭矩 T =0

支座表面处　M=−7.631 + 10.633−1.762=1.24（t·m）

T=1.849 + 0+ 10.888 = 12.737（t·m）

跨度中心处　M=8.457 + 10.633 + 1.958 = 21.048（t·m）

T=0

（二）立柱计算

1. 立柱在 V_1、V_2 作用下的变形

参考图 9（a）及式（21）～式（23），可求得

$$\text{角变位}\theta_0=\int_{1.24}^{1.793}\frac{45(x-0.7)\mathrm{d}x}{Ei'}+\int_{1.24}^{1.793}\frac{52.8(x-1.24)\mathrm{d}x}{Ei'}+\int_{0}^{2.72}\frac{78.3834\mathrm{d}x}{Ei}$$

$$=\frac{45}{Ei'}\times\left(\frac{1.793^2}{2}-\frac{1.24^2}{2}\times0.7-1.793+1.24\times0.7\right)+$$

$$\frac{52.8}{Ei'}\times\left(\frac{1.793^2}{2}-\frac{1.24^2}{2}\times1.24\times1.793+1.24^2\right)+\frac{78.3834}{Ei}\times2.72$$

$$=\frac{1}{Ei'}\times(37.7381-17.4195+44.2794-36.2060)+\frac{1}{Ei}\times213.2028$$

$$=\frac{28.392}{673200}+\frac{213.2028}{154800}=0.001436$$

$$\text{水平变位}\Delta x_0=\int_{0}^{2.72}\frac{78.38z\mathrm{d}z}{\frac{1}{12}\times1.02\times1^3\times1800000}=\frac{12\times78.38\times2.72^2}{2\times1800000\times1.02}$$

$$=0.001895=0.1895\text{（cm）}$$

$$e\text{点垂直变位}\Delta z_e=\int_{0.70}^{1.24}\frac{45(x-0.7)(x-0.7)\mathrm{d}x}{Ei'}+$$

$$\int_{1.24}^{1.793}\frac{[45(x-0.7)+52.8(x-1.24)](x-0.7)\mathrm{d}x}{Ei'}+$$

$$\int_{0}^{2.72}\frac{78.3834\times1.093\mathrm{d}x}{Ei}=0.001563=0.1563\text{（cm）}$$

在上述变位中尚应加上基础变形影响，基础转角=$\frac{4.5M}{Ea^3}$，但四根柱中，有一根靠近相邻机组，在该机组三期混凝土浇筑前，立柱站在一片墙上，不宜视作大体积混凝土处理。研究后，决定把系数 4.5 改为 6.0，即基础转角=$\frac{6\times78.38}{1800000\times1^3}$=0.0002613。

于是最后有

$$\theta_0=0.001436+0.0002613=0.001697\text{（rad）}$$

$$\Delta x_0=0.1895+0.0002613\times272=0.2606\text{（cm）}$$

$$\Delta z_e=0.1563+0.0002613\times109.3=0.1849\text{（cm）}$$

2. 立柱形常数计算

可应用式（25）～式（30）计算，计算过程从略［如直接由式（36）、式（37）解算 P_0 及 M_0，也可不算］，其中系数 β 值为

$$\beta=\frac{l_1\bar{I}}{L\bar{I}'}+1=\frac{0.553}{2.72}\times\frac{0.085}{0.374}+1\approx1.0462$$

3. 圈梁变形常数计算

应用式（31）～式（33）进行计算，风罩影响很小，予以忽略，如直接用式（36）、式（37）解算 P_0 及 M_0，也可不算。

4. 圈梁和立柱间内力 M_0 及 P_0 的确定

不连续的变位值：

$$\theta_0 = 0.001697 - 0.000026 = 0.001671\ (\text{rad})$$

$$\Delta x_0 = 0.2606\ (\text{cm})$$

将 θ_0、Δx_0 以及下述数值代入式（38）及式（39）（式中的 $4.5\frac{L^3}{a^3}$ 改为 $6\frac{L^3}{a^3}$），可求出 M_0 和 P_0

$$L=2.72\text{m} \qquad a=1.02\text{m} \qquad r_0=2.90\text{m} \qquad I_0=0.583\text{m}^4$$

$$I=0.654\text{m}^4 \qquad i=0.085\text{m}^4$$

$$\frac{L^4}{i}=\frac{2.72^4}{0.085}=643.9567 \qquad \frac{6L^3}{a^3}=6\times\left(\frac{2.72}{1.02}\right)^3=113.7777$$

$$\frac{r_0L^3}{I}=\frac{2.9\times2.72^3}{0.654}=89.2333 \qquad \frac{r_0^3L}{I_0}=\frac{2.9^3\times2.72}{0.583}=113.7874$$

$$0.012\frac{r_0^3L}{I_0}=1.36545 \qquad 0.768\frac{r_0L^3}{I}=68.5312$$

$$1.0462\frac{L^4}{i}=673.7075$$

最后得

$$P_0=13.2528\text{t} \qquad M_0=52.3577\text{t}\cdot\text{m}$$

5. 变位校核

（1）角变位 θ。

柱：$\theta=0.001697-13.2528\left(\frac{L^2}{2Ei}+\frac{6L}{Ea^3}\right)-52.3577\left(1.0462\frac{L}{Ei}+\frac{6}{Ea^3}\right)$

$=0.001697-0.00043365-0.00113827=0.00012508$

梁：$\theta=0.000026+52.3577\times0.768\frac{r_0}{EI}$

$=0.000026+\frac{52.3577\times68.53117}{36222566}=0.00012506$

（2）水平变位 Δx。

柱：$\Delta x=0.2606-13.2528\left(\frac{L^3}{3Ei}+\frac{6L^2}{Ea^3}\right)\times100-52.35766\left(\frac{L^2}{2Ei}+\frac{6L}{Ea^3}\right)\times100$

$=0.2606-0.088902-0.171322\approx0.000376$

梁：$\Delta x=P\times0.012\frac{r_0^3}{EI_0}=\frac{P}{EL}\times\left(0.012\frac{r_0^3L}{I_0}\right)$

$=\frac{13.2528}{4896000}\times1.36545\times100\approx0.000369$

（3）为了以后动力计算中应用，并计算 e 点垂直变位Δz

$$\Delta z_e=0.1849-\frac{13.2528}{E}\left(\frac{l_1L^2}{2i}+\frac{6l_1L^2}{a^3}\right)\times100-\frac{52.3577}{E}\left(\frac{l^2-l_2^2}{2i'}+\frac{lL}{i}+\frac{6l}{a^3}\right)\times100$$

$$=0.1849-0.047398-0.12245=0.015052$$

6. 立柱应力计算

求出 M_0 及 P_0 后，立柱就成为一根承受荷载 V_1、V_2、V_3、V_4、P、P_T、P_0、M_0 的悬臂梁，其应力甚易计算。图 11（a）中示其 M_y 图及变形线，图 11（b）中为不考虑圈梁约束作用之成果，可见两者有巨大的区别。

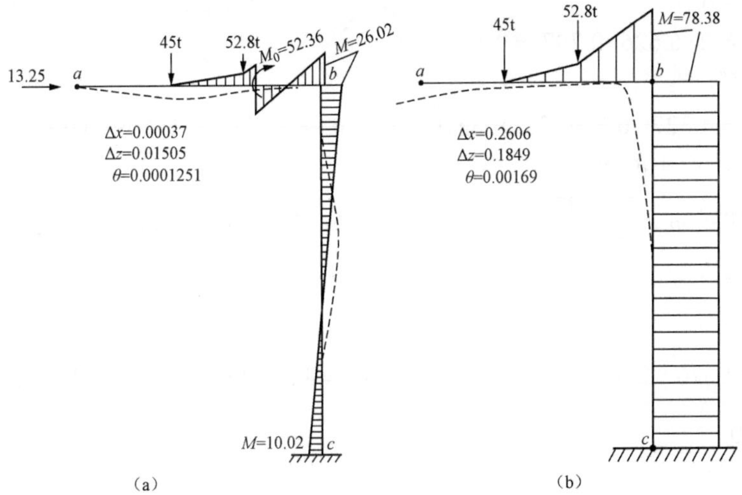

图 11

图 11（a）中，假定圈梁的抗矩 M_0 集中作用于一点。实际上，将呈分布作用形式，所以 ab 段的 M 值将由 0 逐渐增到 26.02，并不像图示那样有一突变现象。

立柱柱顶、柱底的设计内力如下：

柱顶：

轴力　$N=45$t

弯矩　$M_y=26.02$t・m

$M_x=7.26$t・m［系由 V_1 偏心产生：$45\times1.85\times\sin5°=7.26$（t・m），见图 9］

扭矩　$T=-22.72$t・m［系由 P_T 产生：$-21.2\times(2.943\cos5°-1.85)=-22.72$（t・m），见图 9］。

柱底：

轴力　$N=45+52.8+4.9+1.5=104.2$（t）

弯矩　$M_y=-10.02-6.6=-16.62$（t・m）（-6.6 由 P_T 产生：$-21.2\times\sin5°\times3.57=-6.6$）

$M_x=7.26-75.40=-68.14$（t・m）（-75.40 由 P_T 产生：$-21.2\times\cos5°\times3.57=-75.40$）

扭矩　$T=-22.72$（t・m）

按此，可以设计立柱钢筋和校核立柱应力。

7. 圈梁应力计算

考虑整体作用后，圈梁将承受附加的应力如图 7 所示。

选取 $\theta=0°$、10°及 45°三个截面计算。

（1）P_0 所产生的内力。

$\theta=0°$ 时：

$$\overline{M}=P_0r_0\times(0.6366-0.5)=13.2528\times2.39\times0.1366=4.32679\ (\text{t}\cdot\text{m})$$

$T=0$

$N=6.626$（t）（$=V$，剪力）

$\theta=45°$ 时：

$$\overline{M}=P_0r_0\times(0.6366-0.7071)=-0.0705P_0r_0=-2.2387\ (\text{t}\cdot\text{m})$$

$T=0$

$N=2\times6.626\times0.7071=9.371$（t）

$\theta=10°$ 时：

$$\overline{M}=4.327-6.626\times2.39(\sin10°+\cos10°-1)=4.327-2.509=1.817\ (\text{t}\cdot\text{m})$$

（2）M_0 所产生的内力。

将集中扭矩 $m=\dfrac{52.3577}{0.833}=62.8543$ 分为均匀部分（$m=62.8543\times0.2222=13.9676$）及余弦函数部分，则可按 2.1 节（4）中成果按比例求出

$\theta=0°$ 时：

$$M=13.9676\times2.39+\frac{62.8543}{35.052}\times(-2.797)=33.3825-1.7932\times2.797=28.367\ (\text{t}\cdot\text{m})$$

$T=0$

$\theta=45°$ 时：

$$M=13.9676\times2.39+1.7932\times1.958=33.38+3.511=36.89\ (\text{t}\cdot\text{m})$$

$T=0$

$\theta=10°$ 时：

$$M=33.3825+1.7932\times(-1.762)=30.223\ (\text{t}\cdot\text{m})$$

$$T=1.7932\times10.888=19.524\ (\text{t}\cdot\text{m})$$

（3）将以上数值和（一）圈梁分析的（5）所示的内力合计，求得圈梁各断面中的最终内力。

$\theta=0°$ 时：

$$M=-4.213+28.367=24.154\ (\text{t}\cdot\text{m})$$

$$\overline{M}=4.327\ (\text{t}\cdot\text{m})$$

$$N=V=6.626\ (\text{t})$$

$$T=0$$

$\theta=10°$ 时：

$$M=30.223+1.24=31.463\ (\text{t}\cdot\text{m})$$

$$\overline{M}=1.817\ (\text{t}\cdot\text{m})$$

$$T=19.524+12.737=32.261\ (\text{t}\cdot\text{m})$$

$\theta=45°$ 时：

$$M=21.048+36.89=57.938\ (\text{t}\cdot\text{m})$$

$\overline{M}=-2.239$（t • m）

$T=0$

$N=9.371$（t）

按此可以校核圈梁应力及配置钢筋。

3 动 力 计 算

机墩的动力计算，主要包括以下内容：①振动频率验算；②动力系数计算；③振幅计算。机墩是一个复杂的空间结构体系，要进行精确计算是困难的，下文所述仅为按一般规范进行的近似分析，并举上节数例来具体说明。

3.1 垂直振动验算

（1）迫振频率。

迫振频率为 $n_1=500$（发电机转速）及 $n_2=500\times17=8500$（17 为水轮机戽斗数）两种。飞逸时，$n_1=960$。

（2）固有频率（自振频率）。

垂直自振频率 n_{01} 的计算公式是

$$n_{01}=\frac{30}{\sqrt{G_1\delta_1}}=\frac{30}{\sqrt{\Delta z}} \tag{40}$$

式中：G_1 为机墩及其上设备重；δ_1 为单位垂直力作用下之垂直变位；Δz 为总的垂直变位，以 m 计。

根据上节静力计算可知，结构垂直变位（由于弯曲产生的）为 $\Delta z=0.01505\text{cm}$，由于压缩产生的变位为

$$\Delta z=\frac{\frac{1}{2}\times(45+104.2)\times357}{290000\times100\times102}=\frac{74.6\times357}{290000\times100\times102}=0.00892\text{（cm）}$$

基础压缩变形 $\Delta z=\frac{0.93\times P}{Ea}=\frac{0.93\times104.2\times100}{1800000\times1.02}=0.005278$（cm）

合计 $\Delta z=0.01505+0.00892+0.005278$（cm）$=0.02917$（cm）

从而自振频率为

$$n_{01}=\frac{30}{\sqrt{0.0002917}}=1756\text{（r/min）}>500\text{，不存在共振危险。}$$

动力系数

$$\varDelta=\frac{1}{1-\left(\frac{500}{1756}\right)^2}=1.09$$

在静力计算中，假定动力系数 $\varDelta=2$，偏于安全，不再作进一步校正。

（3）垂直振幅计算。

公式为
$$A_1 = \frac{P_1}{\frac{G_1}{g}\sqrt{(\lambda^2-\omega^2)^2+0.2\lambda^2\omega^2}} \quad (41)$$

式中：P_1为转动部分总重，为 57.56t；G_1为作用在基础上荷重，为 90+(52.8+4.94)×4 =320.96（t）；λ为自振角速度，$\lambda=\frac{2\pi n_0}{60}=0.1047n_0=0.1047\times1756=183.85$；$\omega$为迫振角速度，$\omega=0.1047\times500=52.35$（正常转速）或$\omega=0.1047\times960=100.51$（飞逸）。代入式（4）得

A_1=0.0000561m=0.0561mm（正常情况）

A_1=0.0000701m=0.0701mm（飞逸情况）

可见，A_1能满足小于 0.15mm 的要求。

可注意以前计算垂直变位Δz时，机械设备重取用每柱顶 45t，其中已包括动力系数 2，实际上，验算振幅时可以不乘动力系数（实际动力系数亦仅 1.09），如将设备重减为 22.5t，相应的Δz、A_1、$\varDelta$等均将减小，n_0增加，更为有利。

更须指出，如果不考虑圈梁立柱的整体作用，则振幅将大大增加，垂直变形将达 0.1849cm，n_0=697，$\varDelta$=2.06，A_1=0.595mm（正常）及 0.32mm（飞逸），均超过容许值。从电站投入运行后的实际情况看，计算中不考虑圈梁立柱的整体作用是不合实际情况的。

3.2 水平振动验算

机墩的水平振动，是由机组运行时的水平离心力所产生的。水平自振频率可用下式计算，即

$$n_{03}=\frac{30}{\sqrt{G_3\delta_3}} \quad (42)$$

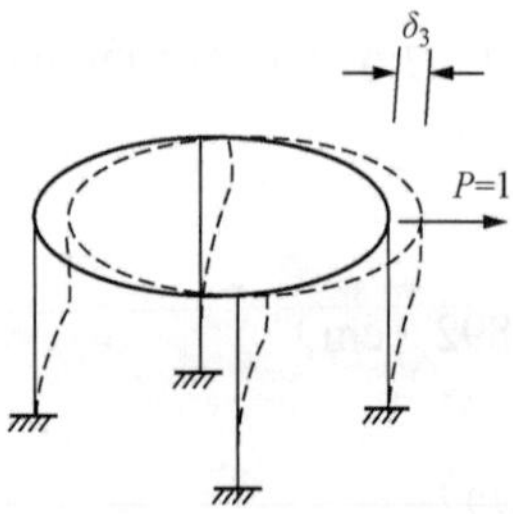

图 12

式中：δ_3为单位水平力作用在机墩顶部所产生的水平变位（见图 12）。

由于圈梁的联系作用，四根立柱将同时变形；又由于圈梁刚度极大，可以假定四根立柱顶端水平变位相同，剪力也近似相等（各承受 P/4），柱顶转角也接近为 0（因圈梁扭转刚度远大于柱顶弯曲刚度）。在这些假定下，δ_3值可按如下逆算步骤推得：

（1）令柱顶产生水平位移$\varDelta$，则两端引起弯矩$\frac{6Ei\varDelta}{L^2}$；

（2）圈梁抗扭刚度$\left(0.768\frac{rL^3}{I}\right)$约为柱顶抗弯刚度$\left(1.033\frac{L^4}{i}+\frac{6L^3}{a^3}\right)$的 10 倍，故将柱顶弯矩修正为$\frac{9}{10}\times\frac{6Ei\varDelta}{L^2}$，柱底为$\frac{9}{10}\times\frac{6Ei\varDelta}{L^2}$；

（3）相应两端剪力为$\frac{37}{20}\times\frac{6Ei\varDelta}{L^3}$；

（4）在柱脚处，由于基础变形产生的角度为$\frac{19}{20}\times\frac{6Ei\varDelta}{L^2}\times\frac{6}{Ea^3}$，切向位移为

$\frac{37}{20}\times\frac{6Ei\varDelta}{L^3}\times\frac{1.05}{Ea}$；

（5）合计后，在柱顶的水平变位为

$$\delta_3=\varDelta+\frac{19}{20}\times 36\frac{i\varDelta}{La^3}+\frac{37}{20}\times\frac{6.3i\varDelta}{L^3a}=\varDelta\times\left(1+\frac{19\times 36}{20}\frac{i}{La^3}+\frac{37\times 6.3}{20}\frac{i}{L^3a}\right)$$

$$=\varDelta\times\left(1+\frac{19\times 36\times 0.085}{20\times 2.72\times 1.02^3}+\frac{37\times 6.3\times 0.085}{20\times 2.72^3\times 1.02}\right)$$

$$=\varDelta\times(1+1.0071+0.0483)=2.0554\varDelta$$

（6）由柱顶剪力须等于 1/4 的条件得

$$\frac{37}{20}\times\frac{6Ei\varDelta}{L^3}=\frac{1}{4}$$

得

$$\varDelta=\frac{20}{37}\times\frac{L^3}{24Ei}=\frac{20\times 2.72^3}{37\times 24\times 0.085}\times\frac{1}{E}=\frac{5.332}{E}$$

故

$$\delta_3=2.0554\times\frac{5.332}{E}=\frac{10.96}{E}=0.00000609\text{（m/t）}$$

代入 n_{03} 的公式中，其中 G_3 为作用在机墩上的荷载加 0.35 倍基础自重，即

$$G_3=90+0.35\times(52.8+4.94)\times 4=170.836\text{（t）}$$

故

$$G_3\,\delta_3=170.836\times 0.00000609=0.0010404\text{（m）}$$

$$n_{02}=\frac{30}{\sqrt{G_3\delta_3}}=\frac{30}{0.032255}=930.1\text{（r/min）}$$

振幅公式为

$$A_3=\frac{P_3}{\frac{G_3}{g}\sqrt{(\lambda^2-\omega^2)^2+0.2\lambda^2\omega^2}} \tag{43}$$

以 $P_3=8.4\text{t}\,(n_1=500)$ 及 $30.8\text{t}\,(n_2=960)$ 以及 $\lambda=0.1047\times 930.1=97.381$， $\omega_1=52.35$，$\omega_2=100.512$ 代入后，得

$$A_3=0.06777\text{mm（正常）}$$

$$A_3=0.1091\text{mm（飞逸）}$$

故 A_3 未超过容许值 0.15mm。

可注意如不考虑圈梁的整体作用，将柱子作为悬臂梁处理，则在正常情况下的水平振幅也将很大。此时 $\delta=\frac{PL^3}{3EI}+\frac{6PL^2}{Ea^3}+\frac{1.05P}{Ea}=0.00006765$， $n_{03}=229$， $\lambda=29.2$，A_3= 0.24mm，已超过容许值 0.15mm，这是我们应避免的。

3.3 扭转振动的验算

扭转振动时的自振频率为

$$n_{02}=\frac{30}{\sqrt{I_\phi\,\phi_1}} \tag{44}$$

式中：I_ϕ 为被扭转体的转动惯量，可用公式 $I_\phi=\sum GR^2$ 计算，其中混凝土重量作为基

础考虑只取其 0.35 倍之值。

$$I_\phi=90\times(2.9-1.073)^2+0.35\times(52.8\times4\times2.39^2+4\times4.94\times2.943^2)=782.553$$

又式（44）中的 ϕ_1 为由单位扭矩所产生的结构转角，由图 13 可见，在单位扭矩作用下，相当于在四个柱顶各作用一集中力 $P=\dfrac{m}{4r_2}=\dfrac{1}{4\times2.943}$。它所产生的位移（及转角）可仿照上段中所述方法计算。由于立柱断面基本上为正方（1m×1.02m），所以在 $P=\dfrac{1}{4\times2.943}$ 作用下的柱顶水平位移，近似地可利用上节成果，而等于 $\dfrac{1}{2.943}\times0.00000609=0.000002069$，于是

$$\phi_1=\frac{0.000002069}{2.943}=0.000000703$$

$$I_\phi\,\phi_1=0.00055012$$

$$n_{02}=\frac{30}{\sqrt{0.00055012}}=1279\ （r/min）$$

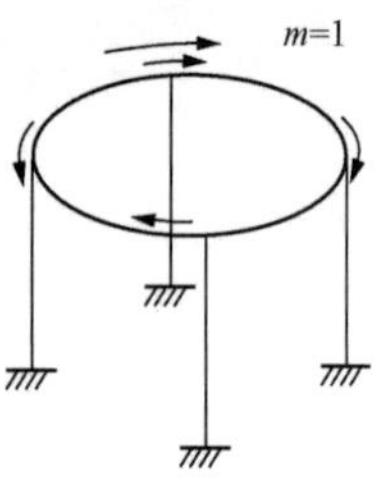

图 13

扭转振幅用式（45）计算，即

$$A_2=\frac{M_k r}{\dfrac{I_\phi}{g}}\frac{1}{\sqrt{(\lambda_\theta^2-\omega^2)^2+0.2\lambda_\theta^2\omega^2}} \tag{45}$$

式中：M_k 为回转力矩，正常情况下为 30.5t·m，飞逸时为 158t·m；r 为圆筒形基础的外半径，为 3.4m；I_ϕ 为被扭转体的转动惯量，其值为 782.533；λ_0 为扭振角速度，其值为 0.1047 n_0=0.1047×1279=133.918s^{-1}；ω为发电机转速，其值为 52.35（正常）及 99.8（飞逸）。

故扭转振幅

A_2=0.0838mm（正常）

A_2=0.682mm（飞逸）

可见，在正常情况下，A_2 值很小，在容许范围内，而飞逸时 A_2 约达 0.7mm。由于飞逸情况是一种罕遇的重大事故情况，此时 A_2 超过 0.15mm（而未达 1mm）应认为是容许的。

经过三种方向的振动核算，可以认为本结构是能满足抗振要求的。其他配筋、局部应力核算、局部补强等均从略。

在上面的计算中，水平振动和扭转振动是分别核算的，即假定它们之间互不相涉，这只是一种近似假定。实际上，两者呈耦合振动更合理一些，可以用以下公式计算这两个自振频率，即

$$n_2=30\sqrt{\eta-\sqrt{\eta^2-\frac{1}{G\delta}\frac{1}{I_\phi\phi_1}}}$$

$$n_3=30\sqrt{\eta+\sqrt{\eta^2-\frac{1}{G\delta}\frac{1}{I_\phi\phi_1}}}$$

其中 $$\eta=\frac{1}{2}\left(\frac{1}{G\delta}+\frac{1}{I_{\phi}\phi_1}\right)$$

例如，仍用上例数值，得

$$\eta=\frac{1}{2}\times\left(\frac{1}{0.0010404}+\frac{1}{0.00055012}\right)=1389.5$$

代入后得

$$n_2=930$$
$$n_3=1279$$

可见，与近似计算成果无所区别。

4 小　　结

（1）在安装冲击式机组的水电站厂房内，采用圈梁—立柱式机墩，可使水轮机层空间宽敞，操作方便，混凝土工程量也较少，但立模配筋方面稍较复杂。

（2）圈梁—立柱式结构的刚度，较圆筒式结构要差一些。但若采用合适的梁柱断面，并考虑其整体作用，则常常仍能满足静力及动力要求。在所介绍的电站设计中，立柱不高，柱、梁截面尺寸合适，使结构刚度有所提高，满足动力分析中的基本要求。进行类似电站的设计中，也宜注意这些因素。

（3）对于这种结构的静力计算或动力计算，都应考虑圈梁和立柱间的整体作用才能使计算成果接近实际。在静力计算中，考虑整体作用后，可使立柱在径向平面内的弯矩显著减少，轴力及另一方向（环向）的弯矩、扭矩无显著影响。对圈梁而言，则跨中弯矩略有增加。在动力计算中，考虑整体作用后，将使各种自振频率提高，并在一般情况下，振幅有所减低。

（4）上面讲过，适当选择圈梁、立柱尺寸，常可满足静力及动力要求。在飞逸情况下，水平振幅和扭转振幅的数值似可适当放宽要求。

（5）本文提供的利用傅里叶级数计算圈梁的方法以及利用形变常数和连续条件分析整体作用的步骤，较为合理和方便，可供类似电站设计中参考。

参考文献

[1] 弗留盖 W．壳体中的应力．薛振东，等，译．北京：中国工业出版社，1965．

[2] 杜庆华，等．材料力学．北京：人民教育出版社，1965．

[3] Roark R J. Formulas for Stress and Strain. 1943．

承受集中荷载的边墙分析

在水工结构中，常常遇到图 1 中所示的问题，即在一片墙上设置若干根柱子，墙高为 b，柱与柱的间距较大，要分析其应力和变位。对于这类情况，如果将柱子作为固定于 c 点处理，将过分夸大边墙的固定作用。如果将柱子作为固定于 d 点处理，则又低估了边墙的固定作用。为了较合理地估计边墙的作用，宜作一比较精确的分析。下面介绍分析边墙的理论和公式。

1　无限长边墙承受集中力作用的分析

考虑一无限长的边墙，一边固定，一边自由，高度为 b。在自由边上作用着一个集中力 P（见图 2）。这个问题已有理论解答（见参考文献［1，2］），主要结论如下。

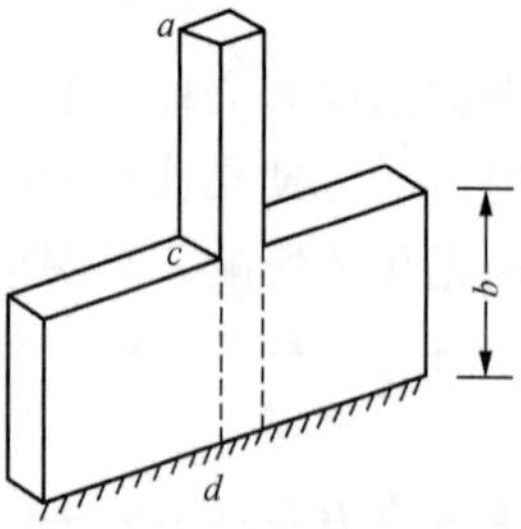

图 1

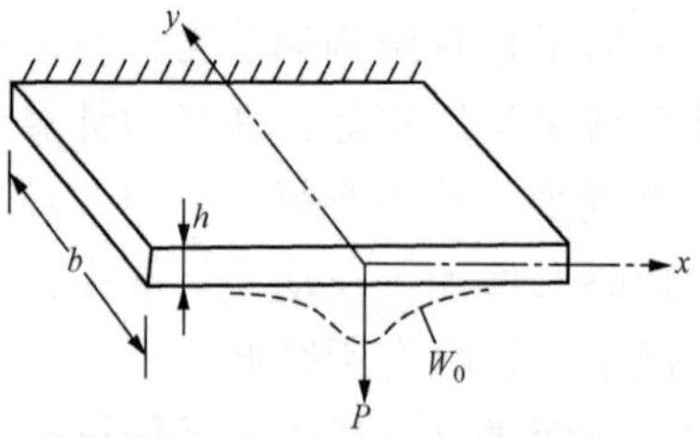

图 2

（1）最大的变位 W_{max} 发生在自由边受荷载的地方，自由边上的变位 W_0 可以用式（1）计算，即

$$W_0 = \delta(x)\frac{b^2 P}{D} \tag{1}$$

$$D = \frac{Eh^3}{12(1-\nu^2)} \tag{2}$$

式中：E 为材料的弹性模量；ν 为材料的泊松比；$\delta(x)$ 为数值系数。

$\delta(x)$ 取决于 x，如下所示：

距离	0	$b/4$	$b/2$	b	$2b$	$2\frac{1}{2}b$	$3b$
$\delta(x)$	0.168	0.150	0.122	0.069	0.016	0.012	0.002

（2）最大的弯矩发生在固定边上 $x=0$ 的地方，即

$$M_{y\max} = -0.508P\text{（每延米，单位为 t·m/m）} \tag{3}$$

其次，在自由端承受荷载处有另一方向的弯矩，即

$$M_{x\max}=0.5P \tag{4}$$

上述成果得自精确分析，但计算繁冗，只给出个别点上的数值。文献［6］中用一些近似的方法来解算，也可得到较好的成果，其主要假定是将板的变位面（挠曲面）用下列函数近似表示，即

$$W=W_0 g(y)=\delta(x)\frac{b^2P}{D}\left[\frac{1}{2}\left(\frac{y}{b}\right)^2-\frac{3}{2}\left(\frac{y}{b}\right)+1\right] \tag{5}$$

式中：W_0 为自由边界的变位；$g(y)$ 为悬臂梁受端部集中力作用时的挠曲线形式。

由式（5）可以得到任一点处的变位。

板的弯矩 M_y 可从 W 的公式计算，即

$$M_y=-D\left(\frac{\partial^2 W}{\partial y^2}+\nu\frac{\partial^2 W}{\partial x^2}\right) \tag{6}$$

特别地，在固定边上，有

$$(M_y)_{y=b}=-D\frac{3}{b^2}\delta(x)\frac{b^2P}{D}=-3\delta(x)P \tag{7}$$

用式（7）算出的 $(M_y)_{y=b}$ 与精确值的误差不超过 3%，但不宜用它计算靠近自由边界附近的弯矩，除非是 $\nu\approx 0$ 的情况。此外，也应注意，在荷载作用点处的转角，按本法计算将为

$$\left(\frac{\partial W}{\partial y}\right)_{\substack{y=0\\x=0}}=-0.252\frac{Pb}{D} \tag{8}$$

此值也略小于精确值。

2　无限长边墙承受集中力作用时的等效宽度

由上述分析可知，无限长边墙在自由边界上承受一个集中力 P 时，在受荷处将产生最大变位 $W_{\max}=0.168\dfrac{b^2P}{D}$，在固定边界上产生最大弯矩 $M_{y\max}=-0.508P$。

现在设想切取一段边墙出来，其宽度为 a。将这一段边墙视作为简单的悬臂梁，承受集中力 P。我们的问题是：a 值应取为多少，则按此算出的控制变位与弯矩将和精确值相同或接近（见图 3）。

根据材料力学，这一替代的悬臂梁在集中力 P 作用下的端点变位和固定弯矩为

$$W_{\max}=\frac{Pb^2}{3EI}=\frac{Pb^2}{3E\left(\dfrac{1}{12}ah^3\right)}$$

$$M_{y\max}=\frac{Pb}{a}$$

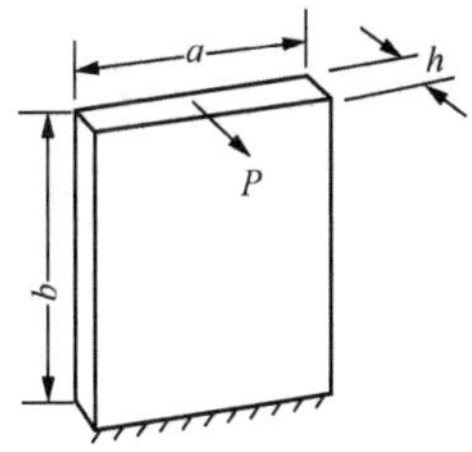

图 3

与理论值 $W_{\max}=0.168\dfrac{Pb^2}{D}$ 及 $M_{y\max}=0.508P$ 相比，可知如果取 $a\approx 2b$，则这两个值可以同时近似相符。因此，我们得到一条重要结论：等效宽度应取为 2 倍墙高，这样求出的控制值 $W_{\max}$ 和 $M_{y\max}$ 都接近理论值（见图 4）。

上面所述，又都是指集中力 P 作用在自由边界上的情况。如图 5 所示，当集中力作用在 $y=\xi b$ 的地方时（$0<\xi<1$），可以应用傅里叶变换解算。T. J. Jaramillo 氏曾求出一些解答（发表于应用力学期刊第 17 卷，1950，见文献［3］)。在这个情况下的固定边上的弯矩，示于表 1 中。

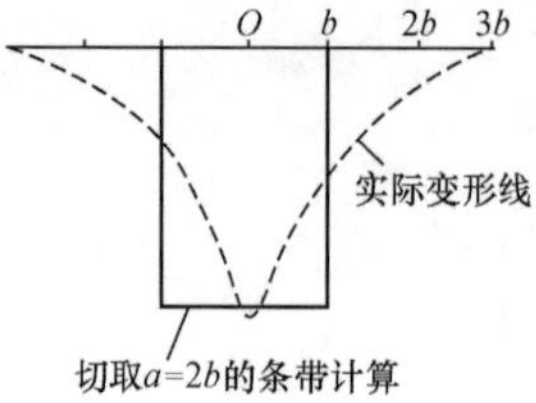

图 4

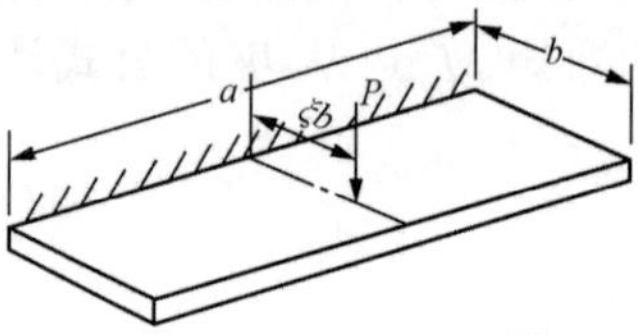

图 5

表 1

ξ \ x/b	1.50	1.25	1.00	0.50	0	由 P 或 M 引起
1.00	0.093	0.139	0.206	0.384	0.508	乘以 P
0.75	0.060	0.094	0.144	0.297	0.429	乘以 P
0.50	0.038	0.057	0.0817	0.200	0.369	乘以 P
0.25	0.0078	0.012	0.0215	0.0706	0.326	乘以 P
1.00	0.127	0.183	0.246	0.341	0.345	乘以 $\dfrac{M}{b}$

3　无限长边墙承受集中力矩作用的分析

当无限长的边墙在自由边界上承受一个集中力矩 M 作用（见图 6）时，也可相似地进行分析。但作者未找到现成的文献资料。为了便于应用，下面作了一个简短的分析。

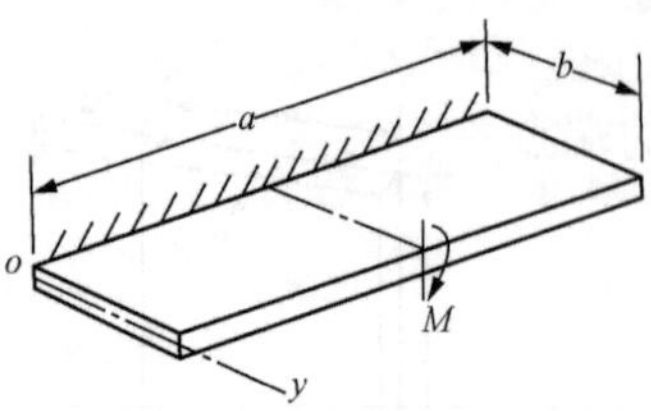

图 6

这个问题的严格解答，可以用傅里叶积分求得。但计算傅里叶积分很不方便，我们注意到 M 所产生的影响是局部性质，所以可取一段有限长（长为 a）的梁来代替无限长梁，只要 a 远大于 b，这两者应力及变形无大区别，而且有限长梁两端（$x=0$ 及 $x=a$）的边界条件对控制应力和变位也不起显著影响。经过计算比较，知：若取 $a=6b$，这些条件就可满足。因此，我们的问题可转化为计算一块长为 a，宽为 b 的板，其边界条件是

（1）y=0（固定边）时

$$W=\frac{\partial W}{\partial y}=0 \tag{a}$$

（2）y=0（自由边，但在跨中作用有一力矩 M）时

$$\frac{\partial^3 W}{\partial y^3}+(2-\nu)\frac{\partial^3 W}{\partial x^2 \partial y^2}=0 \tag{b}$$

$$-D\left(\frac{\partial^2 W}{\partial y^2}+\nu\frac{\partial^2 W}{\partial x^2}\right)=M\delta\left(x-\frac{a}{2}\right) \tag{c}$$

其中，$\delta\left(x-\frac{a}{2}\right)$是狄拉克冲击函数，它在$x=\frac{a}{2}$处为无穷大，它在$x$取其他值时为0，而且$\int_{-\infty}^{\infty}\delta\left(x-\frac{a}{2}\right)\mathrm{d}x=1$。这个冲击函数虽为许多理论数学家所非议，但在解决实际问题中仍是很有用的。它并可展为傅里叶级数，即

$$\delta\left(x-\frac{a}{2}\right)=\frac{2}{a}\left(\sin\frac{\pi x}{a}-\sin\frac{3\pi x}{a}+\sin\frac{5\pi x}{a}-\cdots\right) \tag{9}$$

（3）x=0 及 x=a（简支边）时

$$W=0,\quad \frac{\partial^2 W}{\partial x^2}=0 \tag{d}$$

上题的解答可写为

$$W=\sum_{m=1,\ 3,\ 5,\ \cdots}^{\infty} Y_m(y)\sin\frac{m\pi x}{a} \tag{10}$$

$$Y_m(y)=\frac{M_a}{D}\left[B_m\frac{m\pi y}{a}\sinh\frac{m\pi y}{a}+C_m\left(\sinh\frac{m\pi y}{a}-\frac{m\pi y}{a}\cosh\frac{m\pi y}{a}\right)\right] \tag{11}$$

这个解答满足边界条件（a）、（b）、（d），只要选择 B_m 及 C_m 之值令其满足条件（c）即可。将式（9）及式（10）代入边界条件（c）中，可得

$$B_m=(-1)^{\frac{m+1}{2}}\frac{2}{m^2\pi^2}\frac{2\cosh\beta_m-(1-\nu)\beta_m\sinh\beta_m}{4\cosh^2\beta_m-(1+\nu)^2\sinh^2\beta_m+(1-\nu)^2\beta_m^2} \tag{12}$$

$$C_m=(-1)^{\frac{m+1}{2}}\frac{2}{m^2\pi^2}\frac{(1+\nu)\sinh\beta_m-(1-\nu)\beta_m\cosh\beta_m}{4\cosh^2\beta_m-(1+\nu)^2\sinh^2\beta_m+(1-\nu)^2\beta_m^2} \tag{13}$$

$$\beta_m=\frac{m\pi b}{a} \tag{14}$$

因而问题已解。

变形 W 可由式（10）求解，转角公式为

$$\frac{\partial W}{\partial y}=\sum_{m=1,\ 3,\ 5,\ \cdots}^{\infty}\frac{M_a}{D}\frac{m\pi}{a}\left[B_m\left(\frac{m\pi y}{a}\cosh\frac{m\pi y}{a}+\sinh\frac{m\pi y}{a}\right)-C_m\frac{m\pi y}{a}\sinh\frac{m\pi y}{a}\right]\sin\frac{m\pi x}{a} \tag{15}$$

弯矩及扭矩公式为

$$M_x=-D\sum_{m=1,3,5,\cdots}^{\infty}\left[-\left(\frac{m\pi}{a}\right)^2 Y_m(y)+\nu\frac{\mathrm{d}^2Y_m(y)}{\mathrm{d}y^2}\right]\sin\frac{m\pi x}{a} \tag{16}$$

$$M_y=-D\sum_{m=1,3,5,\cdots}^{\infty}\left[\frac{\mathrm{d}^2Y_m(y)}{\mathrm{d}y^2}-\nu\left(\frac{m\pi}{a}\right)^2 Y_m(y)\right]\sin\frac{m\pi x}{a} \tag{17}$$

$$M_{yx}=-D(1-\nu)\sum_{m=1,3,5,\cdots}^{\infty}\frac{m\pi}{a}\frac{\mathrm{d}Y_m(y)}{\mathrm{d}y}\cos\frac{m\pi x}{a} \tag{18}$$

在我们的问题中，置 $\frac{b}{a}=\frac{1}{6}$，$\beta_m=\frac{m\pi}{6}$，查出双曲线函数后，代入式（12）和式（13），并取 $\nu=0.2$，可以求得 B_m 和 C_m，列于表 2 中。

表 2

m	1	3	5	7	…
B_m	−0.0840	0.0025	0.0000286	−0.0000754	…
C_m	−0.00745	−0.000455	0.0000396	−0.0001415	…

将这些系数代入 W 的表达式中，并置 $x=\frac{a}{2}$，$y=b$，可以求出力矩作用点处的变位。但是这个级数收敛很慢，要计算数百项才可得较满意的值。为此，须采取一些措施，在计算了一定项数后，将其后所有项之和近似化为闭合式求解。略去详细推导过程，最终得

$$W_{\max}=0.272\frac{Mb}{D} \tag{19}$$

又将 B_m 及 C_m 值代入式（17）中，并置 $x=\frac{a}{2}$，$y=0$，可求得固定边上最大的弯矩，其收敛尚快，取 10 项后，得

$$W_{y\max}=-0.33\frac{M}{b} \tag{20}$$

但是将 B_m 及 C_m 值代入式（15）中，并置 $x=\frac{a}{2}$，$y=b$，以求力矩作用点处的转角时，我们得到一个发散级数，即 $\theta=\frac{\partial W}{\partial y}=\infty$。这是因为我们假定力矩 M 集中作用于一点上。实际上，M 是分布作用于一定宽度 $2d$ 之内的（$2d$ 即柱子之宽度），考虑这个影响，θ 就不会是无穷（见图 7）。

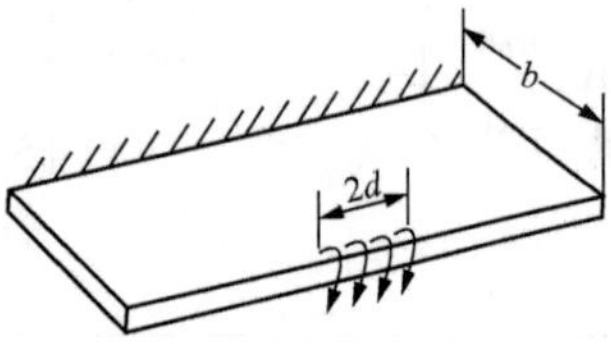

图 7

所以，在力矩作用点的转角 θ 的一般表达式可写为

$$\theta=\zeta\frac{M}{D} \tag{21}$$

ζ 是个数值系数，它是比值 $\frac{d}{b}$ 的函数，$\frac{d}{b}$ 越小，ζ 越大。为了求这个 ζ 值，我们须按不同的 $\frac{d}{b}$ 比值将 M 画成一

个凸形函数，再展开为傅里叶级数，逐项计算，工作量较大。严格来讲，在 $2d$ 范围内 M 也非均布，所以过分“精确”计算也无意义。为此，作者在狄拉克函数中取不同的项数，分析其在荷载作用点附近的函数值分布情况，估计了 ζ 值，并绘成曲线如图 8 所示，以供设计之需。由图 8 可见，在相当大的 $\dfrac{d}{b}$ 比值范围内，ζ 值大致在 0.9～1.2 的范围内。

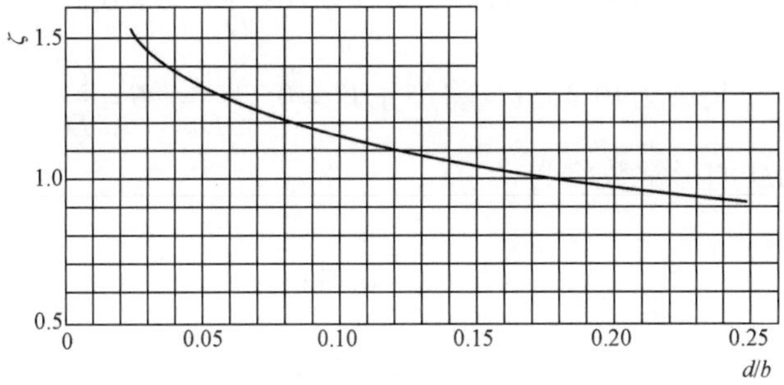

图 8

无限长边墙承受一个集中力矩作用时，不能像第 2 节中承受集中力那样找到一个等效悬臂梁而能满足几个主要控制值。如果一定要找一个等效悬臂梁，那么近似上可取一个图 9 中所示的变宽度悬臂梁，其尺寸如下：长为 b，底宽为 $3b$，在任意截面 x 处的宽度为 $b(x)=3b\left(\dfrac{x}{b}\right)^{2/3}$。这样，在梁端承受一个集中弯矩 M=1 作用时，按材料力学公式计算可得

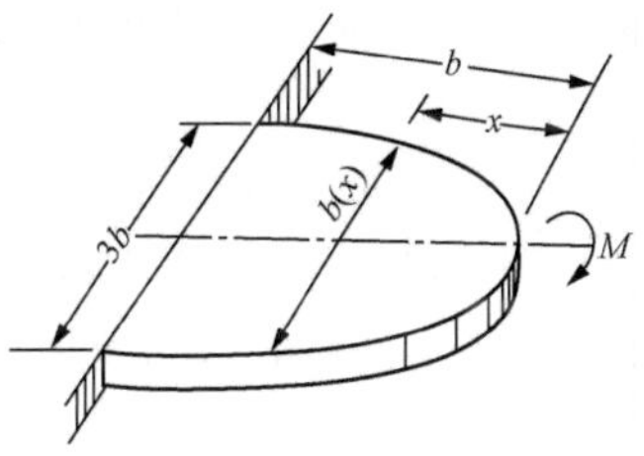

图 9

固定端弯矩 $M_y=0.33\dfrac{M}{b}$

自由端变位 $W_{\max}=0.25\dfrac{Mb}{D}$

自由端转角 $\theta_{\max}=1.00\dfrac{M}{D}$

与由薄板理论求得的大致相符。由此也可知，承受集中力矩作用时和承受集中力作用时的等效悬臂梁是不相同的。

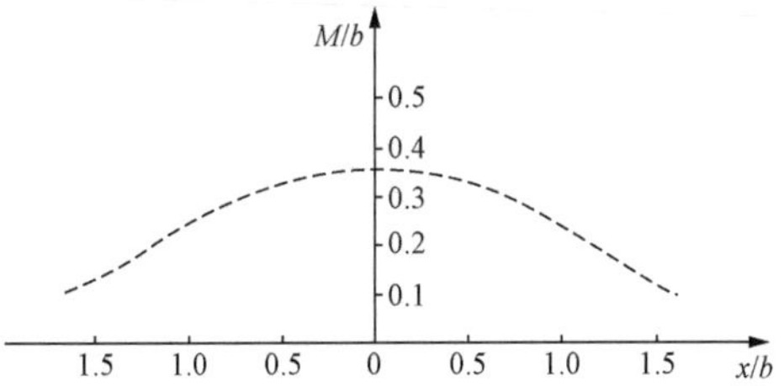

图 10

当无限长边墙的自由边界上承受集中力矩 M 作用时，沿固定边界上的弯矩分布曲线如图 10 所示。由图 10 可知，在本情况下固定边界处弯矩随 x 增加而消减的速率比承受集中力的情况为慢。以原点为中心，大约在宽度为 b 的范围内，固端弯矩几乎维持为常量，要在 $|x|>1.5b$ 后，固端弯矩才显著减少，并趋向于 0。

4 在水工结构中的应用

如图 11 所示，在边墙上有柱及梁交汇于一点（结点 A）。我们可以当作普通刚构一样计算，只要在计算中，将边墙视为一根杆件 AD，其变形特性如下。

在顶端作用一个集中力 P=1，将产生 $W=0.168\dfrac{b^2}{D}$，$\theta=0.27\dfrac{b}{D}$；

在顶端作用一个集中力矩 M=1，将产生 $W=0.27\dfrac{b}{D}$，$\theta=\dfrac{\zeta}{D}$。

所以，这根杆件 AD 的形常数将为

抗挠劲度 $$S_{AD}=\frac{1}{\zeta-0.433}D \tag{22}$$

相干系数 $$T_{AD}=\frac{-1}{0.622\zeta-0.27}\frac{D}{b} \tag{23}$$

抗推劲度 $$J_{AD}=\frac{\zeta}{0.168\zeta-0.0728}\frac{D}{b^2} \tag{24}$$

将这根假想杆件与梁、柱联合分析，求得的梁、柱中的内力以及结点 A 的变位，都是实际值，至于边墙的应力分析，则应将所求得的 M_{AD} 及 Q_{AD} 作为作用在边墙自由端上的集中荷载，用以前各节中公式或系数求之。例如墙底的最大弯矩为

$$M_{y\max}=0.508P+0.33\frac{M}{b} \tag{25}$$

如边墙上分布有一系列均布的柱（梁）时，跨度为 l，则按式（22）和式（23）求得的 S_{AD}、T_{AD}、J_{AD} 不应超过宽度为 l、高度为 b 的梁的相应值，如有超过，应采用后者（见图 12）。

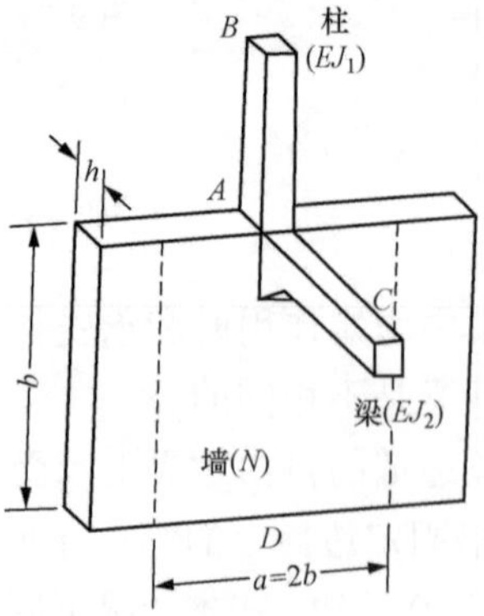

图 11

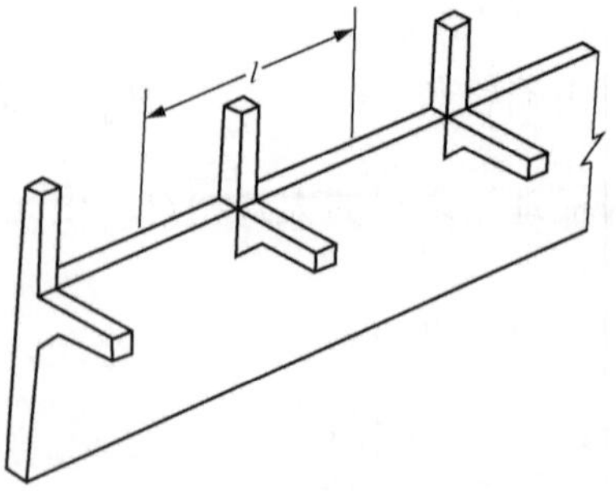

图 12

对于端部的柱子，有两种情况（见图 13），一种是端部有一刚固的端墙，同边墙及柱固接在一起。对于这种情况，结点 A 可作为固定端处理。另一种情况是端部并无端墙，端柱就立在边墙的角上。这时，边墙的劲度要减少很多，根据近似计算，其劲度比无限长边墙要小 2.5～2.7 倍。我们可先按无限长边墙公式求其常数，然后再降低一定倍数。

例如，设边墙厚 h=1m，高 b=4m，其上立有柱子，截面为 1m（厚）×0.5m（高）4m，跨距 4m。

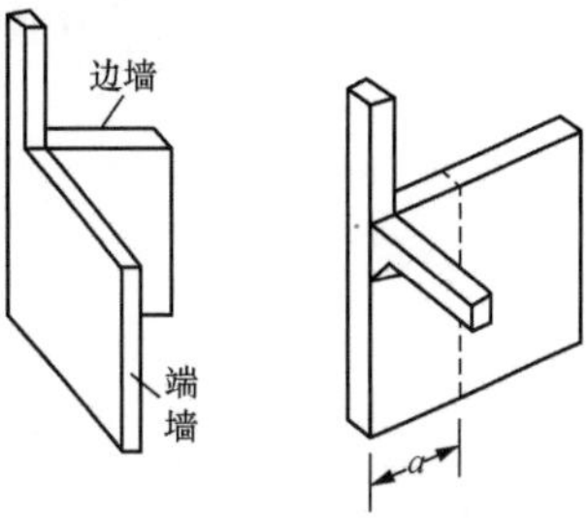

图 13

则柱子的 $EI=\frac{1}{12}\times0.5\times1^3\times E=\frac{E}{24}$

故柱子的 $S=4EI/l=E/24=0.0416E$

$$T=-6EI/l^2=-\frac{6}{16}\times\frac{E}{24}=-\frac{E}{24}=-0.0156E$$

$$J=12EI/l^3=\frac{12}{64}\times\frac{E}{24}=\frac{E}{128}=0.0078E$$

墙的 $D=\frac{1}{12}\times\frac{1}{1-0.2^2}\ E\times1^3=\frac{E}{11.5}$

$$\frac{d}{b}=\frac{0.25}{4}=0.0625\text{，}\ \zeta=1.262$$

因而 $S_{AD}=\frac{D}{1.262-0.433}=\frac{D}{0.824}=\frac{E}{9.46}=0.1055E$

$$T_{AD}=\frac{D}{0.622\times1.262-0.274}=\frac{-D}{2.064}=\frac{-E}{23.7}=-0.0421E$$

$$J_{AD}=\frac{1.262D}{(0.168\times1.262-0.0728)\times16}=\frac{1.262}{1.765}D=\frac{E}{20.3}=0.0493E$$

另外，取宽为 4m 的梁核算，得

$$S'_{AD}=\frac{4E\times\frac{1}{12}\times4\times1^3}{4}=0.333E$$

$$T'_{AD}=\frac{-6E\times\frac{1}{3}}{16}=-0.125E$$

$$J'_{AD}=\frac{12\times E\times\frac{1}{3}}{64}=0.0625E$$

这些值均大于已求出的 S_{AD}、T_{AD} 和 J_{AD}，因而 S_{AD} 等就是所求的墙的常数。

参考文献

[1] Mac Gregor C W . Deflection of Long Helical Gear Teeth. Mechanical Engincering, 1935, 57.

[2] Holl D L , Cantilever Plate with Concentrated Edge Load. A. S. M. E., Engineering paper A 8, Journal of Applied Mechanics, 1937, 4 (1).

[3] Jaranilbo T J . Journal of Applied Mechanics, 1950, 17 (1).

[4] Fijita K. Transactions. A. S. M. E., 1960, 26-163.

[5] Ishikawa J , Transactions A. S. M. E., 1951, 17-59.

[6] Toshiyuki Kagawa. Deflection and Moment Due to a Concentrated Edge Load on a Cantilever Plate of Infinite Length. Proceedings of the 11th Japan National Congress for Applied Mechanics, 1961.

[7] 铁摩辛柯 S，沃诺斯基 S . 板壳理论. 北京：科学出版社，1977.

定轮闸门的轨道应力计算和设计

1 概　　述

定轮闸门所承受的水压力，最后都通过滚轮传到轨道上去。所以，滚轮和轨道的接触部位常常是整个闸门和门框结构中受力最集中的部位。

早期在设计闸门和附属设备时，对轨道和滚轮的应力问题，通常不作详尽计算，而采用一些简单的规则加以控制。例如，设滚轮直径为 D（cm），轮面宽为 l（cm），轮压为 P(kg)，则可控制名义压力 $P/(lD)$使之不超过某一值[例如 $P/(lD)<50\text{kg/cm}^2$]。随着我国水利水电建设的飞速发展，平板闸门的尺寸和所承受的水头越来越大，每个滚轮上所受的轮压也逐渐增大，在接触面上的集中应力常达到极大的数值。粗糙的处理方法已不能满足要求。因此，在《水利水电工程钢闸门设计规范》（SDJ 13—1978）中指出，当轮压较大时，应对滚轮、轨道的材料及其硬度和制造工艺进行专门研究。当然也要进行相应的应力计算。

鉴于这方面的参考资料较少，钢闸门规范中的有关条文和所附公式限于篇幅也较为简要。本文拟较详细地阐述这个问题的性质，整理和推导有用的计算公式，并讨论设计要求，以供从事闸门设计的同志参考。

本文中所有公式都根据弹性力学公式推出，文中没有详细介绍推导过程，但均可从文末所举的参考文献中找到来源。

2 滚轮及轨道的几种形式

平板闸门滚轮的直径 $D_1=2R_1$ 是一个重要的设计数据，在可能时 R_1，宜取得大一些。因为显然 R_1 越大接触应力越小。

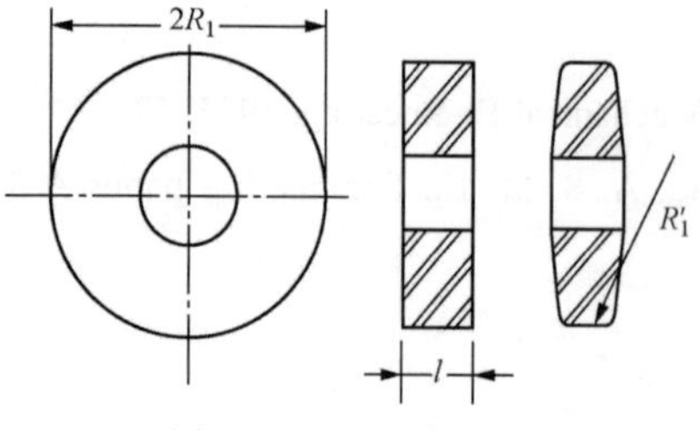

图 1

在滚轮的横剖面上看，轮面可以是平的［见图 1（b)］，也可以做成曲率［见图 1（c)］。如轮面是平的，可称为单曲率滚轮，或圆柱式滚轮。此时轮面宽 l 也是一个重要数据。取用较大的 l 值，也可以减低应力集中，但也引起一些问题。

如轮面也做成圆弧形，并令其半径为 R_1'，则可称为双曲率滚轮。R_1' 可以小于、等于或大于 R_1。当 $R_1=R_1'$ 时，轮面成为球面的一部分。当 $R_1'\to\infty$ 时，就变为单曲率滚轮。

关于轨道，也可根据横断面上轨面形状分为平面轨道和弧面轨道两类（见图 2）。

将各种形式的滚轮和轨道相配合，就得到不同的接触情况。从弹性力学观点可分为两类：

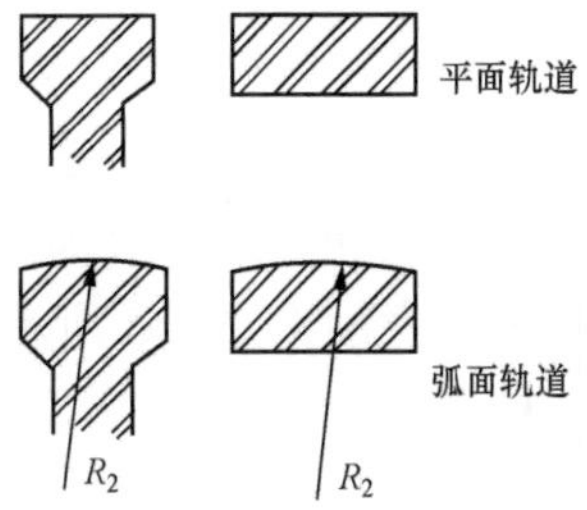

图 2

（1）平面接触问题。即单曲率滚轮与平面轨道相接触，原始接触带是一条线，所以也称为线接触。在滚轮受压后，接触面发展为一个扁矩形，其长为 l，宽为 $2a$［见图 3（a)]。

（2）空间接触问题。双曲率滚轮与平面或弧面轨道接触，或单曲率滚轮与弧面轨道接触均属空间接触问题。初始接触带是一个点，所以也称为点接触。这种点接触又可分为三种：

1）双曲率滚轮与平面轨道接触。初始接触带是一个点，滚轮受压后，接触区扩大成一个椭圆。当 $R_1'>R_1$ 时，椭圆长轴垂直于轨道纵轴。当 $R_1'<R_1$ 时，椭圆长轴平行于轨道纵轴［见图 3（b)]。当 $R_1'=R_1$ 时，即球面与平面接触，接触区为一个圆。

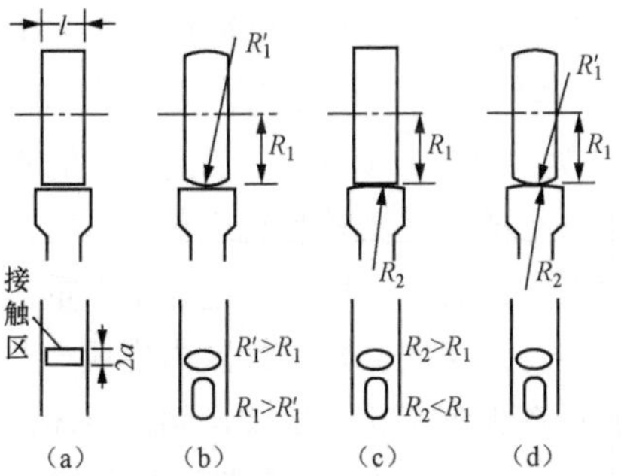

图 3

2）单曲率滚轮与弧面轨道接触。这相当于两个轴线互相垂直的圆柱体的接触，接触区是一个椭圆。当 $R_2>R_1$ 时，椭圆长轴与轨道纵轴垂直，当 $R_2<R_1$ 时，椭圆长轴与轨道纵轴平行。当 $R_2=R_1$ 时，接触区为一圆［见图 3（c)]。

3）双曲率滚轮与弧面轨道接触。这也是空间接触问题，接触区为一椭圆。这个情况，可以化为 2）中情况，只要把轨面半径 R_2 改为 $\overline{R}_2$，此处 $\frac{1}{\overline{R}_2}=\frac{1}{R_2}+\frac{1}{R_1}$。

单就应力分布条件来看，线接触是最有利的。因为接触区面积最大，应力集中度低，设计要求容易满足，对滚轮和轨道的设计、选材都有利。但是，按线接触设计时，要注意以下几个问题：①线接触时总的来讲应力集中度虽然较低，但在轮面边界处仍有较大剪应力（见第 4 节中的讨论）；②对制作、安装、调整的要求高，力求安装就绪后，各滚轮确实都与轨道呈线接触状态，如果个别滚轮和轨道呈倾侧，接触应力及滚轮和轨道的受力条件就要恶化，见图 4（a)；③闸门受水压力后主梁将有所挠曲，这也会使滚轮轮面上的接触压力不均匀化，在内侧压力增高，为了解决这个问题，应控制和尽量减小主梁挠度，在轴承处稍留间隙以利调整，必要时也可将轮面做成一个合适的斜度，参见图 4（b)。

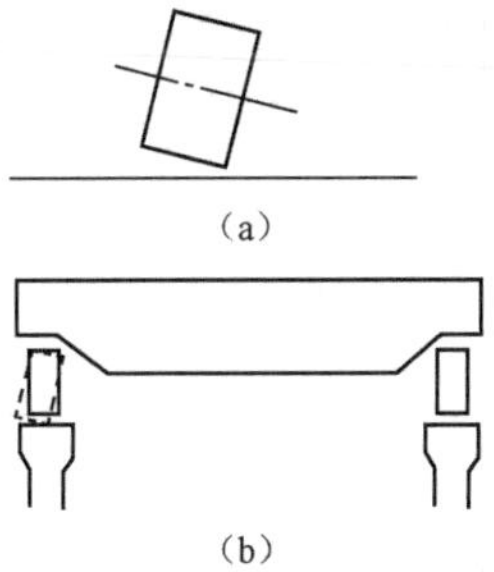

图 4

至于点接触情况，其优缺点与线接触恰相反。由于接触面积小，在同样轮压下，接触应力较高。这可能给设计及选材带来困难。但在安装调整时比较容易满足要求。同时闸门结构受力挠曲后，对滚轮及轨道受力情况的影响较小。

因此，在选择滚轮和轨道的形式时，应全面分析闸门滚轮布置、轮压及接触应力大小，制作、安装条件，闸门工作条件，以及可以选用的材料等各种因素作出决定。

3 材料的强度理论和设计要求

滚轮和轨道一般都由碳钢或合金钢制成，材料的强度一般以标准试件的单向拉伸特性曲线表示，如图 5 所示。其中σ_s为其屈服点，σ_b为其抗拉强度。材料经过热处理后，σ_s可以显著提高，但材料性质有所脆化，塑性范围有所减少。

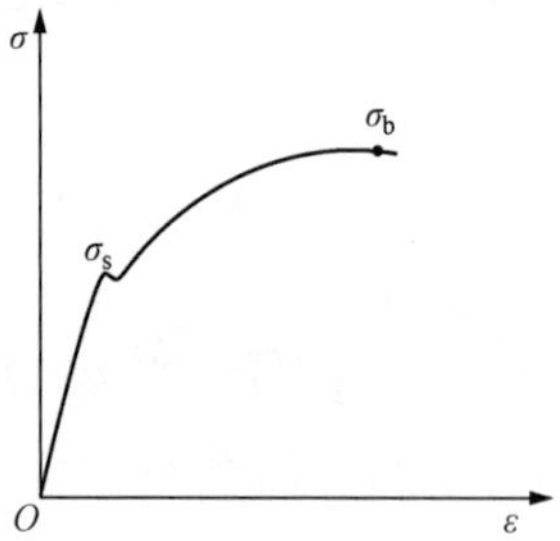

图 5

实际上，在滚轮和轨道内部各点都处于复杂的应力状态之中，但总可换算为三个主应力σ_1、σ_2及σ_3。显然，如果材料承受静水压力$\sigma_1=\sigma_2=\sigma_3$，则即使压力值很大，材料也不会破坏。实践证明，钢材的破坏总是在主应力不相等的情况下发生，而且多是以材料沿某一方向发生塑性变形开始的。

为了研究钢材的强度问题，我们首先要对材料的“破坏”下一个定义。所谓材料的破坏，是指材料被拉裂（产生裂缝而断开）或发生永久性的塑性变形，以致显著降低结构物的承载能力，或显著影响其正常运用。对于滚轮和轨道的破坏，实际上都是后一类（塑性破坏）。至于说真正的断裂破坏，除非材料中有明显缺陷外，是极少见的。我国进行的一些滚轮和轨道荷载试验，也说明要使它们产生结构性的断裂破坏，需要极大的力量，此时，塑性变形已非常严重，早已不能正常运用了。（对于滚轮在轨道上频繁行动的情况下，可能会在塑性区内出现一些微细裂缝，并逐渐伸展造成断裂事故。但这种情况一般只在火车车轮上出现，闸门启闭次数以及滚轮的行走速度，与火车车轮不能比拟，所以我们需要防止的应是塑性破坏问题）

根据以上分析，设计滚轮及轨道时，主要是解决剪应力产生的塑性破坏问题。目前关于材料强度理论已有多种，对于钢材而言，一般应用以下两种理论。

（1）第三强度理论（或最大剪应力理论或脱雷斯卡理论）。这个理论认为，当钢材所承受的最大剪应力τ_{max}超过单向拉伸时材料破裂或屈服时的剪应力，材料即将破坏或屈服。设某一点上三个主应力依次为σ_1、σ_2、σ_3（依应力大小排列），则最大剪应力为

$$\tau_{max}=\frac{1}{2}(\sigma_1-\sigma_3) \tag{1}$$

因此，屈服条件就是

$$2\tau_{max}=\sigma_1-\sigma_3\leqslant\sigma_s \tag{2}$$

这个理论应用方便，也和试验资料大致相符，所以应用颇广。其主要缺点是不能反映第二主应力σ_2对材料破坏的影响。

（2）第四强度理论（或最大歪应变理论，或八面体剪应力理论，或冯米斯理论）。这个理论认为：当材料在某一点处的歪应变，或“八面体剪应力”达到某一值后，即将进入屈服状态。以τ_{oc}代表八面体剪应力，则

$$\begin{aligned}\tau_{oc}&=\frac{1}{3}\sqrt{(\sigma_1-\sigma_2)^2+(\sigma_1-\sigma_3)^2+(\sigma_2-\sigma_3)^2}\\&=\frac{\sqrt{2}}{3}\sqrt{\sigma_1^2+\sigma_2^2+\sigma_3^2-\sigma_1\sigma_2-\sigma_1\sigma_3-\sigma_2\sigma_3}\end{aligned} \tag{3}$$

屈服条件为

$$\frac{3}{\sqrt{2}}\tau_{oc}=2.12\tau_{oc}=\sqrt{\sigma_1^2+\sigma_2^2+\sigma_3^2-\sigma_1\sigma_2-\sigma_1\sigma_3-\sigma_2\sigma_3}\leqslant\sigma_s$$

或
$$\frac{\sqrt{(\sigma_1^2-\sigma_2)^2+(\sigma_1-\sigma_3)^2+(\sigma_2-\sigma_3)^2}}{\sqrt{2}}\leqslant\sigma_s \tag{4}$$

如材料处于纯剪状态，则屈服条件为

$$\sqrt{3}\tau\leqslant\sigma_s \tag{4'}$$

第四强度理论能反映中间主应力的影响，且与钢材试验成果符合得更好，但不适用材料的抗拉特性与抗压特性不同的情况。另外，计算 τ_{oc} 也较复杂。钢材的抗拉特性与抗压特性基本相同，所以采用第四强度理论是合适的。在滚轮和轨道接触问题上，采用第四理论并常常可降低对材料的要求，有利于设计。

当我们求出接触应力后，就可以计算轨道或滚轮内各点的分应力，化为主应力，最后求出 τ_{max} 或 τ_{oc}。当 $2\tau_{max}$ 或 $2.12\tau_{oc}$ 超过材料的 σ_s 后，就表明该点已屈服。

最安全的设计，就是仿照普通钢结构的设计方式，要求每一点处的 $2\tau_{max}$ 或 $2.12\tau_{oc}$ 小于 σ_s，并保持一个安全系数 K。这样可保证结构完全在弹性范围内工作。但这个条件仅在低水头、小闸门时才易满足。对于高水头大型闸门，若按此要求设计，不仅会造成浪费，有时甚至是不可能的。

考虑到滚轮和轨道的接触，是局部承压问题。个别点子上达到屈服，距整体破坏尚远，所以首先可令 $K=1$，即只要求 $2\tau_{max}$ 或 $2.12\tau_{oc}$ 不超过 σ_s，而不必再留余地。

其次，根据理论分析，主轨或滚轮在接触区的最大剪应力并不发生在表面，而在离开表面一定深度处。该处最大剪应力往往超过表面的最大剪应力很多。我们可以只要求表面上的 $2\tau_{max}$ 或 $2.12\tau_{oc}<\sigma_s$，对内部可以放松一些。按此原则设计，轨道或滚轮内部将有一小块区域进入塑性状态。但由于表面上未达屈服，所以这块塑性区被包在弹性区以内。塑性区范围大小一般与接触区相当，为值不大。我们认为这种微小的受包围的塑性区存在，并不影响结构物的安全。因为塑性区受到包围，没有条件产生显著的变形。这与表面材料进入塑性状态的后果是不同的（见图 6）。当然，在出现塑性区的情况下，弹性力学解答已不是精确解答。精确的解答应按弹塑性物体求解。这种理论解很难求得，但可以用有限单元法通过电子计算机并以逐次修正的方式求解。对于轨道设计，一般并无进行这种精确计算的必要。

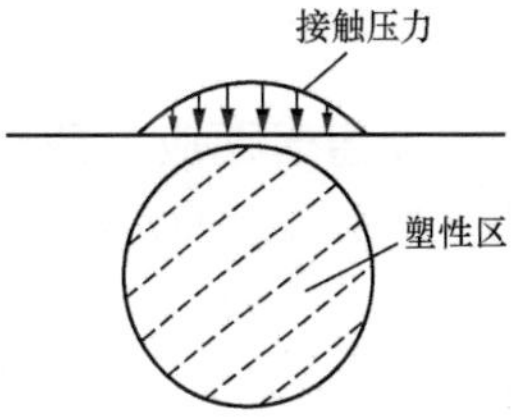

图 6

4　平面问题的解算

4.1　接触面积和接触应力计算

平面滚轮与平面轨道的接触，属于平面问题。根据弹性力学中的赫芝理论，在轮压 P 作用下（见图 7），接触区为一矩形，其长等于轮厚 l，宽为 $2a$，则

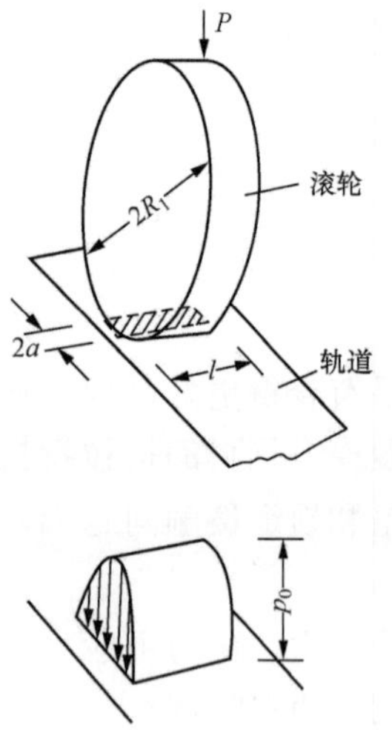

图 7

$$a=\sqrt{4(k_1+k_2)\frac{PR_1}{l}} \tag{5}$$

$$k_1=\frac{1-\nu_1^2}{\pi E_1},\quad k_2=\frac{1-\nu_2^2}{\pi E_2} \tag{6}$$

而 E_1、E_2、ν_1 及 ν_2 各为滚轮和轨道材料的弹性模量及泊松比。如果两者用相同材料制造，则

$$k_1+k_2=\frac{2(1-\nu^2)}{\pi E}$$

代入式（5）后，得

$$a=\sqrt{\frac{8(1-\nu^2)}{\pi}}\sqrt{\frac{PR_1}{lE}} \tag{7}$$

对于钢材，ν 值在 0.25～0.3 的范围内，取 $\nu=0.3$，有

$$a=1.52\sqrt{\frac{PR_1}{lE}} \tag{8}$$

接触压力呈椭圆曲线分布，在中线处压力达最大值 p_0，即

$$p_0=\frac{2P}{\pi al}=0.419\sqrt{\frac{PE}{lR_1}}\quad（取\ \nu=0.3） \tag{9}$$

当滚轮受压与轨道接触后，滚轮及轨道均将产生变形。轮子表面将被压得平坦一些，轨道表面则将下陷。这些变形的绝对值是无法用平面弹性理论求出的。但是，在轨道面上，中心点相对于接触边界处的沉陷值 δ（见图 8）可以求得，为

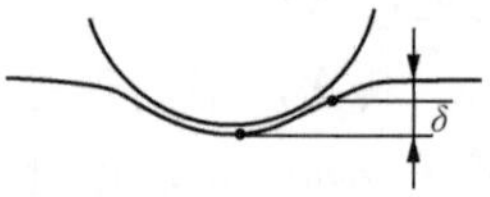

图 8

$$\delta\approx 0.577\frac{P}{lE} \tag{10}$$

4.2 轨道表面应力条件

在轨道表面，应力公式比较简单（见图 9），即

$$\left.\begin{aligned}&\sigma_z=-p_0\sqrt{1-\frac{x^2}{a^2}}\quad（压应力）在接触区内\\&\sigma_z=0\qquad\qquad\qquad\qquad 在接触区外\\&\sigma_x=\sigma_z\\&\tau_{xz}=0\end{aligned}\right\} \tag{11}$$

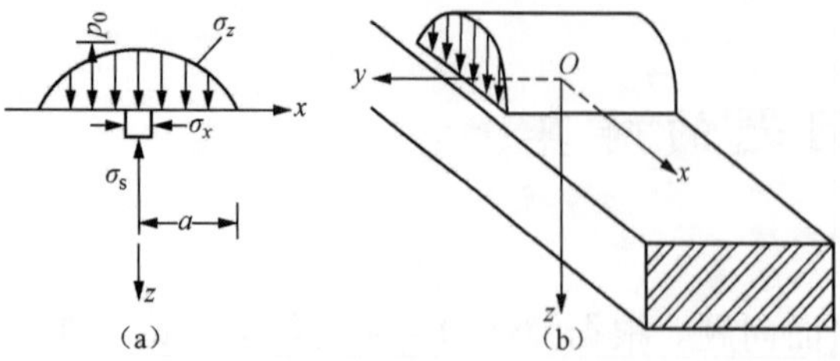

图 9

可见在轨道表面，各点承受双向压力 $\sigma_x=\sigma_z$，而且呈椭圆曲线分布，在中心处达最大值 p_0，到接触边缘处为 0。仅仅从 xz 平面上看，不论接触压力多大，材料都不会屈服。

问题在于另一方向 y。y 向的应力 σ_y 难以精确计算。在中心断面（y=0）

上，若假定应力呈平面应变状态分布，则

$$\sigma_y = \nu(\sigma_x + \sigma_z) \approx 0.6\sigma_z \tag{12}$$

由此，最大剪应力为 $\tau_{\max} = 0.2\sigma_z$，而控制条件为

$$0.4\sigma_z \leqslant \sigma_s \text{ 或 } \sigma_z = p_0 \leqslant 2.5\sigma_s \tag{13}$$

这是通常设计中采用的条件。但尚应注意轮面边界（即 $y = \pm\frac{l}{2}$）的情况。此处 $\sigma_y \approx 0$ 故控制条件为 $\sigma_z \leqslant \sigma_s$。

由上分析可知，真正的控制点在轮面边界处（z=0，$y = \pm\frac{l}{2}$）。由于此处 $\sigma_y = 0$，控制条件是 $\sigma_z = p_0 \leqslant \sigma_s$，这个条件远较在接触中心处的条件 $\sigma_z \leqslant 2.5\sigma_s$ 严重。以往设计中不考虑边界处条件，似不合适。该处剪应力过大时，很易产生塑性破坏。实际中破坏也常在轮边开始。但若按 $-p_0 \leqslant \sigma_s$ 控制，则又似过分。作者意见，为了合适地解决这个问题，最好将轮面做成较大的曲率 R_1'，或在轮边上稍予刨圆（见图 10）。这样，在整体上看仍属平面接触情况，而在边界处，则使正应力 σ_z 下降为 0（关于采用双曲率滚轮后，详细计算方法可见第 5 节）。

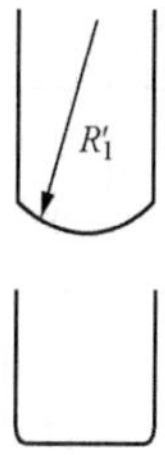

图 10

4.3 轨道内部应力计算

在求得表面接触应力后，可以利用弹性力学中的弗拉芒公式进行积分以求得轨道或滚轮内部应力。一般最重要的是沿中心轴（z 轴）的应力分布情况。以下，以 $\bar{z}$、$\bar{x}$ 表示相对坐标 $\frac{z}{a}$ 及 $\frac{x}{a}$，计算成果见表1。可见，在 $\bar{z}$ <0.5 左右时，控制应力是 $\sigma_z - \sigma_y$；而 $\bar{z}$ > 0.5 左右时，控制应力为 $\sigma_z - \sigma_x$。绝对最大剪应力发生在 $\bar{z}$ ≈0.78 处，其值为 $0.305p_0$。

从表 1 中的值，并可估计轨道内塑性区的发展深度。如果我们控制表面上最大剪应力 $2\tau_{\max} \leqslant \sigma_s$，则塑性区发展深度约为 $2a$。应注意塑性区过大是不合适的。另可注意，若以表面最大剪应力控制，则采用第三或第四强度理论，其结果一样。

表 1

$\bar{z}$	σ_z	σ_x	σ_y	$(\sigma_z - \sigma_x)/2$	$(\sigma_z - \sigma_y)/2$	$1.06\tau_{oc}$
0	1.0000	1.0000	0.6000	0	0.2000	0.2000
0.125	0.9923	0.7733	0.5297	0.1045	0.2313	0.2002
0.25	0.9701	0.5914	0.4685	0.1893	0.2508	0.2263
0.375	0.9363	0.4497	0.4158	0.2433	0.2603	0.2520
0.50	0.8944	0.3416	0.3708	0.2764	0.2618	0.2695
0.75	0.8000	0.2000	0.2910	0.3000	0.2545	0.2782
1.00	0.7071	0.1213	0.2485	0.2929	0.2293	0.2662
1.50	0.5547	0.0509	0.1817	0.2519	0.1865	0.2264
2.00	0.4472	0.0249	0.1416	0.2112	0.1529	0.1888

注 应力均以 p_0 为单位。

如果不仅要计算 z 轴上的应力，而且要计算其他各点应力，则需导出相应公式。略去推导过程，最终成果为

$$\left.\begin{aligned}\sigma_z&=-p_0\bar{z}(\alpha-\beta\bar{x})\\\sigma_x&=-p_0\bar{z}[(1+2\bar{x}^2+2\bar{z}^2)\alpha-3\beta\bar{x}-2]\\\tau_{xz}&=-p_0\bar{z}^2\beta\end{aligned}\right\}\qquad(14)$$

式中：α 及 β 为两个系数，取决于相对坐标 $\bar{x}$ 及 $\bar{z}$，见表 2。

表 2

$\bar{x}$ \ $\bar{z}$	0.125		0.250		0.375		0.500	
	α	β	α	β	α	β	α	β
±4	0.068767	±0.017175	0.068520	±0.017059	0.068109	±0.016809	0.067542	±0.016609
±3	0.132244	±0.043995	0.131239	±0.043408	0.129603	±0.042456	0.127390	±0.041181
±2	0.381269	±0.189648	0.370867	±0.181679	0.355007	±0.169666	0.335404	±0.155094
±1.5	1.034918	±0.681510	0.938128	±0.596645	0.818711	±0.494131	0.702863	±0.397638
±1	11.649856	±10.281792	4.224414	±0.328685	2.349094	±1.618003	1.552699	±0.946560
±0.75	11.204954	±8.125376	4.800000	±3.200000	2.750869	±1.644113	1.814951	±0.962013
±0.5	9.053184	±4.434819	4.290146	±1.983798	2.659019	±1.128147	1.840884	±0.703155
±0.375	8.515818	±3.136568	4.103299	±1.435473	2.591848	±0.837865	1.823685	±0.533935
±0.25	8.181206	+2.011807	3.976819	±0.932308	2.539731	±0.552732	1.805773	±0.357433
±0.125	7.997064	±0.984018	3.904208	±0.458916	2.507644	±0.274341	1.793268	±0.178875
0	7.938238	0	3.880572	0	2.496877	0	1.788855	0

$\bar{x}$ \ $\bar{z}$	0.75		1.00		1.50		2.00	
	α	β	α	β	α	β	α	β
±4	0.065979	±0.015900	0.063919	±0.014985	0.058734	±0.012783	0.052826	±0.010458
±3	0.121520	±0.037866	0.114263	±0.033907	0.098004	±0.025644	0，082202	±0.018508
±2	0.291460	±0.123658	0.248603	±0.094958	0.179423	±0.053975	0.132013	±0.030949
±1.5	0.517119	±0.251632	0.390254	±0.161253	0.242207	±0.071873	0.163798	±0.035479
±1	0.865845	±0.415822	0.568865	±0.217287	0.307921	±0.076980	0.194222	±0.033230
±0.75	0.991404	±0.409649	0.638105	±0.206280	0.334686	±0.068606	0.206565	±0.028377
±0.5	1.048121	±0.315303	0.680775	±0.159598	0.354278	±0.051689	0.215885	±0.020750
±0.375	1.059185	±0.245772	0.693299	±0.125429	0.361111	±0.040439	0.219237	±0.016079
±0.25	1.064253	±0.167802	0.701305	±0.086294	0.365955	±0.027778	0.221656	±0.010973
±0.125	1.066196	±0.084988	0.705709	±0.043935	0.368842	±0.014139	0.223118	±0.005564
0	1.066667	0	0.707107	0	0.369800	0	0.223607	0

【例 1】 某闸门滚轮半径 R_1=39cm，l=16cm，轮压 178t，与轨道呈线接触。钢材的 $E=2\times10^6\text{kg/cm}^2$，$\nu$=0.3，核算其应力。

（1）求接触区尺寸

$$a=1.52\sqrt{\frac{178000\times39}{16\times2000000}}=0.708\text{（cm）}$$

故接触区面积为 $1.416\times16\text{cm}^2$。

（2）求最大接触压力

$$p_0=0.419\times\sqrt{\frac{178000\times2000000}{16\times39}}=10000\ (\text{kg/cm}^2)$$

（3）计算表面应力

$$\sigma_z=10000\sqrt{1-\bar{x}^2}\ （压力）\ |\bar{x}|\leqslant1$$

$$\sigma_x=10000\sqrt{1-\bar{x}^2}\ （压力）\ |\bar{x}|\leqslant1$$

$$\tau_{zx}=0$$

在中心，$\sigma_y=0.6$，$\sigma_z=6000$。

控制应力 $\sigma_z\leqslant2.5\sigma_s$，即要求材料屈服限 $\sigma_z\geqslant0.4\sigma_z=4000$（$\text{kg/cm}^2$）。选用 50Mn 钢，$\sigma_s\geqslant4000$，在轮子表面边缘处适当修圆，以降低该处最大剪应力。

（4）计算沿 z 轴应力。利用表 1 中的值，乘以 $p_0=10000$ 后，得

$\bar{z}$	0	0.125	0.25	0.375	0.5	0.75	1.00	1.50	2.00
$\tau_{\max}$	2000	2313	2508	2603	2764	3000	2929	2519	2112

塑性区延伸范围为 2×0.708≈1.5cm，变形值为

$$\delta=0.577\times\frac{178000}{16\times2000000}=0.0321\ (\text{mm})$$

4.4 平面接触情况中几个问题的进一步探讨

上面介绍的应力计算，是利用弹性力学公式，似乎很精确。其实这些解答与实际情况间还有许多距离。例如，首先，各公式都是按平面问题推导的。实际情况则既非平面应力问题也非平面变形问题。其次，在赫芝解答中，假定接触面为二次曲线，又假定接触面积与滚轮或轨道尺寸相比是很小的，因此应力及变形系按半无限平面处理。最后，所有计算都是指静力情况。当闸门在启闭过程中，虽然运动速度不快，可以不计动力影响，但在接触面上除法向压力外，必然存在摩擦力。这些在计算中均未得到反映。

对这些问题的详细讨论，已超出本文范围，但拟对两个问题，作些定性说明。

（1）关于滚轮尺寸的影响。如果在计算中，不把滚轮作为半无限平面处理，而按其实际曲率计算，则接触长 a 将略有减小。据作者研究，其值可由式（15）决定，即

$$a\approx1.52\sqrt{\frac{PR_1}{lE}}\left(1-0.58\frac{p}{E}\right) \tag{15}$$

$$p=\frac{P}{2lR_1}$$

由于钢材 E 值达 2000000kg/cm^2 左右，而 p 值一般不会超过 200kg/cm^2，故 $0.58\frac{p}{E}$ 也不会超过 58/100000。这样看来，在滚轮和轨道的接触问题中不必考虑滚轮曲率的影响。

（2）关于摩擦力的作用。闸门在启闭过程中，滚轮对轨道不仅有法向压力，而且有切向摩擦力作用。我们假定摩擦力也呈椭圆曲线分布，即在接触面上$\tau=f\sigma$（f是摩擦系数）。半平面上同时承受法向及切向力作用时，在表面上的应力公式为

$$\left.\begin{aligned}
&\sigma_z=\begin{cases}-p_0\sqrt{1-\overline{x}^2} & |\overline{x}|\leqslant 1\\ 0 & \overline{x}\geqslant 1,\ \overline{x}\leqslant -1\end{cases}\\
&\tau_{xz}=\begin{cases}-fp_0\sqrt{1-\overline{x}^2} & |\overline{x}|\leqslant 1\\ 0 & |\overline{x}|\geqslant 1,\ \overline{x}\leqslant -1\end{cases}\\
&\sigma_x=\begin{cases}-p_0(\sqrt{1-\overline{x}^2}+2f\overline{x}) & |\overline{x}|\leqslant 1\\ -2fp_0(\overline{x}-\sqrt{\overline{x}^2-1}) & \overline{x}\geqslant 1\\ -2fp_0(\overline{x}+\sqrt{\overline{x}^2-1}) & \overline{x}\leqslant 1\end{cases}
\end{aligned}\right\}\tag{16}$$

在平面应变情况下，还有一个正应力σ_y

$$\sigma_y=\left.\begin{cases}-\nu p_0(2\sqrt{1-\overline{x}^2}+2f\overline{x}) & |\overline{x}|\leqslant 1\\ -\nu p_0(\overline{x}+\sqrt{\overline{x}^2-1}) & \overline{x}\geqslant 1,\ \overline{x}\leqslant 1\end{cases}\right\}\tag{17}$$

由σ_z、σ_x及τ_{xz}可以计算两个主应力，另一个主应力即σ_y。取ν=0.3，f=0.1、0.2、0.3，$\overline{x}$=0、0.25、0.30、0.50、0.75 和 1.00，计算成果见表 3。

表 3

$\overline{x}$	$f=0.1$			$f=0.2$			$f=0.3$		
	σ_1	σ_2	σ_3	σ_1	σ_2	σ_3	σ_1	σ_2	σ_3
0	−1.100	−0.900	−0.600	−1.200	−0.800	−0.600	−1.300	−0.700	−0.600
0.25	−1.091	−0.891	−0.5946	−1.217	−0.817	−0.610	−1.337	−0.737	−0.625
0.30	−1.083	−0.883	−0.5898	−1.213	−0.813	−0.608	−1.343	−0.743	−0.026
0.50	−1.016	−0.816	−0.5496	−1.166	−0.766	−0.580	−1.316	−0.716	−0.610
0.75	−0.836	−0.636	−0.4416	−1.014	−0.614	−0.488	−1.186	−0.586	−0.532
1.00	−0.200	0	−0.0600	−0.400	0	−0.120	−0.600	0	−0.180

根据这些主应力值，就可以计算τ_{max}或τ_{oc}。例如，表 4 中所示为τ_{max}值（括号中为 1.06τ_{oc}值）。从计算成果可以看出几条重要结论：最大剪应力的位置，当$f=0$时，在接触区中心（$\overline{x}$=0），当f渐渐增加时，其位置逐渐外移；当$f=0.3$时，移到$\overline{x}$=0.3附近。其次，最大剪应力之值，当$f=0$时，为$0.2p_0$；当$f\neq 0$时，有显著增长。其值可用式（18）计算，即

$$\tau_{max}\approx\left[0.200+\frac{f}{2}\left(1+\frac{f^2}{10}\right)\right]p_0\ (f\leqslant 0.35)\tag{18}$$

表 4

$\bar{x}$	$f=0$	$f=0.1$	$f=0.2$	$f=0.3$
0	0.200（0.200）	0.250（0.218）	0.300（0.265）	0.350（0.328）
0.25	0.193	0.247（0.216）	0.304（0.267）	0.356（0.332）
0.30	0.191	0.246	0.303（0.266）	0.359（0.333）
0.50	0.173	0.233	0.293	0.353（0.330）
0.75	0.133	0.197	0.263	0.327
1.00	0	0.100	0.200	0.300

至于 $1.06\tau_{oc}$ 的最大值，可自图 11 中的曲线得之。

由此，当 f=0.1、0.2、0.3 时，τ_{max}/p_0 分别达到 0.250、0.304、0.359，$1.06\tau_{oc}/p_0$ 分别达到 0.218、0.266、0.333，比仅有法向压力 p_0 时增加很多。由此可知，闸门启闭时，轨道上的应力状态比关闭时远为不利。对于重要的闸门，宜按式（18）或图 11 控制，或应尽量设法降低 f 值，使之降为 0.1 以下。另须注意，考虑摩擦力后，按第三或第四强度理论设计时成果便不同。

如果不仅要计算轨道表面上的应力，而且要计算轨道内部各点应力，则可将接触面上法向、切向力所产生的应力进行积分。最后可得以下公式，即

$$\left.\begin{aligned}
\sigma_z &= -p_0\bar{z}(\alpha-\bar{x}\beta+f\bar{z}\beta)\\
\sigma_x &= -p_0\{\bar{z}(1+2\bar{x}+2\bar{z}^2)\alpha-2\bar{z}-3\beta\bar{x}\bar{z}+\\
&\quad f[(2\bar{x}^2-2-3\bar{z}^2)\beta+2\bar{x}-2(1-\bar{x}^2-\bar{z}^2)+\bar{x}\alpha]\}\\
\tau_{xz} &= -p_0\{\bar{z}^2\beta+f[(1+2\bar{x}^2+2\bar{z}^2)\bar{z}\alpha-2\bar{z}-3\bar{x}^2\beta]\}\\
\sigma_y &= -2\nu p_0\{[(1+\bar{x}^2+\bar{z}^2)\bar{z}\alpha-\bar{z}-2\bar{x}^2\beta]+\\
&\quad f[(\bar{x}^2-1-\bar{z}^2)\beta+\bar{x}+(1-\bar{x}^2-\bar{z}^2)\bar{x}\alpha]\}
\end{aligned}\right\} \tag{19}$$

由此，可计算各点（x，z）的分应力及主应力、最大剪应力等，并可绘制等应力线。在启闭过程中，各种等应力线不再对称于 z 轴，而有一些偏歪。因此，塑性区范围也呈这种偏歪的形状。图 12 是作者计算的一个例子。

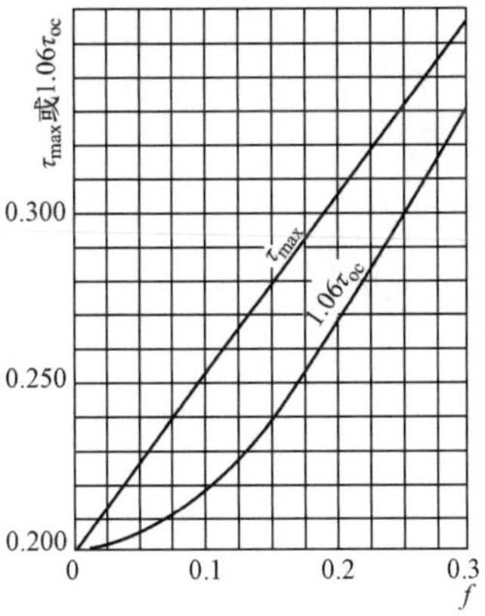

图 11

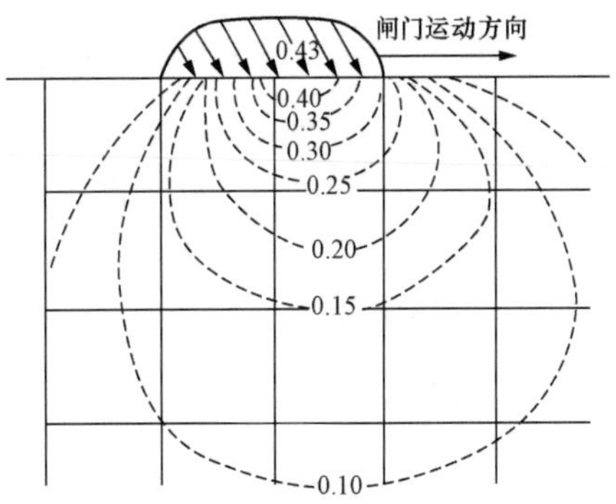

图 12

5　空间接触问题

5.1　空间接触问题的普遍计算公式

设有两个弹性体 1 和 2，在压力 P 作用下于点 O 相接触。物体 1 在接触点附近的主曲率半径为 R_1 及 R_1'，物体 2 则为 R_2 及 R_2'（见图 13）。又设曲率各为 $\frac{1}{R_1}$ 和 $\frac{1}{R_2}$ 的两个法向面的交角为 ϕ，则接触面是一个椭圆，椭圆的长短半轴各为

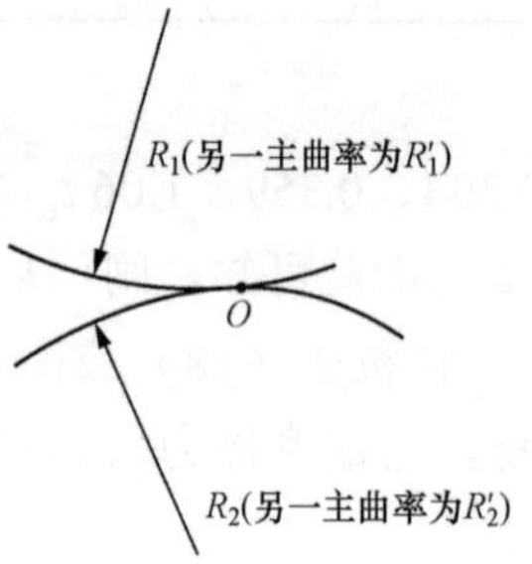

图 13

$$a = m\sqrt[3]{\frac{3\pi}{4}\frac{p(k_1+k_2)}{A+B}} \tag{20}$$

$$b = n\sqrt[3]{\frac{3\pi}{4}\frac{p(k_1+k_2)}{A+B}} \tag{21}$$

两物体互相靠近之值为

$$\delta = \lambda\sqrt[3]{\frac{P^2}{k^2\gamma}} \tag{22}$$

最大接触压力 p_0 为

$$p_0 = \frac{3}{2}\frac{P}{\pi ab} \tag{23}$$

在接触面上的压应力呈椭球状分布。

在式（20）～式（22）中几个常数的意义如下

$$k_1 = \frac{1-\nu_1^2}{\pi E_1},\quad k_2 = \frac{1-\nu_2^2}{\pi E_2} \tag{24}$$

A、B 为两个常数，因次为 cm^{-1}，由式（25）和式（26）决定，即

$$A+B = \frac{1}{2}\left(\frac{1}{R_1}+\frac{1}{R_1'}+\frac{1}{R_2}+\frac{1}{R_2'}\right) \tag{25}$$

$$B-A = \frac{1}{2}\left[\left(\frac{1}{R_1}-\frac{1}{R_1'}\right)^2+\left(\frac{1}{R_2}-\frac{1}{R_2'}\right)^2+ 2\left(\frac{1}{R_1}-\frac{1}{R_1'}\right)\left(\frac{1}{R_2}-\frac{1}{R_2'}\right)\cos 2\phi\right]^{\frac{1}{2}} \tag{26}$$

m、n、λ 为三个数值系数，取决于比值 $\frac{B-A}{B+A}$。令 $\frac{B-A}{B+A} = \cos\theta$，则列于表 5。

表 5

θ	10°	20°	30°	35°	40°	45°	50°	55°	60°	65°	70°	75°	80°	85°	90°
m	6.612	3.778	2.731	2.397	2.136	1.926	1.754	1.611	1.486	1.378	1.284	1.202	1.128	1.061	1.000

续表

θ	10°	20°	30°	35°	40°	45°	50°	55°	60°	65°	70°	75°	80°	85°	90°
n	0.319	0.408	0.493	0.530	0.567	0.604	0.641	0.678	0.717	0.759	0.802	0.846	0.893	0.944	1.000
λ	0.851	1.220	1.453	1.550	1.637	1.709	1.772	1.828	1.875	1.912	1.944	1.967	1.985	1.996	2.000

又式（22）中

$$k=\frac{8}{3}\frac{E_1E_2}{E_2(1-\nu_1^2)+E_1(1-\nu_2^2)}$$

$$\gamma=\frac{4}{\dfrac{1}{R_1}+\dfrac{1}{R_1'}+\dfrac{1}{R_2}+\dfrac{1}{R_2'}}=2(A+B)$$

5.2 双曲率滚轮与平面轨道的接触

令滚轮的曲率半径为 R_1 及 R_1'（$R_1<R_1'$），轨道的 $R_2=\infty$，$R_2'=\infty$，$\phi=0°$。代入式（25）和式（26），得

$$A+B=\frac{1}{2}\left(\frac{1}{R_1}+\frac{1}{R_1'}\right)$$

$$B-A=\frac{1}{2}\left(\frac{1}{R_1}-\frac{1}{R_1'}\right)$$

$$\cos\theta=\frac{1-\dfrac{R_1}{R_1'}}{1+\dfrac{R_1}{R_1'}} \tag{27}$$

因此，知道 $\dfrac{R_1}{R_1'}$ 值后，即可确定 θ，从而由表 5 中查出 m，n，λ 等系数。为方便计，作者并将这些系数改按 $\dfrac{R_1}{R_1'}$ 比值绘成曲线。如图 14 所示。

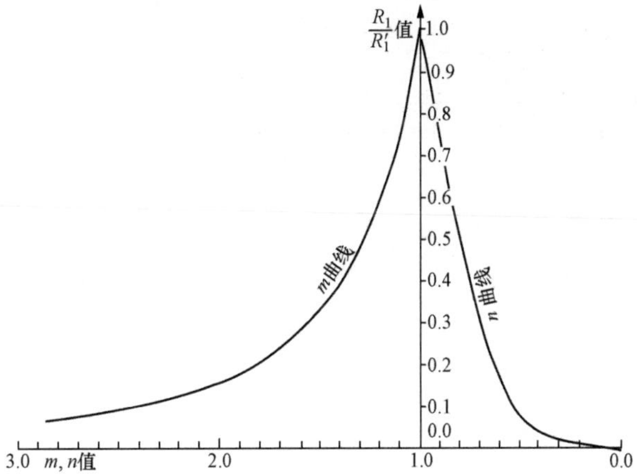

图 14

（1）接触区尺寸及接触应力的计算。

当滚轮与轨道的 E 和 ν 值相同，且置 ν=0.3，则计算接触椭圆长短半轴的公式简化为

$$a=m\sqrt[3]{3(1-\nu^2)\frac{PR_1R_1'}{E(R_1+R')}}=1.398m\sqrt[3]{\frac{PR_1}{E\left(1+\frac{R_1}{R_1'}\right)}} \tag{28}$$

$$b=n\sqrt[3]{3(1-\nu^2)\frac{PR_1R_1'}{E(R_1+R')}}=1.398n\sqrt[3]{\frac{PR_1}{E\left(1+\frac{R_1}{R_1'}\right)}} \tag{29}$$

椭圆的长轴在曲率半径 R_1' 的法面内。

如果 $R_1=R_1'$，就是球与平面的接触（球点接触），此时公式更简化为

$$a=b=1.109\sqrt[3]{\frac{PR_1}{E}} \tag{30}$$

求出接触区尺寸后，最大接触压力可用 $p_0=\frac{3}{2}\frac{p}{\pi ab}$ 计算。

（2）接触面上各点应力计算。

求出接触区尺寸和接触压力后，可以计算接触面上各点的分应力。一般计算以下的两点应力。

1）接触区中心点

$$\begin{aligned}
&\sigma_z=-p_0\\
&\sigma_x=-p_0\left[2\nu+(1-2\nu)\frac{b}{a+b}\right]=-p_0\left(0.6+\frac{0.4b}{a+b}\right)\\
&\sigma_y=-p_0\left[2\nu+(1-2\nu)\frac{a}{a+b}\right]=-p_0\left(0.6+\frac{0.4a}{a+b}\right)\\
&\tau=0\\
&\tau_{\max}=p_0\left[\frac{(1-2\nu)}{2}\frac{a}{a+b}\right]=p_0\left(\frac{0.2a}{a+b}\right)
\end{aligned} \tag{31}$$

注意，x 轴平行于长轴 a。

2）接触椭圆长轴端点（该点处于纯剪状态）

$$\begin{aligned}
&\sigma_z=0\\
&\sigma_x=-\sigma_y\\
&\tau=0\\
&\tau_{\max}=\sigma_y=(1-2\nu)p_0\frac{\beta}{e^2}\left(\frac{1}{e}\text{artanh}e-1\right)\\
&\quad=0.4p_0\frac{\beta}{e^2}\left(\frac{1}{e}\text{artanh}e-1\right)
\end{aligned} \tag{32}$$

如果要计算短轴端点应力，可应用以下诸式

$$\sigma_z = 0$$
$$\sigma_x = -\sigma_y \quad (33)$$
$$\tau = 0$$

$$\tau_{\max} = \sigma_y = (1-2\nu)p_0\frac{\beta}{e^2}\left(1-\frac{\beta}{e}\operatorname{artanh}\frac{e}{\beta}\right)$$
$$= 0.4p_0\frac{\beta}{e^2}\left(1-\frac{\beta}{e}\operatorname{artanh}\frac{e}{\beta}\right)$$

$$\beta = \frac{b}{a}，\quad e = \frac{1}{a}(a^2-b^2) \quad (34)$$

前人的研究指出，当 $e<0.89$ 时，最大剪应力发生在长轴两端；反之，则发生在中心处。

如果 $R_1 = R_1'$（即球点接触），则 $a=b$，以上公式简化为

1）在中心点

$$\sigma_z = -p_0$$
$$\sigma_x = -0.8p_0$$
$$\sigma_y = -0.8p_0 \quad (35)$$
$$\tau_{\max} = 0.1p_0$$

2）在长轴端点

$$\sigma_z = 0$$
$$\sigma_x = -\sigma_y$$
$$\tau_{\max} = \sigma_y = 0.133p_0 \quad (36)$$

对于这种球点接触情况，表面应力更可用以下公式详细计算（改用柱坐标），即

$$\sigma_r = \begin{cases} p_0\left\{\dfrac{1-2\nu}{3}\dfrac{a^2}{r^2}\left[1-\left(1-\dfrac{r^2}{a^2}\right)^{3/2}\right]-\left(1-\dfrac{r^2}{a^2}\right)^{1/2}\right\} & 当\dfrac{r}{a}\leqslant 1 \\ p_0\left(\dfrac{1-2\nu}{3}\dfrac{a^2}{r^2}\right) & 当\dfrac{r}{a}>1 \end{cases} \quad (37)$$

$$\sigma_\theta = \begin{cases} -p_0\left\{\dfrac{1-2\nu}{3}\dfrac{a^2}{r^2}\left[1-\left(1-\dfrac{r^2}{a^2}\right)^{3/2}\right]+2\nu\left(1-\dfrac{r^2}{a^2}\right)^{1/2}\right\} & 当\dfrac{r}{a}\leqslant 1 \\ -p_0\left(\dfrac{1-2\nu}{3}\dfrac{a^2}{r^2}\right) & 当\dfrac{r}{a}>1 \end{cases} \quad (38)$$

$$\sigma_z=\begin{cases}-p_0\left(1-\dfrac{r^2}{a^2}\right)^{1/2} & 当\dfrac{r}{a}\leqslant 1\\ 0 & 当\dfrac{r}{a}>1\end{cases} \tag{39}$$

$$\tau_{rz}=0$$

表面位移的计算式为

$$沉陷 W=\begin{cases}\dfrac{p_0\pi a(1-\nu^2)}{E}\left(1-\dfrac{1}{2}\dfrac{r^2}{a^2}\right) & 当\dfrac{r}{a}\leqslant 1\\ \dfrac{2p_0a(1-\nu^2)}{E}\left[\left(1-\dfrac{1}{2}\dfrac{r^2}{a^2}\right)\arctan\dfrac{a}{(r^2-a^2)^{1/2}}+\dfrac{1}{2}\left(\dfrac{r^2}{a^2}-1\right)^{1/2}\right] & 当\dfrac{r}{a}>1\end{cases} \tag{40}$$

$$径向位移 u=\begin{cases}-\dfrac{p_0a^2(1+\nu)(1-\nu)}{rE}\left[1-\left(1-\dfrac{r^2}{a^2}\right)^{3/2}\right] & 当\dfrac{r}{a}\leqslant 1\\ -\dfrac{p_0a^2(1+\nu)(1-\nu)}{rE} & 当\dfrac{r}{a}>1\end{cases} \tag{41}$$

以上所述，又都限于计算接触面上的应力和变位。这些数值一般即为设计中的控制值。但事实上最大剪应力发生在离表面某一深度（z_1）的地方，z_1取决于$\dfrac{b}{a}$。例如当$\dfrac{b}{a}$=1，z_1=0.47a，$\tau_{\max}=0.31p_0$，当$\dfrac{b}{a}$=0.34，z_1=0.24a，$\tau_{\max}=0.32p_0$。这些绝对最大剪应力远大于表面上的最大剪应力。所以，表面材料虽不屈服，在内部仍可能有一小块塑性区，和平面问题情况相似，塑性区深度约为 2a。

如果我们要详细计算轨道内部各点应力，就要解决在半无限大弹性体表面上作用有椭球状分布压力的问题。这个问题从原则上讲，可以将布心内斯克解答积分解之。但实际上这些积分很难算，如用数值法求，工作量又很大，所以这并非一个容易解决的问题。其中，对称轴（z 轴）上的应力较易计算。H. R. Thomas 和 V. A. Hoersch 曾用标准椭圆函数求得其解，并发现最大剪应力不在表面而在一定深度处，别辽耶夫也获得同样结论。对于球点接触情况，W. B. Morton 和 L. J. Closc 用 Zonal harmonic 函数求出其解，A. E. H. Love 也得到其解。球点接触在闸门设计中是常见的，现将有关计算公式列下，供参考

$$\sigma_r=p_0\left\{\frac{1-2\nu}{3}\frac{a^2}{r^2}\left[1-\left(\frac{z}{\sqrt{s_0}}\right)^3\right]+(1+\nu)\frac{z}{a}\arctan\frac{a}{\sqrt{s_0}}+\right.$$
$$\left.(1-\nu)\frac{z\sqrt{s_0}}{a^2+s_0}-\frac{2z}{\sqrt{s_0}}+\frac{a^2z^2}{s_0^2+a^2z^2}\frac{z}{\sqrt{s_0}}\right\} \tag{42}$$

第六卷 水工结构分析文集

$$\sigma_\theta = p_0\left\{-\frac{1-2\nu}{3}\frac{a^2}{r^2}\left[1-\left(\frac{z}{\sqrt{s_0}}\right)^3\right]+(1+\nu)\frac{z}{a}\arctan\frac{a}{\sqrt{s_0}}-(1-\nu)\frac{z\sqrt{s_0}}{a^2+s_0}-2\nu\frac{z}{\sqrt{s_0}}\right\} \quad (43)$$

$$\sigma_z = -p_0\frac{a^2z^2}{s_0^2+a^2z^2}\frac{z}{\sqrt{s_0}} \quad (44)$$

$$\tau_{rz} = -p_0\frac{a^2rz^2\sqrt{s_0}}{(s_0^2+a^2z^2)(a^2+s_0)} \quad (45)$$

s_0 为式（46）中的非负根，即

$$\frac{z^2}{s_0}+\frac{r^2}{a^2+s_0}-1=0 \quad (46)$$

在 $\frac{z}{a}$=0.1、0.2、0.3 处的各分应力如表 6 所示。

表 6

z/a \ r/a	0.1				0.2				0.3			
	σ_r	σ_θ	$\tau_{r\theta}$	$\tau_{\max}$	σ_r	σ_θ	$\tau_{r\theta}$	$\tau_{\max}$	σ_θ	$\tau_{r\theta}$	$\tau_{r\theta}$	$\tau_{\max}$
0	0.7843	0.7843	0	0	0.6072	0.6072	0	0	0.4656	0.4656	0	0
0.1	0.7841	0.7794	0.0502	0.0502	0.6035	0.6028			0.4623	0.4617		
0.2	0.7630	0.7643	0.1142	0.1142	0.5906	0.5893	0.0526	0.0526	0.4531	0.4501	0.0284	0.0284
0.3	0.7400	0.7395	0.1604	0.1604	0.5701	0.5665			0.4375	0.4306		
0.5	0.6567	0.6550	0.2206	0.2206	0.5038	0.4913	0.1454	0.1454	0.3905	0.3675	0.1003	0.1011
0.8	0.4365	0.4102	0.2710	0.2714	0.3569	0.2923	0.1924	0.1952	0.3065	0.2163	0.1371	0.1440
1.0	0.2672	0.1345	0.2346	0.2438	0.2814	0.1245	0.1683	0.1856	0.2676	0.1070	0.1242	0.1480
1.2	0.1164	0.0236	0.1235	0.1320	0.1796	0.0375	0.1083	0.1295	0.2010	0.0423	0.0894	0.1196
1.5	0.0433	0.0047	0.0573	0.0602	0.0799	0.0084	0.0542	0.0649	0.1060	0.0117	0.0494	0.0682

【例 2】 某双曲率滚轮，与平面轨道接触。设 $R_1=38\text{cm}$，并令 $R_1'>R_1$。取 $\frac{R_1}{R_1'}$=1.0、0.75、0.5、0.25、0.1，试核算其应力状态。

（1）设 $\frac{R_1}{R_1'}$=1（球点接触），则有

$$a=b=1.109\sqrt[3]{\frac{PR_1}{E}}=1.109\sqrt[3]{\frac{178000\times38}{2000000}}=1.664\text{（cm）}$$

$$p_0=\frac{1.5P}{\pi a^2}=\frac{1.5\times178000}{\pi\times1.664^2}=30700\text{（kg/cm}^2\text{）}$$

（2）设 $\frac{R_1}{R_1'}$=0.75，由图 14 中查得 m=1.103，n=0.911，则有

$$a=1.103\times1.398\times\sqrt[3]{\frac{PR_1}{E}}\Big/\sqrt[3]{1.75}=1.920$$

$$b=0.911\times1.398\times\sqrt[3]{\frac{PR_1}{E}}\bigg/\sqrt[3]{1.75}=1.586$$

$$p_0=\frac{1.5\times178000}{\pi\times1.920\times1.586}=27900$$

（3）设$\dfrac{R_1}{R_1'}$=0.5，m=1.276，n=0.809，则有

$$a=1.276\times1.398/\sqrt[3]{1.5}\times\sqrt[3]{\frac{PR_1}{E}}=2.339$$

$$b=0.809\times1.398/\sqrt[3]{1.5}\times\sqrt[3]{\frac{PR_1}{E}}=1.483$$

$$p_0=\frac{1.5\times178000}{\pi\times2.339\times1.483}=24500$$

（4）设$\dfrac{R_1}{R_1'}$=0.25，m=1.663，n=0.666，则有

$$a=1.663\times1.398/\sqrt[3]{1.25}\times\sqrt[3]{\frac{PR_1}{E}}=3.24$$

$$b=0.666\times1.398/\sqrt[3]{1.25}\times\sqrt[3]{\frac{PR_1}{E}}=1.30$$

$$p_0=20200$$

（5）设$\dfrac{R_1}{R_1'}$=0.1，m=2.397，n=0.530，则有

$$a=2.397\times1.398/\sqrt[3]{1.1}\times\sqrt[3]{\frac{PR_1}{E}}=4.873$$

$$b=0.530\times1.398/\sqrt[3]{1.1}\times\sqrt[3]{\frac{PR_1}{E}}=1.078$$

$$p_0=16200$$

（6）最大剪应力计算。接触中心处，用$\tau_{\max}=0.2\dfrac{a}{a+b}p_0$计算，在长轴两端用$\tau_{\max}=0.4p_0\dfrac{\beta}{e^2}\left(\dfrac{1}{e}\text{artanh}e-1\right)$计算，成果见表7。

表7

$\dfrac{R_1}{R_1'}$	$\beta=\dfrac{b}{a}$	$\dfrac{a}{a+b}$	$e=\dfrac{a^2-b^2}{b}$	artanh$e$	中心处 $\tau_{\max}$	长轴端 $\tau_{\max}$	p_0
1.00（球点接触）	1.000	0.500	0	0	3070	4100	30700
0.75	0.825	0.548	0.564	0.638	3060	3760	27900
0.50	0.635	0.611	0.772	1.022	3010	3390	24500

续表

$\frac{R_1}{R_1'}$	$\beta=\frac{b}{a}$	$\frac{a}{a+b}$	$e=\frac{a^2-b^2}{b}$	artanhe	中心处 τ_{max}	长轴端 τ_{max}	p_0
0.25	0.401	0.714	0.917	1.570	2890	2730	20200
0.10	0.222	0.820	0.975	2.185	2660	1880	16200
0（线接触）	0	1.000	1	∞	2000		10000

（7）以上计算，均假定 $R_1'>R_1$。如果 $R_1'<R_1$，则计算公式中 R_1 及 R_1' 应互换。此时，接触椭圆的长轴平行于轨道纵轴。

例如，设 $R_1'=0.5R_1$，则

$$a=1.276\times\frac{1.398}{\sqrt[3]{1.5}}\times\sqrt[3]{\frac{PR_1'}{E}}=1.8566 \quad \beta=\frac{1.172}{1.85}=0.634$$

$$b=0.809\times\frac{1.398}{\sqrt[3]{1.5}}\times\sqrt[3]{\frac{PR_1'}{E}}=1.1771 \quad e=0.7733$$

$$p_0=\frac{1.5\times178000}{\pi\times1.85\times1.172}=38900$$

在接触中心处 $$\tau_{max}=0.2\times\frac{1.85}{3.022}\times38900=4760$$

在长轴端 $$\tau_{max}=0.4\times38900\times\frac{0.634}{0.773^2}\times\left(\frac{1}{0.773}\times1.0285-1\right)=5440$$

可见，将 R_1' 取得小于 R_1，将产生非常尖锐的应力集中，这是很不利的。

（8）对于材料的选择，如果按第三强度理论设计，要求材料的屈服限 $\sigma_s\geqslant2\tau_{max}$。如果按第四强度理论设计，则要求 $\sigma_s\geqslant$ 中心处 $\tau_{oc}\times2.12$，或 $\sigma_s\geqslant$ 长轴端处 $\tau_{max}\times\sqrt{3}$，其成果见表 8。

表 8

$\frac{R_1}{R_1'}$	中心处 τ_{max}	长轴端处 τ_{max}	要求材料的 σ_s 不小于	
			按第三强度理论	按第四强度理论
1.00	3070	4100	8200	7100
0.75	3060	3760	7520	6520
0.589	3030	3600	7200	6240
0.50	3010	3390	6780	5870
0.333	2960	3040	6080	5260
0.25	2890	2730	5780	5780
0.1717	2810	2075	5620	5040
0.10	2660	1910	5320	
0	2000		4000	4000

可见，当 $\frac{R_1}{R_1'}>0.333$ 时，长轴端 $\tau_{max}>$ 中心处 τ_{max}。此时，按第四强度理论设计对

材料要求较低。而当 $\frac{R_1}{R_1'}<0.333$ 时，中心处 $\tau_{max}>$ 长轴端 τ_{max}，此时，按两种强度理论设计要求是一样的。

对于本例，倘采用球点接触，按第三强度理论，$\sigma_s\geqslant 82\text{kg/mm}^2$，则选用 50Mn 2 钢，并经调质处理。$\sigma_b=95$，$\sigma_s=80$，大致可以满足要求。倘采用 $R_1/R_1'=0.5$，且按第四强度理论设计，则 $\sigma_s\geqslant 58.7\text{kg/mm}^2$，可以选用 20Mn 2 钢。

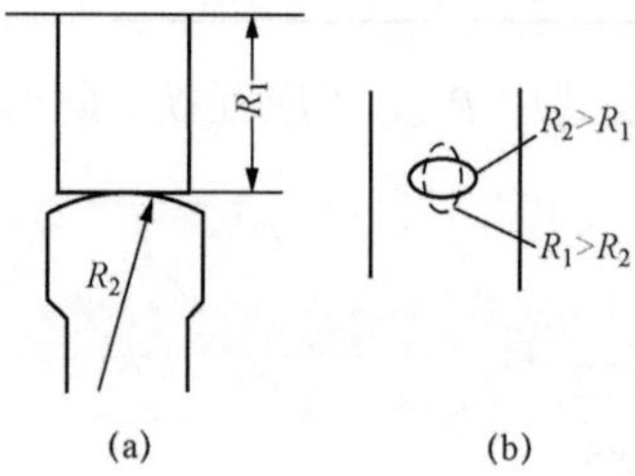

图 15

5.3 单曲率或双曲率滚轮与弧面轨道的接触

当单曲率滚轮与弧面轨道接触时，实际上是两个轴线互相垂直的圆柱的接触问题。接触区仍为一个椭圆，其形式如图 15（b）所示。

在式(25)和式(26)中，置 $R_1'=\infty$，$R_2'=\infty$，$\phi=90°$，可得

$$A+B=\frac{1}{2}\left(\frac{1}{R_1}+\frac{1}{R_2}\right) \tag{47}$$

$$B-A=\frac{1}{2}\left(\frac{1}{R_1}-\frac{1}{R_2}\right) \tag{48}$$

这样看来，本情况的计算公式与 5.2 节情况在形式上完全一样，本情况中的 R_2 相当于 5.2 节中的 R_1'。

当双曲率滚轮与弧面轨道接触时，在式（25）、式（26）中，置 $R_2'=\infty$，$\phi=90°$，可得

$$A+B=\frac{1}{2}\left[\frac{1}{R_1}+\left(\frac{1}{R_1'}+\frac{1}{R_2}\right)\right] \tag{49}$$

$$B-A=\frac{1}{2}\left[\frac{1}{R_1}-\left(\frac{1}{R_1'}+\frac{1}{R_2}\right)\right] \tag{50}$$

因此，本情况的计算也可化成上述情况进行，只需把 $\frac{1}{R_1'}+\frac{1}{R_2}$ 合成为另一虚拟曲率 $\frac{1}{\overline{R}_2}$，即

$$\frac{1}{\overline{R}_2}=\frac{1}{R_1'}+\frac{1}{R_2} \tag{51}$$

于是，一切计算均可仿上进行，只需以 $\overline{R}_2$ 代替上情况中的 R_2 或 5.2 节中的 R_1'（见图 16）。

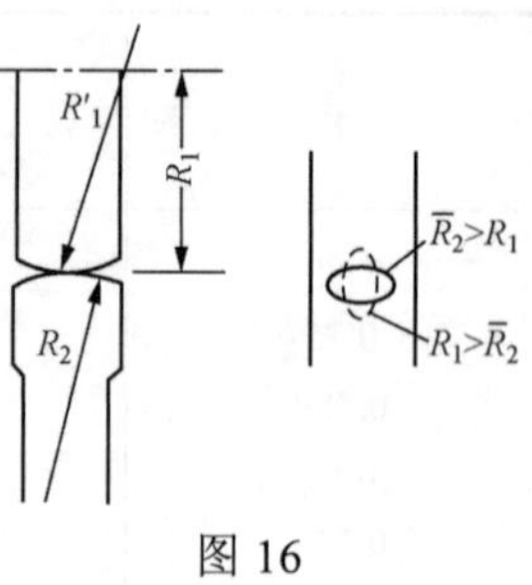

图 16

6 材料性能和选择

在完成轨道和滚轮的应力分析后，即可根据计算成果，复核所拟定的构件尺寸是否恰当，并选定材料。轨道和滚轮一般可用普通碳素钢、优质碳素钢、低合金钢或合

金钢制作，需根据应力大小及闸门的重要性选用。钢材性能中，最主要的是其机械性能（尤其是屈服限），现在将我国冶金部颁发的各类钢材的机械性能标准列于表 9～表 12，以供查阅。

表 9 是普通碳素钢的机械性能，在钢号指标中，第一个字母代表钢类（A 为甲类钢、B 为乙类钢、C 为特类钢，在结构设计中应采用按机械性能供应的甲类钢）；第二个字母代表炉种（J 为碱性转炉，S 为酸性转炉，平炉钢无此指标）；第三个指标是从 0～7 的数字，代表钢号，从 1 号钢开始到 7 号钢，其含碳量及强度递增，而伸长率递减；第四个字母表示沸腾钢（F）、半沸腾钢（b）或镇静钢（无字母）。从表 9 可见，常用的 3 号普碳钢，其屈服限为 21～22kg/mm^2，故只适用于水头较低尺寸较小的闸门上。

表 10 是优质碳素钢的机械性能，从钢号 08F～85，为普通含锰钢。钢号前的数字表示钢内含碳量（以万分数表示），钢号越高，强度越大，伸长率则递减。从钢号 15Mn 到 70Mn，则为高含锰钢。由表 10 可知，优碳钢的屈服限在 20～100kg/mm^2 内变动，选材范围较大。但 75～85 号钢的屈服限已接近抗拉强度，一般很少选用。

表 11 是低合金结构钢，这种材料在轨道和滚轮设计中采用不多。

对于应力特大的轨道和滚轮，可以采用表 12 中的合金结构钢制作。合金钢号前面两位数仍表示含碳量，后面字母表示合金元素（Mn 锰、Si 硅、V 钒、Cr 铬、Ti 钛、W 钨、Mo 钼、A1 铝、B 硼，字母后附有数字 2 或 3 者表示该元素含量达到或接近 2%、3%）。最后若有字母 A 者，表示高级合金钢。

合金钢的屈服点很高，但一般都要经过调质处理（淬火—回火的热处理），这常常增加加工制作的工作量和困难。

表 9　　　　普通碳素钢机械性能

钢号顺序	钢号			机械性能						180°冷弯试验 a′为弯心直径 a 为试样厚度
	碱性平炉	侧吹碱性转炉	侧吹酸性转炉	屈服点 σ_s 不小于			抗拉强度 σ_b	伸长率（不小于，%）		
				第一组	第二组	第三组		δ_5	δ_{10}	
0	AO AOF	AJO AJOF	ASO ASOF	—	—	—	32	22	18	d=2a
1	AI AIF			—	—	—	32～40	33	28	d=0
2	A2，C2 A2F，C2F	AJ2，CJ2 AJ2F，CJ2F		22	20	19	34～42	31	26	d=0
3	A3，C3	AJ3，CJ3	AS3	24	23	22	38～40 41～43 44～47	27 26 25	23 22 21	d=0.5a
	A3F C3F	AJ3F CJ3F	AS3F	24	22	21	38～40 41～43 44～47	27 26 25	23 22 21	d=0.5a

续表

钢号顺序	钢号			机械性能						180°冷弯试验 a'为弯心直径 a为试样厚度
	碱性平炉	侧吹碱性转炉	侧吹酸性转炉	屈服点 σ_s 不小于			抗拉强度 σ_b	伸长率（不小于，%）		
				第一组	第二组	第三组		δ_5	δ_{10}	
4	A4，C4 A4F，C4F	AJ4，CJ4 AJ4F，CJ4F	AS4 AS4F	26	25	24	42～44 45～48 49～52	25 24 23	21 20 19	$d=2a$
5	A5，C5	AJ5 CJ5	AS5	28	27	26	50～53 54～57 58～62	21 20 19	17 16 15	$d=3a$
6	A6	AJ6	AS6	31	30	30	60～63 64～67 68～72	16 16 14	13 12 11	
7	A7	AJ7	—	—	—	—	70～74 ＞75	11 10	9 8	

注 第一、二、三组钢材尺寸如下划分（钢材尺寸单位为 mm）：

组　别	棒钢直径或厚度	型钢和异型钢厚度	板钢厚度
第一组	≤40	≤15	4～20
第二组	40～100	15～20	20～40
第三组	＞100～250	＞20	40～60

表 10　　优质碳素钢机械性能

钢号	屈服点 σ_s	抗拉强度 σ_b	伸长率 δ_5	断面收缩率 ϕ	冲击值 a_k
	kg/mm^2		%		kg·m/cm^2
	不小于				
08F	18	30	35	60	—
08	20	33	33	60	—
10F	19	32	33	55	—
10	21	34	31	55	—
15F	21	36	29	55	—
15	23	38	27	55	—
20F	23	39	27	55	—
20	25	42	25	55	—
25	28	46	23	50	9
30	30	50	21	50	8
35	32	54	20	45	7
40	34	58	19	45	6
45	36	61	16	40	5
50	38	64	14	40	4
55	39	66	13	35	—
60	41	69	12	35	—
65	42	71	10	30	—
70	43	73	9	30	—
75	90	110	7	30	—

续表

钢号	屈服点 σ_s	抗拉强度 σ_b	伸长率 δ_5	断面收缩率 ϕ	冲击值 a_k
	kg/mm^2		%		kg·m/cm^2
	不小于				
80	95	110	6	30	—
85	100	115	6	30	
15Mn	25	42	26	55	—
20Mn	28	46	24	50	—
25Mn	30	50	22	50	9
30Mn	32	55	20	45	8
35Mn	34	57	18	45	7
40Mn	36	60	17	45	6
45Mn	38	63	15	40	5
50Mn	40	66	13	40	4
60Mn	42	71	11	35	—
65Mn	44	75	9	30	—
70Mn	46	80	8	30	—

表 11　　低合金结构钢机械性能

序号	钢号	钢材厚度或直径（mm）	抗拉强度 σ_b（kg/mm^2）	屈服点 σ_s（kg/mm^2）	伸长率 δ_5（%）	冷弯试验
			不小于			
1	09Mn 2	4～10	46	31	21	
		11～24	45	30	21	
		25～30	44	30	21	
2	11Mn	6～40	44	—	26	
3	14Mn	4～10	46	29	21	
4	16Mn	≤16	52	36	21	
		17～25	52	34	21	
5	19Mn	4～10	47	30	21	
6	24Mn	4～10	49	33	21	
7	10MnSiCu	4～10	50	35	21	
		11～20	48	34	21	
		21～32	48	33	21	
8	16MnCu	≤16	52	36	21	
		17～25	52	34	21	
9	15MnTi	≤25	54	40	19	
10	15MnSi	4～10	50	35	21	
		11～20	48	34	21	
11	18MnSi	6～8	60	40	14	
12	25MnSi	6～40	60	40	14	

表 12

合金结构钢机械性能

序号	钢号	热处理					机械性质				
		淬火			回火		抗拉强度（kg/mm^2）	屈服点（kg/mm^2）	伸长率 δ_5（%）	收缩率 ϕ（%）	冲击韧性（kg·m/cm^2）
		温度（℃）		冷却剂	温度	冷却剂					
		第一次	第二次								
1	10Mn 2	900	—	空气	—	—	48	27	25	55	—
2	15Mn 2	900	—	空气	—	—	53	31	23	50	—
3	20Mn 2	850	—	油	200	水	80	60	10	40	6
4	30Mn 2	840	—	水	500	水	75	60	12	45	8
5	35Mn 2	840	—	水	500	水	80	65	12	45	7
6	40Mn 2	840	—	水	550	水	85	70	12	45	7
7	45Mn 2	840	—	油	550	水或油	90	75	10	45	6
8	50Mn 2	820	—	油	550	水或油	95	80	9	40	5
9	27SiMn	920	—	水	420	水或油	100	85	12	40	5
10	35SiMn	900	—	水	590	水	90	75	15	40	6
11	36Mn 2Si	880	—	空气	600	空气	80	60	15	45	6
12	42SiMn	880	—	水	590	水	90	75	15	40	6
13	20Mn V	880	—	油	200	空气或油	85	65	14	50	10
14	25Mn 2V	900	—	油	650	水	75	60	15	50	10
15	42Mn 2V	860	—	油	600	水	100	85	11	45	6
16	15Cr	880	770～820	水或油	180	空气或油	75	55	11	45	7
17	20Cr	880	—	水或油	180	空气或油	80	60	10	40	6

续表

序号	钢号	热处理					机械性质				
		淬火			回火		抗拉强度（kg/mm^2）	屈服点（kg/mm^2）	伸长率 δ_5（%）	收缩率 ϕ（%）	冲击韧性（kg·m/cm^2）
		温度（℃）		冷却剂	温度	冷却剂					
		第一次	第二次								
18	30Cr	860	—	油	500	水或油	90	70	11	45	6
19	40Cr	850	—	油	500	水或油	100	80	9	45	6
20	45Cr	840	—	油	500	水或油	105	85	9	40	5
21	50Cr	830	—	油	500	水或油	110	95	9	40	5
22	38CrSi	900	—	油	630	油	100	85	12	50	7
23	40CrSi		—	油			125	105	12	40	5
24	15CrMn	880	—	油	180	空气或油	80	60	12	50	6
25	20CrMn	880	—	油	180	空气或油	90	75	10	45	6
26	35CrMn 2	860	—	油	600	水或油	85	70	12	45	8
27	40CrMn	840	—	油	520	水或油	100	85	9	45	6
28	20CrMnSi	880	—	油	500	水或油	80	60	10	40	6
29	25CrMnSi	880	—	油	480	水或油	110	95	10	40	5
30	30CrMn Si	880	—	油	540	水或油	110	90	10	45	5
31	35CrMnSiA		—	油			165	130	9	40	5
32	10CrV	870	—	空气	550		48	30	21	55	10
33	16Cr 2VA										
34	20Cr V	880	770～820	水或油	180	空气或油	85	70	13	50	8
35	35Cr 2V	880	—	油	600		75	60	16	40	5

续表

序号	钢号	热处理					机械性质				
		淬火			回火		抗拉强度（kg/mm^2）	屈服点（kg/mm^2）	伸长率 δ_5（%）	收缩率 ϕ（%）	冲击韧性（$kg\cdot m/cm^2$）
		温度（℃）		冷却剂	温度	冷却剂					
		第一次	第二次								
36	40CrV	880	—	油	650	水或油	90	75	10	50	9
37	45CrV	860	—	油	600	水或油	100	80	10	45	8
38	50CrVA	860	—	油	520	水或油	130	115	10	45	（4）
39	18CrMnTi	880	870	油	200	水或油	100	80	10	50	8
40	30CrMnTi	880	850	油	200	水或油	145	130	9	45	6
41	35CrMnTi	880	850	油	580	水或油	115	95	10	50	8
42	40CrMnTi	880	850	油	580	水或油	125	105	9	45	6
43	20CrWV	970	—	油	740	水或油	85	65	18	60	15
44	16Mo	880	—	空气	630	空气	40	25	25	60	12
45	12CrMo	900	—	空气	650	空气	42	27	24	60	14
46	12Cr3MoA	880	—	空气	740	炉冷	50	30			
47	15Cr Mo	900	—	空气	650	空气	45	30	22	60	12
48	20CrMo	880	—	水或油	500	水或油	80	60	12	50	9
49	25CrMo	890	—	油	600	水或油	80	60	14	50	7
50	30CrMo	880	—	油或温水	540	水或油	95	80	12	45	8
51	35CrMo	850	—	油	560	水或油	100	85	12	45	8
52	42CrMo	850	—	油	600	水或油	110	95	12	45	8

续表

序号	钢号	热处理					机械性质				
		淬火			回火		抗拉强度（kg/mm^2）	屈服点（kg/mm^2）	伸长率 δ_5（%）	收缩率 ϕ（%）	冲击韧性（$kg \cdot m/cm^2$）
		温度（℃）		冷却剂	温度	冷却剂					
		第一次	第二次								
53	15CrMnMo	860	—	油	190	空气	95	70	11	50	9
54	22CrMnMo	850	—	油	190	空气	110	90	10	45	8
55	22Cr2MnMo	940	—	空气或油	660	水或油	65	45	15		4
56	40CrMnMo	850	—	油	600	水或油	100	80	10	45	9
57	12CrMoV	970	—	空气	750	空气	45	23	22	50	10
58	12Cr1Mo V	970	—	空气	750	空气	50	25	22	50	9
59	15CrMoV										
60	24CrMoV	900	—	油	600	水或油	80	60	14	50	6
61	25Cr2MoVA	900	—	油	620	空气	95	80	14	55	8
62	25Cr2MoIVA	1040	—	空气	670	空气	75	60	16	50	6
63	30Cr2 MoV	860	—	油	600		125	105	9	35	9
64	35CrMoV	900	—	油	630	水或油	110	95	10	50	9
65	40Cr2 MoV	860	—	油	600	油	115	95	10	45	6
66	30CrSiMoV	840	—	油	650	水或油	70	60	15		6
67	38Cr Al	930	—	油或温水	630	水或油	95	80	12	50	8
68	38CrMo AlA	940	—	油或温水	640	水或油	100	85	15	50	9
69	38CrWVAl	930	—	油或温水	640	水或油	100	85	15	50	9

续表

序号	钢号	热处理					机械性质				
		淬火			回火		抗拉强度（kg/mm^2）	屈服点（kg/mm^2）	伸长率 δ_5（%）	收缩率 ϕ（%）	冲击韧性（kg·m/cm^2）
		温度（℃）		冷却剂	温度	冷却剂					
		第一次	第二次								
70	20Mn 2 B	880	—	油	200	空气或油	100	80	9	45	7
71	20MnTiB	860	—	油	200	空气或油	115	95	10	50	8
72	20Mn V B	880	—	油	200	空气或油	110	90	9	45	7
73	20SiMn V B	910	—	油	200	空气或油	120	100	10	45	7
74	20CrMn B	910	870	油	200	空气或油	100	80	9	50	8
75	20MnMo B	880	—	油	200	空气或油	110	90	10	50	8
76	20CrMnMoV BA	900	—	油	200	空气或油	120	100	10	50	8
77	40 B	840	—	水	550	水	80	65	12	45	7
78	45B	840	—	水	550	水	85	70	12	45	6
79	40Mn B	850	—	油	500	水或油	100	80	11	45	7
80	45Mn B	840	—	油	500	水或油	105	85	10	45	6
81	40Mn V B	850	—	油	500	水或油	105	85	10	45	7
82	40Cr B	870	—	油	500	水或油	100	80	9	45	6
83	40CrMn B	850	—	油	550	水或油	100	80	11	45	8
84	40CrMnMo V B	860	—	油	620	水或油	110	100	12	45	6
85	18Cr3MoWVA										
86	20Cr3MoWVA										

参 考 文 献

[1] 铁摩辛柯，古地尔. 弹性理论. 徐芝纶，吴永祯，译. 北京：人民教育出版社，1964.

[2] 加林 Л А. 弹性理论的接触问题. 北京：科学出版社，1958.

[3] 谢联先. 机械制造者手册：第三卷. 辛一行，等，译. 北京：中国工业出版社，1963.

[4] Love A E H. The Stress produced in a Semi-Infinite Solid by Pressure on Part of the Boundary. Philosophical Transactions of the Royal Soc. of London, Series A., 1929, 228.

[5] Беляев Н М. Сб. инст. Иижени срoв Лутей Сооıщения Ленинглад С. С. С. Р., 1917.

[6] Mindlin R D. Compliance of Elastic Bodies in Contact. Journal of Applied Mechanics, Trans. A. S. M. E., 1949, 71.

[7] Poritsky H . Stresses and Deflections of Cylindrical Bodies in Contact with Application to Contact of Gears and of Locomotive Wheels. Journal of Applied Mechanics, Trans. A. S. M. E., 1950, 72.

[8] Hetenyi M, Mc. Donald P H. Contact Stresses under Combined Pressure and Twist. Journal of Applied Mechanics, Trans. A. S. M. E., Sept, 1958.

[9] Smith J O, Liu C K. Stresses Due to Tangential and Normal Loads on an Elastic Solid with Application to Some Contact Stress Problems. Journal of Applied Mechanics, June, 1953.

[10] Thomas H R , Hoersch V A. Stresses Due to pressure of One Elastic Solid on Another. Bulletin of Engineering Experiment Station, University of Illinois, 1930, (212).

关于压力钢管的岔管计算

1 概 述

压力钢管岔管部位的管壁不是封闭的圆环，因此在内水压力作用下存在很大的不平衡力，须以加固梁补强之。对于尺寸及水头较大的岔管，所需的加固梁也很巨大，往往带来设计、制作及安装上的困难。为此，近年来发展了不少新型的岔管结构，例如无梁岔、月牙岔、球岔等，这是一个新的方向。但是用U梁及腰梁加固的岔管仍为一种常用的形式，在中小工程中采用尤多。这类岔管被采用的历史较久，但在分析计算方面还存在不少问题。最近几年来我国进行了不少岔管应力试验和研究，发现实测应力与计算应力相差较大。大体来讲，加固梁的实测最大应力小于计算值。而管壁的局部应力则高于计算值。为了改进计算方法，原水电部第六工程局、十一工程局和云南、福建等省水电设计同志做了不少研究工作，做出了重要贡献。当然，如果将岔管视为薄壳结构和加固曲梁的混合体系，用有限单元法解算，可以获得更合理的成果，但这种计算方法必须借助电子计算机。考虑到目前尚无此问题的完善解算程序，电算技术也尚未广泛普及，故近似计算法仍有其价值。此外，作者认为岔管分析中某些基本概念或假定（例如水平力的平衡问题）至今不够明确，如果在这方面处理不当，采用电算也得不出合理成果。反之，在这方面假定得合理，即使采用近似计算法，也可得到基本上符合实际的应力状态。为此，作者分析了有关文献和建议，写此短文，主要是探讨计算中的基本问题，所以着重阐述一些概念和假定，导出一些必要的（特别是目前有些误解的）公式。为便于理解，并以对称的Y形岔管为例说明。当然，各原理及公式不难推广到不对称情况。

在阐述岔管的分析原理时，我们回想一下熟知的计算杆件结构的弯矩分配法。在该法中，计算工作分两步进行。第一步，设想各结点固定，求出在此假想情况下的杆件应力（以下称为固定状态应力）以及杆件作用于结点上的反力（即固定端弯矩 M^{F}，以下称为固定反力）。一般来讲，作用在各结点上的 M^{F} 不平衡。所以，再进行第二步计算，即将各结点放松，使它们在固定反力作用下发生变位，并计算由此产生的杆件应力，后者可称为变位校正应力。而杆件中最终应力将为固定状态应力和变位校正应力两者之和。

对于岔管的分析，我们也采用类似做法，分两步走。第一步，设想对加固梁施加某种约束，使它不能变形。这时，管壳在内水压力及其他边界力作用下，将产生一定应力（固定状态应力）。同时，管壳对加固梁将作用一定的反力（固定反力，包括力及力矩），这时加固梁中无应力。第二步，将加固梁放松，相当于将固定反力作用在梁上作为外荷载，计算加固梁（并带动一部分管壳）所产生的变位和应力，即变位校正应力。这样，管壳中的应力即为两套应力之和，而加固梁中的应力就是变位校正应力。

但是，我们的问题当然比弯矩分配法要复杂。首先，要确定固定状态应力，就要解算一个壳体，并规定其一部分边界为固定。这本身就是一个复杂问题，至于解算变位校正应力，更需处理一个壳体和梁系的混合体系（在梁上承受规定的外载），比第一个问题更复杂。如果要精确解决这两个问题，那么分两步走也没有意义。

重要的是，分成两步走后，对每一步都可以进行近似处理而获得合理的成果。具体讲，对于固定状态，我们发现此时管壳内所受应力基本上就是薄膜应力，只在固定端附近才有些局部的弯曲和剪切作用（并因而产生整个壳体中的非薄膜应力）。由于后者为值较微，所以固定状态应力近似上就是管壳的薄膜应力。对于变位校正应力，则主要只存在于加固梁中。所以在计算变位校正应力时，可以割取加固梁（适当包括附近一部分管壳），按相交于空间的曲梁体系计算，不再考虑管壳，这样处理后，两部分计算工作都可以近似而方便地完成。

总之，管壳中的应力，主要就是薄膜应力，只在靠近加固梁部位存在以下校正值：①计算固定状态应力时，该部位有局部弯曲和剪切；②计算变位校正应力时，该部位随加固梁一同变位，产生相应应力。至于加固梁的应力，主要就是变位校正应力。

上述计算原理、步骤和假定，基本上能抓住主要矛盾，简化次要因素，因此是一个合理和简捷的方法。下面我们就以正 Y 形岔管为例，探讨一下这两步工作应该如何进行。

2 固定状态应力和固定反力的计算

2.1 几何关系

图 1 中表示一个典型的正 Y 形岔管的平面图，主管半径为 R，支管半径为 r_0，主管轴线与支管轴线交角为 θ，O 点是两轴线交点。主管和支管的过渡段是一个锥形管段，它的下口半径为 r_0，与支管相接。它的锥角为 β。这个锥管与主管相交于棱线 ac，与另一侧锥管相交于 cm。设计时，通常给定主管半径 R，轴线交角 θ，支管半径 r_0，然后选择合适的锥角 β，使支管能与主管平顺衔接，改善水流条件（图 1 中为说明计，故将 θ 及 β 角画大了，实际上，θ 常取 22.5°～30°，β 常取 12.5°～17.5°）。锥管顶点的位置应选择为使棱线 ac 为一平面椭圆曲线。从几何上讲，只要 R、θ、β、r_0 四值规定，则这样的锥管尺寸、位置和加固梁的形状都完全肯定，特别是加固梁的形态完全取决于 R、θ、β 三值。但是要从这三个基本值推算所需的几何要素，却也相当复杂。为此作者整理和推导了以下的计算公式和步骤，以便应用。

（1）已知 R、θ、β。

（2）计算所需角度 β'、λ 和 γ，计算公式为

$$\beta' = \theta - \beta \tag{1}$$

$$\tan\lambda = \frac{\cos\beta + \cos\theta}{\sin\theta} \tag{2}$$

$$\cos\gamma = \cos\lambda\cos\beta$$

或
$$\tan\gamma=\frac{1+\cos\beta\cos\theta}{\cos\beta\cos\theta} \tag{3}$$

在完成上述计算后并可代入式（4）校核，有
$$\theta+\gamma+\lambda=180° \tag{4}$$

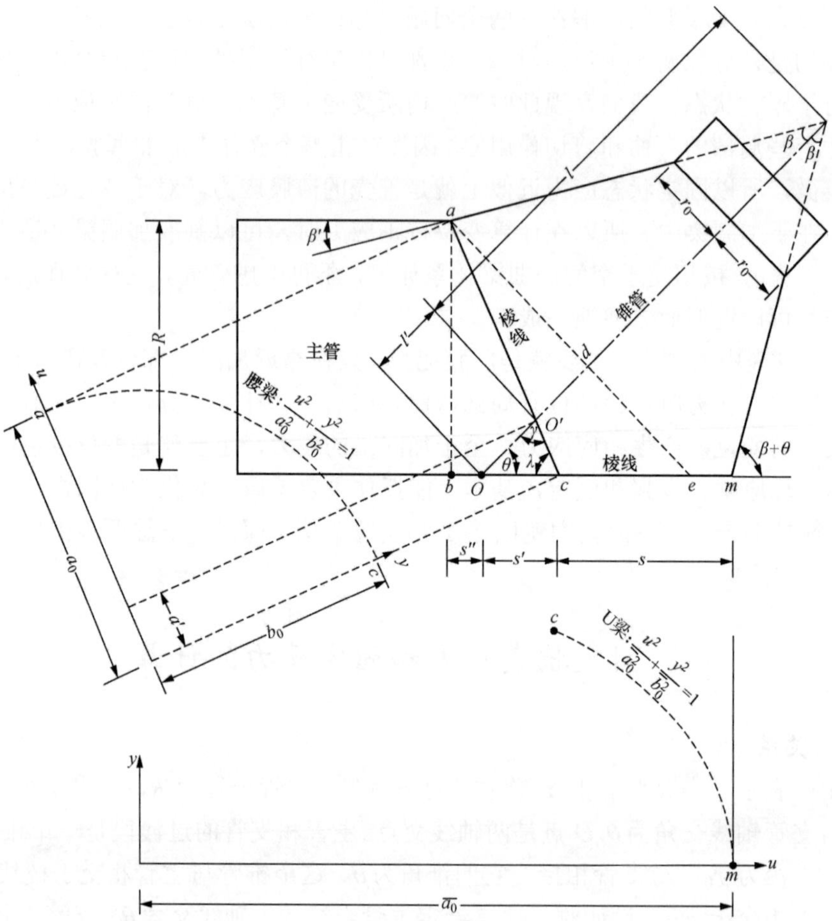

图 1

（3）求腰梁的要素。腰梁即锥管与主管的交线 ac，它是一根半椭圆梁。半长轴为 a_0，半短轴为 b_0。又，棱线 ac 与管轴线交点 O'在长轴上的投影位置到椭圆中心距为 a'。a_0、b_0、a'三值的计算式为

$$a_0=\frac{R}{\sin\lambda} \tag{5}$$

$$b_0=R \tag{6}$$

$$a'=a_0\frac{\tan\beta}{\tan\gamma} \tag{7}$$

（4）求 U 梁的要素。U 梁即左右两侧锥管的交线，平面位置为 cm，它是一段椭圆曲线，这个椭圆的半长轴为 $\bar{a}_0$。半短轴力 $\bar{b}_0$，cm 的平面长为 s。$\bar{a}_0$、$\bar{b}_0$及 s 的计算式为

$$\bar{a}_0 = R\frac{\cos\beta\sin\theta}{\cos^2\beta-\cos^2\theta} \quad (8)$$

$$\bar{b}_0 = R\frac{\sin\theta}{\sqrt{\cos^2\beta-\cos^2\theta}} \quad (9)$$

$$s = \bar{a}_0\left(1-\frac{\sin\beta}{\sin\theta}\right) \quad (10)$$

（5）其他有用数据（见图 1），计算式为

$$s' = a'\frac{\sin\gamma}{\sin\theta} \quad (11)$$

$$s'' = R\tan\frac{\beta'}{2} \quad (12)$$

$$l = (a_0+a')\frac{\sin(\gamma-\beta)}{\sin\beta} = (a_0-a')\frac{\sin(\gamma+\beta)}{\sin\beta} = R\frac{\cos\beta\sin\lambda}{\sin\beta\sin\lambda} \quad (13)$$

$$l' = a'\frac{\sin\lambda}{\sin\theta} \quad (14)$$

求出 l、l'及 s、s'后，并可用式（15）校核

$$(l+l')\cos\theta-(l+l')\sin\theta/\tan(\beta+\theta) = s+s' \quad (15)$$

（6）腰梁与 U 梁的曲线方程。上面讲过，腰梁是根半椭圆梁［见图 2（a）］，如取 y 为铅垂轴，u 为横轴，则腰梁方程式为

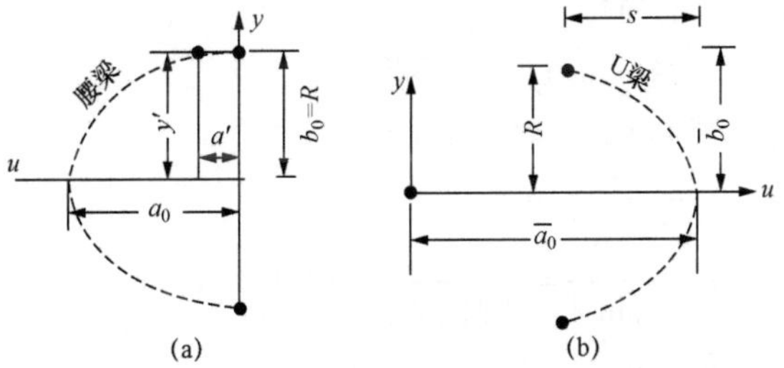

图 2

$$\frac{u^2}{a_0^2}+\frac{y^2}{b_0^2}=1 \quad (16)$$

由此得

$$u = \frac{a_0}{b_0}\sqrt{b_0^2-y^2} = \frac{1}{\sin\lambda}\sqrt{R^2-y^2} \quad (17)$$

$$\frac{\mathrm{d}u}{\mathrm{d}y} = \frac{y}{u}\frac{a_0^2}{R^2} = \frac{y}{u}\frac{1}{\sin^2\lambda} \text{（绝对值）} \quad (18)$$

$$\mathrm{d}s = \mathrm{d}y\sqrt{1+\frac{y^2}{u^2}\frac{a_0^4}{R^4}} = \mathrm{d}y\sqrt{1+\frac{y^2}{u^2}\frac{1}{\sin^4\lambda}} \quad (19)$$

见图 2（a），图中的 $y' = R\sqrt{1-\frac{\tan^2\beta}{\tan^2\gamma}}$（即 $u=a'$处的 y 值）。

同样，U 梁是一段椭圆梁，其方程式为

$$\frac{u^2}{\overline{a}_0^2}+\frac{y^2}{\overline{b}_0^2}=1 \tag{20}$$

$$u=\frac{\overline{a}_0}{\overline{b}_0}\sqrt{\overline{b}_0^2-y^2}=\frac{\cos\beta}{\sqrt{\cos^2\beta-\cos^2\theta}}\sqrt{\frac{R^2\sin^2\theta}{\cos^2\beta-\cos^2\theta}-y^2} \tag{21}$$

$$\frac{\mathrm{d}u}{\mathrm{d}y}=\frac{y}{u}\frac{\overline{a}_0^2}{\overline{b}_0^2}=\frac{y}{u}\frac{\cos^2\beta}{\cos^2\beta-\cos^2\theta} \tag{22}$$

$$\mathrm{d}s=\mathrm{d}y\sqrt{1+\frac{y^2}{u^2}\frac{\overline{a}_0^4}{\overline{b}_0^4}}=\mathrm{d}y\sqrt{1+\frac{y^2}{u^2}\frac{\cos^4\beta}{(\cos^2\beta-\cos^2\theta)^2}} \tag{23}$$

参见图 2（b）。

【例 1】 设已知 R=1，θ=45°，β=30°，试求图 1 中各几何要素（此例仅供说明，实际上θ及β不应取得这么大，见前所述）。

（1）已知 R=1，θ=45°，β=30°。

（2）计算 β'、λ、γ，计算结果为

$$\beta'=\theta-\beta=15°$$

$$\tan\lambda=\frac{0.866025+0.707107}{0.707107}=2.224745,\quad \lambda=65°47'46''$$

相应地　$\cos\lambda=0.409978$，$\sin\lambda=0.912096$

$$\cos\gamma=\cos\lambda\cos\beta=0.409978\times0.866025=0.355051$$

$$\gamma=69°12'07''$$

相应地　$\sin\gamma=0.93484$，$\tan\gamma=2.63299$

校核　45°+69°12′07″+69°47′46″≈180°

（3）计算 a_0、b_0、a'，计算结果为

$$a_0=\frac{R}{\sin\lambda}=\frac{1}{0.912096}=1.0963$$

$$b_0=R=1$$

$$a'=a_0\frac{\tan\beta}{\tan\gamma}=1.0963\times\frac{0.57735}{2.63299}=0.24041$$

故腰梁方程为　$\dfrac{u}{1.0963^2}+\dfrac{y^2}{1}=1$

（4）计算 $\overline{a}_0$、$\overline{b}_0$、s，计算结果为

$$\overline{a}_0=R\frac{\cos\beta\sin\theta}{\cos^2\beta-\cos^2\theta}=1\times\frac{\cos30°\sin45°}{\cos^2 30°-\cos^2 45°}=\frac{0.61237}{0.25}=2.4495$$

$$\overline{b}_0=R\frac{\sin\theta}{\sqrt{\cos^2\beta-\cos^2\theta}}=1\times\frac{\sin45°}{\sqrt{0.25}}=1.41421$$

$$s=\overline{a}_0\left(1-\frac{\sin\beta}{\sin\theta}\right)=2.4495\times\left(1-\frac{0.5}{0.707107}\right)=2.4495\times0.29289=0.71744$$

故 U 梁方程为　$\dfrac{u^2}{2.4495^2}+\dfrac{y^2}{1.41421^2}=1$

（5）计算s'、s''、l、l'等，计算结果为

$$s'=a'\frac{\sin\gamma}{\sin\theta}=0.24041\times\frac{0.934847}{0.707107}=0.31782$$

$$s''=R\tan\frac{\beta'}{2}=1\times\tan 7.5^\circ=0.13165$$

$$l=(a_0-a')\frac{\sin(\gamma+\beta)}{\sin\beta}=(1.0963-0.24041)\frac{\cos 9^\circ12'07''}{0.5}=1.6898$$

$$l'=a'\frac{\sin\lambda}{\sin\theta}=0.24041\times\frac{0.912096}{0.707107}=0.31010$$

$$l+l'=1.9999,\quad s+s'=1.0352$$

进行校核，得

$$1.9999\times0.707107-\frac{1.414214}{3.73205}\approx1.0352$$

由于这些几何尺寸，影响钢板下料以及以后的所有计算，所以宜采用多位小数用计算机计算，并经校核无误后始可进入下一步工作。又需注意，上述公式都给出理论尺寸，实际上钢板有一定厚度，故公式中各值代表钢板中面位置之值，在实际下料时，钢板尺寸应考虑板厚酌予增加，以利制作。

2.2　U 梁及锥壳的“固定状态应力”

图 3 中 $acmg$ 为衔接锥壳，cm 处是 U 梁，锥壳内承受均布内压 p 并固定在 U 梁上，欲求其固定状态应力。我们可沿正交于锥管轴线 z 的方向，切取单位宽度（$dz=1$）的狭环出来。如果锥壳是完整的，也不受 U 梁约束，则壳内将产生膜应力，在沿切条的环向其值为 $pr_x/\cos\beta$。而且壳体将变形到图（b）中细虚线所示位置。但因受到 U 梁的绝对约束，最后的变形线将如图 3 中粗虚线所示。为了使壳体从细虚线位置变到粗虚线位置，要在固定端作用弯矩 M_0 和剪力 Q_0（严格讲，还有扭矩和另一方向剪力）。因此，壳体的固定状态应力应该是内压力所产生的膜应力和 M_0、Q_0 等所产生的局部应力之和。同样，U 梁所承受的固定荷载（固定反力）应为膜应力 $pr_x/\cos\beta$ 和（M_0、Q_0）。由于钢管管壳很薄，所以 M_0、Q_0 的绝对值很小，它们所引起的影响只限于靠近固定边的范围内。因此，目前的做法都忽略 M_0 和 Q_0 的影响，而取锥壳的固定状态应力就是其膜应力体系：U 梁所受的固定反力就是膜应力系统作用在 U 梁上的反力。

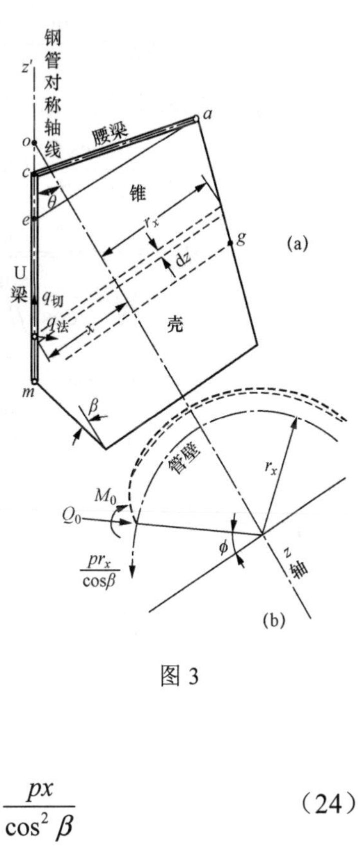

图 3

作了上述简化假定之后，就容易求出 U 梁所受的荷载。在 $dz=1$ 的切条上，有

竖向分值　$$q_竖=\frac{pr_x}{\cos\beta}\frac{1}{\cos\beta}\cos\phi=\frac{pr_x\cos\phi}{\cos^2\beta}=\frac{px}{\cos^2\beta}\qquad(24)$$

水平分值
$$q_{\text{平}}=\frac{py}{\cos^2\beta} \tag{25}$$

这个水平分值是平行切条的，我们再将它分为与U梁方向正交和顺着U梁方向（切向）的两个分值，即

$$q_{\text{法}}=\frac{py}{\cos^2\beta}\cos\theta \tag{26}$$

$$q_{\text{切}}=\frac{py}{\cos^2\beta}\sin\theta \tag{27}$$

注意以上$q_{\text{竖}}$、$q_{\text{法}}$、$q_{\text{切}}$都是作用在$\mathrm{d}z=1$的范围内。如果将这些反力（荷载）强度沿U梁的横轴u绘制，则这些强度应乘以$\frac{\mathrm{d}z}{\mathrm{d}u}$。如果将它们沿U梁的竖轴$y$绘制，则应乘以$\frac{\mathrm{d}z}{\mathrm{d}y}$。一般地，$q_{\text{竖}}$以沿$u$轴绘制为便，另两个分量以沿$y$轴绘制为便。又注意$\frac{\mathrm{d}z}{\mathrm{d}u}=\cos\theta$，$\frac{\mathrm{d}z}{\mathrm{d}y}=\frac{\mathrm{d}z}{\mathrm{d}u}\frac{\mathrm{d}u}{\mathrm{d}y}=\frac{y}{u}\frac{\cos^2\beta\cos\theta}{\cos^2\beta-\cos^2\theta}$，故

$$q_{\text{竖}u}=\frac{px\cos\theta}{\cos^2\beta} \tag{28}$$

$$q_{\text{法}y}=\frac{py^2}{\cos^2\beta}\frac{1}{u}\frac{\cos^2\beta\cos^2\theta}{\cos^2\beta-\cos^2\theta}=\frac{py^2}{u}\frac{\cos^2\theta}{\cos^2\beta-\cos^2\theta} \tag{29}$$

$$q_{\text{切}y}=\frac{py^2}{\cos^2\beta}\frac{1}{u}\frac{\cos^2\beta\cos^2\theta\sin\theta}{\cos^2\beta-\cos^2\theta}=\frac{py^2}{u}\frac{\cos^2\theta\sin\theta}{\cos^2\beta-\cos^2\theta} \tag{30}$$

在$q_{\text{竖}}$的脚标上添注u，表示$q_{\text{竖}}$是沿u轴绘制的，余类此。将式（21）代入后，得

$$q_{\text{竖}u}=\frac{px\cos\theta}{\cos^2\beta}\ \text{（向外）} \tag{31}$$

$$q_{\text{法}y}=\frac{py^2}{\sqrt{R^2\frac{\sin^2\theta}{\cos^2\beta-\cos^2\theta}-y^2}}\frac{\cos^2\theta}{\cos\beta\sqrt{\cos^2\beta-\cos^2\theta}}\ \text{（向外）} \tag{32}$$

$$q_{\text{切}y}=\frac{py^2}{\sqrt{R^2\frac{\sin^2\theta}{\cos^2\beta-\cos^2\theta}-y^2}}\frac{\cos\theta\sin\theta}{\cos\beta\sqrt{\cos^2\beta-\cos^2\theta}}\ \text{（向上游）} \tag{33}$$

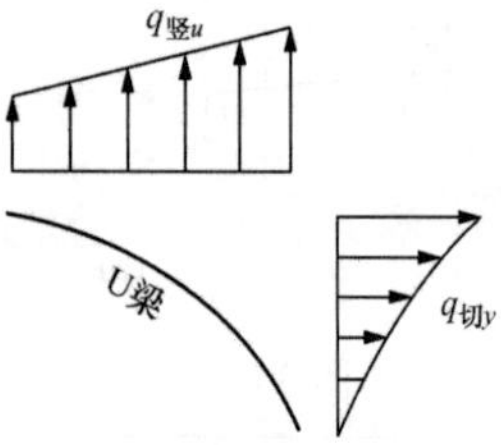

图 4

它们的分布图形见图 4。如果锥角$\beta=0$，则公式简化为

$$q_{\text{竖}u}=px\cos\theta\ ❶ \tag{34}$$

$$q_{\text{法}y}=\frac{py^2}{\sqrt{R^2-y^2}}\frac{\cos^2\theta}{\sin^2\theta} \tag{35}$$

$$q_{\text{切}y}=\frac{py^2}{\sqrt{R^2-y^2}}\frac{\cos\theta}{\sin\theta} \tag{36}$$

❶ 在目前的习用计算方法中，对$\beta\neq0$的锥管也采用本式，显然是不妥的。

U 梁两侧都有锥管作用，因此，对于对称的 Y 岔管，U 梁上所受合力为

$$q_{竖u}=\frac{2px\cos\theta}{\cos^2\beta}\text{（向外）} \tag{37}$$

$$q_{法y}=0 \tag{38}$$

$$q_{切y}=\frac{2py^2}{\sqrt{R^2\dfrac{\sin^2\theta}{\cos^2\beta-\cos^2\theta}-y^2}}\frac{\cos\theta\sin\theta}{\cos\beta\sqrt{\cos^2\beta-\cos^2\theta}}\text{（向上游）} \tag{39}$$

或

$$q_{切y}=\frac{py^2}{\sqrt{\overline{b}_0^2-y^2}}\ \frac{\overline{a}_0}{\overline{b}_0}\ \frac{\sin 2\theta}{\cos^2\beta} \tag{40}$$

2.3 腰梁所承受的固定反力

腰梁（图 5 中 *ac*）所承受的固定反力，系由两部分管壳所提供，第一部分是锥壳 *ace*，第二部分是圆柱壳 *acb*，*ace* 所提供的反力公式可仿上推得为

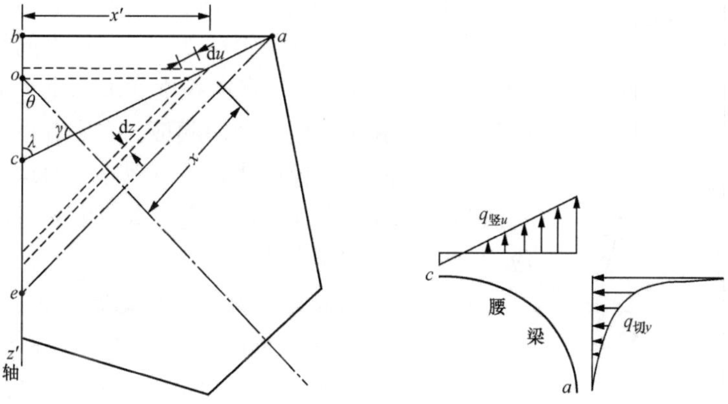

(a) (b)

图 5

$$q_{竖u}=\frac{px\cos\gamma}{\cos^2\beta}\text{（}a\text{ 点处向外，}c\text{ 点处向内）} \tag{41}$$

$$q_{法y}=\frac{py^2}{\sqrt{R^2-y^2}}\frac{\cos^2\lambda}{\sin\lambda}\text{（向下游）} \tag{42}$$

$$q_{切y}=\frac{py^2}{\sqrt{R^2-y^2}}\frac{\cos\gamma\sin\gamma}{\cos^2\beta\sin\lambda}\text{（向对称轴 }z'\text{）} \tag{43}$$

对于 *acb* 所提供的反力，容易求得为

$$q_{竖u}=px'\cos\lambda\text{（向外）} \tag{44}$$

$$q_{法y}=\frac{py^2}{\sqrt{R^2-y^2}}\frac{\cos^2\lambda}{\sin\lambda}\text{（向上游）} \tag{45}$$

$$q_{切y}=\frac{py^2}{\sqrt{R^2-y^2}}\cos\lambda\text{（向对称轴）} \tag{46}$$

合计后，腰梁上承受的固定反力为

$$q_{竖u}=px'\cos\lambda+\frac{px\cos\gamma}{\cos^2\beta}\text{（}c\text{ 点处向内，}a\text{ 点处向外）}\tag{47}$$

$$q_{法y}=0\tag{48}$$

$$q_{切y}=\frac{py^2}{\sqrt{R^2-y^2}}\left(\cos\lambda+\frac{\cos\gamma\sin\gamma}{\cos^2\beta\sin\lambda}\right)\text{（向对称轴 }z'\text{）}\tag{49}$$

其图形如图 5（b）所示。可注意 $q_{切y}$ 在 $y=R$ 处为无穷大。这是由于该处 $\frac{\mathrm{d}u}{\mathrm{d}y}$ 为无穷之故。但其合力仍为有限值，在一侧整个腰梁上，它为

$$2\int_0^R q_{切y}\mathrm{d}y=2p\left(\cos\lambda+\frac{\cos\gamma\sin\gamma}{\cos^2\beta\sin\lambda}\right)\int_0^R\frac{y^2}{\sqrt{R^2-y^2}}\mathrm{d}y=\frac{p\pi R^2}{2}\left(\cos\lambda+\frac{\cos\gamma\sin\gamma}{\cos^2\beta\sin\lambda}\right)\tag{50}$$

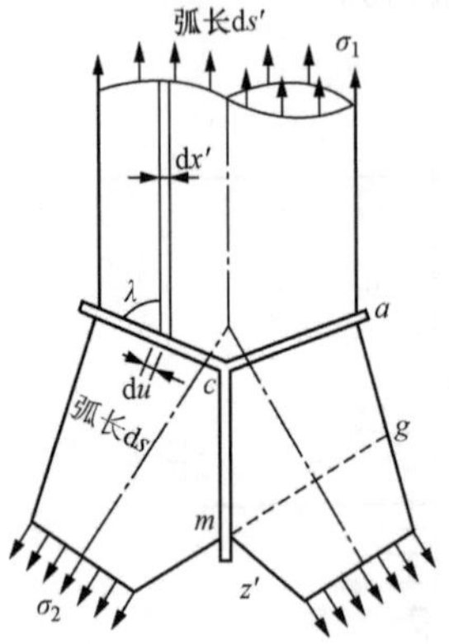

图 6

2.4 主管轴向应力所产生的固定应力

上面所说的固定应力体系，仅为膜应力中的箍应力所产生者。在岔管的三个管口处，还有管壳的轴向应力作用（图 6 中的 σ_1 和 σ_2）。它们和锥壳上的水压力都要在管壳中产生另一膜应力，即轴向膜应力，后者也要在加固梁上产生反力，而且为值颇大，不可忽略。但这个问题过去未搞清楚，故本文拟详细阐述之。本节中先考虑主管的轴向应力所产生的固定反力。

从主管上切取弧长为 $\mathrm{d}s'$（投影宽为 $\mathrm{d}x'$）的一条元素，直达腰梁。在腰梁上的相应投影宽为 $\mathrm{d}u$，弧长为 $\mathrm{d}s$，作用在这条元素顶部的轴向力显然为 $\sigma_1 t\mathrm{d}s'$（t 为壳厚）。将它分为正交和相切于腰梁方向的两个分力 $\sigma_1 t\mathrm{d}s'\sin\lambda$ 及 $\sigma_1 t\mathrm{d}s'\cos\lambda$，则可求得腰梁承受的反力强度为

$$q_{法u}=\sigma_1 t\mathrm{d}s'\sin\lambda/\mathrm{d}u=\sigma_1 t\sin\lambda\frac{\mathrm{d}s'}{\mathrm{d}x'}\frac{\mathrm{d}x'}{\mathrm{d}u}=\sigma_1 t\sin^2\lambda\frac{\mathrm{d}s'}{\mathrm{d}x'}\tag{51}$$

$$q_{切u}=\sigma_1 t\mathrm{d}s'\cos\lambda/\mathrm{d}u=\sigma_1 t\cos\lambda\sin\lambda\frac{\mathrm{d}s'}{\mathrm{d}x'}\tag{52}$$

对于 $q_{法}$、$q_{切}$ 以沿 y 方向表示为便，例如

$$q_{切y}=\sigma_1 t\mathrm{d}s'\cos\lambda\frac{1}{\mathrm{d}u}\frac{\mathrm{d}u}{\mathrm{d}y}=\sigma_1 t\cos\lambda\frac{\mathrm{d}s'}{\mathrm{d}x'}\frac{\mathrm{d}x'}{\mathrm{d}u}\frac{\mathrm{d}u}{\mathrm{d}y}=\sigma_1 t\cos\lambda\sin\lambda\frac{\mathrm{d}s'}{\mathrm{d}x'}\frac{\mathrm{d}u}{\mathrm{d}y}\tag{53}$$

主管横断面是个圆，故

$$\frac{\mathrm{d}s'}{\mathrm{d}x'}=\frac{R}{y}=\frac{R}{\sqrt{R'-u^2\sin^2\lambda}}\tag{54}$$

腰梁横断面是个椭圆，故

$$\frac{\mathrm{d}u}{\mathrm{d}y}=\frac{y}{u\sin^2\lambda}=\frac{y}{\sin\lambda\sqrt{R^2-y^2}}\tag{55}$$

代入后，得

$$q_{法u}=\sigma_1 t\sin^2\lambda\frac{R}{\sqrt{R^2-u^2\sin^2\lambda}}$$

或

$$q_{法y}=\sigma_1 t\sin\lambda\frac{R}{\sqrt{R^2-y^2}} \tag{56}$$

$$q_{切y}=\sigma_1 t\cos\lambda\frac{R}{y}\frac{y}{\sqrt{R^2-y^2}}=\sigma_1 t\cos\lambda\frac{R}{\sqrt{R^2-y^2}} \tag{57}$$

例如，当主管端用堵头焊死封闭时，有

$$\sigma_1=\frac{pR}{2t}，即\ \sigma_1 t=\frac{pR}{2}$$

代入后，得

$$q_{法u}=\frac{pR^2}{2}\frac{\sin^2\lambda}{\sqrt{R^2-u^2\sin^2\lambda}}\quad（方向指向上游）$$

$$q_{法y}=\frac{pR^2}{2}\frac{\sin\lambda}{\sqrt{R^2-y^2}} \tag{58}$$

$$q_{切y}=\frac{pR^2}{2}\frac{\cos\lambda}{\sqrt{R^2-y^2}}\quad（方向指向外） \tag{59}$$

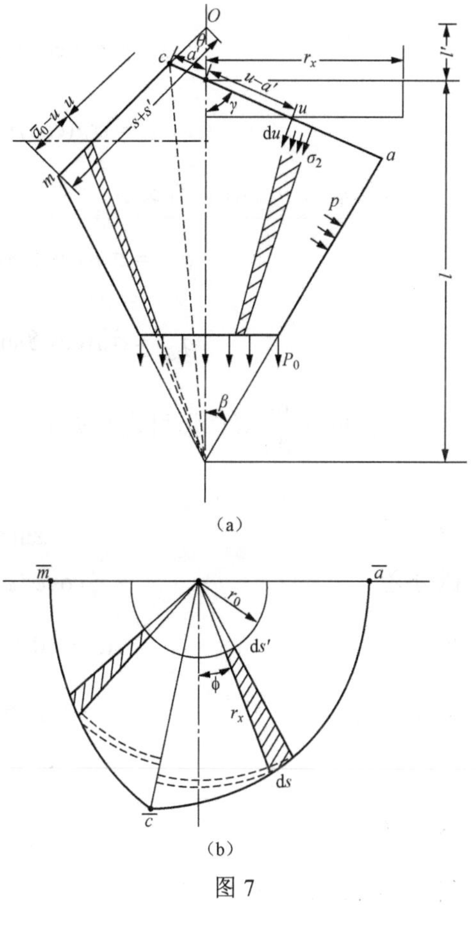

(a)

(b)

图 7

2.5 支管轴向力所产生的固定应力

这个问题稍较复杂，我们可在垂直于支管轴线的平面上作一投影图（见图 7）。腰梁 ca 的投影为一椭圆弧 $\bar{c}\ \bar{a}$（图 7 中只示一半），U 梁 cm 的投影为另一椭圆弧 $\bar{c}\ \bar{m}$，支管管口的投影系一半径为 r_0 之圆。在支管管口上任取一微分弧 $\mathrm{d}s'$，与之相应的锥壳元素，图 7 中以阴影线表之，它在腰梁上切割出一段弧长 $\mathrm{d}s$，沿腰梁轴线的直线长则为 $\mathrm{d}u$，令锥壳内的轴向应力为 σ_2（其方向平行于锥壳母线，注意它是变量），不难求得

$$\sigma_2 t=\frac{p}{2\cos\beta}\left(r_x-\frac{r_0^2}{r_x}\right)+\frac{P_0}{\cos\beta}\frac{r_0}{r_x} \tag{60}$$

式中：p 为锥壳所承受的均布内压力；P_0 为作用在支管管口处的轴向周界力（其方向平行于支管轴线）。

如果支管管口封闭，则

$$P_0=\frac{pr_0}{2}$$

因而

$$\sigma_2 t=\frac{pr_x}{2\cos\beta} \tag{61}$$

式中：r_x 为锥管在相当于计算点位置的半径，它是 u 的函数。

r_x 从图 7 中的几何关系容易求得，为

$$r_x = [l-(u-a')\cos\gamma]\tan\beta \tag{62}$$

现在将作用在 ds 弧上的总轴向应力 $\sigma_2 t ds$ 分解为一个平行于支管轴线的分力 $\sigma_2 t ds\cos\beta$ 和一个法向分力 $\sigma_2 t ds\sin\beta$。然后再行分解并组合为以下三个作用在腰梁上的分力。

竖向力 $$\sigma_2 t ds\sin\beta\cos\phi \text{（向内）} \tag{63}$$

切向力 $$-\sigma_2 t ds\sin\beta\sin\phi\sin\gamma+\sigma_2 t ds\cos\beta\cos\gamma \text{（向外）} \tag{64}$$

法向力 $$\sigma_2 t ds\sin\beta\sin\phi\cos\gamma+\sigma_2 t ds\cos\beta\sin\gamma \text{（向下游）} \tag{65}$$

从而，腰梁上所受荷载（沿 u 表示）为

$$q_{竖u} = \sigma_2 t\cos\phi\sin\beta\frac{ds}{du} \tag{66}$$

$$q_{切u} = \sigma_2 t(\cos\beta\cos\gamma-\sin\phi\sin\beta\sin\gamma)\frac{ds}{du} \tag{67}$$

$$q_{法u} = \sigma_2 t(\cos\beta\sin\gamma+\sin\phi\sin\beta\cos\gamma)\frac{ds}{du} \tag{68}$$

如将 $q_{切}$、$q_{法}$ 沿 y 轴表示，则

$$q_{切y} = \sigma_2 t(\cos\beta\cos\gamma-\sin\phi\sin\beta\sin\gamma)\frac{ds}{du}\frac{du}{dy} \tag{69}$$

$$q_{法y} = \sigma_2 t(\cos\beta\sin\gamma+\sin\phi\sin\beta\cos\gamma)\frac{ds}{du}\frac{du}{dy} \tag{70}$$

现在推导 $\frac{ds}{du}$ 等，这可进行如下（见图 7）

$$ds = r_x d\phi \tag{71}$$

但 $$r_x\sin\phi = (u-a')\sin\gamma \tag{72}$$

微分之 $$r_x\cos\phi d\phi+\sin\phi dr_x = \sin\gamma du \tag{73}$$

故 $$ds = r_x d\phi = \frac{\sin\gamma}{\cos\phi}du-\frac{\sin\phi}{\cos\phi}dr_x \tag{74}$$

再注意到 $$r_x = l\tan\beta-(u-a')\cos\gamma\tan\beta \tag{75}$$

$$dr_x = -\cos\gamma\tan\beta du \tag{76}$$

代入得 $$\frac{ds}{du} = \frac{\sin\gamma}{\cos\phi}+\frac{\sin\phi\cos\gamma\tan\beta}{\cos\phi} \tag{77}$$

其中 $\cos\phi$、$\sin\phi$ 等也可化为 u 及 y 的函数，即

$$\cos\phi = \frac{y}{r_x} \tag{78}$$

$$\sin\phi = \frac{(u-a')\sin\gamma}{r_x} \tag{79}$$

将上面这些式子代入式（66）～式（71）中，可求得作用在腰梁上的荷载，即

$$q_{竖u}=\sigma_2 t\sin\beta\sin\gamma\left(1+\frac{u-a'}{rx}\cos\gamma\tan\beta\right)$$

$$=\left[\frac{p}{2}\left(r_x-\frac{r_0^2}{r_x}\right)+p_0\frac{r_0}{r_x}\right]\frac{\sin\beta}{\cos\beta}\sin\gamma\left(1+\frac{u-a'}{r_x}\cos\gamma\tan\beta\right)（向内） \tag{80}$$

就每个 u 值，求出相应的 r_x（$r_x=l\tan\beta+a'\cos\gamma\tan\beta-u\cos\gamma\tan\beta$），再代入式（80），可以求出相应的 $q_{竖}$，然后可沿腰梁横轴 u 绘出荷载图。特别当锥管管口以闷头焊死时，$\sigma_2 t=\frac{prx}{2\cos\beta}$，$q_{竖u}$ 简化为

$$q_{竖u}=\frac{pl}{2\cos\beta}\tan^2\beta\sin\gamma（内向） \tag{81}$$

即，在水压试验情况下，$q_{竖u}$ 为一常数。

其次，求 $q_{切y}$ 及 $q_{法y}$ 的公式，略去详细的化算过程，其结果为

$$q_{切y}=\frac{\sigma_2 tl\tan\beta\sin\gamma}{\sin^2\lambda}\left[\frac{\cos\beta\cos\gamma}{u}-\frac{(u-a')\sin^2\gamma\sin^2\beta}{r_x u}\right]（正值表示向外） \tag{82}$$

$$q_{法y}=\frac{\sigma_2 tl\tan\beta\sin\gamma}{\sin^2\lambda}\left[\frac{\cos\beta\sin\gamma}{u}+\frac{(u-a')\sin\gamma\cos\gamma\sin\beta}{r_x u}\right]（向下游） \tag{83}$$

特别当锥管管口以闷头焊死时，有

$$q_{切y}=\frac{pl}{2}\frac{\tan^2\beta\sin\gamma}{\sin^2\lambda}\left[\frac{l\cos\gamma-(u-a)'}{u}\right]（正值表示向外） \tag{84}$$

$$q_{法y}=\frac{pl^2}{2}\frac{\tan^2\beta\sin^2\gamma}{\sin^2\lambda}\frac{1}{u}（向下游） \tag{85}$$

式（82）和式（83）的形式似较复杂，但对于每个具体问题，p、l、P_0、β、γ、λ、a' 等均为已知值，就每一 y，可计算相应的 u 及 r_x，再计算相应的 $\sigma_2 t$，代入公式中即得 $q_{切y}$ 及 $q_{法y}$，并可沿 y 轴绘出荷载图。

对于 U 梁，仿上推导［见图 7（a）]，可得

$$q_{竖u}=\sigma_2 t\cos\phi\sin\beta\frac{\mathrm{d}s}{\mathrm{d}u} \tag{86}$$

$$q_{切y}=\sigma_2 t(\cos\beta\cos\theta-\sin\phi\sin\beta\sin\theta)\frac{\mathrm{d}s}{\mathrm{d}u}\frac{\mathrm{d}u}{\mathrm{d}y} \tag{87}$$

$$q_{法y}=\sigma_2 t(\cos\beta\sin\theta+\sin\phi\sin\beta\cos\theta)\frac{\mathrm{d}s}{\mathrm{d}u}\frac{\mathrm{d}u}{\mathrm{d}y} \tag{88}$$

$$\mathrm{d}s=r_x\mathrm{d}\phi \tag{89}$$

$$r_x\sin\phi=(s+s'+u-\overline{a}_0)\sin\theta=(u-b')\sin\theta$$

$$b'=\overline{a}_0-s-s' \tag{90}$$

$$r_x\cos\phi\mathrm{d}\phi+\sin\phi\mathrm{d}r_x=\sin\theta\mathrm{d}u \tag{91}$$

$$\mathrm{d}s=\frac{1}{\cos\phi}(\sin\theta\mathrm{d}u-\sin\phi\mathrm{d}r_x) \tag{92}$$

$$r_x=[(l+l')-(u-b')\cos\theta]\tan\beta \tag{93}$$

$$\mathrm{d}r_x=-\cos\theta\tan\beta\mathrm{d}u \tag{94}$$

$$\frac{\mathrm{d}s}{\mathrm{d}u}=\frac{1}{\cos\phi}(\sin\theta+\sin\phi\cos\theta\tan\beta) \tag{95}$$

$$\cos\phi=\frac{y}{r_x} \tag{96}$$

$$\sin\phi=\frac{(u-b')\sin\theta}{r_x} \tag{97}$$

$$q_{竖u}=\sigma_2 t\sin\beta\sin\theta\left[1+\frac{(u-b')\cos\theta\tan\beta}{r_x}\right]\text{（向内，仅指一侧影响）} \tag{98}$$

$$q_{切y}=\frac{\sigma_2 t(l+l')\overline{a}_0^2\tan\beta\sin\theta}{\overline{b}_0^2}\left[\frac{\cos\beta\cos\theta}{u}-\frac{(u-b')\sin^2\theta\sin\beta}{ur_x}\right]\text{（向下游，仅指一侧影响）} \tag{99}$$

$$q_{法y}=\frac{\sigma_2 t(l+l')\overline{a}_0^2\tan\beta\sin\theta}{\overline{b}_0^2}\left[\frac{\cos\beta\sin\theta}{u}+\frac{(u-b')\sin\theta\cos\theta\sin\beta}{ur_x}\right]\text{（向外，仅指一侧影响）} \tag{100}$$

特别当支管管口封闭时，并计及左右两侧的影响，有

$$q_{竖u}=p(l+l')\tan^2\beta\sin\theta\text{（向内，并为常数）} \tag{101}$$

$$q_{切y}=p(l+l')\frac{\sin^2\beta\sin\theta}{\cos^2\beta-\cos^2\theta}\left[\frac{(l+l')\cos\theta-(u-b')}{u}\right]\text{（向下游）} \tag{102}$$

$$q_{法y}=0 \tag{103}$$

【例 2】 第 2.1 节中所示岔管在内水压力 p 作用下进行试验，三个管口均用闷头封死。这时，加固梁所承受的荷载，可逐项计算如下（有关数据均见前例）。计算中取 p 及 R 均为一单位。

（1）由管壳箍应力所产生的 U 梁荷载，用式（37），得

$$q_{竖u}=\frac{2px\cos45^\circ}{\cos^2 30^\circ}=\frac{1.4142px}{0.75}=1.88562px$$

求 $q_{切y}$ 时，因已求得 $\overline{a}_0$、$\overline{b}_0$ 等，故可用式（40），得

$$q_{切y}=\frac{py^2}{\sqrt{\overline{b}_0^2-y^2}}\frac{\overline{a}_0}{\overline{b}_0}\frac{\sin2\theta}{\sin^2\beta}=2.30940\frac{py^2}{\sqrt{2-y^2}}$$

在 c 及 m 点处的 x 各为 $s'\sin\theta$ 及（$s+s'$）$\sin\theta$，即 0.2247 及 0.73205。U 梁上的荷载见图 8。$q_{切y}$ 的合力，可用辛普森公式计算，或用积分求解，得

$$Q_{切}=2.30940\int_0^1\frac{py^2}{\sqrt{2-y^2}}\mathrm{d}y=2.30940\times\left(-\frac{1}{2}+\arcsin\frac{1}{\sqrt{2}}\right)$$

$$=2.30940\times0.28540=0.65910$$

全梁为 $Q_{切}=1.31820$（单位为 pR^2，下同）。

（2）由管壳箍应力所产生的腰梁荷载，用式（47），得

$$q_{竖u}=px'\cos\lambda+\frac{px\cos\gamma}{\cos^2\beta}=0.40998px'+0.47340px$$

在 c 点处　　$x=-a'\sin\gamma=-0.2404\times0.9348=-0.2245$

$x'=0$

在 a 点处　　$x=(a_0-a')\sin\gamma=0.8559\times0.9348=0.800$

$x'=1$

代入后　c 点处　$q_{竖}=-0.473\times0.2245=-0.106$

a 点处　$q_{竖}=0.410\times1+0.473\times0.8=0.788$

用式（49）得　$q_{切y}=\frac{py^2}{\sqrt{1-y^2}}\times\left(0.40998+\frac{0.35505\times0.93485}{0.75\times0.91210}\right)=0.89519\frac{y^2}{\sqrt{1-y^2}}$

$q_{切y}$ 的合力可用式（50）计算，得

$$Q_{切y}=\frac{p\pi R^2}{2}\left(\cos\lambda+\frac{\cos\gamma\sin\gamma}{\cos^2\beta\sin\lambda}\right)=\frac{\pi}{2}\times0.89519pR^2=1.40616pR^2$$

这个合力沿主管对称轴方向的分值是

$$1.40616\cos\lambda=1.40616\times0.40998=0.57649pR^2$$

腰梁上的荷载图如图 9 所示。

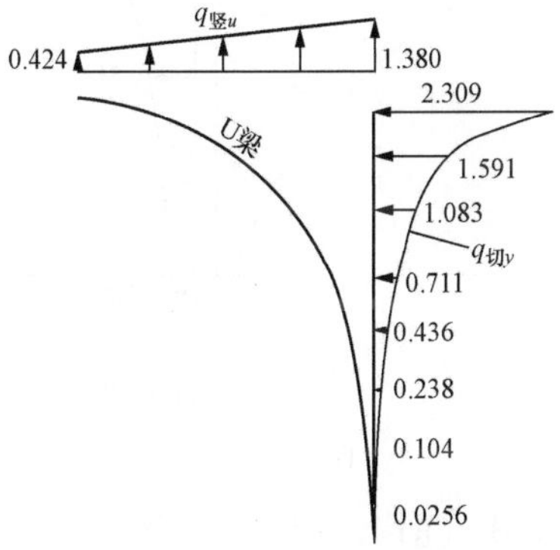

图 8

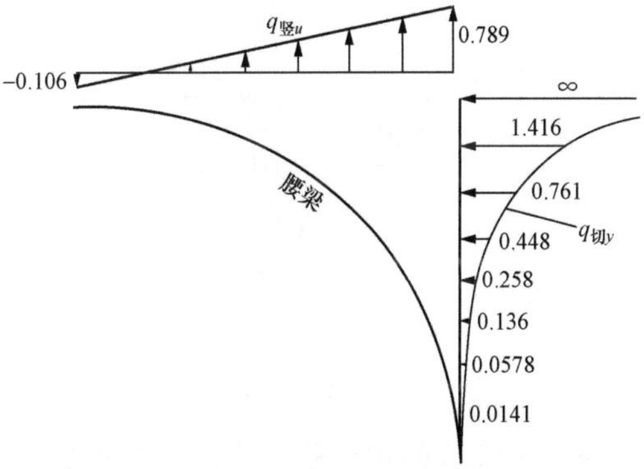

图 9

（3）由主管的轴向应力所产生的腰梁荷载，用式（58），得

$$q_{法y}=\frac{pR^2}{2}\frac{\sin\lambda}{\sqrt{R^2-y^2}}=\frac{0.45605}{\sqrt{1-y^2}}pR^2$$

用式（59），得　$$q_{切y}=\frac{pR^2}{2}\frac{\cos\lambda}{\sqrt{R^2-y^2}}=\frac{0.20499}{\sqrt{1-y^2}}pR^2$$

它们的合力可以用积分求解，得

$$Q_{法}=0.45605\times\frac{\pi}{2}\times2=1.43272pR^2$$

$$Q_{切}=0.20499\times\frac{\pi}{2}\times2=0.64399pR^2$$

如果再将它们投影到主管对称轴线上，有

Q=1.43272sinλ+0.64399cosλ=1.43272×0.91210+0.64399×0.40998=1.57080pR^2

上值等于$\frac{1}{2}p\pi R^2$，这是当然的。腰梁荷载图见图 10。

（4）由锥管的轴向力所产生的 U 梁荷载，用式（101），得

$$q_{竖u}=p\times2\times\tan^2 30°\times\sin45°=0.47140$$

用式（102），得
$$q_{切y}=p\times2\times\frac{0.25\times0.7071}{0.75-0.50}\times\left[\frac{2\times0.707-(u-1.41421)}{u}\right]$$

$$=\frac{4-1.41421u}{u}=\frac{4}{u}-1.41421$$

其合力为

$$Q_{切}=4\int\frac{dy}{u}-1.4142\int dy=\frac{4\bar{b}_0}{\bar{a}_0}\int_0^1\frac{dy}{\sqrt{\bar{b}_0^2-y^2}}-1.4142\int_0^1 dy$$

$$=4\times\frac{1.41421}{2.44949}\arcsin\frac{1}{1.41421}-1.41421=0.39959$$

全 U 梁上为 0.39959×2=0.79917，其荷载见图 11。

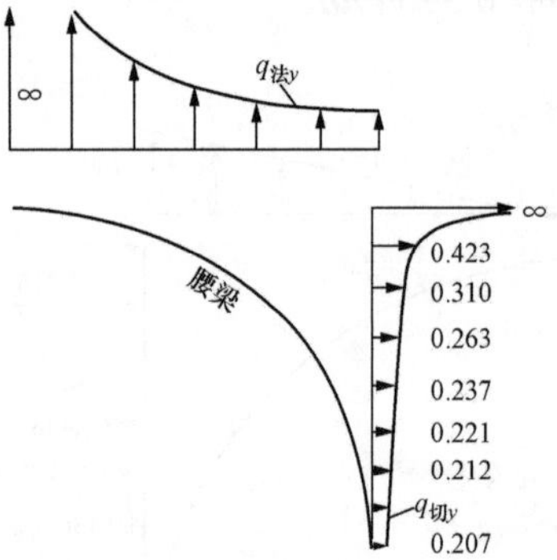

图 10

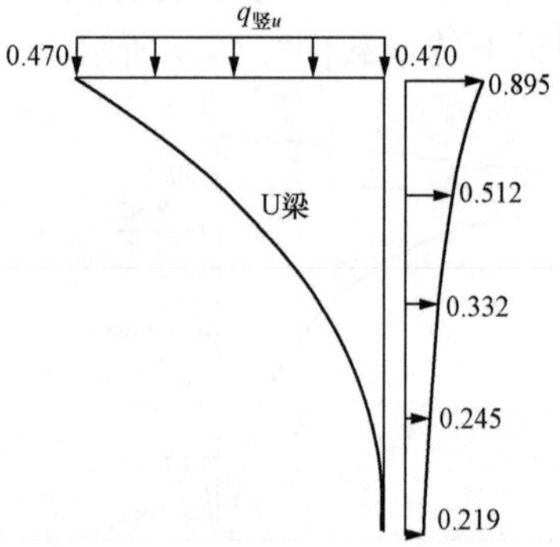

图 11

（5）由锥管的轴向膜应力所产生的腰梁荷载，由式（81），得

$$q_{竖u}=\frac{p\times1.68990}{2\times\cos30°}\times\tan^2 30°\times0.93485=0.30403$$

由式（85），得
$$q_{法u}=\frac{p\times1.68990^2}{2}\frac{\tan^2 30°\times0.93485^2}{0.91210^2}\frac{1}{u}=\frac{0.5}{u}$$

其合力（全梁计）为

$$Q_{法}=0.5\times0.9121\times\frac{\pi}{2}\times2=1.43272$$

由式（84），得

$$q_{切y}=\frac{p\times1.68990}{2}\times\frac{\tan^2 30°\times0.93485}{0.91210^2}\times\frac{1.6899\times0.35505-u+0.24041}{u}=\frac{0.26599}{u}-0.31650$$

其合力（全梁计）为

$$Q_{切}=2\times\left(0.26599\times0.91210\times\frac{\pi}{2}-0.31650\right)=0.12917$$

$Q_{法}$及 $Q_{切}$沿主管对称轴的分力为

$$1.43272\times0.91210-0.12917\times0.40998=1.25382$$

其荷载见图 12。

U 梁及腰梁的竖向荷载和切向荷载综合图示于图 13 中。U 梁和腰梁的法向荷载自行平衡，以后的计算中也用不到。同图中并表示按通常习用方法得出的荷载图，这里不但未考虑水平荷载，而且竖向荷载也有很大差别，因为在这种粗糙计算公式中未考虑锥管锥角 β 的影响，而在有轴向作用时这个影响看来不宜忽视。

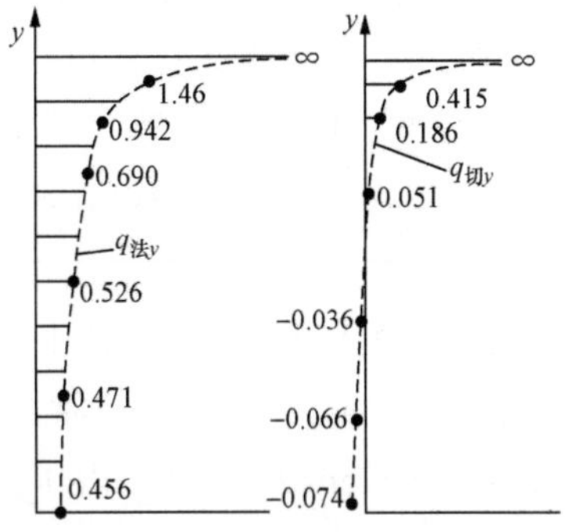

图 12

2.6 水平力的平衡问题

岔管上下两半对称，故竖向力必自行平衡。正 Y 形岔管左右对称，故水平力沿 x'轴也自行平衡，但水平力沿主管轴线方向 z'的平衡问题却较复杂，我们必须弄清其平衡条件，才能作出正确的计算。

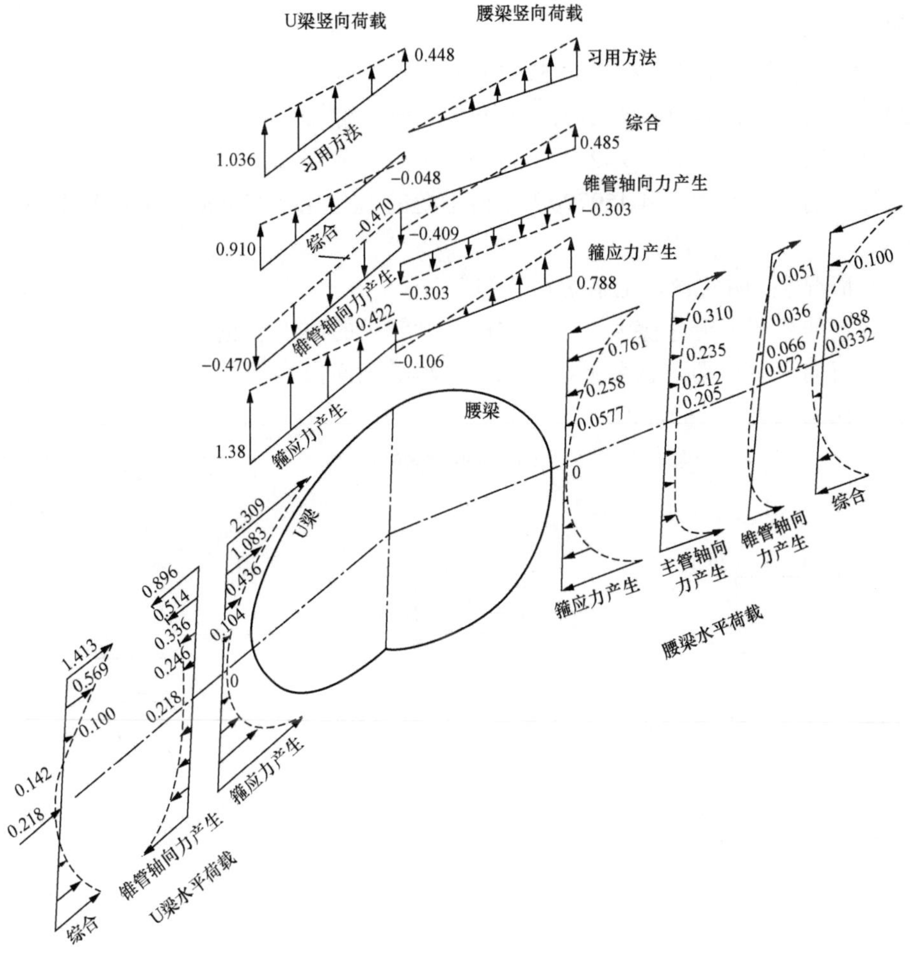

图 13

（1）情况 1：水压试验情况。

这时，主管和支管管口均有闷头封住。设闷头与管壳焊住，则主管管口上有轴向力 $F_1=p\pi R^2$ 作用，在两个支管管口上有轴向力 $F_2'=2p\pi r_0^2$ 作用。投影到对称轴上为 $F_2=2p\pi r_0^2\cos\theta$。这说明：作用在管口上的边界力是不平衡的，其合力（见图 14）为

$$F_{12}=p\pi R^2-2p\pi r_0^2\cos\theta \tag{104}$$

这个力依靠作用在岔管中的内压力 p 来平衡，换言之，作用在岔管管壁上的内压力也是不平衡的，它有一个合力，其值也等于（$p\pi R^2-2p\pi r_0^2\cos\theta$），以平衡边界力。当 $p\pi R^2-2p\pi r_0^2\cos\theta>0$ 时，内压力的合力指向下游，反之指向上游。

在水压试验情况下，我们若算出加固梁上所有固定应力（即梁所承受的荷载），则它们必呈平衡（如果未算错），从而即可分析加固梁的应力与变位。例如，在上例中，U 梁承受如下的平行于 z'轴的力：

1）由管壳箍应力产生 $Q_{切}=1.31820pR^2$（向上游）。

2）由锥管轴应力产生 $Q_{切}=0.79917pR^2$（向下游）。

腰梁上承受如下的力：

1）由管壳箍应力产生 $Q=2\times0.57649pR^2$（向下游）。

2）由主管轴应力产生 $Q=2\times1.57080pR^2$（向上游）。

3）由锥管轴应力产生 $Q=2\times1.25382pR^2$（向下游）。

合计，向上游的力为 $4.45979pR^2$，向下游的力为 $4.45979pR^2$，它们是平衡的（见图 15）。

（2）情况 2：明岔管、上下游均有伸缩节。

先假定伸缩节上无摩擦力，由于作用在岔管内的内压 p 的轴向合力 F_{12} 是不平衡的，岔管将向下游移动，直至下口接触，并承受轴向内力 p_0（压应力），p_0 的大小应满足式（105）（见图 16），即

$$F_{12}=4\pi r_0p_0\cos\beta \tag{105}$$

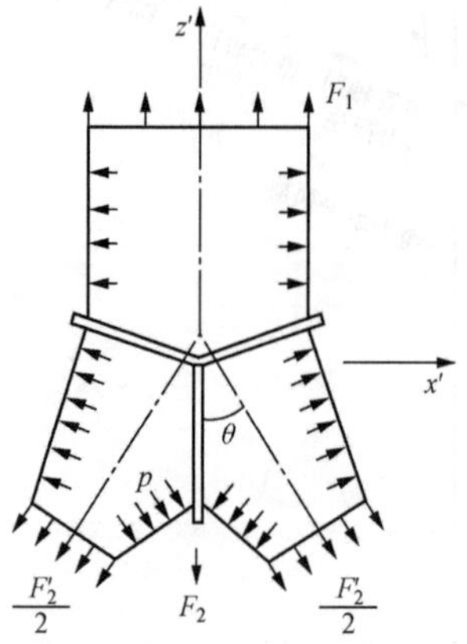

图 14

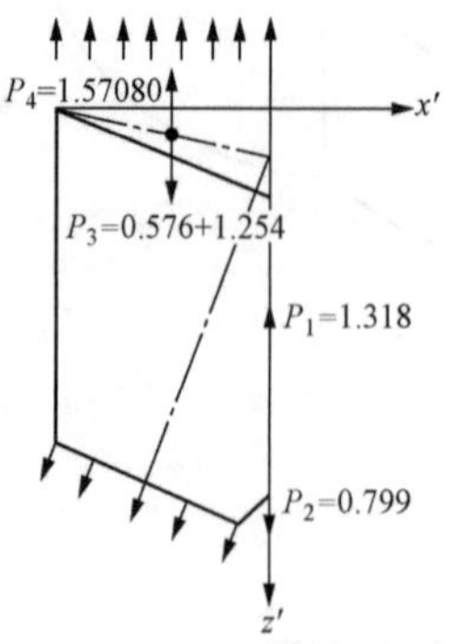

图 15

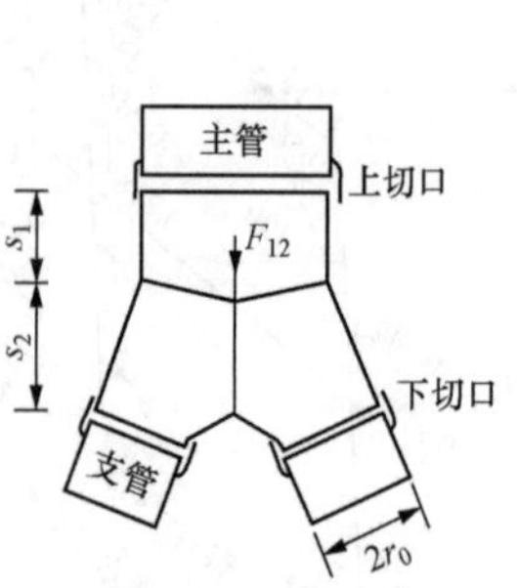

图 16

如 F_{12} 为负值，则不平衡力指向上游，岔管将向上游移动直至上口接触，并承受

轴向应力 $\sigma_1 t$（压应力），σ_1 的大小应满足式（106），即

$$F_{12}=2\pi R\sigma_1 t \tag{106}$$

如果伸缩节处有较大摩擦力，则将在上下管口处共同承受 F_{12}。F_{12} 在上、下口的分配问题，需分析各伸缩节上摩擦条件斟酌决定。总之要在主管和支管口各施加边界力 $\sigma_1 t$ 和 p_0，其中一为拉力，另一为压力，使得其合力与 F_{12} 平衡。

当仅一端有伸缩节而且摩擦力可忽略时，F_{12} 将全由另一端管口的轴向应力平衡，如摩擦力不能忽视，则应酌情由摩擦力平衡一部分。

如果伸缩节上的摩擦力不能忽视，而且在岔管段以外的主管、支管中，存在轴向应力时，尚应在岔管三个管口适当加上维持平衡的边界力。

经过以上分析校正，使岔管处于平衡状态后，才可进行具体分析，并将已确定的作用在上下管口的轴向应力 $\sigma_1 t$、p_0 转移到加固梁上，求出加固梁的荷载，以供第二阶段计算之用（当 $\sigma_1 t$ 或 p_0 为压力时，应以负值代入相应公式中）。

（3）情况 3：明岔管、上下游均无伸缩节而有镇墩。

参考图 16，只是将伸缩节均改为镇墩，在不平衡力 F_{12} 的作用下，上下镇墩处均产生轴向应力。如 F_{12} 指向下游，则上口受拉、下口受压，至于具体应力之值，可按平距 s_1、s_2 来近似拟定，使 $\sigma_1 s_1 \approx \sigma_2 s_2$。

应注意，如果两端镇墩将钢管完全固定，不容许其伸缩，则在箍应力 $\dfrac{pR}{t}$ 和 $\dfrac{pr}{t'}$（t' 为支管壁厚）的作用下，在两端也要产生轴向应力，其值显然各为 $\nu\dfrac{pR}{t}$ 及 $\nu\dfrac{pr}{t'}$（均为拉应力）。它们又不平衡，而应按同样原则调整，作为管口的边界荷载。

此外，对于这种情况，温度变化也会产生管口轴向力，其确定法仍然依循下述原则：①σ_1 及 σ_2 的合力要平衡；②在 σ_1 及 σ_2 作用下，钢管沿其对称轴的总伸缩量等于自由钢管在该温度变化下的伸缩量。显然，温度下降时在两端管口产生拉应力。

（4）情况 4：埋藏式钢管。

在本情况中，水平力的平衡问题更为复杂，因为这时不仅有管口应力 σ_1、σ_2 的作用，还存在着混凝土对岔管的作用力。如果钢管与混凝土间有垫层隔开，近似上可按明管处理。如虽有垫层，但加固梁系与混凝土紧密结合，传到加固梁系上的水平力，主要都直接转达到混凝土墩中去，可以不考虑水平力的平衡问题，如管壁也同混凝土紧密结合，则部分或大部分水平力将被管壁表面的黏结力所平衡，其传到加固梁上去的比重可能不大。对这种埋藏式钢管的工作条件有待通过实际观测，加以研究。

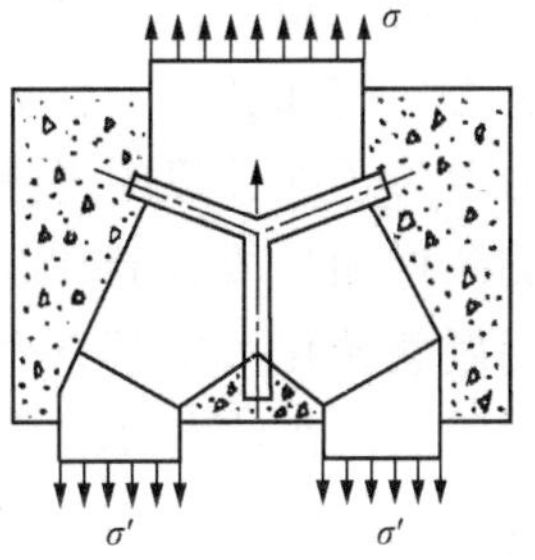

图 17

综上所述，我们得到一个重要概念，即除了完全用闷头封死的明岔管进行水压试验的情况外，在其他各种情况中，水平力的平衡方式不是很明确的，它取决于很多复杂因素，从而具有某些任意性。我们要在计算中考虑水平力的影响（理论研究指出这个影响并不小），则必须分析具体条件，合理地确定水平力的平衡方式，亦即合理地决

定作用在主、支管管口的轴向膜应力值，并用它们去推求加固梁的荷载。这样，不仅使加固梁体系满足平衡条件，也使计算成果符合实际。

此外，同样重要的是：我们应了解水平力的不同平衡方式对计算成果的影响，以便对计算成果的偏于安全或否，做到心中有数。一般来讲，U 梁最大断面上的应力常常是控制应力，参见图 18 的截面 A—B，该处最大应力 σ_A 是由负弯矩 M 和轴向拉力 N 所产生，如果在锥管口作用轴向拉力，则 U 梁所承受的水平力指向外侧（图中②），另外还产生向内的竖向荷载，这些都使负弯矩大大减少。由此观之，作用在锥管管口上的轴向拉力能够减轻 U 梁控制应力。设计中应尽量使锥管管口产生拉力以节约材料。同理，当我们对水平力的平衡方式无把握时，应假定锥管管口承受较少的拉应力或甚至为压应力以策安全。从这里并可知道，水压试验中测得的控制应力（如果锥管闷头是与管壁焊死的话），常低于实际运行时的应力。

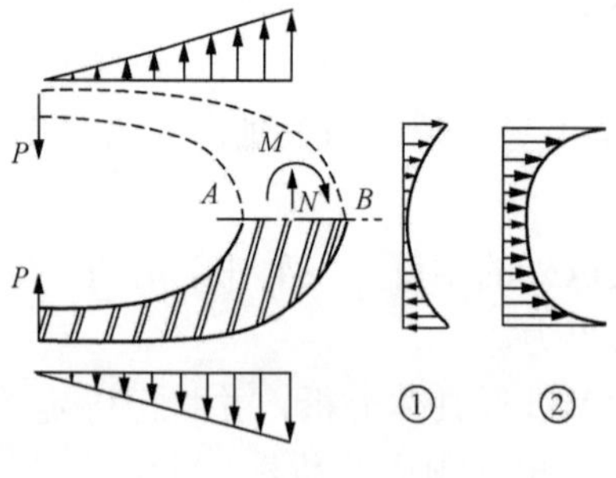

图 18

3 校正应力的计算

从上节讨论中，可知在分析岔管时，首先应进行几何尺寸的计算，然后研究确定作用在锥管管口的轴向应力 p_0 和主管管口上的轴向应力 σ_1，再次由内压力 p 及 p_0 计算 U 梁上的垂直荷载与水平切向荷载，以及腰梁上的垂直荷载和水平切向荷载（腰梁上的法向荷载一般可以不算），这就完成了第一步工作。第二步工作是将加固梁体系割取出来，将“固定反力”施加其上，作为荷载，计算所产生的变位和应力，为了在计算中考虑管壳的作用，可以在加固梁两侧各增加一段管壳作为梁的有效断面。这样，我们的问题就转化为求解一个空间曲梁体系，它由三个椭圆梁组成，在结点 A、A'为刚接（见图 19）；曲梁上的荷载按上节所述方法确定，并呈平衡。将曲梁体系在 A 处切开，则在 U 梁梁端有三个内力 P、R 和 M（正的方向如图 19 所示）。由平衡条件，R 应等于 U 梁上水平力的合力，故为已知值，而 P 及 M 为未知值。U 梁在外荷载和集中力 P、R、M 的作用下，梁端 A 的变位 Δ 及转角 Φ（相对于断面 B 而言）可以写为

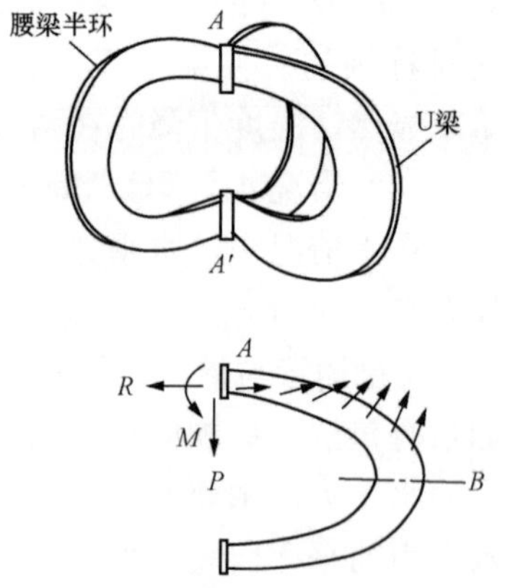

图 19

$$\Delta=\Delta_0-P\delta_P-R\delta_R-M\delta_M \tag{107}$$

$$\Phi=\Phi_0-P\phi_p-R\phi_R-M\phi_M \tag{108}$$

式中：Δ_0 为 U 梁 A 端在外载作用下的变形，可以将 U 梁视为固定于 B 的悬臂曲梁，用结构力学方法算出，并以向外为正；δ_P、δ_R、δ_M 各为单位力素 P=1、R=1、M=1 作

用于 A 端时 A 端的变位，它们都是一些正的数值，取决于 U 梁的尺寸、形状和弹模（U 梁的形常数）；Φ_0 为 U 梁 A 端在外荷载作用下的转角，以顺时针向为正；ϕ_P、ϕ_R、ϕ_M 为三个单位力素产生的 A 端转角。

关于腰梁半环环端的内力，稍较复杂，共有四个分值（参见图 20），即竖向力 $\overline{P}$、轴向力 $\overline{R}$、弯矩 $\overline{M}$、扭矩 $\overline{m}$，由结点 A 的平衡条件，有

$$\overline{P}=\frac{P}{2} \tag{109}$$

$$\overline{R}\cos\lambda=\frac{R}{2} \tag{110}$$

$$\overline{M}\cos\lambda+\overline{m}\sin\lambda=\frac{M}{2} \tag{111}$$

腰梁半环在外荷载及这四个集中力作用下，在 A 端产生竖向变位，即

$$\overline{\Delta}=\overline{\Delta_0}+\overline{P}\overline{\delta}_P-\overline{R}\overline{\delta}_R-\overline{M}\overline{\delta}_M \tag{112}$$

式（112）意义是很明显的，$\overline{\Delta}$、$\overline{\Delta}_0$ 仍以向外为正，$\overline{\delta}_P$、$\overline{\delta}_R$、$\overline{\delta}_M$ 仍为三个正的数值系数。$\overline{P}$、$\overline{R}$、$\overline{M}$ 的正向如图 20 所示。

此外，A 端还产生两个转角，一个转角产生在腰梁本身平面内，记为 B，以逆时针向为正，有

$$B=B_0+\overline{P}\beta_P-\overline{R}\beta_R-\overline{M}\beta_M \tag{113}$$

式（113）意义亦极明显，不用多加解释。将腰梁视为固定于 C 的悬臂曲梁，则在外载以及单位力素 $\overline{P}=1$、$\overline{R}=1$、$\overline{M}=1$ 作用下 A 端的转角即为式（113）中的 B_0、β_P、β_R 和 β_M。

另外一个转角是垂直于腰梁平面的扭转角，记为 Γ，即

$$\Gamma=\Gamma_0-\overline{m}\gamma_m \tag{114}$$

式中：Γ_0 为外荷载产生的 A 端扭转角。这里所谓外载，即上节中的 $q_{法}$。γ_m 则为在 A 端作用单位扭矩 $\overline{m}=1$ 时所产生的 A 端扭转角。Γ 和 Γ_0 的方向以和图 20 中所画的 $\overline{m}$ 的方向相反者为正。

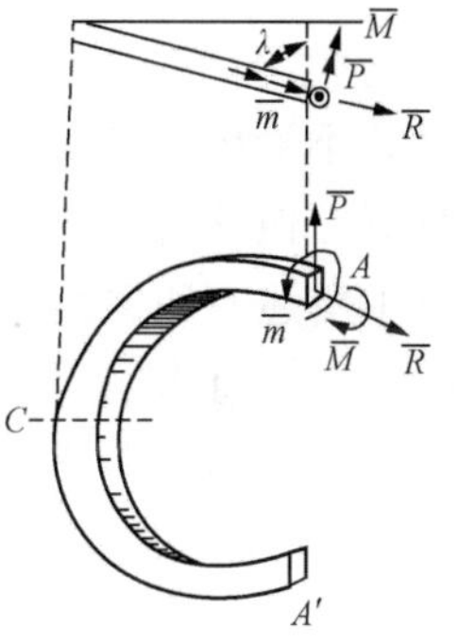

图 20

A 端的两个转角 B 及 Γ，可以合成并再分解为另外两个分值，一个是位在 U 梁平面内的转角 $\overline{\Phi}$，一个是垂直于此平面的转角 Ψ，即

$$\overline{\Phi}=\Gamma\sin\lambda+B\cos\lambda \tag{115}$$

$$\Psi=\Gamma\cos\lambda-B\sin\lambda \tag{116}$$

由对称和连续条件，$\overline{\Phi}+\Phi=0$，$\Psi=0$，$\overline{\Delta}=\Delta$，即

$$\Delta_0-P\delta_P-R\delta_R-M\delta_M=\overline{\Delta}_0+\overline{P}\overline{\delta}_P-\overline{R}\overline{\delta}_R-\overline{M}\overline{\delta}_M \tag{117}$$

$$(\Gamma_0-\overline{m}\gamma_m)\sin\lambda+(B_0+\overline{P}\beta_P-\overline{R}\beta_R-\overline{M}\beta_M)\cos\lambda+(\Phi_0-P\phi_P-R\phi_R-M\phi_M)=0 \tag{118}$$

$$(\Gamma_0-\overline{m}\gamma_m)\cos\lambda-(B_0+\overline{P}\beta_P-\overline{R}\beta_R-\overline{M}\beta_M)\sin\lambda=0 \tag{119}$$

由以上三式，可以解出 $\overline{P}$、$\overline{M}$ 及 $\overline{m}$ 三个未知值（或 P、M、$\overline{m}$ 三值）。这是最一般性的情况。由于成立和解算上述完整的三个方程式所需工作量较大，对于正 Y 岔管，

我们常作以下近似处理，即，因为两个腰梁半环在平面上的交角接近 π，就将它简化为一个完整的平面椭圆梁，这样，结点处未知力简化为仅 P、M 两值，每半个腰梁在结点处承受的扭矩 $\bar{m}$ 即等于 $-\dfrac{M}{2}$，腰梁在结点处承受的弯矩 $\overline{M}$ 及力 $\overline{R}$ 均转为内应力。解算 P 及 M 的公式为

$$\Delta_0 - P\delta_P - R\delta_R - M\delta_M = \overline{\Delta}_0 + P\overline{\delta}_P \tag{120}$$

$$\Phi_0 - P\phi_P - R\phi_R - M\phi_M = M\gamma_m \tag{121}$$

式（120）和式（121），左边仍表示 U 梁由外荷载及集中力 P、R、M 所产生的 A 端变位及转角。右端表示腰梁的变位及转角，其定义稍有改变，即 $\overline{\Delta}_0$ 是一个完整的平面腰梁，在所有外载（$q_{竖}$、$q_{切}$）作用下 A 点的变位（相对于中心），$\overline{\delta}_P$ 是上述完整腰梁在 A 及 A' 点承受一对向外的集中力 $P=1$ 时，A 或 A' 点相对于中心的变位，γ_m 是上述完整腰梁在 A 及 A' 点承受一对集中扭矩 $\bar{m}=1$ 时，A 或 A' 的扭转角。上两式中，各系数均可用结构学公式计算，并无困难，只有系数 γ_m 在一般结构书中不常见，视腰梁为圆环，该系数为

$$\gamma_m = \frac{\pi\overline{R}}{8EI}\left(1+\frac{EI}{GJ}\right) \tag{122}$$

$\overline{R}$ 为腰梁截面形心处半径，EI 和 GJ 各为腰梁截面的抗弯刚度和抗扭刚度。有时，腰梁并不沿棱线布置，而直接布置为一个平面环，此时，当然也要按式（120）和式（121）解算。但这种布置在受力上不大合适。而且严格说，腰梁及 U 梁上承受的荷载与第 2 节中所述有所区别，很难精确确定。另可注意，此时，U 梁的水平反力 R 并不集中作用在交点 A 和 A' 上，而是分布在一定范围内，否则 A 点不能平衡。

如果要进一步简化，可以分析交点 A 的转动情况。若腰梁的抗扭刚度很小，即 γ_m 很大，那么 A 点的 M 很小，可以忽略。这样，只有一个未知值 P 可从下式确定，即

$$\Delta_0 - P\delta_P - R\delta_R = \overline{\Delta}_0 + P\overline{\delta}_P \tag{123}$$

再进一步，若认为加固梁上不存在水平荷载，则

$$\Delta_0 - P\delta_P = \overline{\Delta}_0 + P\overline{\delta}_P \tag{124}$$

式中：Δ_0 及 $\overline{\Delta}_0$ 均为 U 梁及腰梁在竖向荷载作用下 A 端的变位，这样就简化成美国垦务局的简易计算公式了。

反之，若腰梁抗扭刚度很大，即 γ_m 很小，那就相当于 A 点无转动（如果腰梁埋在混凝土中，可能接近这一情况）。此时，M 可自下式求出，即

$$\Phi_0 - P\phi_P - R\phi_R - M\phi_M = 0 \tag{125}$$

将上式代入式（120）可解得 P。

4 讨　　论

（1）美国垦务局的分析法，只考虑加固梁上的竖向荷载（而且不计锥角 β 的影响），完全忽略水平荷载，解算加固梁应力时，也只考虑竖向反力 P，忽略 R 及 M。

因此，是一个粗糙的近似计算。其特点是计算简单，且成果一般偏于安全，但有时过分保守，使加固梁尺寸不必要地巨大，造成浪费甚至带来困难。

（2）苏联在20世纪50年代的钢管规范中含糊其辞地说到U梁上有水平荷载，但其图形被画为线性，荷载数值也是错误的，而对腰梁上的水平荷载未提，对轴向力影响及水平力的平衡问题更未提及。实际上，很难按这种指示进行计算，如勉强按之计算，甚至会得出更不合理的成果。

（3）苏联水电建设总局在1960年又编制了一本《岔管计算暂行规范》，它又忽略了水平荷载这一因素。它在解算加固梁系统时，考虑了结点处的弯矩，但硬性规定该处转角为0，从上节的讨论，可知该点转角应否假定为0，或应假定弯矩为0，或应精确计算，须分析腰梁的抗扭刚度及U梁在结点处的抗弯刚度而定，不能事先硬性规定。该规范用这样方式，计算了一个卜形岔管，并称“试验表明，按以上采用的荷载所得的计算成果有很满意的相似性”。实际上，即使根据它所刊布的资料，两者除大致趋势上有些相似性以外，数值上可以差几倍，甚至反号，并不比简单估算法更好。

（4）因此，我们认为岔管的合理分析应该是：

1）需考虑水平荷载，其强度应按本文第2节中公式计算。

2）需研究水平力的平衡问题，即具体分析岔管是明管还是埋管；三端有无伸缩节，镇墩或闷头；是否存在温度荷载等条件，合理规定管壳上的轴向力（σ_1及p_0）。

3）计算荷载时应考虑锥管β的影响。

4）解算加固梁系统时，在接合点处有四个反力P、R、M及$\bar{m}$，其中R为静定值，未知量为三个。

具体计算时，可根据现实条件，或精确计算，或作合理之简化。

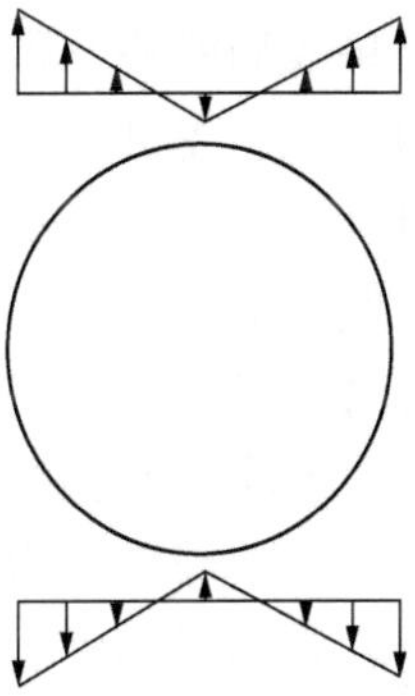

图21

除了上述概念外，还有一些具体问题也值得澄清一下。

（1）腰梁上有无三角形竖向荷载作用？

根据上述各节的分析，腰梁上的竖向荷载是存在的，其分布图形如图21所示。美国垦务局的近似分析法成果之所以与实测应力有差异，应归咎于忽略水平力和结点处的M和R之故，而不是由于计及了这块荷载之故。

（2）有的文献把水压试验成果直接与（按运行情况计算的）分析成果对比，以验证理论分析的可靠性。从上述讨论可知，这两者不能相比，水压试验时，如岔管闷头上不做摩擦力很小的伸缩节，必然有轴向力σ_1和p_0存在，在运行时，这些轴向力不一定存在，或不一定等于试验时的值。如果试验时闷头是和管壳焊住的，则试验得出的U梁控制应力一般将低于运行中的实际应力。

（3）有的文献认为：加固梁所承受的垂直荷载，除不平衡区的水压力外，还应包括受梁所约束的一部分管壁上的水压力，例如图22中所示腰梁应承受面积A_1上的水压力，U梁应承受A_2上的水压力。

如果腰梁被布置成直线BAB'，则它无疑应承担面积A_1上的水压力。这实际上就

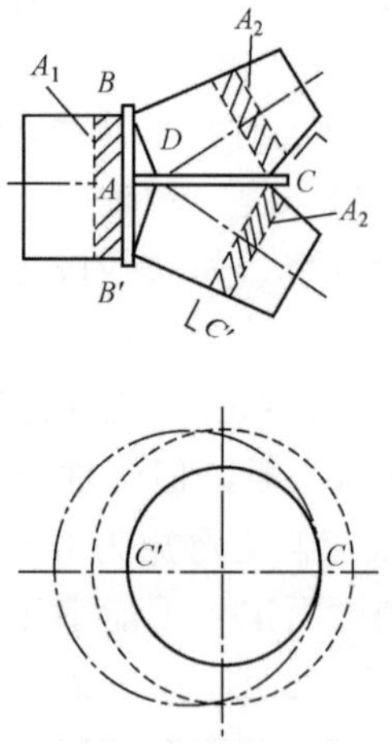

图 22

是腰梁的“固定反力”中的一部分。但对于U梁或沿 *BD* 线分布的腰梁，这样的处理还值得商榷。我们可沿 *CC*′切一剖面，图中实线表示未受水压时管壳位置，粗虚线表示受水压后，管壳变形线，而细虚线则表示不受 U 梁约束时的变形位置。很清楚，在 *CC*′切面上，两边管壳间变位不能连续，其间一定存在着剪切应力。但是这种剪力的分布和管壳受径向均匀约束时的剪力完全不同而呈复杂的分布方式。这些剪应力主要将产生管壳的局部应力，而不是影响U梁的应力。考虑到这个问题尚未搞清，而根据试验，U梁计算应力已经偏大，因此似不必增加这一部分荷载。

（4）关于管壳的应力问题。管壳应力比加固梁应力更难准确计算。作为近似处理，我们可假定离开加固梁有相当距离的部位（图 23 中阴影线部分），基本上为膜应力系统（包括轴向应力及环向应力）。在靠近加固梁处，除膜应力外，该部分作为加固梁断面组成部分，还承受梁应力，应予叠加。叠加中还应注意，两套应力的坐标轴也并不一致。

我们注意到，将加固梁切割出来作为空间曲梁体系，所求得的变位值是比较可信的。因此，如果要比较精确地弄清管壳应力，可以取出锥管 *abcd* 出来，此时在 *ab*（腰梁）和 *ad*（U 梁）边界上的变位为已知（见图 23 中所绘虚线）。如果我们能够计算锥管壳体在这些指定边界变位下所产生的应力，作为管壳的“变位校正应力”，就将得到更精确的管壳应力。可以想象，在加固梁附近将产生较大的局部应力。但这个问题，一般仍需用有限单元法计算。必要时还可以算出在这个情况中管壳对加固梁的反力，以修正“固定反力”，再次计算加固梁的变位。经过几次修正，我们就可以得到岔管应力的“精确解”。

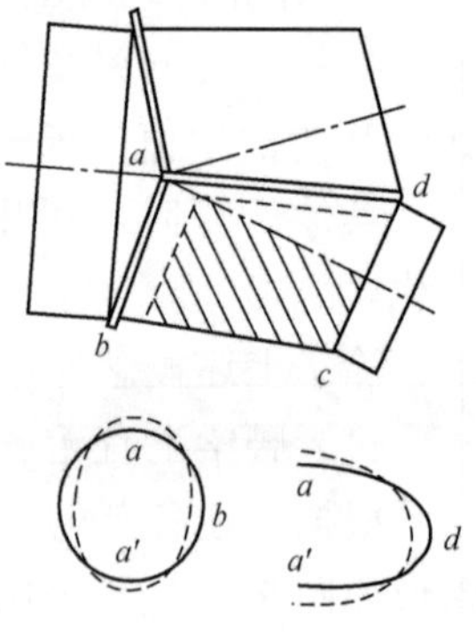

图 23

目前管壳应力的精确成果还很少。根据一些试验成果来看，在靠近加固梁处往往有较大的局部应力，其值可达膜应力的 1.5 倍，甚至更大。所以，如果没有更多的资料，我们可将膜应力乘以1.5左右的系数作为岔管管壳的局部应力值，进行设计。为此，往往需要将管壳在加固梁附近增强一些，而这样做，特别对于承受高压力的大型岔管来说，看来是需要的。

参考文献

[1] 潘家铮．水工结构应力分析丛书：压力钢管．上海：上海科技出版社，1958．

[2] 苏联电站部．设计规范：水力发电站的压力钢管（TY-9-51）．北京：电力工业出版社，1956．

[3] 苏联水电建设总局．压力钢管的岔管计算暂行规范．1960，水利电力部十二工程局勘测设计院，译印．1973．

[4] 福建省水电工程局勘测设计队．尤亭水电站正 Y 形岔管设计和试验概况．1972．

［5］水利电力部第六工程局勘测设计队．渔子溪一级水电站 2 号岔管水压试验报告．1972．
［6］广东省水利电力局勘测设计院．钢管设计几个问题．1973．
［7］云南省电力局昆明水电科研所．岔管的新计算法．1970．
［8］水利电力部上海勘测设计院．专题资料 012 号：调压井与隧洞的接头设计．1964．
［9］四个 Y 型岔管结构试验的初步总结．云南省电力局勘测设计院技术情报．第 10 期．
［10］水利电力部第十一工程局勘测设计研究院．某水电站岔管水压试验报告．1974．
［11］Hans Atrops. Stahlerne Druckrohrverzweigungen. Springer-Verlag, 1963．

文克尔地基梁的计算资料

1 概述、符号规定

在地下结构设计中，我们常需解算一个由文克尔地基梁（或拱）和普通杆件组成的框架（见图1）。应用“杆件常数”的概念，这一分析可以仿照普通框架分析进行，仅是地基梁（拱）的各种常数需按特殊公式计算，著者所建议的这一方法现已广泛被采用。为此，首先需对地基梁（拱）作一透彻和完整的分析。

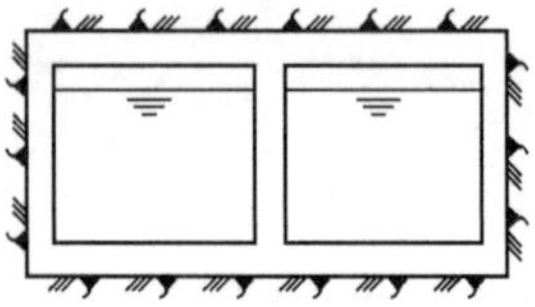

图 1

在结构学中，文克尔地基梁的分析是一个已经解决的问题。利用初参数法可以得出完美的理论解。但利用已有成果分析地下框架时还存在一定的复杂性。特别对于初次从事分析的同志很容易算错，而且不容易找出致误之点。根据著者的经验，出现这些困难的主要原因有以下几点。

（1）应用初参数法分析地基梁时，要对内力及变位规定一定的正负符号。而在利用杆件常数解算框架时，必须在各结点上成立平衡方程，此时又需按平衡要求另外规定“杆端”上内力及变位的符号。所以杆端内力的符号在计算过程中要视需要作相应变化，偶一疏忽或误解便会致误。遗憾的是，对于这一极为重要的符号问题，至今并无统一公认的规定，甚至有些混淆。许多文献对这个问题也阐述得不够明确。

（2）应用初参数法解算地基梁，在理论上虽完善，但实际上较适用于短梁。对于长梁，四个初参数函数的数值及其变率有剧烈变化，计算的成果往往是一些巨大数值的差值，从而极易在计算中失去精度。如在计算中没有保留足够的有效位数或不适当地用内插法推求函数值进行计算，都容易导致很大的误差。

（3）计算中公式繁复，需要应用很多特殊的函数表，以往发表的文献中，有关函数表精度较低，参数间距较大，有些需用的函数尚无表格，个别公式、函数有笔误。

针对这些问题，我们将先详细阐述符号问题，推荐了一种规定；然后整理和补充了有关公式表和函数表列于本文末，以利应用。

1.1 关于结点平衡条件中的符号规定——代数符号系统

在解算框架时，我们要利用“角变位移方程”，即将各杆件端部的内力（包括力矩 M 和剪力 Q）以杆端的变位（包括角变位 θ 和线位移 Δ）表示的关系式。然后根据各结点上力矩的平衡条件（有时需补充某些截面上剪力的平衡条件）可以建立一组联立方程，适可确定各杆端的变位（杆端的变位就是结点的变位）。求出这些变位后，代入角变位移方程中，又求出了杆端内力。

在成立角变位移方程和结点平衡条件时，建议取如下规定：

（1）对杆端变位（也即结点变位）的规定：杆端（结点）的角变位 θ，以顺时针向为正，逆时针向为负；杆端（结点）的线位移 Δ，以指向地基（沉陷）为正，离开地基为负。

（2）对杆端内力的规定：杆端的弯矩 M 以顺时针向为正，逆时针向为负；杆端的剪力 Q 以指向地基为正，离开地基为负。

（3）结点内力的规定：作用在结点上的内力和作用在杆端上的内力是相等相反的。所以，作用在结点上的力矩以逆时针向为正，剪力以离开地基为正。

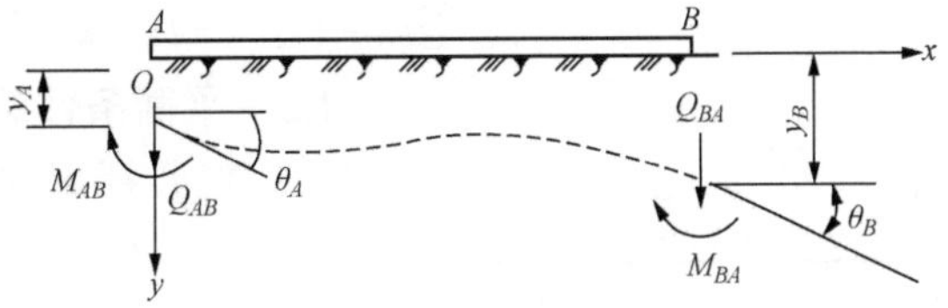

图 2

1.2　地基梁的角变位移方程

一根地基梁 AB（见图 2）、两端的变位各为 y_A、θ_A、y_B 及 θ_B，两端的内力各为 M_{AB}、Q_{AB}、M_{BA}、Q_{BA}。内力与变位间存在线性关系，故可写成

$$M_{AB}=k_1\theta_A+k_2\theta_B+k_3y_A+k_4y_B+k_5$$

余仿此。式中 k_1～k_4 表示杆端某种单位变位对 M_{AB} 的影响，称为“形常数”，k_5 取决于梁上荷载，称为载常数。

在上面这个公式中，k_1～k_4 前面可以配正号或负号，k_1～k_4 本身的值也可以取正值或负值。究竟怎么写法取决于我们的选择。根据上文所规定的符号，并力求这些形常数都取正值。本文建议将地基梁的角变位移方程写成如下形式，即

$$M_{AB}=S_{AB}\theta_A+S'_{AB}\theta_B+T_{AB}y_A-T'_{AB}y_B+M^{F}_{AB} \tag{1}$$

$$M_{BA}=S'_{BA}\theta_A+S_{BA}\theta_B+T'_{BA}y_A-T_{BA}y_B+M^{F}_{BA} \tag{2}$$

$$Q_{AB}=T_{AB}\theta_A+T'_{AB}\theta_B+J_{AB}y_A-J'_{AB}y_B+Q^{F}_{AB} \tag{3}$$

$$Q_{BA}=-T'_{BA}\theta_A-T_{BA}\theta_B-J'_{BA}y_A+J_{BA}y_B+Q^{F}_{BA} \tag{4}$$

写成上述形式的好处可从图 3 中看出，图中分别表示当杆端产生 $\theta_A=1$、$\theta_B=1$、$y_A=1$ 及 $y_B=1$，这些单位变位时短梁的变形线和杆端内力方向。不难看出采用规定的符号准则和式（1）～式（4）的写法，则杆端的主常数 S_{AB}、T_{AB}、J_{AB}、S_{BA}、T_{BA}、J_{BA} 永远是正数，副常数 S'_{AB}、T'_{AB}、J'_{AB}、S'_{BA}、T'_{BA}、J'_{BA} 在短梁情况下也是正数。这样，在实际条件下这些杆件常数本身都是正数，既较明确也合乎一般概念。仅对于很长的梁，其变形线可能呈几个波形起伏，此时一些副常数可能为负值，但其绝对值都已很微小。

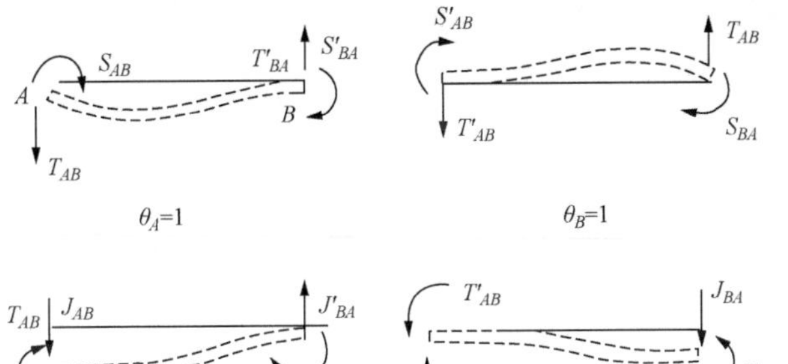

图 3

必须注意，在引用式（1）～式（4）时，要严格按照第 1 段中的规定，即杆端的

θ、M 以顺时针向为正，y、Q 以指向地基为正。另外，地基位于 x 正轴的右方。如果地基在正 x 轴的左方（见图 4），则结点 A 应改为“远端”，结点 B 则为“近端”。换言之，像图 4 中的杆件（地基在梁以上），角变位移方程应写成

$$M_{AB}=S_{AB}\theta_A+S'_{AB}\theta_B-T_{AB}y_A+T'_{AB}y_B+M^{\mathrm{F}}_{AB} \tag{1'}$$

$$M_{BA}=S'_{BA}\theta_A+S_{BA}\theta_B-T'_{BA}y_A+T_{BA}y_B+M^{\mathrm{F}}_{BA} \tag{2'}$$

$$Q_{AB}=-T_{AB}\theta_A-T'_{AB}\theta_B+J_{AB}y_A-J'_{AB}y_B+Q^{\mathrm{F}}_{AB} \tag{3'}$$

$$Q_{BA}=T'_{BA}\theta_A+T_{BA}\theta_B-J'_{BA}y_A+J_{BA}y_B+Q^{\mathrm{F}}_{BA} \tag{4'}$$

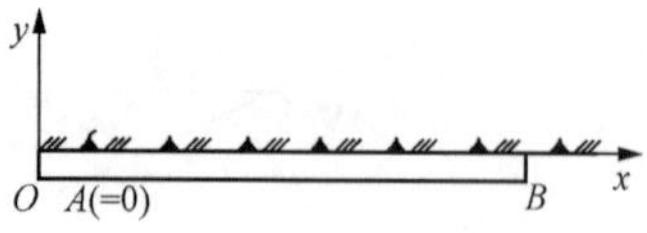

图 4

1.3 平衡条件的建立

将各杆端的内力均表为杆端变位后，就可以列下平衡方程。例如，设在结点 A 上有三根杆件 AB、AC、AD 相联，则该结点上的力矩平衡条件为 $\sum M_A=0$ 或 $M_{AB}+M_{AC}+M_{AD}+M^{\circ}_{A}=0$，其中 M°_{A} 是作用在结点 A 上的外力矩（以逆时针向为正，一般此值为 0）。在结点 A 上的力的平衡条件也可仿此写出。

建立足够的平衡条件后，即可解算结点变位，再回代入式（1）～式（4）中求杆端内力。求出杆端内力后一般应复核结点平衡条件。如果不满足，表示在解算中有误。反之，表示解算方程无误，但仅此校核还不足以保证其他的计算也无差错。

1.4 初参数方程中的符号规定——结构符号系统

以上所述是利用角变位移方程解算地下框架。但是要进行这一计算必须先求出地基梁的各种常数。其次，在求出结点变位和内力后还要计算沿杆件的内力和变位。这两项工作都要用初参数法完成。

用初参数法分析地基梁和用角变位移法分析框架是性质不同的问题，两者的运算对象和符号规定也迥然不同，决不可把从一种计算中求出的成果不加分析地直接用到另一计算中去。例如，当我们从角变位移法中求出杆端的内力和变位后，如果利用这些值按初参数法推求其他截面上的内力时，必须调整某些值的符号后才可应用。

对初参数法的符号规定，本文建议如下（见图 5）：

（1）坐标：x 轴（沿杆件的轴）的正向应这样取：当沿着 x 轴正向看时，地基位在 x 轴的右方，y 轴（垂直于杆件的轴）以指向地基为正。所以 x、y 轴的取法同角变位移法一致。

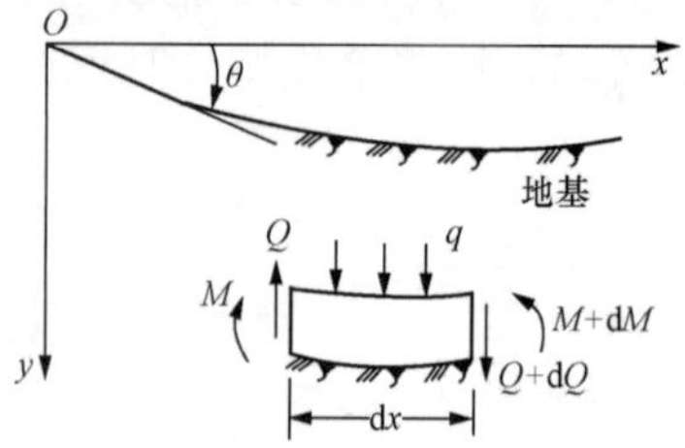

图 5

（2）变位：转角 θ 以顺时针向为正，沉陷 y 以指向地基为正，这也同角变位移法一致。注意初参数法中的 θ 和 y 指沿梁全长每一截面上的值，杆端的变位仅为其边界值。

（3）内力：初参数法中的所谓内力（M、Q）是指梁的每一微分元块两侧成对出现的 M 和 Q。弯矩 M 以使梁靠地基的一面受拉为正，剪力 Q 以能组成和正的 $\mathrm{d}M$ 相平衡的力矩 $Q\mathrm{d}x$ 者为正。如地基在梁下，x 轴向右，则正的 Q 值在微元左边作用有向

上的剪力，右边有向下的剪力。注意：初参数法中的 M、Q，从其定义到符号规定都与角变位移法无相同之处。

（4）荷载：分布荷载 q 及集中荷载 P 以指向地基为正，集中力矩以逆时针为正。

按照上述规定，有如下关系

$$\theta=\frac{\mathrm{d}y}{\mathrm{d}x},\ M=-\frac{1}{EI}\frac{\mathrm{d}^2 y}{\mathrm{d}x^2},\ Q=\frac{\mathrm{d}M}{\mathrm{d}x} \tag{5}$$

而地基梁的基本方程为

$$EI\frac{\mathrm{d}^4 y}{\mathrm{d}x^4}+ky=q \tag{6}$$

1.5　地基梁形常数公式的推导和符号配置

在推求地基梁形常数时，可置式（6）中的 $q=0$，方程之解可写为

$$y=y_0\phi_1+\frac{\theta_0}{\beta}\phi_2-M_0\frac{4\beta^2}{k}\phi_3-Q_0\frac{4\beta}{k}\phi_4 \tag{7}$$

逐次微分得

$$\theta=-y_0 4\beta\phi_4+\theta_0\phi_1-M_0\frac{4\beta^3}{k}\phi_2-Q_0\frac{4\beta^2}{k}\phi_3 \tag{8}$$

$$M=y_0\frac{k}{\beta^2}\phi_3+\theta_0\frac{k}{\beta^3}\phi_4+M_0\phi_1+\frac{Q_0}{\beta}\phi_2 \tag{9}$$

$$Q=y_0\frac{k}{\beta}\phi_2+\theta_0\frac{k}{\beta^2}\phi_3-M_0 4\beta\phi_4+Q_0\phi_1 \tag{10}$$

式中：$\beta=\sqrt[4]{\frac{k}{4EI}}(\mathrm{cm}^{-1})$ 为地基梁的特征数；y_0、θ_0、M_0 及 Q_0 分别为 $x=0$ 端的变位、转角、弯矩和剪力，即四个初参数；ϕ_1、ϕ_2、ϕ_3、ϕ_4 为 $\phi_1(\beta x)$、$\phi_2(\beta x)$、$\phi_3(\beta x)$、$\phi_4(\beta x)$ 的简写，是四个函数。

即

$$\phi_1=\cos\beta x\cosh\beta x \tag{11}$$

$$\phi_2=\frac{1}{2}(\sin\beta x\cosh\beta x+\cos\beta x\sinh\beta x) \tag{12}$$

$$\phi_3=\frac{1}{2}\sin\beta x\sinh\beta x \tag{13}$$

$$\phi_4=\frac{1}{4}(\sin\beta x\cosh\beta x-\cos\beta x\sinh\beta x) \tag{14}$$

它们之间存在以下关系

$$\left.\begin{aligned}&2\phi_1\phi_3=\phi_2^2-4\phi_4^2,\ \phi_1^2+8\phi_2\phi_4-4\phi_3^2=1\\&\phi_2^2-\phi_1\phi_3=\phi_1\phi_3+4\phi_4^2=\frac{1}{2}(\phi_2^2+4\phi_4^2)\end{aligned}\right\} \tag{15}$$

$$\frac{\mathrm{d}\phi_1}{\mathrm{d}x}=-4\beta\phi_4,\ \frac{\mathrm{d}\phi_2}{\mathrm{d}x}=\beta\phi_1,\ \frac{\mathrm{d}\phi_3}{\mathrm{d}x}=\beta\phi_2,\ \frac{\mathrm{d}\phi_4}{\mathrm{d}x}=\beta\phi_3 \tag{16}$$

求形常数时，先将地基梁远端的边界条件代入式（7）～式（10）中的某两个式子

中，就可以把近端的四个初参数中的任两个以另外两个表示，而得到形常数公式。例如，设远端 $x=l$ 处为固定，即该处的 $y=\theta=0$，从而由式（7）、式（8）得

$$y_0\phi_1(\beta l)+\frac{\theta_0}{\beta}\phi_2(\beta l)-M_0\frac{4\beta^2}{k}\phi_3(\beta l)-Q_0\frac{4\beta}{k}\phi_4(\beta l)=0$$

$$-y_0 4\beta\phi_4(\beta l)+\theta_0\phi_1(\beta l)-M_0\frac{4\beta^3}{k}\phi_2(\beta l)-Q_0\frac{4\beta^2}{k}\phi_3(\beta l)=0$$

从上解出 M_0 及 Q_0 为

$$M_0=\frac{k}{4\beta^2}\frac{\phi_1(\beta l)\phi_3(\beta l)+4\phi_4^2(\beta l)}{\phi_3^2(\beta l)-\phi_2(\beta l)\phi_4(\beta l)}y_0+\frac{k}{4\beta^3}\frac{\phi_2(\beta l)\phi_3(\beta l)-\phi_1(\beta l)\phi_4(\beta l)}{\phi_3^2(\beta l)-\phi_2(\beta l)\phi_4(\beta l)}\theta_0$$

$$Q_0=\frac{-k}{4\beta}\frac{\phi_1(\beta l)\phi_2(\beta l)+4\phi_3(\beta l)\phi_4(\beta l)}{\phi_3^2(\beta l)-\phi_2(\beta l)\phi_4(\beta l)}y_0-\frac{k}{4\beta^2}\frac{\phi_2^2(\beta l)-\phi_1(\beta l)\phi_3(\beta l)}{\phi_3^2(\beta l)-\phi_2(\beta l)\phi_4(\beta l)}\theta_0$$

分别置 $y_0=0$、$\theta_0=1$ 及 $y_0=1$、$\theta_0=0$，就得到相应的形常数公式。

对于 $y_0=0$、$\theta_0=1$，有

$$Q_0=\frac{-k}{4\beta^2}\frac{\phi_2^2-\phi_1\phi_3}{\phi_3^2-\phi_2\phi_4}=\frac{-k}{4\beta^2}\frac{\phi_1\phi_3+4\phi_4^2}{\phi_3^2-\phi_2\phi_4} \tag{a}$$

$$M_0=\frac{k}{4\beta^3}\frac{\phi_2\phi_3-\phi_1\phi_4}{\phi_3^2-\phi_2\phi_4} \tag{b}$$

对于 $y_0=1$、$\theta_0=0$，有

$$M_0=\frac{k}{4\beta^2}\frac{\phi_1\phi_3+4\phi_4^2}{\phi_3^2-\phi_2\phi_4} \tag{c}$$

$$Q_0=\frac{-k}{4\beta}\frac{\phi_1\phi_2+4\phi_3\phi_4}{\phi_3^2-\phi_2\phi_4} \tag{d}$$

上面为了简化书写，已将 ϕ_1（βl）写为 ϕ_1，余同。将 M_0 及 Q_0 代入式（9）、式（10）又可求得远端的 M 及 Q。其他各形常数均可类此推导。分析形常数公式的构造，可知它们都由两部分组成，一部分取决于梁和地基的相对刚度（如 $\frac{k}{4\beta^3}$ 等），另一部分取决于梁的特征长度 βl（如 $\frac{\phi_2\phi_3-\phi_1\phi_4}{\phi_3^2-\phi_2\phi_4}$ 等），后者为纯数。

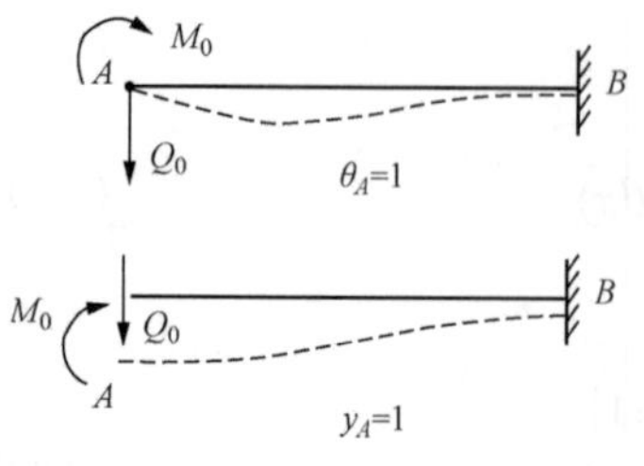

图 6

现在考察一下式（a）～式（d）中的正负号和杆端力的方向。该四式中 $\phi_3^2-\phi_2\phi_4$ 及 $\phi_2\phi_3-\phi_1\phi_4$ 常为正数，因此式（a）～式（d）中的 M_0 常为正数，Q_0 常为负数，表示在规定的单位变位下 M_0、Q_0 的方向必如图 6 所示。注意式（a）中的 Q_0 在数值上等于（c）中的 M_0，这就是互等定理，但符号不同，则是受到我们对正负号规定的影响。

总之，利用初参数法可以求出各种形常数的公式，公式中的符号指明这些力或力矩或变位的方向。现在我们要把从初参数法求得的形常数用到角变位移方程中去。为此要对比一下两种方法对杆端内力和变位的符号规定有什么不同（参见图 7）。图 7 中画上按两套系统规定的正的杆端变位和内力，由图 7 可

知，在 A 点的内力和变位中，只有对剪力 Q 的方向，两套系统的规定相反。在 B 点的内力和变位中，只有对力矩 M 的方向，两者的规定相反。所以从初参数法求得的形常数，对于 $x=0$ 端的剪力和 $x=l$ 端的力矩应反一个号，才符合角变位移法的符号要求。例如在远端固定情况下，应改为：

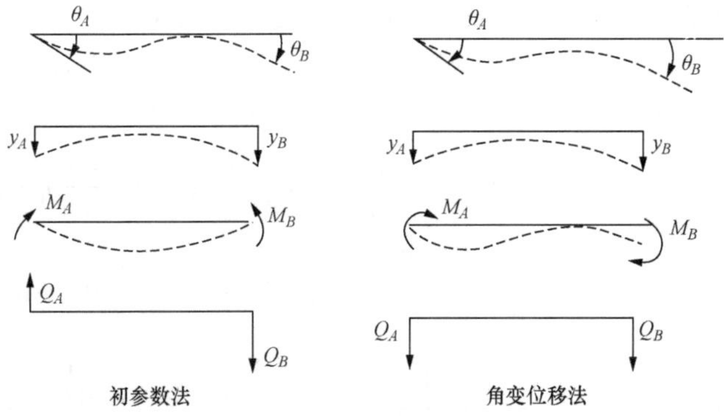

图 7

A 端发生单位转动 $$M_0=\frac{k}{4\beta^3}\frac{\phi_2\phi_3-\phi_1\phi_4}{\phi_3^2-\phi_2\phi_4}=S_{AB}$$

$$Q_0=\frac{k}{4\beta^2}\frac{\phi_1\phi_2+4\phi_4^2}{\phi_3^2-\phi_2\phi_4}=T_{AB}$$

A 端发生单位沉陷 $$M_0=\frac{k}{4\beta^2}\frac{\phi_1\phi_3+4\phi_4^2}{\phi_3^2-\phi_2\phi_4}=T_{AB}$$

$$Q_0=\frac{k}{4\beta}\frac{\phi_1\phi_2+4\phi_3\phi_4}{\phi_3^2-\phi_2\phi_4}=J_{AB}$$

经过这样调整后，两种单位变位下的 T_{AB} 的公式就完全一致，J_{AB} 也成为正值，与第 2 段中所述一致。

1.6 地基梁载常数公式的推导和符号配置

用初参数法推求地基梁的载常数时，须解算下列方程

$$\frac{\mathrm{d}^4y}{\mathrm{d}x^4}+4\beta^4y=q$$

并在求出两端的 M 及 Q 的公式后，将 $x=0$ 的 Q 和 $x=l$ 端的 M 反一个号，然后用到角变位移方程中去。

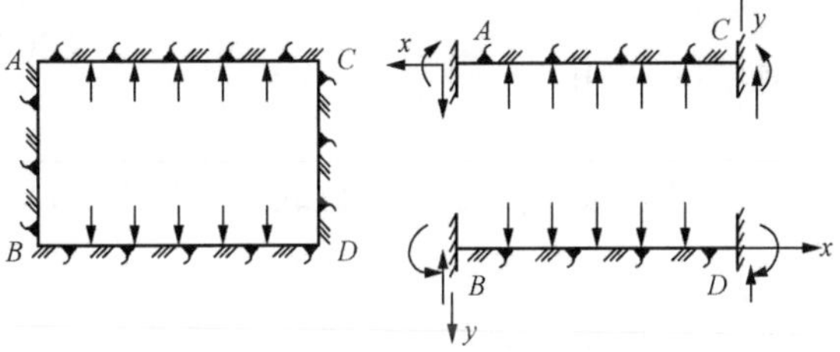

图 8

例如，设图 8 中的方形框架中的 BD 杆件，承受均布压力作用，我们已用初参数法求得 $M_{BD}^{\mathrm{F}}=-1.0=M_{DB}^{\mathrm{F}}$，$Q_{BD}^{\mathrm{F}}=0.5$，$Q_{DB}^{\mathrm{F}}=-0.5$。则在角变位移法中应采用 $M_{BD}^{\mathrm{F}}=-1.0$，$Q_{BD}^{\mathrm{F}}=-0.5$，$M_{DB}^{\mathrm{F}}=1.0$，$Q_{DB}^{\mathrm{F}}=-0.5$。又如 AC 杆件，设已由初参数法求得 $M_{AC}^{\mathrm{F}}=-1.0=M_{CA}^{\mathrm{F}}$，$Q_{AC}^{\mathrm{F}}=-0.5$，$M_{CA}^{\mathrm{F}}=0.5$。注意这根杆件的地基在梁的上方，$x$ 轴应向左，C 点是起始结点，A 点为终结点。因此在角变位移法中应采用 $M_{AC}^{\mathrm{F}}=-1.0$，$M_{CA}^{\mathrm{F}}=-1.0$，$Q_{AC}^{\mathrm{F}}=-0.5$，$Q_{CA}^{\mathrm{F}}=-0.5$。也可以先只求出 M^{F} 及 Q^{F} 的绝对值，然后根据它们的指向（力矩是否顺针向，剪力是否指向地基）直接配置相应符号，再用到角变位移式中去。

1.7 地基梁其他截面上内力及变位的推求

用角变位移法求出杆件起始端（$x=0$）处的 y_0、θ_0、M_0 及 Q_0 后，要利用它们推算其他截面的内力和变位时，仍需用初参数法，而且首先应将 Q_0 反一个号，然后代入以下公式

$$\begin{aligned} y_x = {} & y_0\phi_1 + \frac{\theta_0}{\beta}\phi_2 - M_0\frac{4\beta^2}{k}\phi_3 - Q_0\frac{4\beta}{k}\phi_4 + \Big\|_{x_1}\frac{4\beta}{k}P\phi_4[\beta(x-x_1)] + \\ & \Big\|_{x_2}\frac{4\beta^2}{k}M\phi_3[\beta(x-x_2)] + \Big\|_{x_3}\frac{q}{k}\{1-\phi_1[\beta(x-x_3)]\} + \\ & \Big\|_{x_4}\frac{q'}{k}\left\{(x-x_4) - \frac{1}{\beta}\phi_2[\beta(x-x_4)]\right\} \end{aligned} \tag{17}$$

$$\begin{aligned} \theta_x = {} & -y_0\cdot 4\beta\phi_4 + \theta_0\phi_1 - M_0\frac{4\beta^3}{k}\phi_2 - Q_0\frac{4\beta^2}{k}\phi_3 + \\ & \Big\|_{x_1}\frac{4\beta^2}{k}P\phi_3[\beta(x-x_1)] + \Big\|_{x_2}\frac{4\beta^3}{k}M\phi_2[\beta(x-x_2)] + \\ & \Big\|_{x_3}\frac{4\beta q}{k}\phi_4[\beta(x-x_3)] + \Big\|_{x_4}\frac{q'}{k}\{1-\phi_1[\beta(x-x_4)]\} \end{aligned} \tag{18}$$

$$\begin{aligned} M_x = {} & y_0\frac{k}{\beta^2}\phi_3 + \theta_0\frac{k}{\beta^3}\phi_1 + M_0\phi_1 + \frac{Q_0}{\beta}\phi_2 + \\ & \Big\|_{x_1} -\frac{P}{\beta}\phi_2[\beta(x-x_1)] + \Big\|_{x_2} -M\phi_1[\beta(x-x_2)] + \\ & \Big\|_{x_3} -\frac{q}{\beta^2}\phi_3[\beta(x-x_3)] - \Big\|_{x_4}\frac{q'}{\beta^3}\phi_1[\beta(x-x_1)] \end{aligned} \tag{19}$$

$$\begin{aligned} Q_x = {} & y_0\frac{k}{\beta}\phi_2 + \theta_0\frac{k}{\beta}\phi_3 - M_0 4\beta\phi_1 + Q_0\phi_1 + \\ & \Big\|_{x_1} -P\phi_1[\beta(x-x_1)] + \Big\|_{x_2} 4\beta M\phi_1[\beta(x-x_2)] + \\ & \Big\|_{x_3} -\frac{q}{\beta}\phi_2[\beta(x-x_3)] - \Big\|_{x_4}\frac{q'}{\beta^2}\phi_3[\beta(x-x_1)] \end{aligned} \tag{20}$$

式中 $\Big\|_{x_1}$ 表示该项只当 $x > x_1$ 时才存在，余类此。P、M、q、q' 等为荷载，见图 9（a）。

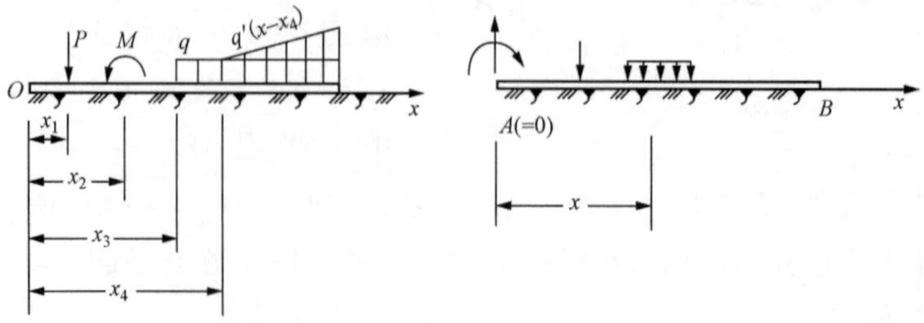

（a）　　（b）

图 9

在完成框架分析后，已求得各杆端的内力和变位，取出其中某一杆件 AB 为例［见

图 9（b）]。我们已求出 M_{AB}、Q_{AB}、θ_A、y_A 和 M_{BA}、Q_{BA}、θ_B、y_B。利用式（17）～式（20），我们可以由 M_{AB}、Q_{AB}、θ_A、y_A 四个初参数依次计算梁上任一截面 x 处的变位和内力。从 A 端出发算到 B 端时应该与已求出的 B 端内力及变位一致（仅 M_{BA} 的符号与由框架分析求出的符号相反），可资校核。但当梁 AB 较长时，若仍按此计算，则 A 端四个初参数的微小误差会对 B 端的值产生较大影响。此时，不如分别由 A 端及 B 端出发，各利用该端的四个初参数，计算其附近一段的应力及变位，并都算到中央截面 C 处以资校核 [见图 10（a）]。其中从 A 向 C 算时并无问题，但从 B 向 C 算时，x 轴自右向左（y 轴向下），沿 x 轴正向看时，地基在梁的左面，与我们所规定的不符。为此，我们可设想 BC 段是 AC 段的镜面反射。因此要从 B 向 C 计算时，由角变位移法中求得的 θ_B、M_B 和 Q_B 都要改变符号，才能代入初参数公式中推求 BC 段内各截面的内力及变位。此时 x 从 B 向左量取，求出的正的内力及变位方向将如图 10（b）所示。

对于方框形框架 $ABCD$，当我们要从 A、B、C、D 各结点出发，沿图 10（c）虚矢号方向计算各截面的应力和变位时，都要如此处理，即须将由角变位移法中求得的杆件初始端的 M、θ、Q 都反号。而从 A、B、C、D 各点出发沿实矢号方向计算各截面的应力和变位时，则只要将杆件初始端的 Q 反号即可。

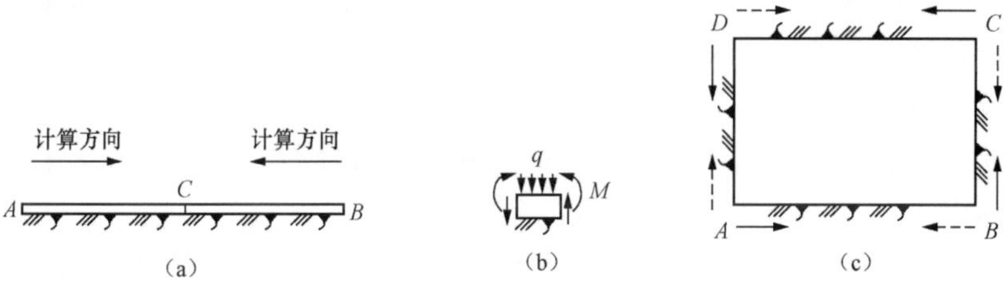

图 10

对于长梁（即 βl 大于 3～4 以上），若梁上无荷载或全梁上有均布荷载或线性荷载，则当已求出杆端的剪力和弯矩后，可先将剪力反号，然后用下列公式计算沿梁的内力和变位 [见图 11（a）]，即

$$M_x=\frac{Q_0}{\beta}\zeta(\beta x)+M_0\phi(\beta x) \tag{21}$$

$$Q_x=Q_0\psi(\beta x)-2\beta M_0\zeta(\beta x) \tag{22}$$

$$y_x=\frac{2\beta}{k}[-Q_0\theta(\beta x)-M_0\beta\psi(\beta x)] \tag{23}$$

$$\theta_x=\frac{2\beta^2}{k}[Q_0\psi(\beta x)+2\beta M_0\theta(\beta x)] \tag{24}$$

其中

$$\left.\begin{aligned}\phi(\beta x)&=\mathrm{e}^{-\beta x}(\cos\beta x+\sin\beta x)\\ \zeta(\beta x)&=\mathrm{e}^{-\beta x}\sin\beta x\\ \psi(\beta x)&=\mathrm{e}^{-\beta x}(\cos\beta x-\sin\beta x)\\ \theta(\beta x)&=\mathrm{e}^{-\beta x}\cos\beta x\end{aligned}\right\} \tag{25}$$

如果要利用 $x=l$ 端上的 M 及 Q 向左计算，则先应将该端的 M 及 Q 反号，然后利用上式计算。此时 x 由 B 端向左量，正的 M 及 Q，如图 11（b）所示。

初参数函数 ϕ_1、ϕ_2、ϕ_3、ϕ_4 在许多书籍中均有刊载，所以本文不再附刊。长梁函数 ϕ、ζ、ψ、θ 曾由铁摩辛柯氏制成表，沿用至今，但不够精确，本文予以重新编制。

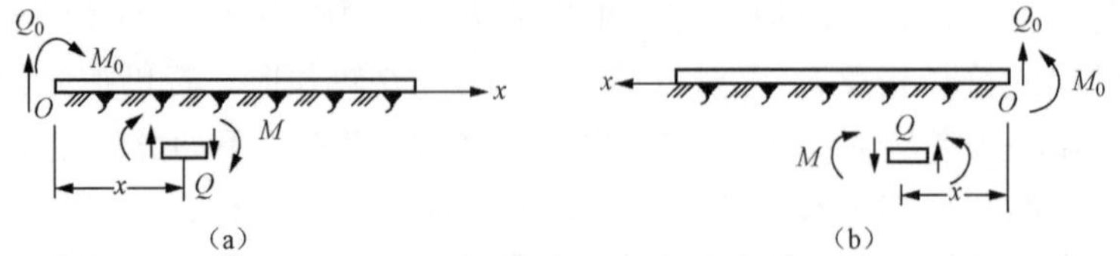

图 11

2 文克尔地基梁的形常数公式和函数表

文克尔地基梁形常数的定义是：当梁的一端（x=0）上发生单位变位或作用单位内力时，在本端（x=0）或远端（$x=l$）所产生的内力或变位。

一根地基梁的远端支承情况有 4 种，即简支、铰支、辊支和固定；而在本端规定发生的单位变位或施加的单位内力又有 4 种，即 $\theta_0=1$、$y_0=1$、$M_0=1$ 和 $Q_0=1$。组合起来有 16 种情况。对于每种情况两端各有 2 个参数待定。所以全部形常数共有 64 个，但有许多是相重的，实际上仅 26 个不同的值。其中某些情况的常数应用较广，但为完整起见，我们将导出全部常数的公式并给出函数表。

在推导过程中可发现 $\phi_1\sim\phi_4$ 四个函数常以某种组合形式出现在公式中。为便于研究比较，再引入以下六个新定义的函数，即

$$\left.\begin{aligned}
D_1&=\phi_3^2-\phi_2\phi_4=\frac{1}{8}(\sinh^2\beta l-\sin^2\beta l)\\
D_2&=\phi_1^2+4\phi_2\phi_4=\frac{1}{2}(\cosh^2\beta l+\cos^2\beta l)\\
D_3&=\phi_2\phi_3-\phi_1\phi_4=\frac{1}{4}[\sinh\beta l\cosh\beta l-\cos\beta l\sin\beta l]\\
D_4&=\phi_1\phi_2+4\phi_3\phi_4=\frac{1}{2}[\sinh\beta l\cosh\beta l+\sin\beta l\cos\beta l]\\
D_5&=\phi_2^2-\phi_1\phi_3=\phi_1\phi_3+4\phi_4^2=\frac{1}{2}(\phi_2^2+4\phi_4^2)=\frac{1}{4}(\cosh^2\beta l-\cos^2\beta l)\\
D_6&=\phi_1^2+4\phi_3^2=\cosh^2\beta l-\sin^2\beta l
\end{aligned}\right\}\qquad(26)$$

这六个函数常为正数。于是 64 个形常数的公式均可用这些函数表示，汇于附表 1。附表 1 中的 y_0、θ_0、M_0 及 Q_0 均指 x=0 端的值，y'、θ'、M' 及 Q' 都指 $x=l$ 端的值。其中的正负号均按角变位移系统的规定配置。附表 1 中用到的函数 $D_1\sim D_6$ 以及 $\boldsymbol{\Phi}_1\sim\boldsymbol{\Phi}_{26}$ 均列在本文之末附表 2～附表 6 中。

由于我们要利用角变位移法解算，因此主要用到梁端产生单位变位 $\theta_0=1$ 及 $y_0=1$ 时的常数，这些列于附表 1 下面的两大横栏中，其中根据远端支承情况又分为四类。另外还有长梁、对称变形、反对称变形等情况，情况依然很多。为清楚起见，本文采用以下的统一记法：

(1) 基本情况。一根短的地基梁，在 $x=l$ 端固定，在 $x=0$ 端规定发生 $\theta_0=1$ 或 $y_0=1$。这时的形常数称为基本情况下的形常数。当 $x=0$ 端发生 $\theta_0=1$（$y_0=0$）时，相应的 M_0 称为抗挠劲度，记为 S，相应的 Q_0 称为相干系数，记为 T。相应在远端的 M' 和 Q' 记为 S' 和 T'。当 $x=0$ 端产生 $y_0=1$（$\theta_0=0$）时，相应的 M_0 记为 T，相应的 Q 记为 J（抗推劲度），相应的 M'、Q' 记为 T' 及 J'。因此共有六个常数 S、T、J、S'、T'、J'。如果 $x=0$ 及 $x=l$ 两端分别以 A、B 表示，A 端的六个常数可写为 S_{AB}、S'_{AB}、T_{AB}、T'_{AB}、J_{AB} 及 J'_{AB}。在 B 端也有这六个常数 S_{BA}、S'_{BA}、T_{BA}、T'_{BA}、J_{BA} 及 J'_{BA}。因我们只讨论等截面地基梁，故 $S_{BA}=S_{AB}$，…，$J'_{BA}=J'_{AB}$。

这个基本情况的形常数公式列在附表 1 右下角两个框中。角变位移方程写成式（1）～式（4）形式。由于在式（1）～式（4）中我们已在相应项前配置了负号，所以这六个常数公式前就都是正号，可写为

$$\left.\begin{aligned} S_{AB}&=\frac{k}{2\beta^3}\Phi_1 \qquad & S'_{AB}&=\frac{k}{2\beta^3}\Phi_3 \\ T_{AB}&=\frac{k}{2\beta^2}\Phi_2 \qquad & T'_{AB}&=\frac{k}{\beta^2}\Phi_4 \\ J_{AB}&=\frac{k}{\beta}\Phi_5 \qquad & J'_{AB}&=\frac{k}{\beta}\Phi_6 \end{aligned}\right\} \tag{27}$$

(2) 长梁情况。对于无限长的梁，$\beta l\to\infty$，相应的 Φ_1、Φ_2、Φ_5、Φ_7、Φ_9、Φ_{11} 趋近于 1，而 Φ_3、Φ_4、Φ_6、Φ_8、Φ_{10}、Φ_{12} 趋近于 0。故在长梁端作用 $Q_0=1$ 时产生的 $y_0=\frac{2\beta}{k}$，$\theta_0=\frac{-2\beta^2}{k}$；当梁端作用 $M_0=1$ 时，产生的 $y_0=\frac{-2\beta^2}{k}$，$\theta_0=\frac{4\beta^3}{k}$。反之，当梁端发生 $\theta_0=1$、$y_0=0$ 时，相应的 $M_0=\frac{k}{2\beta^3}$、$Q_0=\frac{k}{2\beta^2}$；当梁端发生 $y_0=1$、$\theta_0=0$ 时，相应的 $M_0=\frac{k}{2\beta^2}$、$Q_0=\frac{k}{\beta}$。写成形常数公式时，我们加以上标 1 识别，表示长梁，则

$$\left.\begin{aligned} S^1_{AB}&=\frac{k}{2\beta^3} \\ T^1_{AB}&=\frac{k}{2\beta^2} \\ J^1_{AB}&=\frac{k}{\beta} \end{aligned}\right\} \tag{28}$$

长梁的角变位移方程很简单，即

$$\left.\begin{aligned} M_{AB}&=S^1_{AB}\theta_A+T^1_{AB}y_A+M^{\mathrm{F}}_{AB} \\ Q_{AB}&=T^1_{AB}\theta_A+J^1_{AB}y_A+Q^{\mathrm{F}}_{AB} \end{aligned}\right\} \tag{29}$$

参看图 12。

(3) 对称变形情况。一根地基梁若发生对称变形，则 $\theta_B=-\theta_A$，$y_B=y_A$。对于这种梁，我们只需分析其左半或右半即足。为此，可将 $\theta_B=-\theta_A$ 及 $y_B=y_A$ 代入式（1）～式

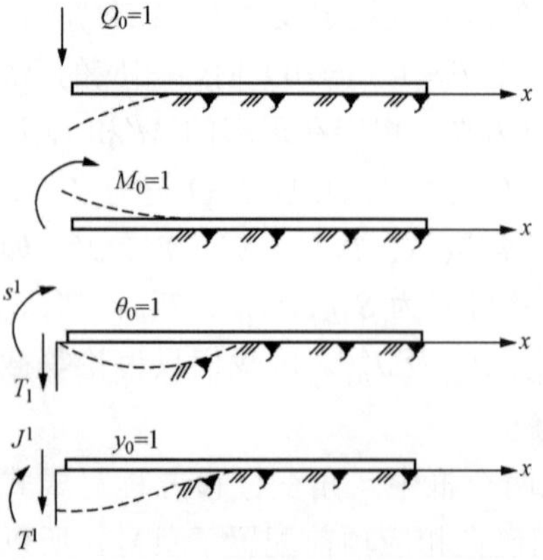

图 12

（4），可得

$$\left.\begin{aligned}M_{AB}&=(S_{AB}-S'_{AB})\theta_A+(T_{AB}-T'_{AB})y_A+M^{\mathrm{F}}_{AB}\\M_{BA}&=(S_{BA}-S'_{BA})\theta_B-(T_{BA}-T'_{BA})y_B+M^{\mathrm{F}}_{BA}\\Q_{AB}&=(T_{AB}-T'_{AB})\theta_A+(J_{AB}-J'_{AB})y_A+Q^{\mathrm{F}}_{BA}\\Q_{BA}&=-(T_{BA}-T'_{BA})\theta_B+(J_{BA}-J'_{BA})y_B+Q^{\mathrm{F}}_{BA}\end{aligned}\right\}\qquad(30)$$

或简写为

$$\left.\begin{aligned}M_{AB}&=\widehat{S_{AB}}\theta_A+\widehat{T_{AB}}y_A+M^{\mathrm{F}}_{AB}\\Q_{AB}&=\widehat{T_{AB}}\theta_A+\widehat{J_{AB}}y_A+Q^{\mathrm{F}}_{AB}\end{aligned}\right\}\qquad(31)$$

或

$$\left.\begin{aligned}M_{BA}&=\widehat{S_{BA}}\theta_B-\widehat{T_{BA}}y_B+M^{\mathrm{F}}_{BA}\\Q_{BA}&=-\widehat{T_{BA}}\theta_B+\widehat{J_{BA}}y_B+Q^{\mathrm{F}}_{BA}\end{aligned}\right\}\qquad(32)$$

其中 $\widehat{S_{AB}}$ 等代表对称变形下的形常数，即

$$\left.\begin{aligned}\widehat{S_{AB}}&=S_{AB}-S'_{AB}\\\widehat{T_{AB}}&=T_{AB}-T'_{AB}\\\widehat{J_{AB}}&=J_{AB}-J'_{AB}\end{aligned}\right\}\qquad(33)$$

$\widehat{S_{BA}}$ 等仿此。

对称变形梁的形常数还有一个求法，原来这种梁的形常数和远端辊支梁完全一样（见图 13），只是在查函数表时，参数 βx 中的 x 应取为梁长的一半，即 $\beta x=\beta l/2$。

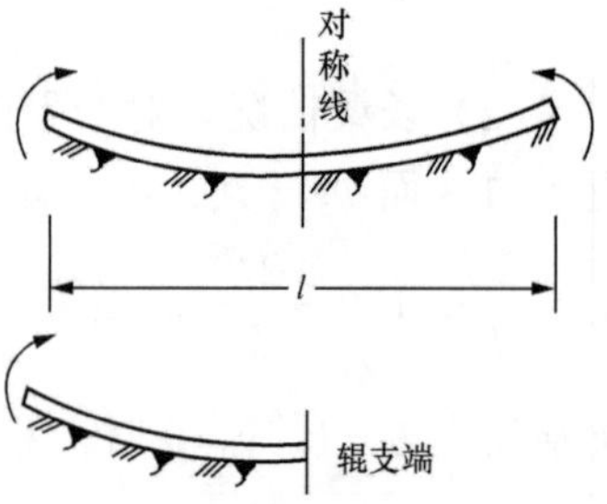

图 13

例如，设有一根地基梁，其 βl 值等于 1.0，则在基本情况下的形常数为

$$S_{AB}=\frac{k}{2\beta^3}\Phi_1(1.0)=2.01892\frac{k}{2\beta^3}$$

$$T_{AB}=\frac{k}{2\beta^2}\Phi_2(1.0)=3.10415\frac{k}{2\beta^2}$$

$$J_{AB}=\frac{k}{\beta}\Phi_5(1.0)=3.36998\frac{k}{\beta}$$

$$S'_{AB}=\frac{k}{2\beta^3}\Phi_3(1.0)=0.98584\frac{k}{2\beta^3}$$

$$T'_{AB}=\frac{k}{\beta^2}\Phi_4(1.0)=1.46933\frac{k}{\beta^2}$$

$$J'_{AB}=\frac{k}{\beta}\Phi_6(1.0)=2.87274\frac{k}{\beta}$$

所以在对称情况下的形常数是

$$\widehat{S_{AB}}=(2.01892-0.98584)\frac{k}{2\beta^3}=1.03308\frac{k}{2\beta^3}$$

$$\widehat{T_{AB}}=(3.10415-2.93866)\frac{k}{2\beta^2}=0.16549\frac{k}{2\beta^2}$$

$$\widehat{J_{AB}}=(3.36998-2.87274)\frac{k}{\beta}=0.49724\frac{k}{\beta}$$

我们也可利用远端辊支梁的公式，此时取 $\frac{\beta l}{2}=0.5$，查表，得

$$\widehat{S_{AB}}=\frac{k}{2\beta^3}\Phi_{20}(0.5)=1.03308\frac{k}{2\beta^3}$$

$$\widehat{T_{AB}}=\frac{k}{2\beta^2}\Phi_{22}(0.5)=0.16549\frac{k}{2\beta^2}$$

$$\widehat{J_{AB}}=\frac{k}{2\beta}\Phi_{25}(0.5)=0.99449\frac{k}{2\beta}=0.49724\frac{k}{\beta}$$

（4）反对称变形情况。对于这种梁，$\theta_B=\theta_A$，$y_B=-y_A$，所以也只需计算一半。仿上推导，其角变位移式为

$$\left.\begin{aligned}M_{AB}&=\tilde{S}_{AB}\theta_A+\tilde{T}_{AB}y_A+M_{AB}^{\mathrm{F}}\\Q_{AB}&=\tilde{T}_{AB}\theta_A+\tilde{J}_{AB}y_A+Q_{AB}^{\mathrm{F}}\\M_{BA}&=\tilde{S}_{BA}\theta_B-\tilde{T}_{BA}y_B+M_{BA}^{\mathrm{F}}\\Q_{BA}&=-\tilde{T}_{BA}\theta_B+\tilde{J}_{BA}y_B+Q_{BA}^{\mathrm{F}}\end{aligned}\right\}\tag{34}$$

反对称形常数的计算式为

$$\left.\begin{aligned}\tilde{S}_{AB}&=S_{AB}+S'_{AB}\\\tilde{T}_{AB}&=T_{AB}+T'_{AB}\\\tilde{J}_{AB}&=J_{AB}+J'_{AB}\end{aligned}\right\}\tag{35}$$

另外一种算法如下。可注意反对称梁的形常数和远端简支梁完全一样，只是在查函数表时，βx 应取为 $\frac{\beta l}{2}$（见图 14）。

（5）远端自由情况。为了便于识别，对远端自由的梁的形常数，我们加上一个上标 Z 识别，即

$$\left.\begin{aligned}S_{AB}^{\mathrm{Z}}&=\frac{k}{2\beta^3}\Phi_7\\T_{AB}^{\mathrm{Z}}&=\frac{k}{2\beta^2}\Phi_9\\J_{AB}^{\mathrm{Z}}&=\frac{k}{\beta}\Phi_{11}\end{aligned}\right\}\tag{36}$$

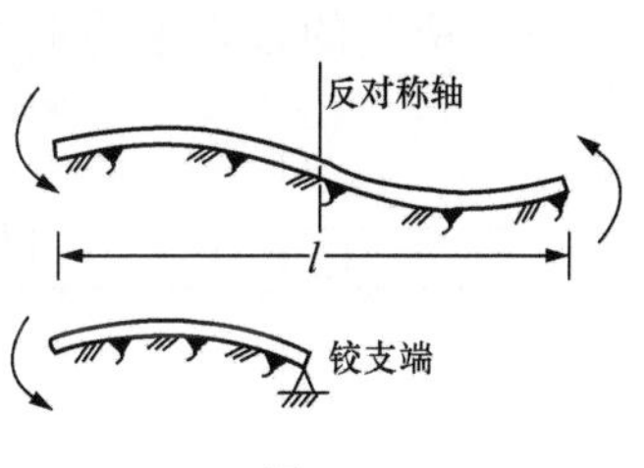

图 14

相应的角变位移式为

$$\left.\begin{aligned}M_{AB}&=S_{AB}^{\mathrm{Z}}\theta_A+T_{AB}^{\mathrm{Z}}y_A+M_{AB}^{\mathrm{F}}\\Q_{AB}&=T_{AB}^{\mathrm{Z}}\theta_A+J_{AB}^{\mathrm{Z}}y_A+Q_{AB}^{\mathrm{F}}\end{aligned}\right\}\tag{37}$$

M_{AB}^{F} 及 Q_{AB}^{F} 当然也是按远端自由条件确定的。

（6）远端简支情况。可加上标 j 识别，相应公式为

$$S^{\mathrm{j}}_{AB}=\frac{k}{2\beta^3}\Phi_{13}\quad T^{\mathrm{j}}_{AB}=\frac{k}{2\beta^2}\Phi_{15}\quad J^{\mathrm{j}}_{AB}=\frac{k}{2\beta}\Phi_{18} \tag{38}$$

$$\left.\begin{aligned}M_{AB}&=S^{\mathrm{j}}_{AB}\theta_A+T^{\mathrm{j}}_{AB}y_A+M^{\mathrm{F}}_{AB}\\Q_{AB}&=T^{\mathrm{j}}_{AB}\theta_A+J^{\mathrm{j}}_{AB}y_A+Q^{\mathrm{F}}_{AB}\end{aligned}\right\} \tag{39}$$

M^{F}_{AB} 及 Q^{F}_{AB} 按远端简支条件计算。

（7）远端为辊支情况。可加上标 g 识别。相应公式为

$$S^{\mathrm{g}}_{AB}=\frac{k}{2\beta^3}\Phi_{20}\quad T^{\mathrm{g}}_{AB}=\frac{k}{2\beta^2}\Phi_{22}\quad J^{\mathrm{g}}_{AB}=\frac{k}{2\beta}\Phi_{25} \tag{40}$$

$$M_{AB}=S^{\mathrm{g}}_{AB}\theta_A+T^{\mathrm{g}}_{AB}y_A+M^{\mathrm{F}}_{AB}\quad Q_{AB}=T^{\mathrm{g}}_{AB}\theta_A+J^{\mathrm{g}}_{AB}y_A+Q^{\mathrm{F}}_{AB} \tag{41}$$

M^{F}_{AB} 及 Q^{F}_{AB} 按远端辊支条件计算。

（8）形常数函数表。计算各种情况的形常数时，需用 Φ_1～Φ_{26} 以及长梁函数 φ、ψ、θ、ζ 等 30 种函数，现编制附列在本文之末（见附表 2～附表 7）。

3　文克尔地基梁的载常数公式和函数表

载常数的定义是：当承受某种荷载并在规定的边界条件下，梁两端产生的内力或变位。文克尔地基梁在每种荷载下均有四个载常数。例如两端固定梁 AB，其载常数为两端的固定弯矩和剪力 M^{F}_{AB}、M^{F}_{BA}、Q^{F}_{AB} 及 Q^{F}_{BA}。又如两端铰支梁 AB，其载常数为两端的剪力和转角 Q_{AB}、Q_{BA}，θ_{AB} 及 θ_{BA}，其余类推。如果梁及荷载均对称，则载常数仅有两个。此时常取跨中的内力为补充值，仍凑足四个常数。

荷载的种类是千变万化的，再加上两端支承情况的不同，载常数的公式和数表将举不胜举。本节中只能选列一些最常见和基本的情况。可注意很多荷载的载常数公式可用叠加原理从形常数公式推出。因此当我们遇到一些文中未载的荷载情况时应研究能否从形常数计算出来。

下面所列的公式中的正负号除注明者外均按角变位移法的规定，并需参照附图中所示的荷载指向。

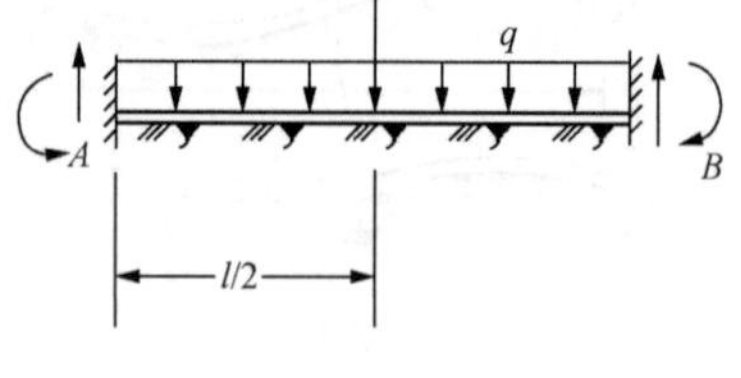

图 15

3.1　两端固定梁

［情况 1］承受均布荷载 q（见图 15）

设想该梁两端自由，则在荷载 q 作用下梁将均匀下沉 $\Delta=\frac{q}{k}$ 而不产生内力。然后将两端 A、B 移回原处，由此产生的两端内力即为固定弯矩和剪力。因此，引用两端对称情况下的形常数公式可得

$$\left.\begin{aligned}M^{\mathrm{F}}_{AB}&=-\frac{q}{k}\widehat{T_{AB}}=-\frac{q}{2\beta^2}\Phi_{22}\left(\frac{\beta l}{2}\right)\\Q^{\mathrm{F}}_{AB}&=-\frac{q}{k}\widehat{J_{AB}}=-\frac{q}{2\beta}\Phi_{25}\left(\frac{\beta l}{2}\right)\end{aligned}\right\} \tag{42}$$

式（42）中有一负号，因为按图示 q 的指向，在 A 端的 M^{F} 和 Q^{F} 的方向将是负的（根

据角变位移法的规定）。仿上，在 0 点处的变位 y_0 和弯矩 M_0 可求得

$$\left.\begin{aligned} M_0 &= \frac{q}{2\beta^2}\Phi_{24}(u) \\ y_0 &= \frac{q}{k}[1-\Phi_{26}(u)] \\ u &= \frac{\beta l}{2} \end{aligned}\right\} \tag{43}$$

M_0 的正负按初参数法的规定。这样，应用形常数的函数 Φ_{22}、Φ_{25}、Φ_{24}、Φ_{26} 即可求得所需载常数。

以上载常数的公式写成 $\frac{q}{\beta}$ 或 $\frac{q}{\beta^2}$ 后乘以一个数值函数的形式。有时，我们将它改写为 ql 或 ql^2 乘以一个数值函数的形式更方便些，例如

$$M_{AB}^{\mathrm{F}} = -\frac{q}{2\beta^2}\Phi_{22}(u) = -\frac{ql^2}{2}\frac{\Phi_{22}(u)}{(\beta l)^2} = -\frac{ql^2}{8}\frac{\Phi_{22}(u)}{u^2} = -\frac{ql^2}{12}\cdot\frac{1.5\Phi_{22}(u)}{u^2}$$

写成这种形式有个好处，即公式中的乘数 $\frac{ql^2}{12}$ 表示两端固定的普通梁（无地基）的固定弯矩，而后面一个函数代表地基的影响。当 $u\to 0$ 时，该函数趋于 1，地基影响程度可一览而知。这样，我们将公式写成

$$M_{AB}^{\mathrm{F}} = -\frac{ql^2}{12}\varkappa_2 = -M_{BA}^{\mathrm{F}} \tag{44}$$

$$Q_{AB}^{\mathrm{F}} = -\frac{ql}{2}\mu_1 = Q_{BA}^{\mathrm{F}} \tag{45}$$

$$y_0 = \frac{q}{k}(1-\varphi_1) \tag{46}$$

$$M_0 = \frac{ql^2}{24}\varkappa_1 \tag{47}$$

式中：$\varkappa_2$、μ_1、$\varkappa_1$ 均为 u 的函数，另列于附表 8 中供查用。函数 φ_1 即 Φ_{26}，不再重列。

【例 1】 设一根地基梁的特征长 βl=2.0，承受均布荷载 q，求载常数。

解法 1：因 βl=2，$u=\frac{\beta l}{2}=1$，查表 8，得 $\varkappa_2$=0.89863，$\varkappa_1$=0.87761，μ_1=0.92112，φ_1=0.85245，故

$$M_{AB}^{\mathrm{F}} = -M_{BA}^{\mathrm{F}} = -\frac{ql^2}{12}\times 0.89863 = -0.074886ql^2$$

$$Q_{AB}^{\mathrm{F}} = Q_{BA}^{\mathrm{F}} = -\frac{ql}{2}\times 0.92112 = -0.46056ql$$

$$M_0 = \frac{ql^2}{24}\times 0.87761 = 0.036567ql^2$$

$$y_0 = \frac{q}{k}\times(1-0.85245) = 0.14755\frac{q}{k}$$

常数 M_{AB}^{F}、Q_{AB}^{F} 等可直接用到角变位移方程中去。

解法 2：用式（42）和式（43）计算，得

$$M_{AB}^{\mathrm{F}}=-\frac{ql^2}{12}\frac{1.5\varPhi_{22}(1)}{1^2}=-\frac{ql^2}{12}\times1.5\times0.59909=-\frac{ql^2}{12}\times0.89863$$

$$Q_{AB}^{\mathrm{F}}=-\frac{ql}{2}\frac{\varPhi_{25}(1)}{2\times1}=-\frac{ql}{2}\times\frac{1.84224}{2}=-\frac{ql}{2}\times0.92112$$

$$y_0=\frac{q}{k}[1-\varPhi_{26}(1)]=\frac{q}{k}\times(1-0.85245)=0.14755\frac{q}{k}$$

$$M_0=\frac{ql^2}{24}\frac{3\times\varPhi_{24}(1)}{1^2}=\frac{ql^2}{24}\times3\times0.29254=\frac{ql^2}{24}\times0.87762$$

所得成果当然是一样的。当梁很长时，$\varkappa_1$、$\varkappa_2$ 等成为很小的数，影响计算精度，不如用式（42）和式（43）计算为好。

［情况 2］ 承受三角形分布荷载，总荷载为 P（最大强度 $q=\dfrac{2P}{l}$，见图 16）

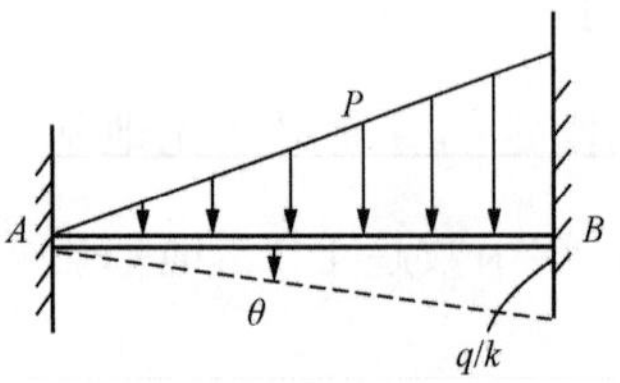

图 16

先假设两端为自由，则在荷载作用下梁的沉陷如图 16 中虚线所示，梁产生一转角 $\theta=\dfrac{q}{kl}=\dfrac{2P}{kl^2}$，同时 B 端下沉 $\dfrac{q}{k}=\dfrac{2P}{kl}$。现在设法使两端的变位恢复为 0，由此而产生的两端内力即为载常数。为此，我们先令梁的两端各发生转角 $-\theta$（这是一种反对称变形），另外使 B 端发生一向上的位移 $\dfrac{q}{k}=\dfrac{2P}{kl}$，相应的载常数公式为

$$M_{AB}^{\mathrm{F}}=\frac{-2P}{kl}\left[\frac{\widetilde{S}_{AB}}{l}-T'_{AB}\right]=\frac{-2P}{kl}\left[\frac{k}{2\beta^3 l}\varPhi_{13}(u)-\frac{k}{\beta^2}\varPhi_4(\beta l)\right]$$

$$=\frac{-Pl}{\beta l}\left[\frac{\varPhi_{13}(u)}{(\beta l)^2}-\frac{2\varPhi_4(\beta l)}{\beta l}\right] \tag{48}$$

$$M_{BA}^{\mathrm{F}}=\frac{-2P}{kl}\left[\frac{\widetilde{S}_{AB}}{l}-T\right]=\frac{2P}{kl}\left[\frac{k}{2\beta^2}\varPhi_2(\beta l)-\frac{k}{2\beta^3 l}\varPhi_{13}(u)\right]$$

$$=\frac{Pl}{\beta l}\left[\frac{\varPhi_2(\beta l)}{\beta l}-\frac{\varPhi_{13}(u)}{(\beta l)^2}\right] \tag{49}$$

$$Q_{AB}^{\mathrm{F}}=\frac{-2P}{kl}\left[\frac{\widetilde{T}_{AB}}{l}-J'\right]=\frac{-2P}{kl}\left[\frac{k}{2\beta^2 l}\varPhi_{15}(u)-\frac{k}{\beta}\varPhi_6(\beta l)\right]$$

$$=\frac{-P}{\beta l}\left[\frac{\varPhi_{15}(u)}{\beta l}-2\varPhi_6(\beta l)\right] \tag{50}$$

$$Q_{BA}^{\mathrm{F}}=\frac{2P}{kl}\left[\frac{\widetilde{T}_{AB}}{l}-J\right]=-\frac{2P}{kl}\left[\frac{k}{2\beta^2 l}\varPhi_{15}(u)-\frac{k}{\beta}\varPhi_5(\beta l)\right]$$

$$=\frac{-P}{\beta l}\left[2\varPhi_5(\beta l)-\frac{\varPhi_{15}(u)}{\beta l}\right] \tag{51}$$

应用以上公式时，有的函数以 βl 为宗量，有的以 $u=\dfrac{\beta l}{2}$ 为宗量，需加注意，上述公式也可改写为

$$\left.\begin{aligned} M_{AB}^{\mathrm{F}} &= \frac{-Pl}{15}\omega_0 \quad Q_{AB}^{\mathrm{F}} = -\frac{3}{10}P\sigma_1 \\ M_{BA}^{\mathrm{F}} &= \frac{Pl}{10}\omega_1 \quad Q_{BA}^{\mathrm{F}} = -\frac{7}{10}P\tau_1 \end{aligned}\right\} \tag{52}$$

式中：ω_0、ω_1、σ_1 及 τ_1 均为 u 的函数（列入附表 9），而 $\dfrac{Pl}{15}$、$\dfrac{Pl}{10}$、$\dfrac{3}{10}P$、$\dfrac{7}{10}P$ 则为无地基影响时的两端内力。

【例 2】 一根地基梁承受三角形分布荷载，其特征长 $\beta l=4$，求载常数。

解法 1：用式（52），因 $u=\dfrac{\beta l}{2}=2$，故

$$\omega_0=0.285，\omega_1=0.470，\sigma_1=0.284，\tau_1=0.634$$

从而
$$M_{AB}^{\mathrm{F}}=-\frac{Pl}{15}\times 0.285,\ M_{BA}^{\mathrm{F}}=\frac{Pl}{10}\times 0.470$$

$$Q_{AB}^{\mathrm{F}}=-\frac{3}{10}P\times 0.285,\ Q_{BA}^{\mathrm{F}}=-\frac{7}{10}P\times 0.634$$

解法 2：用式（48）～式（51）求解，得

$$M_{AB}^{\mathrm{F}}=\frac{-Pl}{\beta l}\left[\frac{\Phi_{13}(u)}{(\beta l)^2}-\frac{2\phi_4(\beta l)}{\beta l}\right]=\frac{-Pl}{4}\times\left(\frac{0.9970}{16}-\frac{-0.0277}{2}\right)$$

$$=-0.01904Pl=-\frac{Pl}{15}\times 0.2856$$

$$M_{BA}^{\mathrm{F}}=\frac{Pl}{\beta l}\left[\frac{\Phi_2(\beta l)}{\beta l}-\frac{\Phi_{13}(u)}{(\beta l)^2}\right]=\frac{Pl}{4}\times\left(\frac{1.0009}{4}-\frac{0.9970}{16}\right)=\frac{Pl}{10}\times 0.470$$

$$Q_{AB}^{\mathrm{F}}=\frac{-P}{\beta l}\left[\frac{\Phi_{15}(u)}{\beta l}-2\Phi_6(\beta l)\right]=\frac{-P}{4}\times\left(\frac{0.9460}{4}+0.1032\right)=\frac{-3}{10}P\times 0.283$$

$$Q_{BA}^{\mathrm{F}}=\frac{-P}{\beta l}\left[2\Phi_5(\beta l)-\frac{\Phi_{15}(u)}{\beta l}-\right]=\frac{-P}{4}\times\left(2.004-\frac{0.9460}{4}\right)=\frac{-7}{10}P\times 0.631$$

［情况 3］ 在跨中承受一个集中荷载 P［见图 17（a)］

考虑梁在跨中的沉陷，由对称条件，可知 AO 段相当于一根两端固定梁，O 点在剪力 $\dfrac{P}{2}$ 作用下发生沉陷，故 O 点沉陷值为

图 17

$$y_0=\frac{P/2}{\frac{k}{\beta}\Phi_5(u)}=\frac{P\beta}{2k}\frac{1}{\Phi_5(u)}$$

由此可求出

$$M_{AB}^{\mathrm{F}}=-\left[\frac{k}{\beta^2}\Phi_4(u)\right]\left[\frac{P\beta}{2k}\frac{1}{\Phi_5(u)}\right]=\frac{-Pl}{2}\frac{1}{\beta l}\frac{\Phi_4(u)}{\Phi_5(u)}=\frac{-Pl}{8}\lambda_1 \tag{53}$$

$$Q_{AB}^{\mathrm{F}}=-\left[\frac{k}{\beta^2}\Phi_6(u)\right]\left[\frac{P\beta}{2k}\frac{1}{\Phi_5(u)}\right]=\frac{-P}{2}\frac{\Phi_6(u)}{\Phi_5(u)}=-\frac{P}{2}\varphi_1 \tag{54}$$

$$y_0=\frac{P\beta}{2k}\frac{1}{\Phi_5(u)}=\frac{Pl^3}{192EI}\left[\frac{3}{u^3}\frac{1}{\Phi_5(u)}\right]=\frac{Pl^3}{192EI}\eta_1 \tag{55}$$

$$M_0=\frac{P\beta}{2k}\frac{1}{\Phi_5(u)}\left[\frac{k}{2\beta^2}\Phi_2(u)\right]=\frac{Pl}{8}\left[\frac{1}{u}\frac{\Phi_2(u)}{\Phi_5(u)}\right]=\frac{Pl}{8}\mu_1 \tag{56}$$

其中 μ_1 的表见情况 1，$\varphi_1=\Phi_{26}$，λ_1 及 η_1 的值列在附表 10 中。

【例 3】 设一根地基梁的特征长度 $\beta l=1$，在跨中承受集中荷载 P，求其载常数。

解：$u=0.5$，用附表 6 和附表 10，可查得

$$\lambda_1=0.99104 \quad \varphi_1=0.98967(=\Phi_{26}) \quad \eta_1=0.99232 \quad \mu_1=0.99449$$

故

$$M_{AB}^{\mathrm{F}}=-\frac{Pl}{8}\times0.99104=-0.12388Pl=-M_{BA}^{\mathrm{F}}$$

$$Q_{AB}^{\mathrm{F}}=-\frac{P}{2}\times0.98967=-0.04948P=Q_{BA}^{\mathrm{F}}$$

［情况 4］ 在跨中承受一个逆时针向的集中力矩 M［见图 17（b)］

考虑梁在中点 O 的变形情况。由反对称条件，可知 AO 段相当于一根两端固定梁，而且在 O 端作用有力矩 $-\frac{M}{2}$，使之发生一个转角。后者为

$$\theta_0=\frac{-M/2}{\frac{k}{2\beta^3}\Phi_1(u)}=\frac{-M\beta^3}{k\Phi_1(u)} \tag{57}$$

由此可求出

$$M_{AB}^{\mathrm{F}}=\theta_0 S'=\frac{-M}{k}\frac{\beta^3}{\Phi_1(u)}\frac{k}{2\beta^3}\Phi_3=-\frac{M}{2}\frac{\Phi_3(u)}{\Phi_1(u)}=-\frac{M}{2}\lambda_4 \tag{58}$$

$$Q_{AB}^{\mathrm{F}}=\theta_0 T'=-\frac{M\beta^3}{k\Phi_1(u)}\left[-\frac{k}{\beta^2}\Phi_4(u)\right]$$

$$=\frac{M}{l}\left[2u\frac{\Phi_4(u)}{\Phi_1(u)}\right]=\frac{M}{l}\eta_4 \tag{59}$$

函数 λ_4、η_4 见附表 11。

【例 4】［例 3］之梁在跨中承受一个逆时针向的集中力矩 M，求载常数。

解：查附表 11，λ_4（0.5）=0.49926，η_4（0.5）=1.49718

故 $M_{AB}^{\mathrm{F}}=-0.24963M \qquad Q_{A}^{\mathrm{F}}=1.49718\dfrac{M}{l}$

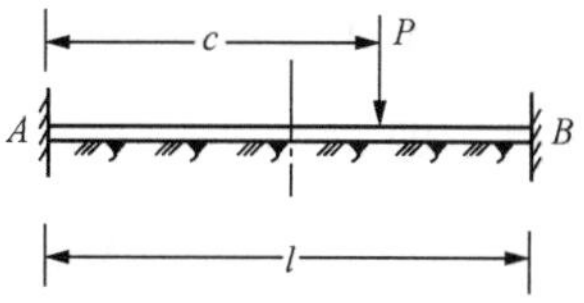

图 18

［情况 5］ 承受一个任意的集中荷载（见图 18）

令 $\zeta_1=\dfrac{c}{l}$，$\zeta_2=\dfrac{l-c}{l}$，则

$$M_{AB}^{\mathrm{F}}=-Pl\cdot\bar{\mu}_A(u,\ \zeta_1) \qquad (60)$$

$$M_{BA}^{\mathrm{F}}=Pl\bar{\mu}_A(u,\ \zeta_2) \qquad (61)$$

$$Q_{AB}^{\mathrm{F}}=-P\bar{v}_A(u,\ \zeta_1) \qquad (62)$$

$$Q_{BA}^{\mathrm{F}}=-P\bar{v}_A(u,\ \zeta_2) \qquad (63)$$

又跨中的沉陷和弯矩为

$$y_0=\frac{Pl^3}{EI}\bar{\psi}_0(u,\ \zeta_1) \qquad (64)$$

$$M_0=Pl\bar{\mu}_0(u,\ \zeta_1) \qquad (65)$$

$\bar{\psi}_0$、$\bar{\mu}_0$、$\bar{\mu}_A$、$\bar{v}_A$ 等函数值见附表 12～附表 14。在式（64）及式（65）中若 $\zeta_1>0.5$ 则改用 ζ_2。

【例 5】 设一根地基梁的 $\beta l=1$。在 $x=0.3l$ 处承受一个集中力 P，求载常数。

解：$u=0.5$，$\zeta_1=\dfrac{c}{l}=\dfrac{0.3l}{l}=0.3$，$\zeta_2=0.7$，查附表 12、附表 13 可得

$$M_{AB}^{\mathrm{F}}=-Pl\bar{\mu}_A(u,\ \zeta_1)=-Pl\bar{\mu}_A(0.5,\ 0.3)=-0.1479Pl$$

$$M_{BA}^{\mathrm{F}}=Pl\bar{\mu}_A(u,\ \zeta_2)=Pl\bar{\mu}_A(0.5,\ 0.7)=0.0622Pl$$

$$Q_{AB}^{\mathrm{F}}=-P\bar{v}_A(u,\ \zeta_1)=-P\bar{v}_A(0.5,\ 0.3)=-0.782P$$

$$Q_{BA}^{\mathrm{F}}=-P\bar{v}_A(u,\ \zeta_2)=-P\bar{v}_A(0.5,\ 0.7)=-0.212P$$

［情况 6］ 承受一个任意的逆时针向力矩荷载（见图 19）

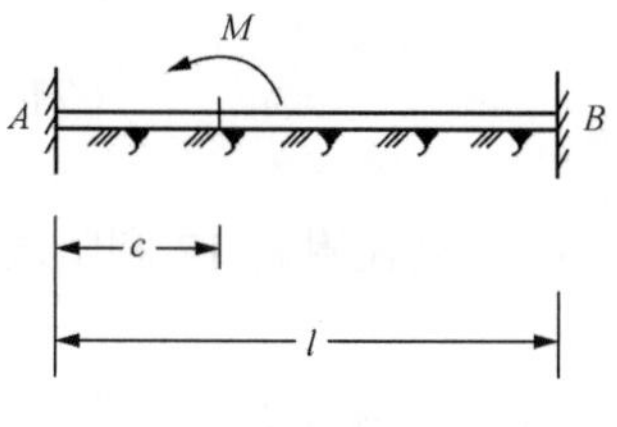

图 19

本情况中的固端弯矩和剪力为 βl 及 $\zeta=\dfrac{c}{l}$ 的函数，可推得其公式为

$$M_{AB}^{\mathrm{F}}=M\frac{f_1(\beta l,\ \zeta)}{D_1} \qquad (66)$$

$$Q_{AB}^{\mathrm{F}}=-\beta M\frac{f_2(\beta l,\ \zeta)}{D_1} \qquad (67)$$

函数 f_1（βl，ζ）及 f_2（βl，ζ）之值列于附表 15 和附表 16 中，函数 D_1 已列于附表 2 中。如力矩为顺时针向，则 M_{AB}^{F} 及 Q_{AB}^{F} 应反号。

【例 6】［例 5］中的地基梁在 $x=0.3l$ 处承受一个逆时针向集中力矩 M，则

$$M_{AB}^{\mathrm{F}}=M\frac{f_1(\beta l,\ \zeta)}{D_1}=M\frac{f_1(1.0,\ 0.3)}{D_1(1.0)}=M\times\frac{0.00562}{0.08413}=0.0667M$$

$$Q_{AB}^{\mathrm{F}}=-\beta M\frac{f_2(1.0,\ 0.3)}{D_1(1.0)}=\beta M\times\frac{-0.10711}{0.08413}=-1.273\frac{M}{l}$$

关于 M_{AB}^{F} 及 Q_{AB}^{F} 也可利用 f_1、f_2 求之，只需将 ζ 值取为 $\dfrac{l-c}{l}$，并取消 Q^{F} 公式中的负号，即

$$M_{BA}^{\mathrm{F}} = M\frac{f_1(1.0,0.7)}{D_1(1.0)} = \frac{M\times(-0.02750)}{0.08413} = -0.306M$$

$$Q_{BA}^{\mathrm{F}} = \beta M\frac{f_2(1.0,0.7)}{D_1(1.0)} = \beta M\times\frac{0.10478}{0.08413} = 1.245\frac{M}{l}$$

地基梁两固定端处实际的弯矩和剪力如图 20 所示。

［情况 7］ 承受局部均布荷载

参见图 21（a），设在梁左长为 c 的一段上承受均布荷载，则 M_{AB}^{F} 及 Q_{AB}^{F} 将为

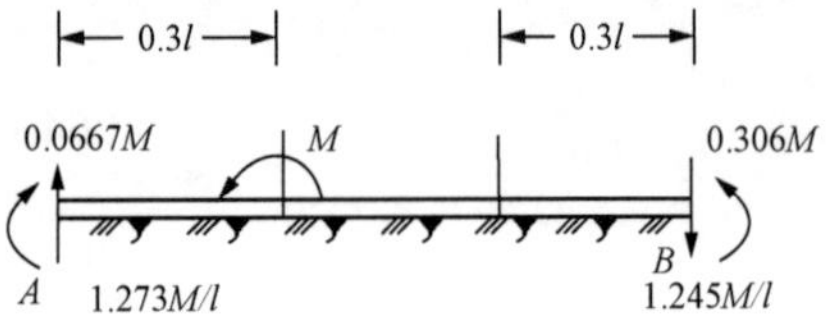

图 20

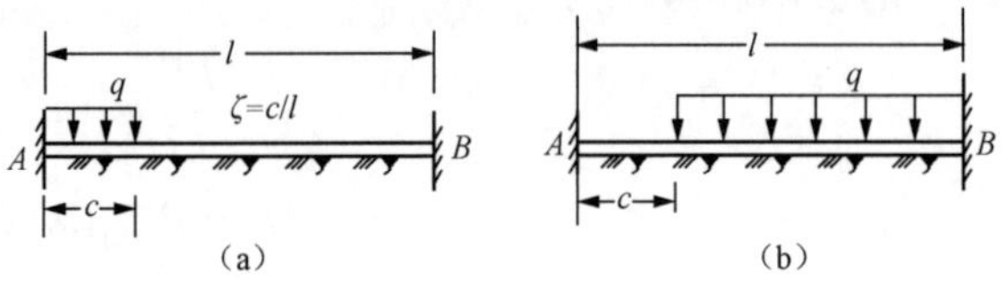

图 21

$$M_{AB}^{\mathrm{F}} = \frac{-q}{4\beta^2}\left[2\Phi_2 - \frac{f_3(\beta l,\ \zeta)}{D_1}\right] \tag{68}$$

$$Q_{AB}^{\mathrm{F}} = \frac{-q}{4\beta}\left[4\Phi_5 - \frac{f_4(\beta l,\ \zeta)}{D_1}\right] \tag{69}$$

如果是在梁右长为 l—c 的一段上承受均布荷载 q［见图 21（b）］，则

$$M_{AB}^{\mathrm{F}} = \frac{-q}{4\beta^2}\left[\frac{f_3(\beta l,\ \zeta)}{D_1} - 4\Phi_4\right] \tag{70}$$

$$Q_{AB}^{\mathrm{F}} = \frac{-q}{4\beta}\left[\frac{f_4(\beta l,\ \zeta)}{D_1} - 4\Phi_6\right] \tag{71}$$

以上公式中的函数 D_1、Φ_2、Φ_4、Φ_5、Φ_6 均已见前，函数 f_3、f_4 列在附表 17 和附表 18 中。

【例 7】 ［例 6］中的地基梁在 $0 < x < 0.3l$ 间承受均布荷载，求载常数。

解：

$$M_{AB}^{\mathrm{F}} = \frac{-q}{4\beta^2}\left[2\Phi_2 - \frac{f_3(1.0,\ 0.3)}{D_1(1.0)}\right] = \frac{-q}{4\beta^2}\times\left(6.2084 - \frac{0.51255}{0.08413}\right)$$

$$= \frac{-ql^2}{4}\times 0.1184 = -0.0296ql^2$$

$$Q_{AB}^{\mathrm{F}} = \frac{-q}{4\beta}\left[4\Phi_5 - \frac{f_4(1.0,\ 0.3)}{D_1(1.0)}\right] = \frac{-q}{4\beta}\left(13.48 - \frac{1.041}{0.08413}\right)$$

$$= \frac{-ql}{4}\times 1.20 = -0.280ql$$

如果是在 $0.3l < x < l$ 间承受均布荷载，则可写下

$$M_{AB}^{F}=\frac{-q}{4\beta^2}\left[\frac{f_3(1.0,\ 0.3)}{D_1(1.0)}-4\Phi_4\right]=\frac{-q}{4\beta^2}\times\left(\frac{0.51255}{0.08413}-4\times1.4693\right)$$

$$=\frac{-ql^2}{4}\times0.2128=-0.0532ql^2$$

$$Q_{AB}^{F}=\frac{-q}{4\beta}\times\left(\frac{f_4(1.0,\ 0.3)}{D_1(1.0)}-4\Phi_6\right)=\frac{-q}{4\beta}\times\left(\frac{1.041}{0.08413}-4\times2.8728\right)$$

$$=\frac{-ql}{4}\times0.870=-0.218ql$$

把上述两种荷载相加，就是全跨承受均布荷载情况

$$M_{AB}^{F}=-0.0296ql^2-0.0532ql^2=-0.0828ql^2$$

$$Q_{AB}^{F}=-0.280ql-0.218ql=-0.498ql$$

当然，这种情况下的 M^F 及 Q^F 可以用情况 1 中公式计算

$$M_{AB}^{F}=-\frac{ql^2}{12}\varkappa_2(0.5)=-ql^2\times\frac{0.99291}{12}=-0.08274ql^2$$

$$Q_{AB}^{F}=-\frac{ql}{2}\mu_1(0.5)=-ql\times\frac{0.99449}{2}=-0.49725ql$$

上面求出的是 A 端的载常数。要计算 B 端的载常数时，则当梁的左端受荷时，应该用式（70）、式（71），只要把 ζ 取为 $\frac{l-c}{l}$，并取消 M^F 公式中的负号。当梁的右端受荷时应该用式（68）、式（69），ζ 亦取为 $\frac{l-c}{l}$ 并取消 M^F 公式中的负号。

例如，当 $0<x<0.3l$ 间承受均布荷载时

$$M_{BA}^{F}=\frac{q}{4\beta^2}\left[\frac{f_2(1.0,\ 0.7)}{D_1(1.0)}-4\Phi_4\right]=\frac{q}{4\beta^2}\times\left(\frac{0.49681}{0.08413}-4\times1.4693\right)$$

$$=\frac{ql^2}{4}\times0.0228=0.00571ql^2$$

$$Q_{BA}^{F}=\frac{-q}{4\beta}\left[\frac{f_4(1.0,\ 0.7)}{D_1(1.0)}-4\Phi_6\right]=\frac{-q}{4\beta}\times\left(\frac{0.9744}{0.08413}-4\times2.8728\right)$$

$$=\frac{-ql}{4}\times0.0908=-0.0227ql$$

同样，当 $0.3<x<l$ 间承受均布荷载时

$$M_{BA}^{F}=\frac{q}{4\beta^2}\left[2\Phi_2\frac{f_3(1.0,\ 0.7)}{D_1}\right]=\frac{q}{4\beta^2}\times\left(6.2084-\frac{0.49681}{0.08413}\right)$$

$$=\frac{ql^2}{4}\times0.3084=0.0771ql^2$$

$$Q_{BA}^{F}=\frac{-q}{4\beta}\left[4\Phi_5-\frac{f_4(1.0,\ 0.7)}{D_1}\right]=\frac{-q}{4\beta}\times\left(13.4800-\frac{0.9744}{0.08413}\right)$$

$$=\frac{-ql}{4}\times1.8980=-0.4745ql$$

这种局部分布荷载所产生的 M^F 及 Q^F，也可这样计算：将荷载化成一组集中力，

分别计算每一集中力的影响然后叠加得之。例如，当在 $0<x<0.3l$ 间承受均布荷载 q 时，我们将它以三个集中力 $P_1=0.1ql$、$P_2=0.1ql$、$P_3=0.05ql$ 代之，各作用在 $x=0.1l$，$0.2l$，$0.3l$ 上。则

$$\begin{aligned}M_{AB}^{\mathrm{F}}&=-0.1ql^2\overline{\mu}_A(0.5,0.1)-0.1ql^2\overline{\mu}_A(0.5,0.2)-0.05ql^2\overline{\mu}_A(0.5,0.3)\\&=-0.1\times0.0811ql^2-0.1\times0.1289ql^2-0.05\times0.1479ql^2\\&=-0.0284ql^2\end{aligned}$$

$$\begin{aligned}M_{BA}^{\mathrm{F}}&=0.1ql^2\overline{\mu}_A(0.5,0.9)+0.1ql^2\overline{\mu}_A(0.5,0.8)+0.05ql^2\overline{\mu}_A(0.5,0.7)\\&=0.1\times0.009ql^2+0.1\times0.0316ql^2+0.05\times0.0622ql^2\\&=0.00717ql^2\end{aligned}$$

3.2 其他支承条件的梁

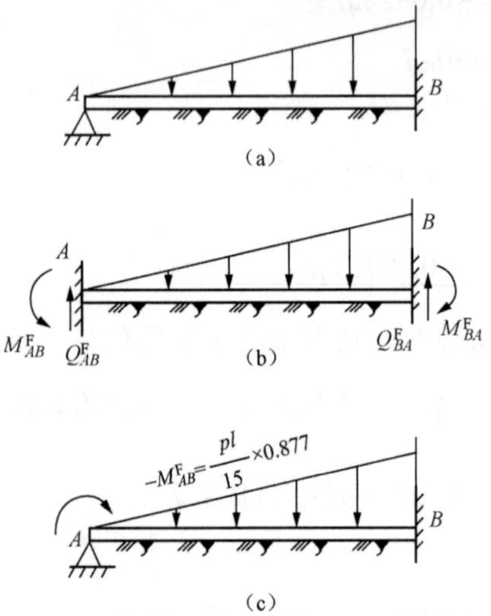

图 22

上面给出两端固定的地基梁的载常数公式和数表，这是最基本和重要的情况。但有时也需要确定远端为其他支承条件的地基梁的载常数。这时，我们常可以两端固定梁的相应值为基本值，再利用形常数加以校正。例如图 22（a）中示一根一端固定一端简支的梁，承受三角形荷载。我们可先按两端固定梁求出其 M_{AB}^{F}、M_{BA}^{F}、Q_{AB}^{F}、Q_{BA}^{F} 作为基本值。但实际上 A 端为铰支，M_{AB}^{F} 应为 0，我们可在 A 端作用一个力矩 $M=-M_{AB}^{\mathrm{F}}$，计算它所产生的梁端应力和变位，并与基本值叠加，即为所求。

例如，设 $u=1.0$，则基本值为 $M_{AB}^{\mathrm{F}}=-\dfrac{Pl}{15}\times0.877$，$M_{BA}^{\mathrm{F}}=\dfrac{Pl}{10}\times0.913$，$Q_{AB}^{\mathrm{F}}=-\dfrac{3}{10}P\times0.874$，$Q_{BA}^{\mathrm{F}}=-\dfrac{7}{10}P\times0.939$。然后在 A 端作用 $M=\dfrac{Pl}{15}\times0.877$。它所产生的梁端内力和转角可用形常数计算。首先算出 A 端转角：$\theta_0=\dfrac{2\beta^3}{k}\dfrac{M}{\varPhi_1}=(2P\beta^2\cdot\beta l\times0.877)/(k\varPhi_1\times15)=\dfrac{P\beta^2}{k}\times0.2056$，于是即可求其他的载常数。例如，$Q_{AB}^{\mathrm{F}}=-\dfrac{3}{10}\times0.874P+\dfrac{k}{2\beta^2}\varPhi_2\left(\dfrac{P\beta^2}{k}\times0.2056\right)=-0.2622P+0.1166P=-0.1456P$，余仿此。

下面再列出一些情况的载常数公式和表。

［情况 8］ 一端简支一端固定梁，承受三角形荷载（见图 23）

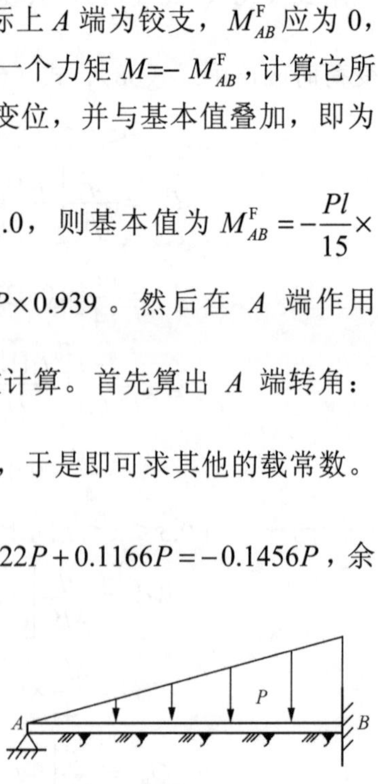

图 23

$$\theta_A=\frac{Pl^2}{60EI}\pi \qquad (72)$$

$$Q_{AB}=\frac{-1}{5}P\sigma_2 \qquad (73)$$

$$M_{BA}^{F}=\frac{2Pl}{15}\omega \tag{74}$$

$$Q_{BA}^{F}=\frac{-4}{5}P\tau_{2} \tag{75}$$

式中 π、σ_2、ω、τ_2 各函数值见附表 9。

［情况 9］ 一端固定一端自由梁，承受均布荷载（见图 24）

$$M_{AB}^{F}=-\frac{ql^{2}}{2}\lambda_{3}=\frac{-q}{\beta^{2}}\frac{D_{5}}{D_{2}} \tag{76}$$

$$Q_{AB}^{F}=-ql\eta_{3}=-\frac{q}{\beta}\frac{D_{4}}{D_{2}} \tag{77}$$

λ_3、η_3 函数值见附表 19。注意查 λ_3 和 η_3 时，参数用 βl。

［情况 10］ 一端固定一端自由梁，承受三角形荷载（见图 25）

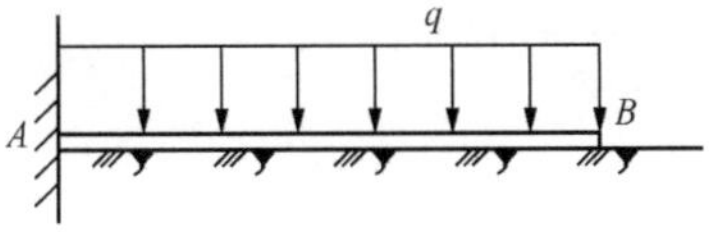

图 24

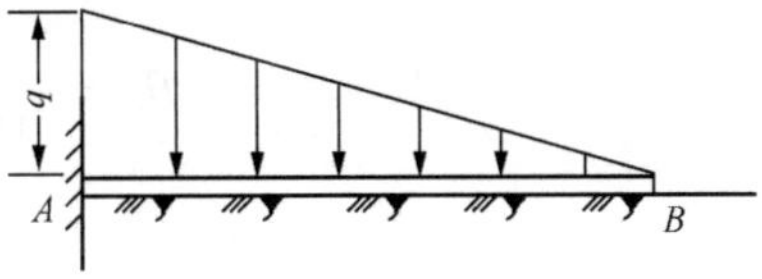

图 25

$$M_{AB}^{F}=\frac{-q}{\beta^{2}}\left(\frac{\Phi_{9}}{2}-\frac{1}{\beta l}\frac{\Phi_{7}}{2}\right)=-ql^{2}\lambda_{2} \tag{78}$$

$$Q_{AB}^{F}=-\frac{q}{\beta}\left(\Phi_{11}-\frac{1}{\beta l}\frac{\Phi_{9}}{2}\right)=-ql\eta_{2} \tag{79}$$

λ_2、η_2 的值列在附表 19 中，查 λ_2、η_2 时参数用 βl。

［情况 11］ 两端简支梁、承受均布荷载（见图 26）

$$\theta_{A}=\frac{ql^{3}}{24EI}\psi_{2} \tag{80}$$

$$Q_{AB}^{F}=-\frac{ql}{2}\mu_{0} \tag{81}$$

在跨中

$$y_{0}=\frac{q}{k}(1-\varphi_{0})=\frac{q}{k}\left(1-\frac{2\cosh\frac{\beta l}{2}\cos\frac{\beta l}{2}}{\cos\beta l+\cosh\beta l}\right) \tag{82}$$

$$M_{0}=\frac{ql^{2}}{8}\varkappa_{0}=\frac{q}{\beta^{2}}\frac{\sinh\frac{\beta l}{2}\sin\frac{\beta l}{2}}{\cosh\beta l+\cos\beta l} \tag{83}$$

函数值见附表 19。

［情况 12］ 两端简支梁，承受中央集中荷载（见图 27）

$$\theta_{A}=\frac{Pl^{2}}{16EI}\varkappa_{0} \tag{84}$$

$$Q_{AB}=-\frac{P}{2}\varphi_{0} \tag{85}$$

在跨中 $$y_0=\frac{Pl^3}{48EI}\psi_2=\frac{P\beta}{2k}\frac{\sinh\beta l-\sin\beta l}{\cosh\beta l+\cos\beta l} \tag{86}$$

$$M_0=\frac{Pl}{4}\varkappa_0=\frac{P}{4\beta}\frac{\sinh\beta l+\sin\beta l}{\cosh\beta l+\cos\beta l} \tag{87}$$

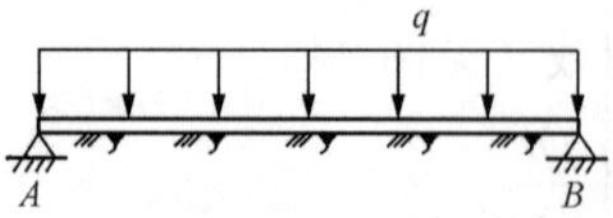

图 26

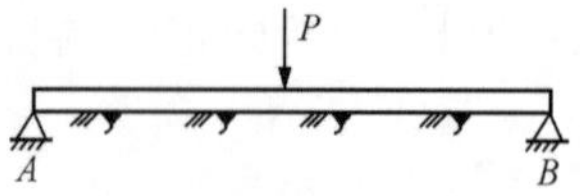

图 27

［情况 13］ 两端简支梁，承受三角形荷载（见图 28）

$$\theta_A=\frac{7}{180}\frac{Pl^2}{EI}\pi_0 \tag{88}$$

$$\theta_B=-\frac{8}{180}\frac{Pl^2}{EI}\left(\frac{15}{8}\psi_2-\frac{7}{8}\pi_0\right) \tag{89}$$

$$Q_{AB}=\frac{-P}{3}\sigma_0 \tag{90}$$

$$Q_{BA}=-\frac{2}{3}P\tau_0 \tag{91}$$

函数 π_0、σ_0、τ_0 示于附表 19 中。

［情况 14］ 两端简支梁，承受集中荷载（见图 29）

$$\theta_A=\frac{Pl^2}{EI}\bar{\psi}_4(u,\zeta),\quad \zeta=\frac{c}{l} \tag{92}$$

$$Q_{AB}=-P\bar{\psi}_2(u,\zeta) \tag{93}$$

在跨中 $$y_0=\frac{Pl^3}{EI}\psi_0(u,\zeta) \tag{94}$$

$$M_0=Pl\psi_1(u,\zeta) \tag{95}$$

函数值见附表 20～附表 22。

［情况 15］ 一端简支一端自由梁，承受三角形荷载（见图 30）

$$\theta_A=\frac{q}{k}\frac{\Phi_2}{\Phi_1}\beta \tag{96}$$

$$Q_{AB}=-\frac{q}{2\beta}\frac{1}{\Phi_1} \tag{97}$$

查函数 Φ_1、Φ_2 时，参数用 βl。

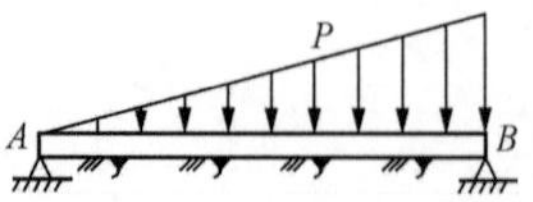

图 28

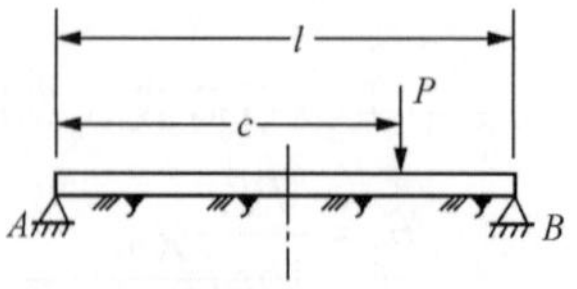

图 29

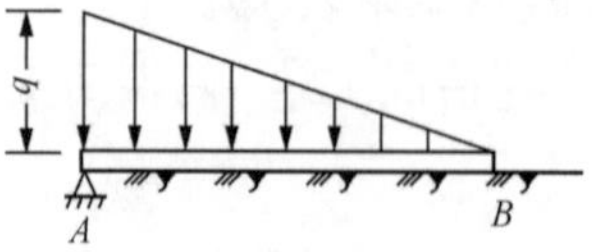

图 30

3.3 长梁的载常数

当地基梁的特征长度 βl 约大于 π 时，梁的一端的变位和内力对另一端的影响已较轻微，从而可作为长梁处理以简化计算工作。在求载常数时，由于两端变位的交互影响，最好在 $\beta l>6$ 后再作为长梁考虑。长梁的载常数常可利用短梁的载常数公式和长梁的形常数公式推算。现举几种情况为例。

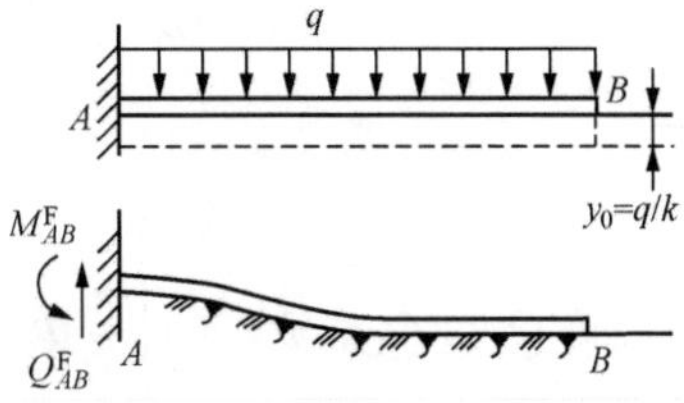

图 31

［情况 16］长梁一端固定，并承受均布荷载 q，求固定端内力 M^{F}_{AB} 及 Q^{F}_{AB}（见图 31）

先设想 A 端为自由，则长梁将在荷载 q 作用下均匀下沉 $y_0=\dfrac{q}{k}$，然后在 A 端作用力矩 M^{F}_{AB} 及 Q^{F}_{AB}，使 A 端回复到原位置，显然

$$Q^{F}_{AB}=-y_0J^{1}_{AB}=-\frac{q}{k}\frac{k}{\beta}=-\frac{q}{\beta} \tag{98}$$

$$M^{F}_{AB}=-y_0T^{1}_{AB}=\frac{-q}{k}\frac{k}{2\beta^2}=-\frac{q}{2\beta^2} \tag{99}$$

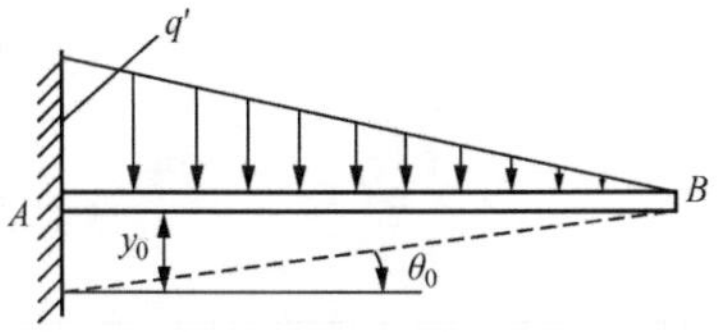

图 32

［情况 17］长梁一端固定，承受三角形荷载（见图 32）

先设想 A 端为自由，则长梁将在荷载作用下倾斜下沉，在 A 端将产生沉陷 $y_0=\dfrac{q'}{k}$，转角 $\theta_0=-\dfrac{q'}{kl}$，q' 为 A 端荷载强度。然后在 A 端作用 M^{F}_{AB} 及 Q^{F}_{AB}，使 A 端回到固定位置，由长梁形常数定义即可写下

$$Q^{F}_{AB}=-\frac{q'}{\beta}+\frac{q'}{kl}\frac{k}{2\beta^2}=-\frac{q'}{\beta}\left(1-\frac{1}{2\beta l}\right) \tag{100}$$

$$M^{F}_{AB}=-\frac{q'}{2\beta^2}+\frac{q'}{kl}\frac{k}{2\beta^2}=-\frac{q'}{2\beta^2}\left(1-\frac{1}{\beta l}\right) \tag{101}$$

［情况 18］长梁在距固定端为 c 处承受集中荷载 P（见图 33）

这种问题可用角变位移法求解。假定在 P 的作用下，C 点将产生沉陷 y_0 和转角 θ_0，则由角变位移式（2）、式（4）

$$M_{CA}=-\frac{k}{2\beta^2}\Phi_2(\beta c)y_0+\frac{k}{2\beta^3}\Phi_1(\beta c)\theta_0$$

$$Q_{CA}=\frac{k}{\beta}\cdot\Phi_3(\beta c)y_0-\frac{k}{2\beta^2}\Phi_2(\beta c)\theta_0$$

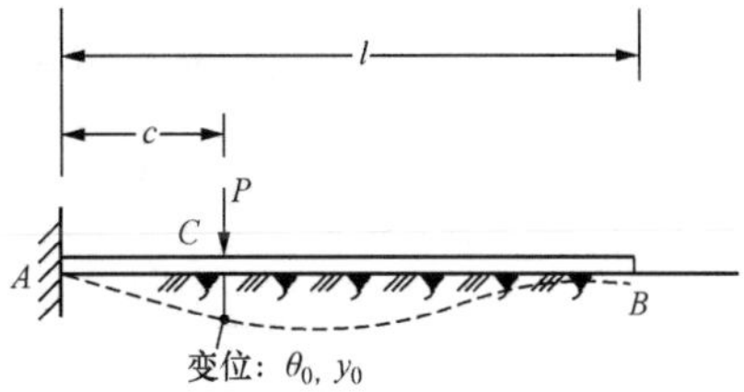

图 33

如果 CB 段有足够的长，则根据长梁的公式

$$M_{CB}=\frac{k}{2\beta^3}\theta_0+\frac{k}{2\beta^2}y_0$$

$$Q_{CB}=\frac{k}{2\beta^2}\theta_0+\frac{k}{\beta}y_0$$

由 C 点平衡条件 $M_{CA}+M_{CB}=0$，得

$$\frac{k}{2\beta^2}\Phi_2(\beta c)y_0-\frac{k}{2\beta^2}y_0=\frac{k}{2\beta^3}\Phi_1(\beta c)\theta_0+\frac{k}{2\beta^3}\theta_0$$

即

$$y_0=\frac{\theta_0}{\beta}\frac{\Phi_1(\beta c)+1}{\Phi_2(\beta c)+1}$$

又 $Q_{CA}+Q_{CB}=P$，即 $\left[\frac{k}{\beta}\Phi_5(\beta c)+\frac{k}{\beta}\right]y_0-\frac{k}{2\beta^2}[\Phi_2(\beta c)-1]\theta_0=P$

由此可解得

$$\theta_0=\frac{P\beta^2}{k}\Bigg/\left\{\frac{[\Phi_1(\beta c)+1][\Phi_5(\beta c)+1]}{\Phi_2(\beta c)-1}-\frac{\Phi_2(\beta c)-1}{2}\right\} \tag{102}$$

$$y_0=\frac{P\beta}{k}\Bigg/\left\{(\phi_5(\beta c)+1)-\frac{[\Phi_2(\beta c)-1]^2}{2[\Phi_1(\beta c)+1]}\right\} \tag{103}$$

求出 θ_0 及 y_0 后，有

$$M_{AB}^{\mathrm{F}}=\frac{k}{2\beta^3}\Phi_3\theta_0-\frac{k}{\beta^2}\Phi_4 y_0 \tag{104}$$

$$Q_{AB}^{\mathrm{F}}=\frac{k}{\beta^2}\Phi_4\theta_0-\frac{k}{\beta}\Phi_6 y_0 \tag{105}$$

例如，设 $\beta c=1$，以此代入 $\Phi_1=2.01892$，$\Phi_2=3.10415$，$\Phi_3=0.98584$，$\Phi_4=1.46933$，$\Phi_5=3.36998$，$\Phi_6=2.87274$

$$\theta_0=\frac{P\beta^2}{k}\Bigg/\left(\frac{4.36998\times3.01892}{2.10415}-\frac{2.10415}{2}\right)=0.19165\frac{P\beta^2}{k}$$

$$y_0=\frac{P\beta}{k}\Bigg/\left(4.36998-\frac{2.10415^2}{2\times3.01892}\right)=0.27497\frac{P\beta}{k}$$

$$M_{AB}^{\mathrm{F}}=\frac{k}{2\beta^3}\frac{P\beta^2}{k}\times0.98584\times0.19165-\frac{k}{\beta^2}\frac{P\beta}{k}\times1.46933\times0.27497$$
$$=-0.3096P/\beta=-0.3096Pc$$

$$Q_{AB}^{\mathrm{F}}=\frac{k}{\beta^2}\times\frac{P\beta^2}{k}\times1.46933\times0.19165-\frac{k}{\beta^2}\times\frac{P\beta}{k}\times2.87274\times0.27497=-0.5083P$$

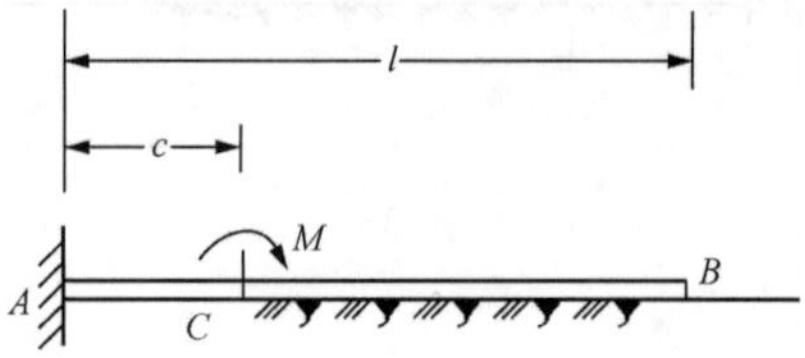

图 34

［情况 19］ 长梁在距固定端为 c 处承受集中力矩 M（见图 34）

仿上推导可得

$$\theta_0=\frac{2M\beta^3}{k}\Bigg/\left\{[\Phi_1(\beta c)+1]-\frac{[\Phi_2(\beta c)-1]^2}{2[\Phi_5(\beta c)+1]}\right\} \tag{106}$$

$$y_0=\frac{2M\beta^2}{k}\Bigg/\left\{\frac{2[\Phi_1(\beta c)+1][\Phi_5(\beta c)+1]}{\Phi_2(\beta c)-1}-[\Phi_2(\beta c)-1]\right\} \tag{107}$$

而

$$M_{AB}^{\mathrm{F}}=\frac{k}{2\beta^3}\Phi_3(\beta c)\theta_0-\frac{k}{\beta^2}\Phi_4(\beta c)y_0 \tag{108}$$

$$Q_{AB}^{\mathrm{F}}=\frac{k}{\beta^2}\Phi_4(\beta c)\theta_0-\frac{k}{\beta}\Phi_6(\beta c)y_0 \tag{109}$$

例如，设 $\beta c=1.0$，将相应 $\Phi_1\sim\Phi_6$ 值代入，即

$$\theta_0=\frac{2M\beta^3}{k}\Bigg/\left(3.01892-\frac{2.10415^2}{2\times4.36998}\right)=0.3980\frac{2M\beta^3}{k}$$

$$y_0=\frac{2M\beta^2}{k}\Bigg/\left(\frac{2\times4.36998\times3.01892}{2.10415}-2.10415\right)=0.0958\frac{2M\beta^2}{k}$$

而 $M_{AB}^{\mathrm{F}}=\frac{k}{2\beta^3}\times\frac{2M\beta^3}{k}\times0.98584\times0.3980-\frac{k}{\beta^2}\times\frac{2M\beta^2}{k}\times1.46933\times0.0958=0.1108M$

$$Q_{AB}^{\mathrm{F}}=\frac{k}{\beta^2}\times\frac{2M\beta^3}{k}\times1.46933\times0.3980-\frac{k}{\beta}\times\frac{2M\beta^2}{k}\times2.87274\times0.0958=0.6192M/C$$

［情况 20］ 其他一般性情况

解决了情况 18 和情况 19 后，我们可利用它们来解算更多的载常数。例如，图 35 中示一长梁，在靠近 A 端长为 c 的范围内承受某种荷载。我们可先将 AC 段视为两端固定的短梁，求出 C 端的载常数 M_{CA}^{F}、Q_{CA}^{F}，再将它们反向加在长梁上，求出 A 端的固定弯矩和剪力，与 A 端原有固定弯矩和剪力相加，即可得到最终的载常数。

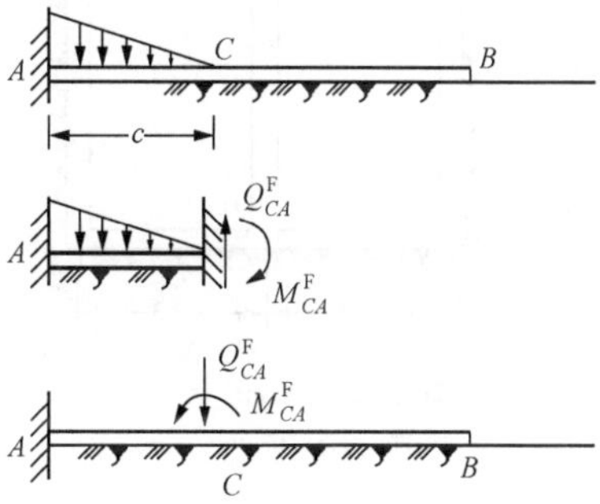

图 35

例如，设 $\beta c=1.0$，在 AC 段内承受均布载 q，则先按 AC 为固定梁，计算 A、C 端的 M_{AC}^{F} 等，以 M_{AC1}^{F} 等记之。

$$M_{AC1}^{\mathrm{F}}=-\frac{ql^2}{12}\varkappa_2(0.5)=-\frac{qc^2}{12}\times0.99291=-0.08274qc^2$$

$$M_{AC1}^{\mathrm{F}}=+0.08274qc^2$$

$$Q_{AC1}^{\mathrm{F}}=-\frac{qc}{2}\mu_1(0.5)=-\frac{qc}{2}\times0.99449=-0.49725qc=Q_{CA1}^{\mathrm{F}}$$

然后在长梁上 C 点处作用 $P=0.49725qc$ 及 $M=-0.0827qc^2$，它们所产生的 M_{AC2}^{F} 及 Q_{AC2}^{F} 可由情况 18、情况 19 中的例题成果得之

$$M_{AC2}^{\mathrm{F}}=-0.3096\times\frac{0.49725qc}{\beta}+0.1108\times(-0.08274qc^2)$$
$$=(-0.15395-0.009197)qc^2=-0.1631qc^2$$

$$Q_{AC2}^{\mathrm{F}}=-0.5083\times0.49725qc+0.6192\times\frac{(-0.08274qc^2)}{c}$$
$$=(-0.25275-0.05123)qc=-0.3040qc$$

最后 $$M_{AC}^{F}=(-0.08274-0.1631)\,qc^{2}=-0.2458qc^{2}$$

$$Q_{AC}^{F}=(-0.49725-0.3040)\,qc=-0.8013qc$$

4 地下框架的分析示例

地下结构的框架型式很多，其一般性的分析研究应在专著中讨论，本文仅举一个简单的例子，借以说明地下框架的解算步骤以及上面所介绍的各种常数和函数表的应用。

在图 36 中示一双跨的地下框架，承受顶部垂直荷载 q=8t/m。AC、CA'及 CD 为普通梁，AB 及 $A'B'$为文克尔地基梁，其特征值 $\beta=0.39$，$\beta l=1.60$；BD 及 DB'亦为文克尔地基梁，其 $\beta'=0.656$，$\beta l=1.51$。其余基本数据均示于图中。假定 AB、$A'B'$两侧面上有足够的摩擦力，故 A、B、A'、B'诸结点无沉陷，但结点 C、D 有沉陷 y_D，故未知元为 θ_A、θ_B 及 y_D 等三个。解析的步骤如下。

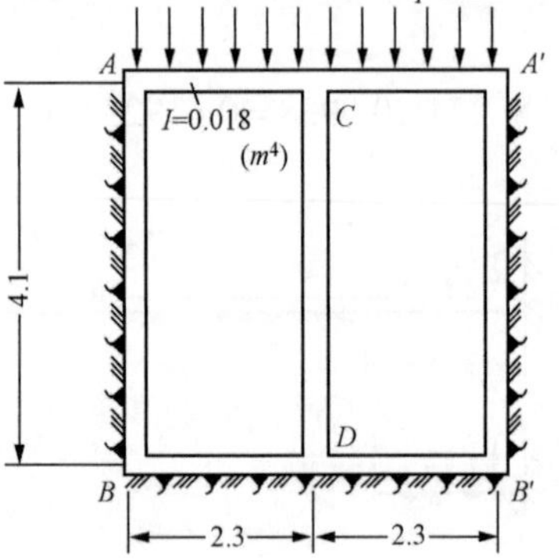

图 36

（1）写下各杆件的角变位移式和平衡方程组，各杆件的角变位移式容易列出为

$$M_{AC}=S_{AC}\theta_A-T_{AC}y_A+T'_{AC}y_C+M_{AC}^{F}$$

$$M_{AB}=S_{AB}\theta_A+S'_{AB}\theta_B+M_{AB}^{F}$$

$$M_{BA}=S_{BA}\theta_B+S'_{BA}\theta_A+M_{BA}^{F}$$

$$M_{BD}=S_{BD}\theta_B+T_{BD}y_B-T'_{BD}y_D+M_{BD}^{F}$$

$$Q_{AC}=-T_{AC}\theta_A+J_{AC}y_A-J'_{AC}y_C+Q_{AC}^{F}$$

$$Q_{CA}=T'_{AC}\theta_A-J'_{AC}y_A+J_{CA}y_C+Q_{CA}^{F}$$

$$Q_{BD}=T_{BD}\theta_B+J_{BD}y_B-J'_{BD}y_D+Q_{BD}^{F}$$

$$Q_{DB}=-T'_{DB}\theta_B-J'_{DB}y_B+J_{DB}y_D+Q_{DB}^{F}$$

由平衡条件$\Sigma M_A=0$、$\Sigma M_B=0$ 以及杆件 AB、CD 纵向力的平衡，得

$$(S_{AC}+S_{AB})\theta_A+S'_{AB}\theta_B+T_{AC}y_B-T'_{AC}y_D+\sum M_A^{F}=0$$

$$(S_{BA}+S_{BD})\theta_B+S'_{BA}\theta_A+T_{BD}y_B-T'_{BD}y_D+\sum M_B^{F}=0$$

$$-T_{AC}\theta_A-T_{BD}\theta_B-(J_{AC}+J_{BD})y_B+(J'_{AC}+J'_{BD})y_D+Q_{AC}^{F}-Q_{BD}^{F}=0$$

$$T'_{AC}\theta_A+T'_{DB}\theta_B+(J'_{AC}+J'_{BD})y_B-(J_{CA}+J_{DB})y_D+Q_{CA}^{F}-Q_{DB}^{F}=0$$

上面的方程组是解算对称双跨框架的一般性公式，在本例中，因 $y_A=y_B=0$，可简化为

$$(S_{AC}+S_{AB})\theta_A+S'_{AB}\theta_B-T'_{AC}y_D+\sum M_A^{F}=0$$

$$(S_{BA}+S_{BD})\theta_B+S'_{BA}\theta_A-T'_{BD}y_D+\sum M_B^{F}=0$$

$$T'_{AC}\theta_A+T'_{DB}\theta_B-(J_{CA}+J_{DB})y_D+Q_{CA}^{F}-Q_{DB}^{F}=0$$

（2）推求各杆件常数，这可计算如下，不必详加解释

$$S_{BD}=\frac{k}{2\beta^{3}}\Phi_1(1.51)=\frac{k}{2\times0.656^{3}}\times1.38785=49162$$

$$M_{AC}^{F}=-\frac{1}{12}\times 8\times 2.3^{2}=-3.5266$$

$$S_{AB}=\frac{k}{2\beta^{3}}\Phi_{1}(1.60)=\frac{k}{2\times 0.39^{3}}\times 1.32470=223320$$

$$Q_{CA}^{F}=\frac{1}{2}\times 8\times 2.3=9.2$$

$$S_{AC}=\frac{4EI}{L}=4\times 1.5\times 10^{6}\times 0.018/2.3=46956$$

$$S'_{AB}=\frac{k}{2\beta^{3}}\Phi_{3}(1.60)=\frac{k}{2\times 0.39^{3}}\times 0.56969=96038$$

$$T'_{AC}=\frac{6EI}{L^{2}}=6\times 1.5\times 10^{6}\times 0.018/2.3^{2}=30623.8$$

$$T'_{BD}=\frac{k}{\beta^{2}}\Phi_{4}(1.51)=\frac{k}{0.656^{2}}\times 0.59057=27447$$

$$J_{AC}=\frac{12EI}{L^{3}}=12\times 1.5\times 10^{6}\times\frac{0.018}{2.3^{3}}=26629$$

$$J_{DB}=\frac{k}{\beta}\Phi_{5}(1.51)=\frac{k}{0.656}\times 1.42118=43329$$

（3）成立平衡方程组，将各常数值代入平衡方程组中，并将形常数除以 10000 以利书写，得

$$27.0276\theta_A+9.6038\theta_B-3.0624y_D=3.5266$$
$$9.6038\theta_A+27.2482\theta_B-2.7447y_D=0$$
$$3.0624\theta_A+2.7447\theta_B-6.9958y_D=-9.2$$

解之 $\theta_A=0.27817$，$\theta_B=0.04861$，$y_D=-y_C=1.4559$

上述变位都已放大 10000 倍。

（4）回代入角变位移方程中求杆端内力

$$M_{AC}=4.6956\times 0.27817-3.0624\times 1.4559-3.5266=-6.6790$$
$$M_{AB}=22.332\times 0.27817+9.6038\times 0.04861=6.6789$$
$$M_{Ba}=22.332\times 0.04861+9.6038\times 0.27817=3.7570$$
$$M_{Bd}=4.9162\times 0.04861-2.7447\times 1.4559=-3.7570$$
$$Q_{CA}=9.2-2.6629\times 1.4559+3.0624\times 0.27817=6.1750$$
$$Q_{DB}=4.3329\times 1.4559-2.7447\times 0.04861=6.1749$$

平衡条件基本满足，乃可计算各杆内力。

（5）各杆件内力计算如下

1）杆件 CD，因对称关系，此杆只承受轴向压力 $N=2\times 6.175=12.35$

2）杆件 AC，此杆系普通梁，且已求得 $M_{AC}=-6.679$，$Q_{CA}=6.175$，故容易由静平衡条件计算沿梁的内力，并可求得 $Q_{AC}=8\times 2.3-6.175=12.225$，$M_{CA}=0.26$。

3）杆件 AB，此杆系文克尔地基梁，并已求得 $y_A=0$，$\theta_A=0.27817\times 10^{-4}$，$M_{AB}=6.6789$，尚需计算 Q_{AB} 才可用初参数公式求梁上内力分布。Q_{AB} 可用下式计算

$$Q_{AB}=\theta_A\times T_{AB}+\theta_B\times T'_{AB}$$

为此，先需计算 T_{AB} 及 T'_{AB}，即

$$T_{AB}=\frac{k}{2\beta^2}\Phi_2=\frac{20000}{2\times0.39^2}\times1.43028=9.4035\times10^4$$

$$T'_{AB}=\frac{k}{\beta^2}\Phi_4=\frac{20000}{0.39^2}\times0.51130=6.7232\times10^4$$

从而 $Q_{AB}=0.27817\times9.4035+0.04861\times6.7232=2.9426$

由式（19）得 $M_x=\frac{k}{\beta^3}\theta_0\phi_4+M_0\phi_1+\frac{Q_0}{\beta}\phi_2$

将 θ_0、M_0、Q_0 代入（并注意 Q_0 要改变符号）得

$$M_x=9.3788\phi_4+6.6789\phi_1-7.5451\phi_2$$

于是，可计算沿梁的弯矩如下：

x	βx	ϕ_1	$6.6789\phi_1$	ϕ_2	$-7.5451\phi_2$	ϕ_4	$9.3788\phi_4$	M_x
0	0	1.0000	6.679	0	0	0	0	6.679
1.02	0.4	0.9957	6.650	0.3996	−3.015	0.01066	0.100	3.735
2.05	0.8	0.9318	6.223	0.7891	−5.954	0.08516	0.799	1.068
3.075	1.2	0.6561	4.382	1.1173	−8.430	0.2851	2.674	−1.374
4.10	1.6	0.07526	−0.503	1.2535	−9.458	0.6614	6.203	−3.758

从上述求出的 B 点弯矩 M_{BA} 为−3.758，与从角变位移方程解得的杆端弯矩 $M_{BA}=-3.757$ 相符，可作校核。

4）杆件 BD，此杆亦系文克尔地基梁。在 B 端，已求得 $y_B=0$，$\theta_B=0.04861\times10^{-4}$，$M_{BD}=-3.757$，尚需计算 Q_{BD}，则

$$Q_{BD}=0.04861\times10^{-4}\,T_{BD}-1.4559\times10^{-4}\,J'_{BD}$$

而

$$T_{BD}=\frac{k}{2\beta^2}\Phi_2=\frac{20000}{2\times0.656^2}\times1.54762=3.5963\times10^4$$

$$J'_{BD}=\frac{k}{\beta}\Phi_6=\frac{20000}{0.656}\times0.68712=2.0949\times10^4$$

$$Q_{BD}=0.04861\times3.5963-1.4559\times2.0949=-2.8751$$

于是将 Q_{BD} 反号并代入下式，得

$$M_x=\theta_0\frac{k}{\beta^3}\phi_4+M_0\phi_1+\frac{Q_0}{\beta}\phi_2=\frac{0.04861\times2}{0.656^3}\phi_4-3.757\phi_1+\frac{2.875}{0.656}\phi_2$$

$$=0.344\phi_4-3.757\phi_1+4.383\phi_2$$

计算如下：

x	βx	ϕ_1	$-3.757\phi_1$	ϕ_2	$4.383\phi_2$	ϕ_4	$0.344\phi_4$	M_x
0	0	1.0000	−3.757	0	0	0	0	−3.757
0.58	0.38	0.9965	−3.744	0.3797	1.664	0.00914	0.0031	−2.077
1.16	0.76	0.9444	−3.548	0.7515	3.294	0.1461	0.0503	−0.204
1.74	1.14	0.7196	−2.704	1.076	4.716	0.2449	0.0842	2.096
2.30	1.51	0.144	−0.541	1.25	5.479	0.5597	0.1925	5.131

附表 1

文克尔地基梁两端变位和两端内力关系公式（形常数公式）

远端条件 / 本端单位内力或变位	自由 $M'=0$, $Q'=0$	简支 $M'=0$, $y'=0$	辊支 $Q'=0$, $\theta'=0$	固定 $y'=0$, $\theta'=0$
$Q_0=1$，$M_0=0$	$y_0=\frac{2\beta}{k}\times\frac{D_3}{2D_1}=\frac{2\beta}{k}\Phi_1$ $\theta_0=\frac{-2\beta^2}{k}\times\frac{D_5}{2D_1}=\frac{-2\beta^2}{k}\Phi_2$ $y'=\frac{-2\beta}{k}\times\frac{\phi_1}{2D_1}=\frac{-2\beta}{k}\Phi_3$ $\theta'=\frac{-4\beta^2}{k}\times\frac{\phi_3}{4D_1}=\frac{-4\beta^2}{k}\Phi_4$	$y_0=\frac{2\beta}{k}\times\frac{D_5}{D_3}=\frac{2\beta}{k}\Phi_{13}$ $\theta_0=\frac{-2\beta^2}{k}\times\frac{D_1}{2D_3}=\frac{-2\beta^2}{k}\Phi_{15}$ $\theta'=\frac{-\beta^2}{k}\times\frac{\phi_2}{D_3}=\frac{\beta^2}{k}\Phi_{16}$ $Q'=\frac{-\phi_4}{D_3}=-\Phi_{14}$	$y_0=\frac{2\beta}{k}\times\frac{D_6}{2D_4}=\frac{2\beta}{k}\Phi_{20}$ $\theta_0=\frac{-2\beta^2}{k}\times\frac{2D_3}{D_4}=\frac{-2\beta^2}{k}\Phi_{22}$ $y'=\frac{2\beta}{k}\times\frac{\phi_4}{2D_4}=\frac{2\beta}{k}\Phi_{21}$ $M'=\frac{1}{\beta}\times\frac{\phi_3}{D_4}=\frac{1}{\beta}\Phi_{23}$	$y_0=\frac{4\beta}{k}\times\frac{D_3}{D_2}=\frac{4\beta}{k}\Phi_7$ $\theta_0=\frac{-4\beta^2}{k}\times\frac{D_5}{D_2}=\frac{-4\beta^2}{k}\Phi_9$ $M'=\frac{1}{\beta}\times\frac{\phi_2}{D_2}=\frac{1}{\beta}\Phi_8$ $Q'=\frac{\phi_4}{D_2}=-\Phi_{10}$
$M_0=1$，$Q_0=0$	$y_0=\frac{-2\beta^2}{k}\times\frac{D_5}{2D_1}=\frac{-2\beta^2}{k}\Phi_2$ $\theta_0=\frac{4\beta^3}{k}\times\frac{D_4}{4D_1}=\frac{4\beta^3}{k}\Phi_5$ $y'=\frac{4\beta^2}{k}\times\frac{\phi_3}{4D_1}=\frac{4\beta^2}{k}\Phi_1$ $\theta'=\frac{4\beta^3}{k}\times\frac{\phi_2}{4D_1}=\frac{4\beta^3}{k}\Phi_6$	$y_0=\frac{-2\beta^2}{k}\times\frac{D_4}{2D_3}=\frac{-2\beta^2}{k}\Phi_{15}$ $\theta_0=\frac{2\beta^2}{k}\times\frac{D_6}{2D_3}=\frac{2\beta^3}{k}\Phi_{13}$ $\theta'=\frac{2\beta^3}{k}\times\frac{\phi_1}{2D_3}=\frac{2\beta^3}{k}\Phi_{19}$ $Q'=-\beta\times\frac{\phi_3}{D_3}=-\beta\Phi_{17}$	$y_0=\frac{-2\beta^2}{k}\times\frac{2D_3}{D_4}=\frac{-2\beta^2}{k}\Phi_{22}$ $\theta_0=\frac{2\beta^2}{k}\times\frac{4D_5}{D_4}=\frac{2\beta^3}{k}\Phi_{25}$ $y'=\frac{2\beta^2}{k}\times\frac{2\phi_4}{D_1}=\frac{2\beta^2}{k}\Phi_{24}$ $M'=\frac{-\phi_2}{D_4}=-\Phi_{26}$	$y_0=\frac{-4\beta^2}{k}\times\frac{D_5}{D_2}=\frac{-4\beta^2}{k}\Phi_9$ $\theta_0=\frac{4\beta^3}{k}\times\frac{D_4}{D_2}=\frac{4\beta^3}{k}\Phi_{11}$ $M'=-\frac{\phi_1}{D_2}=-\Phi_{10}$ $Q'=-4\beta\times\frac{\phi_4}{D_2}=-4\beta\Phi_{12}$
$\theta_0=1$，$y_0=0$	$M_0=\frac{k}{2\beta^3}\times\frac{2D_3}{D_2}=\frac{k}{2\beta^3}\Phi_7$ （S^Z） $Q_0=\frac{k}{2\beta^2}\times\frac{2D_5}{D_2}=\frac{k}{2\beta^2}\Phi_9$ （T^Z） $y'=\frac{1}{2\beta}\times\frac{2\phi_2}{D_2}=\frac{1}{2\beta}\Phi_8$ $\theta'=\frac{\phi_1}{D_2}=\Phi_{10}$	$M_0=\frac{k}{2\beta^3}\times\frac{D_5}{D_3}=\frac{k}{2\beta^3}\Phi_{13}$ （S^j） $Q_0=\frac{k}{2\beta^2}\times\frac{D_4}{2D_3}=\frac{k}{2\beta^2}\Phi_{15}$ （T^j） $\theta'=\frac{-\phi_4}{D_3}=-\Phi_{11}$ $Q'=\frac{-k}{4\beta^2}\times\frac{\phi_2}{D_3}=\frac{-k}{4\beta^2}\Phi_{16}$	$M_0=\frac{k}{2\beta^3}\times\frac{D_6}{2D_4}=\frac{k}{2\beta^3}\Phi_{20}$ （S^g） $Q_0=\frac{k}{2\beta^2}\times\frac{2D_3}{D_4}=\frac{k}{2\beta^2}\Phi_{22}$ （T^g） $y'=\frac{1}{\beta}\times\frac{\phi_3}{D_4}=\frac{1}{\beta}\Phi_{23}$ $M'=\frac{-k}{4\beta^3}\times\frac{\phi_4}{D_4}=\frac{-k}{2\beta^3}\Phi_{21}$	$M_0=\frac{k}{2\beta^3}\times\frac{D_3}{2D_4}=\frac{k}{2\beta^3}\Phi_1$ （S） $Q_0=\frac{k}{2\beta^2}\times\frac{D_5}{2D_4}=\frac{k}{2\beta^2}\Phi_2$ （T） $M'=\frac{k}{2\beta^3}\times\frac{\phi_4}{2D_4}=\frac{k}{2\beta^3}\Phi_3$ （S'） $Q'=\frac{-k}{\beta^2}\times\frac{\phi_3}{4D_4}=-\frac{k}{\beta^2}\Phi_4$ （T'）
$y_0=1$，$\theta_0=0$	$M_0=\frac{k}{2\beta^2}\times\frac{2D_5}{D_2}=\frac{k}{2\beta^2}\Phi_9$ （T^Z） $Q_0=\frac{k}{\beta}\times\frac{D_4}{D_2}=\frac{k}{\beta}\Phi_{11}$ （J^Z） $y'=\frac{\phi_1}{D_2}=\Phi_{10}$ $\theta'=-\beta\times\frac{4\phi_4}{D_2}=-\beta\Phi_{12}$	$M_0=\frac{k}{2\beta^2}\times\frac{D_4}{2D_3}=\frac{k}{2\beta^2}\Phi_{15}$ （T^j） $Q_0=\frac{k}{2\beta}\times\frac{D_6}{2D_3}=\frac{k}{2\beta}\Phi_{18}$ （J^j） $\theta'=-\beta\times\frac{\phi_3}{D_3}=-\beta\Phi_{17}$ $Q'=\frac{k}{2\beta}\times\frac{\phi_1}{2D_3}=\frac{k}{2\beta}\Phi_{19}$	$M_0=\frac{k}{2\beta^2}\times\frac{2D_3}{D_4}=\frac{k}{2\beta^2}\Phi_{22}$ （T^g） $Q_0=\frac{k}{2\beta}\times\frac{4D_5}{D_4}=\frac{k}{2\beta}\Phi_{25}$ （J^g） $y'=\frac{\phi_2}{D_4}=\Phi_{26}$ $M'=\frac{k}{2\beta^2}\times\frac{2\phi_4}{D_4}=\frac{k}{2\beta^2}\Phi_{24}$	$M_0=\frac{k}{2\beta^2}\times\frac{D_5}{2D_4}=\frac{k}{2\beta^2}\Phi_2$ （T） $Q_0=\frac{k}{\beta}\times\frac{D_4}{4D_4}=\frac{k}{\beta}\Phi_5$ （J） $M'=\frac{k}{\beta^2}\times\frac{\phi_3}{4D_4}=\frac{k}{\beta^2}\Phi_4$ （T'） $Q'=\frac{-k}{\beta}\times\frac{\phi_2}{4D_4}=\frac{-k}{\beta}\Phi_6$ （J'）

附表 2　　$D_1 \sim D_6$ 函数表

βx	D_1	D_2	D_3	D_4	D_5	D_6
0.01	8.33279×10^{-10}	1.00000	3.33333×10^{-7}	0.010000	0.000050	1.00000
0.02	1.3333×10^{-8}	1.00000	2.6666×10^{-6}	0.020000	0.000200	1.00000
0.03	6.749996×10^{-8}	1.00000	8.99999×10^{-6}	0.030000	0.000450	1.00000
0.04	2.13333×10^{-7}	1.00000	2.1333×10^{-5}	0.040000	0.000800	1.00000
0.05	5.2083×10^{-7}	1.00000	4.16666×10^{-5}	0.050000	0.001250	1.00000
0.06	1.079×10^{-6}	1.00000	7.2000×10^{-5}	0.060000	0.001800	1.00001
0.07	2.000×10^{-6}	1.00001	1.14333×10^{-4}	0.070000	0.002450	1.00002
0.08	3.413×10^{-6}	1.00001	1.70666×10^{-4}	0.080000	0.003200	1.00003
0.09	5.467×10^{-6}	1.00002	2.4300×10^{-4}	0.090001	0.004050	1.00004
0.10	8.333×10^{-6}	1.00003	3.3333×10^{-4}	0.100001	0.005000	1.00007
0.11	1.220×10^{-5}	1.00005	4.4367×10^{-4}	0.110002	0.006050	1.00010
0.12	1.728×10^{-5}	1.00007	5.7600×10^{-4}	0.120003	0.007200	1.00014
0.13	2.380×10^{-5}	1.00010	7.3234×10^{-4}	0.130005	0.008450	1.00019
0.14	3.2013×10^{-5}	1.00013	9.1467×10^{-4}	0.140007	0.009800	1.00026
0.15	4.2187×10^{-5}	1.00017	1.1250×10^{-3}	0.15001	0.011250	1.00034
0.16	5.4613×10^{-5}	1.00022	0.0013654	0.16001	0.012800	1.00044
0.17	6.9601×10^{-5}	1.00028	0.0016377	0.17002	0.014451	1.00056
0.18	8.748×10^{-4}	1.00035	0.0019440	0.18003	0.016201	1.00070
0.19	1.0860×10^{-4}	1.00043	0.0022864	0.19003	0.018051	1.00087
0.20	1.3334×10^{-4}	1.00053	0.0026667	0.20004	0.020001	1.00107
0.21	1.6207×10^{-4}	1.00065	0.0030871	0.21005	0.022052	1.00130
0.22	1.9522×10^{-4}	1.00078	0.0035495	0.22007	0.024203	1.00156
0.23	2.3321×10^{-4}	1.00093	0.0040559	0.23009	0.026453	1.00187
0.24	2.7649×10^{-4}	1.00111	0.0046083	0.24011	0.028804	1.00221
0.25	3.2553×10^{-4}	1.00130	0.0052087	0.25013	0.031255	1.00260
0.26	3.8083×10^{-4}	1.00152	0.0058592	0.26016	0.033807	1.00305
0.27	4.4289×10^{-4}	1.00177	0.0065617	0.27019	0.036459	1.00354
0.28	5.1224×10^{-4}	1.00205	0.0073182	0.28023	0.039211	1.00410
0.29	5.8944×10^{-4}	1.00236	0.0081308	0.29027	0.042063	1.00472
0.30	6.7505×10^{-4}	1.00270	0.0090014	0.30032	0.045016	1.00540
0.31	7.6967×10^{-4}	1.00308	0.0099321	0.31038	0.048070	1.00616
0.32	8.7390×10^{-4}	1.00350	0.010925	0.32045	0.051224	1.00699
0.33	9.8838×10^{-4}	1.00395	0.011982	0.33052	0.054479	1.00791
0.34	0.0011138	1.00446	0.013105	0.34061	0.057834	1.00891
0.35	0.0012507	1.00500	0.014296	0.35070	0.061291	1.01001
0.36	0.0013999	1.00560	0.015557	0.36081	0.064848	1.01120
0.37	0.0015621	1.00625	0.016890	0.37092	0.068507	1.01250
0.38	0.0017380	1.00695	0.018298	0.38106	0.072267	1.01390
0.39	0.0019283	1.00771	0.019782	0.39120	0.076128	1.01543
0.40	0.0021339	1.00854	0.021344	0.40137	0.080091	1.01707
0.41	0.0023554	1.00942	0.022986	0.41154	0.084156	1.01884
0.42	0.0025938	1.01038	0.024711	0.42174	0.088322	1.02075
0.43	0.0028499	1.01140	0.026520	0.43196	0.092590	1.02280
0.44	0.0031245	1.01250	0.028415	0.44220	0.096961	1.02500
0.45	0.0034185	1.01367	0.030399	0.45246	0.10143	1.02735

续表

βx	D_1	D_2	D_3	D_4	D_5	D_6
0.46	0.0037328	1.01493	0.032473	0.46275	0.10601	1.02986
0.47	0.0040683	1.01627	0.034640	0.47306	0.11069	1.03255
0.48	0.0044259	1.01770	0.036901	0.48340	0.11547	1.03541
0.49	0.0048066	1.01923	0.039259	0.49377	0.12036	1.03845
0.50	0.0052114	1.02085	0.041716	0.50417	0.12535	1.04169
0.51	0.0056413	1.02257	0.044274	0.51460	0.13044	1.04513
0.52	0.0060973	1.02439	0.046935	0.52507	0.13564	1.04878
0.53	0.0065803	1.02632	0.049700	0.53558	0.14094	1.05264
0.54	0.0070916	1.02837	0.052573	0.54612	0.14635	1.05673
0.55	0.0076322	1.03053	0.055555	0.55671	0.15187	1.06106
0.56	0.0082031	1.03281	0.058648	0.56735	0.15749	1.06562
0.57	0.0080551	1.03522	0.061855	0.57803	0.16321	1.07044
0.58	0.0094406	1.03776	0.065178	0.58876	0.16905	1.07552
0.59	0.010109	1.04044	0.068618	0.59954	0.17499	1.08088
0.60	0.010813	1.04325	0.072178	0.61038	0.18104	1.08651
0.61	0.011553	1.04621	0.075866	0.62127	0.18720	1.09243
0.62	0.012331	1.04932	0.079666	0.63222	0.19346	1.09865
0.63	0.013147	1.05259	0.083599	0.64324	0.19984	1.10518
0.64	0.014003	1.05601	0.087661	0.65433	0.20633	1.11203
0.65	0.014901	1.05960	0.091853	0.66549	0.21293	1.11921
0.66	0.015841	1.06336	0.096178	0.67671	0.21964	1.12673
0.67	0.016825	1.06730	0.10064	0.68802	0.22646	1.13460
0.68	0.017854	1.07142	0.10524	0.69941	0.23340	1.14283
0.69	0.018930	1.07572	0.10998	0.71088	0.24045	1.15144
0.70	0.020054	1.08022	0.11486	0.72244	0.24762	1.16013
0.71	0.021228	1.08491	0.11988	0.73409	0.25490	1.16982
0.72	0.022452	1.08981	0.12505	0.74584	0.26230	1.17962
0.73	0.023729	1.09492	0.13037	0.75768	0.26982	1.18983
0.74	0.025060	1.10024	0.13585	0.76963	0.27745	1.20048
0.75	0.026447	1.10579	0.14147	0.78169	0.28521	1.21157
0.76	0.027890	1.11156	0.14726	0.79387	0.29309	1.22312
0.77	0.029392	1.11757	0.15320	0.80616	0.30109	1.23514
0.78	0.030955	1.12382	0.15930	0.81857	0.30921	1.24764
0.79	0.032579	1.13032	0.16557	0.83111	0.31746	1.26063
0.80	0.034267	1.13707	0.17200	0.84379	0.32583	1.27413
0.81	0.036019	1.14408	0.17860	0.85660	0.33433	1.28816
0.82	0.037839	1.15136	0.18537	0.86955	0.34297	1.30271
0.83	0.039727	1.15891	0.19232	0.88265	0.35173	1.31782
0.84	0.041686	1.16674	0.19944	0.89591	0.36062	1.33349
0.85	0.043717	1.17487	0.20675	0.90932	0.36964	1.34974
0.86	0.045822	1.18329	0.21423	0.92291	0.37881	1.36657
0.87	0.048002	1.19201	0.22190	0.93666	0.38810	1.38402
0.88	0.050260	1.20104	0.22976	0.95059	0.39754	1.40208
0.89	0.052598	1.21039	0.23780	0.96470	0.40712	1.42078
0.90	0.055017	1.22007	0.24604	0.97901	0.41683	1.44014

续表

βx	D_1	D_2	D_3	D_4	D_5	D_6
0.91	0.057519	1.23008	0.25448	0.99351	0.42670	1.46015
0.92	0.060107	1.24043	0.26311	1.00820	0.43671	1.48086
0.93	0.062782	1.25113	0.27195	1.02313	0.44686	1.50226
0.94	0.065547	1.26219	0.28099	1.03826	0.45717	1.52437
0.95	0.068403	1.27361	0.29023	1.05362	0.46763	1.54722
0.96	0.071352	1.28541	0.29969	1.06921	0.47824	1.57082
0.97	0.074397	1.29759	0.30936	1.08503	0.48901	1.59518
0.98	0.077540	1.31016	0.31925	1.10111	0.49994	1.62032
0.99	0.080783	1.32313	0.32936	1.11744	0.51104	1.64626
1.00	0.084128	1.33651	0.33970	1.13404	0.52229	1.67302
1.01	0.087578	1.35031	0.35026	1.15091	0.53372	1.70062
1.02	0.091134	1.36454	0.36104	1.16805	0.54531	1.72907
1.03	0.094799	1.37920	0.37207	1.18549	0.55708	1.75839
1.04	0.098576	1.39430	0.38333	1.20323	0.56902	1.78861
1.05	0.10247	1.40987	0.39483	1.22127	0.58114	1.81973
1.06	0.10647	1.42589	0.40658	1.23962	0.59345	1.85179
1.07	0.11060	1.44240	0.41857	1.25831	0.60594	1.88479
1.08	0.11485	1.45938	0.43082	1.27732	0.61862	1.91877
1.09	0.11922	1.47686	0.44332	1.29668	0.63149	1.95373
1.10	0.12371	1.49485	0.45608	1.31640	0.64455	1.98970
1.11	0.12834	1.51335	0.46910	1.33648	0.65782	2.02671
1.12	0.13310	1.53238	0.48239	1.35694	0.67128	2.06477
1.13	0.13799	1.55195	0.49595	1.37778	0.68500	2.10390
1.14	0.14302	1.57206	0.50979	1.39902	0.69884	2.14413
1.15	0.14818	1.59274	0.52391	1.42067	0.71294	2.18547
1.16	0.15349	1.61398	0.53831	1.44273	0.72725	2.22796
1.17	0.15895	1.63580	0.55300	1.46523	0.74179	2.27161
1.18	0.16456	1.65822	0.56798	1.48817	0.75656	2.31645
1.19	0.17031	1.68125	0.58326	1.51156	0.77156	2.36249
1.20	0.17622	1.70489	0.59884	1.53542	0.78679	2.40978
1.21	0.18229	1.72916	0.61474	1.55976	0.80227	2.45832
1.22	0.18852	1.75407	0.63094	1.58459	0.81800	2.50814
1.23	0.19491	1.77964	0.64746	1.60993	0.83396	2.55928
1.24	0.20147	1.80587	0.66430	1.63578	0.85019	2.61174
1.25	0.20820	1.83279	0.68147	1.66217	0.86668	2.66557
1.26	0.21510	1.86039	0.69897	1.68910	0.88344	2.72079
1.27	0.22218	1.88871	0.71681	1.71659	0.90046	2.77742
1.28	0.22944	1.91774	0.73499	1.74465	0.91777	2.83549
1.29	0.23688	1.94751	0.75352	1.77330	0.93536	2.89502
1.30	0.24451	1.97803	0.77240	1.80256	0.95324	2.95606
1.31	0.25233	2.00931	0.79165	1.83243	0.97141	3.01862
1.32	0.26034	2.04137	0.81126	1.86294	0.98989	3.08273
1.33	0.26855	2.07422	0.83125	1.89409	1.00867	3.14843
1.34	0.27697	2.10787	0.85161	1.92591	1.02777	3.21574
1.35	0.28559	2.14235	0.87236	1.95841	1.04719	3.28470

续表

βx	D_1	D_2	D_3	D_4	D_5	D_6
1.36	0.29442	2.17767	0.89350	1.99161	1.06694	3.35533
1.37	0.30346	2.21383	0.91504	2.02552	1.08703	3.42767
1.38	0.31272	2.25087	0.93698	2.06017	1.10746	3.50175
1.39	0.32220	2.28880	0.95934	2.09556	1.12823	3.57760
1.40	0.33191	2.32763	0.98212	2.13173	1.14937	3.65525
1.41	0.34184	2.36737	1.00532	2.16868	1.17087	3.73475
1.42	0.35201	2.40806	1.02895	2.20643	1.19275	3.81612
1.43	0.36242	2.44970	1.05303	2.24500	1.21500	3.89939
1.44	0.37308	2.49231	1.07756	2.28442	1.23765	3.98461
1.45	0.38398	2.53591	1.10254	2.32470	1.26069	4.07181
1.46	0.39513	2.58052	1.12799	2.36587	1.28414	4.16103
1.47	0.40654	2.62615	1.15391	2.40793	1.30801	4.25230
1.48	0.41821	2.67283	1.18031	2.45092	1.33231	4.34567
1.49	0.43015	2.72058	1.20720	2.49485	1.35703	4.44117
1.50	0.44235	2.76942	1.23459	2.53975	1.38221	4.53883
1.51	0.45484	2.81936	1.26249	2.58563	1.40783	4.63871
1.52	0.46761	2.87042	1.29091	2.63253	1.43392	4.74085
1.53	0.48066	2.92264	1.31985	2.68046	1.46049	4.84527
1.54	0.49400	2.97602	1.34933	2.72944	1.48754	4.95204
1.55	0.50765	3.03059	1.37936	2.77951	1.51508	5.06118
1.56	0.52159	3.08638	1.40994	2.83068	1.54313	5.17275
1.57	0.53585	3.14339	1.44109	2.88297	1.57170	5.28679
1.58	0.55042	3.20167	1.47281	2.93642	1.60079	5.40334
1.59	0.56531	3.26123	1.50512	2.99105	1.63043	5.52245
1.60	0.58052	3.32209	1.53803	3.04688	1.66062	5.64418
1.61	0.59607	3.38428	1.57155	3.10394	1.69137	5.76855
1.62	0.61196	3.44782	1.60569	3.16226	1.72270	5.89564
1.63	0.62819	3.51274	1.64046	3.22186	1.75462	6.02548
1.64	0.64477	3.57907	1.67588	3.28278	1.78714	6.15813
1.65	0.66171	3.64682	1.71195	3.34503	1.82028	6.29364
1.66	0.67901	3.71603	1.74870	3.40866	1.85405	6.43206
1.67	0.69668	3.78673	1.78612	3.47368	1.88846	6.57345
1.68	0.71473	3.85893	1.82424	3.54014	1.92353	6.71786
1.69	0.73317	3.93267	1.86306	3.60805	1.95927	6.86535
1.70	0.75200	4.00798	1.90261	3.67746	1.99569	7.01597
1.71	0.77122	4.08489	1.94290	3.74838	2.03282	7.16978
1.72	0.79086	4.16343	1.98393	3.32086	2.07066	7.32685
1.73	0.81090	4.24362	2.02573	3.89493	2.10924	7.48723
1.74	0.83137	4.32550	2.06831	3.97062	2.14857	7.65099
1.75	0.85227	4.40909	2.11168	4.04796	2.18866	7.81818
1.76	0.87361	4.49444	2.15586	4.12699	2.22953	7.98888
1.77	0.89539	4.58157	2.20086	4.20775	2.27121	8.16314
1.78	0.91763	4.67052	2.24671	4.29027	2.31369	8.34104
1.79	0.94033	4.76132	2.29342	4.37458	2.35702	8.52264
1.80	0.96350	4.85400	2.34100	4.46073	2.40119	8.70801

续表

βx	D_1	D_2	D_3	D_4	D_5	D_6
1.81	0.98715	4.94861	2.38947	4.54876	2.44624	8.89722
1.82	1.01129	5.04517	2.43885	4.63869	2.49217	9.09035
1.83	1.03593	5.14373	2.48916	4.73058	2.53902	9.28746
1.84	1.06108	5.24432	2.54042	4.82445	2.58679	9.48864
1.85	1.08674	5.34698	2.59264	4.92036	2.63551	9.69396
1.86	1.11294	5.45174	2.64585	5.01835	2.68521	9.90349
1.87	1.13966	5.55866	2.70006	5.11845	2.73589	10.11732
1.88	1.16694	5.66776	2.75529	5.22071	2.78758	10.33553
1.89	1.19477	5.77910	2.81157	5.32517	2.84031	10.55819
1.90	1.22318	5.89270	2.86891	5.43189	2.89409	10.78540
1.91	1.25216	6.00862	2.92734	5.54090	2.94896	11.01725
1.92	1.28173	6.12690	2.98687	5.65225	3.00492	11.25381
1.93	1.31190	6.24759	3.04754	5.76599	3.06201	11.49518
1.94	1.34268	6.37072	3.10936	5.88217	3.12025	11.74145
1.95	1.37409	6.49635	3.17236	6.00083	3.17966	11.99271
1.96	1.40613	6.62453	3.23656	6.12204	3.24027	12.24906
1.97	1.43882	6.75529	3.30198	6.24583	3.30211	12.51059
1.98	1.47218	6.88870	3.36865	6.37227	3.36520	12.77740
1.99	1.50620	7.02480	3.43659	6.50140	3.42956	13.04961
2.00	1.54091	7.16365	3.50584	6.63327	3.49523	13.32729
2.05	1.72523	7.90090	3.87252	7.33590	3.84416	14.80180
2.10	1.92878	8.71510	4.27591	8.11602	4.23012	16.43020
2.15	2.15349	9.61397	4.71991	8.98174	4.65719	18.22794
2.20	2.40152	10.6061	5.20886	9.94192	5.12986	20.21212
2.25	2.67521	11.7008	5.74757	11.00637	5.65311	22.40166
2.30	2.97719	12.9088	6.34135	12.18586	6.23242	24.81752
2.35	3.31036	14.2414	6.99612	13.49228	6.87382	27.48287
2.40	3.67793	15.7117	7.71841	14.93873	7.58398	30.42341
2.45	4.08345	17.3338	8.51545	16.53968	8.37026	33.66756
2.50	4.53085	19.1234	9.39527	18.31107	9.24079	37.24681
2.55	5.02450	21.0980	10.36671	20.27052	10.20450	41.19599
2.60	5.56921	23.2768	11.43960	22.43748	11.27130	45.55370
2.65	6.17033	25.6813	12.62477	24.83341	12.45207	50.36264
2.70	6.83376	28.3350	13.93421	27.48205	13.75885	55.67008
2.75	7.56604	31.2642	15.38118	30.40960	15.20492	61.52834
2.80	8.37441	34.4977	16.98033	33.64502	16.80494	67.99531
2.85	9.26688	38.0675	18.74784	37.22034	18.57508	75.13504
2.90	10.25230	42.0092	20.70161	41.17092	20.53322	83.01841
2.95	11.34047	46.3619	22.86141	45.53587	22.69908	91.72379
3.00	12.54224	51.1690	25.24907	50.35844	25.09443	101.3379
3.05	13.86958	56.4783	27.88874	55.68640	27.74334	111.9566
3.10	15.33575	62.3430	30.80707	61.57260	30.67237	123.6860
3.15	16.95542	68.8217	34.03353	68.07546	33.91088	136.6434
3.20	18.74478	75.9791	37.60064	75.25956	37.49127	150.9583
3.25	20.72176	83.8870	41.54437	83.19630	41.44937	166.7741

续表

βx	D_1	D_2	D_3	D_4	D_5	D_6
3.30	22.90616	92.6246	45.90442	91.96461	45.82476	184.2493
3.35	25.31987	102.2795	50.72468	101.65179	50.66114	203.5590
3.40	27.98710	112.9484	56.05362	112.35430	56.00685	224.8968
3.45	30.93460	124.7384	61.94480	124.17882	61.91527	248.4768
3.50	34.19193	137.7677	68.45739	137.24328	68.44539	274.5355
3.55	37.79178	152.1671	75.65677	151.67802	75.66243	303.3342
3.60	41.77026	168.0810	83.61517	167.62717	83.63843	335.1621
3.65	46.16727	185.6691	92.41240	185.25001	92.45303	370.3382
3.70	51.02694	205.1078	102.13665	204.72265	102.19425	409.2155
3.75	56.39801	226.5920	112.88537	226.2397	112.9594	452.1841
3.80	62.33434	250.3374	124.76622	250.0164	124.8559	499.6747
3.85	68.89547	276.5819	137.89820	276.2905	138.0026	552.1638
3.90	76.14720	305.5888	152.41278	305.3248	152.5309	610.1776
3.95	84.16221	337.6488	168.45525	307.4100	168.5859	674.2977
4.00	93.02085	373.0834	186.18618	372.8670	186.3281	745.1668
4.05	102.8119	412.2477	205.7830	412.0509	205.9347	823.4953
4.10	113.6335	455.5340	227.4418	455.3539	227.6018	910.0681
4.15	125.5941	503.3762	251.3792	503.2096	251.5460	1005.752
4.20	138.8134	556.2535	277.8348	556.0970	278.0066	1111.507
4.25	153.4239	614.6956	307.0732	614.5457	307.2483	1228.391
4.30	169.5719	679.2878	339.3869	679.1410	339.5636	1357.576
4.35	187.4192	750.6769	375.0991	750.5297	375.2756	1500.353
4.40	207.1444	829.5777	414.5671	829.4267	414.7416	1658.155
4.45	228.9451	916.7804	458.1857	916.6219	456.3565	1832.561
4.50	253.0394	1013.158	506.3912	1012.9885	506.5566	2025.315
4.55	279.6687	1119.675	559.6659	1119.491	559.8243	2238.349
4.60	309.0994	1237.397	618.5427	1237.197	618.6924	2473.795
4.65	341.6261	1367.504	683.6106	1367.284	683.7502	2734.009
4.70	377.5744	1511.298	755.5207	1511.054	755.6488	3021.595
4.75	417.3041	1670.217	834.9923	1669.947	835.1076	3339.433
4.80	461.2129	1845.851	922.8206	1845.554	922.9219	3690.703
4.85	509.7401	2039.960	1019.8844	2039.633	1019.971	4078.921
4.90	563.3714	2254.486	1127.1549	2254.126	1127.225	4507.971
4.95	622.6435	2491.574	1245.7053	2491.182	1245.759	4982.148
5.00	688.1496	2753.598	1376.7221	2753.172	1376.759	5506.197

附表 3　　$\Phi_1 \sim \Phi_6$函数表

βx	Φ_1	Φ_2	Φ_3	Φ_4	Φ_5	Φ_6
0.01	200.00966	30001.93363	100.00966	15000.97353	3000194.7	3000194.7
0.02	100.00027	7500.0274	50.00027	3750.01415	375001.4	375001.4
0.03	66.66670	3333.3353	33.33336	1666.66759	111111.18	111111.17
0.04	50.00007	1875.0035	25.00007	937.50164	46875.099	46875.08
0.05	40.00001	1200.0008	20.00001	600.00019	24000.029	24000.00

续表

βx	Φ_1	Φ_2	Φ_3	Φ_4	Φ_5	Φ_6
0.06	33.33334	833.33386	16.66667	416.66663	13888.914	13888.88
0.07	28.57144	612.24557	14.28571	306.12238	8746.384	8746.349
0.08	25.00001	468.75072	12.49999	234.37483	5859.405	5859.365
0.09	22.22224	370.37123	11.11110	185.18494	4115.260	4115.215
0.10	20.00002	300.00105	9.99999	149.99969	3000.037	2999.987
0.11	18.18184	247.93516	9.09089	123.96657	2253.985	2253.930
0.12	16.66670	208.33485	8.33331	104.16623	1736.156	1736.096
0.13	15.38466	177.51657	7.69228	88.75688	1365.5467	1365.482
0.14	14.28577	153.06328	7.14282	76.53001	1093.3465	1093.276
0.15	13.33340	133.33569	6.66662	66.66597	888.9446	888.8696
0.16	12.50008	117.19018	6.24994	58.59296	732.4813	732.4013
0.17	11.76480	103.80926	5.88228	51.90222	610.6880	610.6030
0.18	11.11122	92.59599	5.55547	46.29529	514.4701	514.3801
0.19	10.52645	83.10628	5.26306	41.55013	437.4521	437.3571
0.20	10.00015	75.00419	4.99989	37.49876	375.0743	374.9743
0.21	9.52399	68.03183	4.76177	34.01224	324.0171	323.9121
0.22	9.09111	61.98854	4.54530	30.99024	281.8248	281.7148
0.23	8.69588	56.71632	4.34765	28.35375	246.6540	246.5390
0.24	8.33360	52.08937	4.16647	26.03988	217.1030	216.9830
0.25	8.00030	48.00655	3.99978	23.99807	192.0929	191.9679
0.26	7.69264	44.38578	3.84590	22.18726	170.7839	170.6539
0.27	7.40778	41.15990	3.70342	20.57388	152.5161	152.3811
0.28	7.14328	38.27352	3.57111	19.13023	136.7658	136.6258
0.29	6.89702	35.68063	3.44793	17.83331	123.1140	122.9690
0.30	6.66718	33.34276	3.33295	16.66388	111.2225	111.0725
0.31	6.45218	51.22755	3.22538	15.60577	100.8167	100.6617
0.32	6.25062	29.30760	3.12453	14.64527	91.67159	91.51160
0.33	6.06129	27.55962	3.02979	13.77073	83.60199	83.43700
0.34	5.88310	25.96367	2.94062	12.97220	76.45439	76.28440
0.35	5.71510	24.50263	2.85653	12.24111	70.10084	69.92585
0.36	5.55644	23.16172	2.77711	11.57006	64.43412	64.25413
0.37	5.40637	21.92815	2.70198	10.95267	59.36392	59.17894
0.38	5.26420	20.79075	2.63080	10.38334	54.81382	54.62385
0.39	5.12933	19.73980	2.56326	9.85723	50.71886	50.52388
0.40	5.00122	18.76676	2.49909	9.37005	47.02356	46.82359
0.41	4.87936	17.86413	2.43804	8.91806	43.68037	43.47540
0.42	4.76332	17.02528	2.37989	8.49794	40.64837	40.43840
0.43	4.65268	16.24435	2.32446	8.10677	37.89222	37.67726
0.44	4.54708	15.51615	2.27151	7.74194	35.38129	35.16133
0.45	4.44618	14.83602	2.22092	7.40114	33.08893	32.86398
0.46	4.34968	14.19986	2.17252	7.08230	30.99190	30.76196
0.47	4.25730	13.60394	2.12618	6.78359	29.06987	28.83493
0.48	4.16877	13.04496	2.08175	6.50329	27.30498	27.06506
0.49	4.08387	12.51994	2.03914	6.23997	25.68154	25.43662
0.50	4.00238	12.02618	1.99822	5.99227	24.18567	23.93576

续表

βx	Φ_1	Φ_2	Φ_3	Φ_4	Φ_5	Φ_6
0.51	3.92409	11.56126	1.95889	5.75897	22.80511	22.55021
0.52	3.84883	11.12299	1.92107	5.53897	21.52900	21.26911
0.53	3.77642	10.70937	1.88467	5.33129	20.34766	20.08278
0.54	3.70670	10.31860	1.84960	5.13501	19.25248	18.98261
0.55	3.63953	9.94903	1.81581	4.94932	18.23577	17.96091
0.56	3.52649	9.59916	1.78321	4.77347	17.29065	17.01080
0.57	3.51230	9.26763	1.75174	4.60676	16.41094	16.12611
0.58	3.45199	8.95317	1.721.35	4.44R58	15.59112	15.30130
0.59	3.39374	8.65465	1.69198	4.29834	14.82618	14.53138
0.60	3.33744	8.37102	1.66358	4.15554	14.11163	13.81185
0.61	3.28301	8.10130	1.63611	4.01967	13.44341	13.13865
0.62	3.23034	7.84461	1.60950	3.89030	12.81785	12.50810
0.63	3.17936	7.60012	1.58373	3.76702	12.23160	11.91688
0.64	3.12999	7.36709	1.55876	3.64945	11.68165	11.36195
0.65	3.08215	7.14481	1.53454	3.53724	11.16525	10.84057
0.66	3.03577	6.93264	1.51105	3.43007	10.67989	10.35024
0.67	2.99079	6.72998	1.48825	3.32763	10.22329	9.88867
0.68	2.94716	6.53627	1.46610	3.22966	9.79337	9.45378
0.69	2.90480	6.35101	1.44459	3.13589	9.38823	9.04366
0.70	2.86366	6.17371	1.42368	3.04609	9.00611	8.65658
0.71	2.82371	6.00393	1.40335	2.96003	8.64542	8.29092
0.72	2.78487	5.84126	1.38357	2.87751	8.30470	7.94523
0.73	2.74712	5.68531	1.36432	2.79834	7.98259	7.61816
0.74	2.71841	5.53572	1.34558	2.72232	7.67785	7.30846
0.75	2.67439	5.39215	1.32732	2.64931	7.38934	7.01499
0.76	2.63992	5.25430	1.30954	2.57913	7.11600	6.73671
0.77	2.60608	5.12186	1.29220	2.51165	6.85687	6.47262
0.78	2.57312	4.99457	1.27529	2.44672	6.61105	6.22185
0.79	2.54101	4.87216	1.25880	2.38421	6.37769	5.98354
0.80	2.50973	4.75439	1.24271	2.32402	6.15604	5.75695
0.81	2.47923	4.64104	1.22700	2.26601	5.94538	5.54134
0.82	2.44949	4.53189	1.21167	2.21009	5.74504	5.33607
0.83	2.42049	4.42674	1.19668	2.15616	5.55442	5.14051
0.84	2.39220	4.32541	1.18205	2.10411	5.37294	4.95410
0.85	2.36460	4.22771	1.16774	2.05387	5.20007	4.77630
0.86	2.33765	4.13348	1.15375	2.00535	5.03531	4.60661
0.87	2.31134	4.04257	1.14007	1.95846	4.87821	4.44458
0.88	2.28565	3.95481	1.12668	1.91315	4.72833	4.28978
0.89	2.26056	3.87008	1.11358	1.86933	4.58527	4.14181
0.90	2.23605	3.78824	1.10076	1.82693	4.44865	4.00029
0.91	2.21209	3.70916	1.08820	1.78591	4.31814	3.86486
0.92	2.18867	3.63272	1.07590	1.74619	4.19339	3.73521
0.93	2.16578	3.55882	1.06385	1.70772	4.07411	3.61102
0.94	2.14340	3.48735	1.05205	1.67045	3.95999	3.49202
0.95	2.12150	3.41820	1.04047	1.63433	3.85079	3.37792

续表

βx	Φ_1	Φ_2	Φ_3	Φ_4	Φ_5	Φ_6
0.96	2.10009	3.35128	1.02912	1.59930	3.74623	3.26848
0.97	2.07914	3.28650	1.01799	1.56533	3.64609	3.16346
0.98	2.05863	3.22377	1.00707	1.53238	3.55014	3.06263
0.99	2.03856	3.16302	0.99636	1.50039	3.45817	2.96579
1.00	2.01892	3.10415	0.98584	1.46933	3.36998	2.87274
1.01	1.99968	3.04711	0.97551	1.43917	3.28539	2.78329
1.02	1.98085	2.99182	0.96538	1.40987	3.20423	2.69727
1.03	1.96240	2.93820	0.95542	1.38140	3.12632	2.61451
1.04	1.94433	2.88621	0.94563	1.35372	3.05151	2.53486
1.05	1.92663	2.83577	0.93602	1.32680	2.97967	2.45818
1.06	1.90928	2.78684	0.92657	1.30062	2.91064	2.38432
1.07	1.89229	2.73935	0.91728	1.28000	2.84430	2.31315
1.08	1.87563	2.69325	0.90814	1.25036	2.78052	2.24455
1.09	1.85929	2.64849	0.89916	1.22622	2.71919	2.17841
1.10	1.84328	2.60503	0.89032	1.20272	2.66019	2.11461
1.11	1.82758	2.56281	0.88162	1.17983	2.60343	2.05305
1.12	1.81219	2.52180	0.87306	1.15753	2.54880	1.99363
1.13	1.79709	2.48195	0.86463	1.13579	2.49621	1.93626
1.14	1.78228	2.44322	0.85634	1.11460	2.44557	1.88085
1.15	1.76776	2.40558	0.84617	1.09394	2.39679	1.82731
1.16	1.75351	2.36898	0.84012	1.07379	2.34981	1.77556
1.17	1.73952	2.33340	0.83219	1.05413	2.30453	1.72553
1.18	1.72580	2.29879	0.82438	1.03495	2.26089	1.67715
1.19	1.71234	2.26513	0.81668	1.01622	2.21882	1.63034
1.20	1.69912	2.23239	0.80909	0.99794	2.17825	1.58505
1.21	1.68615	2.20053	0.80160	0.98009	2.13913	1.54121
1.22	1.67342	2.16953	0.79423	0.96266	2.10138	1.49876
1.23	1.66092	2.13936	0.78695	0.94563	2.06497	1.45765
1.24	1.64864	2.10999	0.77977	0.92898	2.02983	1.41782
1.25	1.63659	2.08140	0.77268	0.91272	1.99591	1.37923
1.26	1.62476	2.05356	0.76569	0.89681	1.96317	1.34182
1.27	1.61314	2.02645	0.75879	0.88127	1.89721	1.30555
1.28	1.60173	2.00006	0.75198	0.86606	1.90103	1.27037
1.29	1.59052	1.97435	0.74526	0.85118	1.87154	1.23625
1.30	1.57951	1.94930	0.73862	0.83663	1.84305	1.20314
1.31	1.56870	1.92490	0.73206	0.82238	1.81553	1.17100
1.32	1.55807	1.90113	0.72558	0.80844	1.78893	1.13980
1.33	1.54764	1.87797	0.71917	0.79479	1.76323	1.10951
1.34	1.53738	1.85540	0.71285	0.78143	1.73839	1.08009
1.35	1.52731	1.83340	0.70659	0.76834	1.71437	1.05151
1.36	1.51741	1.81196	0.70041	0.75551	1.69115	1.02373
1.37	1.50769	1.79106	0.69430	0.74295	1.66870	0.99674
1.38	1.49813	1.77069	0.68826	0.73064	1.64698	0.97050
1.39	1.48874	1.75083	0.68228	0.71858	1.62598	0.94498
1.40	1.47951	1.73146	0.67637	0.70675	1.60567	0.92017

续表

βx	Φ_1	Φ_2	Φ_3	Φ_4	Φ_5	Φ_6
1.41	1.47044	1.71258	0.67052	0.69515	1.58601	0.89602
1.42	1.46152	1.69417	0.66474	0.68378	1.56700	0.87254
1.43	1.45276	1.67622	0.65901	0.67263	1.54860	0.84968
1.44	1.44415	1.65871	0.65335	0.66168	1.53080	0.82743
1.45	1.43568	1.64163	0.64774	0.65095	1.51357	0.80577
1.46	1.42737	1.62497	0.64219	0.64042	1.49689	0.78468
1.47	1.41919	1.60872	0.63669	0.63008	1.48075	0.76414
1.48	1.41115	1.59287	0.63125	0.61993	1.46513	0.74413
1.49	1.40325	1.57741	0.62585	0.60997	1.45000	0.72464
1.50	1.39548	1.56233	0.62051	0.60018	1.43536	0.70564
1.51	1.38785	1.54762	0.61522	0.59057	1.42118	0.68712
1.52	1.38034	1.53326	0.60998	0.58114	1.40745	0.66907
1.53	1.37296	1.51925	0.60479	0.57187	1.39416	0.65148
1.54	1.36571	1.50559	0.59964	0.56276	1.38128	0.63432
1.55	1.35858	1.49225	0.59454	0.55381	1.36882	0.61758
1.56	1.35157	1.47924	0.58949	0.54501	1.35674	0.60126
1.57	1.34968	1.46655	0.58447	0.53637	1.34505	0.58533
1.58	1.33790	1.45416	0.57950	0.52787	1.33372	0.56979
1.59	1.33124	1.44207	0.57458	0.51951	1.32275	0.55462
1.60	1.32470	1.43028	0.56969	0.51130	1.31213	0.53982
1.61	1.31826	1.41877	0.56484	0.50322	1.30184	0.52536
1.62	1.31194	1.40754	0.56003	0.49527	1.29187	0.51125
1.63	1.30572	1.39658	0.55526	0.48745	1.28221	0.49796
1.64	1.29960	1.38588	0.55053	0.47976	1.27285	0.48402
1.65	1.29359	1.37545	0.54583	0.47219	1.26379	0.47088
1.66	1.28768	1.36526	0.54117	0.46474	1.25601	0.45804
1.67	1.28188	1.35532	0.53655	0.45741	1.24651	0.44550
1.68	1.27617	1.34563	0.53196	0.45020	1.23827	0.43324
1.69	1.27056	1.33616	0.52740	0.44310	1.23029	0.42126
1.70	1.26504	1.32693	0.52288	0.43610	1.22256	0.40955
1.71	1.25962	1.31792	0.51839	0.42922	1.21508	0.39811
1.72	1.25429	1.30913	0.51393	0.42244	1.20782	0.38692
1.73	1.24906	1.30055	0.50950	0.41576	1.20080	0.37599
1.74	1.24391	1.29218	0.50510	0.40918	1.19399	0.36529
1.75	1.23885	1.28401	0.50073	0.40271	1.18740	0.35484
1.76	1.23388	1.27605	0.49640	0.39633	1.18102	0.34461
1.77	1.22899	1.26827	0.49209	0.39004	1.17483	0.33461
1.78	1.22419	1.26069	0.48781	0.38384	1.16884	0.32482
1.79	1.21947	1.25329	0.48355	0.37774	1.16304	0.31525
1.80	1.21484	1.24608	0.47933	0.37172	1.15743	0.30588
1.81	1.21028	1.23904	0.47513	0.36579	1.15199	0.29672
1.82	1.20581	1.23217	0.47096	0.35995	1.14672	0.28775
1.83	1.20141	1.22547	0.46681	0.35418	1.14162	0.27898
1.84	1.19709	1.21894	0.46269	0.34850	1.13668	0.27039
1.85	1.19285	1.21257	0.45860	0.34290	1.13190	0.26198

续表

βx	Φ_1	Φ_2	Φ_3	Φ_4	Φ_5	Φ_6
1.86	1.18868	1.20636	0.45453	0.33738	1.12728	0.25375
1.87	1.18458	1.20030	0.45048	0.33194	1.12280	0.24570
1.88	1.18056	1.19440	0.44646	0.32657	1.11846	0.23782
1.89	1.17661	1.18864	0.44246	0.32127	1.11426	0.23010
1.90	1.17273	1.18302	0.43848	0.31605	1.11020	0.22254
1.91	1.16892	1.17755	0.43453	0.31090	1.10627	0.21514
1.92	1.16518	1.17222	0.43060	0.30581	1.10247	0.20789
1.93	1.16150	1.16701	0.42670	0.30080	1.09879	0.20080
1.94	1.15789	1.16195	0.42281	0.29585	1.09523	0.19385
1.95	1.15435	1.15701	0.41895	0.29097	1.09178	0.18705
1.96	1.15087	1.15219	0.41511	0.28616	1.08845	0.18038
1.97	1.14746	1.14750	0.41129	0.28141	1.08523	0.17386
1.98	1.14411	1.14293	0.40749	0.27672	1.08212	0.16747
1.99	1.14082	1.13848	0.40371	0.27209	1.07911	0.16121
2.00	1.13759	1.13414	0.39995	0.26753	1.07619	0.15507
2.01	1.13442	1.12992	0.39621	0.26302	1.07338	0.14907
2.02	1.13131	1.12581	0.39249	0.25857	1.07066	0.14319
2.03	1.12825	1.12180	0.38879	0.25418	1.06803	0.13742
2.04	1.12526	1.11790	0.38511	0.24985	1.06549	0.13178
2.05	1.12232	1.111410	0.38145	0.24557	1.06303	0.12625
2.06	1.11944	1.11041	0.37781	0.24135	1.06066	0.12083
2.07	1.11661	1.10681	0.37419	0.23718	1.05837	0.11553
2.08	1.11384	1.10331	0.37058	0.23307	1.05616	0.11033
2.09	1.11112	1.09990	0.36700	0.22901	1.05403	0.10524
2.10	1.10845	1.09658	0.36343	0.22499	1.05197	0.10026
2.11	1.10584	1.09335	0.35998	0.22103	1.04998	0.09537
2.12	1.10327	1.09022	0.35635	0.21712	1.04806	0.09059
2.13	1.10076	1.08716	0.35284	0.21326	1.04620	0.08590
2.14	1.09829	1.08420	0.34935	0.20945	1.04442	0.08132
2.15	1.09587	1.08131	0.34587	0.20569	1.04269	0.07682
2.16	1.09350	1.07850	0.34242	0.20197	1.04103	0.07242
2.17	1.09118	1.07578	0.33897	0.19830	1.03943	0.06811
2.18	1.08891	1.07313	0.33555	0.19468	1.03789	0.06388
2.19	1.08668	1.07055	0.33215	0.19110	1.03640	0.05975
2.20	1.08450	1.06805	0.32876	0.18757	1.03496	0.05570
2.21	1.08236	1.06562	0.32539	0.18408	1.03358	0.05174
2.22	1.08026	1.06326	0.32203	0.18063	1.03225	0.04785
2.23	1.07821	1.06096	0.31870	0.17723	1.03097	0.04405
2.24	1.07620	1.05874	0.31538	0.17387	1.02974	0.04033
2.25	1.07423	1.05657	0.31208	0.17055	1.02855	0.03669
2.26	1.07230	1.05448	0.30879	0.16727	1.02741	0.03312
2.27	1.07041	1.05244	0.30552	0.16404	1.02631	0.02963
2.28	1.06857	1.05047	0.30227	0.16084	1.02526	0.02622
2.29	1.06676	1.04855	0.29904	0.15769	1.02424	0.02287
2.30	1.06499	1.04669	0.29582	0.15457	1.02327	0.01960

续表

βx	Φ_1	Φ_2	Φ_3	Φ_4	Φ_5	Φ_6
2.31	1.06326	1.04489	0.29262	0.15149	1.02233	0.01640
2.32	1.06156	1.04315	0.28943	0.14846	1.02143	0.01327
2.33	1.05991	1.04146	0.28627	0.14546	1.02057	0.01021
2.34	1.05829	1.03982	0.28311	0.14249	1.01974	0.00721
2.35	1.05670	1.03823	0.27998	0.13957	1.01894	0.00428
2.36	1.05515	1.03669	0.27686	0.13668	1.01818	0.00141
2.37	1.05363	1.03520	0.27376	0.13383	1.01745	0.00139
2.38	1.05215	1.03376	0.27068	0.13101	1.01675	−0.00413
2.39	1.05070	1.03236	0.26761	0.12823	1.01608	−0.00681
2.40	1.04929	1.03101	0.26456	0.12549	1.01543	−0.00942
2.41	1.04790	1.02971	0.26153	0.12278	1.01482	−0.01198
2.42	1.04655	1.02844	0.25851	0.12010	1.01423	−0.01448
2.43	1.04523	1.02722	0.25551	0.11746	1.01366	−0.01692
2.44	1.04394	1.02604	0.25253	0.11485	1.01312	−0.01931
2.45	1.04268	1.02490	0.24956	0.11228	1.01261	−0.02164
2.46	1.04145	1.02380	0.24661	0.10974	1.01211	−0.02391
2.47	1.04025	1.02274	0.24367	0.10723	1.01164	−0.02613
2.48	1.03907	1.02171	0.24076	0.10473	1.01119	−0.02830
2.49	1.03793	1.02072	0.23786	0.10231	1.01076	−0.03041
2.50	1.03681	1.01976	0.23497	0.09990	1.01036	−0.03249
2.51	1.03572	1.01884	0.23211	0.09751	1.00997	−0.03449
2.52	1.03466	1.01795	0.22926	0.09517	1.00759	−0.03645
2.53	1.03362	1.01710	0.22643	0.09285	1.00924	−0.03836
2.54	1.03260	1.01627	0.22361	0.09056	1.00890	−0.04023
2.55	1.03162	1.01547	0.22081	0.08830	1.00858	−0.04204
2.56	1.03085	1.01471	0.21803	0.08607	1.00828	−0.04381
2.57	1.02972	1.01397	0.21527	0.08388	1.00799	−0.04554
2.58	1.02880	1.01326	0.21252	0.08171	1.00771	−0.04722
2.59	1.02791	1.01258	0.20979	0.07957	1.00745	−0.04885
2.60	1.02704	1.01193	0.20708	0.07746	1.00721	−0.05044
2.61	1.02619	1.01130	0.20438	0.07538	1.00698	−0.05198
2.62	1.02537	1.01070	0.20170	0.07333	1.00676	−0.05349
2.63	1.02457	1.01012	0.19904	0.07130	1.00655	−0.05495
2.64	1.02378	1.00956	0.19640	0.06931	1.00635	−0.05637
2.65	1.02302	1.00903	0.19377	0.06734	1.00616	−0.05775
2.66	1.02228	1.00852	0.19116	0.06589	1.00599	−0.05909
2.67	1.02156	1.00803	0.18857	0.06348	1.00582	−0.06039
2.68	1.02086	1.00756	0.18600	0.06159	1.00566	−0.06165
2.69	1.02018	1.00711	0.18344	0.05973	1.00552	−0.06287
2.70	1.01951	1.00668	0.18090	0.05790	1.00538	−0.06405

续表

βx	Φ_1	Φ_2	Φ_3	Φ_4	Φ_5	Φ_6
2.71	1.01887	1.00627	0.17838	0.05609	1.00525	−0.06520
2.72	1.01824	1.00588	0.17587	0.05431	1.00513	−0.06631
2.73	1.01763	1.00551	0.17339	0.05255	1.00501	−0.06739
2.74	1.01704	1.00515	0.17092	0.05082	1.00491	−0.06842
2.75	1.01646	1.00481	0.16847	0.04912	1.00481	−0.06943
2.76	1.01590	1.00449	0.16603	0.04744	1.00471	−0.07040
2.77	1.01536	1.00418	0.16362	0.04578	1.00463	−0.07134
2.78	1.01483	1.00389	0.16122	0.04415	1.00454	−0.07224
2.79	1.01432	1.00361	0.15884	0.04254	1.00447	−0.07311
2.80	1.01382	1.00335	0.15648	0.04096	1.00440	−0.07395
2.81	1.01334	1.00310	0.15413	0.03940	1.00433	−0.07475
2.82	1.01287	1.00286	0.15180	0.03787	1.00428	−0.07553
2.83	1.01242	1.00264	0.14950	0.03636	1.00422	−0.07627
2.84	1.01198	1.00243	0.14721	0.03487	1.00417	−0.07699
2.85	1.01155	1.00223	0.14493	0.03341	1.00412	−0.07767
2.86	1.01114	1.00204	0.14268	0.03197	1.00408	−0.07833
2.87	1.01074	1.00186	0.14044	0.03055	1.00404	−0.07895
2.88	1.01035	1.00169	0.13822	0.02915	1.00401	−0.07955
2.89	1.00997	1.00154	0.13602	0.02778	1.00397	−0.08012
2.90	1.00961	1.00140	0.13384	0.02643	1.00394	−0.08066
2.91	1.00926	1.00126	0.13167	0.02510	1.00392	−0.08118
2.92	1.00891	1.00113	0.12953	0.02379	1.00389	−0.08167
2.93	1.00858	1.00101	0.12740	0.02250	1.00387	−0.08213
2.94	1.00827	1.00090	0.12529	0.02124	1.00385	−0.08257
2.95	1.00796	1.00080	0.12319	0.02000	1.00384	−0.08298
2.96	1.00766	1.00070	0.12112	0.01877	1.00382	−0.08337
2.97	1.00737	1.00062	0.11906	0.01757	1.00381	−0.08373
2.98	1.00709	1.00054	0.11702	0.01639	1.00380	−0.08407
2.99	1.00682	1.00046	0.11500	0.01523	1.00379	−0.08439
3.00	1.00656	1.00040	0.11300	0.01409	1.00378	−0.08468
3.1	1.0046	1.0002	0.0940	0.0038	1.0038	−0.0864
3.2	1.0032	1.0030	0.0768	−0.0048	1.0037	−0.0863
3.3	1.0020	1.0020	0.0612	−0.0117	1.0037	−0.0846
3.4	1.0014	1.0006	0.0476	−0.0171	1.0036	−0.0817
3.5	1.0011	1.0009	0.0354	−0.0212	1.0035	−0.0780
3.6	1.0008	1.0010	0.0248	−0.0242	1.0032	−0.0733
3.7	1.0009	1.0016	0.0157	−0.0262	1.0032	−0.0683
3.8	1.0009	1.0013	0.0080	−0.0274	1.0027	−0.0628
3.9	1.0010	1.0011	0.0015	−0.0279	1.0024	−0.0573
4.0	1.0011	1.0009	−0.0039	−0.0277	1.0020	−0.0516

续表

βx	Φ_1	Φ_2	Φ_3	Φ_4	Φ_5	Φ_6
4.1	1.0009	1.0014	−0.0081	−0.0271	1.0015	−0.0463
4.2	1.0008	1.0013	−0.0115	−0.0262	1.0015	−0.0409
4.3	1.0007	1.0012	−0.0140	−0.0249	1.0013	−0.0348
4.4	1.0006	1.0010	−0.0158	−0.0234	1.0010	−0.0309
4.5	1.0006	1.0009	−0.0170	−0.0217	1.0008	−0.0264
4.6	1.0005	1.0008	−0.0178	−0.0200	1.0006	−0.0223
4.7	1.0004	1.0006	−0.0180	−0.0182	1.0005	−0.0184
4.8	1.0004	1.0005	−0.0178	−0.0164	1.0004	−0.0150
4.9	1.0003	1.0004	−0.0174	−0.0146	1.0003	−0.0119
5.0	1.0002	1.0003	−0.0168	−0.0130	1.0002	−0.0091
5.1	1.0002	1.0002	−0.0160	−0.0113	1.0001	−0.0067
5.2	1.0002	1.0002	−0.0150	−0.0097	1.0001	−0.0046
5.3	1.0001	1.0001	−0.0138	−0.0083	1.0001	−0.0028
5.4	1.0001	1.0001	−0.0128	−0.0069	1.0000	−0.0026
5.5	1.0000	1.0000	−0.0116	−0.0058	1.0000	0.000026
5.6	1.0000	1.0000	−0.0104	−0.0047	1.0000	0.0011
5.7			−0.0092	−0.0037		0.0019
5.8			−0.0082	−0.0028		0.0025
5.9			−0.0072	−0.0020		0.0030
6.0			−0.0062	−0.0014		0.0034

附表 4　　$\Phi_7 \sim \Phi_{12}$ 函数表

βx	Φ_7	Φ_8	Φ_9	Φ_{10}	Φ_{11}	Φ_{12}
0.01	0.000000666	0.020000	0.000099999	1.00000	0.0099999	0.000000666
0.02	0.000005333	0.040000	0.000399999	1.00000	0.0199999	0.000005333
0.03	0.000017999	0.060000	0.000899999	1.00000	0.0299999	0.000017999
0.04	0.000042666	0.080000	0.001599998	1.00000	0.0399999	0.000042666
0.05	0.00008333	0.0999998	0.002499995	1.00000	0.0499999	0.00008333
0.06	0.000143999	0.12000	0.003599986	0.99999	0.0599998	0.000143999
0.07	0.000228664	0.14000	0.004899965	0.99999	0.0699997	0.000228664
0.08	0.000341328	0.16000	0.006399924	0.99998	0.0799993	0.00034133
0.09	0.000485989	0.18000	0.008099846	0.99997	0.0899988	0.00048599
0.10	0.000666645	0.19999	0.0099997	0.99995	0.099998	0.00066664
0.11	0.00088729	0.21999	0.012099	0.99993	0.109997	0.00088729
0.12	0.0011519	0.23998	0.014399	0.99990	0.119995	0.0011519
0.13	0.0014645	0.25997	0.016899	0.99986	0.129992	0.0014645
0.14	0.0018291	0.27996	0.019598	0.99981	0.139989	0.0018291
0.15	0.0022496	0.29994	0.022497	0.99975	0.14998	0.0022496
0.16	0.0027301	0.31992	0.025595	0.99967	0.15998	0.0027301
0.17	0.0032745	0.33990	0.028893	0.99958	0.16997	0.0032744
0.18	0.0038867	0.35986	0.032390	0.99947	0.17996	0.0038866
0.19	0.0045708	0.37982	0.036086	0.99935	0.18995	0.0045707
0.20	0.0053307	0.39977	0.039982	0.99920	0.19994	0.0053304

续表

βx	Φ_7	Φ_8	Φ_9	Φ_{10}	Φ_{11}	Φ_{12}
0.21	0.0061702	0.41970	0.044075	0.99903	0.20992	0.0061700
0.22	0.0070934	0.43962	0.048367	0.99883	0.21990	0.0070930
0.23	0.0081042	0.45953	0.052857	0.99860	0.22987	0.0081037
0.24	0.0092064	0.47942	0.057545	0.99834	0.23984	0.0092057
0.25	0.010404	0.49928	0.062430	0.99805	0.24980	0.010403
0.26	0.011701	0.51913	0.067511	0.99772	0.25976	0.011699
0.27	0.013100	0.53895	0.072788	0.99735	0.26971	0.013098
0.28	0.014606	0.55874	0.078261	0.99693	0.27966	0.014604
0.29	0.016223	0.57850	0.083929	0.99647	0.28959	0.016221
0.30	0.017954	0.59822	0.089790	0.99596	0.29952	0.017951
0.31	0.019803	0.61791	0.095844	0.99540	0.30943	0.019799
0.32	0.021774	0.63755	0.10209	0.99478	0.31933	0.021768
0.33	0.023869	0.65714	0.10853	0.99409	0.32922	0.023862
0.34	0.026093	0.67668	0.11516	0.99335	0.33910	0.026085
0.35	0.028449	0.69617	0.12197	0.99253	0.34895	0.028439
0.36	0.030941	0.71559	0.12897	0.99165	0.35880	0.030928
0.37	0.033571	0.73495	0.13616	0.99069	0.36862	0.033556
0.38	0.036343	0.75423	0.14354	0.98965	0.37843	0.036325
0.39	0.039261	0.77343	0.15109	0.98852	0.38821	0.039239
0.40	0.042326	0.79255	0.15883	0.98731	0.39797	0.042300
0.41	0.045543	0.81158	0.16674	0.98600	0.40770	0.045512
0.42	0.048914	0.83051	0.17483	0.98460	0.41741	0.048878
0.43	0.052441	0.84934	0.18309	0.98310	0.42709	0.052399
0.44	0.056128	0.86805	0.19153	0.98149	0.43674	0.056078
0.45	0.059977	0.88665	0.20013	0.97977	0.44636	0.059919
0.46	0.063991	0.90511	0.20890	0.97794	0.45594	0.063922
0.47	0.068170	0.92344	0.21783	0.97599	0.46548	0.068091
0.48	0.072519	0.94163	0.22693	0.97391	0.47499	0.072427
0.49	0.077034	0.95967	0.23617	0.97171	0.48445	0.076932
0.50	0.081729	0.97754	0.24558	0.96938	0.49387	0.081607
0.51	0.086594	0.99524	0.25513	0.96691	0.50325	0.086455
0.52	0.091634	1.01277	0.26482	0.96430	0.51257	0.091475
0.53	0.096851	1.03010	0.27466	0.96154	0.52184	0.096670
0.54	0.10225	1.04723	0.28463	0.95864	0.53106	0.10204
0.55	0.10782	1.06416	0.29473	0.95558	0.54022	0.10758
0.56	0.11357	1.08086	0.30496	0.95236	0.54932	0.11330
0.57	0.11950	1.09734	0.31532	0.94899	0.55836	0.11920
0.58	0.12561	1.11357	0.32579	0.94544	0.56733	0.12527
0.59	0.13190	1.12956	0.33637	0.94173	0.57624	0.13152
0.60	0.13837	1.14528	0.34706	0.93784	0.58507	0.13794
0.61	0.14502	1.16073	0.35785	0.93378	0.59383	0.14454
0.62	0.15184	1.17589	0.36874	0.92953	0.60251	0.15131
0.63	0.15884	1.19076	0.37971	0.92510	0.61111	0.15825
0.64	0.16602	1.20533	0.39077	0.92049	0.61962	0.16536
0.65	0.17337	1.21958	0.40190	0.91568	0.62805	0.17264

续表

βx	Φ_7	Φ_8	Φ_9	Φ_{10}	Φ_{11}	Φ_{12}
0.66	0.18089	1.23349	0.41310	0.91069	0.63639	0.18008
0.67	0.18859	1.24707	0.42436	0.90549	0.64464	0.18769
0.68	0.19645	1.26030	0.43568	0.90010	0.65279	0.19545
0.69	0.20447	1.27317	0.44705	0.89451	0.66084	0.20337
0.70	0.21265	1.28567	0.45846	0.88872	0.66879	0.21144
0.71	0.22100	1.29778	0.46990	0.88272	0.67664	0.21967
0.72	0.22950	1.30950	0.48137	0.87652	0.68437	0.22803
0.73	0.23814	1.32082	0.49285	0.87011	0.69200	0.23654
0.74	0.24694	1.33172	0.50435	0.86350	0.69951	0.24519
0.75	0.25588	1.34220	0.51585	0.85668	0.70691	0.25396
0.76	0.26495	1.35225	0.52734	0.84965	0.71419	0.26286
0.77	0.27416	1.36185	0.53882	0.84242	0.72135	0.27188
0.78	0.28350	1.37101	0.55029	0.83498	0.72838	0.28102
0.79	0.29296	1.37970	0.56172	0.82733	0.73529	0.29026
0.80	0.30253	1.38793	0.57311	0.81948	0.74207	0.29960
0.81	0.31222	1.39568	0.58446	0.81142	0.74872	0.30904
0.82	0.32201	1.40295	0.59576	0.80316	0.75524	0.31857
0.83	0.33190	1.40974	0.60700	0.79471	0.76162	0.32818
0.84	0.34188	1.41602	0.61816	0.78605	0.76787	0.33786
0.85	0.35195	1.42181	0.62925	0.77720	0.77398	0.34761
0.86	0.36209	1.42709	0.64026	0.76816	0.77995	0.35742
0.87	0.37231	1.43187	0.65118	0.75892	0.78578	0.36728
0.88	0.38259	1.43613	0.66199	0.74951	0.79147	0.37719
0.89	0.39293	1.43987	0.67270	0.73991	0.79702	0.38713
0.90	0.40332	1.44309	0.68330	0.73014	0.80242	0.39709
0.91	0.41376	1.44579	0.69377	0.72019	0.80768	0.40708
0.92	0.42422	1.44797	0.70412	0.71008	0.81279	0.41708
0.93	0.43472	1.44962	0.71433	0.69981	0.81776	0.42708
0.94	0.44524	1.45075	0.72441	0.68937	0.82259	0.43707
0.95	0.45576	1.45136	0.73433	0.67879	0.82727	0.44705
0.96	0.46630	1.45145	0.74411	0.66806	0.83180	0.45701
0.97	0.47683	1.45101	0.75373	0.65719	0.83619	0.46693
0.98	0.48735	1.45006	0.76318	0.64619	0.84044	0.47682
0.99	0.49785	1.44859	0.77246	0.63506	0.84454	0.48665
1.00	0.50833	1.44662	0.78158	0.62381	0.84851	0.49644
1.01	0.51878	1.44413	0.79051	0.61245	0.85233	0.50615
1.02	0.52918	1.44115	0.79926	0.60098	0.85601	0.51580
1.03	0.53954	1.43767	0.80783	0.58941	0.85935	0.52537
1.04	0.54985	1.43370	0.81621	0.57776	0.86296	0.53484
1.05	0.56010	1.42925	0.82440	0.56601	0.86623	0.54423
1.06	0.57028	1.42432	0.83239	0.55419	0.86937	0.55351
1.07	0.58038	1.41893	0.84018	0.54230	0.87237	0.56268
1.08	0.59041	1.41308	0.84778	0.53035	0.87525	0.57173
1.09	0.60035	1.40678	0.85517	0.51835	0.87800	0.58066
1.10	0.61020	1.40003	0.86236	0.50629	0.88062	0.58964

续表

βx	Φ_7	Φ_8	Φ_9	Φ_{10}	Φ_{11}	Φ_{12}
1.11	0.61995	1.39286	0.86935	0.49420	0.88313	0.59812
1.12	0.62959	1.38526	0.87613	0.48208	0.88551	0.60664
1.13	0.63913	1.37726	0.88270	0.46993	0.88777	0.61501
1.14	0.64856	1.36885	0.88907	0.49267	0.88993	0.62323
1.15	0.65787	1.36006	0.89524	0.44559	0.89197	0.63129
1.16	0.66706	1.35089	0.90119	0.43342	0.89390	0.63919
1.17	0.67612	1.34136	0.90695	0.42125	0.89572	0.64691
1.18	0.68505	1.33147	0.91249	0.40909	0.89745	0.65447
1.19	0.69385	1.32124	0.91784	0.39695	0.89907	0.66184
1.20	0.70250	1.31068	0.92298	0.38484	0.90060	0.66904
1.21	0.71102	1.29981	0.92793	0.37276	0.90204	0.67605
1.22	0.71940	1.28863	0.93268	0.36072	0.90338	0.68287
1.23	0.72763	1.27716	0.93723	0.34872	0.90464	0.68951
1.24	0.73571	1.26541	0.94158	0.33678	0.90581	0.69595
1.25	0.74364	1.25340	0.94575	0.32489	0.90691	0.70219
1.26	0.75142	1.24113	0.94973	0.31307	0.90793	0.70824
1.27	0.75904	1.22862	0.95353	0.30132	0.90887	0.71408
1.28	0.76651	1.21588	0.95713	0.28964	0.90974	0.71973
1.29	0.77383	1.20293	0.96057	0.27805	0.91055	0.72517
1.30	0.78098	1.18977	0.96382	0.26654	0.91129	0.73041
1.31	0.78798	1.17643	0.96691	0.25512	0.91197	0.73545
1.32	0.79482	1.16290	0.96983	0.24379	0.91259	0.74028
1.33	0.80151	1.14921	0.97258	0.23256	0.91316	0.74490
1.34	0.80803	1.13536	0.97518	0.22144	0.91368	0.74933
1.35	0.81440	1.12138	0.97761	0.21042	0.91414	0.75354
1.36	0.82060	1.10725	0.97990	0.19951	0.91456	0.75755
1.37	0.82666	1.09301	0.98203	0.18872	0.91494	0.76136
1.38	0.83255	1.07867	0.98402	0.17804	0.91528	0.76497
1.39	0.83829	1.06422	0.98587	0.16749	0.91557	0.76837
1.40	0.84388	1.04968	0.98759	0.15706	0.91584	0.77157
1.41	0.84931	1.03507	0.98917	0.14676	0.91607	0.77458
1.42	0.85459	1.02039	0.99063	0.13659	0.91627	0.77738
1.43	0.85972	1.00566	0.99196	0.12654	0.91644	0.77999
1.44	0.86471	0.99087	0.99317	0.11663	0.91659	0.78240
1.45	0.86954	0.97605	0.99427	0.10686	0.91671	0.78462
1.46	0.87423	0.96120	0.99526	0.09723	0.91682	0.78665
1.47	0.87878	0.94633	0.99614	0.08773	0.91690	0.78849
1.48	0.88319	0.93145	0.99692	0.07837	0.91697	0.79015
1.49	0.88746	0.91656	0.99761	0.06916	0.91703	0.79162
1.50	0.89159	0.90168	0.99819	0.06009	0.91707	0.79291
1.51	0.89559	0.88681	0.99869	0.05116	0.91710	0.79402
1.52	0.89946	0.87196	0.99910	0.04237	0.91712	0.79495
1.53	0.90319	0.85714	0.99943	0.03373	0.91714	0.79571
1.54	0.90680	0.84235	0.99968	0.02524	0.91715	0.79630
1.55	0.91029	0.82760	0.99986	0.01689	0.91715	0.79672

续表

βx	Φ_7	Φ_8	Φ_9	Φ_{10}	Φ_{11}	Φ_{12}
1.56	0.91365	0.81289	0.99996	0.00869	0.91715	0.79698
1.57	0.91690	0.79824	1.00000	0.000635	0.91715	0.79707
1.58	0.92003	0.78364	0.99997	−0.00727	0.91715	0.79700
1.59	0.92304	0.76911	0.99989	−0.01504	0.91715	0.79678
1.60	0.92594	0.75465	0.99974	−0.02265	0.91716	0.79641
1.61	0.92874	0.74026	0.99955	−0.03013	0.91716	0.79588
1.62	0.93142	0.72594	0.99930	−0.03745	0.91718	0.79520
1.63	0.93401	0.71171	0.99900	−0.04464	0.91719	0.79438
1.64	0.93649	0.69757	0.99866	−0.05167	0.91722	0.79342
1.65	0.93887	0.68352	0.99828	−0.05857	0.91725	0.79232
1.66	0.94116	0.66956	0.99786	−0.06532	0.91728	0.79108
1.67	0.94336	0.65570	0.99741	−0.07193	0.91733	0.78971
1.68	0.94546	0.64194	0.99692	−0.07840	0.91739	0.78821
1.69	0.94748	0.62829	0.99.640	−0.08473	0.91746	0.78659
1.70	0.94941	0.61474	0.99586	−0.09092	0.91753	0.78484
1.71	0.95126	0.60130	0.99529	−0.09697	0.91762	0.78297
1.72	0.95303	0.58798	0.99469	−0.10289	0.91772	0.78098
1.73	0.95472	0.57477	0.99408	−0.10867	0.91783	0.77887
1.74	0.95633	0.56169	0.99344	−0.11432	0.91796	0.77666
1.75	0.95787	0.54872	0.99279	−0.11983	0.91809	0.77433
1.76	0.95934	0.53587	0.99130	−0.12521	0.91824	0.77190
1.77	0.96075	0.52314	0.99145	−0.13047	0.91841	0.76936
1.78	0.96208	0.51055	0.99077	−0.13559	0.91858	0.76673
1.79	0.96335	0.49807	0.99007	−0.14058	0.91876	0.76399
1.80	0.96456	0.48573	0.98937	−0.14545	0.91898	0.76116
1.81	0.96571	0.47352	0.98866	−0.15020	0.91920	0.75824
1.82	0.96681	0.46143	0.98794	−0.15482	0.91943	0.75522
1.83	0.96784	0.44948	0.98723	−0.15931	0.91968	0.75212
1.84	0.96883	0.43766	0.98651	−0.16369	0.91994	0.74893
1.85	0.96976	0.42597	0.98580	−0.16795	0.92021	0.74566
1.86	0.97064	0.41442	0.98508	−0.17209	0.92050	0.74231
1.87	0.97148	0.40300	0.98437	−0.17611	0.92081	0.73888
1.88	0.97227	0.39171	0.98366	−0.18002	0.92112	0.73538
1.89	0.97301	0.38056	0.98296	−0.18382	0.92145	0.73180
1.90	0.97372	0.36955	0.98226	−0.18751	0.92180	0.72815
1.91	0.97438	0.35870	0.98157	−0.19108	0.92216	0.72443
1.92	0.97500	0.34793	0.98089	−0.19455	0.92253	0.72065
1.93	0.97559	0.33732	0.98022	−0.19791	0.92291	0.71680
1.94	0.97614	0.32685	0.97955	−0.20116	0.92331	0.71289
1.95	0.97666	0.31651	0.97891	−0.20431	0.92372	0.70892

续表

βx	Φ_7	Φ_8	Φ_9	Φ_{10}	Φ_{11}	Φ_{12}
1.96	0.97714	0.30631	0.97827	-0.20736	0.92414	0.70489
1.97	0.97760	0.29624	0.97764	-0.21030	0.92458	0.70080
1.98	0.97802	0.28631	0.97702	-0.21315	0.92503	0.69667
1.99	0.97842	0.27652	0.97642	-0.21590	0.92549	0.69247
2.00	0.97879	0.26685	0.97583	-0.21855	0.92596	0.68823
2.05	0.9803	0.2205	0.9731	-0.2304	0.9285	0.6663
2.10	0.9812	0.1775	0.9707	-0.2401	0.9312	0.6434
2.15	0.9819	0.1377	0.9688	-0.2477	0.9342	0.6198
2.20	0.9822	0.1009	0.9674	-0.2885	0.9374	0.5955
2.25	0.9824	0.0671	0.9663	-0.2575	0.9406	0.5708
2.30	0.9825	0.03617	0.9656	-0.2600	0.9440	0.5458
2.35	0.9825	0.00796	0.9653	-0.2610	0.9474	0.5206
2.40	0.9325	-0.01764	0.9654	-0.2608	0.9508	0.4954
2.45	0.9825	-0.04077	0.9658	-0.2594	0.9542	0.4603
2.50	0.9826	-0.06134	0.9664	-0.2569	0.9575	0.4454
2.55	0.9827	-0.08010	0.9673	-0.2535	0.9608	0.4207
2.60	0.9829	-0.09654	0.9684	-0.2492	0.9639	0.3964
2.65	0.9832	-0.1110	0.9697	-0.2441	0.9670	0.3724
2.70	0.9835	-0.1236	0.9712	-0.2384	0.9699	0.3490
2.75	0.9839	-0.1344	0.9726	-0.2322	0.9727	0.3262
2.80	0.9844	-0.1436	0.9743	-0.2254	0.9753	0.3039
2.90	0.9850	-0.1574	0.9770	-0.2105	0.9795	0.2611
3.00	0.9869	-0.1660	0.9808	-0.1948	0.9842	0.2216
3.50	0.9938	-0.1546	0.9936	-0.1126	0.9962	0.0702
4.00	0.9981	-0.1032	0.9989	-0.0469	0.9994	-0.0076

附表 5　Φ_{13}～Φ_{19} 函数表

βx	Φ_{13}	Φ_{14}	Φ_{15}	Φ_{16}	Φ_{17}	Φ_{18}	Φ_{19}
0.01	150.00242	0.50000	15000.249	30000.49796	150.00249	1500024.9	1500024.9
0.02	75.00007	0.50000	3750.0040	7500.0078	75.00008	187500.2163	187500.191
0.03	50.00001	0.50000	1666.6671	3333.3337	50.00001	55555.5931	55555.5556
0.04	37.50002	0.50000	937.5007	1875.0006	37.50001	23437.5500	23437.5000
0.05	30.00001	0.50000	600.0005	1199.9998	29.99999	12000.0501	11999.9876
0.06	25.00001	0.50000	416.6673	833.33281	24.99999	6944.50308	6944.42808
0.07	21.42859	0.50000	306.1233	612.24417	21.42856	4373.24617	4373.15367
0.08	18.75002	0.50000	234.3761	468.74901	18.74998	2929.76533	2929.66533
0.09	16.66669	0.50000	185.1866	370.36910	16.66663	2057.70063	2057.58813
0.10	15.00004	0.50000	150.0017	299.99843	14.99995	1500.09715	1499.97216
0.11	13.63641	0.50000	123.9690	247.93198	13.63630	1127.07907	1126.9416
0.12	12.50007	0.50000	104.1691	208.33107	12.49992	868.17214	868.02214
0.13	11.53855	0.50000	88.7603	177.51214	11.53836	682.87549	682.71299
0.14	10.71439	0.50000	76.5340	153.05815	10.71416	546.78323	546.60823
0.15	10.00013	0.50000	66.6705	133.32980	9.99985	444.59016	444.40266

续表

βx	Φ_{13}	Φ_{14}	Φ_{15}	Φ_{16}	Φ_{17}	Φ_{18}	Φ_{19}
0.16	9.37516	0.49999	58.5981	117.18348	9.37481	366.36637	366.16637
0.17	8.82372	0.49999	51.9081	103.80169	8.82331	305.47758	305.26508
0.18	8.33356	0.49999	46.3019	92.58750	8.33307	257.37650	257.15150
0.19	7.89500	0.49998	41.5574	83.09682	7.89443	218.87534	218.63785
0.20	7.50030	0.49998	37.5069	74.99371	7.49964	187.69428	187.44429
0.21	7.14321	0.49998	34.0212	68.02028	7.14244	162.17355	161.91105
0.22	6.81859	0.49997	31.0000	61.97587	6.81770	141.08523	140.81024
0.23	6.52220	0.49997	28.3645	56.70246	6.52119	123.50771	123.22023
0.24	6.25053	0.49996	26.0515	52.07428	6.24937	108.74008	108.44009
0.25	6.00060	0.49995	24.0107	47.99018	5.99929	96.24285	95.93036
0.26	5.76990	0.49995	22.2009	44.36808	5.76844	85.59621	85.27123
0.27	5.55631	0.49994	20.5886	41.14081	5.55467	76.47017	76.13269
0.28	5.35798	0.49993	19.1461	38.25299	5.35615	68.60289	68.25291
0.29	5.17334	0.49992	17.8503	35.65861	5.17131	61.78483	61.42236
0.30	5.00103	0.49990	16.6821	33.31919	4.99878	55.84696	55.47200
0.31	4.83984	0.49989	15.6252	31.20238	4.83736	50.65189	50.26444
0.32	4.68875	0.49988	14.6660	29.28079	4.68602	46.08719	45.68724
0.33	4.54682	0.49986	13.7928	27.53110	4.54383	42.06025	41.64781
0.34	4.41326	0.49984	12.9956	25.93340	4.40999	38.49430	38.06937
0.35	4.28735	0.49982	12.2659	24.47055	4.28378	35.32538	34.88795
0.36	4.16844	0.49980	11.5963	23.12779	4.16456	32.49987	32.04996
0.37	4.05598	0.49978	10.9804	21.89230	4.05176	29.97262	29.51022
0.38	3.94946	0.49975	10.4126	20.75294	3.94489	27.70542	27.23054
0.39	3.84841	0.49972	9.8880	19.69998	3.84347	25.66578	25.17842
0.40	3.75244	0.49970	9.40242	18.72487	3.74711	23.82598	23.32613
0.41	3.66116	0.49966	8.95207	17.82012	3.65542	22.16223	21.64990
0.42	3.57425	0.49963	8.53363	16.97910	3.56808	20.65408	20.12927
0.43	3.49140	0.49959	8.14418	16.19595	3.48478	19.28384	18.74656
0.44	3.41233	0.49955	7.78111	15.46547	3.40524	18.03622	17.48647
0.45	3.33680	0.49951	7.44210	14.78302	3.32921	16.89788	16.33566
0.46	3.26458	0.49947	7.12510	14.14447	3.25647	15.85721	15.28251
0.47	3.19544	0.49942	6.82525	13.54613	3.18680	14.90403	14.31687
0.48	3.12921	0.49937	6.54989	12.98466	3.12000	14.02942	13.42980
0.49	3.06570	0.49931	6.28853	12.45711	3.05591	13.22553	12.61345
0.50	3.00476	0.49926	6.04232	11.96076	2.99435	12.48543	11.86090
0.51	2.94622	0.49920	5.81156	11.49321	2.93518	11.80298	11.16600
0.52	2.88997	0.49913	5.59365	11.05224	2.87826	11.17276	10.52332
0.53	2.83585	0.49906	5.38808	10.63588	2.82346	10.58991	9.92803
0.54	2.78377	0.49899	5.19397	10.24232	2.77067	10.05014	9.37583
0.55	2.73360	0.49891	5.01047	9.86990	2.71976	9.54961	8.86286
0.56	2.68525	0.49883	4.83685	9.51714	2.67064	9.08487	8.38568
0.57	2.63862	0.49875	4.67242	9.18266	2.62322	8.65283	7.94122
0.58	2.59363	0.49866	4.51656	8.86521	2.57740	8.25073	7.52670
0.59	2.55018	0.49856	4.36869	8.56364	2.53310	7.87607	7.13963
0.60	2.50821	0.49846	4.22828	8.27690	2.49025	7.52660	6.77775

续表

βx	Φ_{13}	Φ_{14}	Φ_{15}	Φ_{16}	Φ_{17}	Φ_{18}	Φ_{19}
0.61	2.46765	0.49836	4.09485	8.00403	2.44877	7.20029	6.43905
0.62	2.42841	0.49826	3.96795	7.74414	2.40860	6.89531	6.12167
0.63	2.39046	0.49813	3.84719	7.49640	2.36967	6.60998	5.82395
0.64	2.35371	0.49801	3.73217	7.26006	2.33193	6.34279	5.54439
0.65	2.31813	0.49788	3.62255	7.03443	2.29531	6.09238	5.28160
0.66	2.28365	0.49775	3.51801	6.81885	2.25977	5.85748	5.03434
0.67	2.25023	0.49761	3.41825	6.61273	2.22525	5.63696	4.80146
0.68	2.21782	0.49746	3.32299	6.41552	2.19171	5.42977	4.58192
0.69	2.18639	0.49731	3.23197	6.22671	2.15911	5.23496	4.37478
0.70	2.155B8	0.49715	3.14496	6.04580	2.12741	5.05166	4.17916
0.71	2.12626	0.49699	3.06173	5.87237	2.09656	4.87908	3.99425
0.72	2.09750	0.49682	2.98207	5.70599	2.06653	4.71646	3.81933
0.73	2.06955	0.49664	2.90580	5.54629	2.03729	4.56315	3.65372
0.74	2.04240	0.49645	2.83273	5.39289	2.00879	4.41852	3.49680
0.75	2.01600	0.49625	2.76269	5.24547	1.98102	4.28199	3.34801
0.76	1.99033	0.49605	2.69554	5.10372	1.95394	4.15305	3.20680
0.77	1.96535	0.49584	2.63111	4.96733	1.92753	4.03120	3.07271
0.78	1.94106	0.49562	2.56927	4.83603	1.90175	3.91600	2.94527
0.79	1.91741	0.49539	2.50990	4.70958	1.87659	3.80702	2.82407
0.80	1.89439	0.49516	2.45287	4.58771	1.85201	3.70389	2.70873
0.81	1.87197	0.49491	2.39808	4.47022	1.82800	3.60624	2.59889
0.82	1.85013	0.49466	2.34540	4.35688	1.80453	3.51375	2.49423
0.83	1.82886	0.49440	2.29475	4.24749	1.78158	3.42611	2.39442
0.84	1.80813	0.49412	2.24602	4.14187	1.75914	3.34303	2.29920
0.85	1.78792	0.49384	2.19913	4.03984	1.73718	3.26424	2.20828
0.86	1.76822	0.49355	2.15400	3.94123	1.71569	3.18950	2.12143
0.87	1.74901	0.49325	2.11055	3.84589	1.69465	3.11857	2.03842
0.88	1.73027	0.49294	2.06870	3.75366	1.67405	3.05125	1.95903
0.89	1.71199	0.49261	2.02837	3.66441	1.65386	2.98733	1.88305
0.90	1.69417	0.49228	1.98952	3.57800	1.63407	2.92662	1.81031
0.91	1.67677	0.49193	1.95206	3.49431	1.61468	2.86895	1.74063
0.92	1.65978	0.49158	1.91595	3.41322	1.59566	2.81414	1.67384
0.93	1.64321	0.49121	1.88113	3.33462	1.57700	2.76206	1.60979
0.94	1.62702	0.49083	1.84753	3.25840	1.55869	2.71255	1.54833
0.95	1.61122	0.49044	1.81512	3.18446	1.54072	2.66548	1.48934
0.96	1.59578	0.49004	1.78384	3.11271	1.52308	2.62072	1.43269
0.97	1.58071	0.48962	1.75366	3.04305	1.50575	2.57816	1.37825
0.98	1.56598	0.48919	1.72451	2.97540	1.48873	2.53768	1.32592
0.99	1.55159	0.48875	1.69637	2.90968	1.47201	2.49917	1.27560
1.00	1.53753	0.48830	1.66920	2.84581	1.45557	2.46254	1.22717
1.01	1.52380	0.48783	1.64295	2.78373	1.43940	2.42769	1.18056
1.02	1.51037	0.48735	1.61760	2.72334	1.42350	2.39454	1.13567
1.03	1.49725	0.48686	1.59311	2.66460	1.40786	2.36300	1.09243
1.04	1.48442	0.48635	1.56944	2.60744	1.39248	2.33299	1.05075
1.05	1.47188	0.48583	1.54657	2.55179	1.37733	2.30445	1.01056

续表

βx	Φ_{13}	Φ_{14}	Φ_{15}	Φ_{16}	Φ_{17}	Φ_{18}	Φ_{19}
1.06	1.45962	0.48530	1.52446	2.49760	1.36242	2.27729	0.97180
1.07	1.44764	0.48475	1.50310	2.44482	1.34773	2.25147	0.93439
1.08	1.43592	0.48418	1.48245	2.39339	1.33327	2.22690	0.89828
1.09	1.42446	0.48360	1.46248	2.34327	1.31902	2.20354	0.86341
1.10	1.41325	0.48301	1.44318	2.29440	1.30498	2.18133	0.82972
1.11	1.40229	0.48240	1.42452	2.24674	1.29114	2.16021	0.79717
1.12	1.39158	0.48178	1.40647	2.20025	1.27749	2.14014	0.76570
1.13	1.38109	0.48113	1.38902	2.15488	1.26403	2.12107	0.73526
1.14	1.37084	0.48047	1.37215	2.11060	1.25076	2.10295	0.70582
1.15	1.36081	0.47980	1.35584	2.06737	1.23766	2.08574	0.67733
1.16	1.35100	0.47911	1.34006	2.02515	1.22473	2.06941	0.64975
1.17	1.34140	0.47840	1.32480	1.98391	1.21197	2.05390	0.62304
1.18	1.33201	0.47768	1.31005	1.94361	1.19938	2.03919	0.59717
1.19	1.32283	0.47694	1.29578	1.90423	1.18694	2.02524	0.57210
1.20	1.31385	0.47618	1.28199	1.86573	1.17466	2.01202	0.54781
1.21	1.30506	0.47541	1.26864	1.82808	1.16252	1.99949	0.52426
1.22	1.29647	0.47461	1.25574	1.79126	1.15053	1.98763	0.50141
1.23	1.28806	0.47380	1.24327	1.75524	1.13868	1.97641	0.47926
1.24	1.27983	0.47298	1.23121	1.71999	1.12697	1.96579	0.45776
1.25	1.27179	0.47213	1.21955	1.68549	1.11539	1.95576	0.43690
1.26	1.26391	0.47127	1.20828	1.65171	1.10393	1.94629	0.41664
1.27	1.25622	0.47038	1.19739	1.61864	1.09261	1.93736	0.39698
1.28	1.24869	0.46948	1.18686	1.58625	1.08140	1.92893	0.37787
1.29	1.24132	0.46856	1.17068	1.55452	1.07032	1.92100	0.35932
1.30	1.23412	0.46762	1.16685	1.52343	1.05935	1.91354	0.34128
1.31	1.22707	0.46666	1.15735	1.49296	1.04849	1.90654	0.32376
1.32	1.22018	0.46569	1.14817	1.46310	1.03774	1.89996	0.30672
1.33	1.21344	0.46469	1.13931	1.43381	1.02710	1.89380	0.29015
1.34	1.20686	0.46367	1.13074	1.40510	1.01657	1.88803	0.27404
1.35	1.20041	0.46264	1.12248	1.37694	1.00613	1.88265	0.25837
1.36	1.19411	0.46158	1.11450	1.34932	0.99579	1.87763	0.24313
1.37	1.18796	0.46051	1.10679	1.32221	0.98555	1.87296	0.22829
1.38	1.18194	0.45941	1.09936	1.29561	0.97541	1.86863	0.21385
1.39	1.17605	0.45830	1.09219	1.26951	0.96535	1.86461	0.19980
1.40	1.17030	0.45716	1.08527	1.24388	0.95538	1.86091	0.18612
1.41	1.16468	0.45600	1.07860	1.21872	0.94550	1.85750	0.17280
1.42	1.15918	0.45483	1.07217	1.19401	0.93571	1.85437	0.15983
1.43	1.15381	0.45363	1.06597	1.16975	0.92600	1.85151	0.14719
1.44	1.14857	0.45241	1.06000	1.14591	0.91637	1.84891	0.13488
1.45	1.14345	0.45117	1.05425	1.12249	0.90681	1.84656	0.12289
1.46	1.13844	0.44991	1.04871	1.09948	0.89734	1.84445	0.11121
1.47	1.13355	0.44863	1.04338	1.07687	0.88794	1.84257	0.09983
1.48	1.12878	0.44733	1.03825	1.05464	0.87861	1.84090	0.08874
1.49	1.12411	0.44600	1.03332	1.03280	0.86936	1.83945	0.07793
1.50	111956	0.44466	1.02858	1.01132	0.86018	1.83819	0.06739

续表

βx	Φ_{13}	Φ_{14}	Φ_{15}	Φ_{16}	Φ_{17}	Φ_{18}	Φ_{19}
1.51	1.11512	0.44329	1.02402	0.99020	0.85107	1.83712	0.05712
1.52	1.11078	0.44191	1.01964	0.96943	0.84202	1.83624	0.04711
1.53	1.10655	0.44050	1.01544	0.94901	0.83304	1.83553	0.03735
1.54	1.10242	0.43907	1.01140	0.92892	0.82413	1.83499	0.02783
1.55	1.09839	0.43762	1.00754	0.90916	0.81528	1.83461	0.01856
1.56	1.09446	0.43615	1.00383	0.88971	0.80649	1.83439	0.0095
1.57	1.09063	0.43466	1.00028	0.87058	0.79777	1.83431	0.00069
1.58	1.08670	0.43314	0.99688	0.85176	0.78910	1.83436	−0.00791
1.59	1.08325	0.43161	0.99362	0.83324	0.78049	1.83455	−0.01629
1.60	1.07970	0.43005	0.99051	0.81500	0.77195	1.83487	−0.02447
1.61	1.07624	0.42847	0.98754	0.79706	0.76345	1.83531	−0.03244
1.62	1.07287	0.42687	0.98470	0.77939	0.75502	1.83586	−0.04021
1.63	1.06959	0.42525	0.98200	0.76200	0.74664	1.83652	−0.04779
1.64	1.06639	0.42361	0.97942	0.74488	0.73832	1.83728	−0.05518
1.65	1.06328	0.42195	0.97696	0.72802	0.73004	1.83815	−0.06238
1.66	1.06025	0.42027	0.97463	0.71142	0.72183	1.83910	−0.06940
1.67	1.05730	0.41856	0.97241	0.69507	0.71366	1.84015	−0.07625
1.68	1.05443	0.41684	0.97031	0.67897	0.70555	1.84128	−0.08292
1.69	1.05164	0.41509	0.96831	0.66311	0.69748	1.84249	−0.08943
1.70	1.04892	0.41333	0.96642	0.64750	0.68947	1.84377	−0.09577
1.71	1.04628	0.41154	0.96464	0.63211	0.68150	1.84513	−0.10194
1.72	1.04372	0.40973	0.96295	0.61696	0.67359	1.84655	−0.10796
1.73	1.04123	0.40791	0.96137	0.60204	0.66572	1.84803	−0.11383
1.74	1.03881	0.40606	0.95987	0.58733	0.65790	1.84958	−0.11954
1.75	1.03646	0.40419	0.95847	0.57285	0.65013	1.85118	−0.12510
1.76	1.03418	0.40231	0.95716	0.55858	0.64241	1.85283	−0.13052
1.77	1.03196	0.40040	0.95593	0.54452	0.63473	1.85453	−0.13580
1.78	1.02981	0.39847	0.95479	0.53067	0.62710	1.85628	−0.14093
1.79	1.02773	0.39653	0.95373	0.51702	0.61951	1.85807	−0.14593
1.80	1.02571	0.39456	0.95274	0.50358	0.61197	1.85989	−0.15080
1.81	1.02376	0.39258	0.95183	0.49033	0.60447	1.86176	−0.15552
1.82	1.02186	0.39058	0.95100	0.47727	0.59702	1.86365	−0.16013
1.83	1.02003	0.38855	0.95023	0.46441	0.58961	1.36558	−0.16461
1.84	1.01825	0.38651	0.94954	0.45174	0.58225	1.86753	−0.16896
1.85	1.01654	0.38446	0.94891	0.43925	0.57493	1.86951	−0.17319
1.86	1.01488	0.38238	0.94834	0.42695	0.56766	1.87152	−0.17729
1.87	1.01327	0.38029	0.94784	0.41483	0.56043	1.87354	−0.18128
1.88	1.01172	0.37818	0.94740	0.40289	0.55324	1.87558	−0.18516
1.89	1.01022	0.37605	0.94701	0.39112	0.54610	1.87764	−0.18892
1.90	1.00878	0.37390	0.94668	0.37952	0.53900	1.87971	−0.19257
1.91	1.00739	0.37174	0.94641	0.36810	0.53194	1.88179	−0.19611
1.92	1.00604	0.36956	0.94618	0.35685	0.52492	1.88388	−0.19954
1.93	1.00475	0.36737	0.94601	0.34576	0.51795	1.88598	−0.20286
1.94	1.00350	0.36516	0.04588	0.33483	0.51102	1.88808	−0.20608
1.95	1.00230	0.36293	0.94580	0.32407	0.50414	1.89019	−0.20919

续表

βx	Φ_{13}	Φ_{14}	Φ_{15}	Φ_{16}	Φ_{17}	Φ_{18}	Φ_{19}
1.96	1.00115	0.36069	0.94576	0.31347	0.49729	1.89230	−0.21221
1.97	1.00004	0.35843	0.94577	0.30303	0.49049	1.89441	−0.21512
1.98	0.99898	0.35616	0.94582	0.29275	0.48373	1.89652	−0.21794
1.99	0.99795	0.35387	0.94590	0.28262	0.47702	1.89862	−0.22066
2.00	0.99697	0.35157	0.94603	0.27264	0.47034	1.90072	−0.22329
2.05	0.9927	0.3399	0.9473	0.2250	0.4376	1.9111	−0.2351
2.10	0.9893	0.3279	0.9490	0.1809	0.4060	1.9213	−0.2447
2.15	0.9867	0.3156	0.9514	0.1402	0.3755	1.9309	−0.2523
2.20	0.9848	0.3031	0.9543	0.1027	0.3459	1.9402	−0.2580
2.25	0.9836	0.2905	0.9575	0.0770	0.3175	1.9488	−0.2621
2.30	0.9828	0.2778	0.9608	0.0368	0.2903	1.9568	−0.266
2.35	0.9824	0.2649	0.9642	0.0081	0.2641	1.9640	−0.2657
2.40	0.9825	0.2521	0.9676	−0.01796	0.2391	1.9708	−0.2654
2.45	0.9829	0.2393	0.9711	−0.04150	0.2154	1.9768	−0.2640
2.50	0.9836	0.2266	0.9745	−0.06264	0.1927	1.9822	−0.2614
2.55	0.9843	0.2140	0.9777	−0.08150	0.1712	1.9869	−0.2580
2.60	0.9845	0.2015	0.9799	−0.09814	0.1507	1.9895	−0.2533
2.65	0.9863	0.1894	0.9835	−0.1129	0.1316	1.9946	−0.2483
2.70	0.9874	0.1774	0.9861	−0.1256	0.1136	1.9926	−0.2424
2.75	0.9885	0.1657	0.9885	−0.1366	0.09664	2.0001	−0.2360
2.80	0.9897	0.1543	0.9907	−0.1459	0.08080	2.0021	−0.2289
2.90	0.9920	0.1326	0.9945	−0.1598	0.05235	2.0051	−0.2137
3.00	0.9939	0.1123	0.9972	−0.1683	0.02800	2.0067	−0.1974
3.50	0.9982	0.0353	1.0024	−0.1556	−0.04238	2.0052	−0.1134
4.00	1.0008	−0.0076	1.0014	−0.1034	−0.06404	2.0011	−0.0469

附表 6　　Φ_{20}～Φ_{26} 函数表

βx	Φ_{20}	Φ_{21}	Φ_{22}	Φ_{23}	Φ_{24}	Φ_{25}	Φ_{26}
0.01	50.00000	50.00000	0.000066665	0.00500000	0.000033334	0.020000	1.00000
0.02	25.00000	25.00000	0.00026666	0.0100000	0.00013333	0.040000	1.00000
0.03	16.66667	16.66666	0.00059999	0.0150000	0.00030000	0.060000	1.00000
0.04	12.50002	12.49999	0.0010666	0.020000	0.00053333	0.080000	1.00000
0.05	10.00003	9.99998	0.0016666	0.0250000	0.00083333	0.10000	1.00000
0.06	8.33339	8.33330	0.0023999	0.0299999	0.00120000	0.12000	1.00000
0.07	7.14295	7.14281	0.0032666	0.0349999	0.00163333	0.14000	1.00000
0.08	6.25014	6.24992	0.0042666	0.0399998	0.0021333	0.16000	0.99999
0.09	5.55575	5.55545	0.0053999	0.0449996	0.0027000	0.18000	0.99999
0.10	5.00027	4.99985	0.0066666	0.0499992	0.0033333	0.20000	0.99998
0.11	4.54581	4.54525	0.0080665	0.0549988	0.0040333	0.22000	0.99998
0.12	4.16713	4.16641	0.0095998	0.0599982	0.0047999	0.24000	0.99997
0.13	3.84674	3.84582	0.011266	0.0649973	0.0056331	0.25999	0.99995
0.14	3.57216	3.57102	0.013066	0.0699961	0.0065330	0.27999	0.99994
0.15	3.33423	3.33283	0.014999	0.0749945	0.0074995	0.29999	0.99992

续表

βx	Φ_{20}	Φ_{21}	Φ_{22}	Φ_{23}	Φ_{24}	Φ_{25}	Φ_{26}
0.16	3.12609	3.12439	0.017065	0.079992	0.0085326	0.31998	0.99989
0.17	2.94249	2.94044	0.019265	0.084989	0.0096322	0.33997	0.99986
0.18	2.77933	2.77690	0.021597	0.089986	0.010798	0.35997	0.99983
0.19	2.63341	2.63055	0.024063	0.094982	0.012031	0.37996	0.99978
0.20	2.50213	2.49880	0.026662	0.099977	0.013330	0.39994	0.99973
0.21	2.38342	2.37956	0.029393	0.10497	0.014696	0.41993	0.99968
0.22	2.27557	2.27113	0.032258	0.10996	0.016128	0.43991	0.99961
0.23	2.17716	2.17209	0.035255	0.11495	0.017627	0.45989	0.99953
0.24	2.08702	2.08126	0.038385	0.11994	0.019191	0.47986	0.99945
0.25	2.00416	1.99766	0.041648	0.12493	0.020822	0.49983	0.99935
0.26	1.92776	1.92044	0.045043	0.12991	0.022519	0.51979	0.99924
0.27	1.85710	1.84890	0.048571	0.13490	0.024282	0.53975	0.99911
0.28	1.79156	1.78242	0.052230	0.13988	0.028111	0.55969	0.99898
0.29	1.73064	1.72048	0.056021	0.14485	0.028006	0.57964	0.99882
0.30	1.67386	1.66262	0.059945	0.14982	0.029966	0.59957	0.99865
0.31	1.62084	1.60844	0.063999	0.15479	0.031993	0.61949	0.99846
0.32	1.57123	1.55759	0.068185	0.15976	0.034084	0.63940	0.99825
0.33	1.52472	1.50977	0.072502	0.16472	0.036241	0.65931	0.99803
0.34	1.48105	1.46470	0.076949	0.16967	0.038462	0.67919	0.99778
0.35	1.43998	1.42215	0.081527	0.17462	0.040749	0.69907	0.99750
0.36	1.40130	1.38191	0.086235	0.17956	0.043100	0.71893	0.99721
0.37	1.36483	1.34377	0.091072	0.18450	0.045516	0.73877	0.99688
0.38	1.33038	1.30758	0.098038	0.18943	0.047995	0.75860	0.99653
0.39	1.29782	1.27318	0.10113	0.19435	0.050539	0.77840	0.99616
0.40	1.26701	1.24043	0.10636	0.19926	0.053145	0.79819	0.99575
0.41	1.23783	1.20921	0.11171	0.20417	0.055815	0.81795	0.99531
0.42	1.21016	1.17941	0.11718	0.20906	0.058548	0.83769	0.99483
0.43	1.18390	1.15092	0.12279	0.21394	0.061344	0.85740	0.99433
0.44	1.15898	1.12365	0.12852	0.21881	0.064201	0.87708	0.99378
0.45	1.13529	1.09752	0.13437	0.22367	0.067120	0.89674	0.99320
0.46	1.11277	1.07244	0.14035	0.22852	0.070100	0.91636	0.99258
0.47	1.09135	1.04836	0.14645	0.23335	0.073140	0.93595	0.99192
0.48	1.07097	1.02519	0.15267	0.23817	0.076241	0.95550	0.99121
0.49	1.05156	1.00289	0.15902	0.24297	0.079401	0.97501	0.99046
0.50	1.03308	0.98140	0.16549	0.24776	0.082620	0.99449	0.98967
0.51	1.01547	0.96067	0.17207	0.25253	0.085897	1.01392	0.98882
0.52	0.99870	0.94065	0.17877	0.25728	0.089232	1.03330	0.98793
0.53	0.98272	0.92130	0.18559	0.26201	0.092623	1.05264	0.98698
0.54	0.96748	0.90257	0.19253	0.26672	0.096071	1.07192	0.98598
0.55	0.95296	0.88443	0.19958	0.27141	0.099574	1.09116	0.98493
0.56	0.93913	0.86685	0.20675	0.27607	0.10313	1.11033	0.98382
0.57	0.92595	0.84980	0.21402	0.28071	0.10674	1.12944	0.98264
0.58	0.91339	0.83323	0.22141	0.28533	0.11041	1.14850	0.98141
0.59	0.90142	0.81714	0.22890	0.28992	0.11412	1.16748	0.98012
0.60	0.89003	0.80148	0.23650	0.29448	0.11789	1.18640	0.97867

续表

βx	Φ_{20}	Φ_{21}	Φ_{22}	Φ_{23}	Φ_{24}	Φ_{25}	Φ_{26}
0.61	0.87919	0.78624	0.24421	0.29901	0.12170	1.20524	0.97733
0.62	0.86887	0.77139	0.25202	0.30351	0.12557	1.22401	0.97583
0.63	0.85907	0.75691	0.25993	0.30797	0.12948	1.24270	0.97427
0.64	0.84975	0.74278	0.26794	0.31241	0.13344	1.26131	0.97263
0.65	0.84090	0.72899	0.27605	0.31681	0.13744	1.27983	0.97092
0.66	0.83250	0.71551	0.28425	0.32117	0.14149	1.29826	0.96913
0.67	0.82452	0.70233	0.29255	0.32550	0.14557	1.31660	0.96727
0.68	0.81700	0.68943	0.30093	0.32978	0.14970	1.33484	0.96532
0.69	0.80987	0.67680	0.30941	0.33402	0.15387	1.35297	0.96330
0.70	0.80314	0.66442	0.31797	0.33822	0.15808	1.37100	0.96119
0.71	0.79678	0.65229	0.32661	0.34238	0.16232	1.38893	0.95900
0.72	0.79080	0.64038	0.33534	0.34649	0.16660	1.40674	0.95672
0.73	0.78518	0.62869	0.34414	0.35056	0.17091	1.42443	0.95435
0.74	0.77990	0.61721	0.35302	0.35457	0.17525	1.44200	0.95189
0.75	0.77497	0.60593	0.36197	0.35853	0.17963	1.45944	0.94934
0.76	0.77036	0.59484	0.37098	0.36244	0.18403	1.47676	0.94670
0.77	0.76607	0.58392	0.38007	0.36630	0.18845	1.49394	0.94396
0.78	0.76208	0.57317	0.38922	0.37010	0.19290	1.51098	0.94113
0.79	0.75840	0.56259	0.39842	0.37384	0.19738	1.52787	0.93820
0.80	0.75501	0.55215	0.40768	0.37752	0.20187	1.54462	0.93517
0.81	0.75190	0.54187	0.41700	0.38114	0.20638	1.56122	0.93204
0.82	0.74907	0.53173	0.42637	0.38470	0.21091	1.57767	0.92881
0.83	0.74651	0.52172	0.43578	0.38819	0.21545	1.59395	0.92548
0.84	0.74421	0.51184	0.44523	0.39161	0.22000	1.61007	0.92204
0.85	0.74216	0.50208	0.45472	0.39497	0.22456	1.62602	0.91851
0.86	0.74036	0.49244	0.46425	0.39826	0.22913	1.64180	0.91486
0.87	0.73881	0.48291	0.47381	0.40147	0.23371	1.65740	0.91111
0.88	0.73748	0.47349	0.48340	0.40461	0.23828	1.67282	0.90725
0.89	0.73638	0.46418	0.49301	0.40768	0.24286	1.68805	0.90329
0.90	0.73551	0.45496	0.50263	0.41067	0.24744	1.70309	0.89921
0.91	0.73485	0.44584	0.51228	0.41358	0.25201	1.71794	0.89503
0.92	0.73440	0.43682	0.52193	0.41641	0.25657	1.73259	0.89074
0.93	0.73415	0.42788	0.53160	0.41916	0.26113	1.74705	0.88634
0.94	0.73410	0.41903	0.54126	0.42183	0.26567	1.76129	0.88182
0.95	0.73424	0.41026	0.55093	0.42441	0.27020	1.77533	0.87720
0.96	0.73457	0.40157	0.56059	0.42691	0.27471	1.78915	0.87247
0.97	0.73508	0.39297	0.57024	0.42932	0.27920	1.80275	0.86763
0.98	0.73577	0.38443	0.57987	0.43164	0.28367	1.81614	0.86268
0.99	0.73662	0.37598	0.58949	0.43387	0.28812	1.82930	0.85762
1.00	0.73764	0.36759	0.59909	0.43601	0.29254	1.84224	0.85245
1.01	0.73882	0.35928	0.60866	0.43805	0.29692	1.85495	0.84717
1.02	0.74015	0.35104	0.61820	0.44000	0.30128	1.86742	0.84178
1.03	0.74163	0.34286	0.62770	0.44186	0.30560	1.87966	0.83629
1.04	0.74326	0.33475	0.63717	0.44362	0.30989	1.89166	0.83069
1.05	0.74502	0.32671	0.64659	0.44529	0.31414	1.90342	0.82498

续表

βx	Φ_{20}	Φ_{21}	Φ_{22}	Φ_{23}	Φ_{24}	Φ_{25}	Φ_{26}
1.06	0.74692	0.31873	0.65597	0.44685	0.31834	1.91493	0.81917
1.07	0.74894	0.31082	0.66529	0.44832	0.32250	1.92620	0.81326
1.08	0.75109	0.30297	0.67456	0.44969	0.32661	1.93723	0.80724
1.09	0.75336	0.29519	0.68377	.0.45095	0.33067	1.94800	0.80113
1.10	0.75574	0.28746	0.69291	0.45212	0.33468	1.95853	0.79491
1.11	0.75823	0.27980	0.70199	0.45318	0.33864	1.96880	0.78860
1.12	0.76081	0.27220	0.71100	0.45415	0.34254	1.97881	0.78219
1.13	0.76351	0.26467	0.71993	0.45501	0.34638	1.98858	0.77568
1.14	0.76630	0.25719	0.72878	0.45576	0.35016	1.99808	0.76908
1.15	0.76917	0.24978	0.73755	0.45642	0.35388	2.00733	0.76240
1.16	0.77213	0.24243	0.74623	0.45697	0.35753	2.01632	0.75562
1.17	0.77517	0.23514	0.75483	0.45742	0.36111	2.02506	0.74876
1.18	0.77829	0.22792	0.76333	0.45776	0.36463	2.03353	0.74181
1.19	0.78147	0.22076	0.77173	0.45800	0.36807	2.04175	0.73478
1.20	0.78473	0.21366	0.78004	0.45814	0.37144	2.04971	0.72767
1.21	0.78804	0.20662	0.78824	0.45817	0.37474	2.05741	0.72049
1.22	0.79142	0.19965	0.79634	0.45811	0.37795	2.06486	0.71323
1.23	0.79484	0.19274	0.80433	0.45794	0.38109	2.07204	0.70589
1.24	0.79832	0.18590	0.81221	0.45767	0.38416	2.07898	0.69849
1.25	0.80184	0.17912	0.81997	0.45729	0.38713	2.08566	0.69103
1.26	0.80540	0.17241	0.82762	0.45682	0.39003	2.09208	0.68350
1.27	0.80899	0.16577	0.83515	0.45625	0.39284	2.09826	0.67590
1.28	0.81262	0.15919	0.84256	0.45557	0.39557	2.10419	0.66826
1.29	0.81628	0.15268	0.84985	0.45480	0.39821	2.10986	0.66055
1.30	0.81996	0.14624	0.85701	0.45394	0.40076	2.11530	0.65280
1.31	0.82367	0.13987	0.86404	0.45297	0.40322	2.12049	0.64499
1.32	0.82739	0.13357	0.87095	0.45191	0.40559	2.12544	0.63714
1.33	0.83112	0.12734	0.87773	0.45076	0.40787	2.13015	0.62925
1.34	0.83486	0.12118	0.88437	0.44951	0.41006	2.13462	0.62132
1.35	0.83861	0.11509	0.89089	0.44817	0.41216	2.13886	0.61335
1.36	0.84237	0.10907	0.89727	0.44674	0.41416	2.14287	0.60535
1.37	0.84612	0.10313	0.90351	0.44523	0.41607	2.14666	0.59732
1.38	0.84987	0.09726	0.90962	0.44362	0.41789	2.15022	0.58926
1.39	0.85361	0.09147	0.91559	0.44193	0.41961	2.15356	0.58118
1.40	0.85735	0.08575	0.92143	0.44016	0.42124	2.15669	0.57307
1.41	0.36107	0.08010	0.92713	0.43830	0.42277	2.15960	0.56495
1.42	0.86477	0.07453	0.93269	0.43636	0.42421	2.16231	0.55682
1.43	0.86846	0.06904	0.93811	0.43434	0.42555	2.16481	0.54868
1.44	0.87213	0.06362	0.94340	0.43225	0.42680	2.16711	0.54052
1.45	0.87577	0.05829	0.94854	0.43008	0.42795	2.16921	0.53236
1.46	0.87939	0.05302	0.95355	0.42783	0.42901	2.17112	0.52421
1.47	0.88298	0.04784	0.95843	0.42551	0.42998	2.17284	0.51605
1.48	0.88654	0.04273	0.96316	0.42312	0.43085	2.17438	0.50789
1.49	0.89007	0.03771	0.96776	0.42066	0.43162	2.17574	0.49975
1.50	0.89356	0.03276	0.97222	0.41814	0.43231	2.17692	0.49161

续表

βx	Φ_{20}	Φ_{21}	Φ_{22}	Φ_{23}	Φ_{24}	Φ_{25}	Φ_{26}
1.51	0.89702	0.02789	0.97654	0.41555	0.43290	2.17793	0.48349
1.52	0.90044	0.02310	0.98074	0.41290	0.43340	2.17877	0.47538
1.53	0.90381	0.01839	0.98480	0.41019	0.43380	2.17946	0.46729
1.54	0.90715	0.01376	0.98872	0.40742	0.43412	2.17998	0.45922
1.55	0.91045	0.00921	0.99252	0.40459	0.43435	2.18036	0.45118
1.56	0.91370	0.00474	0.99619	0.40171	0.43449	2.18058	0.44316
1.57	0.91690	0.00035	0.99972	0.39877	0.43454	2.18066	0.43517
1.58	0.92006	−0.00397	1.00313	0.39579	0.43450	2.18060	0.42721
1.59	0.92316	−0.00820	1.00642	0.39275	0.43438	2.18041	0.41929
1.60	0.92622	−0.01235	1.00958	0.38967	0.43417	2.18009	0.41140
1.61	0.92923	−0.01642	1.01262	0.38654	0.43388	2.17964	0.40356
1.62	0.93219	−0.02042	1.01553	0.38337	0.43351	2.17908	0.39575
1.63	0.93509	−0.02433	1.01833	0.38016	0.43305	2.17839	0.38798
1.64	0.93795	−0.02817	1.02101	0.37692	0.43252	2.17760	0.38026
1.65	0.94074	−0.03193	1.02358	0.37363	0.43190	2.17670	0.37259
1.66	0.94349	−0.03561	1.02603	0.37031	0.43121	2.17569	0.36497
1.67	0.94618	−0.03921	1.02837	0.36695	0.43044	2.17459	0.35739
1.68	0.94881	−0.04273	1.03060	0.36357	0.42960	2.17339	0.34987
1.69	0.95139	−0.04618	1.03273	0.36015	0.42868	2.17210	0.34241
1.70	0.95392	−0.04954	1.03474	0.35671	0.42769	2.17073	0.33500
1.71	0.95638	−0.05284	1.03666	0.35324	0.42663	2.16928	0.32764
1.72	0.95880	−0.05606	1.03847	0.34975	0.42550	2.16775	0.32035
1.73	0.96115	−0.05920	1.04019	0.34624	0.42430	2.16614	0.31312
1.74	0.96345	−0.06227	1.04181	0.34270	0.42304	2.16447	0.30594
1.75	0.96569	−0.06526	1.04333	0.35915	0.42171	2.16273	0.29883
1.76	0.96788	−0.06818	1.04476	0.33558	0.42031	2.16092	0.29179
1.77	0.97001	−0.07103	1.04610	0.33199	0.41886	2.15907	0.28481
1.78	0.97209	−0.07380	1.04735	0.32839	0.41734	2.15716	0.27790
1.79	0.97411	−0.07651	1.04852	0.32478	0.41577	2.15519	0.27105
1.80	0.97607	−0.07914	1.04960	0.32116	0.41113	2.15318	0.26428
1.81	0.97798	−0.08170	1.05060	0.31753	0.41244	2.15113	0.25757
1.82	0.97984	−0.08419	1.05153	0.31389	0.41070	2.14903	0.25093
1.83	0.98164	−0.08661	1.05237	0.31025	0.40890	2.14690	0.24437
1.84	0.98339	−0.08897	1.05314	0.30660	0.40705	2.14473	0.23787
1.85	0.98509	−0.09126	1.05384	0.30294	0.40516	2.14254	0.23145
1.86	0.98673	−0.09348	1.05447	0.29929	0.40321	2.14031	0.22510
1.87	0.98832	−0.09563	1.05503	0.29563	0.40121	2.13806	0.21883
1.88	0.98986	−0.09772	1.05552	0.29198	0.39917	2.13579	0.21263
1.89	0.99135	−0.09974	1.05595	0.28833	0.39709	2.13350	0.20650
1.90	0.99279	−0.10171	1.05632	0.28468	0.39496	2.13119	0.20045
1.91	0.99418	−0.10361	1.05663	0.28103	0.39279	2.12886	0.19447
1.92	0.99552	−0.10544	1.05688	0.27739	0.39058	2.12653	0.18857
1.93	0.99681	−0.10722	1.05707	0.27376	0.38833	2.12419	0.18275
1.94	0.99805	−0.10893	1.05722	0.27013	0.38605	2.12183	0.17700
1.95	0.99925	−0.11059	1.05731	0.26651	0.38373	2.11948	0.17132

续表

βx	Φ_{20}	Φ_{21}	Φ_{22}	Φ_{23}	Φ_{24}	Φ_{25}	Φ_{26}
1.96	1.00041	−0.11219	1.05735	0.26290	0.38137	2.11712	0.16573
1.97	1.00151	−0.11373	1.05734	0.25931	0.37898	2.11476	0.16020
1.98	1.00258	−0.11521	1.05728	0.25572	0.37656	2.11240	0.15476
1.99	1.00360	−0.11664	1.05719	0.25215	0.37411	2.11005	0.14939
2.00	1.00458	−0.11801	1.05705	0.24859	0.37163	2.10770	0.14410
2.05	1.0088	−0.1241	1.0557	0.23101	0.3588	2.09608	0.11876
2.10	1.0122	−0.1289	1.0537	0.21388	0.3455	2.08482	0.095305
2.15	1.0147	−0.1326	1.0510	0.19727	0.3317	2.07407	0.073675
2.20	1.0165	−0.1352	1.0479	0.18123	9.3177	2.06394	0.053819
2.25	1.0177	−0.1369	1.0444	0.16582	0.3034	2.05449	0.035671
2.30	1.0183	−0.1377	1.0408	0.15106	0.2891	2.04578	0.019158
2.35	1.0185	−0.1378	1.0371	0.13697	0.2748	2.03785	0.004201
2.40	1.0182	−0.1371	1.0333	0.12358	0.2605	2.03069	−0.009279
2.45	1.0178	−0.1359	1.0297	0.11088	0.2464	2.02429	−0.021366
2.50	1.0171	−0.1341	1.0262	0.09887	0.2326	2.01862	−0.032141
2.55	1.0166	−0.1319	1.0228	0.08755	0.2189	2.01366	−0.04168
2.60	1.0161	−0.1293	1.0197	0.07691	0.2056	2.00937	−0.05008
2.65	1.0140	−0.1262	1.0168	0.06692	0.1926	2.00571	−0.05739
2.70	1.0128	−0.1229	1.0141	0.05761	0.1799	2.00259	−0.06371
2.75	1.0116	−0.1193	1.0116	0.04888	0.1676	2.00002	−0.06910
2.80	1.0105	−0.1156	1.0096	0.04078	0.1558	1.99791	−0.07362
3.00	1.0033	−0.09868	1.0028	0.01404	0.1123	1.99326	−0.08414

附表 7　　长梁函数表

βx	φ	ψ	θ	ζ	βx	φ	ψ	θ	ζ
0.01	0.99990	0.98010	0.99000	0.00990	0.21	0.96175	0.62380	0.79298	0.16897
0.02	0.99961	0.96040	0.98000	0.01960	0.22	0.95831	0.60804	0.78318	0.17513
0.03	0.99912	0.94090	0.97001	0.02911	0.23	0.95475	0.59247	0.77361	0.18114
0.04	0.99844	0.92160	0.96002	0.03842	0.24	0.95107	0.57710	0.76408	0.18698
0.05	0.99758	0.90250	0.95004	0.04754	0.25	0.94727	0.56191	0.75459	0.19268
0.06	0.99654	0.88360	0.94007	0.05647	0.26	0.94336	0.54691	0.74514	0.19822
0.07	0.99532	0.86490	0.93011	0.06521	0.27	0.93934	0.53211	0.73572	0.20362
0.08	0.99393	0.84639	0.92016	0.07377	0.28	0.93522	0.51748	0.72635	0.20887
0.09	0.99237	0.82809	0.91023	0.08214	0.29	0.93099	0.50305	0.71702	0.21397
0.10	0.99065	0.80998	0.90032	0.09033	0.30	0.92666	0.48880	0.70773	0.21893
0.11	0.98876	0.79208	0.89042	0.09834	0.31	0.92223	0.47474	0.69849	0.22374
0.12	0.98672	0.77437	0.88054	0.10618	0.32	0.91771	0.46086	0.68929	0.22842
0.13	0.98452	0.75685	0.87069	0.11383	0.33	0.91309	0.44717	0.68013	0.23296
0.14	0.98217	0.73954	0.86085	0.12131	0.34	0.90839	0.43366	0.67102	0.23737
0.15	0.97967	0.72242	0.85104	0.12862	0.35	0.90360	0.42033	0.66196	0.24164
0.16	0.97702	0.70550	0.84126	0.13576	0.36	0.89873	0.40718	0.65295	0.24577
0.17	0.97424	0.68877	0.83150	0.14273	0.37	0.89377	0.39421	0.64399	0.24978
0.18	0.97131	0.67224	0.82178	0.14954	0.38	0.88874	0.38142	0.63508	0.25366
0.19	0.96826	0.65590	0.81208	0.15618	0.39	0.88363	0.36881	0.62622	0.25741
0.20	0.96507	0.63975	0.80241	0.16266	0.40	0.87844	0.35637	0.61741	0.26103

续表

βx	φ	ψ	θ	ζ	βx	φ	ψ	θ	ζ
0.41	0.87318	0.34411	0.60865	0.26454	0.81	0.62893	−0.01548	0.30673	0.32220
0.42	0.86786	0.33202	0.59994	0.26792	0.82	0.62249	−0.02155	0.30047	0.32202
0.43	0.86247	0.32011	0.59129	0.27118	0.83	0.61605	−0.02750	0.29428	0.32177
0.44	0.85701	0.30837	0.58269	0.27432	0.84	0.60962	−0.03332	0.28815	0.32147
0.45	0.85150	0.29680	0.57415	0.27735	0.85	0.60320	−0.03902	0.28209	0.32111
0.46	0.84592	0.28541	0.56566	0.28026	0.86	0.59678	−0.04460	0.27609	0.32069
0.47	0.84029	0.27418	0.55723	0.28305	0.87	0.59037	−0.05007	0.27015	0.32022
0.48	0.83460	0.26312	0.54886	0.28574	0.88	0.58397	−0.05541	0.26428	0.31969
0.49	0.82886	0.25222	0.54054	0.28832	0.89	0.57758	−0.06064	0.25847	0.31911
0.50	0.82307	0.24149	0.53228	0.29079	0.90	0.57120	−0.6575	0.25273	0.31848
0.51	0.81723	0.23093	0.52408	0.29315	0.91	0.56484	−0.07075	0.24705	0.31779
0.52	0.81134	0.22053	0.51594	0.29541	0.92	0.55849	−0.07563	0.24143	0.31706
0.53	0.80541	0.21029	0.50785	0.29756	0.93	0.55216	−0.08040	0.23588	0.31628
0.54	0.79944	0.20022	0.49983	0.29961	0.94	0.54584	−0.08507	0.23039	0.31545
0.55	0.79343	0.19030	0.49186	0.30156	0.95	0.53954	−0.08962	0.22496	0.31458
0.56	0.78738	0.18054	0.48396	0.30342	0.96	0.53326	−0.09407	0.21960	0.31366
0.57	0.78129	0.17094	0.47612	0.30518	0.97	0.52700	−0.09840	0.21430	0.31270
0.58	0.77517	0.16150	0.46833	0.30684	0.98	0.52075	−0.10264	0.20906	0.31169
0.59	0.76902	0.15221	0.46061	0.30841	0.99	0.51453	−0.10677	0.20388	0.31065
0.60	0.76284	0.14307	0.45295	0.30988	1.00	0.50833	−0.11079	0.19877	0.30956
0.61	0.75662	0.13409	0.44536	0.31127	1.01	0.50215	−0.11472	0.19371	0.30843
0.62	0.75039	0.12526	0.43782	0.31256	1.02	0.49599	−0.11854	0.18872	0.30727
0.63	0.74412	0.11658	0.43035	0.31377	1.03	0.48986	−0.12227	0.18379	0.30606
0.64	0.73784	0.10804	0.42294	0.31490	1.04	0.48375	−0.12589	0.17893	0.30482
0.65	0.73153	0.09966	0.41559	0.31594	1.05	0.47766	−0.12943	0.17412	0.30354
0.66	0.72520	0.09142	0.40831	0.31689	1.06	0.47161	−0.13286	0.16937	0.30223
0.67	0.71885	0.08332	0.40109	0.31776	1.07	0.46557	−0.13620	0.16469	0.30089
0.68	0.71249	0.07537	0.39393	0.31856	1.08	0.45957	−0.13945	0.16006	0.29951
0.69	0.70611	0.06757	0.38684	0.31927	1.09	0.45359	−0.14260	0.15550	0.29810
0.70	0.69972	0.05990	0.37981	0.31991	1.10	0.44765	−0.14567	0.15099	0.29666
0.71	0.69331	0.05237	0.37284	0.32047	1.11	0.44173	−0.14864	0.14654	0.29518
0.72	0.68690	0.04499	0.36594	0.32096	1.12	0.43584	−0.15153	0.14215	0.29368
0.73	0.68048	0.03774	0.35911	0.32137	1.13	0.42998	−0.15433	0.13783	0.29216
0.74	0.67405	0.03062	0.35233	0.32171	1.14	0.42415	−0.15704	0.13355	0.29060
0.75	0.66761	0.02364	0.34563	0.32198	1.15	0.41836	−0.15967	0.12934	0.28901
0.76	0.66117	0.01680	0.33898	0.32219	1.16	0.41259	−0.16222	0.12519	0.28741
0.77	0.65472	0.01008	0.33240	0.32232	1.17	0.40686	−0.16468	0.12109	0.28577
0.78	0.64827	0.00350	0.32589	0.32239	1.18	0.40116	−0.16706	0.11705	0.28411
0.79	0.64183	−0.00295	0.31944	0.32239	1.19	0.39550	−0.16936	0.11307	0.28243
0.80	0.63538	−0.00928	0.31305	0.32233	1.20	0.38986	−0.17158	0.10914	0.28072

续表

βx	φ	ψ	θ	ζ	βx	φ	ψ	θ	ζ
1.21	0.38427	−0.17373	0.10527	0.27900	1.61	0.19190	−0.20757	−0.00783	0.19973
1.22	0.37871	−0.17580	0.10145	0.27725	1.62	0.18793	−0.20739	−0.00973	0.19766
1.23	0.37318	−0.17779	0.09770	0.27548	1.63	0.18399	−0.20718	−0.01159	0.19559
1.24	0.36769	−0.17970	0.09399	0.27369	1.64	0.18010	−0.20693	−0.01341	0.19352
1.25	0.36223	−0.18155	0.09034	0.27189	1.65	0.17625	−0.20664	−0.01520	0.19145
1.26	0.35681	−0.18332	0.08675	0.27006	1.66	0.17244	−0.20632	−0.01694	0.18938
1.27	0.35143	−0.18502	0.08321	0.26822	1.67	0.16868	−0.20597	−0.01864	0.18732
1.28	0.34608	−0.18665	0.07992	0.26636	1.68	0.16495	−0.20558	−0.02031	0.18526
1.29	0.34077	−0.18821	0.07628	0.26449	1.69	0.16127	−0.20515	−0.02194	0.18321
1.30	0.33550	−0.18970	0.07290	0.26260	1.70	0.15762	−0.20470	−0.02354	0.18116
1.31	0.33027	−0.19112	0.06957	0.26070	1.71	0.15402	−0.20421	−0.02510	0.17912
1.32	0.32507	−0.19248	0.06630	0.25878	1.72	0.15046	−0.20369	−0.02662	0.17708
1.33	0.31992	−0.19378	0.06307	0.25685	1.73	0.14694	−0.20315	−0.02811	0.17504
1.34	0.31480	−0.19500	0.05990	0.25490	1.74	0.14346	−0.20257	−0.02956	0.17301
1.35	0.30972	−0.19617	0.05678	0.25295	1.75	0.14002	−0.20197	−0.03097	0.17099
1.36	0.30468	−0.19728	0.05370	0.25098	1.76	0.13662	−0.20133	−0.03236	0.16897
1.37	0.29968	−0.19832	0.05068	0.24900	1.77	0.13326	−0.20067	−0.03371	0.16696
1.38	0.29472	−0.19930	0.04771	0.24701	1.78	0.12994	−0.19998	−0.03502	0.16496
1.39	0.28980	−0.20023	0.04479	0.24502	1.79	0.12666	−0.19927	−0.03631	0.16296
1.40	0.28492	−0.20110	0.04191	0.24301	1.80	0.12342	−0.19853	−0.03756	0.16097
1.41	0.28008	−0.20191	0.03909	0.24099	1.81	0.12022	−0.19777	−0.03877	0.15899
1.42	0.27528	−0.20266	0.03631	0.23897	1.82	0.11706	−0.19698	−0.03996	0.15702
1.43	0.27052	−0.20336	0.03358	0.23694	1.83	0.11394	−0.19617	−0.04112	0.15505
1.44	0.26581	−0.20400	0.03090	0.23490	1.84	0.11086	−0.19534	−0.04224	0.15310
1.45	0.26113	−0.20459	0.02827	0.23286	1.85	0.10782	−0.19448	−0.04333	0.15115
1.46	0.25649	−0.20513	0.02568	0.23081	1.86	0.10481	−0.19360	−0.04440	0.14921
1.47	0.25189	−0.20562	0.02314	0.22876	1.87	0.10185	−0.19271	−0.04543	0.14728
1.48	0.24734	−0.20606	0.02064	0.22670	1.88	0.09892	−0.19179	−0.04643	0.14535
1.49	0.24283	−0.20645	0.01819	0.22464	1.89	0.09603	−0.19085	−0.04741	0.14344
1.50	0.23835	−0.20679	0.01578	0.22257	1.90	0.09318	−0.18989	−0.04835	0.14154
1.51	0.23392	−0.20708	0.01342	0.22050	1.91	0.09037	−0.18891	−0.04927	0.13964
1.52	0.22953	−0.20732	0.01110	0.21843	1.92	0.08760	−0.18792	−0.05016	0.13776
1.53	0.22519	−0.20752	0.00883	0.21636	1.93	0.08486	−0.18691	−0.05102	0.13588
1.54	0.22088	−0.20768	0.00660	0.21428	1.94	0.08216	−0.18588	−0.05186	0.13402
1.55	0.21662	−0.20779	0.00441	0.21220	1.95	0.07950	−0.18483	−0.05267	0.13217
1.56	0.21239	−0.20786	0.00227	0.21012	1.96	0.07687	−0.18377	−0.05345	0.13032
1.57	0.20821	−0.20788	0.00017	0.20805	1.97	0.07429	−0.18270	−0.05420	0.12849
1.58	0.20407	−0.20786	−0.00190	0.20597	1.98	0.07174	−0.18160	−0.05493	0.12667
1.59	0.19997	−0.20780	−0.00392	0.20389	1.99	0.06922	−0.18050	−0.05564	0.12486
1.60	0.19592	−0.20771	−0.00589	0.20181	2.00	0.06674	−0.17938	−0.05632	0.12306

续表

βx	φ	ψ	θ	ζ	βx	φ	ψ	θ	ζ
2.1	0.0439	−0.1675	−0.0618	0.1057	4.6	−0.0111	0.0089	−0.0011	−0.0100
2.2	0.0244	−0.1548	−0.0652	0.0895	4.7	−0.0092	0.0090	0.0001	−0.0091
2.3	0.0080	−0.1416	−0.0668	0.0748	4.8	−0.0075	0.0089	0.0007	−0.0082
2.4	−0.0056	−0.1262	−0.0667	0.0613	4.9	−0.0059	0.0087	0.0014	−0.0073
2.5	−0.0166	−0.1149	−0.0658	0.0492	5.0	−0.0046	0.0084	0.0019	−0.0065
2.6	−0.0254	−0.1019	−0.0636	0.0383	5.1	−0.0033	0.0080	0.0023	−0.0057
2.7	−0.0320	−0.0895	−0.0608	0.0287	5.2	−0.0023	0.0075	0.0026	−0.0049
2.8	−0.0369	−0.0777	−0.0573	0.0204	5.3	−0.0014	0.0069	0.0028	−0.0042
2.9	−0.0403	−0.0666	−0.0534	0.0132	5.4	−0.0006	0.0064	0.0029	−0.0035
3.0	−0.0423	−0.0563	−0.0493	0.0071	5.5	−0.0000	0.0058	0.0029	−0.0027
3.1	−0.0431	−0.0469	−0.0450	0.0019	5.6	0.0005	0.0052	0.0029	−0.0023
3.2	−0.0431	−0.0383	−0.0407	−0.0024	5.7	0.0010	0.0046	0.0028	−0.0018
3.3	−0.0422	−0.0306	−0.0364	−0.0058	5.8	0.0013	0.0041	0.0027	−0.0014
3.4	−0.0408	−0.0237	−0.0323	−0.0085	5.9	0.0015	0.0036	0.0026	−0.0010
3.5	−0.0369	−0.0177	−0.0283	−0.0106	6.0	0.0017	0.0031	0.0024	−0.0007
3.6	−0.0366	−0.0124	−0.0245	−0.0121	6.1	0.0018	0.0026	0.0022	−0.0004
3.7	−0.0341	−0.0079	−0.0210	−0.0131	6.2	0.0019	0.0022	0.0020	−0.0002
3.8	−0.0314	−0.0040	−0.0177	−0.0137	6.3	0.0019	0.0018	0.0018	0.0001
3.9	−0.0286	−0.0008	−0.0147	−0.0140	6.4	0.0018	0.0015	0.0017	0.0003
4.0	−0.0258	−0.0019	−0.0120	−0.0139	6.5	0.0018	0.0012	0.0015	0.0004
4.1	−0.0231	0.0040	−0.0095	−0.0136	6.6	0.0017	0.0009	0.0013	0.0005
4.2	−0.0204	0.0057	−0.0074	−0.0131	6.7	0.0016	0.0006	0.0011	0.0006
4.3	−0.0179	0.0070	−0.0054	−0.0125	6.8	0.0015	0.0004	0.0010	0.0006
4.4	−0.0155	0.0079	−0.0038	−0.0117	6.9	0.0014	0.0002	0.0008	0.0006
4.5	−0.0132	0.0085	−0.0023	−0.0108	7.0	0.0013	0.0001	0.0007	

附表 8　　$\varkappa_1$、$\varkappa_2$、μ_1 函数表

$\frac{\beta l}{2}$	$\varkappa_2$	$\varkappa_1$	μ_1	$\frac{\beta l}{2}$	$\varkappa_2$	$\varkappa_1$	μ_1
0.01	1.00000	1.00000	1.00000	0.16	0.99993	0.99991	0.99994
0.02	1.00000	1.00000	1.00000	0.17	0.99990	0.99988	0.99993
0.03	1.00000	1.00000	1.00000	0.18	0.99988	0.99986	0.99991
0.04	1.00000	1.00000	1.00000	0.19	0.99985	0.99982	0.99988
0.05	1.00000	1.00000	1.00000	0.20	0.99982	0.99978	0.99986
0.06	1.00000	1.00000	1.00000	0.21	0.99978	0.99973	0.99983
0.07	1.00000	1.00000	1.00000	0.22	0.99973	0.99968	0.99979
0.08	1.00000	0.99999	1.00000	0.23	0.99968	0.99961	0.99975
0.09	1.00000	0.99999	1.00000	0.24	0.99962	0.99954	0.99971
0.10	0.99999	0.99998	0.99999	0.25	0.99955	0.99946	0.99965
0.11	0.99998	0.99998	0.99999	0.26	0.99948	0.99937	0.99959
0.12	0.99998	0.99997	0.99999	0.27	0.99939	0.99927	0.99953
0.13	0.99997	0.99996	0.99998	0.28	0.99930	0.99915	0.99945
0.14	0.99996	0.99995	0.99997	0.29	0.99919	0.99902	0.99937
0.15	0.99994	0.99993	0.99996	0.30	0.99908	0.99888	0.99928

续表

$\frac{\beta l}{2}$	$\varkappa_2$	$\varkappa_1$	μ_1	$\frac{\beta l}{2}$	$\varkappa_2$	$\varkappa_1$	μ_1
0.31	0.99814	0.99873	0.99918	0.71	0.97187	0.96602	0.97812
0.32	0.99880	0.99855	0.99907	0.72	0.97030	0.96412	0.97690
0.33	0.99865	0.99836	0.99895	0.73	0.96868	0.96216	0.97564
0.34	0.99848	0.99816	0.99881	0.74	0.96699	0.96012	0.97432
0.35	0.99829	0.99793	0.99867	0.75	0.96524	0.95801	0.97296
0.36	0.99808	0.99769	0.99851	0.76	0.96343	0.95582	0.97155
0.37	0.99786	0.99742	0.99834	0.77	0.96155	0.95355	0.97009
0.38	0.99762	0.99713	0.99815	0.78	0.95960	0.95120	0.96857
0.39	0.99736	0.99681	0.99795	0.79	0.95759	0.94877	0.96701
0.40	0.99708	0.99648	0.99773	0.80	0.95551	0.94626	0.96539
0.41	0.99678	0.99611	0.99750	0.81	0.95336	0.94366	0.96372
0.42	0.99646	0.99572	0.99724	0.82	0.95114	0.94099	0.96199
0.43	0.99611	0.99530	0.99697	0.83	0.94886	0.93822	0.95021
0.44	0.99574	0.99485	0.99668	0.84	0.94650	0.93537	0.95838
0.45	0.99534	0.99437	0.99637	0.85	0.94406	0.93244	0.95648
0.46	0.99491	0.99385	0.99604	0.86	0.94156	0.92941	0.95453
0.47	0.99446	0.99330	0.99569	0.87	0.93898	0.92630	0.95253
0.48	0.99397	0.99272	0.99531	0.88	0.93633	0.92310	0.95046
0.49	0.99346	0.99210	0.99491	0.89	0.93360	0.91981	0.94834
0.50	0.99291	0.99144	0.99449	0.90	0.93080	0.91643	0.94616
0.51	0.99233	0.99074	0.99404	0.91	0.92793	0.91296	0.94392
0.52	0.99172	0.99000	0.99356	0.92	0.92498	0.90940	0.94163
0.53	0.99107	0.98921	0.99306	0.93	0.92195	0.90574	0.93927
0.54	0.99039	0.98838	0.99252	0.94	0.91885	0.90200	0.93686
0.55	0.98966	0.98751	0.99196	0.95	0.91567	0.89816	0.93438
0.56	0.98900	0.98659	0.99137	0.96	0.91241	0.89423	0.93185
0.57	0.98810	0.98562	0.99074	0.97	0.90908	0.89021	0.92925
0.58	0.98725	0.98460	0.99008	0.98	0.90568	0.88610	0.92660
0.59	0.98636	0.98352	0.98939	0.99	0.90219	0.88190	0.92389
0.60	0.98543	0.98240	0.98867	1.00	0.89863	0.87761	0.92112
0.61	0.98445	0.98121	0.98791	1.01	0.89500	0.87322	0.91829
0.62	0.98343	0.97997	0.98711	1.02	0.89129	0.86875	0.91540
0.63	0.98235	0.97868	0.98627	1.03	0.88751	0.86418	0.91246
0.64	0.98123	0.97732	0.98540	1.04	0.88365	0.85953	0.90945
0.65	0.98005	0.97590	0.98448	1.05	0.87972	0.85479	0.90639
0.66	0.97883	0.97442	0.98353	1.06	0.87571	0.84996	0.90327
0.67	0.97755	0.97287	0.98253	1.07	0.87164	0.84505	0.90010
0.68	0.97621	0.97126	0.98150	1.08	0.86749	0.84004	0.89686
0.69	0.97482	0.96958	0.98042	1.09	0.86327	0.83496	0.89358
0.70	0.97337	0.96783	0.97929	1.10	0.85898	0.82979	0.89024

续表

$\frac{\beta l}{2}$	$\varkappa_2$	$\varkappa_1$	μ_1	$\frac{\beta l}{2}$	$\varkappa_2$	$\varkappa_1$	μ_1
1.11	0.85463	0.82454	0.88685	1.51	0.64244	0.56958	0.72117
1.12	0.85020	0.81921	0.88340	1.52	0.63673	0.56275	0.71670
1.13	0.84572	0.81380	0.87990	1.53	0.63104	0.55594	0.71224
1.14	0.84116	0.80831	0.87635	1.54	0.62535	0.54915	0.70779
1.15	0.83654	0.80274	0.87275	1.55	0.61968	0.54237	0.70334
1.16	0.83186	0.79710	0.86910	1.56	0.61402	0.53561	0.69890
1.17	0.82712	0.79139	0.86541	1.57	0.60838	0.52887	0.69448
1.18	0.82232	0.78561	0.86167	1.58	0.60275	0.52215	0.69006
1.19	0.81746	0.77975	0.85788	1.59	0.59714	0.51546	0.68566
1.20	0.81254	0.77383	0.85405	1.60	0.59155	0.50879	0.68128
1.21	0.80757	0.76785	0.85017	1.61	0.58598	0.50216	0.67691
1.22	0.80255	0.76180	0.84625	1.62	0.58044	0.49555	0.67255
1.23	0.79747	0.75569	0.84229	1.63	0.57492	0.48897	0.66822
1.24	0.79235	0.74952	0.83830	1.64	0.56942	0.48243	0.66390
1.25	0.78717	0.74330	0.83426	1.65	0.56396	0.47592	0.65960
1.26	0.78195	0.73702	0.83019	1.66	0.55852	0.46945	0.65533
1.27	0.77669	0.73069	0.82609	1.67	0.55311	0.46302	0.65107
1.28	0.77139	0.72430	0.82195	1.68	0.54773	0.45663	0.84684
1.29	0.76604	0.71788	0.81778	1.69	0.54238	0.45028	0.64263
1.30	0.76066	0.71140	0.81358	1.70	0.53706	0.44397	0.63845
1.31	0.75524	0.70489	0.80935	1.71	0.53178	0.43770	0.63429
1.32	0.74978	0.69833	0.80509	1.72	0.52654	0.43148	0.63016
1.33	0.74430	0.69174	0.80081	1.73	0.52133	0.42531	0.62605
1.34	0.73878	0.68511	0.79650	1.74	0.51615	0.41918	0.62197
1.35	0.73324	0.67845	0.79217	1.75	0.51102	0.41310	0.61792
1.36	0.72767	0.67176	0.73782	1.76	0.50592	0.40707	0.61390
1.37	0.72208	0.66504	0.78345	1.77	0.50086	0.40109	0.60991
1.38	0.71646	0.65830	0.77907	1.78	0.49584	0.39516	0.60594
1.39	0.71083	0.65154	0.77466	1.79	0.49086	0.33929	0.60201
1.40	0.70517	0.64475	0.77025	1.80	0.48593	0.38346	0.59811
1.41	0.69951	0.63795	0.76582	1.81	0.48103	0.37768	0.59423
1.42	0.69383	0.63114	0.76138	1.82	0.47618	0.37197	0.59039
1.43	0.68813	0.62431	0.75693	1.83	0.47137	0.36630	0.58658
1.44	0.68243	0.61748	0.75247	1.84	0.46660	0.36069	0.58281
1.45	0.67672	0.61064	0.74800	1.85	0.46187	0.35514	0.57906
1.46	0.67101	0.60379	0.74353	1.86	0.45719	0.34964	0.57535
1.47	0.66529	0.59694	0.73906	1.87	0.45256	0.34420	0.57107
1.43	0.65958	0.59009	0.73459	1.88	0.44796	0.33882	0.56803
1.49	0.65386	0.58325	0.73011	1.89	0.44342	0.33349	0.56442
1.50	0.64814	0.57640	0.72564	1.90	0.43891	0.32822	0.56084

续表

$\frac{\beta l}{2}$	$\mathcal{K}_2$	$\mathcal{K}_1$	μ_1	$\frac{\beta l}{2}$	$\mathcal{K}_2$	$\mathcal{K}_1$	μ_1
1.91	0.43446	0.32301	0.55729	3.2	0.146	0.023	0.311
1.92	0.43005	0.31786	0.55378	3.4	0.129	0.012	0.293
1.93	0.42568	0.31276	0.55031	3.6	0.115	0.006	0.278
1.94	0.42136	0.30772	0.54686	3.8	0.104	0.002	0.263
1.95	0.41708	0.30274	0.54346	4.0	0.094	−0.001	0.250
1.96	0.41285	0.29782	0.54008	4.2	0.085	−0.002	0.238
1.97	0.40867	0.29296	0.53674	4.4	0.078	−0.003	0.227
1.98	0.40453	0.28816	0.53343	4.6	0.071	−0.003	0.217
1.99	0.40044	0.28341	0.53016	4.8	0.065	−0.002	0.208
2.00	0.39639	0.27872	0.52692	5.0	0.060	−0.002	0.200
2.2	0.325	0.197	0.469				
2.4	0.269	0.136	0.424				
2.6	0.226	0.092	0.387				
2.8	0.193	0.060	0.356				
3.0	0.167	0.038	0.333				

附表 9　　σ_1、τ_1、ω_0、ω_1 等的函数表

$u=\frac{\beta l}{2}$	σ_1	τ_1	ω_0	ω_1	ω	τ_2	σ_2	π
0	1.000	1.000	1.000	1.000	1.000	1.000	1.000	1.000
0.1	1.000	1.000	1.000	1.000	1.000	1.000	1.000	1.000
0.2	1.000	1.000	1.000	1.000	1.000	1.000	1.000	0.999
0.3	1.000	0.999	0.999	0.999	0.998	0.999	0.999	0.998
0.4	0.999	0.997	0.997	0.997	0.993	0.997	0.994	0.992
0.5	0.998	0.994	0.992	0.993	0.986	0.992	0.989	0.978
0.6	0.995	0.989	0.985	0.988	0.974	0.982	0.957	0.965
0.7	0.986	0.978	0.965	0.978	0.955	0.969	0.923	0.929
0.8	0.951	0.967	0.941	0.966	0.927	0.950	0.872	0.883
0.9	0.911	0.954	0.911	0.944	0.888	0.924	0.808	0.827
1.0	0.874	0.939	0.877	0.913	0.841	0.892	0.729	0.767
1.1	0.824	0.918	0.827	0.880	0.787	0.837	0.640	0.725
1.2	0.766	0.896	0.769	0.841	0.725	0.815	0.546	0.615
1.3	0.706	0.862	0.709	0.796	0.668	0.778	0.452	0.528
1.4	0.634	0.828	0.640	0.748	0.610	0.737	0.362	0.462
1.5	0.571	0.790	0.577	0.695	0.558	0.698	0.284	0.376
1.6	0.501	0.759	0.510	0.646	0.504	0.661	0.214	0.317
1.7	0.438	0.727	0.445	0.599	0.478	0.628	0.155	0.265
1.8	0.388	0.694	0.378	0.557	0.417	0.596	0.108	0.214
1.9	0.339	0.662	0.328	0.509	0.384	0.572	0.071	0.175
2.0	0.284	0.634	0.285	0.470	0.355	0.549	0.054	0.142

续表

$u=\frac{\beta l}{2}$	σ_1	τ_1	ω_0	ω_1	ω	τ_2	σ_2	π
2.2	0.211	0.581	0.209	0.402	0.296	0.500	0.015	0.094
2.4	0.162	0.534	0.151	0.348	0.259	0.467	−0.006	0.066
2.6	0.130	0.497	0.116	0.300	0.225	0.435	−0.012	0.045
2.8	0.107	0.465	0.089	0.262	0.194	0.412	−0.011	0.032
3.0	0.092	0.437	0.070	0.231	0.176	0.384	−0.008	0.023
3.2	0.081	0.411	0.057	0.205	0.158	0.364	−0.004	0.019
3.4	0.072	0.389	0.048	0.183	0.136	0.337	−0.002	0.014
3.6	0.064	0.370	0.040	0.165	0.125	0.323	−0.001	0.012
3.8	0.057	0.352	0.034	0.151	0.117	0.310	−0.001	0.009
4.0	0.051	0.336	0.030	0.137	0.106	0.297	0	0.008
4.2	0.046	0.320	0.026	0.125	0.095	0.281	0	0.007
4.4	0.042	0.306	0.022	0.115	0.088	0.271	0	0.006
4.6	0.039	0.293	0.019	0.106	0.080	0.259	0	0.005
4.8	0.037	0.281	0.017	0.090	0.077	0.253	0	0.004
5.0	0.036	0.271	0.015	0.090	0.067	0.237	0	0.002

附表 10 **λ_1、η_1 函数表**

u	λ_1	η_1	u	λ_1	η_1	u	λ_1	η_1
0	1.00000	1.00000	0.21	0.99972	0.99976	0.41	0.99593	0.99651
0.01	1.00000	1.00000	0.22	0.99966	0.99971	0.42	0.99552	0.99616
0.02	1.00000	1.00000	0.23	0.99960	0.99965	0.43	0.99508	0.99579
0.03	1.00000	1.00000	0.24	0.99952	0.99959	0.44	0.99461	0.99538
0.04	1.00000	1.00000	0.25	0.99944	0.99952	0.45	0.99411	0.99495
0.05	1.00000	1.00000						
0.06	1.00000	1.00000	0.26	0.99934	0.99943	0.46	0.99357	0.99449
0.07	1.00000	1.00000	0.27	0.99923	0.99934	0.47	0.99300	0.99400
0.08	0.99999	1.00000	0.28	0.99911	0.99924	0.48	0.99238	0.89347
0.09	0.99999	0.99999	0.29	0.99898	0.99912	0.49	0.99173	0.99291
0.10	0.99998	0.99999	0.30	0.99883	0.99900	0.50	0.99104	0.99232
0.11	0.99998	0.99998	0.31	0.99867	0.99886	0.51	0.99031	0.99170
0.12	0.99997	0.99997	0.32	0.99849	0.99870	0.52	0.98954	0.99103
0.13	0.99996	0.99996	0.33	0.99829	0.99853	0.53	0.98872	0.99033
0.14	0.99994	0.99995	0.34	0.99807	0.99835	0.54	0.98785	0.98958
0.15	0.99993	0.99994	0.35	0.99784	0.99815	0.55	0.98694	0.98880
0.16	0.99991	0.99992	0.36	0.99758	0.99792	0.56	0.98597	0.98798
0.17	0.99988	0.99990	0.37	0.99730	0.99768	0.57	0.98496	0.98710
0.18	0.99985	0.99987	0.38	0.99700	0.99743	0.58	0.98389	0.98619
0.19	0.99981	0.99984	0.39	0.99667	0.99714	0.59	0.98277	0.98523
0.20	0.99977	0.99980	0.40	0.99631	0.99684	0.60	0.98159	0.98422

续表

u	λ_1	η_1	u	λ_1	η_1	u	λ_1	η_1
0.61	0.98035	0.98316	1.06	0.84312	0.86540	1.51	0.55040	0.61311
0.62	0.97905	0.98204	1.07	0.83798	0.86098	1.52	0.54329	0.60696
0.63	0.97770	0.98088	1.08	0.83275	0.85649	1.53	0.53619	0.60081
0.64	0.97628	0.97966	1.09	0.82744	0.85193	1.54	0.52911	0.59467
0.65	0.97479	0.97839	1.10	0.82203	0.84729	1.55	0.52205	0.58855
0.66	0.97324	0.97706	1.11	0.81655	0.84257	1.56	0.51501	0.58244
0.67	0.97163	0.97568	1.12	0.81098	0.83778	1.57	0.50799	0.57635
0.68	0.96994	0.97423	1.13	0.80532	0.83292	1.58	0.50100	0.57027
0.69	0.96819	0.97272	1.14	0.79959	0.82799	1.59	0.49403	0.56422
0.70	0.06636	0.97116	1.15	0.79377	0.82299	1.60	0.48709	0.55819
0.71	0.96446	0.96953	1.16	0.78788	0.81793	1.61	0.48018	0.55219
0.72	0.96248	0.96783	1.17	0.78191	0.81280	1.62	0.47330	0.54621
0.73	0.96042	0.96607	1.18	0.77587	0.80760	1.63	0.46646	0.54026
0.74	0.95829	0.96424	1.19	0.76975	0.80234	1.64	0.45965	0.53433
0.75	0.95608	0.96235	1.20	0.76357	0.79702	1.65	0.45288	0.52844
0.76	0.95379	0.96038	1.21	0.75731	0.79164	1.66	0.44615	0.52257
0.77	0.95142	0.95835	1.22	0.75100	0.78621	1.67	0.43947	0.51674
0.78	0.94896	0.95624	1.23	0.74461	0.78071	1.68	0.43282	0.51095
0.79	0.94642	0.95406	1.24	0.73817	0.77517	1.69	0.42622	0.50519
0.80	0.94379	0.95181	1.25	0.73167	0.76957	1.70	0.41966	0.49946
0.81	0.94108	0.94948	1.26	0.72511	0.76393	1.71	0.41315	0.49378
0.82	0.93828	0.94708	1.27	0.71850	0.75823	1.72	0.40669	0.48813
0.83	0.93539	0.94460	1.28	0.71183	0.75249	1.73	0.40027	0.48252
0.84	0.93241	0.94204	1.29	0.70512	0.74671	1.74	0.39391	0.47695
0.85	0.92934	0.93941	1.30	0.69836	0.74089	1.75	0.38760	0.47142
0.86	0.92618	0.93670	1.31	0.69156	0.73503	1.76	0.38134	0.46594
0.87	0.92292	0.93391	1.32	0.68471	0.72913	1.77	0.37513	0.46050
0.88	0.91958	0.93103	1.33	0.67783	0.72320	1.78	0.36898	0.45510
0.89	0.91614	0.92808	1.34	0.67091	0.71723	1.79	0.36289	0.44974
0.90	0.91260	0.92505	1.35	0.66396	0.71124	1.80	0.35685	0.44444
0.91	0.90897	0.92194	1.36	0.65698	0.70522	1.81	0.35086	0.43917
0.92	0.90525	0.91874	1.37	0.64997	0.69917	1.82	0.34494	0.43396
0.93	0.90143	0.91546	1.38	0.64293	0.89310	1.83	0.33907	0.42879
0.94	0.89751	0.91210	1.39	0.63587	0.68701	1.84	0.33326	0.42367
0.95	0.89350	0.90866	1.40	0.62880	0.68090	1.85	0.32751	0.41860
0.96	0.88940	0.90513	1.41	0.62170	0.67477	1.86	0.32182	0.41357
0.97	0.88519	0.90153	1.42	0.61459	0.66863	1.87	0.31619	0.40860
0.98	0.88090	0.89784	1.43	0.60747	0.66248	1.88	0.31062	0.40367
0.99	0.87650	0.89407	1.44	0.60034	0.65632	1.89	0.30511	0.39879
1.00	0.37201	0.89021	1.45	0.59321	0.65015	1.90	0.29966	0.39397
1.01	0.86743	0.88628	1.46	0.58607	0.64398	1.91	0.29427	0.38919
1.02	0.86275	0.88226	1.47	0.57893	0.63780	1.92	0.28895	0.38446
1.03	0.85798	0.87818	1.48	0.57179	0.63163	1.93	0.28369	0.37978
1.04	0.85312	0.87399	1.49	0.56465	0.62545	1.94	0.27849	0.37516
1.05	0.84816	0.86973	1.50	0.55752	0.61927	1.95	0.27335	0.37058

续表

u	λ_1	η_1	u	λ_1	η_1	u	λ_1	η_1
1.96	0.26827	0.36605	3.1	0.002413	0.10033	4.6	−0.008684	0.03080
1.97	0.26326	0.36158	3.2	−0.002968	0.09121	4.7	−0.007739	0.02888
1.98	0.25830	0.35715	3.3	−0.007037	0.08317	4.8	−0.006832	0.02712
1.99	0.25341	0.35278	3.4	−0.010011	0.07605	4.9	−0.005972	0.02549
2.00	0.24859	0.34845	3.5	−0.012080	0.06973	5.0	−0.005169	0.02400
2.1	0.20369	0.30794	3.6	−0.013409	0.06409			
2.2	0.16475	0.27223	3.7	−0.014137	0.05905			
2.3	0.13135	0.24096	3.8	−0.014387	0.05452			
2.4	0.10298	0.21372	3.9	−0.014261	0.05045			
2.5	0.07910	0.19003	4.0	−0.013847	0.04678			
2.6	0.05916	0.16947	4.1	−0.013220	0.04345			
2.7	0.042658	0.15160	4.2	−0.012440	0.04043			
2.8	0.029130	0.13606	4.3	−0.011559	0.03769			
2.9	0.018154	0.12252	4.4	−0.010618	0.03518			
3.0	0.009358	0.11069	4.5	−0.009651	0.03289			

附表 11　　η_4、λ_4 函 数 表

u	η_4	λ_4	u	η_4	λ_4	u	η_4	λ_4
0.01	1.50000	0.50000	0.26	1.49979	0.49995	0.51	1.49694	0.49920
0.02	1.50000	0.50000	0.27	1.49976	0.49994	0.52	1.49670	0.49913
0.03	1.50000	0.50000	0.28	1.49972	0.49993	0.53	1.49644	0.49906
0.04	1.50000	0.50000	0.29	1.49968	0.49992	0.54	1.49616	0.49899
0.05	1.50000	0.50000	0.30	1.49963	0.49990	0.55	1.49587	0.49891
0.06	1.50000	0.50000	0.31	1.49958	0.49989	0.56	1.49556	0.49883
0.07	1.50000	0.50000	0.32	1.49953	0.49988	0.57	1.49523	0.49875
0.08	1.50000	0.50000	0.33	1.49946	0.49986	0.58	1.49489	0.49866
0.09	1.50000	0.50000	0.34	1.49940	0.49984	0.59	1.49453	0.49856
0.10	1.50000	0.50000	0.35	1.49932	0.49982	0.60	1.49415	0.49846
0.11	1.49999	0.50000	0.36	1.49924	0.49980	0.61	1.49375	0.49836
0.12	1.49999	0.50000	0.37	1.49915	0.49978	0.62	1.49333	0.49825
0.13	1.49999	0.50000	0.38	1.49906	0.49975	0.63	1.49289	0.49813
0.14	1.49998	0.50000	0.39	1.49895	0.49972	0.64	1.49243	0.49807
0.15	1.49998	0.49999	0.40	1.49884	0.49970	0.65	1.49195	0.49788
0.16	1.49997	0.49999	0.41	1.49872	0.49966	0.66	1.49144	0.49775
0.17	1.19996	0.49999	0.42	1.49859	0.49963	0.67	1.49092	0.49761
0.18	1.49995	0.49999	0.43	1.49845	0.49959	0.68	1.49036	0.49748
0.19	1.49994	0.49998	0.44	1.49831	0.49955	0.69	1.48979	0.49731
0.20	1.49993	0.49998	0.45	1.49815	0.49951	0.70	1.48919	0.49715
0.21	1.49991	0.49998	0.46	1.49798	0.49947	0.71	1.48856	0.49699
0.22	1.49989	0.49997	0.47	1.49779	0.49942	0.72	1.48790	0.49682
0.23	1.49987	0.49997	0.48	1.49760	0.49937	0.73	1.48729	0.49664
0.24	1.49985	0.49996	0.49	1.49739	0.49931	0.74	1.48651	0.49645
0.25	1.49982	0.49995	0.50	1.49718	0.49926	0.75	1.48577	0.49625

续表

u	η_4	λ_4	u	η_4	λ_4	u	η_4	λ_4
0.76	1.48500	0.49605	1.21	1.40665	0.47541	1.66	1.19823	0.42027
0.77	1.48420	0.49584	1.22	1.40365	0.47461	1.67	1.18918	0.41856
0.78	1.48337	0.49562	1.23	1.40058	0.47380	1.68	1.18532	0.41684
0.79	1.48250	0.49539	1.24	1.39744	0.47298	1.69	1.17874	0.41509
0.80	1.48161	0.49516	1.25	1.39423	0.47213	1.70	1.17209	0.41233
0.81	1.48068	0.49491	1.26	1.39096	0.47127	1.71	1.16537	0.41154
0.82	1.47971	0.49466	1.27	1.38761	0.47038	1.72	1.15857	0.40973
0.83	1.47871	0.49440	1.28	1.38420	0.46948	1.73	1.15170	0.40791
0.84	1.47768	0.49412	1.29	1.38071	0.46856	1.74	1.14475	0.40606
0.85	1.47661	0.49384	1.30	1.37715	0.46762	1.75	1.13773	0.40419
0.86	1.47550	0.49355	1.31	1.37352	0.46666	1.76	1.13063	0.40231
0.87	1.47435	0.49325	1.32	1.36982	0.46559	1.77	1.11235	0.40040
0.88	1.47316	0.43294	1.33	1.36605	0.46469	1.78	1.11623	0.39847
0.89	1.47193	0.49261	1.34	1.36220	0.46367	1.79	1.10892	0.39653
0.90	1.47067	0.49228	1.35	1.35828	0.46264	1.80	1.10154	0.39456
0.91	1.46936	0.49193	1.36	1.35428	0.46158	1.81	1.09409	0.39258
0.92	1.46801	0.49158	1.37	1.35021	0.46050	1.82	1.08658	0.39058
0.93	1.46661	0.49121	1.38	1.34606	0.45941	1.83	1.07899	0.38855
0.94	1.46517	0.49083	1.39	1.34184	0.45830	1.84	1.07134	0.38651
0.95	1.46369	0.49044	1.40	1.33754	0.45716	1.85	1.06363	0.38446
0.96	1.46216	0.49004	1.41	1.33316	0.45600	1.86	1.05585	0.38238
0.97	1.46058	0.48962	1.42	1.32871	0.45483	1.87	1.04800	0.38029
0.98	1.45896	0.48919	1.43	1.32417	0.45363	1.88	1.04009	0.37818
0.99	1.45729	0.48375	1.44	1.31957	0.45241	1.89	1.03212	0.37605
1.00	1.45557	0.48830	1.45	1.31488	0.45117	1.90	1.02409	0.37390
1.01	1.45379	0.48783	1.46	1.31011	0.44991	1.91	1.01600	0.37174
1.02	1.45197	0.48735	1.47	1.30527	0.44863	1.92	1.00785	0.36956
1.03	1.45010	0.48686	1.48	1.30035	0.44733	1.93	0.99965	0.36737
1.04	1.44817	0.48635	1.49	1.29535	0.44600	1.94	0.99138	0.36516
1.05	1.44620	0.48583	1.50	1.29027	0.44466	1.95	0.98307	0.36293
1.06	1.44416	0.48530	1.51	1.28511	0.44329	1.96	0.97469	0.36069
1.07	1.44208	0.48475	1.52	1.27987	0.44191	1.37	0.96627	0.35843
1.08	1.43993	0.48418	1.53	1.27456	0.44050	1.98	0.95779	0.35616
1.09	1.43773	0.48360	1.54	1.26916	0.43907	1.99	0.94926	0.35387
1.10	1.43548	0.48301	1.55	1.26368	0.43762	2.00	0.94069	0.35157
1.11	1.43316	0.48240	1.56	1.25813	0.43615	2.1	0.85252	0.32787
1.12	1.43079	0.48177	1.57	1.25249	0.43466	2.2	0.76099	0.30314
1.13	1.42835	0.48113	1.58	1.24678	0.43314	2.3	0.66764	0.27777
1.14	1.42586	0.48047	1.59	1.24099	0.43161	2.4	0.57404	0.25213
1.15	1.42331	0.47980	1.60	1.23511	0.43005	2.5	0.48174	0.22663
1.16	1.42069	0.47911	1.61	1.22916	0.42847	2.6	0.39219	0.20161
1.17	1.41801	0.47840	1.62	1.22313	0.42687	2.7	0.30667	0.17744
1.18	1.41527	0.47768	1.63	1.21702	0.42525	2.8	0.22625	0.15434
1.19	1.41246	0.47694	1.64	1.21083	0.42361	2.9	0.15182	0.13256
1.20	1.40959	0.47618	1.65	1.20457	0.42195	3.0	0.08399	0.11227

续表

u	η_4	λ_4	u	η_4	λ_4	u	η_4	λ_4
3.1	0.02317	0.09356	4.1	−0.22245	−0.00809			
3.2	−0.03042	0.07651	4.2	−0.21961	−0.01145			
3.3	−0.07676	0.06114	4.3	−0.21383	−0.01400			
3.4	−0.11598	0.04744	4.4	−0.20563	−0.01583			
3.5	−0.14834	0.03534	4.5	−0.19546	−0.01704			
3.6	−0.17419	0.02480	4.6	−0.18378	−0.01773			
3.7	−0.19317	0.01571	4.7	−0.17096	−0.01797			
3.8	−0.20815	0.00799	4.8	−0.15739	−0.01784			
3.9	−0.21727	0.00152	4.9	−0.14338	−0.01741			
4.0	−0.22185	−0.00380	5.0	−0.12921	−0.01674			

附表 12　　$\overline{\mu}_A(u, \zeta)$函数表（表中系数除 10^4 后为 $\overline{\mu}_A$ 之值）

$u=\frac{\beta l}{2}$ \ ζ	0.1	0.2	0.3	0.4	0.5	0.6	0.7	0.8	0.9
0.1	890	1305	1480	1450	1250	960	630	320	92.0
0.2	828	1305	1480	1450	1250	960	630	320	91.5
0.3	824	1302	1480	1450	1250	960	628	320	91.0
0.4	818	1297	1480	1444	1247	955	626	319	90.5
0.5	811	1289	1479	1434	1234	952	622	316	90.0
0.6	804	1278	1473	1419	1230	940	616	311	88.0
0.7	798	1263	1466	1399	1212	922	602	304	85.5
0.8	792	1247	1429	1374	1180	895	584	294	82.0
0.9	786	1228	1394	1337	1140	860	561	281	78.5
1.0	779	1206	1350	1291	1090	814	530	262	72.5
1.1	772	1182	1300	1230	1030	764	488	242	66.5
1.2	767	1152	1257	1165	951	711	440	216	58.8
1.3	752	1115	1191	1075	872	628	388	186.3	50.5
1.4	743	1066	1120	990	787	556	334	157	41.2
1.5	728	1025	1034	908	697	477	280	129	33.0
1.6	713	977	970	817	605	401	227	100.5	25.0
1.7	697	932	901	732	525	335	179	75.1	17.5
1.8	684	892	829	651	445	267	135.4	52.3	11.0
1.9	667	849	763	576	375	211	97.7	33.5	5.62
2.0	652	806	704	506	312	161.6	65.9	17.63	1.445
2.2	645	726	589	385	207	84.7	19.7	3.60	−3.96
2.4	598	652	494	287	129.2	34.3	−6.77	−1.376	−6.05
2.6	569	585	405	210	74.1	3.96	−18.95	−16.74	−6.00
2.8	541	522	331	148.7	36.6	−12.47	−22.3	−15.18	−4.84
3.0	518	468	278.5	102	11.69	−19.88	−20.6	−11.74	−3.34

续表

ζ / $u=\frac{\beta l}{2}$	0.1	0.2	0.3	0.4	0.5	0.6	0.7	0.8	0.9
3.2	492	416	214	66.4	−3.71	−21.5	−17.00	−8.07	−1.97
3.4	469	369	170.8	39.7	−12.52	−20.0	−12.59	−4.86	−0.907
3.6	445	326	134	20.3	−16.74	−17.03	−8.54	−2.46	−0.211
3.8	426	288	103.4	6.45	−18.00	−13.60	−5.33	−0.86	0.171
4.0	401	252	76.5	−2.99	−17.30	−10.20	−2.94	0.061	0.322
4.2	381	221	55.9	−9.03	−15.60	−7.29	−1.33	0.502	0.336
4.4	364	192	38.9	−12.46	−13.30	−4.86	−0.304	0.631	0.196
4.6	344	166	25.7	−14.03	−10.83	−3.08	−0.269	0.585	0.196
4.8	325	143.3	15.24	−14.33	−8.50	−1.64	0.529	0.466	0.1183
5.0	310	123	7.00	−13.84	−6.26	−0.692	0.596	0.332	0.0592

附表 13　　$\overline{v}_A(u,\zeta)$函数表（表中系数除 10^3 后为 $\overline{v}_A$ 之值）

ζ / $u=\frac{\beta l}{2}$	0.1	0.2	0.3	0.4	0.5	0.6	0.7	0.8	0.9
0.1	980	900	786	650	500	350	216	104	28.4
0.2	980	900	786	650	500	350	216	103.5	28.2
0.3	976	900	786	648	500	350	216	103	27.8
0.4	974	897	784	647	500	350	214	102.6	27.6
0.5	972	892	782	644	496	348	212	101.6	27.4
0.6	968	886	777	636	490	342	210	100.4	26.9
0.7	966	878	772	630	481	331	204	97.3	26.1
0.8	964	872	760	614	468	316	196	93.0	24.3
0.9	962	866	750	595	449	309	185	86.6	22.9
1.0	960	860	727	576	427	288	169.5	79.0	20.6
1.1	959	844	703	549	398	264	152.7	69.5	17.62
1.2	951	830	675	514	365	235	132.4	58.6	14.57
1.3	942	808	643	475	327	202	109.7	46.5	14.21
1.4	935	788	609	439	287	170	86.4	34.2	7.52
1.5	930	762	572	374	246	136	64.0	22.4	4.06
1.6	917	738	529	349	206	104	41.8	10.5	0.902
1.7	908	710	498	310	137.2	78.2	22.5	1.36	−1.794
1.8	900	687	451	271	131.8	48.1	5.69	−0.681	−4.01
1.9	889	663	427	234	100.5	24.5	8.36	−1.32	−5.62
2.0	878	635	391	197.4	72.6	5.38	−18.92	−17.77	−6.67
2.2	864	602	326	137.5	27.2	−21.8	−39.2	−22.0	−7.34
2.4	836	531	266	87.2	−4.56	−36.7	−35.6	−21.1	−6.47
2.6	810	483	212	48.0	−25.0	−42.0	−32.1	−17.45	−4.84
2.8	788	431	165.1	17.7	−36.8	−41.0	−27.2	−12.50	−3.05
3.0	764	391	123	−5.61	−42.2	−36.5	−20.5	−7.76	−1.482

续表

$u=\frac{\beta l}{2}$ \ ζ	0.1	0.2	0.3	0.4	0.5	0.6	0.7	0.8	0.9
3.2	741	346	88	−22.0	−48.0	−30.3	−13.91	−3.87	−0.327
3.4	714	304	57.4	−33.1	−40.7	−23.6	−8.36	−1.086	0.380
3.6	690	265	32	−29.5	−36.5	−17.34	−4.19	0.587	0.706
3.8	664	230	12	−42.5	−31.4	−11.93	−1.31	1.306	0.761
4.0	636	196	−5.69	−43.2	−25.7	−7.45	0.469	1.780	0.653
4.2	611	161	−18.54	−41.5	−20.4	−4.05	1.450	1.520	0.469
4.4	576	137.5	−24.6	−38.6	−15.5	−1.56	1.83	1.215	0.262
4.6	560	111.2	−35.1	−34.7	−11.1	−0.994	1.81	0.854	0.155
4.8	531	87.5	−39.5	−30.7	−7.44	−1.150	1.60	0.543	0.049
5.0	508	66.3	−42.2	−25.8	−4.54	−1.68	1.28	0.293	−0.001452

附表 14　　$\bar{\psi}_0$ 及 $\bar{\mu}_0$ 函数表

$u=\frac{\beta l}{2}$ \ ζ	$\bar{\psi}_0$（表中数字应除以 10^5）					$\bar{\mu}_0$（表中数字应除以 10^4）				
	0.1	0.2	0.3	0.4	0.5	0.1	0.2	0.3	0.4	0.5
0.1	54	186	340	480	521	50	200	450	800	1250
0.2	58.6	184	340	474	521	50	200	450	800	1250
0.3	52.9	182	338	470	520	50	200	449	798	1250
0.4	52.7	180	337	468	519	50	200	448	796	1249
0.5	52.6	180	335	466	516	49.2	197	447	794	1240
0.6	52.5	180	333	463	512	48.8	195	440	783	1238
0.7	52.1	177	325	463	510	47.4	189	433	753	1218
0.8	51.0	173	319	458	491	45.2	184	422	725	1214
0.9	50.0	170	312	433	481	41.9	172	404	705	1183
1.0	47.2	160	298	414	463	38.9	163	382	683	1150
1.1	45.3	145	284	395	447	33.1	145	354	670	1107
1.2	41.7	142	264	382	410	29.0	131	325	626	1069
1.3	38.3	131	245	345	383	23.4	112	292	584	1020
1.4	34.5	119	223	318	352	17.6	92.7	255	536	963
1.5	30.7	107	200	286	322	11.3	71.6	220	486	908
1.6	27.1	95.0	179	255	286	5.41	48.5	181	436	852
1.7	23.4	82.5	158	224	261	−0.13	32.3	146.5	404	796
1.8	20.1	70.9	139	199	232	−5.38	14.7	114.2	347	746
1.9	17.07	61.6	120.7	178	205	−9.80	−1.50	84.0	303	702
2.0	14.28	52.4	105.4	156.2	181	−13.69	−14.80	59.2	266	663
2.2	9.90	44.1	77.9	119.2	142	−19.54	−17.0	14.0	202	590
2.4	6.53	26.2	57.2	92.1	111.3	−22.9	−50.2	−17.4	151.3	543
2.6	4.13	17.9	42.2	70.4	88.4	−24.2	−59.3	−38.5	113.6	484
2.8	2.43	12.3	31.1	56.0	71.0	−24.2	−62.8	−53.4	84.2	447
3.0	1.29	8.00	22.8	44.1	57.7	−22.8	−62.0	−63.0	61.0	416

续表

$u=\frac{\beta l}{2}$ \ ζ	$\bar{\psi}_0$（表中数字应除以 10^5）					$\bar{\mu}_0$（表中数字应除以 10^4）				
	0.1	0.2	0.3	0.4	0.5	0.1	0.2	0.3	0.4	0.5
3.2	0.531	4.95	16.76	35.2	47.5	−20.9	−60.1	−69.0	42.0	389
3.4	0.530	2.92	12.30	28.2	39.7	−18.26	−55.8	−69.0	27.0	367
3.6	−0.229	1.58	8.95	22.8	33.2	−15.44	−50.1	−68.5	16.0	347
3.8	−0.375	0.692	6.61	18.8	28.5	−12.70	−44.6	−67.0	7.0	330
4.0	−0.422	0.150	4.82	15.5	24.3	−10.00	−42.8	−64.0	−3.5	311
4.2	−0.433	0.217	3.50	12.8	21.0	−7.45	−32.8	−60.8	−9.5	297
4.4	−0.403	0.412	2.52	10.7	18.3	−5.22	−27.0	−56.5	−15.9	279
4.6	−0.355	0.494	1.75	9.13	16.1	−3.53	−22.3	−52.5	−20.2	272
4.8	−0.298	0.543	1.23	7.41	14.1	−2.04	−18.1	−48.8	−24.4	259
5.0	−0.243	0.505	0.83	6.31	12.5	−8.90	−14.35	−44.7	−27.5	250

附表 15　　函数 $f_1(\beta l,\ \zeta)$表

βl \ ζ	0.1	0.2	0.3	0.4	0.5	0.6	0.7	0.8	0.9
0.1	0.00001	0.00001	0.00000	0.00000	0.00000	0.00000	0.00000	0.00000	0.00000
0.2	0.00008	0.00004	0.00002	−0.00002	−0.00003	−0.00005	−0.00004	−0.00003	−0.00002
0.3	0.00043	0.00022	0.00005	−0.00008	−0.00016	−0.00022	−0.00022	−0.00019	−0.00009
0.4	0.00133	0.00068	0.00015	−0.00027	−0.00054	−0.00069	−0.00070	−0.00059	−0.00037
0.5	0.00330	0.00168	0.00038	−0.00061	−0.00130	−0.00166	−0.00171	−0.00146	−0.00088
0.6	0.00680	0.00346	0.00074	−0.00130	−0.00271	−0.00346	−0.00356	−0.00303	−0.00184
0.7	0.01140	0.00641	0.00139	−0.00241	−0.00500	−0.00640	−0.00661	−0.00560	−0.00339
0.8	0.02156	0.01092	0.00237	−0.00411	−0.00855	−0.01093	−0.01126	−0.00954	−0.00579
0.9	0.03456	0.01746	0.00375	−0.00666	−0.01374	−0.01753	−0.01804	−0.01528	−0.00926
1.0	0.05274	0.02660	0.00562	−0.01023	−0.02101	−0.02674	−0.02750	−0.02329	−0.01412
1.1	0.07849	0.03891	0.00811	−0.01512	−0.03087	−0.03923	−0.04025	−0.03405	−0.02063
1.2	0.11004	0.05509	0.01125	−0.02169	−0.04391	−0.05561	−0.05701	−0.04817	−0.02915
1.3	0.15212	0.07572	0.01503	−0.03037	−0.06085	−0.07682	−0.07852	−0.06623	−0.04004
1.4	0.20562	0.10171	0.01947	−0.03454	−0.08251	−0.10365	−0.10569	−0.08892	−0.05366
1.5	0.27261	0.13363	0.02435	−0.05635	−0.10980	−0.13711	−0.13925	−0.11685	−0.07040
1.6	0.35655	0.17245	0.02065	−0.07511	−0.14375	−0.17828	−0.18019	−0.15081	−0.09063
1.7	0.45603	0.21784	0.03364	−0.10001	−0.18650	−0.22904	−0.23019	−0.19177	−0.11490
1.8	0.58085	0.27538	0.03898	−0.12953	−0.23719	−0.38892	−0.28870	−0.23951	−0.14300
1.9	0.73009	0.33845	0.04178	−0.16822	−0.29993	−0.36122	−0.35839	−0.29565	−0.17590
2.0	0.90936	0.41279	0.04153	−0.21712	−0.37622	−0.44729	−0.43995	−0.36064	−0.21352
2.1	1.12357	0.49776	0.03649	−0.27913	−0.46857	−0.54913	−0.54341	−0.43524	−0.25613
2.2	1.37894	0.59391	0.02451	−0.35739	−0.58006	−0.66880	−0.64400	−0.51959	−0.30371
2.3	1.68225	0.70137	0.00221	−0.45590	−0.71423	−0.80898	−0.76911	−0.61443	−0.35634
2.4	2.04212	0.82030	−0.03425	−0.57723	−0.87568	−0.97272	−0.91157	−0.71977	−0.41388
2.5	2.46822	0.95031	−0.09016	−0.73586	−1.06953	−1.16327	−1.07279	−0.83625	−0.47525

续表

βl \ ζ	0.1	0.2	0.3	0.4	0.5	0.6	0.7	0.8	0.9
2.6	2.97282	1.08991	−0.17227	−0.93126	−1.30212	−1.38433	−1.25416	−0.96337	−0.54125
2.7	3.56768	1.28800	−0.28883	−1.17542	−1.58082	−1.64027	−1.45726	−1.10078	−0.60975
2.8	4.27098	1.39151	−0.45054	−1.48009	−1.91426	−1.93589	−1.68364	−1.24800	−0.67990
2.9	5.10150	1.54685	−0.67064	−1.85906	−2.31268	−2.27718	−1.93444	−1.40358	−0.75014
3.0	6.08180	1.69779	−0.96557	−2.32893	−2.78849	−2.66987	−2.21125	−1.56647	−0.81828
3.1	7.23854	1.83752	−1.35558	−2.91009	−3.35557	−3.12091	−2.51505	−1.73404	−0.88215
3.2	8.60326	1.95487	−1.86601	−3.62671	−4.03051	−3.63823	−2.84685	−1.90390	−0.93862
3.3	10.21318	2.03621	−2.52798	−4.50790	−4.83273	−4.21059	−3.19409	−2.07289	−0.98394
3.4	12.11164	2.06356	−3.37878	−5.58777	−5.78379	−4.90699	−3.50708	−2.23619	−1.01415
3.5	14.3498	2.01209	−4.46583	−6.90788	−6.90993	−5.67816	−4.01554	−2.38906	−1.02405
4.0	83.11452	−0.88628	−15.92097	−19.16178	−16.35188	−11.37354	−6.47391	−2.73138	−0.54345
4.5	75.01271	−16.71961	−49.59451	−49.92033	−36.75588	−21.33903	−8.94065	−1.24691	1.65188
5.0	189.07949	−76.42426	−142.34119	−123.08531	−72.97759	−36.63301	−8.99927	4.69473	7.05942

附表 16　　　　函数 $f_2(\beta l, \zeta)$ 表

βl \ ζ	0.1	0.2	0.3	0.4	0.5	0.6	0.7	0.8	0.9
0.1	0.00004	0.00008	0.00010	0.00012	0.00012	0.00012	0.00010	0.00008	0.00004
0.2	0.00036	0.00064	0.00084	0.00096	0.00100	0.00096	0.00084	0.00064	0.00036
0.3	0.00122	0.00216	0.00284	0.00324	0.00338	0.00324	0.00284	0.00216	0.00122
0.4	0.00288	0.00513	0.00672	0.00769	0.00801	0.00768	0.00672	0.00512	0.00288
0.5	0.00564	0.01000	0.01313	0.01500	0.01563	0.01500	0.01313	0.01000	0.00562
0.6	0.00976	0.01732	0.02265	0.02596	0.02702	0.02594	0.02266	0.01727	0.00970
0.7	0.01904	0.02762	0.03621	0.04132	0.04294	0.04119	0.03600	0.02741	0.01540
0.8	0.02340	0.04143	0.05420	0.06175	0.06418	0.06150	0.05372	0.04086	0.02295
0.9	0.03626	0.05940	0.08196	0.08826	0.09159	0.08761	0.07644	0.05809	0.03260
1.0	0.04661	0.08271	0.10711	0.12164	0.12596	0.12027	0.10478	0.07955	0.04461
1.1	0.06028	0.11091	0.14398	0.16295	0.16828	0.16032	0.13935	0.10558	0.05913
1.2	0.08355	0.14622	0.18912	0.21323	0.21944	0.20836	0.18070	0.13665	0.07637
1.3	0.10908	0.18978	0.24412	0.27390	0.28060	0.26550	0.22938	0.17293	0.09643
1.4	0.14064	0.24298	0.31064	0.33717	0.35305	0.33239	0.28602	0.21479	0.11939
1.5	0.17976	0.30823	0.39100	0.43290	0.43816	0.41003	0.35089	0.26230	0.14524
1.6	0.22652	0.38793	0.48756	0.53537	0.53756	0.49934	0.42447	0.31562	0.17392
1.7	0.28869	0.48549	0.60411	0.65669	0.65318	0.60152	0.50743	0.37462	0.20521
1.8	0.36365	0.60284	0.74434	0.80002	0.78723	0.71762	0.59968	0.43906	0.23870
1.9	0.45747	0.75165	0.91340	0.96957	0.94228	0.84886	0.70167	0.50854	0.27416
2.0	0.57465	0.93225	1.11766	1.17005	1.12155	0.99673	0.81336	0.58254	0.31067
2.1	0.72120	1.15445	1.36444	1.40721	1.32832	1.16260	0.93850	0.66018	0.34747
2.2	0.90488	1.42864	1.66331	1.68823	1.56703	1.34807	1.06541	0.74003	0.38336
2.3	1.13512	1.76713	2.02563	2.02122	1.84235	1.55507	1.20512	0.82086	0.41711
2.4	1.42354	2.18497	2.46497	2.41374	2.16015	1.78539	1.35309	0.90042	0.44705
2.5	1.78482	2.70075	2.99793	2.88540	2.52680	2.04123	1.50846	0.97682	0.47100

续表

βl \ ζ	0.1	0.2	0.3	0.4	0.5	0.6	0.7	0.8	0.9
2.6	2.23753	3.33748	3.64456	3.44227	2.94984	2.32440	1.66975	1.04693	0.48654
2.7	2.80227	4.12272	4.42869	4.10331	3.43784	2.63759	1.83525	1.10720	0.49106
2.8	3.50809	5.09007	5.37879	4.88763	4.00040	2.98266	2.00255	1.15393	0.48122
2.9	4.38886	6.28091	6.52955	5.81776	4.64843	3.36235	2.16881	1.18192	0.45333
3.0	5.48619	7.73609	7.92142	6.91960	5.39418	3.77833	2.33036	1.18597	0.40316
3.1	6.85166	9.54341	9.60328	8.22387	6.25146	4.23267	2.48272	1.15958	0.32614
3.2	8.54951	11.74913	11.63250	9.76503	7.23475	4.72650	2.62031	1.09523	0.21700
3.3	10.65800	14.45190	14.07881	11.58399	8.36122	5.26137	2.74176	0.98521	0.07004
3.4	13.27381	17.75933	17.02224	13.72694	9.64831	5.83647	2.82291	0.81995	−0.12092
3.5	16.51616	21.80301	20.56088	16.24683	11.11454	6.45070	2.86949	0.58820	−0.36245
4.0	48.61525	59.94251	51.99489	36.97301	21.87661	9.91308	2.00527	−2.01580	−2.58679
4.5	151.8002	165.30728	127.90412	79.25739	38.34968	10.95193	−3.82540	−9.01345	−7.27960
5.0	364.78982	426.20409	306.28823	168.86017	66.30078	7.31368	−17.81152	−22.00534	−14.62182

附表 17　　　函数 $f_3(\beta l, \zeta)$ 表

βl \ ζ	0.1	0.2	0.3	0.4	0.5	0.6	0.7	0.8	0.9
0.1	0.00500	0.00500	0.00500	0.00500	0.00500	0.00500	0.00500	0.00500	0.00500
0.2	0.02000	0.02000	0.02000	0.02000	0.02000	0.02000	0.02000	0.02000	0.02000
0.3	0.04500	0.04500	0.04500	0.04500	0.04500	0.04500	0.04500	0.04500	0.04500
0.4	0.08010	0.08010	0.08008	0.08004	0.08002	0.08000	0.08000	0.08000	0.08000
0.5	0.12503	0.12524	0.12519	0.12510	0.12501	0.12498	0.12493	0.12490	0.12490
0.6	0.17092	0.18079	0.18058	0.18037	0.18016	0.17998	0.17987	0.17979	0.17975
0.7	0.24747	0.24702	0.24648	0.24592	0.24538	0.24495	0.24460	0.24441	0.24435
0.8	0.32540	0.32454	0.32329	0.32195	0.32082	0.31985	0.31915	0.31876	0.31855
0.9	0.41606	0.41412	0.41172	0.40902	0.40672	0.40468	0.40325	0.40245	0.40209
1.0	0.52195	0.51725	0.51255	0.50765	0.50306	0.49940	0.49681	0.49518	0.49457
1.1	0.63606	0.63555	0.62725	0.61854	0.61044	0.60398	0.59924	0.59647	0.59535
1.2	0.78239	0.77161	0.75752	0.74278	0.72930	0.71819	0.71032	0.70569	0.70377
1.3	0.94606	0.92858	0.90577	0.88193	0.85999	0.84207	0.82938	0.82184	0.81865
1.4	1.13807	1.11044	1.07488	1.03751	1.00333	0.90543	0.95558	0.94396	0.93901
1.5	1.36501	1.32294	1.26864	1.21443	1.16014	1.11805	1.08821	1.07045	1.06304
1.6	1.63681	1.57244	1.49174	1.40817	1.33156	1.26961	1.22536	1.19963	1.18893
1.7	1.95818	1.86722	1.75057	1.62945	1.51896	1.42994	1.36649	1.32967	1.31419
1.8	2.34745	2.22026	2.05143	1.87955	1.72698	1.59786	1.50906	1.45723	1.43595
1.9	2.81841	2.63592	2.40348	2.16355	1.94762	1.77361	1.65149	1.58022	1.55096
2.0	3.38068	3.13680	2.81642	2.48767	2.19261	1.95329	1.79081	1.69462	1.65510
2.1	4.08513	3.73889	3.30299	2.85816	2.46077	2.14459	1.92393	1.79606	1.74401
2.2	4.93258	4.48399	3.67645	3.28300	2.75504	2.33730	2.04742	1.88031	1.81232
2.3	5.96565	5.33798	4.55659	3.77089	3.07730	2.53253	2.15675	1.94106	1.85411
2.4	7.22700	6.39165	5.36045	4.33690	3.43091	2.72873	2.24679	1.97291	1.86306
2.5	8.76618	7.66276	6.31260	4.97710	3.81844	2.92233	2.31292	1.96856	1.83134

续表

ζ / βl	0.1	0.2	0.3	0.4	0.5	0.6	0.7	0.8	0.9
2.6	10.64383	9.19646	7.44037	5.71928	4.24215	3.11030	2.34762	1.92038	1.75121
2.7	12.93293	11.04416	8.77523	6.57412	4.70498	3.28797	2.34341	1.81930	1.61355
2.8	15.72322	13.26997	10.35336	7.55620	5.20860	3.44933	2.29147	1.65624	1.40921
2.9	19.12129	15.94867	12.21746	8.68329	5.75374	3.58908	2.18191	1.42003	1.12721
3.0	23.25781	19.16869	14.41694	9.97424	6.34238	3.69688	2.00469	1.09978	0.75693
3.1	28.28932	23.03752	17.00871	11.44801	6.97083	3.76255	1.74586	0.68235	0.28699
3.2	34.40791	27.68159	20.05791	13.12810	7.63863	3.77214	1.38354	−0.154891	−0.29407
3.3	41.84560	33.25309	23.64115	15.03801	9.05848	3.71012	0.89016	−0.49630	−0.99830
3.4	50.88044	39.92812	27.84480	17.19981	9.06061	3.55531	0.30373	−1.28671	−1.83769
3.5	61.85434	47.92511	32.76970	19.63868	9.79326	3.28465	−0.45908	−2.23274	−2.82495
4.0	163.71340	118.52140	72.88307	36.80811	12.68017	−1.09377	−7.58194	−9.86315	−10.31238
4.5	431.41921	289.64335	157.46412	63.27622	8.64277	−16.35333	−23.84639	−23.82546	−22.37269
5.0	1133.27450	700.27049	329.05283	93.21841	−21.55322	−57.95234	−56.54337	−44.95856	−37.12185

附表 18 函数 $f_4(\beta l,\ \zeta)$ 表

ζ / βl	0.1	0.2	0.3	0.4	0.5	0.6	0.7	0.8	0.9
0.1	0	0	0	0	0	0	0	0	0
0.2	0.20004	0.20002	0.20002	0.20002	0.20000	0.20000	0.20000	0.20000	0.20000
0.3	0.30023	0.30015	0.30009	0.30000	0.29995	0.29994	0.29994	0.29990	0.29990
0.4	0.40101	0.40073	0.40041	0.40017	0.39997	0.39981	0.39973	0.39969	0.39965
0.5	0.50316	0.50216	0.50126	0.50054	0.49988	0.49948	0.49908	0.49903	0.49895
0.6	0.60780	0.60537	0.60322	0.60134	0.59991	0.59879	0.59805	0.59765	0.59749
0.7	0.71693	0.71161	0.70689	0.70287	0.69960	0.69731	0.69571	0.69477	0.69444
0.8	0.83287	0.82268	0.81344	0.80552	0.79935	0.79472	0.79163	0.78990	0.78922
0.9	0.95939	0.94079	0.92428	0.90997	0.89888	0.89032	0.88480	0.88173	0.88055
1.0	1.10296	1.06922	1.04100	1.01707	0.99772	0.98375	0.97441	0.96914	0.96707
1.1	1.25019	1.21161	1.16603	1.12742	1.09640	1.07376	1.05864	1.05027	1.04697
1.2	1.45175	1.37275	1.30195	1.24196	1.19444	1.15912	1.13597	1.12322	1.11810
1.3	1.67674	1.55819	1.45220	1.36261	1.29131	1.23894	1.20451	1.18536	1.17774
1.4	1.94781	1.77447	1.62049	1.49025	1.33710	1.31141	1.26166	1.23419	1.22321
1.5	2.27725	2.03045	1.81106	1.62960	1.48095	1.37450	1.30482	1.26605	1.25075
1.6	2.68287	2.33496	2.02940	1.77402	1.57237	1.42581	1.32974	1.27725	1.25661
1.7	3.17218	2.69922	2.28193	1.93380	1.66057	1.46300	1.33394	1.26383	1.23598
1.8	3.77541	3.14029	2.57416	2.10779	1.74695	1.48188	1.31223	1.21995	1.18421
1.9	4.51457	3.66116	2.91468	2.29830	1.82175	1.47978	1.26044	1.14159	1.09570
2.0	5.41780	4.29084	3.31094	2.50786	1.89105	1.45220	1.17255	1.02220	0.96438
2.1	6.51955	5.04570	3.77253	2.73764	1.94901	1.39365	1.04243	0.85524	0.78403
2.2	7.86134	5.95065	4.30984	2.98920	1.99272	1.29790	0.86343	0.63414	0.54772
2.3	9.49164	7.02933	4.93410	3.26332	2.01654	1.15786	0.62714	0.35098	0.24829
2.4	11.46960	8.31613	5.65702	3.56479	2.01475	0.96574	0.32617	−0.00148	−0.12153
2.5	13.86521	9.84687	6.49184	3.87783	1.97959	0.71077	−0.04912	−0.43168	−0.56924

续表

βl \ ζ	0.1	0.2	0.3	0.4	0.5	0.6	0.7	0.8	0.9
2.6	16.76120	11.66449	7.45232	4.21405	1.90072	0.38175	−0.50946	−0.94837	−1.10246
2.7	20.25903	13.81723	8.55334	4.56504	1.76573	−0.03463	−1.06572	−1.56016	−1.72860
2.8	24.47887	16.36281	9.80957	4.92290	1.55869	−0.55452	−1.73574	−2.27585	−2.45436
2.9	29.56636	19.36866	11.23745	5.27651	1.25980	−1.19587	−2.51818	−3.10450	−3.28625
3.0	35.69525	22.91073	12.85291	5.61109	0.84530	−1.98117	−3.45181	−4.05488	−4.23021
3.1	43.07720	27.08138	14.67131	5.90653	−0.28457	−2.93539	−4.51798	−5.13525	−5.28974
3.2	51.96165	31.98428	16.70660	6.13549	−0.45833	−4.08795	−5.76609	−6.35291	−6.46785
3.3	62.65647	37.74255	18.97416	6.26192	−1.42907	−5.47325	−7.14421	−7.71444	−7.76499
3.4	75.52582	44.49892	21.48404	6.24264	−2.68023	−7.13016	−8.85056	−9.22564	−9.18100
3.5	91.01170	52.41642	24.24112	8.01764	−4.27661	−9.10545	−10.72661	−10.88903	−10.70881
4.0	230.51024	117.30838	41.44959	−1.49513	−20.76816	−25.87214	−24.40987	−21.45654	−19.61152
4.5	564.33672	240.33950	46.92497	−43.59131	−69.33940	−63.09472	−47.11590	−33.64999	−26.91136
5.0	1465.75193	547.90834	44.55254	−153.65623	−179.91583	−148.17097	−82.29747	−44.49880	−27.75344

附表 19　ϕ_0、$\varkappa_0$、ψ_2、μ_0、π_0、σ_0、τ_0、λ_2、η_2、λ_3、η_3 函数表

u	ϕ_0	$\varkappa_0$	ψ_2	μ_0	π_0	σ_0	τ_0	λ_2	η_2	λ_3	η_3
0	1.000	1.000	1.000	1.000	1.000	1.0000	1.000	0.1666	0.5000	1.0000	1.0000
0.1	1.000	1.000	1.000	1.000	1.000	1.000	1.000	0.1666	0.5000	0.9999	1.000
0.2	0.999	0.999	0.999	0.999	0.999	0.999	0.999	0.1666	0.4998	0.9996	0.999
0.3	0.993	0.995	0.995	0.996	0.994	0.994	0.997	0.1664	0.4994	0.9970	0.998
0.4	0.979	0.983	0.983	0.987	0.982	0.980	0.991	0.1658	0.4982	0.9926	0.995
0.5	0.950	0.959	0.961	0.968	0.957	0.953	0.976	0.1645	0.4962	0.9835	0.9875
0.6	0.901	0.919	0.923	0.936	0.918	0.906	0.951	0.1614	0.4938	0.9632	0.9754
0.7	0.827	0.858	0.866	0.882	0.855	0.338	0.915	0.1578	0.4877	0.9355	0.9555
0.8	0.731	0.781	0.791	0.828	0.774	0.747	0.868	0.1522	0.4801	0.8951	0.9278
0.9	0.619	0.689	0.702	0.755	0.680	0.641	0.812	0.1446	0.4700	0.8450	0.8924
1.0	0.498	0.591	0.609	0.678	0.583	0.529	0.753	0.1367	0.4576	0.7816	0.8484
1.1	0.380	0.494	0.517	0.602	0.485	0.420	0.693	0.1278	0.4441	0.7127	0.8005
1.2	0.272	0.405	0.431	0.531	0.396	0.321	0.636	0.1175	0.4300	0.6417	0.7500
1.3	0.178	0.327	0.357	0.470	0.317	0.237	0.587	0.1075	0.4150	0.5703	0.7008
1.4	0.100	0.262	0.294	0.417	0.252	0.167	0.542	0.0983	0.4020	0.5039	0.6540
1.5	0.037	0.208	0.242	0.373	0.198	0.114	0.503	0.0897	0.3896	0.4436	0.6114
1.6	−0.013	0.164	0.200	0.337	0.157	0.073	0.469	0.0824	0.3791	0.3905	0.5744
1.7	−0.052	0.129	0.166	0.308	0.123	0.042	0.441	0.0757	0.3675	0.3446	0.5398
1.8	−0.081	0.101	0.138	0.285	0.097	0.021	0.417	0.0700	0.3579	0.3058	0.5108
1.9	−0.102	0.075	0.116	0.265	0.076	0.006	0.395				
2.0	−0.117	0.062	0.099	0.249	0.060	−0.003	0.375	0.0608	0.3410	0.2439	0.4630
2.2	−0.133	0.037	0.072	0.224	0.039	−0.007	0.340	0.0538	0.3261	0.1998	0.4060
2.4	−0.135	0.021	0.055	0.204	0.026	−0.011	0.312	0.0483	0.3123	0.1676	0.3961
2.6	−0.127	0.011	0.043	0.189	0.018	−0.009	0.288	0.0436	0.2991	0.1432	0.3707
2.8	−0.114	0.005	0.034	0.177	0.013	−0.006	0.268	0.0392	0.2864	0.1242	0.3485
3.0	−0.098	0.002	0.028	0.166	0.010	−0.003	0.250	0.0372	0.2735	0.1090	0.3280

续表

u	ϕ_0	$\mathcal{H}_0$	ψ_2	μ_0	π_0	σ_0	τ_0	λ_2	η_2	λ_3	η_3
3.2	−0.081	0	0.023	0.156	0.008	−0.001	0.235				
3.4	−0.064	0	0.019	0.147	0.006	0	0.221				
3.6	−0.049	−0.002	0.016	0.139	0.005	0	0.208	0.0290	0.2439	0.0810	0.2844
3.8	−0.035	−0.002	0.014	0.132	0.004	0	0.198				
4.0	−0.024	−0.002	0.012	0.125	0.003	0	0.187	0.0234	0.2179	0.0623	0.2491
4.2	−0.015	−0.002	0.010	0.119	0.003	0	0.178				
4.4	−0.008	−0.001	0.009	0.114	0.002	0	0.171				
4.6	−0.002	−0.001	0.008	0.109	0.002	0	0.163				
4.8	0.001	−0.001	0.007	0.104	0.002	0	0.156				
5.0	0.004	−0.001	0.006	0.100	0.001	0	0.150				

附表 20　　$\bar{\psi}_2(u, \zeta)$ 函数表（表中数字除以 10^3 后为 $\bar{\psi}_2$ 值）

l \ ζ	0.1	0.2	0.3	0.4	0.5	0.6	0.7	0.8	0.9
0.1	900	800	700	600	500	400	300	200	100
0.2	900	800	700	600	500	400	300	200	100
0.3	898	795	695	595	495	396	297	198	98.8
0.4	893	792	690	589	489	389	291	193.5	96.5
0.5	892	784	676	576	476	376	280	186	92.4
0.6	877	764	652	548	451	351	260	171	84.6
0.7	372	745	627	516	414	329	231	151	74.7
0.8	855	715	586	470	366	275	195.5	125.8	61.1
0.9	835	679	536	414	309	223	152.7	94.5	45.0
1.0	812	636	483	355	249	168	107	62.1	27.7
1.1	788	597	430	294	190	114.8	63.6	31.6	12.6
1.2	768	557	379	239	136	61.5	25.4	5.06	−1.00
1.3	748	519	332	189	89	26.7	−6.22	−16.17	−11.75
1.4	725	485	289	146	50	−5.87	−30.2	−32.0	−21.0
1.5	706	451	252	103.4	18.5	−29.8	−47.1	−42.5	−24.4
1.6	690	420	217	77.7	−8.33	−52.9	−58.0	−48.2	−26.3
1.7	668	390	185.2	50.6	−26.0	−58.0	−63.4	−50.0	−27.5
1.8	645	366	159.1	28.0	−40.5	−66.0	−65.1	−49.2	−25.9
1.9	635	338	131.8	8.85	−51.4	−69.4	−63.5	−46.9	−23.7
2.0	602	305	105.3	−9.43	−58.9	−68.1	−58.4	−40.4	−20.2
2.2	585	265	66.2	−33.0	−66.2	−65.0	−48.8	−30.3	−14.1
2.4	551	220	30.8	−50.1	−67.5	−55.4	−35.9	−19.23	−7.82
2.6	516	178.8	2.26	−61.0	−63.6	−44.6	−23.8	−10.15	−3.07
2.8	495	139.8	−20.3	−66.0	−57.2	−34.0	−14.53	−3.70	−0.001
3.0	459	109.3	−37.3	−66.7	−49.4	−24.4	−7.32	0.258	1.57
3.2	410	73.7	−50.0	−64.4	−40.0	−15.85	−2.28	2.36	2.105
3.4	382	54.7	−58.5	−60.1	−32.2	−9.98	0.593	2.98	1.965
3.6	378	30.9	−63.9	−54.3	−24.55	−5.05	2.17	2.87	1.530
3.8	340	11.0	−67.0	−48.0	−17.68	−1.57	2.85	2.35	1.023
4.0	314	−5.61	−66.8	−40.7	−12.00	0.717	2.89	1.723	0.573

续表

ζ / l	0.1	0.2	0.3	0.4	0.5	0.6	0.7	0.8	0.9
4.2	288	−20.0	−66.5	−34.0	−7.35	2.075	2.58	1.130	0.249
4.4	265	−32.0	−62.6	−27.4	−3.78	2.86	2.10	0.648	0.0366
4.6	234	−40.4	−57.0	−21.0	−0.11	2.50	1.524	0.292	−0.0715
4.8	219	−49.7	−54.0	−16.4	0.725	2.71	1.084	0.082	−0.1137
5.0	199	−56.3	−49.3	−11.96	1.913	2.48	0.686	0.054	−0.1130

附表 21 $\overline{\psi}_4(u,\zeta)$ 函数表（表中数字应除以 10^4 后为 $\overline{\psi}_4$ 值）

ζ / u	0.1	0.2	0.3	0.4	0.5	0.6	0.7	0.8	0.9
0.1	292	485	594	636	623	550	444	325	169
0.2	292	485	594	636	623	556	454	319	165
0.3	292	485	591	633	620	555	450	317	162.5
0.4	288	478	587	630	615	551	446	314	161.4
0.5	280	473	582	614	600	536	434	305	157.0
0.6	272	454	560	595	576	514	416	292	149.6
0.7	258	428	525	559	538	479	386	266	138.8
0.8	242	398	483	511	489	431	346	241	123.5
0.9	223	364	436	454	432	376	300	208.5	106.2
1.0	203	326	384	394	369	318	251	172.5	87.8
1.1	185	290	335	336	309	262	204	138.1	69.6
1.2	167	246	288	283	253	208	160	107.0	53.5
1.3	150	224	247	236	205	165.5	122.7	80.3	39.6
1.4	135.5	197.7	210.5	195.0	163.5	127.0	91.2	58.1	28.1
1.5	123.0	174.0	180.0	160.8	130.2	97.2	66.7	40.8	19.26
1.6	112.0	150.0	150.0	133.1	102.7	72.7	47.3	27.5	12.41
1.7	101.5	137.4	121.8	109.7	80.6	54.6	32.5	17.55	7.43
1.8	95.7	124.6	116.0	91.3	63.3	39.5	21.6	10.33	3.88
1.9	88.0	111.8	102.5	76.9	50.0	28.3	13.62	5.25	1.451
2.0	81.6	100.8	86.9	63.1	38.8	19.92	7.90	1.825	−0.128
2.2	71.0	82.6	66.9	43.4	23.05	8.93	1.176	−1.722	−1.496
2.4	62.4	68.1	51.0	29.6	13.17	3.06	−1.605	−2.685	−1.732
2.6	54.8	56.5	38.9	20.3	7.02	0.0732	−2.43	−2.44	−1.400
2.8	48.4	51.6	29.6	13.33	3.22	−1.267	−2.30	−1.84	−0.936
3.0	42.8	39.0	22.4	8.49	0.967	−1.710	−1.87	−1.22	−0.545
3.2	38.9	32.2	17.55	4.96	−0.320	−1.706	−1.358	−0.708	−0.256
3.4	34.8	26.8	12.58	2.91	−0.920	−1.474	−0.932	−0.381	−0.0954
3.6	31.1	22.7	9.23	1.40	−1.162	−1.013	−0.594	−0.1642	−0.00612
3.8	28.0	18.92	6.76	0.418	−1.185	−0.894	−0.347	−0.0429	−0.0312
4.0	25.2	15.75	4.78	−0.188	−1.083	−0.640	−0.180	0.0162	0.0397
4.2	.22.7	13.15	3.33	−0.532	−0.926	−0.435	−0.0764	0.0380	0.0341
4.4	20.7	10.94	2.22	−0.706	−0.756	−0.291	−0.00164	0.0405	0.0245
4.6	18.7	9.05	1.408	−0.763	−0.591	−0.1638	0.01496	0.0341	0.01515
4.8	16.88	8.42	0.790	0.746	−0.441	−0.085	0.0276	0.0250	0.0080
5.0	15.50	6.38	0.352	0.694	−0.323	−0.0347	0.0299	0.01674	0.00338

附表 22 **$\overline{\psi}_0(u,\zeta)$ 及 $\overline{\psi}_1(u,\zeta)$ 函数表**

u \ ζ	$\overline{\psi}_0(u,\zeta)$ 系数应除以 10^5					$\overline{\psi}_1(u,\zeta)$ 系数应除以 10^4				
	0.1	0.2	0.3	0.4	0.5	0.1	0.2	0.3	0.4	0.5
0.1	656	1249	1660	2000	2340	500	1000	1500	2000	2500
0.2	614	1172	1640	1980	2070	500	1000	1500	2000	2500
0.3	606	1170	1630	1960	2060	493	986	1485	1980	2480
0.4	603	1161	1620	1940	2050	486	977	1470	1960	2460
0.5	590	1133	1580	1900	2010	472	954	1432	1920	2420
0.6	570	1097	1540	1830	1930	447	904	1368	1835	2340
0.7	526	1018	1476	1710	1800	411	831	1274	1735	2220
0.8	482	950	1300	1550	1660	369	752	1152	1590	2070
0.9	427	824	1153	1377	1470	312	643	1010	1420	1891
1.0	365	705	991	1190	1269	253	533	855	1232	1695
1.1	305	591	835	1007	1080	194.6	418	696	1052	1505
1.2	251	489	693	830	899	142.0	317	563	879	1328
1.3	203	396	568	693	744	95.7	228	433	741	1173
1.4	165.1	319	460	545	611	50.4	153.7	327	590	1040
1.5	129.6	256	374	466	505	22.8	91.4	243	516	933
1.6	101.8	206	303	393	420	2.46	45.0	174.5	410	840
1.7	82.1	163.6	245	314	344	−20.7	6.21	118.6	374	767
1.8	63.9	131.2	200	260	238	−33.2	−23.4	73.9	331	710
1.9	50.7	104.6	163	216	242	−44.2	−48.8	38.4	262	662
2.0	39.2	82.0	131.1	178.7	206	−49.9	−60.5	6.15	230	624
2.2	24.3	54.1	91.9	131.2	151.7	−58.6	−84.7	−26.7	169.2	560
2.4	14.29	34.6	63.6	96.6	114.9	−61.3	−95.2	−49.9	130.8	512
2.6	8.07	22.0	44.4	73.0	90.0	−60.5	−95.2	−65.4	99.8	474
2.8	4.17	13.68	31.9	56.4	71.1	−54.9	−85.5	−70.8	76.5	443
3.0	1.80	8.30	22.9	44.1	58.1	−48.3	−84.3	−75.6	56.1	416
3.2	−0.290	4.57	16.20	34.6	47.0	−40.3	−76.0	−77.0	34.4	390
3.4	−0.379	2.60	12.04	28.2	39.7	−33.4	−67.6	−75.6	27.1	368
3.6	−0.743	1.20	9.40	22.9	33.4	−26.3	−58.5	−72.3	25.5	348
3.8	−0.875	0.350	6.50	18.78	28.5	−22.05	−49.6	−69.2	5.46	329.5
4.0	−0.874	0.152	4.74	15.50	24.3	−14.80	−41.65	−65.5	−2.78	312
4.2	−0.788	−0.419	3.44	12.83	21.1	−10.33	−34.6	−61.6	−9.58	298
4.4	−0.677	−0.526	2.50	11.12	18.42	−6.70	−28.1	−57.5	−15.88	285
4.6	−0.555	−0.618	1.70	8.84	16.12	−3.96	−22.5	−55.1	−17.70	271
4.8	−0.442	−0.567	1.23	7.49	14.06	−1.788	−18.15	−48.5	−24.0	258
5.0	−0.345	−0.544	0.83	6.37	12.51	−0.294	−14.10	−44.8	−27.8	250